现代物理基础丛书　66

中子引发轻核反应的统计理论

（第二版）

张竞上　著

科学出版社

北京

内 容 简 介

    轻核反应具有相当的难度和复杂性，为此发展了专门描述轻核反应的统计理论，用该理论方法成功建立了中子引发 $1p$ 壳轻核反应的双微分截面文档，明晰分析各轻核反应开放道个性很强的特征，建立与角动量有关的激子模型，由此可以描述从复合核到分立能级的预平衡的发射过程. 给出考虑 Pauli 原理和费米运动的单粒子发射双微分截面公式，以及复杂粒子发射率中的预形成概率和复杂粒子出射的双微分截面公式，并建立粒子的有序发射和无序发射过程中严格的运动学公式，保证了能量平衡，并验证了理论计算结果的准确性.

    本书可作为理论核物理专业教师、研究生，以及相关领域的科研人员的参考书.

图书在版编目（CIP）数据

中子引发轻核反应的统计理论/张竞上著. —2 版. —北京：科学出版社，2015.4

（现代物理基础丛书；66）

ISBN 978–7–03–043975–8

I. ①中… II. ①张… III. ①中子反应-核反应-应用统计学

IV. ①O571.42

中国版本图书馆 CIP 数据核字（2015）第 057684 号

责任编辑：刘凤娟／责任校对：张凤琴
责任印制：张　伟／封面设计：陈　敬

科 学 出 版 社 出版

北京东黄城根北街 16 号
邮政编码：100717
http://www.sciencep.com

北京建宏印刷有限公司 印刷

科学出版社发行　　各地新华书店经销

*

2009 年 3 月第　一　版　开本：720 × 1000 1/6
2015 年 3 月第　二　版　印张：26
2018 年 6 月第三次印刷　字数：490 000

定价：148.00 元

（如有印装质量问题，我社负责调换）

第二版前言

轻核反应的理论具有相当的难度和复杂性. 一直缺少核反应理论方法用于建立轻核反应的双微分截面文档, 目前国际各中子评价核数据库中对多粒子出射的反应道中的出射中子则采用了引入赝能级的方法, 仅由非弹性散射途径来描述这些出射中子的行为, 而对 ^{9}Be 则采用了 Monte-Carlo 方法建立双微分截面文档. 为此, 发展了一个自成体系的轻核反应统计理论, 用该理论方法在国际上率先成功建立了中子引发 1p 壳的轻核反应的双微分截面文档, 对核反应机制得到了新的认识. 要描述好轻核的核反应过程, 需要在通常传统的核反应统计理论中添加三个要素. 首先, 根据轻核反应的特点, 需要添加从受激复合核发射粒子到分立能级的预平衡机制; 第二个要素是要严格考虑轻核反应中各种粒子的有序发射和非有序发射的反冲效应, 这种运动系公式能够准确给出各出射粒子的双微分谱的位置和形状, 并保证能量平衡; 第三个要素是要给出能描述好出射单粒子和复杂粒子的双微分截面的理论公式.

为了更深入理解这个轻核反应的统计理论, 在第二版中有针对性地增加了诸多内容. 关于在第一版中理论计算的角分布和双微分截面的质心系到实验室系的变换问题应属于核反应运动学内容, 为此在第二版中移到第 5 章.

从传统意义上的核反应统计理论领域的发展来讲, 关键因素之一是在预平衡统计理论中加入了角动量守恒和宇称守恒的物理因素, 建立了与角动量有关的激子模型, 从而能够用预平衡发射机制来描述从受激发的复合核发射粒子到剩余核的分立能级的核反应过程, 这正是轻核反应中不可或缺的反应机制. 缺少这种反应机制是导致不能计算好 1p 壳的轻核反应核数据的原因之一. 对于与角动量有关的激子模型中激子态跃迁速率中的角动量因子, 书中给出了有关公式的详细证明过程, 并且给出了角动量因子的归一化条件, 即对角动量宇称求和后与角动量有关的激子模型的主方程就自动退化为普通的激子模型的主方程. 另一个关键因素是能够给出预平衡发射中复杂粒子的预形成概率, 在计算复杂粒子的预形成概率中, 我们应用了改进的复杂粒子预形成概率的公式, 在第二版中给出了这个经验公式, 改进了原来 Iwamoto-Harada 模型给出的复杂粒子的预形成概率的理论公式. 这是为能计算复杂粒子出射的双微分截面不可缺少的理论基础内容.

原来仅考虑两体和三体崩裂过程, 研究表明在轻核反应中可能存在更多体崩裂的可能性, 因此在本书中增添了多体崩裂过程的一般性讨论, 给出相应的理论公式和能量平衡的证明.

由于轻核的质量轻, 粒子发射的反冲状态强. 第三个关键因素是严格考虑了无论是有序粒子发射还是无序粒子发射的反冲效应, 这种核反应运动学的建立是能够准确计算出射粒子的双微分谱的位置和能谱形状的理论基础. 理论物理的基本功是数学, 在建立这种运动学中的数学方面, 对特殊函数的定积分方面做出了新的贡献, 并起到相当关键的作用.

除了中子引发的轻核反应之外, 还增加了质子引发轻核反应的理论计算结果, 以示本书的内容不仅可以应用于中子入射, 还可以应用于其他类型的粒子入射. 另外, 在轻核反应中不稳定核 ^{5}He 的发射可能性已被证实, 来自 ^{5}He → n + α 自发崩裂中子的双微分谱主要贡献在出射中子双微分谱的低能端, 并改进了理论计算与实验测量数据的符合.

在实际计算程序中应用了仅与轨道角动量 l 有关的约化穿透因子 T_l, 为此, 给出约化穿透因子与一般穿透因子 T_{jl} 之间的关系, 并举例证明了在各种计算公式中两者之间的等价性. 约化穿透因子的使用可以简化计算并便于存储. 光学模型普遍被应用于核数据的计算. 在这第二版中的光学模型的简介中还增加了关于求解径向方程的递推公式, 即中心差分方法的公式的证明过程, 以及求解库仑位的连分式方法.

本书第 1 章中添加了中重核和易裂变核开放的公共反应道, 对比 1p 壳轻核的开放反应道, 说明更重的核素开放的反应道个性化程度大大降低. 第 2 章中增添了 γ 退激过程的简单明晰的叙述, 介绍级联 γ 产生截面和 γ 多重数的物理概念. 当存在同质异能态能级时, 计算 γ 级联退激到同质异能态能级和退激到基态的 γ 产生截面中的比例, 这被称为同质异能比, 这种理论计算数据为确定一些反应截面提供了有用信息, 并得到实际应用. 第 2 章中还增添介绍了瞬发 γ 法, 在这个方法中利用理论计算的反应截面与 γ 特征谱的比值和实验测量 γ 特征谱的产生截面的乘积可以用来确定反应截面值. 本书中还添加了级联 γ 退激过程的理论计算公式, 其中包括在连续能级区到分立能级区的边界上, 为避免出现赝同质异能态的产生而采用的处理方法, 以保证级联 γ 退激过程的概率守恒.

作者在书中着重引导读者去分析问题和解决问题的思路, 在理论公式计算的关键点和有代表性的地方, 用图表方式给出了理论计算结果, 使得读者很容易定量性地理解理论方法的物理图像.

目前, 国际核数据界对 Kerma 系数和辐射损伤数据提出了新需求, 核数据库中需要增添相应的新文档信息. Kerma 系数在核医学、反应堆核工程等领域有着实际的应用价值, Li 是聚变堆和加速器驱动次临界堆中需要的核素, C,N,O 是核医学中需要 Kerma 系数数据, Be-9 是反应堆中需要的核素, 都需要 Kerma 系数数据. 如何计算好中子引发轻核反应的 Kerma 系数, 本书中增加了有关物理内容和计算公式. 本书对轻核反应各种途径的运动学给予了比较详细的介绍.

除此之外, 本书还增添了用能级密度描述粒子发射末态的运动学理论公式表示, 严格考虑了各种粒子发射过程中的反冲效应, 因而对各种形态出射粒子以及剩余核的双微分截面在理论上都能够给出保证能量平衡的 Legendre 展开系数的理论公式表示. 其中, 包括了从一次粒子发射后的剩余核在连续态的情况下, 二次粒子发射到其剩余核的分立能级和连续能级态的核反应过程的运动学公式; 并且对在多粒子发射情况下, 当出射粒子的能量比较小时, 应用多步 Hauser-Feshbach 理论计算的运动学公式. 在此基础上得到的双微分截面中的 Legendre 展开系数无论在质心系中还是在实验室系中都能严格保证能量平衡. 这种核反应运动学正是能够计算好 Kerma 系数数据的根源所在. 实际上, 不严格考虑多步粒子发射过程中的反冲效应既不能保证能量平衡, 也不能计算出准确的粒子发射和剩余核的双微分谱, 以及相对应的 Kerma 系数. 在第 5 章中添加了对双微分截面在置方格式和线性格式两种形式下求解出射中子能量平均值的公式, 并逐核地给出了计算每个轻核 Kerma 系数数据的内容.

由于轻核反应的定量描述很强地依赖于轻核核素的能级纲图, 而这些能级纲图正在逐年不断地改进. 若在今后的新能级纲图中的能级有所增减, 并对一些原来不确定自旋宇称能级的状况有所添加和修正, 理论计算结果也会出现相应的改变. 这些都是轻核反应核数据理论计算任重道远的原因之一.

这是一本专业性比较强的基础性著作, 读者需要具有一定的核反应统计理论的基础知识才能比较容易地学习到本书的内容, 另外还需要高等量子力学和一些特殊函数以及群论等的基础数学知识, 此外还需要熟悉国际通用的 ENDB-B 的库格式. 为此, 在书中给出了比较详细的有关基础知识的参考资料, 以便为系统地学习本书的知识提供方便.

对于这种自主发展的轻核反应统计理论制作出的双微分截面文档, 国际上通用的 NJOY 程序是无法对其进行真实有效的中子泄漏谱的基准检验的. 鉴于轻核反应数据的特性, 在第 6 章中说明了对轻核反应双微分截面数据的基准检验功能提出的新的需求, 需要对 NJOY 程序中的一些功能模块进行重造, 才能真正有效地应用轻核反应的双微分截面文档数据, 为全面开展有自主知识产权的核数据处理程序的软件系统起到了促进作用.

书中还逐一提到了, 核数据国家级重点实验室实验测量部的有关人员有计划地积极配合, 用飞行时间法, 在一些缺少实验测量数据的中子入射能点上, 对一些轻核核素的中子双微分截面数据进行了测量, 为理论计算提供了实验的检验基础, 这种合作的经历令人难以忘怀. 这可以作为核反应理论发展与实验测量相结合的典范.

本书出版获得了核数据国家级重点实验室的资助, 在此表示衷心感谢.

作　者

2014 年 8 月于北京

第 一 版 序

1p 壳核的 Li, Be, B, C, N 和 O 通常被称为轻核. 这些核素的核反应研究不仅具有学术性研究价值, 还具有很强的应用性. 但是长期以来, 由于轻核的反应机制的复杂性, 理论上它是一个难度颇大的课题. 国内外自 20 世纪 70 年代就开始着手进行轻核反应的理论研究, 但是始终没能找到成功的理论模型方法. 我很高兴地看到这个难度大的理论课题有所突破, 这就是 "统一的 Hauser-Feshbach 和激子模型理论" 的建立. 该书清晰、深入地论述了轻核反应机制的理论基础, 恰当地介绍了理论的最新发展并着重地阐述了作者及合作者长期从事这方面科研工作所取得的创造性成果.

以往用平衡态核反应统计理论或用直接核反应理论都不能成功描述轻核反应的行为, 然而新的研究表明, 轻核反应应以预平衡机制为主, 这正是国际上现有核反应统计模型计算程序中所缺少的, 也是难以描述轻核反应行为的主要原因. 本研究成果成功揭示了轻核反应中的预平衡机制的重要性, 及其伴随的复杂粒子的形成与发射的规律, 得到了新的认识和相应的理论计算公式, 建立了一套完整的轻核反应理论.

作者以明晰的方式分析出了轻核各有独自特色的反应开放道状况, 为建立计算程序打下扎实的基础. 计算结果能在相当好的程度上再现实验测量的中子双微分截面数据, 这是以前的理论不能所及的, 证实了新理论的成功之处. 在分析中发现了轻核的许多反应道中包含了剩余核的两体和三体崩裂过程, 以及直接三体崩裂过程, 这种非有序发射过程是轻核不同于中重核反应的特点之一.

对于低能中子诱发的轻核反应, 从复合核发射粒子后, 所有的剩余核都是处在分立能级状态, 而分立能级具有自身的自旋和宇称. 而在统一的 Hauser-Feshbach 和激子模型理论中, 包含可以描述以预平衡发射粒子方式到分立能级并保证角动量和宇称守恒的机制, 这是轻核反应理论创新的关键点.

研究中还建立了各种复杂粒子的预形成概率和双微分截面的理论计算公式, 并考虑了不稳定核 ^{5}He 发射的可能性, 以改善理论计算与实验测量的双微分截面在低能端的符合.

由于轻核质量轻, 核反应过程中的反冲效应很强, 需要严格考虑粒子发射过程中的反冲效应. 通过作者细致深入的研究发现, 所有的有序与无序粒子发射过程的运动学可以归为四类, 因此很复杂的轻核发射的运动学行为只需要四类公式就可以进行严格的描述. 这些运动学公式严格保证了核反应的能量平衡, 这是新轻核反应模型中的另一个创新关键点. 轻核反应动力学给出了发射各种粒子的概率大小, 而轻核反应的运动学给出了各种粒子发射分谱在各发射角度上准确的位置和形状. 在此基础上, 作者提供了建立轻核的中子评价数据库中双微分截面文档的理论方法.

我认为该书论述严谨, 内容翔实, 是学术上有所创新的优秀科技著作. 该书比较系统地发展了在轻核反应领域的核反应理论模型方法, 不仅对军工、民用核工程有应用价值, 对核反应理论本身也有学术意义. 在此衷心祝贺《中子引发轻核反应的统计理论》一书的出版.

中国科学院院士　吴式枢

2007 年 4 月 23 日

第一版前言

随着核能应用和核技术的发展, 核数据应用的领域也越来越广泛. 裂变聚变反应堆等核工程、核医学、核天体等诸多领域的探索, 都需要越来越精确的核数据. 就核反应领域而言, 已经建立了各种类型的核反应的理论, 并取得了行之有效的理论成果. 核反应统计理论在中重核、裂变核的应用中取得了很大成功, 国内外已经有许多程序可进行全套核数据的计算. 在这种理论模型程序中, 包含了光学模型, 直接反应, 核反应的平衡统计、预平衡统计. 但在计算 1p 壳的轻核反应时便显得无能为力, 其原因是 1p 壳的轻核反应中出现了独特的反应行为, 以致长期以来缺少合适的理论方法能很好描述 1p 壳核反应双微分截面的物理图像.

1p 壳轻核包括从 Li 到 O 等核素, 简称轻核. 轻核的能级结构与中重核有明显的不同. 对于中重核和易裂变核, 它们分立能级的平均间距从 keV 量级到 eV 量级, 而轻核的分立能级的平均间距却达到 MeV 量级. 另外, 轻核的第一激发态除 ^{7}Li 为 0.4776MeV 外, 其他都大于 1MeV. 特别是 ^{16}O, 竟高达 6.049MeV. 此外, 核谱学目前给出的轻核分立能级纲图的能量区域相当高. 例如, ^{12}C, ^{14}N 和 ^{16}O 给出的最高能级能量分别达到 33.47MeV, 24.0MeV 和 35.0MeV, 能级条数分别达到 56 条, 120 条和 134 条. 目前核谱学测量也在不断精细化, 能级纲图还在不断地更新. 轻核是否在更高激发态有分立能级存在, 随着测量技术的发展可能还会发现少数不稳定的共振态, 但是也可能不再存在有实际意义的分立能级了. 因为, 在 1s 壳核中, d, t, ^{3}He 始终没有发现激发态能级结构的存在, 一旦被足够能量激发, 便会破裂. 对于 ^{4}He 已经测量到有 15 个激发态, 能量达到 29.89MeV. 那么, 对于下一个轻核 ^{6}Li, ^{7}Li 是否有激发态的上限, 这就需要核谱学的进一步研究才能回答. 因此, 对研究核反应而言, 贸然在目前轻核的分立能级之上加入连续能级是很不可靠的. 因为目前没有关于轻核能级密度的知识, 而能级密度是属于中重核的核反应研究的内容.

当前有直接反应及平衡态统计的 Hauser-Feshbach 理论, 是能够描述保证角动量守恒的向分立能级发射的核反应理论. 前者是描述复合核形成之前的核反应过程, 而后者是描述平衡态的核反应理论, 而介于两者之间的预平衡核反应过程的核反应理论, 恰恰缺少了包含有角动量守恒的机制. 而研究表明, 从复合核向剩余核分立能级的预平衡发射正是轻核反应最主要的核反应机制, 而这种核反应机制正是核反应统计理论需要引入的. 为此, 核反应非统计理论中发展包含角动量守恒的物理因素成为关键性的研究课题. 由于核反应的平衡统计理论及直接反应理论是比较成熟的核反应理论, 本书仅做扼要简介, 而集中阐述了用非平衡统计方法描述中子引发轻核反应过程的理论模型内容. 当然, 在此基础上可以比较容易地推广到带电粒子引发的轻核反应过程.

目前计算核反应数据最通用的理论方法是核反应的半经典理论, 在这种模型理论中有模型参数, 通过合理调整这些参数可以大范围地与实验测量数据有很好符合. 另外, 描述核反应的理论中还有量子理论方法, 包括多步复合核和多步直接反应的量子理论, 其特点是在理论上比较严格的, 但是尚未达到计算全套核反应数据的程度. 从目前发展状态来看, 量子理论的理论性强, 半经典理论的实用性强, 这种局面还将要持续相当长的时间.

本书第 1 章中分析了中子引发轻核反应道开放的情况, 给出轻核反应的独有特征. 轻核反应道的开放个性极强. 除了粒子的有序发射外, 还出现了非有序的粒子发射, 使得仅描述有序粒子发射的核反应统计理论无能为力. 为描述好轻核反应的这些特征, 需要在通常的核反应非平衡统计理论的基础上继续发展一些新内容, 这些内容在第 1 章中进行了阐述.

第 2 章对描述轻核反应机制的理论基础进行了介绍. 集中介绍如何在预平衡反应的理论中加入角动量守恒这一物理因素, 发展了与角动量有关的激子模型, 配合平衡态的统计理论, 组成的理论方法被称之为统一的 Hauser-Feshbach 和激子模型理论. 为了在理论上可以描述好轻核这个最主要的核反应机制, 详细介绍了与角动量有关的激子模型, 还介绍了对任意单粒子密度的核系统求解激子态密度核 Pauli 原理修正值的置换群方法, 以及对粒子发射率、光学模型、宽度涨落修正等理论的简介. 第 3 章介绍了单粒子发射率和单粒子发射的双微分截面的理论公式, 以及推广的激子模型主方程. 第 4 章主要介绍复杂粒子发射率, 并考虑了在轻核反应中 ^{5}He 的发射. 在原有的 Iwamoto-Harada 理论模型基础上, 考虑了与激子数有关的动量分布后, 用占据数方程得到的在相空间的平均占据数, 得到了复杂粒子预形成概率改进的理论公式, 建立了各种复杂粒子发射的双微分截面理论模型公式.

由于轻核质量轻, 核反冲效应很强, 甄别出射粒子双微分谱的正确性之一是看是否在核反应理论中能保证能量平衡. 在第 5 章中给出了各种粒子有序发射过程, 以及包括三体崩裂过程的非有序发射过程中, 严格考虑粒子发射反冲效应的核反应运动学公式. 结果发现, 所有有序与无序粒子形形色色的发射过程的运动学可以归纳为四类, 即看来很复杂的轻核粒子发射的运动行为只需要四类公式就可以描述. 这些运动学公式可以给出在各种形态下严格保证了能量平衡的粒子发射的双微分谱公式描述. 另外, 在本章中还对核医学等领域中关心的 Kerma 系数进行了简介, 并给出了角分布和双微分截面在质心系和实验室系之间的转换公式.

第 6 章给出理论计算结果如何与实验测量数据比较的内容, 包括能谱展宽效应. 检验数据的准确性可以来自两个方面: 一个是与实验测量的双微分截面的符合,称为核数据的微观检验; 另一个是与中子穿透大块物质的中子泄漏谱实验测量数据的符合, 称为核数据的基准检验 (benchmark). 第 6 章给出在上述两个方面检验的示例.

由于以前没有合适的理论方法对轻核反应行为进行准确的描述, 1995 年, 在当时主管核数据的胡进修女士建议下开展了轻核反应理论研究这个课题. 其后不断得到她的大力支持和鼓励, 在此表示我的诚挚的感谢.

在统一的 Hauser-Feshbach 和激子模型理论框架下, 发展了一个专门描述轻核反应的理论模型. 对个性极强的轻核反应, 逐核编写了中子引发轻核反应数据理论计算的 LUNF 程序系列. 在此基础上, 成功地再现了中子双微分截面实验测量数据, 提供了用理论方法建立双微分截面文档手段, 给出了保证了能量平衡的全部出射粒子的发射信息. 研究发现, 确实是以预平衡方式发射粒子到分立能级的反应机制占了最主要的成分, 这是当初发展统一的 Hauser-Feshbach 和激子模型理论所始料未及的, 这才展现了这个半经典核反应理论的真正价值所在. 通过应用计算表明, 轻核反应仍然可以用统计物理的方式进行描述, 其中也理解了在预平衡发射过程中, 不考虑角动量守恒这个物理因素就不能够描述轻核反应行为的主要原因. 轻核质量轻, 反冲效应很强, 只有用严格的核反应运动学才能给出合理的粒子出射谱的形状并保证能量平衡.

通过对复杂轻核反应途径的明晰分析, 以及在轻核反应中粒子非有序发射的特征, 建立了轻核反应理论, 由此将核反应统计理论应用的核素范围拓宽到了 1p 壳轻核.

我一直将一位德高望重的理论物理界老前辈的话铭记心头, "理论要联系实际, 但是一个理论是不能完全准确地描述好实际的, 因为实际是包罗万象的, 太复杂了, 而是要看能不能抓住主要矛盾". 因此, 理论的发展永远是无止境的, 需要继续不断创新. 轻核反应理论的发展仍是任重道远, 正如书中指出的存在问题那样, 需要进行不懈的努力, 才能做出更好的成果.

参加轻核反应理论研究的还有韩银录研究员及其研究生, 他们得到了每个轻核光学势的最佳参数值, 为轻核理论计算打下扎实的基础; 配合轻核反应的理论发展, 吴海成博士在基准检验方面做了大量有效的工作. 蔡崇海教授和孙小军教授对本书稿进行了认真的审阅, 并提出了宝贵的建议; 段军锋博士和王记民博士在理论计算、数据评价和本书绘图等方面做了大量工作. 在各方协同努力下, 完成了这一研究课题. 本书出版获得了中国核数据中心的资助, 在此表示衷心的感谢.

作　者

2009 年 1 月 20 日于北京

目　　录

第1章　中子引发 1p 壳轻核反应道的开放途径

1.1　引　　言

1p 壳轻核包括 Li, Be, B, C, N, O 等核素, 被称为轻核. 其中有的轻核仅有一个稳定同位素, 而有的轻核具有几个稳定同位素. 以下所称的轻核就是指 1p 壳的核素. 从目前来说, 中子引发的中重核以及易裂变核的核反应行为已经有比较成熟的统计理论模型来描述, 并且有各种类型的理论计算程序, 可以计算各种类型的核反应数据, 并且在国际上已经建立了包含相当多核素的评价中子数据库.

然而, 在中子引发轻核的核反应过程中, 却出现了中重核反应所没有的某些独特行为, 例如, 会出现非有序的粒子发射, 不同轻核之间开放的反应道会非常不同. 同样, 由带电粒子引发的轻核反应也具有相同的特征. 因此轻核反应机制具有相当的复杂性, 使得描述轻核反应过程比描述中重核反应具有更大的难度. 粒子入射到靶核之中, 形成了被激发的复合系统 (excited composite nuclear system). 当初, 在仅有低能核反应的玻尔 (Bohr) 时代, 建立了著名的复合核理论, 从此复合核 (compound nucleus) 一词就意味着平衡态核反应统计理论. 但是, 随着入射粒子能量的提高, 从该激发的复合系统发射的粒子行为超出平衡态统计理论所能描述的理论框架, 因此, 继而发展了平衡前发射的非平衡统计理论, 被称为预平衡发射机制. 这时从激发的复合系统发射的粒子, 既有平衡态发射, 又有预平衡态发射. 需要强调说明的是, 本书中仍称这个激发的核系统为复合核 (composite nucleus), 但是它已超出了原有玻尔的复合核含义. 因此, 下面的复合核一词就指粒子入射到靶核之中形成的被激发的复合系统, 从它既可以平衡态机制的发射, 也可以有预平衡机制的发射.

在入射中子能量不是很高时, 中子诱发轻核反应的一个突出的特点是, 从复合核发射一次粒子后, 其剩余核都是处于分立能级态, 而二次以上的粒子发射, 被称为次级粒子发射, 都是从剩余核的分立能级发射到其后剩余核的分立能级. 从轻核的能级纲图上可以看出, 它们的分立能级中有相当多的能级宽度达到几百 keV, 甚至达到几个 MeV 的数量级, 这说明了这些分立能级是很不稳定的, 可以继续发射次粒子, 而有些不稳定能级存在既可发射次级粒子又可伴随 γ 退激的竞争过程. 中子引发轻核反应的另一个特点是, 由于这些核的质量比较小, 发射粒子后的有些剩余核会是不稳定的核素, 例如, ^{5}Li, ^{5}He, ^{6}He, ^{8}Be 等, 它们都会自发产生两体崩裂或三体崩裂, 上述这种核反应机制在中重核反应中是没有出现过的. 另外, 由于核素的能级结构都具有各自的自旋和宇称, 因此, 从不同的分立能级发射粒子的行为彼此各不相同. 这就会造成发射到同一个剩余核的不同能级可以属于不同的核反应道. 同时, 由于轻核的质量轻, 其发射粒子的反冲效应比较强, 由运动学的结果可以看出, 一次粒子发射的剩余核的能量在质心系中虽然是单能的, 但是从在质心系中处于运动状态的剩余核的分立能级再次发射次级粒子时, 出射粒子在质心系中形成连续谱状态, 其能谱宽度有时可以达到几个兆电子伏, 在第 5 章中从运动学角度将详细介绍这方面的内容. 因此, 这种次级粒子发射在质心系中是一个连续谱的状态, 是需要用双微分截面来描述的. 中子诱发的轻核反应的又一个特点是, 由于它们的核素内的核子数较少, 入射粒子进入核内发射级联碰撞的概率较小, 从而到达平衡态的概率比较小, 因此轻核反应的又一个重要特征是在平衡前发射的概率很大.

在表 1.1 中给出了 ^{5}Li, ^{5}He, ^{6}He, ^{8}Be 的能级纲图, 包括能级能量、自旋、宇称, 它们分别取自文献 (Firestone et al.,1996) 和文献 (Tilley et al.,2004). 可以看出, 20 世纪末与 21 世纪初相比较, 这些轻核的能级纲图的内容已经有了明显的改进. 某些能级的能量、自旋、宇称有了改变. 有增加的新能级, 也有被新实验测量证实要删除的能级. 可以说随着实验测量手段和精度的提高, 能级纲图将会不断更新. 特别是 ^{5}Li 的第 2 激发能级由原来的 7.5MeV 变为 1.49MeV, ^{5}He 的第 2 激发能级由原来的 4.0MeV 变为 1.27MeV, 这就会使该能级的开放阈能大大降低. 同样, 新测量出 ^{6}He 的第 2 激发能级在 5.6MeV, 这样从 ^{6}He 发射中子的阈能比原来在 13.6MeV 的第 2 激发能级下降很多, 相应的双微分截面谱也会发生明显变化. 这样在 n+^{6}Li, n+^{7}Li, n+^{9}Be 等中子引发的轻核反应中, 剩余核是在 ^{6}He 的情况下, 会较早地出现由 ^{6}He 的第 2 激发能级发射中子, 而这时剩余核是 ^{5}He, 它是不稳定核素, 会自发崩裂为 n + α. 而原来 ^{6}He 的第 2 激发能级在 13.6MeV 时, 当入射中子

表 1.1　^{5}Li, ^{5}He, ^{6}He 的能级纲图

^{5}Li		^{5}He		^{6}He	
1996 $[E(J^\pi)]$	2004 $[E(J^\pi)]$	1996 $[E(J^\pi)]$	2004 $[E(J^\pi)]$	1996 $[E(J^\pi)]$	2002 $[E(J^\pi)]$
gs (3/2$^-$)	gs (3/2$^-$)	gs (3/2$^-$)	gs (3/2$^+$)	gs (0$^+$)	gs (0$^+$)
	1.49(1/2$^-$)		1.27(1/2$^-$)	1.797(2$^+$)	1.797(2$^+$)
7.5(1/2$^-$)		4.00(1/2$^-$)			5.6 (2$^+$)
16.66(3/2$^+$)	16.87 (3/2$^+$)	16.75(3/2$^+$)	16.84(3/2$^+$)	13.6(1$^-$)	14.6(1$^-$)
18.0(1/2$^-$)			19.14(5/2$^+$)	15.5	15.5
	19.28(3/2$^-$)		19.26(3/2$^+$)	25.	23.3
20.0(3/2,5/2$^+$)	20.53(1/2$^+$)	19.8(3/2,5/2$^+$)	19.31(7/2$^+$)	32.	32.
				36.	36.

注: 能级能量单位是 MeV, 表中没给出能级宽度的能级表示目前实验上还无法确定. 1996 表示取自同位素第八版 (Firestone et al.,1996); 2004 表示取自美国三角大学国家实验室(Tilley et al., 2002a, 2004). gs 表示基态.

能量在 17MeV 以下时, 没有激发 ^{6}He 的第 2 激发能级的反应途径出现. 同样, 按照老的能级纲图进行理论计算时, 就会丢失来自 ^{6}He 的第 3 激发能级出射中子后, 相继产生的两个中子和一个 α 粒子, 使得理论计算中的双微分截面谱中丢掉了相应的分谱成分. 可以说美国三角大学国家实验室新能级纲图(Tilley et al., 2002a, 2002b, 2004) 为轻核反应的截面和双微分截面的理论计算的重大改进提供了核谱学的重要基础.

　　由此可见, 随着新的能级测量手段的不断精确化, 能级能量位置可以出现几个 MeV 的变化, 新能级被添加, 未被确定的能级自旋宇称逐渐被确定. 当然, 在更

表 1.1(续)　　^{8}Be 的分立能级纲图

1996		2004	
$[E(J^\pi)]$	Γ	$[E(J^\pi)]$	Γ
gs (0^+)	6.8eV	gs (1^+)	6.8eV
3.040(2^+)	1.50MeV	3.060(2^+)	1.37MeV
11.400(4^+)	3.5MeV	11.35(4^+)	3.5MeV
16.626(2^+)	108.1keV	16.626(2^+)	108.1keV
16.922(2^+)	74.0keV	16.922(2^+)	74.0keV
17.640(1^+)	10.7keV	17.640(1^+)	10.7keV
18.150(1^+)	138keV	18.150(1^+)	138keV
18.910(2^-)	122MeV	18.910(2^-)	122MeV
19.070(3^-)	270keV	19.070(3^-)	270keV
19.240(3^+)	230keV	19.240(3^+)	227keV
19.400(1^-)	650keV	19.400(1^-)	645keV
19.860(4^+)	700MeV	19.860(4^+)	700MeV
20.100(2^+)	1.1MeV	20.100(2^+)	880keV
20.20$((0^+)$	<1MeV	20.20(0^+)	720keV
20.90(4^-)	1.6MeV	20.90(4^-)	1.6MeV
21.500(3^+)	1MeV	21.500(3^+)	1MeV
22.000(1^-)	4MeV	22.000(1^-)	4MeV
22.050	270keV	22.050	270keV
22.200	0.8MeV	22.200(2^+)	0.8MeV
22.630(2^+)	100keV	22.630(2^+)	100keV
22.980	230keV	22.980	230keV
24.00$(1^-,3^-)$	7MeV	24.00$(1^-,3^-)$	7MeV
25.200(2^+)		25.200(2^+)	
25.500(4^+)		25.500(4^+)	
27.494(0^+)	5.5keV	27.4941(0^+)	5.5keV
28.600			
32.0		32.0	1MeV

　　注: 能级能量单位是 MeV, Γ 表示能级宽度. 表中没给出能级宽度的能级表示目前实验上还无法确定. 1996 表示取自同位素第八版 (Firestone et al.,1996); 2004 表示取自美国三角大学国家实验室 (Tilley et al.,2004). gs 表示基态.

高激发能状态的分立能级还有相当多的不确定因素. 例如, ^{6}He 高能量分立能级的自旋和宇称都还没有被确定. 可以说, 核结构的知识在不断深化, 而且这个发展过程还是任重道远的.

上述这些不稳定核素, 它们的基态和激发态都会自发进行两体崩裂. 例如, 对于基态而言, 两体崩裂 ^{5}Li→p+α, 释放出 1.966MeV 的能量, 而两体崩裂 ^{5}He→n+α, 释放出 0.894MeV 的能量. 另外, 对于 ^{5}Li 核, 第 3 分立能级 $E_k = 16.87(3/2^+)$ 及以上的激发态还可以发射 d 核, 剩余核为 ^{3}He, 表示可以发生 ^{5}Li→d+^{3}He 的衰变过程, 同时释放出 $E_k - 16.387$MeV 的能量. 同样, 对于 ^{5}He 核, 第 3 分立能级 $E_k = 16.84(3/2^+)$ 及以上的激发态也可以发射 d 核, 剩余核为 t, 表示可以发生 ^{5}He→ d+t 的衰变, 同时释放出 $E_k - 16.696$MeV 的能量.

尤其特殊的是 ^{6}He 核, 其基态是不稳定的, 是由 β$^-$ 衰变到 ^{6}Li 核. ^{6}He 核第 1 激发态能级的激发能是低于发射中子的阈能, ^{6}He 是通过三体崩裂反应 ^{6}He → n+n+α 进行衰变, 释放出 0.824MeV 的能量, ^{6}He 的第 2 激发态已经允许发射中子, 即 ^{6}He → n+^{5}He, 而 ^{5}He 又是不稳定核, 自发崩裂为 n+α. 虽然其结果也是 ^{6}He→n+n+α, 但是上述两个不同反应过程的出射中子能谱是彼此不相同的. ^{6}He 的第 3 激发态 $E_k = 14.6(1^-)$ 及以上的分立能级还可以分裂为两个氚核, 即 ^{6}He→t+t 过程, 并释放出 $E_k - 12.306$MeV 的能量.

对于 ^{8}Be 核, 其能级纲图的最新版本是在 2004 年公布的 (Tilley et al.,2004), 能级改动不大, 仅在一些能级宽度上有所更新. ^{8}Be 核是不稳定核素, 基态和第 1~4 激发能级都是通过自发崩裂为两个 α 粒子, 即 ^{8}Be→ α + α 过程, 并释放出 $E_k + 0.092$MeV 的能量, 其中 E_k 是 ^{8}Be 的激发能级的能量. 在 ^{8}Be 的第 5 激发态 17.640(1$^+$) 及以上的分立能级都可以发射质子, 剩余核为 ^{7}Li, 而 ^{8}Be 的第 7 激发态 18.91(2$^-$) 及以上的分立能级都可以发射中子, 剩余核为 ^{7}Be, 而 ^{7}Be 又是不稳定核, 由电子俘获衰变为 ^{7}Li, 寿命是 53.29 天. 因此, ^{8}Be 的第 5 和第 6 激发态存在 ^{8}Be→ α+α 与 ^{8}Be→p+^{7}Li 的竞争, 而在第 7 激发态以上则存在 ^{8}Be→ α + α 与 ^{8}Be→ p +^{7}Li 以及 ^{8}Be→ n +^{7}Be 的竞争.

由上面的介绍可以看出, 在中子诱发的轻核反应过程中, 若包含了上述的不稳定剩余核, 就会出现剩余核集团的两体崩裂或三体崩裂过程, 以及高激发态能级存在多种粒子发射竞争的反应机制, 这是造成轻核反应复杂性的原因之一, 也是轻核反应的特征之一.

记中子入射能为 E_n, 而 m_n、M_T 和 M_C 分别表示中子、靶核和复合核的质量. 当中子轰击在实验室系中处于静止的靶核时, 入射中子必然要付出一定能量产生复合核在实验室系中的运动动能, 由动量守恒条件, 得到在非相对论情况下质心的运动速度为

$$V_C = \frac{\sqrt{2m_n E_n}}{M_C} \tag{1.1.1}$$

而复合核在实验室系中的动能 E_R 为

$$E_R = \frac{1}{2} M_C V_C^2 = \frac{m_n}{M_C} E_n \qquad (1.1.2)$$

由能量守恒条件, 入射粒子进入靶核贡献到核激发在质心系中的动能为 $E_C = M_T E_n / M_C$, 再加上中子带入到复合核中的结合能 B_n 后, 得到的复合核激发能公式为

$$E^* = \frac{M_T}{M_C} E_n + B_n \qquad (1.1.3)$$

可以看出, 入射中子贡献到激发能部分与贡献到复合核在实验室系中的动能部分之比为 M_T / m_n. 对于质量重的靶核, 这个比值很大, 而对于轻核而言, 这个比值就明显相对小了. 这说明, 对于轻核而言, 质心运动速度就比较大, 因此, 在质心系和实验室系中的运动行为就会有明显差别, 而对于中重核这种差别就相对比较小了. 特别是易裂变核, 质量数超过 200 时, 在质心系和实验室系的行为就几乎相同了.

　　下面介绍反应道的 Q 值和阈能值的计算方法. 一个反应道的 Q 值是指核反应前后的质量差, 可以用质量表计算给出. Q 值大于 0 的反应是放能反应, 而 Q 值小于 0 的反应是吸热反应, 也称有阈反应. 对于中子引发的核反应过程中的非弹性散射道而言, 是指发射一个中子后, 达到剩余核的某个激发态能级, 而这个能级只是由 γ 退激方式来结束核反应过程. 上面所说的非弹性散射道, 对于中重核, 总是由第 1 激发态能级开始, 而对于轻核却有所不同. 例如, ^{6}Li 的第 1 激发态能级能发射氘核, 剩余核是 ^{4}He, 属于 (n,nd)α 反应道, 而第 2 激发态能级才是以 γ 退激的方式来结束核反应过程, 因此发射中子到 ^{6}Li 的第 2 激发态能级才属于真正的非弹性散射. 这又是轻核反应不同于中重核反应的特征之一.

　　所谓一个反应道的阈能是指开放这个反应道需要的最小中子入射能量. 以中重核反应为例, 对于仅发射一个粒子的反应道而言, 复合核激发能需要付给出射粒子发射带走的结合能 B_1, 再考虑发射粒子产生的反冲动能, 反应道的阈能值为

$$E_{th} = \max \left\{ 0, \frac{M_C}{M_T} (B_1 - B_n) \right\} = \max \left\{ 0, -\frac{M_C}{M_T} Q \right\} \qquad (1.1.4)$$

其中, 一个反应道的 Q 值等于入射中子结合能减去出射粒子的结合能. 式 (1.1.4) 是在中重核反应中常用的公式. 但是, 这个公式的应用是具有局限性的, 式 (1.1.4) 的第二式的成立仅可用于剩余核为稳定核素. 对于轻核反应, 由于发射各种粒子后剩余核都处于分立能级态, 而有些剩余核是不稳定的, 会在自发崩裂过程中释放能量, 这时就不能简单用核反应的 Q 值来确定反应道的反应阈能值了. 例如, ^{6}Li(n,d) 反应道的剩余核是 ^{5}He, ^{5}He 会自发崩裂成一个中子和一个 α 粒子, 并释放出 0.894MeV 的能量. 这时中子在 ^{7}Li 中的结合能是 7.249MeV, 而氘核在 ^{6}Li 中的

结合能是 9.619MeV. 由 (1.1.4) 第一式计算得到的这个反应道的阈能为 2.765MeV. 另一方面, 由于 ^{6}Li 与 d+α 的质量差是 −1.475MeV, 这就是这个反应道的 Q 值, 而代入到 (1.1.4) 第二式计算出的阈能是 1.721MeV, 显然与前者的结果不同, 相差的能量达到 1MeV 之多. 这就是因为这个反应道的剩余核是非稳定核素, 会自发崩裂, 并释放出能量. 在这种情况下, 一个反应道的阈能只能由出射粒子的结合能减去中子的结合能, 再乘上反冲效应产生的因子 M_C/M_T 来得到. 而该反应道的 Q 值却是由这个反应道的前后所有粒子的质量差得到的. 因此, 在这种情况下, 在式 (1.1.4) 中由反应 Q 值来确定核反应阈能的途径是不成立的. 也就是说, 式 (1.1.4) 不是普遍适用的公式, 仅用于剩余核为稳定核素的情况. 而当轻核反应的剩余核为 ^{5}Li, ^{5}He, ^{8}Be 等情况下, 这时式 (1.1.4) 的第二个关系就不成立了. 换句话说, 式 (1.1.4) 中第一个关系式求解阈能值是普遍成立的, 而第二个关系式不是普遍成立的.

对于带电粒子发射, 由于库仑位垒的阻止效应, 实际出现带电粒子发射对应的中子入射能量要大于式 (1.1.4) 给出的阈能值. 核的电荷数越大, 库仑位垒阻止带电粒子出射的效应越强. 但对于轻核, 由于电荷数小, 库仑位垒的阻止效应要比中重核的弱. 下面给出库仑位垒高度的估算方法. 如果将核看成均匀带电球, 库仑位垒高度 V_{coul} 可以近似地表示为

$$V_{coul} \approx \frac{Z_B Z_b e^2}{R_c} \tag{1.1.5}$$

这里, Z_b 和 Z_B 分别表示被发射的带电粒子和剩余核的电荷数, 对于中子入射情况, 库仑场半径 R_c 可以近似表示为

$$R_c \approx r_c(A_b^{1/3} + A_B^{1/3}) \tag{1.1.6}$$

这里, A_b 和 A_B 分别表示被发射的带电粒子和剩余核的质量数. 式 (1.1.6) 中的半径参数约为 $r_c \approx 1.2 \sim 1.5$fm, 其值大小与剩余核的变形状态有关. 另外对于 $A_b \leqslant 4$ 的粒子, 它们的均方根半径有实验测量值 (参见第 4 章的表 4.4), 因此可以直接使用半径的实验测量值, 而不用近似估算的 $r_c A_b^{\frac{1}{3}}$ 公式表示计算, 因为两者之间会有明显差别.

因此, 带电粒子从处于激发态的分立能级发射到剩余核的某个分立能级时, 允许发射的条件是, 这两个分立能级之间的能量差必须大于出射粒子在母核中的结合能加上库仑位垒值. 式 (1.1.5) 能给出库仑位垒高度的近似估算值. 仍以 ^{6}Li 为例, 氘核在 ^{6}Li 中的结合能为 1.475MeV, 由式 (1.1.5) 估算的发射氘核的库仑位垒高度为 0.674MeV, 两者相加为 2.149MeV, 而它的第 1 激发能级能量为 2.186MeV, 因此, ^{6}Li 的第 1 激发态能级是可以发射氘核的, 这与实验观测的事实相符.

对于整个非弹性散射道, 其反应道的 Q 值就是以 γ 退激方式来结束反应过程的最低分立能级能量 $E_{k,min}$, 因此整个非弹性散射道的阈能值为

$$E_{th} = \frac{M_C}{M_T} E_{k,min} \tag{1.1.7}$$

正如前面所述, 在轻核反应中, 发射非弹性散射的最低分立能级可以不是靶核的第 1 激发能级. 如果在靶核中有多个靶核的能级存在非弹性散射过程, 那么, 每个能量为 E_k 的能级对应的非弹性散射阈能值为

$$E_{k,th} = \frac{M_C}{M_T} E_k \tag{1.1.8}$$

对于多次粒子发射的反应道, 激发能需要付出多次粒子发射在母核中的结合能. 同样, 剩余核是稳定核时, 阈能值的计算公式为

$$E_{th} = \frac{M_C}{M_T} \left(\sum_i B_i - B_n \right) \tag{1.1.9}$$

其中, B_i 是第 i 次粒子发射在母核中的结合能. 同样, 对于带电粒子发射, 仍然存在库仑位垒的阻止粒子发射效应, 需要将每次带电粒子出射对应的库仑位垒值加入, 这时在式 (1.1.9) 中的 B_i 就需要改写为 $B_i + V_{i\,coul}$. 由此可见, 真正出现多次带电粒子发射的反应对应的中子入射能量值, 远比式 (1.1.9) 直接给出的值要明显高.

另外, 需要指出的是, 由于多次粒子发射过程都是经过若干中间核素的分立能级, 因此实际开放这个反应道的入射中子能量也要明显比式 (1.1.9) 给出的要高. 这也是由于轻核反应的特点而造成. 对于中重核反应而言, 核反应统计理论中应用了连续能级, 而连续能级表示在任何的能点都有能级的存在. 而在轻核反应中, 发生一个粒子发射需要的能量最小值在母核的激发能处没有能级存在, 而只能从比这个能量最小值更高的分立能级处发射该粒子. 依此类推, 从最后发射的粒子反推到第一粒子发射, 这种积累效应更加明显, 因此造成实际开放这个反应道的入射中子能量要明显比式 (1.1.9) 给出的要高得多. 这种情况的具体讨论详见 1.2 节.

在下面各节中, 将分别给出中子引发轻核中每个丰度比较大的轻核的核反应道开放的途径. 而这些内容可以很容易推广到带电粒子引发的轻核反应的反应道开放的途径分析.

为此, 需要对 1p 壳中的每个轻核的反应过程进行仔细分析, 不仅要对开放的反应道进行仔细剖析, 而且还需要对各种粒子发射的核反应机制进行研究, 才有可能对 1p 壳轻核的核反应过程做出比较准确的理论描述. 由这些开放道的分析可以看出, 它们开放的反应道彼此之间是非常不同的, 个性极强, 很难用公共反应道的方式来计算轻核反应过程. 而对于中重核而言, 可以按公共反应道的方式设计一个统一的理论计算程序对许多核的反应过程做统一的理论描述.

1.2　n+⁶Li 的反应道的开放途径

⁶Li 是 1p 壳核素中最轻的核, 天然丰度为 7.59%, 是造氚的重要核素. 表 1.2 给出了 ⁶Li 的分立能级纲图, 其中 1996 取自同位素第八版 (1996 年)(Firestone

et al.,1996), 2002 则是美国三角大学在 2002 年更新的能级纲图 (Tilley et al.,2002a). 由表 1.2 可以看出, 后者与前者相比较, 去掉了一些能级, 也增加了一些能级, 若干能级的能量、自旋、宇称和能级宽度都有不少改进.

表 1.2 　^{6}Li 的分立能级纲图

1996		2002	
$[E(J^\pi)]$	Γ	$[E(J^\pi)]$	Γ
gs (1^+)	stable	gs (1^+)	stable
$2.186(3^+)$	24.2keV	$2.186(3^+)$	24.2keV
$3.56288(0^+)$	8.2eV	$3.56288(0^+)$	8.2eV
$4.310(2^+)$	1.72MeV	$4.312(2^+)$	1.30MeV
$5.366(2^+)$	540keV	$5.366(2^+)$	541keV
$5.65(1^+)$	1.52MeV	$5.65(1^+)$	1.5MeV
$15.8(3^+)$	17.8MeV		
		$17.985(2^-)$	3.012MeV
$21(2^-)$			
$21.5(0^-)$			
$23(4^+)$	12.2MeV		
		$24.779(3^-)$	6.754MeV
$25(4^-)$		$24.89(4^-)$	5.316MeV
$26.6(3^-)$		$26.59(2^-)$	8.684MeV
$31(3^+)$			

注: 能级能量单位是 MeV, Γ 表示能级宽度. 表中没给出能级宽度的能级表示目前实验上还无法确定.

　　由表 1.2 可以看出, 能级宽度也可以用时间来表示能级寿命. 如果能级寿命较长则可用时间单位表示, 如 1fs 表示 10^{-15}s, 这是电磁相互作用的时间尺度. 但是, 轻核的许多能级都非常不稳定, 用时间单位表示很不方便. 因此利用量子力学中能量与时间的不确定性关系 $\Delta t \Delta E \approx \hbar$, 将时间单位表示的寿命换成能量单位表示的宽度会更方便. 例如, 1MeV 的能级宽度对应的能级寿命为 $\Delta t \approx 6.6 \times 10^{-22}$s, 这是直接反应或预平衡核反应过程的时间尺度. 而 1eV 的能量不确定度对应的时间不确定度为 6.6×10^{-16}s, 这相当于平衡态复合核的寿命. 而 1fs 对应的能级宽度为 0.66eV.

　　由表 1.2 还可以看出, ^{6}Li 的能级除基态外, 其他能级的能级宽度都比较大, 仅第 2 激发能级的宽度是 eV 量级, 第 1 激发能级宽度是几十 keV 量级, 其他的能级宽度可达到几个 MeV 量级. 其中, 除第 2 激发能级是通过 γ 退激外, 其他激发能级都可以发射次级粒子. 原来在同位素第八版 (Firestone et al.,1996) 给出的第 6 激发能级宽度竟然达到 17.8MeV, 对应的能级寿命是 3.7×10^{-23}s, 比一般能量情况下的核子穿过核素的时间还要短, 很难想象这是一条什么样的能级, 应用这个能级进行理论计算时, 能级展宽后的双微分谱的宽度大得出奇. 在计算的中子出射双微分谱的分谱中几乎是很低的一条平线, 很难看出这个能级的实际贡献. 果然, 在 2002 年更新的能级纲图 (Tilley et al, 2002a) 中, 否定了这条能级的存在.

由于在理论模型计算中, 能级纲图是用实验测量的数据作为输入数据的, 这在总出射中子双微分截面谱的计算结果可以看出, 应用新的能级纲图之后, 理论计算结果与实验测量数据之间的符合程度有了明显的改进. 当然, 计算中也包括了前面提到的 ^{5}Li, ^{5}He, ^{6}He 等有关核素能级纲图结构的改进. 可见, 准确的能级纲图对轻核反应理论计算的重要性. 中子引起 ^{6}Li 反应的开放反应道及 Q 值和阈能由下式给出

$$n +^6 Li \rightarrow^7 Li^* \rightarrow \begin{cases} \gamma +^7 Li & Q = 7.2490\text{MeV}, & E_{th} = 0.000\text{MeV} \\ n' +^6 Li & Q = -3.5629\text{MeV}, & E_{th} = 4.1603\text{MeV} \\ p +^6 He & Q = -2.7250\text{MeV}, & E_{th} = 3.1820\text{MeV} \\ d +^5 He & Q = -2.3700\text{MeV}, & E_{th} = 2.7674\text{MeV} \\ t + \alpha & Q = 4.7820\text{MeV}, & E_{th} = 0.0000\text{MeV} \\ 2n +^5 Li & Q = -5.6660\text{MeV}, & E_{th} = 6.6161\text{MeV} \\ n + p +^5 He & Q = -4.5940\text{MeV}, & E_{th} = 5.3644\text{MeV} \\ n + d + \alpha & Q = -1.4750\text{MeV}, & E_{th} = 1.7223\text{MeV} \\ p + 2t & Q = -15.0310\text{MeV}, & E_{th} = 17.5515\text{MeV} \end{cases}$$

其中, 氚的生成截面主要来自反应道 (n,t)α 的贡献, 其 Q 值为 4.7820MeV, 是放能反应, 在入射中子能量比较低时截面很大. 因此 ^{6}Li 是造氚的重要核材料. 在反应道 (n,p)^{6}He 中, ^{6}He 处于基态时, 属 (n, p) 反应道; 当 ^{6}He 处于第 1 激发态时, 会通过三体崩裂为两个中子和一个 α 粒子, 属于 (n, 2np)α 反应道. 而 (n, 2n)^{5}Li 和 (n, np)^{5}He 反应道的剩余核分别为 ^{5}Li 和 ^{5}He, 它们都不稳定, 分别立即崩裂为 p + α 和 n + α, 也都属于 (n, 2np)α 反应道. (n, d)^{5}He 剩余核 ^{5}He 自发裂变为 n + α, 则属于 (n, nd)α 反应道.

^{6}Li 是一个集团结构很强的核素, 当中子入射到 ^{6}Li 上并发射一个中子后, 余核 ^{6}Li 的第 1 激发态就发射 d, 剩余核是 α 粒子. ^{6}Li 的第 2 激发态虽然在能量上可以发射 d, 但是由于自旋字称的限制, 却不能开放 (n,nd)α 反应道. 这是由于 ^{6}Li 的第 2 激发态的自旋字称为 0^+, 即总角动量为 0; 而 d 的自旋是 1, α 粒子自旋是 0, 两者总角动量是 1. 为保证角动量守恒, 发射 d 的轨道角动量必须为 $l = 1$, 因此轨道字称为 $(-1)^{l=1} = -1$, 这要求核反应前后核体系的字称必须相反. 但是, 从字称守恒看, 第 2 激发态的字称为 +1, d 和 α 粒子的字称都是 +1, 因此字称守恒要

求发射 d 的轨道角动量必须为偶数, 轨道角动量 $l = 1$ 是被宇称守恒所禁戒的. 这样, ^{6}Li 的第 2 激发态只能通过发射 γ 退激到它的基态, 这是 ^{6}Li 的唯一非弹性散射道.

因此, 中子引起 ^{6}Li 反应的开放反应道归结起来有 (n, γ), (n, n'), (n, p), $(n, t)\alpha$, $(n, nd)\alpha$, $(n, 2np)\alpha$ 和 $(n, p2t)$ 七个反应道. 除 (n, γ) 辐射俘获反应道外, 其余的前三个反应道属于单粒子发射过程, 这种两体反应中出射粒子和剩余核的能量是确定的, 仅用角分布来描述, 而后三个反应道则是多粒子发射过程, 因此 $(n, nd)\alpha$, $(n, 2np)\alpha$ 和 $(n, p2t)$ 这三个反应道则必须用双微分截面才能准确描述 (Zhang,2001b).

当然, 在中子入射能量足够高时, 正如前面介绍的, ^{5}Li, ^{5}He, ^{6}He 在高激发态的行为, 除了 $(n, d)^5$He→$(n, nd\alpha)$ 反应道外, 还可能有 $(n, d)^5$He→$(n, 2dt)$ 反应道. 相对于 $(n, 2n)^5$Li→$(n,2np\alpha)$ 反应道, ^{5}Li 的高激发态还可能开放 $(n, 2n)^5$Li→$(n, 2nd)^3$He 反应道. 类似地, 相对于 $(n, np)^5$He→$(n, 2np\alpha)$ 反应道, ^{5}He 的高激发态也可能开放 $(n, np)^5$He→$(n, npdt)$ 反应道.

对于轻核反应, 由于发射各种粒子后剩余核都处于分立能级态, 如前所述, 因此一些反应道的阈能值不能像中重核那样, 可以由反应 Q 值来简单地得到. 而且, 对于多粒子发射核反应过程, 对于同一个反应道, 对不同粒子发射顺序可以有不同的阈能值, 这是由轻核能级纲图的特性确定的, 这也是轻核反应的另一个特点. 下面介绍估算开放两次粒子发射需要入射中子的最小能量的方法. 这个方法可以延伸用到更多次粒子的发射过程.

对于发射两个粒子到剩余核的 E_2 分立能级态的情况. 其中, 第一次粒子发射后达到可以发射第二粒子的分立能级能量为 E_1, 记发射第二粒子能量为 ε_2. 二次粒子发射后的能量分配包含四项, 第二粒子发射携带能量 ε_2, 是两个有确定能量的能级间发射的; 在质心系中剩余核携带能量为 $m_2\varepsilon_2/M_2$, 其中 m_2 是被发射第二粒子的质量, M_2 是其剩余核的质量; 另外还要付出粒子在 E_1 状态核中的结合能 B_2, 再有就是剩余核的激发能 E_2, 它是剩余核的一个特定分立能级能量. 因此有

$$E_1 - E_2 = \varepsilon_2 + \varepsilon_2 \frac{m_2}{M_2} + B_2 = \frac{M_1}{M_2}\varepsilon_2 + B_2 \tag{1.2.1}$$

当 $\varepsilon_2 \geqslant 0$ 时, 表示才有可能发射次级粒子. 若在 E_1 处没有能级存在, 则需要在比 E_1 大的地方找出发射第二粒子的分立能级 $E_{k_1} > E_1$.

记第一次粒子发射能量为 ε_1 时, 剩余核在质心系的动能为 $m_1\varepsilon_1/M_1$, 一次粒子发射后的能量分配仍然包含四项, 从式 (1.1.3) 给出的复合核的激发能公式出发, 由能量守恒得到有关中子入射能量所满足的条件

$$E^* = \frac{M_T}{M_C}E_n + B_n = \varepsilon_1 + \frac{m_1}{M_1}\varepsilon_1 + B_1 + E_1 = \frac{M_C}{M_1}\varepsilon_1 + B_1 + E_1 \tag{1.2.2}$$

由式 (1.2.2) 可以解出二次粒子发射需要的中子入射能量. 对于有序两次中子发射而言, 中子发射最低能量为 0, 这时中子入射能量必须满足 $E_n \geqslant M_C/M_T \times (B_2 + E_2)$.

下面作为例子, 用式 (1.2.1) 和 (1.2.2) 对一些反应道开放要求的入射中子能量进行估算. 例如, 在 n+⁶Li→⁷Li* →d+⁵He 核反应过程中, 当中子入射能量足够高时, 发射一个 d 核, 剩余核 ⁵He 处于它的第 3 激发态 16.84MeV 分立能级时, 可以出现 ⁵He→d +t 核反应过程, 因此属于 (n, 2dt) 反应道, 这也是一个造氚道. 可以估算出中子入射需要的最小能量. ⁷Li 的激发能由式 (1.1.3) 给出, 出射 d 核的能量记为 ε_d.

$$\frac{M_{⁶Li}}{M_{⁷Li}} E_n + B_n = \frac{M_{⁷Li}}{m_{⁵He}} \varepsilon_d + B_d + 16.84 \tag{1.2.3}$$

这里, $B_n = 7.249$MeV 和 $B_d = 9.619$MeV 分别是中子和 d 核在 ⁷Li 中的结合能. 计算表明, 从 ⁷Li 出射 d 核的库仑位垒高度大约为 0.8MeV, 因此在估算中取最小值 $\varepsilon_d = 0.8$MeV, 以便给出需要最小的中子入射能量. 这时由式 (1.2.2) 得到的中子入射能量要在 23.72MeV 以上. 若用式 (1.1.9) 计算得到的阈能值为 22.24MeV, 相差 1MeV 之多. 这个事实说明, 轻核反应的粒子发射都是通过分立能级, 与对中重核的计算阈能值有明显不同之处. 对于中重核, 都是从连续能级发射次级粒子, 表示处处都有能级存在. 而轻核是从分立能级发射次级粒子, 因此, 若可发射次级粒子之处没有对应的能级, 则需要向高能量处才能找到可发射次级粒子的能级, 这使得真正的阈能值比式 (1.1.9) 给出的要高.

以上结果表明, 当中子入射能量在 20MeV 以下时, (n, 2dt) 反应道可以不考虑, 而当入射能量明显超过 20MeV 以上时, 就需要考虑这个核反应过程.

同样, 对上述 (n, 2n)⁵Li→(n, 2nd) ³He 反应道开放所需要的中子入射能量也可以进行估算. 当从 ⁷Li* 连续发射两个中子后, 剩余核 ⁵Li 处于它的第 3 激发态分立能级 16.87MeV. 由于发射中子无库仑位垒的限制, 取 $\varepsilon_n = 0$, $B_n = 5.666$MeV 是发射第二中子在 ⁶Li 中的结合能, 由式 (1.2.1) 得到, $E_1 = B_n + 16.87$MeV $=$ 22.536MeV. 由表 1.2 给出的 ⁶Li 的能级纲图可以看到, 只有在 24.779(3⁻) 以上的能级才有发射第二中子到 ⁵Li 的第 3 激发态分立能级的可能. 而由激发能公式 (1.1.3) 和 (1.2.2) 得到

$$\frac{M_{⁶Li}}{M_{⁷Li}} E_n + B_n = B_n + 24.779 \tag{1.2.4}$$

得到的 E_n 起码在 28.9MeV 以上时, 才会有 (n, 2n) ⁵Li* →(n, 2nd)³He 反应道开放的可能. 同样明显比式 (1.1.9) 给出的阈能值要高. 因此, 当 $E_n < 20$MeV 时, (n, 2nd)³He 反应道可以不予考虑, 而当入射能量在 30MeV 以上时, 就需要适当考虑这个核反应过程.

综合上面分析, 对以不同粒子发射顺序同归于同一个反应道的反应途径由下面公式表示.

对于 ^{6}Li(n, ndα) 反应道, 包括下列三种反应途径:

$$n +^6 \text{Li} = \begin{cases} n' +^6 \text{Li}^*, & ^6\text{Li}^* \to d + \alpha \\ d +^5 \text{He}, & ^5\text{He} \to n + \alpha \\ n + d + \alpha & \text{直接三体崩裂} \end{cases} \tag{1.2.5}$$

从不同反应模式的出射中子能谱各自具有很不相同的形状.

对于 ^{6}Li(n, p2t) 反应道, 包括下列两种反应途径:

$$n +^6 \text{Li} = \begin{cases} p +^6 \text{He}^*, & ^6\text{He}^* \to t + t \\ t +^4 \text{He}^*, & ^4\text{He}^* \to p + t \end{cases} \tag{1.2.6}$$

对于 ^{6}Li(n, 2np)α 反应道, 包括下列四种反应途径:

$$n +^6 \text{Li} = \begin{cases} p +^6 \text{He}^*, & ^6\text{He}^* \to n + n + \alpha \\ n + p +^5 \text{He}, & ^5\text{He} \to n + \alpha \\ p + n +^5 \text{He}, & ^5\text{He} \to n + \alpha \\ n + n +^5 \text{Li}, & ^5\text{Li} \to p + \alpha \end{cases} \tag{1.2.7}$$

当然, ^{6}Li(n, p2t) 反应道开放阈能比较高. 因为式 (1.2.6) 中第一个途径需要剩余核 ^{6}He 处于第 3 激发态 $E_k = 14.6$MeV 以上, 而第二个途径需要 ^{4}He 处于第 4 激发态时, 才会出现 ^{6}Li(n, p2t) 反应.

$$n +^6 \text{Li} \to^7 \text{Li}^* \to \begin{cases} \gamma +^7 \text{Li} & (n, \gamma)^7\text{Li} \\ n +^6 \text{Li} \to \begin{cases} ^6\text{Li}, & k = \text{gs}, 2 & (n, n')^6\text{Li} \\ p +^5 \text{He} \to n + \alpha, & k \geqslant 4 & (2np\alpha) \\ d + \alpha, & k = 1, 3, 4, \cdots & (n, nd\alpha) \\ n +^5 \text{Li} \to p + \alpha, & k \geqslant 6 & (2np\alpha) \end{cases} \\ p +^6 \text{He} \begin{cases} ^6\text{He}_g, & k = \text{gs} & (n, p)^6\text{He}_g \\ ^6\text{He}^* \to n + n + \alpha, & k = 1 & (2np\alpha) \\ ^6\text{He}^* \to n +^5 \text{He} \to n + \alpha & k > 1 & (2np\alpha) \end{cases} \\ d +^5 \text{He} \to n + \alpha, & k \geqslant 8 & (n, nd\alpha) \\ t + \alpha & (n, t\alpha) \\ n + d + \alpha & \text{直接三体崩裂} & (n, nd\alpha) \end{cases} \tag{1.2.8}$$

^{4}He 的激发能级很高, ^{4}He* 的第 1 激发态是在 20.21MeV. 质子在 ^{4}He 中的结合能为 22.239MeV, 中子在 ^{4}He 中的结合能为 23.002MeV, 因此从 ^{4}He* 的第 4 激发态 (23.330MeV) 以上才允许发射质子和中子. 因此, ^{4}He 的前三个分立能级属

于非弹性散射, 是由 γ 退激来结束核反应过程. 因此, 在低能核反应中一般不考虑 ^{4}He 的激发态. 然而, 在中高能粒子入射情况下, ^{4}He 的激发态是需要考虑的. 由于本书主要考虑中子入射能量在 20MeV 以下的情况, 在以下的轻核反应道开放分析中, 都不再明显给出 ^{4}He 的激发态的核反应过程. 需要考虑时, 上述内容就已经概括了 ^{4}He$^* \to {}^4$He$+\gamma$, ^{4}He$^* \to$ p+t, 以及 ^{4}He$^* \to$ n+^{3}He 的反应过程, 将其加入到对应的反应序列即可.

对于 ^{6}Li(n, ndα) 反应道, 上面给出只有在 ^{4}He* 的第 4 激发态以上才允许发射质子和中子. 以从 ^{4}He* 发射中子为例, 这时核反应是属于 ^{6}Li(n, 2nd ^{3}He) 反应道. 而氘核在 ^{6}Li 中的结合能为 13.981MeV, 由于存在库仑位垒, 上面已经给出从 ^{6}Li 发射氘核的最小能量为 0.674MeV, 由式 (1.2.1) 得到 ^{6}Li 的激发能必须大于 38.32MeV, 再由表 1.2 可看出, 目前观测到 ^{6}Li 的最高激发能级仅是 26.59MeV. 由此可见, 目前要描述上述反应过程尚属不易. 因此下面不再考虑这种反应途径.

纵览上述分析, 在不考虑 ^{4}He 的激发态发射次级粒子的情况下, 中子引发 ^{6}Li 的开放道由式 (1.2.8) 给出. 由式 (1.2.8) 看出, 除了最主要的造氚道 ^{6}Li(n, tα) 和发射一个中子到 ^{6}Li 的第 2 激发能量形成的非弹性散射道 ^{6}Li(n, n′) 外, 其中 ^{6}Li(n, 2npα) 反应道来自三个途径:

(1) 发射一个质子到 ^{6}He 的激发能级而生成;

(2) 有序发射一个中子和一个质子, 剩余核为 ^{5}He;

(3) 有序发射两个中子, 剩余核为 ^{5}Li.

这三种途径最终形成的末态包括两个中子, 一个质子和一个 α 粒子.

而 ^{6}Li(n, ndα) 反应道来自直接三体崩裂过程和发射一个中子到 ^{6}Li 的第 1 和第 3 以上激发能级, 以及发射一个氘核生成不稳定的 ^{5}He 而生成. 理论计算表明, 为再现中子出射双微分截面谱, 必须将直接三体崩裂机制考虑在内, 否则会在分角度能谱中出现明显缺欠, 而加入直接三体崩裂过程就可以很好再现在各种入射中子能量的情况下的双微分谱的实验测量数据. 这种现象将在第 6 章中有关中子双微分截面的分解分谱图中给予说明, 但是目前还缺乏从实验测量方面给予验证. 还需要指出的是, 由上所述, 由于在轻核反应中, 除了非弹性散射外, 所有的剩余核都会衰变为质量小于等于 4 的粒子, 因此, 各种反应道的截面实验测量难度比较大, 只能用多粒子符合法的直接测量. 在 20 世纪五六十年代曾经进行了一些 1p 壳轻核的反应截面的实验测量, 在这种直接测量中都需要用到由能级纲图, 换算得到出射各种粒子的出射能量. 但是, 限于当时的历史条件, 对能级纲图的知识还很缺乏, 不能给出准确的出射粒子能量信息, 使得实验测量结果不是明显失实, 就是同一个反应道反应截面的不同实验测量结果彼此之间存在很大的分歧. 这种情况不仅对 ^{6}Li 这一个核素, 而且对整个 1p 壳轻核都有类似情况发生.

对于中子出射双微分截面, 近 20 多年来有若干实验室相继在不同入射能量下对多个出射角度测量了中子双微分截面谱, 称为分角度能谱. 这些工作包括: 1990 年 M. Baba 等对入射中子能量为 $E_n = 14.1\text{MeV}$ 的 ^6Li 中子双微分谱的测量 (Baba et al., 1990); 1993 年夏海鸿等对入射中子能量 $E_n = 14.1\text{MeV}$(Xia et al.,1993) 的 ^6Li 中子双微分谱测量; 1985 年 S. Chiba 等对入射中子能量 $E_n = 5.6, 11.5\text{MeV}$ 的 ^6Li 中子双微分谱测量 (Chiba et al., 1985);1998 年 Ibaraki 等对入射中子能量 $E_n = 18\text{MeV}$ 的 ^6Li 中子双微分谱测量 (Ibaraki et al.,1998); 2004 年陈国长、阮锡超等, 对入射中子能量 $E_n = 8.0, 10.27\text{MeV}$ 的 ^6Li 中子双微分谱测量 (Chen et al., 2009). 这些测量结果为理论模型计算分析双微分截面数据奠定了实验检验基础. 同时, 在双微分截面谱的理论计算结果与实验测量结果很好符合的基础上, 可以给出各种反应道截面值的信息, 可以为澄清实验测量数据中存在的分歧提供理论分析的依据, 同时在理论上给出目前没有实验测量的反应道截面值的数量, 为评价这些反应道截面提供了可参考值. 通过对整个 1p 壳轻核的理论计算结果可以看出, 这是一个行之有效的评价途径. 由于这种情况有很多, 在下面除各别情况下给出一些叙述外, 就不再一一详述, 因为本书的主要目的是介绍轻核反应的理论框架和公式内容, 不对具体反应截面评价给予详细的讨论.

在中子引发 ^6Li 反应中的中子谱的理论模型研究方面, Chiba 等用 DWBA 配合末态相互作用的机制, 以弹性散射和非弹性散射的途径对这种轻核的光学势进行了研究, 并分别对 11.5MeV, 14.1MeV,18MeV 的入射中子引发 $^6\text{Li}(n,n')$ 次级中子出射的双微分谱进行了理论计算, 在合理范围内解释了实验测量数据 (Chiba et al., 1998). 但是, 在这种理论方法中存在的问题是, 全部用两体核反应过程, 不能将多次粒子发射的核反应过程得以准确的描述, 因此不能给出包含全部出射粒子信息的双微分截面数据. 因此, 怎样描述轻核反应的多次粒子发射过程、多重粒子发射的途径以及主要反应机制, 仍然是一个待研究的课题.

1.3   n +^7Li 的反应道的开放途径

^7Li 的天然丰度为 92.41%, 也是造氚的重要核素, 是锂电池的主要元素. 表 1.3 给出了 ^7Li 的能级纲图, 其中 1996 表示取自同位素第八版 (1996 年)(Firestone et al.,1996), 2002 是美国三角大学在 2002 年更新的能级纲图 (Tilley et al., 2002b).

由表 1.3 同样可以看出, 无论是能级条数还是能级能量、自旋和宇称, 后者相对于前者都有不少改进之处. 除了第 1 激发能级的能量外, 其他能级的能量都发生了变化, 能级宽度也有所不同. 特别是能量在 8.75MeV 和 9.09MeV 处新增加了两条能级, 删除了原来 9.85MeV 的能级. 与 ^6Li 相似, 在高激发能态能级的自旋宇称状态仍然未能确定.

表 1.3   ⁷Li 的能级纲图

1996		2002	
$[E(J^\pi)]$	Γ	$[E(J^\pi)]$	Γ
gs $(3/2^-)$	stable	gs $(3/2^-)$	stable
$0.477612(1/2^-)$	73fs	$0.477612(1/2^-)$	105fs
$4.63(7/2^-)$	93.8keV	$4.652(7/2^-)$	69keV
$6.68(5/2^-)$	0.88MeV	$6.604(5/2^-)$	918keV
$7.4595(5/2^-)$	89.7keV	$7.454(5/2^-)$	80keV
		$8.75(3/2^-)$	4.712MeV
		$9.09(1/2^-)$	2.752MeV
$9.67(7/2^-)$	400keV	$9.57(7/2^-)$	473keV
$9.85(3/2^-)$	1.20MeV		
$11.24(3/2^-)$	260keV	$11.24(3/2^-)$	260keV
13.7	500keV	13.7	500keV
14.7	700keV	14.7	700keV

注: 能级能量单位是 MeV, Γ 表示能级宽度. 表中没有给出能级宽度的能级表示目前实验上还无法确定其宽度.

对于中子引起的 ⁷Li 核反应, 其开放反应道、相应 Q 值和反应阈能为

$$
n +^7 \mathrm{Li} \rightarrow^8 \mathrm{Li}^* \rightarrow
\begin{cases}
\gamma +^8 \mathrm{Li} & Q = 2.033\mathrm{MeV}, & E_{\mathrm{th}} = 0.000\mathrm{MeV} \\
n' +^7 \mathrm{Li} & Q = -0.4776\mathrm{MeV}, & E_{\mathrm{th}} = 0.5463\mathrm{MeV} \\
p +^7 \mathrm{He} & Q = -12.454\mathrm{MeV}, & E_{\mathrm{th}} = 11.9192\mathrm{MeV} \\
d +^6 \mathrm{He} & Q = -7.750\mathrm{MeV}, & E_{\mathrm{th}} = 8.868\mathrm{MeV} \\
t +^5 \mathrm{He} & Q = -3.3362\mathrm{MeV}, & E_{\mathrm{th}} = 3.845\mathrm{MeV} \\
2n +^6 \mathrm{Li} & Q = -7.249\mathrm{MeV}, & E_{\mathrm{th}} = 8.532\mathrm{MeV} \\
n + p +^6 \mathrm{Li} & Q = -9.974\mathrm{MeV}, & E_{\mathrm{th}} = 12.856\mathrm{MeV} \\
n + d +^5 \mathrm{He} & Q = -9.618\mathrm{MeV}, & E_{\mathrm{th}} = 10.606\mathrm{MeV} \\
n + t + \alpha & Q = -2.467\mathrm{MeV}, & E_{\mathrm{th}} = 5.296\mathrm{MeV} \\
2n + p +^5 \mathrm{He} & Q = -11.842\mathrm{MeV}, & E_{\mathrm{th}} = 15.670\mathrm{MeV} \\
2n + d + \alpha & Q = -8.724\mathrm{MeV}, & E_{\mathrm{th}} = 11.06\mathrm{MeV}
\end{cases}
$$

$$(1.3.1)$$

由此可以看出, 由于中子诱发 ⁷Li 反应的剩余核中有很多是不稳定核, 正如前言中所述, 这些剩余核可以伴随两体崩裂和三体崩裂过程, 因而形成复杂的非有序粒子发射的反应道, 同时, 计算反应道的阈能和反应 Q 值的方法也不能直接应用式 (1.1.4). 由于 ⁷Li 的第 2 激发能级以上都可以发射氚, 属于 (n, nt)α 反应道. 因此, 对于 ⁷Li(n, nγ) 反应道仅是 ⁷Li 的第 1 激发能级属于真正的非弹性散射道. 这与 ⁶Li 相似, 都仅有一条激发能级属于非弹性散射道. 不过 ⁷Li 是第 1 激发能级, 而 ⁶Li 是第 2 激发能级.

在 ^{7}Li 的第 6 激发能级以上, 可以发射氚核, 对于反应 ^{7}Li(n, d)^{6}He 过程, 如果余核 ^{6}He 处于基态, 它就属于 (n, d) 反应道; 而当 ^{6}He 处于它的第 1 激发态时, 会通过三体崩裂变为两个中子和一个 α 粒子; 而当 ^{6}He 处于它的第 2 激发态以上时, 可以首先发射一个中子, 剩余核是 ^{5}He, ^{5}He 是不稳定的, 它自发崩裂为一个中子和一个 α 粒子, 因而它们都最终属于 (n, 2nd)α 反应道.

从复合核 ^{8}Li 发射一个质子后, 剩余核是 ^{7}He, ^{7}He 是不稳定核素, 无论基态和它的激发能级都是发射中子, 剩余核为 ^{6}He. 而 ^{6}He 的衰变情况上面已经给出.

从复合核 ^{8}Li 发射两个中子后, 剩余核是 ^{6}Li. 如上所述, 如果 ^{6}Li 处于基态和第 2 激发能级, 属于 (n, 2n)^{6}Li 反应道, 而处于第 1 激发能级和第 3 激发能级以上, ^{6}Li 可以继续发射氘核, 同样属于上面描述的 (n, 2nd)α 反应道.

在 ^{7}Li 的第 7 激发能级以上, 可以发射质子, 剩余核是 ^{6}He. 当剩余核 ^{6}He 处于基态时, 它就属于 (n, np) 反应道; 而当 ^{6}He 处于它的激发态时, 会通过上述不同途径产生两个中子和一个 α 粒子, 因而它们都最终属于 (n, 3np)α 反应道. 当然, 在入射中子能量足够高时, 可以达到 ^{4}He 的激发态, 这完全同与 ^{6}Li 的情况. 这里就不再重复叙述.

综合上面分析, 对于四个以不同粒子发射顺序同归于同一个反应道的情况可以归结如下.

造氚道 ^{7}Li(n, nt)α 是来自由式 (1.3.2) 所示的两种途径:

$$
\mathrm{n} +^7\mathrm{Li} \to^8\mathrm{Li}^* \to
\begin{cases}
\mathrm{n} +^7\mathrm{Li}^*, & ^7\mathrm{Li}^* \to \mathrm{t} + \alpha \\
\mathrm{t} +^5\mathrm{He}, & ^5\mathrm{He} \to \mathrm{n} + \alpha
\end{cases}
\tag{1.3.2}
$$

对于 (n, 2nd)α 反应道来自由式 (1.3.3) 所示的四种反应途径:

$$
\mathrm{n} +^7\mathrm{Li} \to^8\mathrm{Li}^* \to
\begin{cases}
\mathrm{n} + \mathrm{n} +^6\mathrm{Li}^*, & ^6\mathrm{Li}^* \to \mathrm{d} + \alpha \\
\mathrm{n} + \mathrm{d} +^5\mathrm{He}, & ^5\mathrm{He} \to \mathrm{n} + \alpha \\
\mathrm{d} + \mathrm{n} +^5\mathrm{He}, & ^5\mathrm{He} \to \mathrm{n} + \alpha \\
\mathrm{d} +^6\mathrm{He}^*, & ^6\mathrm{He}^* \to \mathrm{n} + \mathrm{n} + \alpha
\end{cases}
\tag{1.3.3}
$$

对于 ^{7}Li(n, 3npα) 反应道来自由式 (1.3.4) 所示的四种反应途径:

$$
\mathrm{n} +^7\mathrm{Li} \to^8\mathrm{Li}^* \to
\begin{cases}
\mathrm{n} + \mathrm{n} +^6\mathrm{Li}^*, & ^6\mathrm{Li}^* \to \mathrm{n} +^5\mathrm{Li}, & ^5\mathrm{Li} \to \mathrm{p} + \alpha \\
\mathrm{n} + \mathrm{n} +^6\mathrm{Li}^*, & ^6\mathrm{Li}^* \to \mathrm{p} +^5\mathrm{He}, & ^5\mathrm{He} \to \mathrm{n} + \alpha \\
\mathrm{n} + \mathrm{p} +^6\mathrm{He}^*, & ^6\mathrm{He}^* \to \mathrm{n} + \mathrm{n} + \alpha \\
\mathrm{p} + \mathrm{n} +^6\mathrm{He}^*, & ^6\mathrm{He}^* \to \mathrm{n} + \mathrm{n} + \alpha
\end{cases}
\tag{1.3.4}
$$

^{7}Li(n, np)^{6}He$_g$ 是从复合核 ^{8}Li* 相继发射一个质子和一个中子或相继发射一个中子和一个质子, 剩余核为 ^{6}He* 的基态 ^{6}He$_g$, 这两种途径由式 (1.3.5) 所示.

$$n +^7 Li \rightarrow^8 Li^* \rightarrow \begin{cases} n + p +^6 He_g \\ p + n +^6 He_g \end{cases} \qquad (1.3.5)$$

纵览上述分析, 在不考虑 ^{4}He 的被激发情况下, 中子引发 ^{7}Li 的开放道由式 (1.3.6) 给出, 可以看出, 上述五个反应道是通过各自不同的反应途径而形成的.

$$n+^7Li \rightarrow \begin{cases} \gamma +^8 Li & (n,\gamma)^8Li \\ n +^7 Li \rightarrow \begin{cases} ^7Li, \quad k=gs & \text{elastic} \\ ^7Li + \gamma, \quad k=1 & (n,n')^7Li \\ n +^6 Li \rightarrow \begin{cases} ^6Li, \quad k=gs,2 & (n,2n)^6Li \\ d+\alpha, \quad k=1,3,4,\cdots & (n,2nd\alpha) \\ p+^5He \rightarrow n+\alpha, \quad k \geqslant 4 & (n,3np\alpha) \\ n+^5Li \rightarrow p+\alpha, \quad k \geqslant 6 & (n,3np\alpha) \end{cases} \\ p+^6He \begin{cases} ^6He_g, \quad k \geqslant 6 & (n,np)^6He \\ ^6He^* \rightarrow n+n+\alpha & (n,3np\alpha) \end{cases} \\ d+^5He \rightarrow n+\alpha, \quad k \geqslant 6 & (n,2nd\alpha) \\ t+\alpha, \quad k=2,3,4,\cdots & (n,nt\alpha) \end{cases} \\ p+n+^6He \begin{cases} ^6He_g, \quad k \geqslant 8 & (n,np)^6He \\ ^6He^* \rightarrow n+n+\alpha & (n,3np\alpha) \end{cases} \\ t+^5He \, ^5He \rightarrow n+\alpha & (n,nt\alpha) \\ d+^6He \begin{cases} ^6He_g, \quad k \geqslant 8 & (n,d)^6He \\ ^6He^* \rightarrow n+n+\alpha & (n,2nd\alpha) \end{cases} \end{cases}$$

$$(1.3.6)$$

在不考虑 ^{4}He 被激发的情况下, 能量在 30MeV 以下的中子引起 ^{7}Li 反应的开放反应道有 (n,γ), (n,n'), (n,d), $(n,2n)$, (n,np), $(n,nt)\alpha$, $(n,2nd)\alpha$ 和 $(n,3np)\alpha$ 八个反应道. 后五个反应道 $(n,2n)$, (n,np), $(n,nt)\alpha$, $(n,2nd)\alpha$ 和 $(n,3np)\alpha$ 中涉及了多粒子发射, 需要用双微分截面才能正确描述其反应行为 (Zhang et al.,2002).

在中子出射双微分截面实验测量工作方面, 国内外已经有相当多的实验室相继完成了在不同中子入射能量下, 对多个角度的总出射中子双微分截面的测量工作. 这些工作包括: 1979 年 M. Baba 等对入射中子能量为 $E_n = 5.1$MeV 和 $E_n = 6.6$MeV 的测量 (Baba et al.,1979), 1985 年 S. Chiba 等对入射中子能量 $E_n = 14.2$MeV(Chiba et al., 1985) 和 $E_n = 11.2, 18.0$MeV 的测量 (Chiba et al.,2001), 1993 年夏海鸿等对入射中子能量为 $E_n = 14.1$MeV(Xia et al., 1993) 的测量, 1998 年 Ibaraki 等对入射中子能量 $E_n = 18$MeV 的测量 (Ibaraki et al.,1998), 以及 2005

年陈国长、阮锡超等对入射中子能量为 $E_n = 8.0, 10.27\mathrm{MeV}$ 的测量 (Chen et al., 2009). 这些测量结果为今后理论模型的计算分析奠定了实验的检验基础, 在中子的双微分截面的实验测量中, 是对给定一些角度的实验测量值, 由各角度的实验测量的双微分截面与理论计算的符合, 可以确定各反应道中每个分立能级的截面值, 特别是对 (n, nt) 的造氚道, 可以确定各分立能级截面的分配值.

1.4　n+⁹Be 的反应道的开放途径

⁹Be 是核工程中得到广泛应用的重要核素, 它是铍元素唯一的稳定同位素. 在中子引发的核反应靶核质量数大于 5 的核素中, 它是唯一没有非弹性散射道的核素. 这是因为 ⁹Be 的第一激发态的激发能为 1.684MeV, 而中子在 ⁹Be 中的结合能仅为 1.665MeV, 因此 ⁹Be 的第 1 激发态就可以发射中子, 而剩余核 ⁸Be 又是不稳定核, 会自发崩裂为两个 α 粒子. 因而 ⁹Be 的 (n,2n) 反应最终是产生两个中子和两个 α 粒子. 作为中子增值剂, ⁹Be(n, 2n) 反应道的截面和双微分截面数据有广泛的应用价值.

表 1.4 给出了 ⁹Be 核的能级纲图, 其中 2004 年发表的 (Tilley et al., 2004) 是目前最新的能级纲图, 作为比较, 同时也给出了 1996 年同位素第八版的能级纲图 (Firestone et al., 1996), 以便作为比较. 可以看出, 在新的能级纲图中, 在低激发态增加了 5.59 (3/2⁻) 和 6.38 (7/2⁻) 两条能级, 有些以前自旋宇称未被确定的现在确定了, 但是现在仍然有些能级的自旋宇称还未能确定. 例如, 6.38 (7/2⁻), 7.94 (1/2⁻), 13.79 (?) 等能级的自旋宇称还未能最终确定下来, 仅给出一个或者多个推荐值.

表 1.4　⁹Be 的分立能级纲图

1996		2004	
$[E(J^\pi)]$	Γ	$[E(J^\pi)]$	Γ
gs (3/2⁻)	stable	gs (3/2⁻)	stable
1.684 (1/2⁺)	217keV	1.684 (1/2⁺)	217keV
2.4294 (5/2⁻)	0.77keV	2.4294 (5/2⁻)	0.78keV
2.78 (1/2⁻)	1.080MeV	2.78 (1/2⁻)	1.080MeV
3.049 (5/2⁺)	282keV	3.049 (5/2⁺)	282keV
4.704 (3/2⁺)	743keV	4.704 (3/2⁺)	743keV
		5.59 (3/2⁻)	1.331MeV
		6.38 (7/2⁻)	1.221MeV
6.76 (9/2⁺)	1330keV	6.76 (9/2⁺)	1330keV
7.94 (1/2⁻)	≈ 1MeV	7.94 (1/2⁻)	≈ 1MeV
11.283	575 keV	11.283 (7/2⁺)	575keV
11.81	400 keV	11.81(5/2⁻)	400keV
13.79	590 keV	13.79 (?)	590keV

续表

1996		2004	
$[E(J^\pi)]$	Γ	$[E(J^\pi)]$	Γ
14.3922 (3/2$^-$)	0.381keV	14.3922 (3/2$^-$)	0.381keV
14.4	$\approx$ 800keV	14.4 8(5/2$^-$)	$\approx$ 800keV
15.10		15.10	350keV
15.97	$\approx$ 300keV	15.97	$\approx$ 300keV
16.671(5/2$^+$)	41keV	16.671(5/2$^+$)	41keV
16.9752(1/2$^-$)	0.389keV	16.9752(1/2$^-$)	0.389keV
17.298	200keV	17.298(5/2$^-$)	200keV
17.493	47keV	17.493 (7/2$^+$)	47keV
18.02		18.02	
18.58		18.58	
18.650	300keV	18.650(5/2$^-$)	300keV
19.20	310keV	19.20	310keV
19.90		19.420(9/2$^+$)	600keV
20.47		20.51	600keV
20.74	1000keV	20.75	680keV
(21.4)		(21.4)	
(22.4)		(22.4)	
(23.8)		(23.8)	

注: 1996 表示取自同位素第八版; 而 2004 表示取自由美国三角大学国家实验室公布的数据. Γ 表示能级宽度. 表中没有给出能级宽度的能级表示目前实验上还无法确定其宽度. 括号中的能量是尚待确定的值.

中子引发 ^{9}Be 核反应的开放道和相应的阈能值由下面给出, 这里仅给出了两次粒子发射的过程, 对于剩余核处于 ^{6}Li, ^{7}Li 的激发态, 可以由 1.2 节和 1.3 节给出的内容继续给出它们进一步的粒子发射过程.

$$^9\text{Be}(n,{}^{10}\text{Be}^*) \rightarrow \begin{cases} \gamma +{}^{10}\text{Be} & Q = 6.811\text{MeV}, & E_{\text{th}} = 0.000\text{MeV} \\ \text{p} +{}^{9}\text{Li} & Q = -12.825\text{MeV}, & E_{\text{th}} = 14.260\text{MeV} \\ \alpha +{}^{6}\text{He} & Q = -0.598\text{MeV}, & E_{\text{th}} = 0.6649\text{MeV} \\ \text{d} +{}^{8}\text{Li} & Q = -14.663\text{MeV}, & E_{\text{th}} = 16.3041\text{MeV} \\ \text{t} +{}^{7}\text{Li} & Q = -10.439\text{MeV}, & E_{\text{th}} = 11.6037\text{MeV} \\ {}^{3}\text{He} +{}^{7}\text{He} & Q = -21.623\text{MeV}, & E_{\text{th}} = 24.0431\text{MeV} \\ {}^{5}\text{He} +{}^{5}\text{He} & Q = -3.362\text{MeV}, & E_{\text{th}} = 3.7383\text{MeV} \\ 2\text{n} +{}^{8}\text{Be} & Q = -1.665\text{MeV}, & E_{\text{th}} = 1.8514\text{MeV} \\ (\text{np} + \text{pn}) +{}^{8}\text{Li} & Q = -16.887\text{MeV}, & E_{\text{th}} = 18.7770\text{MeV} \\ (\text{n}\alpha + \alpha\text{n}) +{}^{5}\text{He} & Q = -2.467\text{MeV}, & E_{\text{th}} = 2.7431\text{MeV} \\ (\text{nd} + \text{dn}) +{}^{7}\text{Li} & Q = -16.696\text{MeV}, & E_{\text{th}} = 18.5646\text{MeV} \\ (\text{nt} + \text{tn}) +{}^{6}\text{Li} & Q = -17.688\text{MeV}, & E_{\text{th}} = 19.6677\text{MeV} \\ (\text{p}\alpha + \alpha\text{p}) +{}^{5}\text{H} & Q = -16.135\text{MeV}, & E_{\text{th}} = 17.9048\text{MeV} \\ (\text{pt} + \text{tp}) +{}^{6}\text{He} & Q = -20.413\text{MeV}, & E_{\text{th}} = 22.6976\text{MeV} \\ 2\text{t} + \alpha & Q = -12.906\text{MeV}, & E_{\text{th}} = 14.3504\text{MeV} \\ (\text{td} + \text{dt}) +{}^{5}\text{He} & Q = -20.058\text{MeV}, & E_{\text{th}} = 22.3029\text{MeV} \end{cases}$$

如果对同一条分立能级从能量上看, 既允许发射中子, 也允许发射某些带电粒子, 就会产生多粒子发射的竞争过程. 当然, 角动量和宇称守恒是其中的制约因素之一, 当一种粒子发射被这个守恒定律禁戒时, 该粒子发射就会退出竞争. 但是, 如果它们都满足角动量和宇称守恒定律的要求, 它们就会按一定规则竞争, 第 2 章将给出发射概率的计算公式以及不同粒子的发射分支比. 由于带电粒子发射都存在库仑势垒的阻碍, 与中子相比, 带电粒子的发射分支比都显得小. 前面列出的后四个反应都连续发射两个带电粒子. 实际计算表明, 发射两个带电粒子的反应截面都非常小, 以致可以忽略不计.

^{9}Be 的俘获辐射截面很小. 研究表明复合核 ^{10}Be 可以发生直接三体崩裂, 产生两个中子和一个 ^{8}Be, 而 ^{8}Be 是不稳定核, 自发崩裂为两个 α 粒子, 释放出 0.092MeV 的能量, 由下式所示

$$n + {}^9\mathrm{Be} \to {}^{10}\mathrm{Be}^* \to n + n + {}^8\mathrm{Be}, \quad {}^8\mathrm{Be} \to \alpha + \alpha \tag{1.4.1}$$

由于最终产生两个中子和两个 α 粒子, 因此属于 ^{9}Be 的 (n, 2n) 反应道.

$$n + {}^9\mathrm{Be} \to {}^{10}\mathrm{Be}^* \to \begin{cases} n + {}^9\mathrm{Be_g} & \\ n + {}^9\mathrm{Be}, \, {}^9\mathrm{Be} \to n + {}^8\mathrm{Be}, \, {}^8\mathrm{Be} \to \alpha + \alpha, & k \geqslant 1 \\ \alpha + {}^6\mathrm{He}^6_{k=1}, \, \mathrm{He}_{k=1} \to n + n + \alpha, & k \geqslant 4 \\ \alpha + {}^6\mathrm{He}_{k>1}, \, \mathrm{He}_{k>1} \to n + {}^5\mathrm{He}, \, {}^5\mathrm{He} \to n + \alpha, & k \geqslant 4 \end{cases}$$
$$\tag{1.4.2}$$

如果从复合核 ^{10}Be 发射的第一个粒子是中子, 除了剩余核为 ^{9}Be 基态属于复合核弹性散射道外, 发射到 ^{9}Be 的其他分立能级的过程都属于 ^{9}Be 的 (n, 2n) 反应道. 而从 ^{9}Be 的第 4 激发能级以上还可以出现发射 α 粒子的竞争, 剩余核是 ^{6}He. 由已经给出 ^{6}He 核素的性质, 发射到 ^{6}He 的基态是属于 (n, α) 反应道, 而发射到 ^{6}He 的第 1 激发态, ^{6}He 是通过三体崩裂成为两个中子和一个 α 粒子. 当发射到 ^{6}He 的第 2 激发态以上时, ^{6}He 可以直接发射中子, 剩余核是 ^{5}He, 自发崩裂为一个中子和一个 α 粒子. 上述反应给出最终的产物均为两个中子和两个 α 粒子, 因此都属于 ^{9}Be 的 (n, 2n) 反应道. 上述核反应过程由式 (1.4.2) 所示.

此外, ^{10}Be 还可以发生 ^{5}He + ^{5}He 两体崩裂过程, 每个 ^{5}He 自发崩裂为一个中子和一个 α 粒子, 最终产物为两个中子和两个 α 粒子, 因此也属于 ^{9}Be 的 (n, 2n) 反应道.

$$n + {}^9\mathrm{Be} \to {}^{10}\mathrm{Be}^* \to {}^5\mathrm{He} + {}^5\mathrm{He}, \quad 2{}^5\mathrm{He} \to 2n + 2\alpha \tag{1.4.3}$$

综上所述归结起来, 对于最主要的 ^{9}Be(n, 2n) 反应道, 是由下面六种反应途径来实现的

$$n + {}^9Be \to {}^{10}Be^* \to \begin{cases} n + {}^9Be^* \begin{cases} k \geqslant 1, n + {}^8Be^* \to \alpha + \alpha \ \text{两体崩裂} \\ k \geqslant 4, \alpha + {}^5He^* \to n + \alpha \ \text{两体崩裂} \end{cases} \\ \alpha + {}^6He^* \begin{cases} k = 1, {}^6He^* \to n + n + \alpha \ \text{三体崩裂} \\ k > 1, n + {}^5He^* \to n + \alpha \ \text{两体崩裂} \end{cases} \\ {}^5He + {}^5He, \quad 2\,{}^5He \to 2n + 2\alpha \ \text{double-两体崩裂} \\ n + n + {}^8Be \ \text{直接三体崩裂}, {}^8Be \to \alpha + \alpha \ \text{两体崩裂} \end{cases} \tag{1.4.4}$$

当入射中子能量比较高时, 如果发射一个中子达到剩余核 ⁹Be 的第 18 激发态能级以上, 就开始发生第二个发射粒子为质子的竞争过程, 剩余核是 ⁸Li, 属于 ⁹Be(n, np) 反应道. 但是该反应道阈能为 18.875MeV. ⁸Li 的前三条能级不再发射任何粒子, 而从第 4 激发能级以上可以继续发射中子. 剩余核 ⁷Li 处于不同激发态能级, 这会属于不同的反应. 处于 ⁷Li 的第 2 激发态以上时, 就会出现 ⁷Li → t + α 反应, 属于 ⁹Be(n, 2ntα) 反应道. 正如上面所述, 最后都变成质量数小于等于 4 的粒子集团. 详细描述可以参见关于 ⁷Li 开放道的分析一节, 它们的反应阈能都很高. 利用上面的公式, 以计算 ⁹Be(n, 2nptα) 反应道开放的阈能为例, ⁷Li 的第 3 激发能级能量是 4.652MeV, 中子在 ⁸Li 中的结合能是 2.033MeV, ⁸Li 的第 4 激发能级能量是 3.210MeV, 质子在 ⁹Be 中的结合能是 19.636MeV. 由此可以计算出 ⁹Be(n, 2nptα) 反应道开放的阈能为 24.907MeV.

发射一个中子到 ⁹Be 的第 18 激发态再发射一个质子后的反应道开放情况由式 (1.4.5) 给出

$${}^9Be(n, np) \begin{cases} {}^8Li_{k \leqslant 1} & (n, np){}^8Li \\ {}^8Li_{k \geqslant 3} \to n + {}^7Li_{k \leqslant 1} & (n, 2np){}^7Li \\ {}^8Li_{k \geqslant 3} \to n + {}^7Li_{k \geqslant 2}, Li_{k \geqslant 2} \to t + \alpha & (n, 2nptα) \end{cases} \tag{1.4.5}$$

当从复合核 ¹⁰Be 发射的第一粒子是质子时, 剩余核是 ⁹Li. 由于质子在复合核内的结合能比较大, 因此发射质子的阈能可高达 14.26MeV. 而 ⁹Li 的寿命很短, 为 178.3ms, 通过 β⁻ 衰变成为 ⁹Be. 从 ⁹Li 的第 2 激发能级开始可以继续发射第二中子到剩余核 ⁸Li, 属于 ⁹Be(n, pn) 反应道, 阈能为 19.037MeV. 如上所述, 剩余核是 ⁸Li 有关开放的反应道由式 (1.4.6) 给出.

$${}^9Be(n, p) \begin{cases} {}^9Li(k = gs, 1) & (n, p){}^9Li \\ {}^9Li(k \geqslant 2) \to n + {}^8Li_{k \leqslant 2} & (n, np){}^8Li \\ {}^9Li(k \geqslant 4) \to n + {}^8Li_{k \geqslant 3} \to n + {}^7Li_{k \leqslant 1} & (n, 2np){}^7Li \\ {}^9Li(k \geqslant 4) \to n + {}^8Li_{k \geqslant 3} \to n + {}^7Li_{k \geqslant 2} \to t + \alpha & (n, 2nptα) \end{cases} \tag{1.4.6}$$

当从复合核 ^{10}Be 发射的第一粒子是氕核时, 剩余核是 ^{8}Li. 同上所述, ^{8}Li 的前三条能级不能发射任何粒子, 因此属于 ^{9}Be(n, d) 反应道, 阈能为 16.30MeV. 而从 ^{8}Li 的第 3 激发能级以上, 可以继续发射中子. 若剩余核 ^{7}Li 处于基态和第 1 激发态, 这就属于 ^{9}Be(n, nd) 反应道, 阈能为 18.612MeV. 而当 ^{7}Li 处于第 2 激发态以上时, 就会出现 ^{7}Li→t +α 反应, 属于 ^{9}Be(n, ndtα) 反应道, 阈能为 24.119MeV. 有关开放的反应道由式 (1.4.7) 给出.

$$
^9\text{Be(n, d)}
\begin{cases}
^8\text{Li}(k \leqslant 2) & \text{(n, d)} \\
^8\text{Li}(k \geqslant 3) \to \text{n} +^7\text{Li}_{k=\text{gs}} & \text{(n, nd)} \\
^8\text{Li}(k \geqslant 6) \to \text{n} +^7\text{Li}_{k>1} \to \text{n} +^6\text{Li}
\begin{cases}
k = \text{gs}, 2 & \text{(n, 2nd)} \\
k = 1, 3, \cdots & \text{(n, 2n2d}\alpha)
\end{cases} \\
^8\text{Li}(k \geqslant 6) \to \text{n} +^7\text{Li}_{k \geqslant 2} \to \text{t} + \alpha & \text{(n, ndt}\alpha)
\end{cases}
$$

$$(1.4.7)$$

当从复合核 ^{10}Be 发射的第一粒子是氚核时, 剩余核是 ^{7}Li. 如果剩余核 ^{7}Li 处于基态和第 1 激发态, 这就属于 ^{9}Be(n, t) 反应道, 阈能为 11.6037MeV. 而当 ^{7}Li 处于第 2 激发态以上时, 就会出现 ^{7}Li → t +α 反应, 属于 ^{9}Be(n, 2tα) 反应道, 阈能为 23.795MeV. ^{7}Li 的有关开放的反应道由式 (1.4.8) 给出. 当然, 这些反应道的阈能都很高.

$$
^9\text{Be(n, t)}^7\text{Li}
\begin{cases}
(k = \text{gs}, 1) & \text{(n, t)}^7\text{Li} \\
(k \geqslant 2) \quad ^7\text{Li} \to \text{t} + \alpha & \text{(n, 2t}\alpha) \\
(k \geqslant 6) \quad ^7\text{Li} \to \text{n} +^6\text{Li}(k = \text{gs}, 2) & \text{(n, nt)}^6\text{Li} \\
(k \geqslant 6) \quad ^7\text{Li} \to \text{n} +^6\text{Li}(k = 1, 3, 4, \cdots) & \\
\qquad\qquad ^6\text{Li} \to \text{d} + \alpha & \text{(n, ndt}\alpha) \\
(k \geqslant 6) \quad ^7\text{Li} \to \text{n} +^6\text{Li}(k \geqslant 4) & \\
\qquad\qquad ^6\text{Li} \to \text{p} +^5\text{He},^5\text{He} \to \text{n} + \alpha & \text{(n, 2npt}\alpha) \\
(k \geqslant 6) \quad ^7\text{Li} \to \text{n} +^6\text{Li}(k \geqslant 6) & \\
\qquad\qquad ^6\text{Li} \to \text{n} +^5\text{Li}, \quad ^5\text{Li} \to \text{p} + \alpha & \text{(n, 2npt}\alpha) \\
(k \geqslant 8) \quad ^7\text{Li} \to \text{p} +^6\text{He(gs)} & \text{(n, npt)}^6\text{He} \\
(k \geqslant 8) \quad ^7\text{Li} \to \text{p} +^6\text{He}(k \geqslant 1) & \\
\qquad\qquad ^6\text{He} \to \text{n} + \text{n} + \alpha & \text{(n, 2npt}\alpha) \\
(k \geqslant 8) \quad ^7\text{Li} \to \text{d} +^5\text{He}, \quad ^5\text{He} \to \text{n} + \alpha & \text{(n, ndt}\alpha)
\end{cases}
$$

$$(1.4.8)$$

这里对式 (1.4.8) 中最后一个反应途径的阈能进行估算, 由 ^{7}Li 的能级纲图表给出的第 8 激发能级的能量是 11.24MeV, 而氘在 ^{10}Be 中的结合能是 17.25MeV, 得到的反应阈能为 24.09MeV. 再考虑到位垒的限制, 中子入射能量在 30MeV 以下时, 这种 ^{9}Be(n, ndtα) 反应的概率小得可以被忽略. 实际计算表明, 考虑造氚的反应道, 当中子入射能量在 20MeV 以下时, 仅有 (n, t)^{7}Li 反应道, 其阈能是 11.6037MeV, 而中子入射能量在 30MeV 以下时, 还需要考虑 (n, nt)^{6}Li 反应道, 其阈能是 19.6677MeV.

当从复合核 ^{10}Be 发射的第一粒子是 ^{3}He 时, 剩余核 ^{7}He 是不稳定核, 它的基态和激发能级都是发射中子, 剩余核为 ^{6}He. 不稳定核 ^{6}He 的衰变途径上面已经给出.

^{3}He 在 ^{10}Be 中的结合能是 28.434MeV, 因此反应阈能为 24.043MeV. 这是一个高阈能的反应道. 目前对 ^{7}He 能级纲图知之甚少, 原来仅知道它仅有的基态是 $(3/2)^-$(Firestone et al.,1996), 后来的进一步测量表明, 在 2.92MeV$(5/2)^-$ 和 5.8MeV 处有新能级存在, 但后者的自旋宇称状态尚未确定 (Tilley et al.,2002b). ^{7}He 一定发射中子, 没有单独的 ^{9}Be(n, ^{3}He) 反应道存在. 由于 ^{3}He 在 ^{10}Be 中的结合能很大, 反应阈能比较高, 与其他粒子发射的竞争概率非常小, 加之目前能级纲图方面的匮缺, 因此不再细致考虑第一粒子是 ^{3}He 的反应情况.

当然, 前面已经指出, 当中子入射能量足够高, 而剩余核处于 ^{5}He、^{6}He、^{6}Li、^{7}Li 等核的激发态时, 可以由上面对 ^{6}Li、^{7}Li 的反应道开放的分析, 继续给出它们的进一步核反应过程. 例如, 从 ^{10}Be 发射一个中子和一个 α 粒子, 剩余核为 ^{5}He, 如果 ^{5}He 处于低激发态, 它将分裂为一个中子和一个 α 粒子, 因此属于 (n, 2n2α) 反应道; 然而, 如果 ^{5}He 处于高激发态能级, 它可以分裂为氘核和氚核, 因此属于 (n, ndtα) 反应道. 同样, 从 ^{10}Be 发射一个中子和一个 d 核, 剩余核为 ^{7}Li, 它的第 2 激发态就可以发射 t, 因此也属于 (n, ndtα) 反应道. 另外, 从 ^{10}Be 发射一个中子和一个 t 核, 剩余核为 ^{6}Li, 而 ^{6}Li 的第 1 激发态和第 3 激发态以上能级可以发射 d 核, 该过程仍然属于 (n, ndtα) 反应道. 不同的粒子发射顺序, 达到不同的中间剩余核的不同激发能级. 通过进一步的粒子发射, 有些最终达到不同的末态, 属于不同反应道, 而有些又最终达到相同的末态, 因而属于同一个反应道. 这又是轻核反应的另一个特征.

另外, 当中子入射能量足够高时, 在发射一个 α 粒子后, 剩余核 ^{6}He 处于它的第 3 激发态 $E_2 = 14.6$MeV 分立能级时, 可以出现 ^{6}He$\rightarrow$t + t 核反应过程, 因此属于 (n, 2tα) 反应道. 作为一个例子, 可以沿用前面介绍的方法估算出中子入射需要的能量 E_n 值. 由式 (1.1.3) 可以得到 ^{10}Be 的激发能, 用 ε_α 表示出射 α 粒子的能量, 于是由能量关系式得到

$$\frac{M_{^9\text{Be}}}{M_{^{10}\text{Be}}} E_n + B_n = \varepsilon_\alpha + \varepsilon_{^6\text{He}} + E_2 + B_\alpha \tag{1.4.9}$$

这里, $B_n = 6.811$MeV 和 $B_\alpha = 7.409$MeV 分别是中子和 α 粒子在 ^{10}Be 中的结合能. 计算表明, 从 ^{10}Be 的激发态发射 α 粒子的库仑势垒高度大约为 1.41MeV, 因此为了估算上述核反应过程中的需要最低的中子入射能量, 取 $\varepsilon_\alpha \approx 1.41$MeV, 得

到 $\varepsilon_{6_{He}} \approx 1.18\text{MeV}$, 估算出来的最低中子入射能量大约为 19.8MeV. 这个结果表明, 当中子入射能量在 20MeV 以下时, 可以不考虑 (n, 2tα) 反应道, 而当入射能量在 20MeV 以上时, 就需要考虑这个核反应过程.

同样, 对上述 (n, ndtα) 道开放需要的最低中子入射能量也可以进行估算. 这时 ^{5}He* 至少处于它的第 3 激发态 ($E_2 = 16.84\text{MeV}$), 才可能分裂为氘核和氚核. 首先考虑发射一个中子后再发射一个 α 粒子的 ^{9}Be(n, nα)^{5}He* 反应过程, 当剩余核 ^{5}He* 处于它的第 3 激发态时, 对于第二次粒子发射, 由能量关系式 (1.2.2) 得到一次粒子发射的剩余激发能

$$E_1 = \varepsilon_\alpha + \frac{m_\alpha}{M_{5_{He}}}\varepsilon_\alpha + B_\alpha + E_2 \tag{1.4.10}$$

已知 α 粒子在 ^{9}Be 中的结合能为 $B_\alpha = 2.467\text{MeV}$, 取 $\varepsilon_\alpha = 1.46\text{MeV}$, 估计出来的剩余核最低激发能约为 $E_1 \approx 21.93\text{MeV}$, 这说明需要在发射第一个中子后让 ^{9}Be 最低处在 22.4MeV 这条能级以上才能发生 (n, ndtα) 反应. 再由式 (1.2.2) 得到开放 ^{9}Be(n, ndtα) 反应道的中子入射能量需要在 24.9MeV 以上. 而由表 1.4 给出的 ^{9}Be 的能级结构来看, 虽然能量在 21.4MeV 以上有一些能级, 但是它们的自旋和宇称尚未确定, 因此目前要描述好上述这个核反应过程也尚属不易.

下面再考虑 ^{9}Be(n,α n)^{5}He* 反应过程, 它先发射一个 α 粒子后再发射一个中子. 当剩余核 ^{5}He 处于它的第 3 激发态分立能级 $E_2 = 16.84\text{MeV}$ 时, 可以出现 ^{5}He→d + t 反应过程, 而总的属于 ^{9}Be(n, ndtα) 反应道. 首先考虑从 ^{6}He 发射一个中子达到 ^{5}He 的第 3 激发分立态, 中子在 ^{6}He 中的结合能为 $B_n = 1.869\text{MeV}$, 取 $\varepsilon_n = 0$, 由式 (1.2.1) 得到 $E_1 \approx 18.709\text{MeV}$. 由 ^{6}He 的能级纲图可以看到, 需要在发射第一个 α 粒子后让 ^{6}He 至少处于 23.3MeV 这个能级. 而 α 粒子在 ^{10}Be 中的结合能为 $E_\alpha = 7.409\text{MeV}$, 中子在 ^{10}Be 中的结合能为 $B_n = 6.811\text{MeV}$, 而库仑位垒使得出射 α 粒子的能量最小为 $\varepsilon_\alpha \approx 3.55\text{MeV}$, 由式 (1.2.2) 得到开放 ^{9}Be(n, α n)^{5}He* →^{9}Be(n, ndtα) 发射过程的中子入射能量至少需要在 33.1MeV 以上. 同样, 由表 1.1 可以看出, ^{6}He 的 23.3MeV 这个能级目前自旋宇称都没能确定, 因此目前也很难在定量上描述好这个核反应过程.

上述的关于不稳定核素 ^{5}He, ^{5}Li, ^{6}He 等作为核反应剩余核出现时, 会有许多新反应道的出现. 上面已经介绍了估算这些反应道开放所需要的最小中子入射能量的方法. 对于后面更重的轻核, 在中子入射能量足够高时, 仍然可以用此方法来分析, 以判断哪些相关的新核反应道可能会出现, 并用上述途径得出是否需要考虑这些反应道的条件. 总之, 有相当多在理论上可以开放的多粒子发射反应道, 需要经过一些能量较高的能级, 但是目前对这些能级的结构知之甚少, 以致不能进行有效的计算.

综上所述, 在 $E_n > 20\text{MeV}$ 的情况下, 虽然各种反应道的开放情况已经被详细列出, 但是, 由表 1.1~表 1.4 所列出的能级纲图状况可以看出, 鉴于目前从 ^{5}He, ^{6}He 等直到 ^{9}Be 的高激发能级的能量、自旋、宇称还有不少没有被核谱学确定, 因此, 依据这些能级计算的轻核反应数据会相应产生很大不确定因素. 这就预示着, 目前对计算轻核反应在 $E_n \leqslant 20\text{MeV}$ 的情况下的数据有比较大的准确度, 而对 $E_n > 20\text{MeV}$ 的情况计算结果的可靠性就明显不足了.

n+^{9}Be 的反应特点在于, 在 1p 壳核素当中唯独没有真正核物理意义上的非弹性散射道的核. 在上述反应中除了直接三体崩裂和剩余核的两体崩裂过程外, 还包括了一次粒子发射后剩余核 ^{6}He 的三体崩裂过程. 这就是典型的轻核反应的非有序发射过程特征, 这是在中重核的核反应中所不能看到的. 因此仅用描述有序粒子发射的理论模型以及相关的程序都不能描述好这种非有序发射过程的行为. 而轻核反应理论就是要解决描述粒子非有序发射的理论方法.

在中子诱发 ^{9}Be 的核反应中, 俘获辐射截面很小, 而 (n, 2n) 的截面却很大. ^{9}Be 很早就被选择用于可控聚变堆的中子增值层 (blanket) 的优选材料 (Schulke,1985); 同时, 热堆、快堆、加速器驱动次临界堆也都提出了对 ^{9}Be(n, 2n) 反应双微分截面评价数据的需求. 为满足核工程应用的需要, 1977 年 Drake 等在中子能量分别为 $E_n = 5.9, 10.1\text{MeV}$ 和 14.2MeV 对中子诱发的 ^{9}Be 次级中子谱进行了实验测量 (Drake et al.,1977), 其后 Baba 等在 1978 年又测量了中子能量在 3.25~7.0MeV 以及 14.1MeV 的中子双微分截面 (Baba et al,. 1978). Takahashi 等在 1983 年也测量了中子能量为 $E_n = 14.1\text{MeV}$ 的中子双微分截面 (Takahashi et al, 1983), 并发布于 1988 年 (Takahashi et al., 1988). M. Ibaraki 和 M. Baba 在 1998 年对中子入射能量在 11.5~18MeV 范围对 ^{9}Be 次级中子的双微分截面谱进行了测量 (Ibaraki et al.,1998).

其后, 中国原子能科学研究院对中子诱发的 ^{9}Be 次级中子的双微分截面谱也进行了一系列的实验测量工作, 包括在 2002 年, 阮锡超和周祖英等对中子入射能量为 $E_n = 10.1\text{MeV}$, 以及在 2004 年, 阮锡超等对中子入射能量为 $E_n = 8\text{MeV}$ 的测量 (阮锡超等, 2007).

为了满足核工程和其他方面的应用需要, 国际上对中子诱发 ^{9}Be 中子双微分截面进行了持续深入研究. 为了能够建立 ^{9}Be(n, 2n) 的双微分截面文档, 美国 (ENDF/B 库) 和欧洲联合体 (JEF), 在 20 世纪 80 年代初就开始了一系列的国际合作, 试图找到合适的理论方法去建立 ^{9}Be(n, 2n) 的双微分截面文档, 这一段合作过程在 Beynon 等的文章中给出了详细的叙述 (Beynon et al.,1988). 当时在美国的 ENDF/B4 中仅用了 ^{9}Be 的 4 条能级, 以无宽度形式评价了 ^{9}Be 的中子信息, 但是发现这种途径无法构成双微分截面文档.

后来 Young 和 Steuart 采用了 33 条赝能级 (Young et al.,1979), 将两次中子发射过程近似以非弹性散射的一次中子发射的方式去符合 Drake 等 (1977) 的中子双微分截面的实验测量结果, 相对 ENDF/B4 的数据有了明显改进. 由于赝能级的非弹性散射是一次粒子发射过程, 因此这种方式仍然不能建立双微分截面文档. 为此, 国际上成立了截面评价工作组 (Cross Section Evaluation Workshop Group, CSEWG) 对此问题进行了专门的研究, 但是最后该工作组仍然没有能找到建立双微分截面文档的理论模型计算方法, 使得 B5 结果与 B4 一样. 1986 年荷兰学者 Gruppelaar 在 European Community 进行了 EFF(European Fusion File) 与 JEF-1(Joint Evaluation Data File) 的聚变堆选材研究, 发现 ENDF/B5 仍然不能满足聚变堆的需求. 但当时最终也没有得到成功的理论方法来建立 ^{9}Be(n,2n) 的双微分截面文档. Beynon 等还对各分立能级产生的中子出射分谱进行了研究, 当时仅是用了描述平衡态发射的 Hauser-Feshbach 理论方法, 将其计算结果与 Drake 等实验测量的三个中子入射能点的双微分截面进行比较, 发现相差甚远. 这说明对于轻核反应过程, 仅用平衡态理论来描述是不成功的.

1985 年 Perkins 等用 Monte-Carlo 技术来模拟各分立能级之间的发射过程 (Perkins et al.,1985), 用 Monte-Carlo 抽样技术给出各能级的发射概率, 从 500 万的抽样过程中挑选出能与 Drake, Baba, Takahashi 实验测量值符合较好的结果, 以此为基础建成了 ^{9}Be(n,2n) 双微分截面文档. 但是, 把它应用到 Julish 在 8~10cm 的 ^{9}Be 反射层实验测量的中子泄漏 (neutron leakage) 谱数据分析时, 仍然与实验测量结果偏离了许多 (Bash et al.,1978). 后来 Perkins 又对其结果进行了不断的调整改进, 使得越来越好地符合中子泄漏谱的基准检验结果. 但这意味着, 为成功建立轻核双微分截面文档, 仍然没能找到合适的理论方法或理论模型. 直到 1997 年, Pronyaev 等在意大利的国际核数据大会上还提出用最小二乘法符合 ^{9}Be 的实验测量双微分截面的方法 (Pronyaev et al.,1997). 总之, 国际核数据界仍在不断努力去寻找一种合适的核反应理论方法或手段, 以便建立更加准确的双微分截面文档以进一步满足核工程应用的需要.

国内无论在实验测量和理论研究方面都进行了研究工作的开展. 实验方面也曾经进行了 10MeV 中子引发的 ^{9}Be(n, 2n) 次级中子双微分截面的测量 (祈步嘉等, 1995), 并对 ^{9}Be(n, 2n) 双微分谱也进行过理论模型方法的分析 (孙伟力等, 1995; Duan et al., 2010).

在发展的轻核反应理论中, 不仅可以考虑粒子非有序发射的复杂过程, 还可以用非平衡统计理论方法描述粒子的预平衡发射机制, 因而可以用理论计算结果符合实验测量的截面和双微分截面数据, 并分析双微分截面谱中产生中子的各种成分.

实际的理论计算表明, 在前面所述更新的能级纲图基础上的理论计算比用原有的能级纲图的结果有明显的改进. 但是, 无论在再现实验测量的中子出射双微分谱方面以及基准检验方面, 都显示出 ^{9}Be 的能级纲图还有继续改进的可能.

当中子入射能量在 20MeV 以下, ^{9}Be(n, 2n) 反应道的双微分截面数据具有广泛的应用价值, 需要进行非常仔细的研究. 而随着中子入射能量的提高, 还需要对 (n, np), (n, nd) 和 (n, nt) 等这些包含中子出射反应道的双微分截面数据进行认真的研究.

1.5   n + ^{10}B 的反应道的开放途径

^{10}B 的天然丰度为 19.8%. 目前 ^{10}B 的能级纲图已经给到 23.1 MeV(Firestone et al.,1996; Tilley et al.,2004), 大约 30 条, 这里就不再详细列出. 由于硼的中子吸收截面较大, 它经常用于中子防护系统, 也可以在快中子堆中用作控制棒材料, 在某些反应堆中作为 "可燃毒物". 而作为集团结构, ^{5}He 在 n + ^{10}B 反应的发射已经被实验测量观测到 (Turk et al.,1984), 因此需要考虑不稳定核 ^{5}He 的发射.

对于 n+^{10}B 反应, 主要开放的反应道以及对应的阈能和 Q 值如下:

$$n +{}^{10}B \rightarrow {}^{11}B^* \rightarrow \begin{cases} \gamma + {}^{11}B & Q = 11.53\text{MeV}, & E_{\text{th}} = 0.000\text{MeV} \\ n' + {}^{10}B & Q = -0.71835\text{MeV}, & E_{\text{th}} = 0.79077\text{MeV} \\ p + {}^{10}Be & Q = 0.225\text{MeV}, & E_{\text{th}} = 0.0000\text{MeV} \\ \alpha + {}^7Li & Q = 2.790\text{MeV}, & E_{\text{th}} = 0.0000\text{MeV} \\ d + {}^9Be & Q = -4.362\text{MeV}, & E_{\text{th}} = 4.8104\text{MeV} \\ t + {}^8Be & Q = 0.230\text{MeV}, & E_{\text{th}} = 0.0000\text{MeV} \\ {}^5He + {}^6Li & Q = -5.355\text{MeV}, & E_{\text{th}} = 5.8944\text{MeV} \\ 2n + {}^9B & Q = -8.436\text{MeV}, & E_{\text{th}} = 9.2858\text{MeV} \\ (np + pn) + {}^9Be & Q = -6.586\text{MeV}, & E_{\text{th}} = 7.2494\text{MeV} \\ (n\alpha + \alpha n) + {}^6Li & Q = -4.459\text{MeV}, & E_{\text{th}} = 4.9082\text{MeV} \\ (nd + dn) + {}^8Be & Q = -6.027\text{MeV}, & E_{\text{th}} = 6.341\text{MeV} \\ (p\alpha + \alpha p) + {}^6He & Q = -7.184\text{MeV}, & E_{\text{th}} = 7.9077\text{MeV} \\ 2\alpha + t & Q = 0.323\text{MeV}, & \end{cases}$$

实际计算表明, ^{10}B 的前五条激发态分立能级在能量上都不允许发射任何粒子, 只能通过发射 γ 退激来结束核反应过程, 因此 ^{10}B 的前五条激发态能级纯粹属于非弹性散射反应道; 而 ^{10}B 的第 10 激发态, 能量为 5.9195MeV, 自旋、宇称为 2^+, 从能量上看可以发射 α 粒子, 但是由于角动量和宇称守恒的限制, 禁戒了 α 粒子的发射, 因而只能通过发射 γ 光子退激. 这是由于 α 粒子的自旋、宇称为 0^+, ^{6}Li 基态的自旋、宇称为 1^+, 因此末态的总自旋为 1; 而 ^{10}B 第 10 激发态的角动量为 2, 于是发射粒子的轨道角动量 l 必须大于 0, 再考虑到宇称守恒, l 就必须为大于 1 的偶数, 但是在 5.9195MeV 这种能量下轨道角动量大于 1 的分波概率非常小, 再加上库仑位垒的限制, 实际上禁戒了 α 粒子的发射, 发射 γ 光子退激的概率反而最大. 类似地, 还有第 7 激发能级也有通过 γ 退激来结束核反应过程, 不过它是通过与氘核、质子和 α 粒子发射竞争的结果, 部分地贡献到非弹性散射反应道, 尽管截面值比较小. 所以, ^{10}B 的第 1 ~ 5 以及第 7 和第 10 激发态这 7 条能级都对非弹性散射反应道有所贡献. 其他能级都可以发射中子, 剩余核是 ^{10}B. 而从 ^{10}B 的第 6 激发能级开始允许发射 α 粒子, 剩余核是 ^{6}Li, 由前面分析的 ^{6}Li 各激发能级的特性, 处于基态和第 2 激发态是属于 (n, nα) 反应, 而从 ^{10}B 的第 12 激发能级开始允许发射氘核, 剩余核是 ^{8}Li, 属于 (n, nd) 反应道. 而从第 13 激发能级允许发射质子, 因此属于 (n, np) 反应道. 从 ^{10}B 的第 22 激发能级开始允许发射中子, 属于 (n, 2n) 反应道.

从复合核发射一个质子后, 剩余核为 ^{10}Be. ^{10}Be 的前五条激发能级是通过 γ 退激到 ^{10}Be 的基态, ^{10}Be 是不稳定核素, 通过 β$^-$ 衰变成 ^{10}B. ^{10}Be 的第 6 激发能级开始允许发射中子, 因此属于 (n, pn) 反应道. 但是, 上述各反应道的剩余核有的还可以继续发射粒子, 下面给出有关详细开放反应道情况的分析.

从复合核发射一个 α 粒子后, 如果剩余核 ^{7}Li 处于基态和第 1 激发态, 则属于 (n, α)^{7}Li 反应道; 如果剩余核 ^{7}Li 处于第 2 激发态及以上能级, 它就可以发射 t, 剩余核是 α 粒子, 该过程就属于 (n, t2α) 反应道. 这是一个可以造氚的无阈反应道. 而第一发射粒子是氚时, 剩余核是不稳定核 ^{8}Be, 自发崩裂为两个 α 粒子, 因此也属于 (n, t2α) 反应道.

而从复合核发射 ^{3}He 的反应阈为 17.34MeV, 再加上库仑位垒的阻碍, 计算得到的 (n, ^{3}He) 反应的截面都非常小, (n, ^{3}He) 反应道一般不予考虑.

其中, ^{5}He 发射后就自发崩裂为一个中子和一个 α 粒子, 当剩余核 ^{6}Li 处于基态或第 2 激发态时, 属于 (n, nα) 反应道; 而剩余核 ^{6}Li 处于第 1 激发态或第 3 激发态及以上能级时, 可以发射 d 核, 因此属于 (n, nd2α) 反应道 (Zhang, 2003a).

$$^{10}\text{B}(n,^5\text{He})^6\text{Li} \rightarrow n + \alpha +^6\text{Li} \begin{cases} k = \text{g}, 2 \rightarrow (\text{n, n}\alpha)^6\text{Li} \\ k = \text{other} \rightarrow (\text{n, nd}2\alpha) \end{cases} \qquad (1.5.1)$$

当相继发射两个中子后, 剩余核是 ^{9}B, ^{9}B 是不稳定核, 它的基态和激发态都可以通过不同途径分裂为一个质子和两个 α 粒子. 因此, ^{11}B* 有序发射两个中子后, 余核 ^{9}B→p+2α, 属于 (n, 2np2α) 反应道, 即

$$^{10}\text{B}(n, 2n)^9\text{B} \rightarrow n + n + p + 2\alpha \qquad (1.5.2)$$

对于 (np + pn)^{9}Be 反应道, ^{11}B* 发射中子和质子后, 剩余核处于 ^{9}Be 的基态, 因此属于 (n, np)^{9}Be$_\text{g}$ 反应道. 而当剩余核 ^{9}Be 处于激发态时, 由上面对 ^{9}Be 的反

应途径分析给出的结果是, ^{9}Be* 会通过不同途径出射一个中子和两个 α 粒子, 因此属于 (n, 2np2α) 反应道.

$$^{10}\text{B}(\text{n},\text{np}+\text{pn})^9\text{Be} \rightarrow \begin{cases} k = \text{gs} & (\text{n},\text{np})^9\text{Be} \\ k = \text{other} & (\text{n},2\text{np}2\alpha) \end{cases} \tag{1.5.3}$$

对于 $(\text{n}\alpha + \alpha\text{n})^6$Li 反应道, ^{11}B* 发射一个中子和一个 α 粒子后, 剩余核是 ^{6}Li; 而直接发射 ^{5}He(^{11}B* $\rightarrow ^5$He $+^6$Li) 的剩余核也是 ^{6}Li. 正如前面对 ^{6}Li 开放反应道所分析的那样, 当 ^{6}Li 处于它的基态或第 2 激发态时, 属于 (n,nα)^{6}Li 反应道; 而当 ^{6}Li 处于第 1 和第 3 激发态及以上能级时, ^{6}Li 可以发射 d 核, 而剩余核是 α 粒子, 这时它们应该属于 (n,nd2α) 反应道. 因此有

$$^{10}\text{B}(\text{n},\text{n}\alpha)^6\text{Li} \begin{cases} k = \text{gs}, 2 \rightarrow (\text{n},\text{n}\alpha)^6\text{Li} \\ k = \text{other} \rightarrow (\text{n},\text{nd}2\alpha) \end{cases} \tag{1.5.4}$$

对于 (nd + dn)^{8}Be 反应过程, 由于 ^{8}Be 自发分裂为两个 α 粒子, 因而也属于 (n, nd2α) 反应道.

$$^{10}\text{B}(\text{n},\text{nd})^8\text{Be} \rightarrow \text{n} + \text{d} + 2\alpha \tag{1.5.5}$$

对于 (pα + αp)^{6}He 反应过程, 当 ^{6}He 处于基态时, 核反应过程属于 (n, pα)^{6}He$_\text{g}$ 反应道, 而当 ^{6}He 处于激发态时, ^{6}He 通过前面已经讲述的关于 ^{6}He 的特性, ^{6}He 可以经过不同方式衰变为两个中子和一个 α 粒子, 因此属于 (n, 2np2α) 反应道, 有

$$^{10}\text{B}(\text{n},\text{p}\alpha)^6\text{He} \begin{cases} k = \text{gs} \rightarrow (\text{n},\text{p}\alpha)^6\text{He}(\text{g}) \\ k = \text{other} \rightarrow (\text{n},2\text{np}2\alpha) \end{cases} \tag{1.5.6}$$

这与先发射两个中子的结果相同. 但是不同的粒子发射顺序, 出射中子的双微分截面是彼此非常不同的, 需要通过理论模型计算得到每种发射过程中的出射中子双微分截面分谱, 将各分出射中子双微分截面加起来才能得到该反应道总的出射中子双微分截面.

综上所述, 对不同粒子发射顺序同归于同一个反应道的情况可以归结为下面的公式表示.

对于 (n, nα) 反应道有三种反应途径

$$\text{n} +^{10}\text{B} \rightarrow^{11}\text{B} \rightarrow \begin{cases} \text{n} + \alpha +^6\text{Li}, & k = \text{gs}, 2 \\ \alpha + \text{n} +^6\text{Li}, & k = \text{gs}, 2 \\ ^5\text{He} +^6\text{Li}^*, & ^5\text{He} \rightarrow \text{n} + \alpha, & ^6\text{Li}^* \rightarrow \text{d} + \alpha \end{cases} \tag{1.5.7}$$

对于 (n,t2α) 反应道有两种反应途径

$$\text{n} +^{10}\text{B} \rightarrow^{11}\text{B} \rightarrow \begin{cases} \text{t} +^8\text{Be}, & ^8\text{Be} \rightarrow \alpha + \alpha \\ \alpha +^7\text{Li}^*, & ^7\text{Li} \rightarrow \text{T} + \alpha \end{cases} \tag{1.5.8}$$

在考虑了 ^{5}He 发射后, 与 ^{5}He 发射的有关反应道可以归结如下:

$$^{10}\mathrm{B}(\mathrm{n},{}^5\mathrm{He})^6\mathrm{Li}^* \begin{cases} {}^6\mathrm{Li}+\gamma, & k=\mathrm{gs}, 2 & (\mathrm{n,n}\alpha)^6\mathrm{Li} \\ \mathrm{d}+\alpha, & k=1,3,4,\cdots & (\mathrm{n,nd2}\alpha) \\ \mathrm{p}+{}^5\mathrm{He}, & k \geqslant 4, \quad {}^5\mathrm{He} \to \mathrm{n}+\alpha & (\mathrm{n,2np2}\alpha) \end{cases} \quad (1.5.9)$$

对于 $(\mathrm{n,nd2}\alpha)$ 反应道有六种反应途径

$$\mathrm{n}+{}^{10}\mathrm{B} \to {}^{11}\mathrm{B} \to \begin{cases} \mathrm{n}+\mathrm{d}+{}^8\mathrm{Be}, & {}^8\mathrm{Be} \to \alpha+\alpha \\ \mathrm{d}+\mathrm{n}+{}^8\mathrm{Be}, & {}^8\mathrm{Be} \to \alpha+\alpha \\ \mathrm{d}+{}^9\mathrm{Be}^*, & {}^9\mathrm{Be}^* \to \mathrm{n}+\alpha+\alpha \\ \mathrm{n}+\alpha+{}^6\mathrm{Li}^*, & {}^6\mathrm{Li}^* \to \mathrm{d}+\alpha, k=1,3,4,5,\cdots \\ \alpha+\mathrm{n}+{}^6\mathrm{Li}^*, & {}^6\mathrm{Li}^* \to \mathrm{d}+\alpha, k=1,3,4,5,\cdots \\ {}^5\mathrm{He}+{}^6\mathrm{Li}^*, & {}^5\mathrm{He} \to \mathrm{n}+\alpha, \quad {}^6\mathrm{Li}^* \to \mathrm{d}+\alpha, k=1,3,4,5,\cdots \end{cases} \quad (1.5.10)$$

对于 $(\mathrm{n, 2np2}\alpha)$ 反应道有八种反应途径

$$\mathrm{n}+{}^{10}\mathrm{B} \to {}^{11}\mathrm{B} \to \begin{cases} \mathrm{n}+\mathrm{n}+{}^9\mathrm{B}, & {}^9\mathrm{B} \to \mathrm{p}+{}^8\mathrm{Be}, \quad {}^8\mathrm{Be} \to \alpha+\alpha \\ \mathrm{n}+\mathrm{p}+{}^9\mathrm{Be}^*, & {}^9\mathrm{Be}^* \to \mathrm{n}+\alpha+\alpha \\ \mathrm{p}+\mathrm{n}+{}^9\mathrm{Be}^*, & {}^9\mathrm{Be}^* \to \mathrm{n}+\alpha+\alpha \\ \mathrm{p}+\alpha+{}^6\mathrm{He}^*, & {}^6\mathrm{He}^* \to \mathrm{n}+\mathrm{n}+\alpha \\ \alpha+\mathrm{p}+{}^6\mathrm{He}^*, & {}^6\mathrm{He}^* \to \mathrm{n}+\mathrm{n}+\alpha \\ \mathrm{n}+\alpha+{}^6\mathrm{Li}^*, & {}^6\mathrm{Li}^* \to \mathrm{n}+\mathrm{p}+\alpha, k=4,5,\cdots \\ \alpha+\mathrm{n}+{}^6\mathrm{Li}^*, & {}^6\mathrm{Li}^* \to \mathrm{n}+\mathrm{p}+\alpha, k=4,5,\cdots \\ {}^5\mathrm{He}+{}^6\mathrm{Li}^*, & {}^6\mathrm{Li}^* \to \mathrm{n}+\mathrm{p}+\alpha, k=4,5,\cdots \end{cases} \quad (1.5.11)$$

归结起来, 需要用双微分截面描述的多粒子发射的反应道有 $(\mathrm{n,n}\alpha)$, $(\mathrm{n,2np2}\alpha)$, $(\mathrm{n,nd2}\alpha)$, $(\mathrm{n,t2}\alpha)$, $(\mathrm{n,p}\alpha)^6\mathrm{He_g}$ 等.

这里需要再考虑从复合核 $^{11}\mathrm{B}^*$ 发射一个氚核的情况, 因为这是一个放热反应道, 这时剩余核是 $^8\mathrm{Be}$, 在 $^8\mathrm{Be}$ 的低激发能级崩裂为两个 α 粒子, 而在 $^8\mathrm{Be}$ 的高激发能级可以发射中子和质子, 剩余核分别是 $^7\mathrm{Be}$ 和 $^7\mathrm{Li}$, 属于 $(\mathrm{n,tn})^7\mathrm{Be}$ 和 $(\mathrm{n,tp})^7\mathrm{Li}$. 关于 $^7\mathrm{Li}$ 衰变的途径已经由上面给出, 而这里需要考虑的是剩余核 $^7\mathrm{Be}$ 的情况, 关于 $^7\mathrm{Be}$ 的能级纲图由表 1.5 给出.

表 1.5 ^{7}Be 的分立能级纲图

$E/(\text{MeV} \pm \text{keV})$	J^π	寿命 τ 或宽度 Γ	衰变模式
gs	$3/2^-$	$\tau = (53.2 \pm 0.06)$d	$\varepsilon - $ capture
0.4209 ± 0.10	$1/2^-$	$\tau = (192 \pm 25)$fs	γ
4.57 ± 50	$7/2^-$	(175 ± 7)keV	^{3}He, α
6.73 ± 100	$5/2^-$	1.2MeV	^{3}He, α
7.21 ± 60	$5/2^-$	(0.40 ± 0.053)MeV	p, ^{3}He, α
9.27 ± 100	$7/2^-$		p, ^{3}He, α
9.9	$3/2^-$	≈ 1.8MeV	p, ^{3}He, α
11.01 ± 30	$3/2^-$	(320 ± 30)keV	p, ^{3}He, α
17	$1/2^-$	≈ 6.5MeV	^{3}He

由此可见, (n, tn)^{7}Be 反应道到达 ^{7}Be 的基态和第 1 激发能级时, 就属于 (n, tn)^{7}Be 反应道, 而从 ^{7}Be 第 2 激发能级就可以发射 ^{3}He, 剩余核是 ^{4}He, 出现 (n, tn^{3}He)α 反应道, 而从 ^{7}Be 第 4 激发能级就可以发射质子, 剩余核是 ^{6}He, 属于 (n, npt)^{6}He 反应道, 而 ^{6}He 的衰变途径前面已经给出.

这里估算上述反应道的阈能, 这时需要确定各反应道 ^{8}Be 的开放能级. 式(1.1.9) 改写为

$$E_{th} = \frac{M_C}{M_T} \left(B_t - B_n - E_k(^8\text{Be}) \right) \tag{1.5.12}$$

其中, $B_n = 11.453$MeV, $B_t = 11.232$MeV 分别是在复合核 ^{11}B* 中的中子和氚的结合能, $E_k(^8\text{Be})$ 是 ^{8}Be 需要开放的能级能量.

^{8}Be 开始可以发射中子的能级为 18.91MeV(2^-), 而 ^{8}Be 开始可以发射质子的能级为 17.64MeV(1^+), 因此由式 (1.5.12) 得到 $E_{th}(\text{n, tn}) = 20.56$MeV, $E_{th}(\text{n, tp}) = 19.16$MeV. 由表 1.5 看出, ^{7}Be 在 4.57MeV 能级之上开始发射 ^{3}He, 因此 ^{8}Be 的能级能量需要大于 18.91MeV + 4.57MeV = 23.48MeV, 由 ^{8}Be 的能级纲图可以查出, 最低的既可以发射中子又可以使剩余核 ^{7}Be 发射 ^{3}He 的能级为 $E_k(^8\text{Be}) = 27.4941$MeV($0^-$), 这时由式 (1.5.12) 得到 $E_{th}(\text{n, tn}^3\text{He}\alpha) = 30.00$MeV.

由此可见, n+^{10}B 反应道的开放是相当复杂的, 发射一个粒子之后, 可以继续产生多重粒子发射或两体以及三体崩裂过程, 甚至于可以发生四次粒子以上的发射过程.

对于上述各种核反应过程中, 有很多反应途径是通过 ^{6}Li 的激发态发射氚核而剩余核是 ^{4}He, 而仅考虑了 ^{4}He 是处于基态. 下面考虑开放 ^{4}He 是激发态的情况, 对于 (n, nd2α) 反应道, 如果是通过 n+^{10}B→^{11}B→n+α+^{6}Li*, 而 ^{6}Li* 的高激发能级发射氚核后, ^{4}He* 处于第 4 激发态 (23.330MeV), 这时才允许从 ^{4}He 发射质子和中子. 以从 ^{4}He* 发射中子为例, 这时核反应是属于 ^{10}B(n, 2ndα^3He) 反应道. 而氚核在 ^{6}Li 中的结合能为 13.981MeV, 由于存在测量位垒, 前面已经给出从 ^{6}Li 发射

氘核的最小能量为 0.674MeV, 由式 (1.2.1) 得到 ^{6}Li 的激发能必须大于 38.32MeV, 再由表 1.2 可看出, ^{6}Li 的最高激发能级仅是 26.59MeV, 因此目前无法描述这种反应途径. 以同样的理由, 在后面对于更重的 1p 壳轻核就不再考虑剩余的 ^{4}He 的激发态反应途径.

对于总的中子出射双微分截面, 目前仅有 1985 年 M. Baba 等在入射中子能量为 $E_n = 14.2$MeV 一个能点上做的实验测量 (Baba et al.,1985). 这家唯一的实验测量结果为理论模型的计算结果分析提供了检验基础.

这里需要指出的是, 上面给出的反应道截面很少有实验测量数据, 或实验测量数据不可靠. 作为一个例子, 在 1956 年就进行的 (n, nd)2α 反应道截面的实验测量 (Glenn et al.,1956), 它是用多个出射粒子的直接符合测量法确定截面值. 其中尽可能多地考虑了多种反应途径, 利用能级纲图可以通过运动学给出多个粒子出射能量角度的关联, 这是直接符合测量法的基础. 例如, 第一个发射粒子是氘核时, 剩余核是 ^{9}Be, 而从 ^{9}Be 再继续发射一个中子, 剩余核是 ^{8}Be, ^{8}Be 自动崩裂为两个 α 粒子, 因此最后结果是属于 (n, nd)2α 反应道. 但遗憾的是, 在 20 世纪 50 年代, 对轻核的能级纲图的知识知之甚少, 当时 ^{9}Be 的能级纲图中, 仅知道目前 ^{9}Be 的第 2 激发能级 2.423 (5/2$^+$), 其余 ^{9}Be 的激发能级一概不知. 因此, 来自 ^{9}Be 其他激发能级的信息全部丢失, 使得实验测量结果变得不可靠. 此外, 在上述实验测量中还考虑了 (n, nα)^{6}Li 反应途径, 但是当时 ^{6}Li 的能级纲图也与目前的相距甚远 (Glenn et al.,1956: Wang et al.,2006). 目前, 还没有对 (n, nα)^{6}Li$_g$ 和 (n, nα)^{6}Li$_{k=3}$ 的反应截面进行过认真的实验测量, 而由上面对 ^{6}Li 反应道的分析看出, 作为剩余核 ^{6}Li 处于第 1 和第 3 激发能级以及以上的激发能级, ^{6}Li 核允许发射氘核, 而剩余核是 ^{4}He, 仍然属于 (n, nd)2α 反应道. 而理论计算结果表明, 由计算得到的双微分截面谱与实验测量值很好符合, (n, nd)2α 反应道的截面要明显大于原来 50 年代的实验测量值. 再一次说明了能级纲图的准确性无论对实验测量, 还是对理论模型计算要起多么大的作用. 为此, 希望在实验测量方面, 可以对 (n, nd)2α 反应道的截面进行更新测量. 以澄清目前在这个截面数据上的分歧, 并增加 (n, nd)2α 反应道截面数据的精度, 为理论计算的分析提供可靠的实验测量基础.

1.6　n+^{11}B 的反应道的开放途径

^{11}B 的天然丰度为 80.2%. 目前 ^{11}B 的能级纲图已经给到 26.5 MeV(Firestone et al.,1996), 大约 40 条, 这里就不再详细列出. 可以这样说, 中子引发 ^{11}B 的反应道是 1p 壳轻核中最复杂的, 不仅分立能级多, 而且各反应道的剩余核还存在大量的不稳定核素, 而比 ^{11}B 重的核素, 其各反应道的剩余核包含的不稳定核素逐渐减少, 使得核反应的行为逐渐倾向于中重核的行为.

对于 n+^{11}B 反应, 主要的开放反应道以及对应的阈能和 Q 值如下 (Zhang, 2003b):

$$
n+^{11}B =^{12}B \rightarrow
\begin{cases}
\gamma +^{12}B & Q = 3.370\text{MeV}, & E_{\text{th}} = 0.000\text{MeV} \\
n' +^{11}B & Q = -2.4793\text{MeV}, & E_{\text{th}} = 0.79077\text{MeV} \\
p +^{11}Be & Q = -10.724\text{MeV}, & E_{\text{th}} = 11.699\text{MeV} \\
\alpha +^{8}Li & Q = -6.630\text{MeV}, & E_{\text{th}} = 7.2374\text{MeV} \\
d +^{10}Be & Q = -9.004\text{MeV}, & E_{\text{th}} = 9.8289\text{MeV} \\
t +^{9}Be & Q = -9.558\text{MeV}, & E_{\text{th}} = 10.434\text{MeV} \\
^{5}He +^{7}Li & Q = -9.559\text{MeV}, & E_{\text{th}} = 10.4348\text{MeV} \\
2n +^{10}B & Q = -11.228\text{MeV}, & E_{\text{th}} = 12.502\text{MeV} \\
(np + pn) +^{10}Be & Q = -11.228\text{MeV}, & E_{\text{th}} = 12.257\text{MeV} \\
(n\alpha + \alpha n) +^{7}Li & Q = -8.663\text{MeV}, & E_{\text{th}} = 9.4567\text{MeV} \\
(nd + dn) +^{9}Be & Q = -15.815\text{MeV}, & E_{\text{th}} = 17.262\text{MeV} \\
(nt + tn) +^{8}Be & Q = -11.223\text{MeV}, & E_{\text{th}} = 12.152\text{MeV} \\
2\alpha +^{4}H & Q = -16.413\text{MeV}, & E_{\text{th}} = 17.7167\text{MeV} \\
(\alpha t + t\alpha)^{5}He & Q = -12.025\text{MeV}, & E_{\text{th}} = 13.1267\text{MeV}
\end{cases}
$$

实际计算表明, 从复合核发射一个中子后, 剩余核 ^{11}B 的前 10 个激发态在能量上都不允许发射任何粒子, 只能通过发射 γ 退激来结束核反应过程, 因此它们都属于非弹性散射反应道. 而从第 10 激发能级开始允许发射 α 粒子, 属于 (n,nα) 反应道. 这里需要注意的是, ^{11}B 的第 10 激发能级存在发射 α 粒子和 γ 光子退激的竞争. 从第 23 激发能级允许发射质子和氚, 因此分别属于 (n,np) 和 (n,nt) 反应道. 而从第 20 激发能级允许发射第二中子, 因此属于 (n,2n) 反应道; 从第 32 激发能级允许发射氘核, 因此属于 (n,nd) 反应道.

从复合核发射一个质子后, 剩余核为 ^{11}Be. ^{11}Be 的第 1 激发能级是通过 γ 退激到 ^{11}Be 的基态, 再通过 β^- 衰变成 ^{11}Be. ^{11}Be 的第 2 激发能级以上开始允许发射中子, 因此属于 (n,pn) 反应道.

由于反应道 (n, ^{3}He) 阈能为 25.27MeV, 所以在中子入射能量低于 20MeV 时不能开放, 一般不考虑这个反应道.

从复合核发射一个 α 粒子后, 如果剩余核 ^{8}Li 处于基态和第 1 激发态, ^{8}Li 的第 1 激发能级是通过 γ 退激到 ^{8}Li 的基态, 再通过 β^- 衰变成 ^{8}Be, 寿命是 838ms, 属于 (n,α)^{8}Li 反应道; 如果剩余核 ^{8}Li 处于第 2 激发态及以上能级, 它就可以发射中子, 因此属于 (n,αn) 反应道; 如果剩余核 ^{8}Li 处于第 5 激发态及以上能级, 它就可以发射 t, 因此属于 (n,αt) 反应道. 但是, 上述各反应道的剩余核有的还可以继续发射粒子, 下面将给出有关详细开放反应道情况的分析.

从复合核发射一个 d 核后, ^{10}Be 的前 5 条激发能级是通过 γ 退激到 ^{10}Be 的基态,^{10}Be 是不稳定核素, 通过 β^- 衰变成 ^{10}B. ^{10}Be 的第 6 激发能级开始允许发射中子, 因此属于 (n, dn) 反应道. 从复合核发射一个 t 核后, 剩余核是 ^{9}Be 的基态时, 属于 (n, nt) 反应道; 而处于 ^{9}Be 的第 1 激发态以上能级时, ^{9}Be 可以通过各种退激蜕变为一个中子和两个 α 粒子, 因此属于 (n, nt2α) 反应道.

从复合核发射一个 ^{5}He 核后, 剩余核是 ^{7}Li. ^{5}He 发射的可能性在理论上已被确认 (Zhang,2004), 而 ^{5}He 是不稳定核, 自发裂变为一个中子和一个 α 粒子, 所以当剩余核 ^{7}Li 处于基态和第 1 激发态时, 它还是归结为 (n, nα) 反应道; 若 ^{7}Li 处于第 2 激发态及以上能级时, 就可以发射 t, 因而属于 (n, nt2α) 反应道, 由下面式 (1.6.1) 所示. ^{5}He 发射后崩裂产生的中子对总中子双微分截面谱的低能部分有很重要的贡献.

$$^{11}\text{B}(\text{n},^5\text{He})^7\text{Li} \rightarrow \text{n} + \alpha + ^7\text{Li} \begin{cases} k = \text{g}, 1 \rightarrow (\text{n}, \text{n}\alpha)^7\text{Li} \\ k = \text{other} \rightarrow (\text{n}, \text{nt}2\alpha) \end{cases} \tag{1.6.1}$$

对于 (np + pn)^{10}Be 反应道, 相继发射一个中子和一个质子后, 剩余核是处于 ^{10}Be 的基态或低激发态, 由 1.5 节的分析看出, ^{10}Be 的低激发态仅是通过 γ 的退激达到 ^{10}Be 的基态, 因此属于 (n, np)^{10}Be 反应道; 而 ^{10}Be 在处于第 4 激发态以上时, ^{10}Be 正如对 n $+^9$ Be 的核反应过程那样, ^{10}Be 会通过各种途径衰变为两个中子和两个 α 粒子.

$$^{11}\text{B}(\text{n}, \text{np})^{10}\text{Be} \begin{cases} k = \text{g}, 1, 2, 3, 4 \rightarrow (\text{n}, \text{np})^{10}\text{Be} \\ k > 4 \rightarrow (\text{n}, 3\text{np}2\alpha) \end{cases} \tag{1.6.2}$$

对于 (n, 2n) 反应道, 剩余核是 ^{10}B, 由 1.5 节的分析知, 如果 ^{10}B 处于基态、前五个激发态以及第 10 激发态只能通过发射 γ 光子退激, 因此属于 (n, 2n)^{10}B 反应道.

但是当 ^{10}B 处于第 6~9 或第 11 激发态及以上能级时, 主要通过发射 α 粒子退激, 属于 (n, 2nα)^{6}Li 反应道. 如果 ^{10}B 处在第 13 激发态及以上能级, 还会有发射质子的竞争; 当剩余核 ^{9}Be 处在基态时属于 (n, 2np)^{9}Be$_\text{g}$, 如果剩余核 ^{9}Be 处于激发态, 还可以通过不同途径达到一个中子和两个 α 粒子的末态, 属于 (n, 3np2α) 反应道. 式 (1.6.2) 反应情况由式 (1.6.3) 给出.

$$^{11}\text{B}(\text{n}, 2\text{n})^{10}\text{B} \rightarrow \begin{cases} (\text{n}, 2\text{n})^{10}\text{B}, \quad k = \text{g}, 1, 2, 3, 4, 5, 10 \\ \\ (\text{n}, 2\text{n}\alpha)^6\text{Li}, \quad k = 6, 7, 8, 9, 11, \cdots \\ \\ \text{p} +^9\text{Be} \rightarrow \begin{cases} (\text{n}, 2\text{np})^9\text{Be}_\text{g} \\ (\text{n}, 3\text{np}2\alpha) \end{cases}, k > 13 \end{cases} \tag{1.6.3}$$

而对于 $(n\alpha + \alpha n)^7$Li 反应过程, 相继发射一个中子和 α 粒子, 以及 ^{5}He 发射过程, 剩余核都是 ^{7}Li. 前面已经指出, 当 ^{7}Li 处于基态和第 1 激发态时, 它属于 $(n, n\alpha)$ 反应道; 若 ^{7}Li 处于第 2 激发态及以上能级时, 就可以发射 t, 属于 $(n, nt2\alpha)$ 反应道.

$$^{11}\text{B}(n, n\alpha)^7\text{Li} \begin{cases} k = \text{g}, 1 \rightarrow (n, n\alpha)^7\text{Li} \\ k > 2 \rightarrow (n, nt2\alpha) \end{cases} \tag{1.6.4}$$

对于 $(nd + dn)^9$Be 反应过程, 相继发射一个中子和氘核后, 当 ^{9}Be 处于基态时, 它应该属于 $(n, nd)^9$Be 反应道; 如果 ^{9}Be 处于激发态, 则可以通过几种途径变为一个中子和两个 α 粒子, 它应该属于 $(n, 2nd2\alpha)$ 反应道.

$$^{11}\text{B}(n, nd)^9\text{Be} \begin{cases} k = \text{g} \rightarrow (n, nd)^9\text{Be} \\ k > 1 \rightarrow (n, 2nd2\alpha) \end{cases} \tag{1.6.5}$$

对于 $(nt + tn)^8$Be 反应过程, 相继发射一个中子和氚核, 由于剩余核 ^{8}Be 是不稳定核, 自发分裂为两个 α 粒子, 因而也属于 $(n, nt2\alpha)$ 反应道. 由此看出, 许多不同顺序的粒子发射过程, 可以导致成为同一个反应道, 这又是轻核反应的特征之一.

$$^{11}\text{B}(n, nt) \rightarrow n + t + ^8\text{Be} \rightarrow n + t + 2\alpha \tag{1.6.6}$$

对于 $2\alpha + ^4$H 反应过程, 发射两个 α 粒子后, 剩余核 ^{4}H 是不稳定的, 自发变为 $n + t$, 因此也属于 $(n, nt2\alpha)$ 反应道.

$$n + ^{11}\text{B} \rightarrow ^{12}\text{B}^* \rightarrow \alpha + \alpha + ^4\text{H} \rightarrow n + t + 2\alpha \tag{1.6.7}$$

对于同一个反应道, 可以有多种不同的粒子发射途径, 它们彼此有完全不同的出射中子能谱, 需要通过理论模型来计算, 然后将计算出来的各种发射过程中的出射中子双微分截面加起来才能得到该反应道总的出射中子双微分截面.

综合所述, 以不同粒子发射顺序和不同分立能级归属于同一个反应道的情况有下列情况.

对于 $(n, 2n\alpha)^6$Li 反应道有下列三种反应途径

$$n + ^{11}\text{B} \rightarrow ^{12}\text{B}^* \rightarrow \begin{cases} n + n + ^{10}\text{B}, & ^{10}\text{B} \rightarrow \alpha + ^6\text{Li(gs, 2)} \\ n + \alpha + ^7\text{Li}, & ^7\text{Li} \rightarrow n + ^6\text{Li(gs, 2)} \\ \alpha + n + ^7\text{Li}^*, & ^7\text{Li} \rightarrow n + ^6\text{Li(gs, 2)} \end{cases} \tag{1.6.8}$$

对于 $(n, n\alpha)^7$Li 反应道有下列三种反应途径

$$n + ^{11}\text{B} \rightarrow ^{12}\text{B}^* \rightarrow \begin{cases} n + \alpha + ^7\text{Li(gs, 1)} \\ \alpha + n + ^7\text{Li(gs, 1)} \\ ^5\text{He} + ^7\text{Li(gs, 1)} \end{cases} \tag{1.6.9}$$

对于 (n, 2nd2α) 反应道有下列十种反应途径

$$
\text{n}+{}^{11}\text{B} \to {}^{12}\text{B}^* \to
\begin{cases}
\text{n}+\text{d}+{}^9\text{Be}^*, & {}^9\text{Be}^* \to \text{n}+\alpha+\alpha \\
\text{d}+\text{n}+{}^9\text{Be}^*, & {}^9\text{Be}^* \to \text{n}+\alpha+\alpha \\
\text{n}+\text{n}+{}^{10}\text{B}^*, & {}^{10}\text{B}^* \to
\begin{cases}
\text{d}+{}^8\text{Be}, & {}^8\text{Be} \to \alpha+\alpha \\
\alpha+{}^6\text{Li}^*, & {}^6\text{Li}^* \to \text{d}+\alpha, \ k=\text{gs}, 2, 3, \cdots
\end{cases} \\
\alpha+\text{n}+{}^7\text{Li}^*, & {}^7\text{Li}^* \to
\begin{cases}
\text{d}+{}^5\text{He}^*, & {}^5\text{He}^* \to \text{n}+\alpha \\
\text{n}+{}^6\text{Li}^*, & {}^6\text{Li}^* \to \text{d}+\alpha, k=\text{gs}, 2, 3, \cdots
\end{cases} \\
\text{n}+\alpha+{}^7\text{Li}^*, & {}^7\text{Li}^* \to
\begin{cases}
\text{d}+{}^5\text{He}^*, & {}^5\text{He}^* \to \text{n}+\alpha \\
\text{n}+{}^6\text{Li}^*, & {}^6\text{Li}^* \to \text{d}+\alpha, \ k=\text{gs}, 2, 3, \cdots
\end{cases} \\
{}^5\text{He}+{}^7\text{Li}^*, & {}^7\text{Li}^* \to
\begin{cases}
\text{d}+{}^5\text{He}^*, & {}^5\text{He}^* \to \text{n}+\alpha \\
\text{n}+{}^6\text{Li}^*, & {}^6\text{Li}^* \to \text{d}+\alpha, \ k=\text{gs}, 2, 3, \cdots
\end{cases}
\end{cases}
\tag{1.6.10}
$$

在式 (1.6.10) 中, ${}^9\text{Be}^* \to \text{n}+\alpha+\alpha$ 实际包括了 ${}^9\text{Be}^* \to \text{n}+{}^8\text{Be}$, 继而 ${}^8\text{Be} \to \alpha+\alpha$, 和 ${}^9\text{Be}^* \to \alpha+{}^5\text{He}$ 继而 ${}^5\text{He} \to \text{n}+\alpha$ 两种途径. 而 ${}^6\text{He}^* \to \text{n}+\text{n}+\alpha$ 的反应过程中, 如果 ${}^6\text{He}^*$ 处于第 1 激发能级是通过三体崩裂过程, 而处于第 2 激发能级以上时是发射一个中子, 剩余核为 ${}^5\text{He} \to \text{n}+\alpha$ 的反应过程, 以下就不再详细列出.

对于 (n, 3np2α) 反应道有下列六种反应途径

$$
\text{n}+{}^{11}\text{B} \to {}^{12}\text{B}^* \to
\begin{cases}
\text{n}+\text{n}+\text{p}+{}^9\text{Be}^*, & {}^9\text{Be}^* \to \text{n}+\alpha+\alpha \\
\text{n}+\text{p}+\text{n}+{}^9\text{Be}^*, & {}^9\text{Be}^* \to \text{n}+\alpha+\alpha \\
\text{p}+\text{n}+\text{n}+{}^9\text{Be}^*, & {}^9\text{Be}^* \to \text{n}+\alpha+\alpha \\
\alpha+\text{n}+{}^7\text{Li}^*, & {}^7\text{Li}^* \to \text{p}+{}^6\text{He}^*, & {}^6\text{He}^* \to \text{n}+\text{n}+\alpha \\
\text{n}+\alpha+{}^7\text{Li}^*, & {}^7\text{Li}^* \to \text{p}+{}^6\text{He}^*, & {}^6\text{He}^* \to \text{n}+\text{n}+\alpha \\
{}^5\text{He}+{}^7\text{Li}^*, & {}^7\text{Li}^* \to \text{p}+{}^6\text{He}^*, & {}^6\text{He}^* \to \text{n}+\text{n}+\alpha
\end{cases}
\tag{1.6.11}
$$

对于 (n, nt2α) 反应道有下列五种反应途径

$$
\text{n}+{}^{11}\text{B} \to {}^{12}\text{B}^* \to
\begin{cases}
\text{n}+\text{t}+{}^8\text{Be}, & {}^8\text{Be} \to \alpha+\alpha \\
\text{t}+\text{n}+{}^8\text{Be}, & {}^8\text{Be} \to \alpha+\alpha \\
\text{n}+\alpha+{}^7\text{Li}^*, & {}^7\text{Li}^* \to \text{t}+\alpha, & k=2,3,4,\cdots \\
\alpha+\text{n}+{}^7\text{Li}^*, & {}^7\text{Li}^* \to \text{t}+\alpha, & k=2,3,4,\cdots \\
{}^5\text{He}+{}^7\text{Li}^*, & {}^7\text{Li}^* \to \text{t}+\alpha, & k=2,3,4,\cdots
\end{cases}
\tag{1.6.12}
$$

对于 (n, nd)^{9}Be 反应道仅有下列两种反应途径

$$
\text{n}+{}^{11}\text{B} \to {}^{12}\text{B}^* \to
\begin{cases}
\text{n}+\text{d}+{}^9\text{Be(gs)} \\
\text{d}+\text{n}+{}^9\text{Be(gs)}
\end{cases}
\tag{1.6.13}
$$

在考虑了 ^{5}He 发射后, 剩余核为 ^{7}Li*, 与 ^{5}He 发射有关的反应道可以归结如下:

$$^{11}\text{B}(\text{n},{}^5\text{He}){}^7\text{Li}^*\begin{cases} \text{t}+\alpha, \quad k>1 & (\text{n},\text{nt}2\alpha) \\ {}^7\text{Li}+\gamma, \quad k=\text{gs},1 & (\text{n},\text{n}\alpha){}^7\text{Li} \\ \text{n}+{}^6\text{Li}\rightarrow\begin{cases} {}^6\text{Li}+\gamma, \quad k=\text{gs},2 & (\text{n},2\text{n}\alpha){}^6\text{Li} \\ \text{d}+\alpha, \quad k=1,3,4 & (\text{n},2\text{nd}2\alpha) \end{cases} \\ \text{p}+{}^6\text{He}\rightarrow\begin{cases} {}^6\text{He}, \quad k=\text{gs} & (\text{n},\text{np}\alpha){}^6\text{He}_g \\ {}^6\text{He}\rightarrow 2\text{n}+\alpha, \quad k>\text{gs} & (\text{n},3\text{np}2\alpha) \end{cases} \end{cases} \quad (1.6.14)$$

由此可见, n$+^{11}$B 开放的反应道, 与 n$+^{10}$B 类似, 但更为复杂. 发射一个粒子后, 可以继续产生多重粒子发射或两体和三体崩裂, 以致可以发生四次粒子以上的发射过程. 之所以说 n$+^{11}$B 的核反应过程是 1p 壳轻核最为复杂的, 这是由于不仅反应道开放得多, 而且许多反应道的剩余核可以是非稳定的 ^{5}Li, ^{5}He, ^{6}He*, ^{8}Be* 等, 它们都可以发生两体崩裂、三体崩裂或继续发射次级粒子.

实际计算表明, 在 $E_n \leqslant 20$MeV 时, ^{11}B(n,nα)^{7}Li* 反应道会出现从 ^{7}Li($k=1$) 激发态 γ 退激的过程; 另外, 由式 (1.6.2) 给出的 ^{11}B(n,np)^{10}Be* 反应道的剩余核 ^{10}Be* 前四条激发能级也会出现 γ 退激的过程.

而在后面更重的 1p 壳核素的开放道的分析中可以看出, 当核素质量再重时, 在中子入射能量为 20MeV 以下时, 不再会出现 ^{5}Li, ^{5}He, ^{6}He* 这些非稳定的轻核, 因此开放的反应道就会变得相对简单一些. 这会由下面的几个更重的 1p 壳核素的反应状况来具体说明.

归结起来, 当中子入射能量在 20MeV 以下时, n$+^{11}$B 反应需要用双微分截面描述的反应道有: (n,2nα)^{6}Li, (n,nα)^{7}Li, (n,nd)^{9}Be, (n,2nd2α), (n,nt2α), (n,3np2α) 等.

在实验测量方面, 目前仅有 1985 年 M. Baba 等对入射中子能量为 $E_n = 14.2$MeV 测量了总的出射中子双微分截面 (Baba et al.,1985). 这家唯一的实验测量数据将作为今后对理论模型计算结果的检验基础.

1.7   n + ^{12}C 的反应道的开放途径

^{12}C 的天然丰度为 98.89%. 目前 ^{12}C 的能级纲图已经给到 33.47MeV(Firestone et al.,1996), 大约有 56 条能级, 这里就不再详细列出. 碳是构成各种有机物的主要元素之一, 无论对核医学和辐射剂量方面都需要碳的核数据知识. 由于碳的中子辐射俘获截面很小, 因此用石墨做慢化剂的热中子反应堆常用来生产核燃料 ^{239}Pu. 因此 ^{12}C 的核反应数据也十分重要.

对于中子诱发的 ^{12}C 反应, 入射中子能量在 30MeV 以下时开放的反应道以及其相对应的阈能和 Q 值如下 (Zhang et al.,1999):

$$n + {}^{12}C \rightarrow {}^{13}C^* \rightarrow \begin{cases} \gamma + {}^{13}C & Q = 4.946\text{MeV}, & E_{th} = 0.000\text{MeV} \\ n' + {}^{12}C & Q = -4.4389\text{MeV}, & E_{th} = 4.812\text{MeV} \\ p + {}^{12}B & Q = -12.587\text{MeV}, & E_{th} = 13.645\text{MeV} \\ d + {}^{11}B & Q = -13.733\text{MeV}, & E_{th} = 14.887\text{MeV} \\ \alpha + {}^{9}Be & Q = -5.700\text{MeV}, & E_{th} = 6.179\text{MeV} \\ t + {}^{10}B & Q = -18.929\text{MeV}, & E_{th} = 20.520\text{MeV} \\ {}^{3}He + {}^{10}Be & Q = -19.467\text{MeV}, & E_{th} = 21.103\text{MeV} \\ {}^{5}He + {}^{8}Be & Q = -8.260\text{MeV}, & E_{th} = 8.954\text{MeV} \\ {}^{6}Li + {}^{7}Li & Q = -20.921\text{MeV}, & E_{th} = 22.680\text{MeV} \\ 2n + {}^{11}C & Q = -18.721\text{MeV}, & E_{th} = 20.295\text{MeV} \\ (np + pn){}^{11}B & Q = -15.957\text{MeV}, & E_{th} = 17.298\text{MeV} \\ (n\alpha + \alpha n){}^{8}Be & Q = -7.365\text{MeV}, & E_{th} = 7.984\text{MeV} \\ (nd + nd){}^{10}B & Q = -25.186\text{MeV}, & E_{th} = 27.303\text{MeV} \\ 2\alpha + {}^{5}He & Q = -8.267\text{MeV}, & E_{th} = 8.864\text{MeV} \end{cases}$$

实际计算表明, ^{12}C 的前两个激发态不允许发射任何粒子, 只能通过发射 γ 光子退激, 即 ^{12}C 的第 1、第 2 激发态属于非弹性散射反应道. 这里需要特别指出的是 ^{12}C 的第 3 激发能级, 由能级纲图给出其能级能量为 9.641MeV, 自旋宇称为 3^-, 能级宽度为 $\Gamma = 34.5$keV, 这条能级可以发射 α 粒子, 又存在以 E_3 模式的 γ 退激的竞争, 因此 ^{12}C 的第 3 激发态也对非弹性散射道有所贡献. 而 ^{12}C 的第 8 激发态, 激发能为 12.71MeV, 自旋宇称为 1^+, 能级宽度为 $\Gamma = 18.1$eV, 对应的能级寿命是 3.6×10^{-17}s. 这条能级也可以发射 α 粒子, 属于 ^{12}C(n, nα) 反应道, 对应 $\Gamma_\alpha = 17.7$eV. 另外从能级纲图中也可以看出, 这条能级也有 γ 退激的竞争, 可以向基态和第 1 激发态以 M_1 模式进行 γ 跃迁, 对应宽度约为 $\Gamma_\gamma = 0.4$eV. 两种发射的宽度比为 $\Gamma_\gamma/\Gamma_\alpha \approx 0.0226$, 计算表明, 在 $E_n = 14.1$MeV 时, 贡献到 ^{12}C(n, nα) 反应道的截面为 17.4mb; 而贡献到 ^{12}C(n, n$'$) 反应道的截面约为 0.04mb, 因此, 这条能级主要贡献给 ^{12}C(n, nα) 反应道. 虽然在实验测量上可以观测到它的非弹性散射的中子谱, 但是由于截面太小, 在实际应用方面的意义不是很明显.

对于 n + ^{12}C 反应, 计算中涉及的所有剩余核都处于分立能级. 实验上还没有观察到三体崩裂过程 (Antolkovic et al.,1975).

对于 $(n, 2n)^{11}$C 反应道, 当 ^{11}C 处于基态时, 通过电子俘获变为 ^{11}B, 寿命为 20.39min. 而 ^{11}C 处在第 17 激发态 (10.679MeV) 及以下能级时都是通过发射 γ 光子退激到 ^{11}C 的基态, 属于 $(n, 2n)^{11}$C 反应道. 如果 ^{11}C 处在第 17 激发态以上的能级, 就可以发射 α 粒子, 剩余核为 ^{7}Be, 通过电子俘获变为 ^{7}Li, 因此属于 $(n, 2n\alpha)^7$Be 反应道.

$$^{12}\text{C}(n, 2n)^{11}\text{C} \begin{cases} k < 17 \to (n, 2n)^{11}\text{C} \\ k \geqslant 18,\ \alpha + {}^7\text{Be} \to (n, 2n\alpha)^7\text{Be} \end{cases} \tag{1.7.1}$$

对于 $(np + pn)^{11}$B 反应道, 如果剩余核处于 ^{11}B 的第 6 激发态及以下能级, 只能通过发射 γ 光子退激到 ^{11}B 的基态, 属于 $(n, np)^{11}$B 反应道. 当剩余核 ^{11}B 处于第 7 激发态及以上能级时, ^{11}B 可以发射 α 粒子, 剩余核为 ^{7}Li, 当 ^{7}Li 处于基态和第 1 激发态时, 不能发射任何粒子, 属于 $(n, np\alpha)^7$Li 反应道, 而当 ^{7}Li 处于第 2 激发态及以上能级时, 可以发射 t, 这时属于 $(n, npt2\alpha)$ 反应道.

$$^{12}\text{C}(n, np)^{11}\text{B} \begin{cases} k < 6 \to (n, np)^{11}\text{B} \\ k \geqslant 7,\ \alpha + {}^7\text{Li} \begin{cases} k = \text{g}, 1 \to (n, np\alpha)^7\text{Li} \\ k > 1 \to (n, npt2\alpha) \end{cases} \end{cases} \tag{1.7.2}$$

而对于 $(n\alpha + \alpha n)^8$Be 反应道, 由于 ^{8}Be 不稳定, 自发分裂为两个 α 粒子, 因而属于 $(n, n3\alpha)$ 反应道.

$$n + {}^{12}\text{C} \to {}^{13}\text{C}^* \to n + \alpha + {}^8\text{Be} \to n + 3\alpha \tag{1.7.3}$$

对于 $(nd + dn)^{10}$B 反应过程, 当 ^{10}B 处于第 5 激发态及以下能级时, 不能发射任何粒子, 属于 $(n, nd)^{10}$B 反应道; 而 ^{10}B 的第 6 激发能级以上, 就可以发射质子, 剩余核为 ^{9}Be, 当 ^{9}Be 处于基态时, 属于 $(n, npd)^9$Be 反应道; 而当 ^{9}Be 处于激发态时, 就可以通过几种途径到达末态 $n + 2\alpha$, 所以属于 $(n, 2npd2\alpha)$ 反应道. ^{10}B 的更高激发态也可以发射中子, 剩余核为 ^{9}B, 而 ^{9}B 会自发变为一个质子和两个 α 粒子, 因而也属于 $(n, 2npd2\alpha)$ 反应道.

$$^{12}\text{C}(n, nd)^{10}\text{B} \begin{cases} k \leqslant 5 \to (n, nd)^{10}\text{B} \\ k > 5,\ \text{p} + {}^9\text{Be} \begin{cases} k = \text{g} \to (n, npd)^9\text{Be(g)} \\ k \geqslant 1 \to (n, 2npd2\alpha) \end{cases} \end{cases} \tag{1.7.4}$$

对于 $(p\alpha + \alpha p)^8$Li 反应过程, ^{8}Li 的第 1 和 2 激发态都只能通过发射 γ 光子退激到 ^{8}Li 的基态, 再通过 β$^-$ 衰变到 ^{8}Be, 其寿命为 0.838s, 这一过程属于

$(p\alpha + \alpha p)^8$Li 反应道; 如果 ^{8}Li 处于第 3 激发态及以上能级, 就可以发射中子, 余核为 ^{7}Li, 这属于 $(n, np\alpha)^7$Li 反应道.

$$^{12}\text{C}(n, p\alpha)^8\text{Li} \begin{cases} k \leqslant 2 \rightarrow (n, p\alpha)^8\text{Li} \\ k > 2, \ n +^7 \text{Li} \begin{cases} k = g, 1 \rightarrow (n, np\alpha)^7\text{Li} \\ k \geqslant 2 \rightarrow (n, npt2\alpha) \end{cases} \end{cases} \tag{1.7.5}$$

对于 $(d\alpha + \alpha d)^7$Li 反应过程, 当 ^{7}Li 处于基态和第 1 激发态时, 属于 $(n, d\alpha)^7$Li 反应道; 而当 ^{7}Li 处于第 2 激发态及以上能级时, 就可以发射 t, 属于 $(n, dt2\alpha)$ 反应道.

$$^{12}\text{C}(n, d\alpha)^7\text{Li} \begin{cases} k \leqslant 1 \rightarrow (n, d\alpha)^7\text{Li} \\ k > 1 \rightarrow (n, dt2\alpha) \end{cases} \tag{1.7.6}$$

当从 ^{13}C 连续发射两个 α 粒子后, 剩余核是不稳定的 ^{5}He, 会自发分裂为一个中子和一个 α 粒子, 这属于 $(n, n3\alpha)$ 反应道. 另外, 还可以有直接发射 ^{6}Li 的反应道, 而剩余核是 ^{7}Li.

归结起来, 需要用双微分截面描述的反应道有: $(n, 2n)^{11}$C, $(n, 2n\alpha)^7$Be, $(n, np)^{11}$B, $(n, np\alpha)^7$Li, $(n, npt2\alpha)$, $(n, p\alpha)^8$Li, $(n, np\alpha)^7$Li, $(n, d\alpha)^7$Li, $(n, dt2\alpha)$ 和 $(n, n3\alpha)$ 等. 当中子入射能量小于 20MeV 时, 仅需要考虑 $(n, n3\alpha)$ 反应道, 其他反应道的阈能都在 20MeV 以上或截面很小可以忽略不计. 但是, 当中子入射能量达到 30MeV 或更高时, 中子诱发 ^{12}C 的核反应过程就变得非常复杂, 涉及三次及四次粒子发射过程, 在理论模型描述方面增加了相当的难度.

而 $(n, n3\alpha)$ 反应道是通过下面四种途径来实现的, 它们是

$$n +^{12}\text{C} \rightarrow ^{13}\text{C} \rightarrow \begin{cases} \alpha +^9\text{Be}, \ ^9\text{Be} \rightarrow n +^8\text{Be}, \ ^8\text{Be} \rightarrow \alpha + \alpha \\ \alpha +^9\text{Be}, \ ^9\text{Be} \rightarrow \alpha +^5\text{He}, \ ^5\text{He} \rightarrow n + \alpha \\ n +^{12}\text{C}^*, \ ^{12}\text{C}^* \rightarrow \alpha +^8\text{Be}, \ ^8\text{Be} \rightarrow \alpha + \alpha \\ ^5\text{He} +^8\text{Be}, \ ^5\text{He} \rightarrow n + \alpha, \ ^8\text{Be} \rightarrow \alpha + \alpha \end{cases} \tag{1.7.7}$$

这里需要指出的是, 在 $(n, n3\alpha)$ 反应道中, 存在双两体崩裂过程, 是典型的粒子非有序发射, 这正是新轻核反应理论所需要解决的新课题. 反应道 $(n, n3\alpha)$ 的反应 Q 值为 -7.275MeV. 由于剩余核是非稳定核 ^{8}Be, 因此式 (1.1.4) 中用反应 Q 值确定反应阈能的方式不能成立. 事实上, 在式 (1.1.7) 中四种途径对应的阈能彼此不同. 第一种途径要求发射 α 粒子到达 ^{9}Be 的第 1 激发能级 (1.684MeV), α 粒子克服库仑

位垒的能量约为 0.15MeV, 由式 (1.2.2) 可以计算出对应的反应阈能约为 3.27MeV; 而第二种途径要求发射 α 粒子到达 ^{9}Be 的第 4 激发能级 (3.039MeV), 从而可以继续发射 α 粒子, 这时计算出对应的反应阈能约为 4.74MeV. 对于第三种途径, 需要发射一个中子达到 ^{12}C 的第 3 激发能级 (9.641MeV), 从这条能级开始 ^{12}C 就可以通过发射 α 粒子到达不稳定核 ^{8}Be, ^{8}Be 再崩裂为两个 α 粒子, 因而形成 ^{12}C* → 3α 的反应过程, 这时应用式 (1.1.8) 计算得到的阈能值为 10.44MeV. 对于式 (1.7.7) 中的第四种途径, ^{5}He 在 ^{13}C 中的结合能为 10.183MeV, 而中子在 ^{13}C 中的结合能为 6.811MeV, 发射 ^{5}He 达到 ^{8}Be 的基态需要克服库仑位垒的能量约为 0.8MeV, 这时对应的反应阈能约为 5.63MeV. 由此可见, 不同反应途径对应的阈能值彼此不同, 当然对 (n, n3α) 整个反应的阈能值是取其中最小的值, 即式 (1.7.7) 第一种途径最先开放这个反应道. 而用式 (1.1.4) 中 Q 值确定的反应阈能为 7.881MeV, 而实际上入射中子能量在 3.27MeV 时就开放了 (n, n3α) 反应道. 这又显示了轻核反应不同于中重核反应之处.

正如前几节中已经叙述过的, 对于同一个反应道, 可以有几种不同的粒子发射顺序, 它们各自具有彼此不同的出射中子双微分截面, 需要通过理论模型来计算它们, 然后将理论算得的各种发射过程中的双微分截面加起来才能得到该反应道总的出射中子双微分截面.

由于中子入射能量在 20MeV 以下时, (n, n3α) 反应道的截面很大, 也是主要的 α 粒子产生道, 因此有很多实验测量和理论分析的研究工作发表, 一些主要内容可参阅有关文献 (Frye et al.,1955; Stevens et al.,1976; Brede, 1991; Antolkovic et al.,1991).

对于总的中子出射双微分截面的测量, 在 1985 年和 1987 年由 M.Baba 等测量了入射中子能量为 E_n = 14.2MeV 的数据 (Baba et al.,1985,1987), 其后在 1990 年又测量了入射中子能量为 E_n = 14.1MeV 和 E_n = 18.0MeV 的数据 (Baba et al., 1990). 这些测量数据将作为今后理论模型计算结果的检验基础. 需要指出的是, 在 1p 壳核素中, 目前非常缺乏带电粒子出射双微分截面的实验测量, 而对于 ^{12}C, 存在 Haight 等对入射中子能量为 E_n = 14.1MeV 的中子诱发 ^{12}C 总的 α 粒子发射双微分截面的测量 (Haight et al.,1984). 这也为检验轻核反应理论提供了一个实验基础.

1.8 n + ^{14}N 的反应道的开放途径

^{14}N 的天然丰度为 99.634%. 目前 ^{14}N 的能级纲图已经给到 24MeV(Firestone et al.,1996), 这里就不再详细列出. 氮是构成空气的最主要元素之一, 也是硝酸类炸药中的主要元素之一.

对于 20MeV 以下中子诱发的 ^{14}N 反应 (Yan et al.,2005), 开放的反应道及其相对应阈能和 Q 值给出如下:

$$
n+{}^{14}N \rightarrow {}^{15}N^* \rightarrow
\begin{cases}
\gamma + {}^{15}N & Q = 10.833\text{MeV}, & E_{th} = 0.0000\text{MeV} \\
n' + {}^{14}N & Q = -2.3128\text{MeV}, & E_{th} = 2.4794\text{MeV} \\
p + {}^{14}C & Q = 0.625\text{MeV}, & E_{th} = 0.0000\text{MeV} \\
d + {}^{13}C & Q = -5.327\text{MeV}, & E_{th} = 5.7107\text{MeV} \\
t + {}^{12}C & Q = -4.016\text{MeV}, & E_{th} = 4.3053\text{MeV} \\
\alpha + {}^{11}B & Q = -0.158\text{MeV}, & E_{th} = 0.16938\text{MeV} \\
{}^{5}He + {}^{10}B & Q = -12.506\text{MeV}, & E_{th} = 13.399\text{MeV} \\
2n + {}^{13}N & Q = -10.533\text{MeV}, & E_{th} = 11.1313\text{MeV} \\
(np+pn){}^{13}C & Q = -7.551\text{MeV}, & E_{th} = 8.0949\text{MeV} \\
(nd+dn){}^{12}C & Q = -10.273\text{MeV}, & E_{th} = 11.013\text{MeV} \\
(n\alpha+\alpha n){}^{10}B & Q = -11.611\text{MeV}, & E_{th} = 12.447\text{MeV} \\
2\alpha + {}^{7}Li & Q = -8.821\text{MeV}, & E_{th} = 9.4585\text{MeV} \\
(2np,npn,pnn){}^{12}C & Q = -12.497\text{MeV}, & E_{th} = 13.397\text{MeV}
\end{cases}
$$

计算中涉及的所有核都处于分立能级, 所有反应中都不含有三体崩裂过程, 全部反应道都是有序粒子发射.

^{14}N 的第 1~9 激发态在能量上都不允许发射任何粒子, 只能通过发射 γ 光子退激, 因而属于非弹性散射反应道 ^{14}N 的第 10 激发态及以上能级就可以发射质子, 属于 (n, np) 反应道. 需要指出的是, 第 12~24 激发态都存在发射 γ 光子与发射质子的竞争, 这些分立能级部分属于 (n, np) 反应道, 部分属于非弹性散射反应道. 这是因为, 虽然从能量上看这些能级的激发能已明显高于发射质子所需的最低能量, 发射 γ 光子的竞争力很弱, 但是由于角动量和宇称守恒的限制, 大大地压低了发射质子的概率, 使得不能忽略 γ 光子的发射概率. 例如, 8.490MeV, $J^\pi = 4^+$ 的第 12 激发态, 质子的自旋宇称为 $1/2^+$, 剩余核 ^{13}C 的基态自旋宇称为 $1/2^-$, 末态总自旋为 0 或 1, 再由宇称守恒得知 l 必须为奇数, 因此发射质子的轨道角动量只能为 $l=3$, 最主要的低分波 $l=0,1,2$ 都被禁戒了, 但是在这种能量下 $l=3$ 的分波概率非常小, 再加上库仑位垒的限制, 因此发射 γ 光子的概率就可能与质子发射的概率相竞争了.

^{5}He 发射出来后就自发分裂为一个中子和一个 α 粒子, 所以发射 ^{5}He 的反应属于 (n, nα)^{11}B 反应道. 连续发射两个中子后的剩余核 ^{13}N 是不稳定核, 通过电子

俘获变成 ^{13}C, 而 ^{13}N 的前几个激发态都不能发射任何粒子, 只能通过发射 γ 光子退激到 ^{13}N 的基态, 因此这个反应属于 (n,2n)^{13}N 反应道. 同上, 发射一个中子和一个质子后, 剩余核为 ^{13}C, 它的前几个激发态都只能通过发射 γ 光子退激到 ^{13}C 的基态, 因此属于 (n, np)^{13}C 反应道.

发射一个中子和一个 d 核后, 剩余核为 ^{12}C, 当它处于基态和第 1、第 2 激发态时, 属于 (n, nd)^{12}C 反应道; 如果剩余核 ^{12}C 处在第 3 激发态及以上能级, 就可以发射 α 粒子, 剩余核是 ^{8}Be, 它是不稳定核, 自发裂变为两个 α 粒子, 所以该过程属于 (n, nd3α) 反应道.

$$^{14}N(n, nd)^{12}C \begin{cases} k \leqslant 3 \to (n, nd)^{12}C \\ k \geqslant 3 \to (n, nd3\alpha) \end{cases} \tag{1.8.1}$$

先后发射一个中子和一个 α 粒子, 或者发射一个 ^{5}He, 其剩余核都是 ^{10}B, 它的前五个激发态都只能通过发射 γ 光子退激到 ^{10}B 的基态, 因此属于 (n,nα)^{10}B 反应道. 当 ^{10}B 处于第 6 激发态及以上能级 (第 10 激发态除外) 时, 就可以发射 α 粒子, 达到剩余核 ^{6}Li. 当 ^{6}Li 处于基态或第 2 激发态时, 属于 (n,n2α)^{6}Li 反应道, 如果 ^{6}Li 处于其他激发态, 就可以发射 d 核, 因此属于 (n, nd3α) 反应道. 其反应过程由式 (1.8.2) 所示

$$^{14}N(n, n\alpha)^{10}B \begin{cases} k \leqslant 5, 10 \to (n, n\alpha)^{10}B \\ k > 5, n + {}^{6}Li \begin{cases} k = g, 2 \to (n, n2\alpha)^{6}Li \\ k = 1, 3, 4, \cdots \to (n, nd3\alpha) \end{cases} \end{cases} \tag{1.8.2}$$

从 ^{15}N 连续发射两个 α 粒子, 剩余核为 ^{7}Li, 当 ^{7}Li 处于基态和第 1 激发态时, 属于 (n,2α)^{7}Li 反应道; 如果 ^{7}Li 处于第 2 激发态及以上能级, 就可以发射 t, 因此属于 (n,t3α) 反应道. 其反应过程由式 (1.8.3) 所示

$$^{14}N(n, \alpha\alpha)^{7}Li \begin{cases} k \leqslant 1 \to (n, 2\alpha)^{7}Li \\ k \geqslant 2 \to (n, t3\alpha) \end{cases} \tag{1.8.3}$$

^{15}N 发射相继一个 α 粒子和一个 t 之后, 剩余核 ^{8}Be 是不稳定核, 可以自发裂变为两个 α 粒子, 所以也属于 (n,t3α) 反应道

$$^{14}N(n, t\alpha)^{8}Be \to t + 3\alpha \tag{1.8.4}$$

^{15}N 可通过三种途径, 即 (n,nnp), (n,npn), (n,pnn) 先后发射两个中子和一个质子, 余核为 ^{12}C. 当它处于基态和第 1、第 2 激发态时, 属于 (n, 2np)^{12}C 反应道, 如

果 ^{12}C 处在第 3 激发态及以上能级, 就可以发射 α 粒子, 剩余核 ^{8}Be, 是不稳定核, 可以自发裂变为两个 α 粒子, 所以它属于 (n, 2np3α) 反应道

$$^{14}\text{N(n, 2np)}^{12}\text{C} \begin{cases} k \leqslant 3 \to \text{(n, 2np)}^{12}\text{C} \\ k > 3 \to \text{(n, 2np3}\alpha) \end{cases} \tag{1.8.5}$$

　　归结起来, 需要用双微分截面描述的多粒子发射反应道有上述多种, 但是实际计算表明, 如果中子入射能量在 30MeV 以下, 需要用双微分截面描述的主要反应道只有下面五个: (n, 2n)^{13}N, (n, nα)^{10}B, (n, np)^{13}C, (n, nd)^{12}C, (n, 2np)^{12}C. 而 (n, nd3α), (n, 2α)^{7}Li, (n, n2α)^{6}Li, (n, t3α), 以及 (n, 2np3α) 等反应道在能量上可以开放, 由于包含多次带电粒子发射过程, 竞争力很小, 理论计算表明可以忽略.

　　当然, 在入射能量更高时, 剩余核 ^{13}N, ^{10}B, ^{13}C, ^{12}C 等核素, 还会有进一步的粒子发射过程, 按照前面已经给出的反应途径, 例如, 由式 (1.8.1) 到式 (1.8.5) 列出的反应途径那样, 除去非弹性散射外, 最后所有的反应产物几乎全是轻于 α 粒子的核素或粒子, 这是属于中能轻核反应的课题.

　　目前存在 (n, 2n)^{13}N 反应截面的实验测量数据, 在理论计算时, 需要很多的 ^{14}N 的能级, 而目前一些分立能级的自旋宇称还尚未确定. 初始计算时, 需要填入一个试算值, 理论计算的结果会与实验测量有明显分歧. 分析发现, 就是由这些没确定自旋宇称的分立能级而造成的. 在适当调整一些能级的自旋宇称后, 理论计算结果可以很好地符合实验测量的 (n, 2n) 反应截面. 这种现象在其他比较重的轻核核素中也会出现. 这也说明, 能给出全部准确的能级纲图对理论计算是何等的重要. 在计算轻核反应的截面时, 就要检查是否与能级纲图中有些能级没有确定的自旋宇称值有关. 如果有关的话, 就需要调整这些不确定的自旋宇称值, 以给出合理的结果. 这些被调整出的能级自旋宇称值也可以作为这些能级的自旋宇称推荐值.

　　在双微分截面实验测量方面, 到目前为止, 仅有 1985 年 M. Baba 等对入射中子能量为 $E_n = 14.2$MeV 测量的在一些特定角度下的总出射中子双微分截面数据 (Baba et al.,1985). 这家唯一的实验测量数据将作为对轻核理论模型计算的双微分截面结果的检验基础.

1.9　n + ^{16}O 的反应道的开放途径

　　^{16}O 的天然丰度为 99.762%. 目前 ^{16}O 的能级纲图已经给到 35 MeV(Firestone et al.,1996), 大约 130 多条能级, 这里就不再详细列出. 氧是水和有机物的主要成分, 无论在轻水堆、重水堆、水冷却系统中, 以及中子治癌等方面, 氧是一个必不可少的重要元素. 因此, ^{16}O 的核反应数据就有相当重要的应用价值.

当中子入射能量低于 30MeV 时, 中子诱发 ^{16}O 的开放反应道以及相应 Q 值、阈能可表示如下 (Zhang et al.,2001c; Duan et al.,2005):

$$
\mathrm{n}+^{16}\mathrm{O} \rightarrow {}^{17}\mathrm{O}^* \rightarrow
\begin{cases}
\gamma +^{17}\mathrm{O} & Q = 4.143\mathrm{MeV}, & E_{\mathrm{th}} = 0.000\mathrm{MeV} \\
\mathrm{n}' +^{16}\mathrm{O} & Q = -6.0494\mathrm{MeV}, & E_{\mathrm{th}} = 6.4275\mathrm{MeV} \\
\mathrm{p} +^{16}\mathrm{N} & Q = -9.637\mathrm{MeV}, & E_{\mathrm{th}} = 10.2447\mathrm{MeV} \\
\alpha +^{13}\mathrm{C} & Q = -2.215\mathrm{MeV}, & E_{\mathrm{th}} = 2.3547\mathrm{MeV} \\
\mathrm{d} +^{15}\mathrm{N} & Q = -9.903\mathrm{MeV}, & E_{\mathrm{th}} = 10.5257\mathrm{MeV} \\
\mathrm{t} +^{14}\mathrm{N} & Q = -14.479\mathrm{MeV}, & E_{\mathrm{th}} = 15.392\mathrm{MeV} \\
{}^{3}\mathrm{He} +^{14}\mathrm{C} & Q = -14.617\mathrm{MeV}, & E_{\mathrm{th}} = 15.5387\mathrm{MeV} \\
{}^{5}\mathrm{He} +^{12}\mathrm{C} & Q = -8.056\mathrm{MeV}, & E_{\mathrm{th}} = 0.000\mathrm{MeV} \\
{}^{6}\mathrm{Li} +^{11}\mathrm{C} & Q = -19.419\mathrm{MeV}, & E_{\mathrm{th}} = 20.6436\mathrm{MeV} \\
2\mathrm{n} +^{15}\mathrm{O} & Q = -15.663\mathrm{MeV}, & E_{\mathrm{th}} = 16.6507\mathrm{MeV} \\
(\mathrm{np} + \mathrm{pn})^{15}\mathrm{N} & Q = -12.127\mathrm{MeV}, & E_{\mathrm{th}} = 12.8917\mathrm{MeV} \\
(\mathrm{n}\alpha + \alpha\mathrm{n})^{12}\mathrm{C} & Q = -7.161\mathrm{MeV}, & E_{\mathrm{th}} = 7.6126\mathrm{MeV} \\
(\mathrm{nd} + \mathrm{dn})^{14}\mathrm{N} & Q = -20.736\mathrm{MeV}, & E_{\mathrm{th}} = 22.0436\mathrm{MeV} \\
(2\mathrm{np} + \mathrm{npn} + \mathrm{p2n})^{14}\mathrm{N} & Q = -22.9599\mathrm{MeV}, & E_{\mathrm{th}} = 24.4078\mathrm{MeV} \\
\alpha\alpha +^{9}\mathrm{Be} & Q = -12.861\mathrm{MeV}, & E_{\mathrm{th}} = 13.672\mathrm{MeV} \\
\mathrm{n} + 4\alpha & Q = -14.437\mathrm{MeV}, & E_{\mathrm{th}} = 15.535\mathrm{MeV}
\end{cases}
$$

n+^{16}O 反应的非弹性散射来自九条能级的贡献, 实际上它们对应的是 ^{16}O 的第 1~5, 9, 10, 12 以及第 19 激发态. 在这些能级中, 前五条是由于能量限制, 不能发射次级带电粒子; 而第 9, 10, 12 以及第 19 激发态虽然在能量上允许发射 α 粒子, 但是由于角动量、宇称守恒的限制而被禁戒, 也只能通过发射 γ 光子退激, 因而属于非弹性散射过程. 例如, ^{16}O 的第 9 激发态的激发能为 10.975MeV, 自旋、宇称为 0^-, 如果发射 α 粒子, 剩余核为 ^{12}C 的基态, 它们的自旋、宇称均为 0^+, 考虑角动量守恒, α 粒子的轨道角动量只能为 $l = 0$, 这样又无法保证宇称守恒, 因此 α 粒子的发射完全被禁戒, 只能通过发射 γ 光子退激, 成为非弹性散射道.

^{16}O 的第 6, 7, 8, 11, 13~17 以及第 20 激发能级都可以发射 α 粒子, 贡献到 (n,nα) 反应道, 而 ^{16}O 的第 18 激发态以上则可以发射质子, 贡献到 (n,np) 反应道. ^{16}O 的第 19 激发态及以上能级, 都可以发射多种次级粒子, 包括中子、质子、d, t, α, 分别属于 (n,2n), (n,np),(n,nd), (n,nt), (n,nα) 反应道. 一般而言, 一条能级一旦允许粒子发射, γ 退激的概率与粒子发射相比要小许多数量级, 可以被忽略.

先后发射一个中子和一个 α 粒子, 或者发射一个 ^{5}He, 剩余核都是 ^{12}C, 它的前两个激发态都只能通过发射 γ 光子退激到 ^{12}C 的基态, 因此属于 (n,nα)^{12}C 反应道, 如果 ^{12}C 处于第 3 激发态及以上能级, 就可以发射 α 粒子, 剩余核 ^{8}Be 又自发

分裂为两个 α 粒子, 所以它属于 (n, n4α) 反应道. 这些反应道的开放详细分解情况由式 (1.9.1) 给出:

$$
n + {}^{16}O \rightarrow {}^{17}O^* \rightarrow
\begin{cases}
n + \alpha + {}^{12}C \begin{cases} k \leqslant 3 \rightarrow (n, n\alpha){}^{12}C \\ k \geqslant 3 \rightarrow (n, n4\alpha) \end{cases} \\
\alpha + n + {}^{12}C \begin{cases} k \leqslant 3 \rightarrow (n, n\alpha){}^{12}C \\ k \geqslant 3 \rightarrow (n, n4\alpha) \end{cases} \\
{}^{5}He + {}^{12}C \rightarrow n + \alpha + {}^{12}C \begin{cases} k \leqslant 3 \rightarrow (n, n\alpha){}^{12}C \\ k \geqslant 3 \rightarrow (n, n4\alpha) \end{cases} \\
\alpha + \alpha + {}^{9}Be \begin{cases} k = gs \rightarrow (n, 2\alpha){}^{9}Be(gs) \\ k \geqslant 1 \rightarrow (n, n4\alpha) \end{cases} \\
n + \alpha + {}^{12}C \quad 直接三体崩裂
\end{cases}
\tag{1.9.1}
$$

考虑 ${}^{5}He$ 发射时, ${}^{5}He$ 会自发分裂为一个中子和一个 α 粒子, 属于 (n, nα)${}^{12}C$ 反应道, 而连续发射两个中子后剩余核为 ${}^{15}O$, 它的前十几个激发态都只能通过发射 γ 光子退激到 ${}^{15}O$ 的基态, 属于 (n, 2n)${}^{15}O$ 反应道. 发射一个中子和一个质子后, 剩余核为 ${}^{15}N$, 它的前十几个激发态都只能通过发射 γ 光子退激到 ${}^{15}N$ 的基态, 属于 (n, np)${}^{15}N$ 反应道.

相继发射一个中子和一个 d 之后, 剩余核为 ${}^{14}N$, 它处于第 9 激发态及以下能级时, 只能通过发射 γ 光子退激, 属于 (n,nd)${}^{14}N$ 反应道; 如果剩余核 ${}^{14}N$ 处在第 10 激发态及以上能级, 就可以发射质子, 剩余核是 ${}^{13}C$, 因此属于 (n, npd) ${}^{13}C$ 反应道; 而如果剩余核 ${}^{14}N$ 处在第 28 激发态及以上能级, 就可以再次发射 d, 剩余核为 ${}^{12}C$, 当 ${}^{12}C$ 处于第 2 激发态及以下能级时, 属于 (n, n2d)${}^{12}C$ 反应道; 如果 ${}^{12}C$ 处于第 3 激发态及以上能级时, ${}^{12}C$ 可以发射 α 粒子, 剩余核 ${}^{8}Be$ 是不稳定核, 可以自发裂变为两个 α 粒子, 所以它属于 (n, n2d3α) 反应道. 这种反应过程由式 (1.9.2) 给出:

$$
{}^{16}O(n, nd){}^{14}N
\begin{cases}
k \leqslant 10 \rightarrow (n, nd){}^{14}N \\
k > 10 \rightarrow (n, npd){}^{13}C \\
k > 28 \rightarrow (n, n2d){}^{12}C \begin{cases} k \leqslant 3 \rightarrow (n, n2d){}^{12}C \\ k > 3 \rightarrow (n, n2d3\alpha) \end{cases}
\end{cases}
\tag{1.9.2}
$$

另外, 还可以通过三种不同粒子发射顺序的途径 (n, nnp), (n, npn), (n, pnn), 即先后发射两个中子和一个质子, 剩余核为 ${}^{14}N$, 这都属于 (n, 2np) 反应道. 计算表明, 由于多次粒子发射, 与其他粒子发射的竞争, 实际上 (n, 2np) 反应到 24.4MeV 才开放, 直到 30MeV 它的截面都很小, 故而在低能核反应中可忽略不计.

下面专门讨论有关 (n, n4α) 反应道的开放途径. 一种途径是首先发射一个中子, 剩余核 ${}^{16}O$ 发射一个 α 粒子, 剩余核是 ${}^{12}C$, 由式 (1.7.7) 给出了 4 种 ${}^{12}C$ 发

射途径形成 (n, n3α) 的状态, 最终形成 (n, n4α) 反应道. 另一种途径是复合核 ^{17}O 连续发射两个 α 粒子后, 剩余核为 ^{9}Be, 当它处于基态时, 属于 (n, 2α)^{9}Be$_g$ 反应道; 而当 ^{9}Be 处于激发态时, 就可以通过上述几种途径变成一个中子和两个 α 粒子, 因此也属于 (n, n4α) 反应道.

$$^{16}\text{O}(\text{n}, \alpha\alpha)^9\text{Be} \begin{cases} k = \text{g} \to (\text{n}, 2\alpha)^9\text{Be} \\ k \geqslant 1 \to (\text{n}, \text{n}4\alpha) \end{cases} \tag{1.9.3}$$

形成 (n, n4α) 反应的七种途径由式 (1.9.4) 给出:

$$\text{n} + {}^{16}\text{O} \to {}^{17}\text{O} \to \begin{cases} \text{n} + {}^{16}\text{O} \begin{cases} {}^{16}\text{O}^* \to \alpha + {}^{12}\text{C}, \ {}^{12}\text{C}^* \to \alpha + {}^8\text{Be}, \ {}^8\text{Be} \to \alpha + \alpha \\ {}^{16}\text{O}^* \to {}^8\text{Be} + {}^8\text{Be}, \ 2{}^8\text{Be} \to 2\alpha + 2\alpha \end{cases} \\ \alpha + {}^{13}\text{C} \to \begin{cases} \text{n} + {}^{12}\text{C}^*, \ {}^{12}\text{C}^* \to \alpha + {}^8\text{Be}, \ {}^8\text{Be} \to \alpha + \alpha \\ \alpha + {}^9\text{Be}^*, \ {}^9\text{Be}^* \to \text{n} + {}^8\text{Be}, \ {}^8\text{Be} \to \alpha + \alpha \\ {}^5\text{He} + {}^8\text{Be}, \ {}^5\text{He} \to \text{n} + \alpha, \ {}^8\text{Be} \to \alpha + \alpha \end{cases} \\ {}^8\text{Be} + {}^9\text{Be}^*, \ {}^9\text{Be}^* \to \text{n} + {}^8\text{Be}, \ {}^8\text{Be} \to \alpha + \alpha \\ {}^5\text{He} + {}^{12}\text{C}^*, \ {}^5\text{He} \to \text{n} + \alpha, \ {}^{12}\text{C}^* \to \alpha + {}^8\text{Be}, \ {}^8\text{Be} \to \alpha + \alpha \end{cases}$$

$$\tag{1.9.4}$$

在式 (1.9.4) 中七种途径对应的阈能彼此不同. 第一种途径要求发射一个中子达到 ^{16}O 的第 72 激发能级 (18.773MeV), 才能发射 α 粒子到达 ^{12}C 的第 3 激发能级 (9.641eV), 计算出对应的反应阈能为 19.95MeV; 在第二种途径中 ^{16}O 的 ^{8}Be 两体崩裂的阈能为 14.621MeV, 但是需要考虑库仑位垒的因素, 由式 (1.1.5) 和式 (1.1.6) 计算出的库仑位垒大约为 3.2MeV, 因而这种途径的反应阈能约为 17.82MeV; 而第三种途径要求发射 α 粒子达到 ^{13}C 的第 33 激发能级 (14.984MeV), 才能发射次级中子到达 ^{12}C 的第 3 激发能级 (9.641eV). α 粒子在 ^{17}O 中的结合能为 6.358MeV, 而中子在 ^{17}O 中的结合能为 4.143MeV, 这时计算出对应的反应阈能约为 19.37MeV; 第四种途径是, 有序发射两个 α 粒子到达 ^{9}Be 的第 1 激发能级 (1.684MeV), 再由 ^{9}Be → n + 2α 反应过程实现 (n, n4α) 反应, 发射第一个 α 粒子到达 ^{13}C 的第 30 激发能级 (14.390MeV) 才能继续发射第二个 α 粒子到达 ^{9}Be 的第 1 激发能级, 这时对应的反应阈能约为 18.58MeV; 对于第五种途径, 首先发射 α 粒子达到 ^{13}C 的第 43 激发能级 (16.431MeV), 才能发射 ^{5}He 到达 ^{8}Be 的基态, ^{5}He 在 ^{17}O 中的结合能为 17.141MeV, 这时对应的反应阈能约为 27.70MeV; 对于第六种途径, 从 ^{17}O 发射 ^{8}Be 到达 ^{9}Be 的第 1 激发能级, ^{8}Be 在 ^{17}O 中的结合能为 17.10MeV, 库仑位垒约为 5.7MeV 加上 ^{9}Be 的第 1 激发能级 (1.684MeV), 反应阈能约为 23.06MeV; 对于第七种途径, 从 ^{17}O 发射 ^{5}He 到达 ^{12}C 的第 3 激发能级 (9.641eV), ^{5}He 在 ^{17}O 中的结合能为 12.20MeV, 库仑位垒约为 3.62MeV, 反应阈能约为 22.65MeV. 由此可见, 不同多次粒子发射的反应途径对应的阈能值彼此不同, 总的计算结果表明, 通过多次粒子发射而形成 $(n, n4\alpha)$ 的反应截面在入射中子能量大于 19MeV 时才刚刚出现, 直到 20MeV 时截面还明显小于 1mb. 因此, 在 $E_n \leqslant 20$MeV 时可以不考虑这些多次粒子发射的反应道, 而在 20MeV 以上时, $(n, n4\alpha)$ 反应需要考虑; 理论计算表明在 $E_n \approx 30$MeV 时, 上述多次粒子发射的反应道截面可以到达几十毫靶. 这主要是在 $(n, n4\alpha)$ 反应中, 在多次的带电粒子发射过程, 一些能级从能量上允许发射, 但是却被库仑位垒所阻止, 因此只能由激发更高能量的能级来实现, 使 α 粒子发射能量可以克服库仑位垒, 这就致使这条反应途径的阈能提高, 对应的反应截面变小.

归结起来, 需要用双微分截面描述的多粒子发射反应道有 $(n, 2n)^{15}$O, $(n, np)^{15}$N, $(n, n\alpha)^{12}$C, $(n, n4\alpha)$, $(n, nd)^{14}$N, $(n, n2d)^{12}$C, $(n, n2d3\alpha)$, $(n, 2\alpha)^9$Be 和 $(n, 2np)^{14}$N 等.

中子入射能量在 20MeV 以下时, 需要用双微分截面描述的主要反应道只有四个: $(n, 2n)^{15}$O, $(n, np)^{15}$N, $(n, n\alpha)^{12}$C, $(n, 2\alpha)^9$Be.

中子入射能量在 30MeV 以下时, 应该考虑的核反应道有 14 个, 它们分别是 (n, γ), (n, n'), (n, p), (n, t), $(n, ^3$He$)$, (n, α), $(n, ^6$Li$)$, $(n, 2n)$, (n, np), $(n, n\alpha)$, (n, nd), $(n, n4\alpha)$, $(n, 2np)$, $(n, 2\alpha)^9$Be$_g$.

在总中子出射双微分截面的实验测量方面, 1985 年 M. Baba 等测量了入射中子能量为 $E_n = 14.2$MeV 的数据 (Baba et al.,1985); 1988 年 M. Baba 等又测量了入射中子能量为 $E_n = 14.1$MeV 和 $E_n = 18$MeV 的数据 (Baba et al.,1988). 这些实验测量数据将作为对理论模型计算双微分截面结果的检验基础.

由上述八个 1p 壳轻核开放反应道的分析可以看到, 每个轻核开放的反应道彼此非常不同, 个性极强. 另外, 发射粒子到剩余核的不同能级可以属于不同的反应道, 而不同发射粒子顺序的途径最终可以属于同一个反应道, 但是开放的阈能彼此间却可以相差很大. 再有, 在轻核反应中, 存在两体或三体崩裂过程, 以及非有序的粒子发射过程. 这些都是中重核反应过程中不存在的现象.

另外, 对于发射两个中子的反应道而言, 对 ^{6}Li 是 $(n, 2n)$pα 反应道; 对 ^{7}Li 是 $(n, 2n)$dα 反应道; 对 ^{9}Be 是 $(n, 2n)2\alpha$ 反应道; 对 ^{10}B 是 $(n, 2n)$p2α 反应道; 对 ^{11}B 是 $(n, 2n)^{10}$B 反应道; 对 ^{12}C 是 $(n, 2n)\alpha^7$Be 反应道; 对 ^{14}N 是 $(n, 2np)^{12}$C 和 $(n, 2np3\alpha)$ 反应道; 对 ^{16}O 是 $(n, 2n)^{15}$O 和 $(n, 2np)^{14}$N 反应道. 可以看出, 它们的剩余核之间彼此完全不同, 有的存在两体崩裂, 有的存在三次粒子发射, 仅 ^{11}B 和 ^{16}O 像中重核那样存在单一的剩余核, 这就是很难用一个公共程序描述各种所有轻核反应内容的原因所在. 因此, 轻核反应的理论描述具有更多的复杂性, 无法用公共反应道的方式设计出一个通用程序来进行理论计算, 需要逐核地编写程序. 这是轻核反应的一个难点所在.

由上述中子引发轻核反应的开放道的分析可以明确看出, 轻核反应的剩余核大多数是末态为质量数 $A \leqslant 4$ 的轻粒子集团, 放射性剩余核的核素存在情况比较少, 因此许多核反应道截面是无法用活化法来测量的, 而必须用多粒子符合测量法来进行反应截面的测量. 在 20 世纪六七十年代, 曾经进行了一些用直接符合测量法的工作测量截面的结果, 其中为了在运动学上给定出射粒子的方位关联, 需要应用到相应的能级纲图. 但是随着核谱学中能级纲图的不断改进, 原有的实验测量结果被否定. 同样, 通过上述反应道的分析可以看出, 许多反应道都会同时出现 α 粒子, 在符合测量中很难分辨是来自哪一个反应道的, 排除来自其他反应道的干扰的难度非常大. 再有, 如果一个反应道出现带电粒子发射, 当然, 剩余核都是带电的, 由于库仑相互作用, 会有带电粒子滞留在靶内的可能性, 即或可以脱离靶, 但是库仑力的阻止本领对出射能量产生明显的扭曲, 对实验测量带来不少的困难. 例如, $^{16}O(n, n\alpha)^{12}C$ 这样一个重要反应道的截面至今没有被测量过. 当然这只是其中一个典型的例子. 另外, 由于缺少理论方法的配合, 因此近年来这用直接符合测量法测量轻核反应截面的成果越来越少. 轻核反应理论的发展, 可以为配合实验测量轻核反应截面提供有力的理论分析依据. 在后面的内容中可以看到, 从出射粒子的双微分谱中, 可以提供出一些轻核反应道的截面数据的信息, 以弥补实验测量方面的空缺.

1.10 核反应统计概念的概述

一个多粒子系统, 具有非常大的自由度, 系统的性质会变得不可想象的复杂和紊乱, 好像宏观物体行为无规律的迹象. 但是, 大自由度体系下整体行为却出现了自身独特的规律性, 这就是所谓的统计的规律性 (朗道等, 1964). 对核反应的这种规律性的认识也在不断的探索中逐步加深, 促进了核反应统计理论的发展.

量子系统的统计行为与经典粒子的统计行为具有不同之处. 量子统计理论已经指明, 自然界中的微观粒子不是属于费米子就是属于玻色子, 它们属于不同的量子统计规律. 费米子属于 Fermi-Dirac 统计, 这种统计是由费米对电子提出的 (Fermi, 1926); 而它同量子力学的联系是由狄拉克所阐明的 (Dirac, 1926); 而玻色子属于 Bose-Einstein 统计, 这种统计是由玻色对光量子提出的 (Bose et al.,1924), 而后被爱因斯坦的理论所推广 (Einstein,1924).

这两种量子统计规律都不同于经典统计 (Maxwell-Boltzman statistics). 在经典统计中, 经典粒子是可以区分的, 而量子系统的全同粒子具有不可区分性, 称为量子力学中的全同粒子效应. 为了用对比方式说明问题, 以两个粒子为例, 每个粒子只能处于两个可能的状态 α, β. 它们的归一化权重分布由表 1.6 给出.

表 1.6 各种类型的粒子归一化权重分布

粒子状态	经典统计	Fermi-Dirac 统计	Bose-Einstein 统计
两个粒子同在 α 态	1/4	0	1/3
两个粒子同在 β 态	1/4	0	1/3
一个在 α 态, 一个在 β 态	1/2	1	1/3

因此, 达到平衡态的分布也彼此不同. 对于费米统计的平衡态的表示是

$$n(\varepsilon) = \frac{1}{\exp[(\varepsilon - \varepsilon_{\mathrm{F}})/KT] + 1} \tag{1.10.1}$$

其中, ε_{F} 是费米能, KT 是核温度. 而玻尔兹曼分布函数是 (Boltzman et al.,1871)

$$n(\varepsilon) = N \exp(-\varepsilon/KT) \tag{1.10.2}$$

其中, N 是归一化常数. 当满足条件

$$\exp[(\varepsilon_{\mathrm{F}} - \varepsilon)/KT] \ll 1 \tag{1.10.3}$$

时, 即明显在费米面以上的粒子态分布行为满足式 (1.10.3) 的条件, 这时费米统计的平衡态分布会过渡到玻尔兹曼分布. 由表 1.6 可以看出, 不同类型的粒子遵守不同的统计规律. 对于核反应, 核子属于费米子, 遵守 Fermi-Dirac 统计, 其中包含了 Pauli 不相容原理. 因此, 在后面的研究内容中会经常出现对 Pauli 不相容原理所产生的效应的讨论. 实际研究表明, 考虑 Pauli 不相容原理后会对改进理论计算结果的准确性.

从统计理论的内容来看, 关于平衡态性质的理论, 已经发展到比较完善的程度. 而对于非平衡态统计理论而言, 这时微观粒子之间的碰撞机制起决定性的影响. 另外, 对于一个封闭系统, 只要时间足够长, 它的状态最终会达到统计平衡. 在趋向平衡的过程中, 系统内部各处也要趋于均衡, 这对应了不可逆的扩散过程, 或者称为耗散过程. 而对于核反应过程而言, 必然是一个开放系统, 因此需要研究的是开放系统的非平衡统计行为. 但是, 所有研究核反应过程的内容, 在退化为封闭系统时, 都要遵守统计理论的相关规律.

在统计物理中, 所有的可观测力学量都是来自统计平均值. 既然是统计过程, 就会出现与统计平均值的偏离, 这被称为统计过程中的涨落现象. 这种统计涨落行为, 在平衡态的核反应统计理论中, 已经被诸多的实验测量观测到. 根据涨落行为的规律, 在平衡态理论上得到了很好的解决. 平衡态的核反应统计理论目前已经达到相当成熟的程度, 而预平衡态的核反应统计理论还正处于发展过程之中. 轻核反应的现象表明, 描述轻核反应的理论需要进一步对预平衡态的核反应统计理论进行发展.

对于多粒子系统或多自由度的系统而言, 在统计物理学中, 有一个非常重要的物理量 "熵". 对于费米子系统, 由量子统计理论得到熵的表示为 (朗道等, 1964)

$$S(t) = -K \sum_j \{n_j(t) \ln n_j(t) + [1 - n_j(t)] \ln[1 - n_j(t)]\} \qquad (1.10.4)$$

其中, K 是玻尔兹曼常数. $n_j(t)$ 是 j 相格在 t 时刻的平均占据数. 如果用连续能量态描述, 熵可以被表示为

$$S(t) = -K \int_0^\infty g(\varepsilon)\{n(\varepsilon,t) \ln n(\varepsilon,t) + [1 - n(\varepsilon,t)] \ln[1 - n(\varepsilon,t)]\}\mathrm{d}\varepsilon \qquad (1.10.5)$$

这里, $g(\varepsilon)$ 是单粒子能级密度, $n(\varepsilon,t)$ 是能量为 ε 相格在 t 时刻的平均占据数.

如果闭合系统不是处于统计平衡状态, 那么它的宏观状态将随着时间而变化, 直到系统最后达到完全平衡的状态为止. 用能量在各个相格的分布来表征系统的一个宏观状态, 系统依次所经过的一系列状态对应越来越可几的能量分布. 在非平衡的闭合系统发生的过程是, 系统从具有较小熵的状态逐渐过渡到具有较大熵的状态, 直到最后熵达到了统计平衡状态的最大值为止. 这被称为熵增加定律(朗道等, 1964).

另外, 由熵与平均占据数的贡献解析表示式 (1.10.5) 看出, 在多粒子系统中总被占据或总未被占据的相格, 对熵值是没有任何贡献的. 例如, 在核反应过程中, 费米阱底的核子很难被激发, 这种相格会总是被占据, 或具有足够高能量的相格, 在核反应过程中总也不能被占据, 因此对熵值也没有任何贡献. 因此, 核的激发系统随时间的变化, 只有满足

$$0 < n(\varepsilon,t) < 1 \qquad (1.10.6)$$

的平均占据数, 用它们随着时间的变化来描述核激发系统的宏观变化行为. 而平均占据数满足一定的方程, 关于这类方程的表示可参见陈仁烈 (1963) 和 Wolschin 等 (1982) 的文献. 平均占据数随时间的演化过程就是核激发系统中的耗散过程. 由熵增加定律可以得知, 任何封闭系统的耗散过程都存在熵的增加.

归纳上述对轻核反应道开放的分析得知了轻核反应与中重核反应的主要差别, 因此可以给出进一步发展核反应理论的入手点.

首先, 在轻核反应中, 发射粒子后的剩余核是处于分立能级状态, 每个分立能级都有自己独特的自旋宇称, 而通过粒子的预平衡发射到分立能级过程是现有核数据统计模型中恰好缺少的反应机制. 为此, 需要发展在非平衡统计过程中加入角动量守恒和宇称守恒这些物理因素, 这是发展预平衡核反应理论的主要课题之一.

由前面给出轻核的能量纲图可以看出, 轻核的分立能级有很多是不稳定的, 其宽度甚至可以达到 MeV 量级, 意味着这些能级可以发射次级粒子, 而在上面轻核

反应分反应道的开放分析中, 已经显示出能级纲图的准确性对理论模型计算的重要性. 准确的能级纲图, 是提高轻核反应理论模型计算可靠性的重要数据基础. 由对中子引发轻核的反应途径的分析可以看出, 发射粒子到同一个剩余核的不同分立能级会属于不同的反应道, 这又是轻核反应不同于中重核反应的主要差别之一. 而用中重核反应道开放的方式来描述轻核反应道开放途径就会出现很大的偏差. 不了解轻核反应的详细途径, 就不能准确描述轻核反应的行为.

目前, 核反应统计理论模型适合于描述有序发射核反应过程, 而中子引发的轻核反应中, 剩余核会是不稳定的 ^{5}Li, ^{5}He, ^{6}He, ^{8}Be 等核素, 它们都会自发产生两体崩裂或三体崩裂的非有序发射过程, 这种核反应机制在中重核反应中是没有出现的. 能够描述粒子非有序发射过程的模型方法是发展轻核反应理论的另一个要点.

在中子诱发的轻核反应中, 包括单粒子和复杂粒子的预平衡发射过程. 需要建立轻核反应中各种类型粒子发射的双微分截面的理论模型公式. 为了确定各种粒子的预平衡发射率, 就需要给出各种复杂粒子在复合核中的预形成概率, 这是能描述好预平衡发射的又一个主要物理因素. 在统计物理学中是用微观态相格的数目多少来确定概率的大小 (朗道等, 1964), 而对微观态的平均占据概率的准确描述是各种复杂粒子在复合核中的预形成概率的重要因素. 在第 4 章中将对复杂粒子预形成概率的理论发展做专门的论述.

研究表明, 在中子引发的轻核反应中需要考虑不稳定核 ^{5}He 的发射. ^{5}He 自发崩裂为一个中子和一个 α 粒子, 这个中子主要贡献在中子出射能谱的低能端, 会改进一些轻核反应理论计算与实验测量的双微分截面谱的符合. 而对于中重核而言, 由于较大的库仑位垒, ^{5}He 的发射是可以被忽略的.

由于核质量轻, 粒子发射后的反冲效应非常明显, 严格考虑反冲效应显得尤为重要. 为此, 需要发展轻核反应运动学. 由于在质心系中剩余核的反冲能量很大, 由此发射的次级粒子在质心系中呈现出连续谱的形式, 轻核反应中的多粒子发射过程要用双微分截面来描述. 严格考虑反冲效应后的运动学公式, 可以给出各粒子发射能谱在各种发射角度上准确的位置和形状, 就可以较严格地描述轻核反应中各种发射粒子的双微分截面, 并且能够保证能量平衡. 所谓能量平衡是指, 每个核反应道有确定的反应 Q 值, 在实验室系中, 所有出射粒子的能量、γ 光子的能量、剩余核的能量以及核反应 Q 值之和与入射中子能量相等, 这就是核反应能量平衡的物理含义, 实质上就是能量守恒.

基于上述轻核反应与中重核反应不同的特殊之处, 需要进一步发展适合于轻核反应的统计理论模型方法. 为此发展建立了一个专门描述轻核反应的统计理论, 不仅可以计算出各种反应道的截面、角分布, 而且可以用理论方法描述好粒子发射的双微分截面, 并将理论计算结果通过各种类型的检验, 以验证理论计算数据的准确性.

1.11　附录 1: 中子引发中重核的反应道

中重核的反应道开放具有公共性, 可以用一个模型程序来做理论计算. 当入射中子能量在 20MeV 以下时, 需要考虑的 14 个公共反应道由表 1.7 给出 (Zhang, 2001a).

表 1.7　中子引发中重核的反应道

No.	Channel	No.	Channel
0	(n,γ)	7	$(n,2n)$
1	(n,n')	8	(n,np)
2	(n,p)	9	$(n,n\alpha)$
3	(n,α)	10	(n,pn)
4	$(n,{}^3\mathrm{He})$	11	$(n,2p)$
5	(n,d)	12	$(n,\alpha n)$
6	(n,t)	13	$(n,3n)$

对于中重核, 由于激发能比较高时没有能级纲图, 这时需要应用描述连续能级的能级密度来表示, 关于能级密度的几种公式表示参见文献 (丁大钊等, 2005). 需要指出的是, 对于中轻核素, 例如, 在 2s~1d 壳中, ^{19}F 存在明显开放 (n, nt) 的产 t 道, 它不包含在上述公共道之中. 中轻核素仍然存在一些个性, 这是需要注意的.

1.12　附录 2: 中子引发易裂变核的反应道

对于易裂变核素, 当入射中子能量在 20MeV 以下时, 需要考虑的 11 个公共反应道由表 1.8 给出 (Zhang, 2005).

表 1.8　中子引发易裂变核的反应道

No.	Channel	No.	Channel
0	(n,γ)	6	$(n,2n)$
1	(n,n')	7	$(n,3n)$
2	(n,p)	8	(n,fn)
3	(n,α)	9	(n,nf)
4	(n,d)	10	$(n,2nf)$
5	(n,t)		

其中, 带电粒子出射道在国际上常用核反应统计理论计算的程序中没有被考虑, 这些带电粒子出射道在 20MeV 以下会有几十毫靶的贡献, 若不考虑它们就会造成去弹道和弹性散射道之间产生不自洽. 因此, 对于易裂变核素的计算应该将带电粒子出射道包括进来, 以避免上述不自洽性的产生.

参 考 文 献

丁大钊, 叶春堂, 赵志详, 等. 2005. 中子物理学 —— 原理, 方法与应用. 北京: 原子能出版社.

陈仁烈. 1963. 统计物理引论. 北京: 人民教育出版社.

朗道, 栗佛席兹. 1964. 统计物理学. 杨训恺, 等, 译. 北京: 人民教育出版社.

祈步嘉, 等. 1995. 10MeV 中子引起 ^{238}U, ^{209}Bi, Fe 和 ^{9}Be 次级中子双微分截面测量. 原子能科学技术, 29: 315.

Ruan X Z, Zhou Z Y, Cher G C, et al. 2007. Measurements of neutron emission spectra for neutron induced reactions on ^{9}Be and ^{6,7}Li. High Energy Physics and Nuclear physics, 5.

孙伟力, 张本爱. 1995. ^{9}Be(n, 2n) 反应能量角度双微分谱分析. 原子能科学技术, 29: 360.

Antolkovic B, Dietze G, Klein H. 1991. Reaction cross sections on carbon for neutron energies from 11.5 to 19 MeV. Nucl. Sci. Eng., 107: 1.

Antolkovic B, Dolenec Z. 1975. The neutron induced ^{12}C(n, n′)3α reaction at 14.1 MeV in a kinematically complete experiment. Nucl. Phys., A, 237: 235.

Baba M, et al. 1978. The interaction of fast neutron with ^{9}Be. Proc. Conf. Nuclear Physics/Reactor Data, Hawell, United Kingdom Atomic Energy Authority: 198.

Baba M, et al. 1979. American Phys. Soc., 24: 863.

Baba M, et al. 1985. Scattering of 14.1 MeV neutron from B-10,B11, C,N,O F and Si. Conf. Nuclear Data for Basic and Applied Science, Santa Fe 1: 223.

Baba M, et al. 1987. Double differential neutron emission cross sections of Cu, Ti, Ze and C. NETU:49.

Baba M, et al. 1988. Double differential neutron scattering cross sections of beryllium, carbon, oxygen . Nuclear Data for Science and Technology: 209.

Baba M, et al. 1990. Application of post acceleration beam chopper for neutron emission cross section measurements. TAERI-M-90–025: 383.

Basu T K, et al. 1979. Neutron multiplication studies in beryllium for fusion reactor blankets. Nucl. Sci. Eng., 70: 309.

Beynon T D, Sim B S. 1988. Modelling of the ^{9}Be(n,2n) double-differential cross section. Ann. Nucl. Energy 15: 27–43.

Boltzmann L. 1871. Wien. Ber. 63: 397.

Bose S N. 1924. Z. Physik., 26: 178.

Brede H J, Dietze G, Klein H, et al. 1991. Determination of neutron-induced alpha-particle cross sections on carbon using the response of a liquid scintillation detector. Nucl. Sci. Eng., 107: 22.

Chen G C, Ruan X C, et al. 2009. Double-differential neutron emission cross sections measurements of ^{6}Li and ^{7}Li at incident neutron energies of 8.17 and 10.27 MeV. Nucl. Sci. Eng., 163; 1–12.

Chiba S, et al. 1985. J. Nucl. Sci. Tech., 22:771.

Chiba S, et al. 1998. Measurements and theoretical analysis of neutron elastic scattering and inelastic reactions leading to a three-body final state for ^{6}Li at 10 to 20 MeV. Phys. Rev., C58: 2205–2216.

Chiba S, et al. 2001. 私人通讯.

Dirac P A M. 1926. Proc. Roy. Soc., A122: 661.

Drake D M, Auchampaugh C F, Ragan E D, et al. 1977. Double-differential beryllium neutron cross section at incident neutron energies of 5.9, 10.1, and 14.2 MeV. Nucl. Sci. Eng., 63: 401.

Duan J F, et al. 2005. Further analysis of neutron double-differential cross sections of n+^{16}O at 14.1 MeV and 18 MeV. Commun. Theor. Phys., 44: 701–706.

Duan J F, et al. 2010. Theoretical analysis of neutron double-differential cross sections of n+^{9}Be reaction. Commun. Theor. Phys., 54: 129–237.

Einstein A. 1924. Berliner Ber. 261.

Fermi E Z. 1926. Physik, 36: 902.

Firestone R B, Shirley V S. 1996. Table of Isotopes. 8th ed. New York: John Wiley & Sons.

Frye G M, et al. 1955. Disintegration of carbon into three alpha particle by 12–20 MeV neutrons. Phys. Rev., 99: 1375.

Glenn M, Frye Tr, Gammel J H. 1956. Phys. Rev., 103: 328.

Haight R C, Grimes S M, Johnson R G, et al. 1984. The ^{12}C(n, α) reaction and the Kerma factor for carbon at E_n = 14.1MeV. Nucl. Sci. Eng., 87: 41.

Ibaraki M, Baba M. 1998. ^{6}Li, ^{7}Li and ^{9}Be neutron emission cross sections at 11.5-18 MeV neutron energy. J.NST, 35: 843.

Oyama Y, Maekawa H. 1987. Measurement and analysis of an angular neutron flux on a beryllium slab irradiated with deuteron-tritium neutrons. Nucl. Sci. Eng., 97: 220–234.

Oyama Y, Yamaguchi S, Maekawa H. 1990. Experimental results of angular neutron spectra leaking from slabs of fusion reactor candidate materials (I). JAERI-M 90–092.

Perkins S T, Plechaty E F, Howerton R J. 1985. A revaluation of the ^{9}Be(n,2n) reaction and its effect on neutron multiplication in fusion blanket applications. Nucl. Sci. Eng., 90: 83.

Pronyaev V C, Tagesen S, Vonaih H. 1997. Reaction mechanism in the ^{9}Be+n system leading to the decay into two neutrons and two alpha particles. Conf. Proc. of Nuclear Data for Science and Technology Trieste, May 19–24: 268.

Schulke A W Jr. 1985. Proc. 8th Mtg Int. Collaboration Advanced Neutron Sources (ICANS-VIII). Rutherford-Appleton Laboratory, RAL-85–110.

Stevens A P. 1976. Neutron induced alpha production from carbon between 18 and 22 MeV. INIS-MF–3596.

Takahashi A, et al. 1983. Double differential neutron emission cross sections with 14 MeV neutron source. KTAV-A-83–01.

Takahashi A, Sasaki Y, Sugimoto H. 1988. Angle integration emission spectra at 14 MeV for Be, C, F, Mg, Al, Si, V, Fe, Cr, Cu, Pb and Bi. Conf. Rep. JAERI-M Reports, 88: 065.

Tilley D R, et al. 2002a. Energy levels of light nuclei A=6. Triangle Universities Nuclear Laboratory, Durham, NC 27708–0308.

Tilley D R, et al. 2002b. Energy levels of light nuclei A = 7. Triangle Universities Nuclear Laboratory, Durham, NC 27708–0308.

Tilley D R, et al. 2004. Energy levels of light nuclei A = 8, 9, 10. Nucl. Phys., A745: 155–362.

Turk M, Antolkovic B. 1984. Multi-particle break-up of ^{10}B induced by fast neutrons. Nucl. Phys., A431: 381–392.

Wang J M, Duan J F, Yang Y L, et al. 2006. ^{5}He Emission in neutron–induced ^{10}B Reactions. Commun. Theor. Phys., 46: 527–532.

Wolschin G. 1982. Equilibration in dissipative nuclear collision. Phys. Rev. Lett., 48: 1004.

Xia H H, et al. 1993. China. J. Nucl. Phys., 15: 367.

Yan Y L, et al. 2005. Analysis of neutron double-differential cross section of n+^{14}N at 14.2 MeV. Commun. Theor. Phys., 44: 128–132.

Young P G, Stewart L. 1979. LA-7932-MS (ENDF-283), Los Alamos National Laboratory.

Zhang J S, Han Y L, Cao L G. 1999. Model Calculation of n+^{12}C Reactions from 4.8 to 20 MeV. Nucl. Sci. Eng., 133: 218–234.

Zhang J S. 2001a. UNSE MANUAL of UNF CODE. China Nuclear Data Center, CNIC-01616 CNDC-0032.

Zhang J S. 2001b. Model Calculation of n+^{6}Li Reactions Below 20 MeV. Commun. Theor. Phys., 36: 437–442.

Zhang J S, et al. 2001c. Theoretical analysis of neutron double-differential cross section of n+^{16}O at 14.1 MeV. Commun. Theor. Phys., 35: 579–584.

Zhang J S, Han Y L. 2002. Calculation of double-differential cross sections of n+^{7}Li reactions below 20 MeV. Commun. Theor. Phys., 37: 465–474.

Zhang J S. 2003a. Theoretical analysis of neutron double-differential cross section of n+^{10}B at 14.2 MeV. Commun. Theor. Phys., 39: 433–438.

Zhang J S. 2003b. Theoretical analysis of neutron double-differential cross section of n+^{11}B at 14.2 MeV. Commun. Theor. Phys., 39: 83–88.

Zhang J S. 2004. Possibility of ^{5}He emission in neutron induced reactions. Science in China (Ser. G) 47: 137.

Zhang J S. 2005. Unse manual of FUNF code. CNIC-01782 CNDC-0037. Beijing: Atomic Energy Press.

第 2 章　轻核反应的动力学机制

2.1　引　　言

核反应理论是为了理解和解释由实验测量得到的核反应数据的行为而建立的模型理论方法, 并逐步发展成描述各种类型反应的多种理论模型. 在不同入射粒子的情况下, 核反应理论模型按不同核反应机制给出相应的理论描述. 根据核反应的出射粒子的情况, 核反应被划分如下.

(1) 弹性散射A(a, a)A, 表示出射粒子与入射粒子相同, 反应 Q 值为 0, 反应前后核子系统的内禀结构不变, 包括入射粒子和靶核, 总动能不变. 弹性散射又分形状弹性散射和复合核弹性散射. 在实验测量过程中是不能区分这两种散射过程的. 而在理论计算中, 这两种弹性散射的角分布形状是彼此有所不同的, 形状弹性散射是用量子力学的 S 矩阵理论来计算, 而复合核弹性散射是用核反应统计理论计算.

(2) 非弹性散射A(a, a)A* 出射粒子与入射粒子相同, 但反应后靶核处于激发态 (用右上角的 * 号表示), 反应 Q 值是负的剩余核 A* 之激发能. 在核反应理论中非弹性散射用入射粒子和靶核的内禀结构之变化来描述这种情况.

(3) 重组碰撞A(a, b)B, 又称核子交换反应. 在这种核反应过程中入射粒子与靶核之间发生了核子交换, 在出射道中产生了新的原子核和粒子, 它们均可能处于激发态. 在核反应理论中是用粒子和靶核的内禀结构在反应前、后的变化来描述这种情况.

(4) 俘获辐射反应A(a, γ)C, 表示入射粒子进入靶核而形成复合核 C*, 处于激发态的复合核是直接通过发射 γ 射线级联退激过程来结束核反应. 在核反应理论中是用 γ 退激的各种模式来描述. 例如, 直接 γ 退激, 半直接 γ 退激, 即预平衡 γ 退激, 以及平衡态 γ 退激等. 另外 γ 退激还可区分为 E_1, M_1, E_2 等电磁跃迁模式.

(5) 核裂变, 当很重的核素–易裂变核形成复合核 C* 后, 会分裂为两个碎片, 也会分裂为三个碎片, 碎片动能大约为 200MeV, 碎片的质量和电荷有一定的分布, 是随能量而变化. 裂变碎片大多数是放射性核素. 描述裂变过程的成功理论主要有两方面: 裂变的液滴模型和裂变的准静态扩散模型.

(6) 核聚变, 是指由轻核之间融合成比较重的核素并释放大量的动能. 由于这种反应的阈能高, 因此也称为热核反应. 最典型的是 t(d, n)α + Q(18.25MeV).

根据入射粒子的情况又可将核反应划分为: ①由中子引起的核反应; ②由带电

粒子引起的核反应; ③由光子引起的核反应 (称为光核反应); ④由重离子引起的核反应 (称为重离子反应) ; ⑤由介子引起的核反应等几类.

入射粒子进入靶核后形成处于复杂激发态的复合系统, 由 S 矩阵知识得知, 复合核的本身不是一个本征态, 没有确定的角动量宇称, 是一个由各种角动量宇称按一定规律分布的复合体系, 它们的各种角动量宇称的成分可以由光学模型给出. 因此, 这种角动量和宇称分布的准确性取决于光学模型各类位势的形式和它们的参数的准确性. 而光学模型参数的准确性取决于计算结果对全截面, 弹性散射截面和角分布, 去弹截面与实验测量数据的符合程度. 符合程度越好, 对整个理论模型计算的结果越可靠. 因此光学模型参数的选取, 包括中子和各种带电粒子的参数选取, 是理论模型计算的重要基础之一.

复合核具有一定的激发能, 在核内核子的无规碰撞过程中, 由于统计规律, 一个核子或核子集团会有一定的概率得到足够能量, 这时该核子或核子集团就可能克服结合能以及库仑位垒被发射出去. 在低能核反应中, 必须将统计涨落一起加以考虑才能得到合理的核反应结果. 随着入射粒子能量的提高, 就会出现与复合核平衡态反应行为不同的现象. 在达到复合核平衡态之前就可能有粒子被发射出去, 称之为粒子的预平衡发射, 也就是所谓的平衡前发射. 目前比较成功的理论方法是应用激子模型来描述预平衡核反应过程. 这种理论模型描述介于直接核反应和复合核平衡态反应之间的非平衡核反应过程.

复合核模型提出之后, 用于低能核反应取得圆满的成功. 但是, 随着入射粒子能量的提高, 实验测量发现出射中子能谱的高能部分明显高出平衡态发射理论的计算值, 这就是所谓的 "能谱硬尾" 现象. 这表明复合核在较高激发能的状态下, 核子间还没有来得及作充分的碰撞, 在达到统计平衡之前, 一些被入射粒子激发到较高能量的粒子就被发射出来, 这是一种非平衡统计行为. 这种发射粒子的角分布呈现出明显的朝前趋势, 而不是像平衡态核反应理论所预言的各向同性或 90° 对称, 表明有些出射粒子还存在对入射方向的记忆. 另外, 带电粒子的发射截面明显高于平衡态理论的预言值, 这也说明在未达到平衡态之前就有带电粒子发射, 否则复合核内达到平衡态时, 各种粒子均近似达到麦克斯韦分布, 能克服库仑位垒的概率就会很小, 与实验观测的现象相矛盾. 上述这些物理现象均表明, 复合核内由入射粒子在核内进行的级联碰撞过程达到完全的统计平衡需要一段时间, 其间会有粒子的预平衡发射, 它是用激子模型来描述的. 在激子模型中, 核内核子间碰撞过程是用粒子–空穴对的产生和湮灭来描述核反应的动力学过程. 这种被激发的粒子与空穴被统称为激子. 该模型能够描述介于直接反应和复合核反应之间的非平衡核反应的特征.

第 1 章描述了轻核反应的特征, 除了粒子的有序发射过程外, 还存在双两体或三体崩裂过程, 属于非有序粒子的发射过程, 这是不同于中重核的核反应行为的主要方面之一. 因而对轻核反应的理论描述具有相当的难度和复杂性. 除了散射和粒子交换反应之外, 对于轻核, 预平衡反应是也主要的核反应机制之一. 可以想象, 轻核中核子数目很少, 很难像中重核那样经过核内多次碰撞达到平衡态, 而是粒子发射大多会在达到平衡态前发生, 即预平衡过程的粒子发射. 另外, 由于轻核的能级纲图已经给出足够高的能级分布, 处于激发态的轻核发射粒子后, 剩余核总是处在分立能级上. 因此, 不需要引入能级密度的连续能级, 而必须建立一个新的核反应理论, 使其能够描述上述这种核反应行为. 在非平衡状态下从复合核的预平衡发射粒子到剩余核的分立能级的核反应机制, 是原有的核反应统计理论中尚未解决好的研究课题, 也是目前国际通用的核数据统计理论计算程序中所缺少的核反应机制.

为此, 首先讨论激子态密度以及在激子态密度中的 Pauli 原理修正值的置换群方法. 由细致平衡原理得到预平衡粒子发射率的表示, 然后介绍与角动量有关的激子模型理论. 这个理论模型是在前人成功描述平衡态的 Hauser-Feshbach 统计理论和预平衡核反应过程的激子模型的基础上发展起来的. 这个理论模型在包含了角动量和宇称守恒的物理条件下, 具有描述在非平衡状态下粒子发射过程中从复合核发射粒子到达剩余核分立能级态这类核反应的功能. 正如第 1 章内所述, 由于在轻核反应中, 剩余核均是处于分立能级态, 而分立能级都具有自己独特的自旋和宇称. 为此, 首先必须在原有的激子模型的基础上, 进一步发展考虑角动量守恒的激子模型. 在本章中还简单介绍了光学模型、宽度涨落修正, 以及从分立能级发射粒子的公式表示.

2.2 激子态密度和 Pauli 原理修正值的置换群方法

多费米子系统态密度的研究在许多相关领域都得到关注, 特别是对于核反应的预平衡发射过程的计算, 在一定的激发能情况下, 需要给出具有确定粒子数和空穴数的激子态密度(Blann,1975; Griffin,1966; Cline et al.,1971). 许多作者给出过不含 Pauli 原理的激子态密度 (Ericson,1960;Dobes et al.,1976) 或者用统计方法近似考虑了 Pauli 原理的激子态密度 (Williams,1970,1971). 这种多费米子系统的 Pauli 原理修正的研究也在巨共振的展宽效应和壳模型光学势中得到了应用 (Hasse,1985). 图 2.1 给出激发粒子空穴的示意图.

所谓 Pauli 原理是指在同一个微观态中只能容纳一个全同费米子, 这种物理效应将会减少态密度值, 特别是对于低激发能的多粒子和多空穴激子态, Pauli 原理会明显减小激子态密度值. 下面介绍一种可以严格考虑多费米子系统的 Pauli 原理修正的置换群方法, 这种方法与模型无关, 可以推广到任意多费米子系统.

平衡态发射率的末态密度用能级密度表示, 而预平衡发射率的末态密度则用激子态密度表示. 下面讨论这种与模型无关、严格考虑了多费米子系统的 Pauli 原理

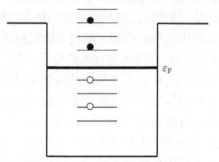

图 2.1　粒子空穴激发示意图

黑点表示粒子, 白圈表示空穴, ε_{F} 是费米面

修正的方法 (Zhang et al.,1988). 激子态密度定义为对于一定激发能 E, 系统具有 p 个粒子和 h 个空穴的占据概率.

$$\omega(E,p,h) = \sum_{m_1 < \cdots < m_p; n_1 < \cdots < n_h} \delta\left(E - \sum_{p=m_1}^{m_p} \varepsilon_p - \sum_{h=n_1}^{n_h} \varepsilon_h\right) \tag{2.2.1}$$

其中, $\varepsilon_p, \varepsilon_h$ 分别为单粒子和单空穴的能量. 由于粒子是在费米面之上, 而空穴是在费米面以下, 能量标记都以靶核的费米面为零点 (图 2.1), 粒子能量是从费米面向上计算, 而空穴能量是从费米面向下计算. 粒子占有态是用 $m_1 < \cdots < m_p$ 表示, 而空穴占有态是用 $n_1 < \cdots < n_h$ 表示. 由于 Pauli 原理, 这些态指标都必须各不相同. 其中 δ 函数是表示能量守恒, 即总激发能是总粒子能量与总空穴能量之和.

这里必须强调指出的是, 在激发核系统中存在确定的粒子数和空穴数, 在粒子或空穴之间碰撞引发的产生和消灭粒子空穴对都不会改变费米面, 而在粒子发射过程中剩余核的费米面才会改变. 因此, 在这里只讨论不包含粒子发射的情况, 对确定粒子数和空穴数的 Pauli 原理修正进行研究.

由独立粒子模型可以得到 p 个粒子、h 个空穴的乘积态波函数 $|\mu_1 \cdots \mu_p, \nu_1 \cdots \nu_h\rangle$, 用 H_i 表示单粒子或单空穴的哈密顿量, 它满足下面的定态 Schrödinger 方程

$$H_i|\mu_1 \cdots \mu_p, \nu_1 \cdots \nu_h\rangle = \varepsilon_i|\mu_1 \cdots \mu_p, \nu_1 \cdots \nu_h\rangle, \quad i = p\text{或}h \tag{2.2.2}$$

这里, μ_i 表示粒子态, 而 ν_j 表示空穴态. 因此方程 (2.2.1) 可改写为

$$\omega(E,p,h) = \sum_{\substack{\mu_1 < \cdots < \mu_p \\ \nu_1 < \cdots < \nu_h}} \left\langle \mu_1 \cdots \mu_p, \nu_1 \cdots \nu_h \right.$$

$$\left. \left| \delta\left(E - \sum_{\mu=\mu_1}^{\mu_p} H_\mu - \sum_{\nu=\nu_1}^{\nu_h} H_\nu\right) \right| \mu_1 \cdots \mu_p, \nu_1 \cdots \nu_h \right\rangle \tag{2.2.3}$$

利用 Laplace 变换, 可以得到统计物理中的配分函数, 并能将其分解为粒子态配分函数与空穴态配分函数两个独立因子的乘积

$$Z(\beta, p, h) = \int_0^\infty \mathrm{e}^{-E\beta}\omega(E, p, h)\mathrm{d}E = Z(\beta, p)Z(\beta, h) \tag{2.2.4}$$

其中, 粒子态的配分函数为

$$Z(\beta, p) = \sum_{\mu_1 < \cdots < \mu_p} \left\langle \mu_1 \cdots \mu_p \left| \mathrm{e}^{-\beta \sum\limits_\mu H_\mu} \right| \mu_1 \cdots \mu_p \right\rangle \tag{2.2.5}$$

空穴态配分函数为

$$Z(\beta, h) = \sum_{\nu_1 < \cdots < \nu_h} \left\langle \nu_1 \cdots \nu_h \left| \mathrm{e}^{-\beta \sum\limits_\nu H_\nu} \right| \nu_1 \cdots \nu_h \right\rangle \tag{2.2.6}$$

应该注意到, 以上求和号下标中用的都是不等号形式, 它表明由于 Pauli 原理限制, 在一个微观态上不允许有一个以上的核子占据, 因而称其为 "受限制求和". 下面介绍的方法是如何将受限制求和改写为无限制求和的途径, 这是严格考虑 Pauli 原理效应的出发点.

将受限制求和改写为无限制求和, 需要逐步进行化简. 下面以粒子态为例, 已知 p 个粒子的排列有 $p!$ 种, 于是受限制求和可以改写为

$$\sum_{\mu_1 < \cdots < \mu_p} = \frac{1}{p!} \sum_{\mu_1 \neq \mu_2 \neq \cdots \neq \mu_p} \tag{2.2.7}$$

上式右边表示求和指标各不相同, 但没有能量顺序限制, 仍然属于有限制求和. 再假设一个 μ 能级上仅有一个粒子, 在其配分函数中, 它的矩阵元可以表示为

$$f^{(1)}(\mu) \equiv f(\mu) = \langle \mu | \mathrm{e}^{-\beta H_\mu} | \mu \rangle \tag{2.2.8}$$

其中, H_μ 为单粒子 μ 的哈密顿量. 一个 μ 能级被 $l > 1$ 个粒子标记为 $f^{(l)}(\mu)$

$$f^{(l)}(\mu) = \langle \mu | \mathrm{e}^{-l\beta H_\mu} | \mu \rangle \tag{2.2.9}$$

利用上面的表示, 可将受限制求和改写为无限制求和的形式. 这里必须注意到, 上面的无限制求和中必须保持两个粒子处在不同的态中, 如果两个粒子占据了同一个态, 如 $l > 1$, 就需要将其扣除, 因为它是违反 Pauli 原理的项. 例如, 在二粒子态 ($p = 2$) 的情况下, 需要在无限制求和中扣除两个粒子占据同一个能级的概率, 即

$$\sum_{\mu_1 < \mu_2} f(\mu_1)f(\mu_2) = \frac{1}{2!}\left\{ \sum_{\mu_1\mu_2} f(\mu_1)f(\mu_2) - \sum_\mu f^{(2)}(\mu) \right\} \tag{2.2.10}$$

这种情况可以用置换群中应用的杨图表示, 二粒子态占据方式可用杨图 2.2 示意. 其中左边图表示两个粒子分别处于不同的态, 而右边图表示两个粒子是处于同一个态, 是违反 Pauli 原理的项.

而对于三粒子态 ($p = 3$) 的情况, 需要在无限制求和之中扣除两个粒子以及三个粒子占据同一个能级的项. 在无限制求和中可能有 $\mu_1 = \mu_2 \neq \mu_3$, $\mu_1 = \mu_3 \neq \mu_2$, 或 $\mu_2 = \mu_3 \neq \mu_1$ 的项, 因此需要扣除这三种情况的概率. 另外还需要扣除 $\mu_1 = \mu_2 = \mu_3$, 即三个粒子占据同一个能级的概率.

$$\sum_{\mu_1 < \mu_2 < \mu_3} f(\mu_1)f(\mu_2)f(\mu_3)$$

$$= \frac{1}{3!} \left\{ \sum_{\mu_1 \mu_2 \mu_3} f(\mu_1)f(\mu_2)f(\mu_3) - 3 \sum_{\mu_1 \neq \mu_2} f^{(2)}(\mu_1)f(\mu_2) - \sum_{\mu} f^{(3)}(\mu) \right\} \quad (2.2.11)$$

但是, 在这个表示中仍然要求 $\mu_1 \neq \mu_2$ 是有限制求和. 如果将第二项写成两粒子态的无限制求和, 其中会出现 $\mu_1 = \mu_2$ 的情况, 因此还必须补回这项中多扣除的三个粒子占据同一个能级 (即 $\mu_1 = \mu_2$) 的情况. 所以当有限制求和最终写成完全无限制求和的表示时, 式 (2.2.11) 变为

$$\sum_{\mu_1 < \mu_2 < \mu_3} f(\mu_1)f(\mu_2)f(\mu_3)$$

$$= \frac{1}{3!} \left\{ \sum_{\mu_1 \mu_2 \mu_3} f(\mu_1)f(\mu_2)f(\mu_3) - 3 \sum_{\mu_1 \mu_2} f^{(2)}(\mu_1)f(\mu_2) + 2 \sum_{\mu} f^{(3)}(\mu) \right\} \quad (2.2.12)$$

可以发现其中的规律, 在无限制求和形式下, 全部项可用 p 格杨图表示. 图 2.3 给出三个粒子占据方式的杨图.

图 2.3 中第一个杨图 [1,1,1] 为三行的杨图, 表示三个能级各有一个粒子, 不违反 Pauli 原理; 第二个杨图 [2,1] 为两行的杨图, 表示有两个粒子占据同一个能级而另一个粒子占据另一个能级; 第三个杨图 [3] 为一行的杨图, 表示三个粒子均占据同一个能级, 它们都违反 Pauli 原理. 杨图标记的方括号中数字的个数表示行数, 每个数字则表示该行的格数.

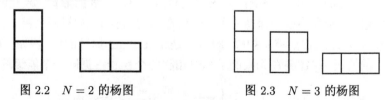

图 2.2 $N = 2$ 的杨图   图 2.3 $N = 3$ 的杨图

为了明确分析更复杂的一般情况, 需要将四粒子态 ($p = 4$) 的情况做一个详细

的介绍. 通过对四粒子态的占据方式, 可以得出一般情况的图像. 四粒子态对应的杨图由图 2.4 给出.

图 2.4 $N = 4$ 的杨图

按照置换群中杨图填充的规则, 每一行中数字的填充对各种排列是等价的, 例如, 某一行有三格, 若用数字 2,3,4 来填充, 那么 [2,3,4], [2,4,3], [3,2,4], [3,4,2], [4,2,3], [4,3,2] 六种顺序都算是同一种填充. 另外, 对于两行有相同格数的杨图, 上下行的填充也是等价的, 例如, 在 $n = 4$ 的杨图中, 有一个两行都含两格的图, 上行填充 [1,2] 下行填充 [3,4], 与上行填充 [3,4] 下行填充 [1,2] 也是等价的.

这时在无限制求和之中, 杨图 [2,1,1] 是违反 Pauli 原理的项, 需要扣除这种两个粒子占据同一个能级而另外两个粒子各占据一个不同能级的项, 该杨图有 6 种填充方式, 即在有两格的一行中填充 [12], [13], [14], [23], [24] 和 [34]; 杨图 [2,2] 也是违反 Pauli 原理的项, 也要扣除这种两个粒子共同占据一个能级而另外两个粒子共同占据另一个能级的项, 该杨图有 3 种填充方式, 即 [12], [13], [14]; 还要扣除三个粒子占据同一能级而另外一个粒子占据其他能级的项, 对应的杨图为 [3,1], 它有 4 种填充方式, 即 [123], [124], [134] 和 [234]; 最后还要扣除四个粒子占据同一能级的项, 对应的杨图为 [4], 它只有 1 种填充方式.

这时将有限制求和写成无限制求和的第一步为

$$\sum_{\mu_1 < \mu_2 < \mu_3 < \mu_4} f(\mu_1) f(\mu_2) f(\mu_3) f(\mu_4)$$

$$= \frac{1}{4!} \left\{ \sum_{\mu_1 \mu_2 \mu_3 \mu_4} f(\mu_1) f(\mu_2) f(\mu_3) f(\mu_4) - 6 \sum_{\mu_1 \neq \mu_2 \neq \mu_3} f^{(2)}(\mu_1) f(\mu_2) f(\mu_3) \right.$$

$$\left. - 4 \sum_{\mu_1 \neq \mu_2} f^{(3)}(\mu_1) f(\mu_2) - 3 \sum_{\mu_1 \neq \mu_2} f^{(2)}(\mu_1) f^{(2)}(\mu_2) - \sum_{\mu} f^{(4)}(\mu) \right\} \quad (2.2.13)$$

但式 (2.2.13) 中第二、三、四项都违反 Pauli 原理, 它们仍处于有限制求和的形式. 式 (2.2.13) 中的第二项表示四个粒子中有两个占据同一个能级, 而另外两个粒子各占据其他不同的能级, 从四个粒子中任意取出两个的方式有 6 种, 这时求和指标必须互不相等, 即 $\mu_1 \neq \mu_2 \neq \mu_3$. 当约化为无限制求和时, 有 4 种可能出现: 第一是 $\mu_1 = \mu_2 \neq \mu_3$, 第二是 $\mu_1 = \mu_3 \neq \mu_2$, 它们对应的杨图都是 [31], 第三是

$\mu_2 = \mu_3 \neq \mu_1$, 对应的杨图是 [22], 第四是 $\mu_1 = \mu_2 = \mu_3$, 它对应的杨图是 [4]. 因此, 这一项可以进一步约化为无限制求和形式, 其结果如下

$$
\begin{aligned}
\sum_{\mu_1 \neq \mu_2 \neq \mu_3} f^{(2)}(\mu_1) f(\mu_2) f(\mu_3) &= \sum_{\mu_1 \mu_2 \mu_3} f^{(2)}(\mu_1) f(\mu_2) f(\mu_3) \\
&- 2 \sum_{\mu_1 \neq \mu_2} f^{(3)}(\mu_1) f(\mu_2) - \sum_{\mu_1 \neq \mu_2} f^{(2)}(\mu_1) f^{(2)}(\mu_2) - \sum_{\mu} f^{(4)}(\mu)
\end{aligned} \tag{2.2.14}
$$

将式 (2.2.14) 代入式 (2.2.13) 得到

$$
\sum_{\mu_1 < \mu_2 < \mu_3 < \mu_4} f(\mu_1) f(\mu_2) f(\mu_3) f(\mu_4)
$$

$$
\begin{aligned}
= \frac{1}{4!} \Bigg\{ &\sum_{\mu_1 \mu_2 \mu_3 \mu_4} f(\mu_1) f(\mu_2) f(\mu_3) f(\mu_4) - 6 \sum_{\mu_1 \mu_2 \mu_3} f^{(2)}(\mu_1) f(\mu_2) f(\mu_3) \\
&+ 8 \sum_{\mu_1 \neq \mu_2} f^{(3)}(\mu_1) f(\mu_2) + 3 \sum_{\mu_1 \neq \mu_2} f^{(2)}(\mu_1) f^{(2)}(\mu_2) + 5 \sum_{\mu} f^{(4)}(\mu) \Bigg\}
\end{aligned} \tag{2.2.15}
$$

这时在式 (2.2.15) 中, 前两项已经约化为无限制求和形式, 但后两项仍然是违反 Pauli 原理. 式 (2.2.15) 中第三项表示四个粒子中有三个占据同一个能级, 从四个粒子中任意取出三个的方式有 4 种, 求和指标必须互不相等. 而约化为无限制求和时, 仅有 1 种可能出现, 即 $\mu_1 = \mu_2$, 于是这一项可以进一步约化为

$$
\sum_{\mu_1 \neq \mu_2} f^{(3)}(\mu_1) f(\mu_2) = \sum_{\mu_1 \mu_2} f^{(3)}(\mu_1) f(\mu_2) - \sum_{\mu} f^{(4)}(\mu) \tag{2.2.16}
$$

将式 (2.2.16) 代入式 (2.2.15) 得到

$$
\sum_{\mu_1 < \mu_2 < \mu_3 < \mu_4} f(\mu_1) f(\mu_2) f(\mu_3) f(\mu_4)
$$

$$
\begin{aligned}
= \frac{1}{4!} \Bigg\{ &\sum_{\mu_1 \mu_2 \mu_3 \mu_4} f(\mu_1) f(\mu_2) f(\mu_3) f(\mu_4) - 6 \sum_{\mu_1 \mu_2 \mu_3} f^{(2)}(\mu_1) f(\mu_2) f(\mu_3) \\
&+ 8 \sum_{\mu_1 \mu_2} f^{(3)}(\mu_1) f(\mu_2) + 3 \sum_{\mu_1 \neq \mu_2} f^{(2)}(\mu_1) f^{(2)}(\mu_2) - 3 \sum_{\mu} f^{(4)}(\mu) \Bigg\}
\end{aligned} \tag{2.2.17}
$$

这时在式 (2.2.17) 中, 前三项已经约化为无限制求和形式了, 而第四项仍然是有限制求和, 它表示四个粒子中各有两个粒子占据同一个能级, 对应杨图 [2,2], 它有 3 种填充方式, 求和指标必须互不相等. 当约化为无限制求和时, 仅有 1 种可能出现, 即 $\mu_1 = \mu_2$. 于是, 这一项可以进一步约化为无限制求和的形式

$$
\sum_{\mu_1 \neq \mu_2} f^{(2)}(\mu_1) f^{(2)}(\mu_2) = \sum_{\mu_1 \mu_2} f^{(2)}(\mu_1) f^{(2)}(\mu_2) - \sum_{\mu} f^{(4)}(\mu) \tag{2.2.18}
$$

将式 (2.2.18) 代入式 (2.2.17) 得到

$$\sum_{\mu_1<\mu_2<\mu_3<\mu_4} f(\mu_1)f(\mu_2)f(\mu_3)f(\mu_4)$$

$$=\frac{1}{4!}\left\{\sum_{\mu_1\mu_2\mu_3\mu_4} f(\mu_1)f(\mu_2)f(\mu_3)f(\mu_4) - 6\sum_{\mu_1\mu_2\mu_3} f^{(2)}(\mu_1)f(\mu_2)f(\mu_3)\right.$$

$$\left.+ 8\sum_{\mu_1\mu_2} f^{(3)}(\mu_1)f(\mu_2) + 3\sum_{\mu_1\mu_2} f^{(2)}(\mu_1)f^{(2)}(\mu_2) - 6\sum_{\mu} f^{(4)}(\mu)\right\} \quad (2.2.19)$$

至此, 已经将四粒子态中有限制求和完全化为无限制求和形式, 从而便于后面的计算.

由上面讨论可以得知, 第一项对应 $L = N$, 即 N 格 N 行的杨图, 在物理上不违反 Pauli 原理, 而其余都是违反 Pauli 原理的, 需要被扣除的项. 这些违反 Pauli 原理的项都是有一个以上的粒子占据同一个能级的项, 它们都可以用对应的杨图来表示.

由上面关于四个粒子对应杨图的分析中可以看到, 从有限制求和约化为无限制求和需要一个相当繁杂的过程, 当 N 变得更大时情况会变得异常复杂. 因此, 现在要研究的问题是如何应用置换群的理论方法, 在无限制求和形式下, 直接给出各个相应杨图的系数, 而不需要像上面那样逐步地从有限制求和约化为无限制求和. 下面, 在普遍情况下讨论置换群中的杨图理论方法. 将 N 格 L 行的杨图标记为 $[n_1n_2\cdots n_L]$, 它对应的表示是

$$[n_1n_2\cdots n_L] = \sum_{\mu_1\neq\mu_2\neq\cdots\neq\mu_L} f^{(n_1)}(\mu_1)f^{(n_2)}(\mu_2)\cdots f^{(n_L)}(\mu_L) \quad (2.2.20)$$

这里有

$$\sum_{i=1}^{L} n_i = N \quad (2.2.21)$$

按照杨图的填充规则有 $n_1 \geqslant n_2 \geqslant \cdots \geqslant n_L$, 即在杨图中格数最多在行放在上面, 而格数最少的行放在最下面. 除了每行都只有一格的杨图 ($L = N$) 表示每一个微观态都只有一个粒子外, 其他的杨图都至少有一行包含两格或更多的格, 表示至少有一个微观态中放置了一个以上的粒子, 它们都是违反 Pauli 原理的对应的项.

在一般情况下, 对于 N 格 L 行的杨图, 可能有若干种表示. 例如, 上面 $N = 4$ 格 $L = 2$ 行的杨图就有 $[3,1], [2,2]$ 两种. 因此, 在下面的表示中引入指标 α 来表示同一个 L 行的杨图中的第 α 个. 数目更大的 N 格 L 行杨图, 可以有更多的排放形式, 这里就不一一列举了.

在将有限制求和转换成无限制求和的过程中, 将对应 N 格 L 行的第 α 个杨图的系数记为 $D(N, L, \alpha)$, 由置换群理论可知该系数恰好为该杨图置换元填充的个

数, 如果用 $\nu_i^{\alpha}(i=1,2,\cdots,N)$ 表示杨图 (N,L,α) 中含 i 格的行数, 则可以给出它的显式表示 (Hamermesh,1962)

$$D(N,L,\alpha)=\frac{N!}{\nu_1^{\alpha}!(2^{\nu_2^{\alpha}}\nu_2^{\alpha}!)(3^{\nu_3^{\alpha}}\nu_3^{\alpha}!)\cdots(N^{\nu_N^{\alpha}}\nu_N^{\alpha}!)} \tag{2.2.22}$$

且有

$$\sum_{i=1}^{N}\nu_i^{\alpha}=L \tag{2.2.23}$$

以及

$$\sum_{i=1}^{N}i\nu_i^{\alpha}=N \tag{2.2.24}$$

这里, 自然默认 $n_i^{\alpha}=0$ 时 $f^{(0)}(\mu_i)=1$, 这是对应无粒子填充的情况下的表示. 由此得到 p 粒子的配分函数可以表示为各种杨图的展开

$$Z(\beta,p)=\sum_{L=1}^{p}\sum_{\alpha=1}^{N_L}D(N,L,\alpha)[n_1^{\alpha}n_2^{\alpha}\cdots n_L^{\alpha}] \tag{2.2.25}$$

在实际应用中, 激子模型常常是用等间隔单粒子密度的连续分布积分来代替求和, 这时 l 个粒子占据同一个能级的概率为

$$\sum_{\mu}f^{(l)}(\mu)=\mathrm{tr}(\mathrm{e}^{-l\beta H})=\langle\mu|\mathrm{e}^{-l\beta H}|\mu\rangle=g\int_0^{\infty}\mathrm{e}^{-l\beta\varepsilon}\mathrm{d}\varepsilon=\frac{g}{l\beta} \tag{2.2.26}$$

其中, tr 表示求迹. 利用逆 Laplace 变换公式

$$L^{-1}\left(\frac{g}{\beta}\right)^m=g\frac{(gE)^{m-1}}{(m-1)!} \tag{2.2.27}$$

例如, 在 $N=2$ 的情况下,

$$\sum_{\mu_1<\mu_2}f(\mu_1)f(\mu_2)=\frac{1}{2!}\left\{\sum_{\mu_1\mu_2}f(\mu_1)f(\mu_2)-\sum_{\mu}f^{(2)}(\mu)\right\} \tag{2.2.28}$$

对应的配分函数为

$$Z(\beta,2)=\frac{1}{2}\left[\left(\frac{g}{\beta}\right)^2-\frac{g}{2\beta}\right] \tag{2.2.29}$$

由逆 Laplace 变换公式得到两粒子 (或空穴) 态的激子态密度为

$$\omega(E,2)=\frac{g}{2}(gE-0.5) \tag{2.2.30}$$

推广到一般情况, 利用置换群理论的杨图填充规则, 得到 N 粒子激子态密度的表示

$$\omega(E, N) = \frac{g}{N!(N-1)!} \sum_{i=0}^{N-1} C_i(N)(gE)^{N-i-1} \tag{2.2.31}$$

研究表明, L 与 N 奇偶相同的杨图的符号为正, 而 L 与 N 奇偶不同的杨图的符号为负, 这个规律对任何 N 值都成立. 杨图的行数范围是 $L = 1 \sim N$. 得到式 (2.2.31) 中对应的 i 项展开系数为

$$C_i(N) = \sum_{\alpha=1}^{N_\alpha} D(N, L, \alpha) \frac{(-1)^{N-i}(N-1)!}{(N-1-i)!n_1^\alpha n_2^\alpha \cdots n_L^\alpha} \tag{2.2.32}$$

其中, $D(N, L, \alpha)$ 是由式 (2.2.22) 给出的 N 格 L 行的第 α 个杨图的系数, 即为该杨图置换元填充的个数. 这时对应杨图的行数为

$$L = N - i \tag{2.2.33}$$

其中, N_α 是 L 行的杨图个数. n_j^α 为 L 行的第 α 个杨图中第 j 行的杨图格数. 在式 (2.2.32) 中分母出现的 n_i^α 值是来自于求迹过程, 因子 $(N-1)!/(N-1-i)!$ 是来自逆 Laplace 变换.

还以 $N = 2$ 的情况为例, 这时仅有两个杨图, 分别是 [1,1] 和 [2], 每个杨图仅有一种表示 $\alpha = 1$, $N_\alpha = 1$. $i = 0, 1$ 为可取指标. 当 $i = 0$ 时 $(L = 2)$ 表示 [1,1] 为两行杨图, 其中, $\nu_1^1 = 2$, $\nu_2^1 = 0$, $n_1^1 = 1$, $n_2^1 = 1$; 当 $i = 1$ 时 $(L = 1)$ 表示 [2] 为一行杨图, 其中, $\nu_1^1 = 0$, $\nu_2^1 = 1$, $n_1^1 = 2$, $n_2^1 = 0$, 代入式 (2.2.22) 得到

$$D(N = 2, L = 2, 1) = 1, \quad D(N = 2, L = 1, 1) = 1$$

进而由式 (2.2.32) 得到

$$C_0(N = 2, L = 2) = 1, \quad C_1(N = 2, L = 1) = -0.5$$

代入普遍表示式 (2.2.31), 得到的激子态密度与前面式 (2.2.30) 有完全相同的结果.

为进一步验证普遍表示式 (2.2.31), 再以 $N = 4$ 为例, 利用式 (2.2.22) 可以计算出与四个杨图相对应的系数, 见表 2.1.

表 2.1 $N = 4$ 的情况下, 各杨图有关系数值

杨图	α	ν_1^α	ν_2^α	ν_3^α	ν_4^α	L	$(-1)^{N-L}D$
[1111]	1	4	0	0	0	4	1
[211]	1	2	1	0	0	3	−6
[31]	1	1	0	1	0	2	8
[22]	2	0	2	0	0	2	3
[4]	1	0	0	0	1	1	−6

可以看到, 这里得到的各个杨图的系数值 $(-1)^{N-L}D$ 恰好就是式 (2.2.19) 无限制求和中各项的系数值. 由此验证了普遍表示式 (2.2.31) 的正确性.

这里, 默认 $i = 0$ 时 $C_0(N) = 1$, $i = 0$ 项对应的是 $L = N$ 行的杨图. 如果不考虑所有违反 Pauli 原理的项, 仅考虑 $i = 0$ 这一项, 这正是忽略所有 Pauli 原理修正项的激子态密度的表示, 这时 $L = N$, $\alpha = 1$ 为唯一的杨图, 且有 $\nu_1^1 = N$, $\nu_{i>1}^1 = 0$, 因此 $D(N, N, 1) = 1$, 这就得到了熟知的 Ericson 激子态密度表示

$$\omega(E, N) = \frac{g(gE)^{N-1}}{N!(N-1)!} \tag{2.2.34}$$

由此可见, Ericson 激子态密度公式中不包含任何 Pauli 原理修正的表示式.

在用上述置换群方法严格考虑 Pauli 不相容原理时, 由式 (2.2.31) 的表示看出, 激子态密度是一个激发能 E 的 0 次幂到 $N-1$ 次幂的多项式表达式, 在数学上应该有 $N-1$ 个 0 点, 式 (2.2.31) 给出的随激发能的变化是一个多次通过 0 点的振荡曲线. 由于在物理上要求激子态密度不能为负值, 因此只有在激发能 E 逐渐加大, 大于最大的 0 点后, E 的 $N-1$ 次幂的曲线才能给出随激发能 E 加大而单调上升的激子态密度的结果. 因此, 在物理上这个多项式 E 给出的最大 0 点对应了 Pauli 原理修正值, 记为 $A(N)$.

应用式 (2.2.31) 对无限深势阱等间隔单粒子能级密度, 及 $N = 1 \sim 18$ 的最大的 0 点进行计算, 得到对应的 Pauli 原理修正值的结果由表 2.2 给出.

表 2.2　N 粒子(或空穴)态 Pauli 原理修正值 $A(N)$

N	1	2	3	4	5	6
$A(N)$	0	0.50	2.445743	5.65789	9.93445	15.22042
N	7	8	9	10	11	12
$A(N)$	21.51987	28.86226	37.25568	46.68284	57.12748	68.58765
N	13	14	15	16	17	18
$A(N)$	81.06816	94.56922	109.0852	124.6109	141.1449	158.6875

由于以上是在独立粒子模型基础上得到的结果, 粒子态与空穴态之间没有任何关联. 因此, 对应 $n = p + h$ 激子态的 Pauli 原理修正值应为两者之和

$$A(n) = A(p) + A(h) \tag{2.2.35}$$

为避免由式 (2.2.31) 给出的多项式表达式的复杂性, 有利于实际应用, 借助于 Ericson 公式的形式, 加入由上述方式得到的 Pauli 原理修正值, 这时粒子态的激子态密度可以表示为

$$\omega(E, p) = \frac{g(gE - A(p))^{p-1}}{(p-1)!p!} \tag{2.2.36}$$

同样空穴态的激子态密度可以表示为

$$\omega(E,h) = \frac{g(gE - A(h))^{h-1}}{(h-1)!h!} \tag{2.2.37}$$

这时, 对激子 $n = p + h$ 的态密度可以由下面的折叠方式给出

$$\omega(E,n) = \int_{A(h)}^{E-A(p)} \omega(E-\varepsilon,p)\omega(\varepsilon,h)\mathrm{d}\varepsilon \tag{2.2.38}$$

将上述的粒子、空穴的态密度代入, 并引入新变量

$$u = \frac{g\varepsilon - A(h)}{gE - A(n)} \tag{2.2.39}$$

这时积分变为

$$\omega(E,n) = \frac{g(gE - A(n))^{n-1}}{(p-1)!p!(h-1)!h!} \int_0^1 (1-u)^{p-1} u^{h-1} \mathrm{d}u \tag{2.2.40}$$

其中, 对 u 的积分是 B 函数 (王竹溪等, 1965)

$$\int_0^1 (1-u)^{p-1} u^{h-1} \mathrm{d}u = B(p,h) = \frac{(p-1)!(h-1)!}{(p+h-1)!} \tag{2.2.41}$$

由此得到激子态密度的表示为

$$\omega(E,n) = \frac{g(gE - A(n))^{n-1}}{p!h!(n-1)!} \tag{2.2.42}$$

这就是激子态密度的 Williams 公式 (Williams,1971), 但是其中的 Pauli 原理修正值应该用表 2.2 给出的精确值, 而不是文献 (Williams,1971) 中给出的 Pauli 原理修正值. 对于连续态而言, 在使用式 (2.2.42) 时, 其中 E 应该是考虑了对修正后的有效激发能.

为了能看清考虑了 Pauli 原理修正后会对激子态密度大小的影响程度, 在表 2.3 中给出了一些激发能的情况下, 不同激子态密度的变化情况. 表中给出的是不考虑 Pauli 原理的 Ericson 公式与考虑了 Pauli 原理的 Williams 公式计算值之比.

$$R(E,n) = \frac{g(gE)^{n-1}}{p!h!(n-1)!} \bigg/ \frac{g(gE - A(n))^{n-1}}{p!h!(n-1)!} = \frac{(gE)^{n-1}}{(gE - A(n))^{n-1}}$$

表 2.3   在不同激子态 n 不同激发能的情况下, 不考虑与考虑 Pauli 原理
激子态密度之比 $R(E, n)$

E/MeV	$n = 3$	$n = 5$	$n = 7$	$n = 9$
	$A = 0.5$	$A = 2.96$	$A = 8.12$	$A = 15.59$
5	1.235	36.09		
10	1.108	4.071	22649	
15	1.070	2.409	107.4	
20	1.052	1.898	22.77	178984
25	1.041	1.655	10.55	2482.0
30	1.034	1.515	6.644	352.9

对于中子引发的核反应粒子数与空穴数的关系为 $p = h + 1$. 对于轻核而言, 当
然考虑了 Pauli 原理后激子态密度会减小, 单粒子能级密度近似用 $g \approx 1$ 值. 表 2.3
中的空格表示不能存在这种激子态, 因为这时 Pauli 原理的修正值大于 gE 值. 由
此可见, 越高的激子态中 Pauli 原理的效应就越强, 而随着 gE 值的增加, Pauli 原
理的效应就越弱. 因此在低激发能的高激子态的情况下, 不考虑 Pauli 原理的结果
会大大失真, 因为这时 Pauli 原理在激子态密度中起相当关键的作用.

由于这种置换群方法求解 Pauli 原理修正值的方法与模型无关, 上面是在应用
无限深势阱等间隔的单粒子密度时, 给出的求解激子态密度和严格的 Pauli 原理修
正值的方法.

在核反应统计理论中常用能级密度来描述在有效激发能为 E 时形成核激发系
统概率的大小. 因此, 激子态密度的物理意义在于, 对所有可能的激子态密度求和
后应该得到能级密度表示 (Zhang,1991), 另外也对区分中子和质子的两分量激子态
密度求和后应该得到能级密度进行了研究 (Zhang,1993a,1994b).

上面给出了用置换群方法给出等间隔的单粒子密度的情况下激子态密度表示
和严格考虑 Pauli 原理修正值的途径. 作为这种方法的应用, 对于一些非等间隔的单
粒子密度的情况, 也对激子态密度和 Pauli 原理修正值的影响做过探讨 (Zhang,1992),
由此可以深入理解应用等间隔单粒子能级密度的适用条件.

下面以谐振子为例, 讨论在非均匀单粒子能级密度的情况下, 对激子态密度和
Pauli 原理修正值的影响. 谐振子单粒子的哈密顿量为

$$H = \frac{p^2}{2\mu} + \frac{1}{2}\mu\omega^2 r^2 \tag{2.2.43}$$

其中, μ 为约化质量, ω 为谐振子的振动角频率. 在量子力学中, 谐振子势阱中的能
级是等间隔的分立能级. 而下面是用半经典方式讨论激子态密度的问题. 在半经典
情况下, l 个粒子占据同一个能级的求迹结果如下 (Ring et al.,1980).

对于粒子态:

$$\mathrm{tr}(\mathrm{e}^{-lH\beta})_p = \frac{2}{(2\pi\hbar)^3}\int_{H>\varepsilon_F}\mathrm{d}\boldsymbol{r}\mathrm{d}\boldsymbol{p}\,\mathrm{e}^{-l\beta(H-\varepsilon_F)} = \frac{1}{(\hbar\omega)^3}\left[\frac{\varepsilon_F^2}{l\beta} + \frac{2\varepsilon_F}{(l\beta)^2} + \frac{2}{(l\beta)^3}\right] \tag{2.2.44}$$

对于空穴态:

$$\mathrm{tr}(\mathrm{e}^{-lH\beta})_h = \frac{2}{(2\pi\hbar)^3}\int_{H\leqslant\varepsilon_F}\mathrm{d}\boldsymbol{r}\mathrm{d}\boldsymbol{p}\,\mathrm{e}^{-l\beta(H-\varepsilon_F)} = \frac{1}{(\hbar\omega)^3}\left[\frac{\varepsilon_F^2}{l\beta} - \frac{2\varepsilon_F}{(l\beta)^2} + \frac{2}{(l\beta)^3}(1-\mathrm{e}^{-l\beta\varepsilon_F})\right] \tag{2.2.45}$$

这里, ε_F 是费米能. 利用逆 Laplace 变换, 可以得到粒子和空穴的单粒子能级密度分别为

$$g_{1p}(\varepsilon) = \frac{(\varepsilon_f+\varepsilon)^2}{(\hbar\omega)^3} \tag{2.2.46}$$

$$g_{1h}(\varepsilon) = \frac{(\varepsilon_F-\varepsilon)^2}{(\hbar\omega)^3}\Theta(\varepsilon_F-\varepsilon) \tag{2.2.47}$$

这里, 粒子和空穴的激发能分别由费米面向上和向下计算, 其中阶梯函数的表示为

$$\Theta(x) = \begin{cases} 1, & x>0 \\ 0, & x\leqslant 0 \end{cases} \tag{2.2.48}$$

很明显, 在半经典近似下单粒子的能级密度是不均匀的. 在费米面附近单粒子能级密度为

$$g = \frac{\varepsilon_F^2}{(\hbar\omega)^3} \quad \text{或} \quad (\hbar\omega)^3 = \frac{\varepsilon_F^2}{g} \tag{2.2.49}$$

将式 (2.2.44) 和 (2.2.45) 中的 $(\hbar\omega)^3$ 用式 (2.2.49) 代换后, 单粒子态和单空穴态的求迹结果变为与单粒子能级密度有关的表示 (Zhang,1992):

$$\mathrm{tr}(\mathrm{e}^{-lH\beta})_p = \frac{g}{l\beta} + \frac{2}{(g\varepsilon_F)}\left(\frac{g}{l\beta}\right)^2 + \frac{2}{(g\varepsilon_F)^2}\left(\frac{g}{l\beta}\right)^3 \tag{2.2.50}$$

和

$$\mathrm{tr}(\mathrm{e}^{-lH\beta})_h = \frac{g}{l\beta} - \frac{2}{(g\varepsilon_F)}\left(\frac{g}{l\beta}\right)^2 + \frac{2}{(g\varepsilon_F)^2}\left(\frac{g}{l\beta}\right)^3(1-\mathrm{e}^{-l\beta\varepsilon_F}) \tag{2.2.51}$$

首先考虑两粒子态的情况, 由上述置换群方法可以得到两粒子态密度的配分函数

$$Z_p(2) = \frac{1}{2}\left[\frac{g}{\beta} + \frac{2}{(g\varepsilon_F)}\left(\frac{g}{\beta}\right)^2 + \frac{2}{(g\varepsilon_F)^2}\left(\frac{g}{\beta}\right)^3\right]^2$$

$$- \frac{1}{2}\left[\frac{g}{2\beta} + \frac{2}{(g\varepsilon_F)}\left(\frac{g}{2\beta}\right)^2 + \frac{2}{(g\varepsilon_F)^2}\left(\frac{g}{2\beta}\right)^3\right] \tag{2.2.52}$$

展开后, 利用逆 Laplace 变换的式 (2.2.27) 可得到两粒子激子态密度的表示为

$$\omega_{\mathrm{HOP}}(2,0,E) = -\frac{g}{4} + \frac{g}{2}\left(1 - \frac{1}{2g\varepsilon_{\mathrm{F}}}\right)(gE) + \frac{g}{g\varepsilon_{\mathrm{F}}}\left(1 - \frac{1}{16g\varepsilon_{\mathrm{F}}}\right)(gE)^2$$

$$+ \frac{2g}{3(g\varepsilon_{\mathrm{F}})^2}(gE)^3 + \frac{g}{6(g\varepsilon_{\mathrm{F}})^3}(gE)^4 + \frac{g}{60(g\varepsilon_{\mathrm{F}})^4}(gE)^5 \quad (2.2.53)$$

对于两空穴态的情况, 在谐振子势阱中的情况与粒子态的情况不同, 这可以由式 (2.2.46) 与式 (2.2.47) 的区别看出. 由置换群方法可以给出两空穴态密度的配分函数

$$Z_h(2) = \frac{1}{2}\left[\frac{g}{\beta} - \frac{2}{(g\varepsilon_{\mathrm{F}})}\left(\frac{g}{\beta}\right)^2 + \frac{2}{(g\varepsilon_{\mathrm{F}})^2}\left(\frac{g}{\beta}\right)^3(1 - \mathrm{e}^{-\beta\varepsilon_{\mathrm{F}}})\right]^2$$

$$- \frac{1}{2}\left[\frac{g}{2\beta} - \frac{2}{(g\varepsilon_{\mathrm{F}})}\left(\frac{g}{2\beta}\right)^2 + \frac{2}{(g\varepsilon_{\mathrm{F}})^2}\left(\frac{g}{2\beta}\right)^3(1 - \mathrm{e}^{-2\beta\varepsilon_{\mathrm{F}}})\right] \quad (2.2.54)$$

将式 (2.2.54) 展开后, 再利用逆 Laplace 变换的解析表示

$$L^{-1}\left[\left(\frac{g}{\beta}\right)^K \mathrm{e}^{-l\beta\varepsilon_{\mathrm{F}}}\right] = \frac{g(gE - gl\varepsilon_{\mathrm{F}})^{K-1}}{(K-1)!}\Theta(E - l\varepsilon_{\mathrm{F}}) \quad (2.2.55)$$

得到两空穴激子态密度的表示为

$$\omega_{\mathrm{HOP}}(0,2,E) = -\frac{g}{4} + \frac{g}{2}\left(1 + \frac{1}{2g\varepsilon_{\mathrm{F}}}\right)(gE)$$

$$- \frac{g(gE)^2}{16(g\varepsilon_{\mathrm{F}})^2}\left[(1 + 16g\varepsilon_{\mathrm{F}}) - \left(1 - \frac{2\varepsilon_{\mathrm{F}}}{E}\right)^2\Theta(E - 2\varepsilon_{\mathrm{F}})\right]$$

$$+ \frac{g(gE)^3}{3(g\varepsilon_{\mathrm{F}})^2}\left[2 - \left(1 - \frac{2\varepsilon_{\mathrm{F}}}{E}\right)^3\Theta(E - \varepsilon_{\mathrm{F}})\right]$$

$$- \frac{g(gE)^4}{6(g\varepsilon_{\mathrm{F}})^3}\left[1 - \left(1 - \frac{\varepsilon_{\mathrm{F}}}{E}\right)^4\Theta(E - \varepsilon_{\mathrm{F}})\right]$$

$$+ \frac{g(gE)^5}{60(g\varepsilon_{\mathrm{F}})^4}\left[1 - 2\left(1 - \frac{\varepsilon_{\mathrm{F}}}{E}\right)^5\Theta(E - \varepsilon_{\mathrm{F}}) + \left(1 - \frac{2\varepsilon_{\mathrm{F}}}{E}\right)^5\Theta(E - 2\varepsilon_{\mathrm{F}})\right]$$

$$(2.2.56)$$

可以看出, 粒子态 (2.2.52) 和空穴态 (2.2.56) 的密度彼此不同, 这是非均匀单粒子能级密度的效应. 同样可以通过解出最大 0 点给出谐振子单粒子能级密度的 Pauli 原理修正值, 同样可以得到两粒子和两空穴激子态密度随激发能变换仍然是随能量加大而单调上升的.

显然, 由两粒子的激子态密度公式 (2.2.52) 和两空穴的激子态密度公式 (2.2.56) 可以看出, 当费米能量 ε_F 趋向无穷大时, 无论粒子态和空穴态的公式都退化为

$$\omega_{\text{HOP}}(2, 0, E) = \omega_{\text{HOP}}(0, 2, E) = \frac{g}{2}\left(gE - \frac{1}{2}\right) \qquad (2.2.57)$$

与等间隔单粒子能级密度的结果一致. 由此可见, 等间隔单粒子能级密度近似的成立条件是费米能足够大, 这就是为什么在激子模型计算中, 费米能可以取 30MeV 甚至到 35MeV 以上的原因.

而严格的谐振子势阱中粒子态和空穴态的 Pauli 原理修正值需要对多项式 (2.2.53) 和 (2.2.56) 解出最大 0 点来得到, 这会与式 (2.2.57) 给出的结果有一定的区别, 但是随费米能的加大这种差别变得越小. 这就是非等间隔单粒子能级密度对 Pauli 原理修正值的修正. 由于上面仍然应用了独立粒子模式, 因此可以分别求出粒子态和空穴态严格的 Pauli 原理修正值 $A(p)$ 和 $A(h)$. 总的 Pauli 原理修正值则为两者之和.

以上是应用置换群方法求解激子态密度和严格考虑 Pauli 原理修正值的一个实例. 这种方法也可以用于动量空间的均匀分布的费米气体球的情况, 在半经典近似下, 单粒子能级密度仍然为非均匀分布, 研究结果参见文献 (Zhang,1992). 总之, 求解任意单粒子能级密度情况下的激子态密度和 Pauli 原理修正值, 置换群方法提供了严格求解的途径.

需要指出的是, 在激子态密度公式中存在单粒子能级密度的参数 g, 对于中重核的连续态能级密度, 由能级密度参数可以得到单粒子能级密度的参数值. 但是对于轻核, 由于能级之间的能量间隙很大, 很难给出确切的单粒子能级密度的参数值, 在我们的计算中粗略采用了系统学关系 $g \approx A/10$.

2.3 光学模型简介

光学模型在核反应研究中是一个非常有用的模型理论, 它是计算核反应全截面、弹性散射截面、吸收截面以及弹性散射角分布的有力工具, 也是确定上述截面中各种角动量宇称分布概率的理论工具.

当一个入射粒子轰击靶核时, 粒子有一部分被靶核的势场所散射, 也有一部分被靶核吸收, 这就如同光穿过半透明介质那样, 部分被散射, 部分被介质吸收. 因此在核反应理论中把这种同时考虑势散射和吸收过程的模型称之为光学模型.

光学模型又可以分为唯象光学模型和微观光学模型两类. 前者是用一个由经验给出的光学势, 其中带有若干模型参数, 通过对光学模型参数的调解使得计算结果与实验数据达到最佳符合, 因此实用性较强. 唯象光学模型又分球形核光学模型

和耦合道光学模型. 在球形核光学模型中假定核是球形的, 而考虑了核的非球形后, 靶核角动量不再是 0, 由此可以将集体运动激发态 (如转动带和振动带) 耦合起来 (Tamura,1965; Carlson, 1996). 耦合道光学模型不仅可以计算形状弹性散射, 还可以同时计算出直接非弹性散射贡献. 而微观光学模型则由比较严格的多体理论方法给出光学势, 它具有一定的理论基础, 但是目前还无法做到与实验数据达到满意的符合, 无论从计算可行程度和使用范围来讲都有较大的局限性.

这里主要简介唯象光学模型. 唯象光学模型中的光学势已经有相当多的成果 (Shen, 1992). 利用量子力学中的分波法求解, Schrödinger 方程的 l 分波径向方程为

$$\frac{1}{r^2}\frac{\mathrm{d}}{\mathrm{d}r}\left(r^2\frac{\mathrm{d}}{\mathrm{d}r}\right)R_l(r) + \left(k^2 - \frac{l(l+1)}{r^2}\right)R_l(r) = U(r)R_l(r) \tag{2.3.1}$$

这里, $R_l(r)$ 是 l 分波径向波函数, $U(r) = 2\mu/\hbar^2 \cdot V(r)$, $V(r)$ 是光学势, k 是波矢, 量纲为 fm^{-1}. 由于光学模型需要同时描述散射和吸收过程, 光学势必须为复数, 这时对应的相移为复相移 δ_l, 它与 S 矩阵元之间的关系为

$$S_{jl} = \exp(2i\delta_{jl}) \tag{2.3.2}$$

对于入射粒子的自旋为 1/2, 由于自旋与轨道角动量的耦合, 散射粒子的总角动量可以为 $j = l \pm 1/2$. 其推导过程需要参见有关量子力学的内容, 这里不再详述. 在有自旋轨道相互作用势时, 自旋为 1/2 的粒子经过势场散射后, 所对应的 S 矩阵元为 S_{jl}. 而光学模型的求解就是要计算矩阵元 S_{jl} 之值, 从而得到弹性散射截面的表示是 (马中玉等, 2013)

$$\sigma_{el} = \frac{\pi}{k^2}\sum_{l\ j}(2j+1)|1 - S_{jl}|^2 \tag{2.3.3}$$

而吸收截面的表示是

$$\sigma_a = \frac{\pi}{k^2}\sum_{l\ j}(2j+1)(1 - |S_{jl}|^2) \tag{2.3.4}$$

因此, 全截面为上述两者之和

$$\sigma_{\mathrm{tot}} = \sigma_{el} + \sigma_a = \frac{2\pi}{k^2}\sum_{l\ j}(2j+1)(1 - \mathrm{Re}S_{jl}) \tag{2.3.5}$$

粒子与靶核的相互作用需要用复数势 (即光学势) 来描述. 光学模型可以同时描述粒子被靶核吸收和散射的过程, 这是目前核数据计算的通用手段.

如果考虑到入射粒子的自旋轨道耦合势, 这时波函数可表示为

$$\psi = \psi_{jlm} = \sum_{m_l m_s} C_{l m_l \ s m_s}^{j \ m} R_{jl}(r) \mathrm{Y}_{l m_l}(\Omega)\chi_{m_s}^s \tag{2.3.6}$$

这里, $C_{l m_l \ s m_s}^{j \ m}$ 为 Clebsch-Gordon 系数. $R_{jl}(r)$ 是 Schrödinger 方程的径向波函数, $Y_{l m_l}(\Omega)$ 为球谐函数, $\chi_{m_s}^{s}$ 是自旋波函数. 目前最通用的是球形光学模型, 其中假定靶核是球形的, 靶核自旋为 0. 如果需要直接考虑靶核的自旋和形变耦合效应, 则必须用耦合道光学模型来计算.

自旋轨道耦合相互作用 $\boldsymbol{L} \cdot \boldsymbol{S}$ 对波函数作用时, 可以表示为

$$2\boldsymbol{L} \cdot \boldsymbol{S} \psi_{jlm} = [\hat{J}^2 - \hat{L}^2 - \hat{S}^2]\psi_{jlm} = [j(j+1) - l(l+1) - s(s+1)]\psi_{jlm} \qquad (2.3.7)$$

对于粒子自旋为 s 的一般情况, 径向波函数解的角动量 j 的取值范围是

$$|l - s| \leqslant j \leqslant l + s \qquad (2.3.8)$$

光学模型势的一般表示形式可以写为

$$V(r) = V_c + 2V_{LS}(\boldsymbol{L} \cdot \boldsymbol{S}) + V_{\text{coulomb}} \qquad (2.3.9)$$

这里, $V_c(r)$ 是复数中心势, $V_{LS}(r)$ 是自旋轨道耦合势, $V_{\text{coulomb}} = \dfrac{z_a z_A e^2}{r}$ 是库仑势, 其中, z_a 和 z_A 分别为粒子和靶核的电荷数. 对径向波函数作如下变换

$$R_{jl}(r) = \frac{1}{r} u_{jl}(r) \qquad (2.3.10)$$

对于散射过程, 入射能量大于 $0(E > 0)$, 令

$$k^2 = \frac{2\mu}{\hbar^2} E \qquad (2.3.11)$$

以及 $\rho = kr$ 时, 径向方程变为

$$\frac{\mathrm{d}^2 u_{jl}}{\mathrm{d}\rho^2} + \left\{ 1 - \frac{V_c(\rho)}{E} - \frac{V_{LS}(\rho)}{E}[j(j+1) - l(l+1) - s(s+1)] - \frac{2\eta}{\rho} - \frac{l(l+1)}{\rho^2} \right\} u_{jl} = 0 \qquad (2.3.12)$$

其中, 无量纲量 $\eta = \sqrt{\dfrac{\mu}{2E}} \dfrac{z_a z_A e^2}{\hbar}$. 边界条件为 $u_{jl}(0) = 0$. 这里 $V_c(\rho)$ 是复数中心势, $V_{LS}(\rho)$ 是自旋轨道耦合势. 如果是带电粒子, 则需要考虑到库仑场, 它的渐近表示为

$$u_{jl}(\rho \to \infty) = F_l(\rho) + \mathrm{i} G_l(\rho) + S_{jl}[F_l(\rho) - \mathrm{i} G_l(\rho)] \qquad (2.3.13)$$

这里, $F_l(\rho)$, $G_l(\rho)$ 分别为 l 分波的正则与非正则库仑波函数.

当 ρ 足够大时, 核势 $V_c(\rho)$ 和 $V_{LS}(\rho)$ 都变为 0, 仅余下库仑势, 这里称为外区, $u_{jl}(\rho)$ 可以取其渐近表达式. 对于不可忽略的核势内区, 可由 $\rho = 0$ 开始数值求解, 直到连接点处, 所谓连接点是指核势可开始被认为消失的点. 将内区和外区 $u_{jl}(\rho)$

在连接点的值作光滑连接, 就可以求解得到 S 矩阵元. 若连接点选在 $\rho = \rho_0$ 处, 它的对数导数光滑连接要求

$$\frac{1}{u_{jl}}\frac{du_{jl}}{dr} \equiv r_{jl}(k) = \frac{F_l' + iG_l' + S_{jl}[F_l' - iG_l']}{F_l + iG_l + S_{jl}[F_l - iG_l]} \tag{2.3.14}$$

由此解出 S 矩阵

$$S_{jl} = \frac{-F_l' - iG_l' + r_{jl}[F_l + iG_l]}{F_l' - iG_l' - r_{jl}[F_l - iG_l]} \tag{2.3.15}$$

在核反应统计理论的计算中经常用到穿透因子, 其定义为

$$T_{lj} = 1 - |S_{jl}|^2 \tag{2.3.16}$$

求径向方程数值解是用 Numerov 方法 (Numerov,1924;Melkanoff et al.,1966). 对于带电粒子的库仑波函数是采用连分式方法(Barnett,1974).

方程 (2.3.12) 是仅有二次导数的径向微分方程, 可以简记为

$$u'' = A(\rho)u(\rho) \tag{2.3.17}$$

其中

$$A(\rho) = \frac{l(l+1)}{\rho^2} + \frac{2\eta}{\rho} + \frac{V_c}{E} + \frac{V_{LS}}{E}[j(j+1) - l(l+1) - s(s+1)] - 1 \tag{2.3.18}$$

这里略去了下标 jl, 取步长为 h, 且 $h \ll 1$, 在实际计算中取 $h = 0.25$. ρ 的均匀步长为 $\rho = ih, i = 1, 2, 3, \cdots$, 首先由式 (2.3.18) 计算出每个 ρ 值下的 $A(\rho)$ 值. Numerov 方法的核心问题是采用中心差分法, 由此得到每个步长点径向波函数 u 的递推公式. 中心差分是用下面的 2,4,6 点差分公式 (差分用 δ), 它们分别表示为

$$\delta u_i = u_{l+\frac{1}{2}} - u_{i-\frac{1}{2}} \tag{2.3.19}$$

$$\delta^2 u_i = u_{i+1} - 2u_i + u_{i-1} \tag{2.3.20}$$

$$\delta^4 u_i = u_{i+2} - 4u_{i+1} + 6u_i - 4u_{i-1} + u_{i-2} \tag{2.3.21}$$

$$\delta^6 u_i = u_{i+3} - 6u_{i+2} + 15u_{i+1} - 20u_i + 15u_{i-1} - 6u_{i-2} + u_{i-3} \tag{2.3.22}$$

利用泰勒展开公式

$$u_{i+1} = u(\rho + h) = u(\rho) + u'(\rho)h + \frac{1}{2}u''(\rho)h^2 + \frac{1}{6}u'''(\rho)h^3 + \cdots$$

$$u_{i-1} = u(\rho - h) = u(\rho) - u'(\rho)h + \frac{1}{2}u''(\rho)h^2 - \frac{1}{6}u'''(\rho)h^3 + \cdots$$

将泰勒展开公式代入式 (2.3.20) 得到

$$\delta^2 u_i = u_i^{(2)}h^2 + \frac{1}{12}u_i^{(4)}h^4 + \frac{1}{360}u_i^{(6)}h^6 \tag{2.3.23}$$

其中, 上标 (n) 表示对函数的 n 阶导数. 用同样方法由式 (2.3.21) 和 (2.3.22) 得到

$$\delta^4 u_i = u_i^{(4)}h^4 + \frac{1}{6}u_i^{(6)}h^6 \tag{2.3.24}$$

$$\delta^6 u_i = u_i^{(6)}h^6 \tag{2.3.25}$$

以上是精确到 h^6 的差分公式. 利用式 (2.3.24) 和 (2.3.23) 消去式 (2.3.23) 中的 $u_i^{(4)}$ 和 $u_i^{(6)}$ 项, 得到

$$u_i^{(2)}h^2 = \delta^2 u_i - \frac{1}{12}\delta^4 u_i + \frac{1}{90}\delta^6 u_i$$

由此得到微分与差分之间的关系

$$u_i^{(2)} = \frac{1}{h^2}\left[\delta^2 u_i - \frac{1}{12}\delta^4 u_i + \frac{1}{90}\delta^6 u_i\right] \tag{2.3.26}$$

若步长选取足够小, 仅考虑到 h^4 项, 在这种精确度下则有

$$u_i^{(2)}h^2 = \delta^2 u_i - \frac{1}{12}\delta^4 u_i = \delta^2\left(1 - \frac{1}{12}\delta^2\right)u_i \tag{2.3.27}$$

这时, 方程 (2.3.17) 可以改写为

$$h^2\frac{\mathrm{d}^2 u}{\mathrm{d}\rho^2} = \delta^2\left(1 - \frac{1}{12}\delta^2\right)u = Auh^2 \tag{2.3.28}$$

将式 (2.3.28) 乘以因子 $\left(1 + \frac{1}{12}\delta^2\right)$, 应用下面忽略 δ^6 的近似关系

$$\delta^2\left(1 - \frac{1}{12}\delta^2\right)\left(1 + \frac{1}{12}\delta^2\right) = \delta^2\left(1 - \frac{1}{144}\delta^4\right) \approx \delta^2$$

于是有

$$\delta^2 u = \left(1 + \frac{1}{12}\delta^2\right)Auh^2 \tag{2.3.29}$$

将式 (2.3.20) 代入到式 (2.3.29), 得到如下的差分方程

$$u_{i+1} - 2u_i + u_{i-1} = A_i u_i h^2 + \frac{h^2}{12}(A_{i+1}u_{i+1} - 2A_i u_i + A_{i-1}u_{i-1}) \tag{2.3.30}$$

再将相同步长下标的项归并起来得到

$$\left(1 - \frac{A_{i+1}}{12}h^2\right)u_{i+1} = \left(2 + \frac{5A_i}{6}h^2\right)u_i - \left(1 - \frac{A_{i-1}}{12}h^2\right)u_{i-1}$$

最终得到了递推关系的中心差分公式

$$u_{i+1} = \frac{\left(2 + \dfrac{5A_i}{6}h^2\right)u_i - \left(1 - \dfrac{A_{i-1}}{12}h^2\right)u_{i-1}}{\left(1 - \dfrac{A_{i+1}}{12}h^2\right)} \tag{2.3.31}$$

其误差为 $O(h^6)$. 取初始值为

$$u(0) = 0, \ u(h) = u_1 = h^{l+1} \tag{2.3.32}$$

以及

$$A(0)u(0) = \lim_{\rho \to 0} \frac{l(l+1)}{\rho^2}\rho^{l+1} = 2\delta_{l1} \tag{2.3.33}$$

利用中心差分公式 (2.3.31) 和上述初始条件即可得到方程 (2.3.17) 的数值解, 由此得到在 $\rho = \rho_0$ 点的对数导数值 $\dfrac{1}{u_{jl}}\dfrac{\mathrm{d}u_{jl}}{\mathrm{d}r} \equiv r_{jl}(k)$ 值后, 与无位势的自由解进行光滑连接, 由式 (2.3.15) 得到 S 矩阵值.

下面给出唯象光学势的表示. 通常采用 Woods-Saxon势的形式, 它包括以下几个部分.

(1) 实部势

$$V_r(r) = \frac{-V_r(\varepsilon)}{1 + \exp[(r - R_r)/a_r]} \tag{2.3.34}$$

(2) 虚部表面吸收势

$$W_s(r) = -4W_s(\varepsilon)\frac{\exp[(r - R_s)/a_s]}{(1 + \exp[(r - R_s)/a_s])^2} \tag{2.3.35}$$

(3) 虚部体吸收势

$$W_v(r) = \frac{-U_v(\varepsilon)}{1 + \exp[(r - R_v)/a_v]} \tag{2.3.36}$$

(4) 自旋轨道耦合势

$$V_{LS}(r) = -\frac{2V_{LS}}{a_{LS}r}\frac{\exp[(r - R_{LS})/a_{LS}]}{(1 + \exp[(r - R_{LS})/a_{LS}])^2} \tag{2.3.37}$$

(5) 库仑势是在核内用半径为 R_c 的均匀带电球表示

$$V_c(r) = \begin{cases} \dfrac{z_a z_A e^2}{2R_c}\left(3 - \dfrac{r^2}{R_c^2}\right), & \text{当 } r \leqslant R_c \\[4mm] \dfrac{z_a z_A e^2}{r}, & \text{当 } r > R_c \end{cases} \tag{2.3.38}$$

这里, z_a 和 z_A 分别表示靶核和入射粒子的电荷数, ε 是在实验室系中的运动能量. 下面的公式中 A 表示靶核的质量数. 因此对于入射粒子 a 总的光学势为一个复势, 它的表示为

$$V_b(r) = V_r(r) + \mathrm{i}[W_s(r) + W_v(r)] + V_{LS}(r)2\boldsymbol{L} \cdot \boldsymbol{S} + V_c(r) \tag{2.3.39}$$

各种光学势深度对能量和 Z、A 的依赖关系通常取为如下形式.

实部势

$$V_r(\varepsilon) = V_0 + V_1 \cdot \varepsilon + V_2 \cdot \varepsilon^2 + V_3 \cdot (A - 2Z)/A + V_4(Z/A^{1/3}) \tag{2.3.40}$$

虚部表面吸收势

$$W_s(\varepsilon) = \max\{0, W_0 + W_1 \cdot \varepsilon + W_2 \cdot (A - 2Z)/A\} \tag{2.3.41}$$

虚部体吸收势

$$U_v(\varepsilon) = \max\{0, U_0 + U_1 \cdot \varepsilon + U_2 \cdot \varepsilon^2\} \tag{2.3.42}$$

以上各式中的各种半径值可以表示为

$$R_i = r_i \cdot A^{1/3} \ (i = r, s, v, LS, c) \tag{2.3.43}$$

对于质子入射情况, 虚部弥散宽度的表示形式为

$$a_s = a_{s0} + a_{s1}\frac{A - 2Z}{A}, \quad a_v = a_{v0} + a_{v1}\frac{A - 2Z}{A} \tag{2.3.44}$$

而对于其他粒子入射情况, 弥散宽度与靶核质量数和电荷数无关. 因此, 在上面的普适唯象光学势中, 有 12 个势深度参数, 5 个半径参数 $r_i(i = r, s, v, LS, c)$, 4 个弥散宽度参数 (对质子是 6 个). 通过调节这些光学势参数, 一般能够使得全截面、吸收截面、弹性散射截面和弹性散射角分布的理论计算值与实验数据达到最佳符合. 目前已有功能齐全比较实用的光学势参数调节光学模型参数的程序 APMN(Shen, 1992) 和 APMN06(Cai,2006).

下面介绍库仑波函数的计算方法. 所采用数值计算方法可参见文献 (Barnett et al., 1974), 是采用连分式法, 库仑波函数方程为

$$\frac{\mathrm{d}^2 u_c(\eta, \rho)}{\mathrm{d}\rho^2} + \left[1 - \frac{2\eta}{\rho} - \frac{l(l+1)}{\rho^2}\right] u_c(\eta, \rho) = 0 \tag{2.3.45}$$

其中

$$\eta = \frac{z_a z_A e^2 \mu}{\hbar^2 k} \tag{2.3.46}$$

连分式记号所表示的运算法则为

$$C = b_0 + \frac{a_1}{b_1+} \cdot \frac{a_2}{b_2+} \cdot \frac{a_3}{b_3+} \equiv b_0 + \cfrac{a_1}{b_1 + \cfrac{a_2}{b_2 + \cfrac{a_3}{b_3 + \cdots}}} \tag{2.3.47}$$

若计算数列被记为

$$\begin{aligned}
C_0 &= b_0 \\
C_1 &= b_0 + \frac{a_1}{b_1} = C_0 + \frac{a_1}{b_1} \\
C_2 &= C_1 + \frac{a_2}{b_2} \\
&\vdots \\
C_n &= C_{n-1} + \frac{a_n}{b_n}
\end{aligned} \tag{2.3.48}$$

这个收敛极限为连分式求值. 实际计算中在 ρ 小时, 用龙格–库塔法求数值解, 分界线方程为

$$\rho^2 - 2\eta\rho - l(l+1) = 0, \ \text{其解为} \ \rho = \eta + \sqrt{\eta^2 + l(l+1)} \tag{2.3.49}$$

下面将正则 $F_l(\rho)$ 与非正则 $G_l(\rho)$ 库仑波函数代换为下面的符号表示

$$f_l = \frac{F_l'}{F_l} \tag{2.3.50}$$

$$p_l = \frac{G_l G_l' + F_l F_l'}{G_l^2 + F_l^2}, \quad q_l = \frac{G_l F_l' - G_l' F_l}{G_l^2 + F_l^2} \tag{2.3.51}$$

因此有

$$p_l + \mathrm{i}q_l = \frac{G_l' + \mathrm{i}F_l'}{G_l + \mathrm{i}F_l} \tag{2.3.52}$$

利用方程的正则与非正则函数之间的朗斯基行列式

$$G_l F_l' - G_l' F = 1 \tag{2.3.53}$$

若已知 f_l, p_l, q_l, 利用上面的关系式可以得到正则与非正则函数和其导数的表示分别为

$$F_l' = f_l F_l \tag{2.3.54}$$

$$G_l = (f_l - p_l)F_l/q_l \tag{2.3.55}$$

$$G_l' = p_l(f_l - p_l)F/q_l - q_l F_l \tag{2.3.56}$$

$$F_l = \pm \frac{1}{\left(\dfrac{F_l'}{F_l} \dfrac{G_l}{F_l} - \dfrac{G_l'}{F_l} \right)^{\frac{1}{2}}} \tag{2.3.57}$$

因此求库仑波函数正则与非正则解归结为求 f_l, p_l, q_l, 下面记

$$
\begin{aligned}
H_p &= -\rho^2(p^2-1)(p^2+\eta^2), & p &= l+1, l+3, \cdots \\
K_p &= (2p+1)[p(p+1)+\eta\rho], & p &= l+1, l+2, \cdots \\
H_{l+1} &= -\rho[(l+1)^2+\eta^2](l+2)/(l+1) &&
\end{aligned}
\tag{2.3.58}
$$

由此用连分式方式可计算出 (Barnett et al., 1974)

$$
\left.
\begin{aligned}
f_l &= \frac{l+1}{\rho} + \frac{\eta}{l+1} + \frac{H_{l+1}}{K_{l+1}+} \cdot \frac{H_{l+2}}{K_{l+2}+} \cdot \frac{H_{l+3}}{K_{l+3}+} \cdots \\
p_l + \mathrm{i}q_l &= \frac{1}{\rho}\left[(\rho-\eta)\mathrm{i} + \frac{\mathrm{i}(\mathrm{i}\eta-l)(\mathrm{i}\eta+l+1)}{2(\rho-\eta+\mathrm{i})+} \cdot \frac{(\mathrm{i}\eta-l+1)(\mathrm{i}\eta+l+2)}{2(\rho-\eta+2\mathrm{i})+}\right]
\end{aligned}
\right\}
\tag{2.3.59}
$$

其中, F_l 的符号在计算 f_l 之中确定. 由此对任何一个点 ρ 可用上述方程得到库仑波函数正则与非正则解, 并可以得到它们的导数值.

由第 1 章给出的开放反应道的分析可以看出, 除了中子外, 对于不同的轻核, 需要不同类型的带电粒子的光学势, 而且不同的轻核需要不同数目的带电粒子. 作为实例, 表 2.4~ 表 2.11 分别给出从 $^6\mathrm{Li}$ 到 $^{16}\mathrm{O}$ 八个轻核的光学势参数.

表 2.4 在中子引发 $^6\mathrm{Li}$ 反应中的光学势参数

	n	p	t	d
a_r	0.73634291	0.94180	1.28850	1.20778
a_s	0.34060538	0.30020	0.98000	0.96054
a_v	0.79717189	0.75710	0.98000	0.92900
a_{so}	0.73634291	0.67300	1.61999	1.62509
r_r	1.52627575	1.52112	1.42101	2.13954
r_s	1.33862662	0.72929	0.73599	1.50830
r_v	1.99000001	1.38812	1.29200	1.97878
r_{so}	1.52627575	1.25099	1.21500	1.93601
r_c	1.50000000	1.50000	1.40000	1.98500
U_0	0.75003493	12.39150	12.00002	-8.80010
U_1	0.75000000	4.17850	6.09004	3.24032
U_2	0.03565579	0.18850	-0.12900	0.13199
V_0	6.83119965	59.92810	139.04668	155.56735
V_1	0.75811982	-3.26940	-0.63000	-0.17920
V_2	0.00446208	-3.46049	0.63100	-0.44748
V_3	4.00000000	24.00000	0.00000	0.03094
V_4	0.00000000	7.78008	7.35007	6.93479
V_{so}	6.24280977	8.18003	3.61000	8.90004
W_0	0.32358590	21.78992	22.49991	10.19150
W_1	1.03019750	3.45176	4.00000	0.72566
W_2	2.00000000	12.00000	0.00000	0.00021
a_{2s}		0.700		
a_{2v}		0.700		

表 2.5 在中子引发 $^{7}\mathrm{Li}$ 反应中的光学势参数

	n	p	d	t
a_r	0.68190634	0.65680	0.25479	0.60800
a_s	0.20437478	0.35020	0.59544	0.72000
a_v	0.40057198	0.70710	0.28000	0.72000
a_{so}	0.68190634	0.55000	0.31000	0.47720
r_r	1.59760761	1.21910	1.01550	1.15500
r_s	1.42223109	1.11530	1.31320	0.97901
r_v	1.82820348	1.02810	1.63770	1.57100
r_{so}	1.59760761	1.25000	1.64000	1.55801
r_c	1.500000	1.50000	1.05000	1.30000
U_0	-0.04484390	-2.70850	3.69990	-0.39500
U_1	0.55558748	0.30850	0.30032	0.14000
U_2	-0.02382642	-0.00650	0.55999	-0.16000
V_0	35.72826767	53.95910	150.75999	151.19998
V_1	-0.96173602	-0.31940	-0.58920	0.66200
V_2	0.02011842	-0.00049	-0.53748	2.30000
V_3	-24.00000	24.00000	0.03094	-6.40000
V_4	0.00000	0.40000	0.01472	1.77000
V_{so}	6.24281	6.20000	6.00000	6.01500
W_0	12.85170937	16.99000	17.64150	9.52003
W_1	-0.11251495	-0.05824	-0.97434	-0.50700
W_2	-12.00000	12.00000	0.00021	6.00000
a_{2s}		0.700		
a_{2v}		0.700		

表 2.6 在中子引发 $^{9}\mathrm{Be}$ 反应中的光学势参数

	n	p	α	d	t	$^{3}\mathrm{He}$	$^{5}\mathrm{He}$
a_r	0.48594627	0.63680	0.80811	0.65979	0.31500	0.52000	1.22000
a_s	0.82099995	0.31020	0.50000	0.70544	0.48000	0.30000	1.21000
a_v	0.61223422	0.78710	0.50000	0.69000	0.28000	0.50000	1.20000
a_{so}	0.48594627	0.55000	1.03498	0.65600	0.42500	0.52000	1.22000
r_r	1.15774227	1.21910	1.09171	1.02850	1.37200	1.20000	1.20000
r_s	1.54530696	1.11530	0.24971	0.97820	1.04300	0.90000	0.90000
r_v	1.95408067	1.02810	1.49002	1.71570	1.46800	0.90000	0.90000
r_{so}	1.15774227	1.25000	1.88008	1.18500	0.89500	1.20000	1.20000
r_c	1.25000000	1.50000	0.80000	1.05000	1.30000	1.30000	1.30000
U_0	0.49999938	-2.70850	-9.49984	-0.50010	-5.40000	0.00000	0.00000
U_1	0.30082327	0.30850	5.80597	1.83032	1.42000	0.00000	0.00000
U_2	0.00672950	-0.00650	-0.25231	0.38999	0.22000	0.00000	0.00000
V_0	3.28485657	53.95910	128.98694	150.36966	164.49966	101.90000	161.900
V_1	0.18096604	-0.31940	0.26400	-1.04920	-0.74000	-0.50000	-0.50000

续表

	n	p	α	d	t	^{3}He	^{5}He
V_2	0.00869614	−0.00049	−0.23200	−1.01748	−1.00000	0.00000	0.00000
V_3	4.00000000	24.00000	0.50000	0.03094	−6.40000	0.00000	0.00000
V_4	0.05000000	0.40000	−1.98095	−3.28528	−3.50000	0.00000	0.00000
V_{so}	6.20000000	6.20000	5.04495	5.39999	0.88000	2.50000	2.50000
W_0	2.97557430	16.99000	1.18495	6.24149	4.50000	4.00000	4.00000
W_1	0.09659997	−0.05824	1.06889	−0.15734	−0.30000	−0.10000	−0.10000
W_2	2.00000000	12.00000	−1.00000	0.00021	0.00000	0.00000	0.00000
a_{2s}		0.700					
a_{2v}		0.700					

表 2.7   在中子引发 ^{10}B 反应中的光学势参数

	n	p	α	^{5}He	d	t
a_r	0.7136	0.5268	0.365	1.520	0.7548	0.890
a_s	0.2438	0.5271	0.265	1.580	0.8800	0.920
a_v	0.4554	0.5271	0.165	1.580	0.7800	0.970
a_{so}	0.7136	0.5268	0.565	1.520	0.9100	0.890
r_r	1.1934	1.2191	1.450	1.200	1.0155	1.370
r_s	0.7985	1.1153	1.350	0.900	1.3132	1.400
r_v	1.7216	1.0281	1.450	0.900	1.6377	1.400
r_{so}	1.1934	1.2500	1.450	1.200	1.6400	1.370
r_c	1.250	1.5000	1.200	1.300	1.0500	1.300
U_0	−1.537	−2.709	0.000	0.000	3.6999	0.000
U_1	0.4545	0.3085	0.000	0.000	0.30032	0.000
U_2	0.0062	−0.0065	0.000	0.000	0.15999	0.000
V_0	62.457	53.959	133.0	101.9	150.76	165.0
V_1	−0.896	−0.3194	−0.30	−0.500	−0.5892	−0.170
V_2	−0.0066	−0.0005	0.001	0.000	−0.13748	0.000
V_3	−24.00	24.00	0.000	0.000	0.03094	−6.400
V_4	0.000	0.400	0.000	0.000	0.01472	0.000
V_{so}	6.200	6.200	0.000	2.500	7.00	2.500
W_0	8.068	16.99	15.00	4.000	17.64150	8.000
W_1	−0.153	−0.0582	−0.250	−0.150	−0.17434	−0.030
W_2	−12.00	12.00	0.000	0.000	0.00021	0.000
a_{2s}		0.700				
a_{2v}		0.700				

^{10}B 的光学势参数中考虑了 ^{5}He 的发射. 特别需要指出的是, 在 n + ^{10}B→ ^{6}Li + ^{5}He 的核反应过程中, 由于 ^{5}He 是不稳定核, 在核结构上是一个中子围绕着一个 α 粒子集团运动, 因此会有类似于中子晕的结构. 另外 ^{6}Li 也是一个集团结构比较强的核素, 具有比较大的变形. 因此, ^{5}He 发射的反应道中的光学势中的弥散

宽度要比其他粒子的数值要明显大, 达到了 1.5fm 以上. 这个结果与目前在晕核结构研究领域的结论很类似 (Newton et al.,2004), 即晕核的弥散宽度要比通常的稳定核的要明显大.

表 2.8   在中子引发 ^{11}B 反应中的光学势参数

	n	p	α	^{5}He	d	t
a_r	0.69623	0.32680	0.34000	1.52000	0.35479	0.42900
a_s	0.40381	0.32710	0.34000	1.58000	0.30544	0.40700
a_v	0.51854	0.32710	0.34000	1.56000	0.29000	0.40700
a_{so}	0.69623	0.32680	0.34000	1.52000	0.31000	0.42900
r_r	1.23293	1.21910	1.30100	1.20000	1.01550	1.37000
r_s	1.36931	1.11530	1.31500	0.90000	1.31320	1.40000
r_v	1.11948	1.02810	1.30150	0.90000	1.63770	1.40000
r_{so}	1.23293	1.25000	1.30150	1.20000	1.64000	1.37000
r_c	1.50000	1.50000	1.20000	1.30000	1.05000	1.30000
U_0	2.66035	−2.70850	0.00000	0.00000	3.69990	0.00000
U_1	0.29397	0.30850	0.00000	0.00000	0.30032	0.00000
U_2	0.01174	−0.00650	0.00000	0.00000	0.15999	0.00000
V_0	5.52380	53.95910	133.00000	101.90000	150.75999	165.000
V_1	0.15150	−0.31940	−0.70000	−0.50000	−0.58920	−0.17000
V_2	0.00322	−0.00049	0.00000	0.00000	−0.13748	0.00000
V_3	24.0000	24.00000	0.00000	0.00000	0.03094	−6.40000
V_4	0.00000	0.40000	0.00000	0.00000	0.01472	0.00000
V_{so}	6.20000	6.20000	0.00000	2.50000	7.00000	2.50000
W_0	0.00000	16.99000	15.00000	4.00000	17.64150	8.00000
W_1	0.43357	−0.05824	−0.25000	−0.15000	−0.17434	−0.33000
W_2	2.00000	12.00000	0.00000	0.00000	0.00021	0.00000
a_{2s}		0.300				
a_{2V}		0.300				

表 2.9   在中子引发 ^{12}C 反应中的光学势参数

	n	p	α	d	t	^{3}He	^{5}He	^{6}Li
a_r	0.4537920	0.18000	0.25000	0.75479	0.298	0.650	1.0000	0.25479
a_s	0.6414800	0.18020	0.65000	0.85544	0.245	0.620	1.0000	0.25544
a_v	0.6548120	0.18710	0.35000	0.78000	0.288	0.620	1.0000	0.25000
a_{so}	0.4537920	0.18000	0.35000	0.85000	0.265	0.650	1.0000	0.31000
r_r	1.2452480	1.11690	1.25000	1.01550	1.200	1.470	1.2000	1.31550
r_s	0.9546290	1.11530	1.25000	1.31320	0.900	1.500	1.2000	1.41320
r_v	1.5291540	1.02810	1.25000	1.63770	0.900	1.500	1.2000	1.73770
r_{so}	1.2452480	1.25000	1.25000	1.64000	1.200	1.470	1.2000	1.74000
r_c	1.5000000	1.50000	1.40000	1.05000	1.300	1.300	1.3000	1.05000
U_0	−1.297162	−2.7085	0.0000	3.6999	0.000	0.000	0.0000	3.69990

	n	p	α	d	t	^{3}He	^{5}He	^{6}Li
U_1	0.2935770	0.30850	0.00000	0.30032	0.000	0.000	0.0000	0.30032
U_2	−0.001555	−0.0065	0.00000	0.15999	0.000	0.000	0.0000	0.15999
V_0	54.561657	55.9591	133.000	150.75999	101.900	165.000	101.900	150.760
V_1	−0.090314	−0.3194	−0.3000	−0.58920	−0.500	−0.170	−0.5000	−0.58920
V_2	−0.009471	−0.00049	0.00100	−0.13748	0.000	0.000	0.00000	−0.13748
V_3	−24.00000	26.0000	0.00000	0.03094	0.000	−6.400	0.00000	0.03094
V_4	0.0033000	0.40000	0.00000	0.01472	0.000	0.000	0.00000	0.01472
V_{so}	6.2400000	6.20000	0.00000	7.00000	2.500	2.500	2.50000	7.00000
W_0	12.285459	18.9900	15.0000	17.6415	4.000	8.000	14.000	17.6415
W_1	−0.511843	−0.5824	−0.2500	−0.17434	−0.150	−0.330	−0.1500	−0.17434
W_2	−12.00000	12.0000	0.00000	0.00021	0.000	0.000	0.00000	0.00021
a_{2s}		0.700						
a_{2V}		0.700						

表 2.10　在中子引发 ^{14}N 反应中的光学势参数

	n	p	α	^{5}He	d	t
a_r	0.55994	0.63680	0.78000	0.52000	0.75479	0.6500
a_s	0.33000	0.31020	0.50000	0.30000	0.60544	0.6200
a_v	0.66393	0.78710	0.78000	0.50000	0.29000	0.6200
a_{so}	0.55994	0.55000	0.78000	0.52000	0.71000	0.6500
r_r	1.14432	1.21910	1.45000	1.20000	1.01550	1.3700
r_s	1.64779	1.11530	1.35000	0.90000	1.31320	1.4000
r_v	1.73052	1.02810	1.45000	0.90000	1.63770	1.4000
r_{so}	1.14432	1.25000	1.35000	1.20000	1.64000	1.3700
r_c	1.50000	1.50000	1.40000	1.30000	1.05000	1.3000
U_0	−1.74171	−2.70850	0.00000	0.00000	3.69990	0.0000
U_1	0.28180	0.30850	0.00000	0.00000	0.30032	0.0000
U_2	0.00097	−0.00650	0.00000	0.00000	0.15999	0.0000
V_0	59.37569	53.95910	133.00000	101.90000	150.75999	165.0000
V_1	−0.04414	−0.31940	−0.30000	−0.50000	−0.58920	−0.1700
V_2	−0.01687	−0.00049	0.00100	0.00000	−0.13748	0.0000
V_3	−24.00000	24.0000	0.00000	0.00000	0.03094	−6.4000
V_4	0.00330	0.40000	0.00000	0.00000	0.01472	0.0000
V_{so}	6.24281	6.20000	0.00000	2.50000	7.00000	2.5000
W_0	10.26123	16.99000	15.00000	4.00000	17.64150	8.0000
W_1	−0.49891	−0.05824	−0.25000	−0.15000	−0.17434	−0.3300
W_2	−12.00000	12.00000	0.00000	0.00000	0.00021	0.0000
a_{2s}		0.700				
a_{2V}		0.700				

表 2.11　在中子引发 ^{16}O 反应中的光学势参数

	n	p	α	d	t	^{3}He	^{5}He	^{6}Li
a_r	0.69000590	0.10000	0.55000	0.55479	0.520	0.850	1.4000	0.10000
a_s	0.40746130	0.10020	0.55000	0.60544	0.300	0.820	1.4000	0.10020
a_v	0.62285572	0.58710	0.55000	0.29000	0.500	0.820	0.5000	0.58710
a_{so}	0.69000590	0.30000	0.55000	0.71000	0.520	0.850	0.5000	0.30000
r_r	1.21051979	1.11690	1.25000	1.01550	1.200	1.470	1.2000	1.11690
r_s	1.25483954	1.11530	1.25000	1.31320	0.900	1.500	1.2000	1.11530
r_v	1.70000017	1.02810	1.25000	1.63770	0.900	1.500	1.2000	1.02810
r_{so}	1.21051979	1.25000	1.25000	1.64000	1.200	1.470	1.2000	1.25000
r_c	1.50000	1.50000	1.40000	1.05000	1.300	1.300	1.3000	1.40000
U_0	−1.44945943	−2.7085	0.0000	3.6999	0.000	0.000	0.0000	3.69990
U_1	0.22123121	0.30850	0.00000	0.30032	0.000	0.000	0.0000	0.30032
U_2	0.00683871	−0.0065	0.00000	0.15999	0.000	0.000	0.0000	0.15999
V_0	52.59174728	53.9591	133.000	150.75999	101.900	165.000	101.900	150.760
V_1	−0.27086085	−0.3194	−0.3000	−0.58920	−0.500	−0.170	−0.5000	−0.58920
V_2	0.01351396	−0.00049	0.00100	−0.13748	0.000	0.000	0.00000	−0.13748
V_3	−24.00000	24.0000	0.00000	0.03094	0.000	−6.400	0.00000	0.03094
V_4	0.0	0.40000	0.00000	0.01472	0.000	0.000	0.00000	0.01472
V_{so}	6.2	6.20000	7.00000	7.00000	2.500	2.500	2.50000	7.00000
W_0	6.86058664	16.9900	15.0000	17.6415	4.000	8.000	14.000	17.6415
W_1	−0.16383965	−0.5824	−0.2500	−0.17434	−0.150	−0.330	−0.1500	−0.17434
W_2	−12.00000	12.0000	0.00000	0.00021	0.000	0.000	0.00000	0.00021
a_{2s}		0.700						
a_{2V}		0.700						

对于轻核的光学模型, 还有普适唯象光学势表示的形式 (Delaroche et al.,1989; Koning et al.,2003). 使用的结果表明, 用普适的光学势参数, 不如用逐核调解出的光学势参数计算的结果符合有关实验测量数据那样好. 普适的光学势参数是在大范围核素对所有相关实验测量数据的总体符合; 而单核的光学势参数是在单个核素对有关实验测量数据的符合.

关于中子引发的轻核反应中理论计算的步骤是, 首先要给出最佳的光学势参数. 先从中子光学势参数入手, 对总截面、弹性散射截面、弹性散射角分布, 用自动调参程序调节出最佳与实验测量数据的符合, 在此基础上对有实验测量的带电粒子的截面数据进行带电粒子光学势参数的调节, 由最佳的再现实验测量数据给出带电粒子的光学势参数值.

下面举几个例子, 首先给出 n + ^{7}Li 在 E_n = 14.2MeV 时弹性散射角分布的计算结果, 如图 2.5 所示, 其中短虚线是由 LUNF 程序计算的弹性散射角分布, 长虚线是计算的 ^{7}Li 第 1 激发能级的角分布, 实线是两者之和. 由于在实验测量上两者不易区分, 测量结果也是两者之和. 图 2.5 中给出实验测量的作者及年代, 计算结果与实验测量结果的符合是比较理想的.

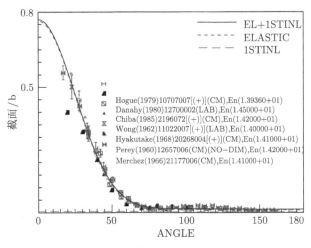

图 2.5 n + ^{7}Li 弹性散射角分布

对于 ^{6}Li(n,t)α 的造氚截面, 调节氚的光学势参数, 由 LUNF 程序计算得到的截面与实验测量的比较如图 2.6 所示. 图中给出实验测量值的作者及年代, 黑线是用 LUNF 程序计算的.

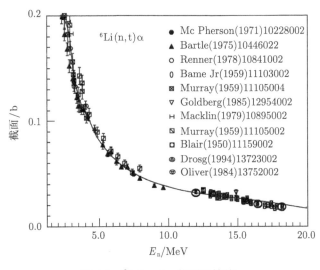

图 2.6 ^{6}Li(n,t)α 截面计算值

因此, 首先必须先调节出一组最佳的中子和各种带电粒子的光学势参数, 在得到与实验测量数据最佳的符合之后, 才能对双微分截面数据进行有效的理论计算. 调节光学势参数是核反应理论计算的最重要的起点.

需要注意的是, 核反应的截面, 例如全截面、弹性散射截面、反应截面等, 在低能入射区域会出现类似于共振的明显结构, 这是轻核反应统计理论方法所无能为力的, 因此, 在调节光学势参数时, 仅调节光滑区域的实验测量截面值来确定光学势参数. 这种带有结构特征的截面以及弹性散射截面和角分布等评价值只能应用 R 矩阵理论的程序进行拟合给出 (Lane et al.,1958,1969; Puecell,1969).

2.4　细致平衡原理和粒子发射率

核反应动力学研究核子或多核子组成的复杂粒子与靶核之间的吸收和发射的核反应过程. 粒子的吸收截面可以用光学模型计算, 而确定粒子发射概率的出发点是细致平衡原理. 细致平衡原理的基本思想是微观态在每两个相格之间的来往概率是相同的, 这对平衡态和非平衡态核反应过程都普遍成立. 相空间是由动量和坐标所构成的六维空间, 每个相格体积为 $(2\pi\hbar)^3$. 由量子力学跃迁概率的黄金规则出发, 粒子的跃迁速率由下面公式给出

$$W = \frac{\pi}{\hbar}|\langle f|\Lambda|i\rangle|^2\rho_f \tag{2.4.1}$$

其中, Λ 为一个确定的力学量, 通过这个力学量的作用产生微观态的跃迁, 从初态 $|i\rangle$ 到末态 $|f\rangle$ 的跃迁矩阵元 $\langle f|\Lambda|i\rangle$ 就是跃迁概率振幅, 跃迁概率则由跃迁概率振幅的模方给出. ρ_f 为末态占据概率密度. 细致平衡原理的数学公式为

$$\langle f|\Lambda|i\rangle = \langle i|\Lambda|f\rangle \tag{2.4.2}$$

它表示两个微观态之间跃迁的可逆性, 来源于微观过程的时间反演不变性和宇称守恒两条基本规律. 对于粒子的发射而言, 其逆过程为粒子的吸收. 对于预平衡发射过程, 如果粒子发射的母核处于 (p,h) 激子态, 由细致平衡原理可以得到粒子的吸收概率与初态占据概率密度之比等于粒子的发射概率与末态占据概率密度之比, 即

$$\frac{W_{吸收}}{\omega(p,h)} = \frac{W_{发射}}{\omega(p-1,h)\rho_1} \tag{2.4.3}$$

ρ_1 为发射粒子的末态概率, 可用相空间体积确定.

对于发射粒子的能量在 $\varepsilon \to \varepsilon + d\varepsilon$ 而言, 从费米气体模型可以得到其相空间体积为

$$4\pi p^2 dp V = 2\pi p dp^2 V = 4\pi p\mu d\varepsilon V \tag{2.4.4}$$

其中, μ 为发射粒子与相应余核的约化质量, V 是发射粒子在坐标空间的体积. 还需要指出的是, 对于自旋为 s(总是半整数) 的费米子, 每个相格可以容纳 $(2s+1)$ 个核子. 另外, 两个同位旋不同的费米子也可以占据同一个微观态. 这是因为 Pauli

原理是指一个微观态不能同时容纳两个自旋与同位旋全相同的两个费米子. 这时发射粒子的末态概率为

$$\rho_1 = \frac{2s+1}{(2\pi\hbar)^3} 4\pi p\mu \mathrm{d}\varepsilon V \tag{2.4.5}$$

$W_{\text{吸收}}$ 为逆过程的吸收率. 而粒子的吸收概率正比于粒子速度和单位体积内每个靶核的吸收截面的乘积, 即

$$W_{\text{吸收}} = \frac{\sigma_{\text{in}}(\varepsilon)}{V} v \tag{2.4.6}$$

这里, σ_{in} 为逆过程吸收截面, 或称为逆截面, v 为粒子速度. 将式 (2.4.5) 和 (2.4.6) 代入式 (2.4.3), 就得到预平衡 n 激子态发射过程中粒子发射率的表示

$$W_{\text{发射}}(n) = \sigma_{\text{in}} \frac{2s+1}{(2\pi\hbar)^3} 4\pi\mu p v \frac{\omega(p-1, n)}{\omega(p, n)} \mathrm{d}\varepsilon \tag{2.4.7}$$

其中, $\omega(p, h)$ 是激子态密度. 将速度、动量转换为能量, n 激子态预平衡发射过程中粒子的谱发射率为 $W(\varepsilon, n)\mathrm{d}\varepsilon = W_{\text{发射}}$, 于是有量纲为 s^{-1} 的发射率公式表示

$$W(\varepsilon, n)\mathrm{d}\varepsilon = \frac{2s+1}{\pi^2\hbar^3} \mu\sigma_{\text{in}}\varepsilon \frac{\omega(p-1, n)}{\omega(p, n)} \mathrm{d}\varepsilon \tag{2.4.8}$$

如果再考虑到发射的角度因素, 就得到粒子的能量–角度双微分发射率

$$W(\varepsilon, \Omega, n)\mathrm{d}\varepsilon\mathrm{d}\Omega = \frac{2s+1}{4\pi^3\hbar^3} \mu\sigma_{\text{in}}\varepsilon \frac{\omega(p-1, n)}{\omega(p, n)} \mathrm{d}\varepsilon\mathrm{d}\Omega \tag{2.4.9}$$

由此可见, 细致平衡原理是核反应统计理论中确定粒子发射率公式表示的理论根据, 而且与粒子发射机制无关, 既可以是平衡态发射, 也可以是预平衡态发射.

值得一提的是, 由于在发射率中存在末态密度, 这暗示了只有核子系统占据足够多的相空间体积时, 细致平衡原理才能适用. 1p 壳核素仍然有足够多的激发能级, 表示相空间的自由度足够大, 由细致平衡原理导出的发射率公式可以适用. 至于对少数核子体系的反应过程, 细致平衡原理就不适用了. 例如, $\mathrm{d}+\mathrm{t} \leftrightarrow \mathrm{n}+\alpha$ 的反应过程, 由于其中每个粒子都仅占据一个相格, 从细致平衡原理就不能推导出粒子发射率公式, 也就是说, 很难从 $\mathrm{n}+\alpha$ 核反应过程的信息推断出任何 $\mathrm{d}+\mathrm{t}$ 的核反应信息.

从统计理论的角度来看, 多自由度系统的耗散过程是不可逆的. 也就是说, 即或是相同粒子的吸收过程和其发射的过程是不可逆的. 同样, 裂变和聚变彼此间也是不可逆过程, 两者都存在熵的增加的过程. 任何事物都具有双重性, 具体表现为宏观系统中耗散过程的不可逆性和微观单相格间的细致平衡的可逆性, 这就是事物对立面的统一点.

在轻核反应中, 末态都是处于分立能级状态, 这里分别记 E_k, I_k 和 π_k 为剩余核分立能级的能量和自旋宇称, 其中下标 k 表示能级序号. 因此末态能级密度是与激子数无关的分立能级

$$\rho^{I\pi}(E) = \sum_k \delta_{II_k} \delta_{\pi\pi_k} \delta(E - E_k) \qquad (2.4.10)$$

这时末态角动量和宇称都处于确定的状态, 即 $I = I_k, \pi = \pi_k$. 利用这个 δ 函数形式, 对末态能量积分, 得到在 J, π 道, 从复合核的预平衡态发射到剩余核分立能级的发射率

$$W(E, \varepsilon, p, h) = \frac{2s + 1}{\pi^2 \hbar^3} \mu\sigma_{\text{in}}(\varepsilon)\varepsilon \frac{1}{\omega(E, p, h)} \qquad (2.4.11)$$

这里, s 为出射粒子自旋. 应用波矢 $k = p/\hbar = 1/\lambda$ 与动量和约化波长 λ 的关系, 且有

$$\mu\varepsilon = p^2/2 = \hbar^2 k^2/2 \qquad (2.4.12)$$

式 (2.4.11) 就可以改写为

$$W(E, \varepsilon, p, h) = \frac{(2s + 1)k^2}{2\pi^2 \hbar} \sigma_{\text{in}}(\varepsilon) \frac{1}{\omega(E, p, h)} \qquad (2.4.13)$$

对于上式中的逆截面 σ_{in}, 在实际计算中是用吸收截面代替. 已经有不少理论研究证明, 这是一个很好的近似. 上面式 (2.3.4) 已经给出吸收截面的表示.

对于宇称守恒, 由出射粒子与剩余核的相对运动轨道角动量 l 来确定, 其宇称是 $(-1)^l$, 如果复合核的宇称为 π, 而剩余核分能级宇称为 π_k, 宇称守恒要求 $\pi = (-1)^l\pi_k$, 为了便于表达这种宇称守恒, 下面定义一个符号 $f_l(\pi, \pi_k)$, 它的内涵是

$$f_l(\pi, \pi_k) = \begin{cases} 1, & \text{当}\pi = (-1)^l\pi_k \\ 0, & \text{当}\pi \neq (-1)^l\pi_k \end{cases} \qquad (2.4.14)$$

在 Hauser-Feshbach 平衡态统计理论中, 需要考虑靶核的角动量和宇称, 并考虑了角动量和宇称的守恒, 对应每个角动量 J 和宇称 π 的吸收截面表示为

$$\sigma_a^{J\pi} = \pi\lambda_{\text{n}}^2 \frac{(2J + 1)}{(2I + 1)(2s + 1)} \sum_{j=|J-I|}^{J+I} \sum_{l=|j-s|}^{j+s} T_{jl} f_l(\pi, \pi_a) \qquad (2.4.15)$$

其中, $s = 1/2$ 为入射中子自旋, I 是靶核自旋, π_a 是靶核宇称, λ_{n} 是中子入射波长. 从式 (2.4.15) 可以看出, 对不同的靶核有不同的靶核自旋和宇称, 它们仅是对 $\sigma_a^{J\pi}$ 对角动量 J 和宇称 π 的分布不同而已. 但是它们都满足

$$\sum_{J\pi} \sigma_a^{J\pi} = \sigma_a$$

其中, σ_a 是球形光学模型计算的吸收截面.

当复合核处于总角动量为 J 时, 角动量守恒要求满足下面三角关系

$$\Delta(JlS) = \begin{cases} 1, & \text{当} |S-l| \leqslant J \leqslant S+l \\ 0, & \text{当} J < |S-l| \text{ 或 } J > S+l \end{cases} \tag{2.4.16}$$

将吸收截面的表示代入粒子发射率式 (2.4.13) 中, 粒子发射到剩余核的分立能级时, 末态角动量和宇称都处于确定的状态. 由于在轻核反应中, 都是从复合核到剩余核分立能级的发射, 剩余激发能就是分立能级的能量, 因此被发射粒子的能量 ε_b 是具有确定值的, 公式中就不再列出, 由此得到在 J, π 道, 从复合核的预平衡态发射 b 粒子到剩余核分立能级 k 的发射率为

$$W_{b,k}^{J\pi}(n, E) = \frac{1}{2\pi\hbar\omega^{J\pi}(n,E)} \sum_{j=|J-I_k|}^{J+I_k} \sum_{l=|j-s_b|}^{j+s_b} (2j+1)T_{jl}(b,k)f_l(\pi,\pi_k) \tag{2.4.17}$$

这里, E 是激发能, $T_{jl}(b,k)$ 是发射粒子 b 到能级 k 的穿透因子, 发射率的量纲是 s^{-1}. 其中还包括与粒子发射竞争的 γ 退激 (Plyuyko et al.,1978). 这时总发射率为对所有可能发射的粒子 b 以及开放的能级 k 求和

$$W_T^{J\pi}(n, E) = \sum_{b,k} W_{b,k}^{J\pi}(n, E) \tag{2.4.18}$$

在式 (2.4.18) 中分母包含了与角动量宇称有关的激子态密度 $\omega^{J\pi}(n,E)$, 在核反应统计理论中, 可以通过下面方式得到 $\omega^{J\pi}(n,E)$ 的公式表示. 在费米气体独立粒子模型的基础上, 通过独立粒子的巨配分函数的途径 (Bohr et al., 1969) 得到角动量分布函数的公式表示

$$R_n(J) = \frac{2J+1}{\sqrt{2\pi}2\sigma_n^3} \exp\left\{-\frac{(J+1/2)^2}{2\sigma_n^2}\right\} \tag{2.4.19}$$

这里, σ_n 为预平衡态下自旋切割因子, 经验公式表示是

$$\sigma_n^2 = 0.282nA^{\frac{2}{3}} \tag{2.4.20}$$

在式 (2.4.20) 中经验系数 0.282 取自文献 (Chadwick et al., 1992), 也曾用经验系数 0.24(Gruppelaar, 1983; Zhang, 1992). 这个公式表明, 随着激子数的加大, 以及质量数的加大, 自旋切割因子的值也在加大. 因此, 随角动量值的加大, 角动量因子 $R_n(J)$ 的值会逐渐减小. 式 (2.4.19) 对 J 求导, 得到角动量的峰值是在 $J \approx \sigma_n$, 由此看出, 对于 1p 壳轻核, 由于 A 值较小, 自旋切割因子的值也相对比较小. 对于单粒子 $n=1$ 而言, $J \approx \sigma_n \approx 0.8 \sim 1.5$, 而对于 $n=3$ 激子态而言, 角动量的峰值在 $J \approx \sigma_n \approx 2.4 \sim 4.5$ 的范围.

与激子数有关的角动量分布函数 $R_n(J)$ 满足下面的归一化条件. 为了看清这一点, 可用积分形式近似代替对角动量的求和

$$\sum_J (2J+1)R_n(J) \approx \int \frac{(2J+1)^2}{\sqrt{2\pi}2\sigma_n^3} \exp\left[-\frac{(J+1/2)^2}{2\sigma_n^2}\right] \mathrm{d}J \tag{2.4.21}$$

作变量变换 $x = (J+1/2)/\sqrt{2}\sigma_n$ 后, 式 (2.4.21) 变为

$$\int \frac{(2J+1)^2}{\sqrt{2\pi}2\sigma_n^3} \exp\left\{-\frac{(J+1/2)^2}{2\sigma_n^2}\right\} \mathrm{d}J = \frac{4}{\sqrt{\pi}} \int_0^\infty x^2 \mathrm{e}^{-x^2} \mathrm{d}x = \frac{2}{\sqrt{\pi}} \int_0^\infty \mathrm{e}^{-x^2} \mathrm{d}x = 1$$

由此得到角动量因子所满足的归一化条件为

$$\sum_J (2J+1)R_n(J) = 1 \tag{2.4.22}$$

而宇称因子一般是假定正负宇称各占二分之一, 即

$$P(\pi) = \frac{1}{2}, \quad \pi = \pm 1 \tag{2.4.23}$$

因此, 与角动量宇称有关的激子态密度 $\omega^{J\pi}(n,E)$ 可以表示为

$$\omega^{J\pi}(n,E) = P(\pi)\omega(n,E)R_n(J) \tag{2.4.24}$$

其中, $\omega(n,E)$ 是式 (2.2.42) 给出的与角动量宇称无关的激子态密度. 显然, 在对角动量和宇称求和后, 利用角动量因子的归一化条件 (2.4.22), 有下面关系式成立

$$\sum_{J\pi} (2J+1)\omega^{J\pi}(n,E) = \omega(n,E) \tag{2.4.25}$$

2.5   统一的 Hauser-Feshbach 和激子模型理论

20 世纪 40 年代, 玻尔提出了复合核模型, 认为复合核的形成与衰变无关, 在此基础上建立了蒸发模型(Weisskopf,1937;Weisskopf et al.,1940), 对于描述低能核反应取得了一定的成功. 复合核反应的出射粒子能谱可表示为

$$\frac{\mathrm{d}\sigma}{\mathrm{d}\varepsilon} = \sigma_a \frac{W_b(E,\varepsilon)}{W_T(E)} \tag{2.5.1}$$

其中, σ_a 为复合核形成截面, $W_b(E,\varepsilon)$ 为复合核在激发能 E 的状态下发射一个能量为 ε 的 b 粒子的发射率. $W_T(E)$ 为总发射率, 将 b 粒子发射率对出射能量积分并对各种发射粒子 b 求和就得到总发射率

$$W_T(E) = \sum_b \int W_b(E,\varepsilon)\mathrm{d}\varepsilon$$

式 (2.5.1) 被称为蒸发模型. 在热平衡各态历经假定下, 由细微平衡原理可以得到 b 粒子的发射率的表示

$$W_b(E,\varepsilon) = \frac{2S_b+1}{\pi^2\hbar^3}\mu_b\varepsilon\sigma_{\rm in}(\varepsilon)\frac{\rho(E')}{\rho(E)} \tag{2.5.2}$$

其中, S_b 为 b 粒子的自旋, μ_b 为 b 粒子的折合质量, $\sigma_{\rm in}(\varepsilon)$ 为逆截面, 表示剩余核吸收具有能量为 ε 的 b 粒子的截面, E' 为发射 b 粒子后剩余核的激发能, ρ 表示能量相空间的占据数密度, 通常称为能级密度. b 粒子发射率 $W_b(E,\varepsilon)$ 的量纲为 $\mathrm{MeV^{-1}s^{-1}}$, 表示单位时间单位能量的发射概率. 因此, 发射率对发射能量 ε 积分后得到 b 粒子的发射速率. 决定出射粒子能谱形状的主要因素是能级密度和逆截面.

其后在蒸发模型的基础上, 在核反应过程中考虑到角动量和宇称守恒, 于 20 世纪 50 年代建立了 Hauser-Feshbach 统计理论(Hauser et al.,1952).

$$\frac{\mathrm{d}\sigma}{\mathrm{d}\varepsilon} = \sum_{J\pi}\sigma_a^{J\pi}\frac{W_b^{J\pi}(E,\varepsilon)}{W_T^{J\pi}(E)} \tag{2.5.3}$$

其中, 各物理量与蒸发模型相同, 仅是在每个物理量上加入角动量和宇称 $J\pi$ 标记. 当把角动量和宇称守恒这一物理规律加入到蒸发模型之中, 复合核在发射粒子后, 剩余核是处于有确定角动量和宇称的分立能级. 这是 Hauser-Feshbach 理论对蒸发模型的改进.

其中, J,π 道从复合核的平衡态发射 b 粒子到剩余核分立能级 k 的发射率为

$$W_{b,k}^{J\pi}(E) = \frac{1}{2\pi\hbar\rho^{J\pi}(E)}\sum_{j=|J-I_k|}^{J+I_k}\sum_{l=|j-s_k|}^{j+s_k}(2j+1)T_{jl}f_l(\pi,\pi_k) \tag{2.5.4}$$

总平衡态发射率为

$$W_T^{J\pi}(E) = \sum_{b,k}W_{b,k}^{J\pi}(E) \tag{2.5.5}$$

这里, E 是激发能. 蒸发模型总发射率的表示为

$$W_T(n,E) = \sum_b\int W_b(n,E,\varepsilon)\mathrm{d}\varepsilon \tag{2.5.6}$$

每个发射粒子的能谱对能量积分得到 b 粒子的发射率

$$W_b(n,E) = \int W_b(n,E,\varepsilon)\mathrm{d}\varepsilon \tag{2.5.7}$$

原有的激子模型中没有考虑角动量守恒这个重要的物理因素, 以后称这种激子模型为普通激子模型. 由于各种核素的分立能级都有自己独特的自旋和宇称, 特别

是在轻核反应中, 剩余核都处于分立能级态, 因此必须要考虑角动量守恒. 这是在非平衡统计理论中加入角动量守恒这个物理因素的一个新课题. 为了考虑在预平衡发射过程中保证角动量和宇称守恒这个因素, 可以借鉴平衡态核反应统计理论的成果, 参照在蒸发模型中加入角动量和宇称守恒就发展成为 Hauser-Feshbach 统计理论

$$\frac{\mathrm{d}\sigma}{\mathrm{d}\varepsilon} = \sigma_a \frac{W_b(E,\varepsilon)}{W_T(E)} \quad \longrightarrow \quad \frac{\mathrm{d}\sigma}{\mathrm{d}\varepsilon} = \sum_{J\pi} \sigma_a^{J\pi} \frac{W_b^{J\pi}(E,\varepsilon)}{W_T^{J\pi}(E)} \tag{2.5.8}$$

可以设想将上面的办法借鉴过来, 用于描述预平衡发射过程, 即

$$\frac{\mathrm{d}\sigma}{\mathrm{d}\varepsilon} = \sigma_a \sum_n P(n) \frac{W_b(n,E,\varepsilon)}{W_T(n,E)} \quad \longrightarrow \quad \frac{\mathrm{d}\sigma}{\mathrm{d}\varepsilon} = \sum_{J\pi} \sigma_a^{J\pi} \sum_n P^{J\pi}(n) \frac{W_b^{J\pi}(n,E,\varepsilon)}{W_T^{J\pi}(n,E)} \tag{2.5.9}$$

其中, 对所有物理量都加入了自旋、宇称 ($J\pi$) 因素, 特别是 n 激子态的占据概率也与角动量和宇称有关. 在实际的理论计算中, 不需要也不可能逐次计算各激子态的反应过程, 复合核的初期阶段是预平衡过程, 而后剩余核的核反应过程逐渐过渡到平衡态核反应过程, 这是与目前用于核反应统计模型的描述方式相一致的. 核反应预平衡过程仅需要前几个激子态, 如仅考虑到 $n_{\max}$ 激子态为止, 是用来描述非平衡态的核反应统计过程, 而剩余的核反应过程是由平衡态核反应理论来描述, 因而在统一的 Hauser-Feshbach 和激子模型理论中能谱的计算公式被写成为

$$\frac{\mathrm{d}\sigma}{\mathrm{d}\varepsilon} = \sum_{J\pi} \sigma_a^{J\pi} \left\{ \sum_{n=3}^{n_{\max}} P_{J\pi}(n) \frac{W_b^{J\pi}(n,E,\varepsilon)}{W_T^{J\pi}(n,E)} + Q^{J\pi} \frac{W_b^{J\pi}(E,\varepsilon)}{W_T^{J\pi}(E)} \right\} \tag{2.5.10}$$

其中, $P_{J\pi}(n)$ 是 n 激子态 $J\pi$ 道的占据概率, 而每个 $J\pi$ 道平衡态占据概率由下式给出

$$Q^{j\pi} = 1 - \sum_{n=3}^{n_{\max}} P^{j\pi}(n) \tag{2.5.11}$$

可以看出, 这个理论框架相当于将 Hauser-Feshbach 理论与激子模型进行了统一的描述 (Zhang,1991,1993a,1994a), 但是在激子模型中加入了角动量和宇称的因素.

显然, 在不考虑角动量宇称守恒时, 其中预平衡态理论模型退化为式 (2.5.6) 所表示普通的激子模型能谱公式; 而不考虑预平衡过程时, 相当于 $P_{J\pi}(n) = 0$, $Q_{J\pi} = 1$, 这时式 (2.5.10) 则退化为式 (2.5.3) 所表示的 Hauser-Feshbach 理论的能谱公式.

在式 (2.5.10) 中, 第一部分描述预平衡发射机制, 并考虑了角动量和宇称守恒; 第二部分是用 Hauser-Feshbach 理论描述的平衡态发射机制. 实际的理论模型计算研究的结果表明, 在中子入射能小于 20MeV 时, 仅用 $n_{\max} = 3$ 态就可以描述好预平衡的发射行为.

由于在轻核反应中, 一次粒子发射的剩余核都处于分立能级, 因此在式 (2.5.10) 中粒子发射能量 ε 都有确定值 ε_k, 能谱对能量积分中相当于出现一个 $\delta(\varepsilon - \varepsilon_k)$, 因此可以得到在预平衡态发射过程中, 出射粒子 b 到剩余核分立能级 k 的截面为

$$\sigma_{b,k}(E_n) = \sum_{J\pi} \sigma_a^{J\pi} \left\{ \sum_{n=3}^{n_{\max}} P_{J\pi}(n) \frac{W_{b,k}^{J\pi}(n, E)}{W_T^{J\pi}(n, E)} + Q^{J\pi} \frac{W_{b,k}^{J\pi}(E)}{W_T^{J\pi}(E)} \right\} \qquad (2.5.12)$$

其中, $W_{b,k}^{J\pi}(n, E)$ 是由式 (2.4.18) 给出的 J, π 道从复合核的预平衡态发射 b 粒子到剩余核分立能级 k 的发射率, $W_{b,k}^{J\pi}(E)$ 是平衡态发射 b 粒子到剩余核 k 能级的发射率, $W_T^{J\pi}(E)$ 是由式 (2.5.5) 给出的 J, π 道平衡态的总发射率, 而预平衡总发射率是由式 (2.4.18) 给出.

在考虑角动量宇称守恒的激子模型基础上, 并配合 Hauser–Feshbach 模型来描述核反应的统计理论, 被称之为统一的 Hauser–Feshbach 和激子模型理论 (Zhang et al.,1991,1994a). 这个理论可以将通过预平衡态发射粒子到剩余核的分立能级的机制加入到非平衡统计过程之中, 这是轻核反应的基础理论公式. 由式 (2.5.12) 看出, 这时需要解决的课题是如何计算出与角动量宇称有关的激子态的占据概率 $P^{J\pi}(n)$. 下面就针对这个问题进行与角动量有关的激子模型专门的讨论.

2.6 与角动量有关的激子模型

有关激子模型理论的基础知识可以参见文献 (丁大钊等, 2005; 申庆彪, 2005). 激子模型是用来描述开放系统的核反应非平衡统计的耗散过程的有效理论工具. 这里, 为了容易深入了解与角动量有关的激子模型, 需要先对与角动量无关的激子模型做一简介. 下面称与角动量无关的激子模型为普通激子模型, 在此基础上可以了解该模型的基本物理图像.

如果一个核系统, 它的每一个微观态是由一些特定的物理量来表征的. 因而, 占据这个微观态的概率随时间的变化速率就是从其他微观态跃迁到这个微观态的速率, 减去从这个微观态跃迁到其他微观态的速率得到的, 这是在物理上非常直观的表示. 所有可能的微观态的变化组成的联立微分方程被称为主方程 (master equation). 这个方程已经被广泛地应用到各种研究领域.

如果用激子数来表征系统的微观态, 由入射粒子诱发的核体系粒子空穴激发过程, 在普通的激子模型中可以用下面的主方程描述

$$\frac{\mathrm{d}}{\mathrm{d}t} q(n, t) = \lambda_{n+2}^- q(n+2, t) + \lambda_{n-2}^+ q(n-2, t) - [\lambda_n^+ + \lambda_n^- + W_T(n, E)] q(n, t) \quad (2.6.1)$$

这里, $q(n, t)$ 是在 t 时刻 n 激子态的占据概率, λ_n^+ 是由 n 激子态向 $n+2$ 激子态的跃迁速率, λ_n^- 是由 n 激子态向 $n-2$ 激子态的跃迁速率, $W_T(n, E)$ 是在激发能为

E 的 n 激子态的总发射率. 这个主方程描述了一个开放系统的动力学行为, 由相邻激子态到 n 激子态的跃迁率减去由 n 激子态到相邻激子态的跃迁率与粒子总发射率之和就是 n 激子态在单位时间内增加的占据概率. 由于仅用了激子数来表征系统的微观态, λ_n^0 对应的跃迁过程是 $n \to n$ 的跃迁过程, 不改变激子数, 因此 λ_n^0 不出现在主方程 (2.6.1) 之中. 如果另外添加物理量来表征微观态, 在 $n \to n$ 的跃迁过程中, 虽然不改变激子数, 但是另外的物理量被改变时, 就需要加入 λ_n^0 的跃迁过程. 在第 3 章的推广的激子模型主方程中就是这种情况. 在这种情况下, 微观态内加入了碰撞角度的物理量, 因而在 $n \to n$ 的跃迁过程中, 虽然不改变激子数, 但是角度方向却发生了变化. 由此可见, 核反应的非平衡统计理论是用核内核子间碰撞产生的粒子空穴对来描述激发核系统的耗散过程.

为了方便求解主方程 (2.6.1), 下面引入 "寿命" 这个物理量, 它的定义为

$$\tau(n) = \int_0^\infty q(n,t)\mathrm{d}t \tag{2.6.2}$$

因此, 寿命就是激子态的占据概率对时间的积分, 具有时间的量纲. 显然, "寿命" 这个物理量是来自开放系统的特征量. 因为, 由统计物理的性质得知, 对于一个封闭系统, 只有时间足够长, 它的状态最终会得到统计平衡. 因此封闭系统的微观态占据概率是不随时间而变化的量, 对应的 "寿命" 是无限大.

由式 (2.6.2) 定义的寿命, 对式 (2.6.1) 左边进行积分, 对于开放系统总有 $q(n, t \to \infty) = 0$ 存在, 因此积分的结果为

$$\int_0^\infty \frac{\mathrm{d}q(n,t)}{\mathrm{d}t}\mathrm{d}t = q(n,t)|_0^\infty = -q(n,0) = -\delta_{n,n_0} \tag{2.6.3}$$

其中, n_0 是在初始 $t = 0$ 时刻的初始激子数. 由此得到激子态寿命的主方程为

$$-\delta_{n,n_0} = \lambda_{n+2}^- \tau(n+2) + \lambda_{n-2}^+ \tau(n-2) - [\lambda_n^+ + \lambda_n^- + W_T(n,E)]\tau(n) \tag{2.6.4}$$

对于开放系统而言, 得到式 (2.6.3) 的初始条件是, 在时间足够长时, 各种激子态的占据概率都趋向于 0. 对于中子入射而言, 初始门口态的激子数 $n_0 = 3$. 在式 (2.6.4) 和 (2.6.1) 中, λ_n^+ 是从 n 激子态向 $n+2$ 激子态跃迁的速率, 在物理上表示费米海上的一个核子 (或费米海中的一个空穴) 与费米海中的一个核子碰撞后将其激发到费米海上, 因而产生一个新的粒子空穴对; λ_n^- 是从 n 激子态向 $n-2$ 激子态跃迁的速率, 表示费米海上的一个核子 (或费米海中的一个空穴) 与费米海上的核子碰撞后将其碰撞到费米海中, 填充了原来的一个空穴, 因而消失了一个粒子

空穴对. 为了清楚起见, 将寿命方程对每个激子数逐个写出

$$
\begin{aligned}
-1 &= \lambda_5^- \tau(5) - [\lambda_3^+ + W_T(3,E)]\tau(3) & n &= 3 \\
0 &= \lambda_7^- \tau(7) + \lambda_3^+ \tau(3) - [\lambda_5^+ + \lambda_5^- + W_T(5,E)]\tau(5) & n &= 5 \\
0 &= \lambda_9^- \tau(9) + \lambda_5^+ \tau(5) - [\lambda_7^+ + \lambda_7^- + W_T(7,E)]\tau(7) & n &= 7
\end{aligned} \tag{2.6.5}
$$

$$\vdots$$

将所有激子数的方程相加, 很容易看出, 结果是所有的 $\lambda_n^\pm$ 彼此相消, 最后得到

$$\sum_n \tau(n) W_T(n,E) = 1 \tag{2.6.6}$$

这说明, 联立的激子态主方程具有归一性. 定义无量纲量

$$P(n) \equiv W_T(n,E)\tau(n) \tag{2.6.7}$$

为 n 激子态的占据概率. 显而易见, 式 (2.6.7) 也是对开放系统的特征量, 它直接与粒子总发射率有关. 这时式 (2.6.6) 表示了 n 激子态的占据概率满足归一化条件

$$\sum_n P(n) = 1 \tag{2.6.8}$$

因此, 在预平衡发射中 b 粒子的发射能谱为

$$\frac{\mathrm{d}\sigma_b}{\mathrm{d}\varepsilon} = \sigma_a(E) \sum_n \tau(n) W_b(n,E,\varepsilon) \tag{2.6.9}$$

对所有出射粒子求和得到

$$\sum_b \frac{\mathrm{d}\sigma_b}{\mathrm{d}\varepsilon} = \sigma_a(E) \sum_n \tau(n) W_T(n,E,\varepsilon) \tag{2.6.10}$$

再对出射粒子能量积分, 利用式 (2.6.7) 得到所满足的归一化条件是

$$\sum_b \int \frac{\mathrm{d}\sigma_b}{\mathrm{d}\varepsilon}\mathrm{d}\varepsilon = \sigma_a(E) \sum_n P(n) = \sigma_a(E) \tag{2.6.11}$$

这里, $\sigma_a(E)$ 是激发能为 E 的吸收截面.

下面讨论在激子模型主方程中的激子态之间的跃迁速率. 其公式表示是

$$\lambda_\nu(n) = \frac{2\pi}{\hbar}|\langle M \rangle^2| Y_\nu(n), \quad \nu = +, 0, - \tag{2.6.12}$$

这里, $+, 0, -$ 分别表示激子态向 $n \to n+2, n \to n, n \to n-2$ 的跃迁. 其中, 对应的剩余相互作用跃迁矩阵元通常用系统学公式表示 (Kalbach,1973)

$$|\langle M \rangle^2| = \frac{K}{EA^3} \quad \text{或} \quad |\langle M \rangle^2| = \frac{n+1}{4}\frac{K}{EA^3} \qquad (2.6.13)$$

其中, K 是剩余相互作用跃迁矩阵元中的 Kalbach 系统学常数, 在计算中为可调参数, 量纲为 MeV^3, 因此 $|\langle M \rangle^2|$ 的量纲是 MeV^2. K 值的加大, 在低激子态有 $\lambda_+(n) > \lambda_-(n)$, 使 $\lambda_+(n)$ 加大效应为主, 这意味着平衡态发射概率加大; 而在高激子态有 $\lambda_+(n) < \lambda_-(n)$, 使 $\lambda_-(n)$ 加大为主, 由于在高激子态的情况下粒子发射概率很小, 这意味着高激子态向低激子态的跃迁概率加大. 后来, Kalbach 又给出与激子数有关的剩余相互作用跃迁矩阵元通常用系统学公式表示 (Kalbach,1978)

$$|\langle M \rangle^2| = \frac{K_A}{A^3(E/n + 20.9)^3} \qquad (2.6.14)$$

在符合了更宽能区, 粒子种类更多的实验测量数据的基础上, Kalbach 进一步给出更细致的改进表示 (Kalbach,2006). 由式 (2.6.13) 和 (2.6.14) 得知, 质量数越小的核体系中剩余相互作用跃迁矩阵元值越大, 但随激发能的加大而减小. 由此看出, 在中子引发的求和反应中激子态的跃迁速率要比中重核的跃迁速率明显大. 轻核反应的计算表明, Kalbach 系统学常数是在 $10\sim100$ 的数量级; 而中重核反应是在几百的数量级; 而对于重核和易裂变核素是在几千的数量级.

在式 (2.6.12) 中的末态概率 $Y_\nu(n)$ 可以由下面方式给出. $\nu = +$ 对应 $\Delta n = 2$ 的跃迁过程. 粒子空穴对的产生一定是费米海上的一个粒子 (或费米海中的一个空穴) 与费米海中一个粒子之间的碰撞过程, 碰撞后将该粒子激发到费米海上, 形成一对新的粒子空穴. 粒子激发粒子空穴对的跃迁率可以用下面折叠过程方式给出, 即从 n 激子态中取出一个能量为 ε 的粒子 $\omega(\varepsilon, 1, 0)$, 该粒子产生粒子空穴对形成 $\omega(\varepsilon, 2, 1)$, 这时对激子态激发能平均得到

$$Y_+(n) = \int \frac{\omega(E - \varepsilon, p-1, h)\omega(\varepsilon, 1, 0)\omega(\varepsilon, 2, 1)}{\omega(E, p, h)}\mathrm{d}\varepsilon \qquad (2.6.15)$$

将激子态密度 (2.2.42) 的表示代入后, 完成积分得到

$$Y_+(n) = Y_{+p}(n) + Y_{+h}(n) = g\frac{(gE - A(p,h))^2}{2(n+1)} \qquad (2.6.16)$$

可以看出, 对于一定激发能, 激子数越大, $Y_+(n)$ 值越小, 表示向高激子态跃迁的概率随激子数的加大而单调下降, 而且与激发能的平方的关系存在, 随激发能的增大而迅速加大.

用上面同样方式讨论 $\nu = 0$ 的情况, 对应 $\Delta n = 0$ 跃迁的过程. 它对应于粒子–粒子、粒子–空穴、空穴–空穴三种散射贡献之和. 在上述碰撞过程中, 粒子数和

空穴数都保持不变, 总激子数也就不变, 只是不同激子间发生了能量交换, 用同上方法得到 (申庆彪, 2005)

$$Y_0(n) \approx g(gE - A(p,h)) \frac{p(p-1) + h(h-1) + 4ph}{2n} \tag{2.6.17}$$

这时, 对于一定激发能, 激子数越大, $Y_0(n)$ 值越大, 而且与激发能近似为线性关系存在, 随激发能的增大而加大.

对于 $\nu = -1$ 的情况, 对应了 $\Delta n = -2$ 的激子态跃迁过程. 相当于一个粒子或空穴引起粒子-空穴对的湮灭. 类似地用上述的方法可以得到 (申庆彪, 2005)

$$Y_{-1}(n) \approx \frac{g}{2} ph(n-2) \tag{2.6.18}$$

这时, $Y_-(n)$ 与激发能无关, 但随激子数增大而迅速加大.

可以看出, $Y_{\pm1,0}(n)$ 的量纲是 MeV^{-1}, 由此得到 $\lambda_{\pm1,0}(n)$ 的量纲是 s^{-1}. 由此看出, 在激发能一定的情况下, $\lambda_+(n)$ 随激子数加大而单调减小; 而 $\lambda_-(n)$ 随激子数加大而迅速加大. 特别是对于一个闭合系统, 在一定的激发能情况下, 具有向一个平衡激子态分布的动力学过程.

综合上面结果可以看出, 在由初始 n_0 激子态向高激子态跃迁的过程中, 开始有利于向高激子态的跃迁 ($Y_+(n) > Y_-(n)$), 而激子数很大时, 却遇到向低激子态跃迁概率加大的阻止效应 ($Y_+(n) < Y_-(n)$). 在不考虑粒子发射因素时, 该复合核系统相当于是一个封闭系统, 在时间足够长时, 最终会达到统计平衡态, 这是符合统计理论的规律. 这时应该存在一个激子数 $\bar{n}$ 使得 $Y_+(\bar{n}) = Y_-(\bar{n})$, 又称 $\bar{n}$ 是平衡激子数. 当激发能比较大, 忽略 Pauli 原理修正值时, 由式 (2.6.16) 和 (2.6.18) 得到近似结果为

$$gE \approx \frac{1}{2} \bar{n}^2 \tag{2.6.19}$$

因此得到的平衡激子数约为

$$\bar{n} \approx \sqrt{2gE} \tag{2.6.20}$$

这个结果表示了激发能越高, 单粒子密度 g 越大的核系统, 平衡激子数就越大. 轻核的单粒子密度相对比较小, 因此对应的平衡激子数较小. 这意味着轻核反应会较快地进入平衡态的状态. 但是, 从复合核发射粒子率的角度看, 在轻核反应中从门口态 ($n = 3$) 的预平衡粒子发射率相比中重核的要明显大, 使得复合核进入到高激子态的概率明显降低.

封闭系统的激子态分布形状, 是由跃迁概率的具体表示来确定的. 激子态的平衡分布是一个动态平衡. 这相当于, 在单位时间内, 每个激子态从其他激子态进入的概率等于从这个激态退出的概率该激子态的占据概率的情况成立时. 这不意味

着激子态之间的跃迁停止, 而是相互跃迁的结果不改变激子态的分布形状. 这就是
动态平衡的物理图像.

由上面式 (2.6.4) 给出的激子模型的寿命主方程是一个三对角矩阵, 目前已经
有标准程序求解. 另外, 也可以解析地写出激子态寿命的递推公式, 称为激子态寿
命主方程的闭合解. 然而对于轻核反应, 实际计算表明, 在低激子态的情况下, 有
$W_T(n, E) \gg \lambda_+(n) \gg \lambda_-(n+2)$ 的条件存在, 因此可以在寿命主方程中忽略 $\lambda_-(n)$
项, 这被称为无返回近似, 这时寿命主方程的求解可大为简化. 其物理图像是, 当从
低激子态向高激子态跃迁后, 主要是由粒子发射的途径来结束反应过程, 而返回原
激子态的过程可以被忽略. 计算表明, 中子引发的轻核反应中, 用激子态寿命主方
程的闭合解与无返回近似的结果相当一致. 因此我们采用了无返回近似的方式求解
主方程的途径.

忽略返回激子态的 λ_i^- 项后, 寿命主方程被简化为

$$-\delta_{n,3} = \lambda_{n-2}^+ \tau(n-2) - [\lambda_n^+ + W_T(n, E)]\tau(n) \tag{2.6.21}$$

寿命主方程有很简单的表示. 在 $n = 3$ 时得到

$$\tau(3) = \frac{1}{\lambda_3^+ + W_T(3, E)} \tag{2.6.22}$$

在 $n > 3$ 的情况下得到

$$\tau(n) = \frac{\prod\limits_{i=3}^{n-2} \lambda_i^+}{\prod\limits_{i=3}^{n} (\lambda_i^+ + W_T(i, E))} \tag{2.6.23}$$

需要指出的是, 在对 i 求和中 $\Delta i = 2$. 以上是对与角动量无关的激子模型的讨论.

为了解决预平衡态发射粒子到剩余核分立能级的动力学机制, 而分立能量都有
自己独特的角动量和宇称, 下面则要进一步考虑角动量守恒的因素. 由于需要计算
与角动量有关的激子态占据概率 $P^{J\pi}(n)$, 这时需要将角动量和宇称因素加入到普
通激子模型的主方程中, 进而发展为与角动量相关的激子模型 (Zhang et al.,1994a).
这时主方程变为与角动量和宇称有关的形式

$$\frac{\mathrm{d}q^{J\pi}(n,t)}{\mathrm{d}t} = \lambda_+^J(n-2)q^{J\pi}(n-2,t) + \lambda_-^J(n+2)q^{J\pi}(n+2,t)$$
$$- [\lambda_+^J(n) + \lambda_-^J(n) + W_T^{J\pi}(n)]q^{J\pi}(n,t) \tag{2.6.24}$$

其中, $\lambda_\pm^J(n)$ 是角动量为 J 的 n 激子态向 $n \pm 2$ 激子态的跃迁率, 且与宇称无关;
$W_T^{J\pi}(n)$ 是 $J\pi$ 道 n 激子态的总发射率; $q^{J\pi}(n,t)$ 为 t 时刻 $J\pi$ 道的 n 激子态占据
概率.

与普通激子模型类似, 定义 $J\pi$ 道的激子态寿命为

$$\tau^{J\pi}(n) \equiv \int_0^\infty q^{J\pi}(n,t)\mathrm{d}t \tag{2.6.25}$$

可以看出, 激子态寿命 $\tau^{J\pi}(n)$ 与宇称之间的关系仅是来自于总发射率. 同样, 对激子模型主方程的时间积分, 得到与角动量和宇称有关的激子模型寿命主方程

$$-\delta_{n,n_0} = \lambda_+^J(n-2)\tau^{J\pi}(n-2) + \lambda_-^J(n+2)\tau^J(n+2)$$
$$-[\lambda_+^J(n) + \lambda_-^J(n) + W_T^{J\pi}(n)]\tau^{J\pi}(n) \tag{2.6.26}$$

类似地, 定义与角动量宇称 $J\pi$ 有关的 n 激子态占据概率为

$$P^{J\pi}(n) = \tau^{J\pi}(n)W_T^{J\pi}(n) \tag{2.6.27}$$

由式 (2.6.27) 可以验证对每一个 $J\pi$ 道的占据概率仍然满足归一性.

$$\sum_n P^{J\pi}(n) = 1 \tag{2.6.28}$$

应用无返回近似得到 n 激子态预平衡机制的占据概率式 (2.6.22) 和 (2.6.23), 在 $n=3$ 时公式的解析表示为

$$P^{J\pi}(3) = \frac{W_T^{J\pi}(3)}{\lambda_+^J(3) + W_T^{J\pi}(3)} \tag{2.6.29}$$

因而平衡态机制的占据概率公式的解析表示为

$$Q^{J\pi}(3) = \frac{\lambda_+^J(3)}{\lambda_+^J(3) + W_T^{J\pi}(3)} \tag{2.6.30}$$

以及在 $n > 3$ 时有

$$P^{J\pi}(n) = \prod_{n'=3}^{n-2} \frac{W_T^{J\pi}(n')}{\lambda_+^J(n') + W_T^{J\pi}(n')} \times \frac{W_T^{J\pi}(n)}{\lambda_+^J(n) + W_T^{J\pi}(n)} \tag{2.6.31}$$

以 $n=5$ 为例, 占据概率为

$$P^{J\pi}(5) = \frac{\lambda_+^J(3)}{[\lambda_+^J(3) + W_T^{J\pi}(3)]} \times \frac{W_T^{J\pi}(5)}{[\lambda_+^J(5) + W_T^{J\pi}(5)]} \tag{2.6.32}$$

下面就需要建立与角动量有关的激子态间的跃迁率 $\lambda_\nu^J(n)$ 的公式表示问题, $\lambda_\nu^J(n)$ 可以分解为两部分, 即

$$\lambda_\nu^J(n) = \frac{2\pi}{\hbar}\left|\langle M\rangle^2\right| Y_\nu(n)x_\nu^J(n), \quad \nu = \pm, 0 \tag{2.6.33}$$

其中, $Y_\nu(n)$ 为前面已讨论过的与角动量无关的普通激子模型的跃迁概率, $x_\nu^J(n)$ 为考虑角动量守恒的角动量因子, 且与宇称无关. $\langle M \rangle^2$ 为与角动量宇称无关的两体剩余相互作用矩阵元. 为了在粒子的预平衡发射过程中保证角动量守恒, 因而在激子态的跃迁率中引入了角动量因子 $x_\nu^J(n)$ (Zhang et al.,1994a). 因此, 在与角动量相关的激子模型中, 问题的关键就在于如何计算角动量因子 $x_\nu^J(n)\nu = \pm, 0$.

这里采用了零程力 δ 函数型的两体剩余相互作用势. 利用球函数的完备性, 两体剩余相互作用势的 δ 函数可以被球谐函数展开

$$\delta(\boldsymbol{r} - \boldsymbol{r}') = \frac{\delta(r - r')}{rr'} \sum_{l\mu} Y_{l\mu}^*(\Omega) Y_{l\mu}(\Omega') \tag{2.6.34}$$

由于仅关心角度因素, 而不关心对径向积分和两体相互作用的强度的大小, 它们贡献的常数可以由后面的归一化条件来确定.

这时式 (2.6.34) 中对球谐函数的求和部分可记为

$$\sum_{l\mu} Y_{l\mu}^*(\Omega) Y_{l\mu}(\Omega') = \sum_{l\mu} (-1)^\mu Y_{l\mu}(\Omega) Y_{l-\mu}(\Omega') = \sum_l g_l \tag{2.6.35}$$

其中

$$g_l = \sum_\mu (-1)^\mu Y_{l\mu}(\Omega) Y_{l-\mu}(\Omega') \tag{2.6.36}$$

是一秩不可约张量收缩的表示, 在空间转动下不变, 因此是标量.

下面首先讨论 $\Delta n = 0$ 的激子态跃迁过程. 在这种过程中, 包含了粒子–粒子、粒子–空穴、空穴–空穴之间的散射. 实际上, 这三种散射过程都发生在核子之间. 例如, 粒子–粒子散射是指两个费米海上的粒子散射后, 仍然在费米海上. 粒子–空穴散射是指一个费米海上的粒子与一个费米海下的核子散射后, 仍然保持分别在费米海上下的状态, 只不过粒子和空穴的能量可以改变. 空穴–空穴之间的散射是指两个费米海下的粒子散射后, 仍然在费米海下, 因此这种散射过程不改变激子数.

由于在低激子态时, 后两种有效散射的概率都很小, 因此下面仅以粒子–粒子散射为例, 表示费米海上的两个粒子 (j_a) 与 (j_b) 碰撞后, 变为费米海上的粒子 (j_c) 和 (j_d), 复合核内的其他核子被视为旁观者, 其总角动量为 S, 复合核体系的总角动量为 J. 其角动量耦合状况由图 2.7 所示.

若将湮灭粒子的自旋轨道波函数写在跃迁矩阵元的右边, 而产生粒子的自旋轨道波函数写在跃迁矩阵元的左边. 而自旋轨道波函数表示轨道角动量的本征球谐函数和自旋波函数 $\chi_{\frac{1}{2}\nu}$ 耦合成具有确定总角动量和总磁量子数的波函数

$$|j_i m_i\rangle = \sum_\nu C_{l_i m_i - \nu \frac{1}{2}\nu}^{j_i \ \ m_i} Y_{l_i m_i - \nu}(\Omega) \chi_{\frac{1}{2}\nu}, \quad i = a, b, c, d \tag{2.6.37}$$

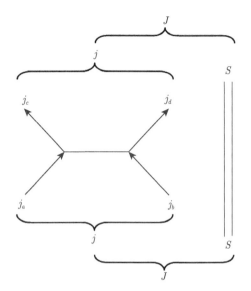

图 2.7 $\Delta n = 0$ 过程中的角动量耦合关系示意图

这时, $\Delta n = 0$ 的激子态跃迁过程中每个 j 分波的跃迁矩阵元 $\Xi_{\Delta n=0}$ 可表示为

$$\Xi_{\Delta n=0} = C_{j_c m_c j_d m_d}^{j\ m} C_{j_a m_a j_b m_b}^{j\ m} \langle (j_c j_d)j | \sum_l g_l | (j_a j_b)j \rangle \tag{2.6.38}$$

其中, $C_{j_a m_a j_b m_b}^{j\ m}$ 是 Clebsh-Gordon 系数(简称 CG 系数)(Rose,1963). 对于标量的跃迁过程, 初态与末态要保持角动量守恒, 因此不仅角动量 j 值要相同, 磁量子数 m 初末态要相同, 而且可以证明跃迁矩阵元 $\Xi_{\Delta n=0}$ 与磁量子数 m 无关, 因此这里将 m 作为固定值. 这时从 Clebsh-Gordon 系数中的耦合关系看出, 仅可以选 m_a, m_c 为自由求和, 而 $m_b = m - m_a$, $m_d = m - m_c$ 不是自由求和的磁量子数. 将式 (2.6.36) 代入得到

$$\Xi_{\Delta n=0} = \sum_{l\mu m_a m_c} (-1)^\mu C_{j_a m_a j_b m_b}^{j\ m} C_{j_c m_c j_d m_d}^{j\ m} \times \langle j_c m_c | Y_{l\mu} | j_a m_a \rangle \langle j_d m_d | Y_{l-\mu} | j_b m_b \rangle \tag{2.6.39}$$

应用 Wigner-Eckart 定理, 将式 (2.6.35) 中的球谐函数写成约化矩阵元的形式 (曾谨言,2001; 马中玉等, 2013), 这里记 $\hat{j} \equiv \sqrt{2j+1}$.

$$\Xi_{\Delta n=0} = \frac{1}{\hat{j}_c \hat{j}_d} \sum_{l\mu m_a m_c} (-1)^\mu C_{j_a m_a j_b m_b}^{j\ m} C_{j_c m_c j_d m_d}^{j\ m} C_{j_a m_a l \mu}^{j_c\ m_c} C_{j_b m_b l-\mu}^{j_d\ m_d} \times \langle j_c \| Y_l \| j_a \rangle \langle j_d \| Y_l \| j_b \rangle \tag{2.6.40}$$

注意到 μ 也是自由求和的磁量子数, 因此对 m_c 的求和会产生 $(2j_c + 1)$ 因子, 且

$\mu = m_b - m_d$. 由 Racah 系数的定义 (Rose,1963)

$$\hat{j}_{12}\hat{j}_{34}W(j_1j_2jj_3, j_{12}j_{34}) = \sum_{m_1m_2} C_{j_1m_1j_2m_2}^{j_{12}\ m_{12}} C_{j_{12}m_{12}j_3m_3}^{j\ m} C_{j_2m_2j_3m_3}^{j_{23}\ m_{23}} C_{j_1m_1j_{23}m_{23}}^{j\ m}$$

(2.6.41)

在式 (2.6.40) 中, 利用 Clebsh-Gordon 系数的对称性则有

$$C_{j_cm_cj_dm_d}^{j\ m} = \frac{\hat{j}}{\hat{j}_c}(-1)^{m_d+j_c-j}C_{jmj_d-m_d}^{j_c\ m_c}, \quad C_{j_bm_bl-\mu}^{j_d\ m_d} = \frac{\hat{j}_d}{\hat{l}}(-1)^{j_b-m_b}C_{j_bm_bj_d-m_d}^{l\ \mu}$$

(2.6.42)

代入到式 (2.6.41) 后得到

$$\Xi_{\Delta n=0} = \sum_{l\mu m_am_b} \frac{\hat{j}}{\hat{l}}(-1)^{j_b+j_c-j}C_{j_am_aj_bm_b}^{jm}C_{jmj_d-m_d}^{j_cm_c}C_{j_am_al\mu}^{j_cm_c}C_{j_bm_bj_d-m_d}^{l\mu}\langle j_c||\mathrm{Y}_l||j_a\rangle\langle j_d||\mathrm{Y}_l||j_b\rangle$$

因此, 在式 (2.6.40) 中的四个 Clebsh-Gordon 系数乘积对磁量子数的求和得到

$$\Xi_{\Delta n=0} = (2j+1)(-1)^{j_b+j_c-j}\sum_l W(j_aj_bj_cj_d, jl)\langle j_c||\mathrm{Y}_l||j_a\rangle\langle j_d||\mathrm{Y}_l||j_b\rangle \quad (2.6.43)$$

其中, 球谐函数在自旋轨道波函数中的约化矩阵元的公式已经给出, 为 (曾谨言, 2001)

$$\langle j||\mathrm{Y}_l||j'\rangle \equiv \left\langle l\frac{1}{2}j||\mathrm{Y}_l||l\frac{1}{2}j'\right\rangle = \frac{(-1)^{j-\frac{1}{2}+l}}{\sqrt{4\pi}}\hat{j}\hat{j}'C_{j\frac{1}{2}j'-\frac{1}{2}}^{l\ 0} \quad (2.6.44)$$

这样, 在式 (2.6.43) 中两个球谐函数约化矩阵元分别为

$$\langle j_c||\mathrm{Y}_l||j_a\rangle = \frac{(-1)^{j_c-\frac{1}{2}+l}}{\sqrt{4\pi}}\hat{j}_a\hat{j}_cC_{j_c\frac{1}{2}j_a-\frac{1}{2}}^{l\ 0} = \frac{(-1)^{j_c-\frac{1}{2}+l}}{\sqrt{4\pi}}\hat{j}_a\hat{j}_cC_{j_a\frac{1}{2}j_c-\frac{1}{2}}^{l\ 0} \quad (2.6.45)$$

$$\langle j_d||\mathrm{Y}_l||j_b\rangle = \frac{(-1)^{j_d-\frac{1}{2}+l}}{\sqrt{4\pi}}\hat{j}_b\hat{j}_dC_{j_d\frac{1}{2}j_b-\frac{1}{2}}^{l\ 0} = \frac{(-1)^{j_d-\frac{1}{2}+l}}{\sqrt{4\pi}}\hat{j}_b\hat{j}_dC_{j_b\frac{1}{2}j_d-\frac{1}{2}}^{l\ 0} \quad (2.6.46)$$

代入到式 (2.6.43) 之中, 得到

$$\Xi_{\Delta n=0} = \frac{(-1)^{j_b+j_d-j}}{4\pi}\hat{j}_a\hat{j}_b\hat{j}_c\hat{j}_d\hat{j}^2\sum_l W(j_aj_bj_cj_d, jl)C_{j_a\frac{1}{2}j_c-\frac{1}{2}}^{l\ 0}C_{j_b\frac{1}{2}j_d-\frac{1}{2}}^{l\ 0} \quad (2.6.47)$$

利用 Racha 系数的性质, 上式中对角动量 l 的求和可进行如下过程的约化

$$F = \sum_l W(j_aj_bj_cj_d, jl)C_{j_a\frac{1}{2}j_c-\frac{1}{2}}^{l\ 0}C_{j_b\frac{1}{2}j_d-\frac{1}{2}}^{l\ 0}$$

$$= \sum_l W(j_aj_bj_cj_d, jl)(-1)^{j_a-\frac{1}{2}}\frac{\hat{l}}{\hat{j}_c}C_{j_a\frac{1}{2}l0}^{j_c\ \frac{1}{2}}C_{j_b\frac{1}{2}j_d-\frac{1}{2}}^{l\ 0}$$

利用 Racah 系数的性质, 有下面等式成立

$$C^{j_c \ \frac{1}{2}}_{j_a \frac{1}{2} l 0} W(j_a j_b j_c j_d, jl) = \frac{1}{\hat{j}\hat{l}} \sum_m C^{j \ m+\frac{1}{2}}_{j_a \frac{1}{2} j_b m} C^{j_c \ \frac{1}{2}}_{jm+\frac{1}{2} j_d -m} C^{l \ 0}_{j_b m j_d -m} \tag{2.6.48}$$

因此得到

$$F = \sum_l \frac{1}{\hat{j}\hat{j}_c} \sum_m C^{j \ m+\frac{1}{2}}_{j_a \frac{1}{2} j_b m} C^{j_c \ \frac{1}{2}}_{jm+\frac{1}{2} j_d -m} C^{l \ 0}_{j_b m j_d -m} (-1)^{j_a-\frac{1}{2}} C^{l \ 0}_{j_b \frac{1}{2} j_d -\frac{1}{2}} \tag{2.6.49}$$

对 l 求和, 并利用 Clebsh-Gordon 系数的正交性, 得到因子 $\delta_{m1/2}$, 再应用 Clebsh-Gordon 系数的对称性, 因此得到如下等式成立

$$\sum_l W(j_a j_b j_c j_d, jl) C^{l \ 0}_{j_a \frac{1}{2} j_c -\frac{1}{2}} C^{l \ 0}_{j_b \frac{1}{2} j_d -\frac{1}{2}} = \frac{(-1)^{j_a+j_c+j}}{2j+1} C^{j \ 1}_{j_a \frac{1}{2} j_b \frac{1}{2}} C^{j \ 1}_{j_c \frac{1}{2} j_d \frac{1}{2}} \tag{2.6.50}$$

代入到式 (2.6.47), 因此得到对称形式的跃迁矩阵元 $\Xi_{\Delta n=0}$ 的表示为

$$\Xi_{\Delta n=0} = \frac{(-1)^{j_a+j_b+j_c+j_d}}{4\pi} \hat{j}_a \hat{j}_b \hat{j}_c \hat{j}_d C^{j1}_{j_a \frac{1}{2} j_b \frac{1}{2}} C^{j \ 1}_{j_c \frac{1}{2} j_d \frac{1}{2}} \tag{2.6.51}$$

对于费米子系统, 需要反对称化. 它的反对称化是减去交换粒子态 j_c 和 j_d 项, 因此反对称化矩阵元用上标 A 标记, 利用 Clebsh-Gordon 系数的对称性得到

$$\Xi^A_{\Delta n=0} = \frac{(-1)^{j_a+j_b+j_c+j_d}}{4\pi} \hat{j}_a \hat{j}_b \hat{j}_c \hat{j}_d [1-(-1)^{j-j_c-j_d}] C^{j \ 1}_{j_a \frac{1}{2} j_b \frac{1}{2}} C^{j \ 1}_{j_c \frac{1}{2} j_d \frac{1}{2}} \tag{2.6.52}$$

跃迁矩阵元确实与磁量子数 m 无关. 由 Wigner-Eckart 定理, 对于力学量为标量 Q 的情况下, 跃迁矩阵元与约化矩阵元之间的关系为

$$\langle \alpha jm|Q|\alpha' j'm' \rangle = \frac{1}{\hat{j}} \langle \alpha j||Q||\alpha' j' \rangle \delta_{\alpha\alpha'} \delta_{jj'} \delta_{mm'} \tag{2.6.53}$$

因此在 $\Delta n = 0$ 状态下, 约化矩阵元为

$$\Lambda^A_{\Delta n=0} = \hat{j} \Xi^A_{\Delta n=0} \tag{2.6.54}$$

通常是用式 (2.4.19) 给出的与激子数有关的角动量分布函数 $R_n(J)$ 来表示在 n 激子态角动量 J 的概率.

对于 $\Delta n = 0$ 的激子态跃迁过程, 从总角动量 J 中取出 $j_a j_b(j)$ 后又形成 $j_c j_d(j)$ 的角度部分权重为

$$\frac{R_{n-2}(S) R_2(j) R_2(j)}{R_n(J)} \tag{2.6.55}$$

由角动量 j 态产生两个粒子对的权重分别为

$$R_1(j_a) R_1(j_b)/R_2(j) \ 和 \ R_1(j_c) R_1(j_d)/R_2(j) \tag{2.6.56}$$

在激子态跃迁速率中的角度因子 λ_0^J 是由约化矩阵元 $\Lambda_{\Delta n=0}^A$ 模的平方得到的. 同样, 这时必须利用 Hauser-Feshbach 理论中应用的无规相位近似, 将对角动量求和移到模的平方之外, 由此得到 $\Delta n = 0$ 状态下 n 激子态的角动量因子为

$$
\begin{aligned}
x_0^J(n) = \frac{1}{8\pi^2 R_n(J)} &= \sum_S R_{n-2}(S) \sum_j (2j+1)\Delta(JSj) \\
&\times \sum_{j_a j_b j_c j_d} (2j_a+1)R_1(j_a)(2j_b+1)R_1(j_b) \\
&\times (2j_c+1)R_1(j_c)(2j_d+1)R_1(j_d)[1-(-1)^{j-j_c-j_d}]\left(C_{j_a\frac{1}{2}j_b\frac{1}{2}}^{j\ 1} C_{j_c\frac{1}{2}j_d\frac{1}{2}}^{j\ 1}\right)^2
\end{aligned}
\tag{2.6.57}
$$

为了便于计算, 将式 (2.6.57) 改写为 (Zhang et al.,1994a)

$$
x_0^J(n) = \frac{1}{8\pi^2 R_n(J)} \sum_S R_{n-2}(S) \sum_j (2j+1)\Delta(JSj)G_0(j)F_0(j) \tag{2.6.58}
$$

其中

$$
G_0(j) = \sum_{j_c j_d} (2j_c+1)R_1(j_c)(2j_d+1)R_1(j_d)[1-(-1)^{j-j_c-j_d}][C_{j_c\frac{1}{2}j_d\frac{1}{2}}^{j\ 1}]^2 \tag{2.6.59}
$$

和

$$
F_0(j) = (2j+1)\sum_{j_a j_b} (2j_a+1)R_1(j_a)(2j_b+1)R_1(j_b)[C_{j_a\frac{1}{2}j_b\frac{1}{2}}^{j\ 1}]^2 \tag{2.6.60}
$$

其中, $\Delta(JSj)$ 表示括号内三个角动量需要满足三角关系时为 1, 否则为 0.

下面讨论 $\Delta n = 2$ 的情况, 这是原子核系统由低激子态向高激子态跃迁的过程, 即产生粒子- 空穴对的过程. 若费米面上角动量为 j_a 的粒子 a 从费米面下激发一个粒子 d 到费米面上, 而在费米面下留下一个空穴 b, 角动量为 j_b, 即产生出一个粒子-空穴对, 其角动量分别为 j_d, j_b; 同时在碰撞后, a 粒子的角动量由 j_a 变为 j_c. 这时激子数增加 2, 即 $\Delta n = 2$ 的散射过程.

为保证角动量守恒, 先将粒子-空穴对的角动量耦合成 $\boldsymbol{j}_d + \boldsymbol{j}_b = \boldsymbol{j}$, 再由角动量相加得 $\boldsymbol{j}+\boldsymbol{j}_c = \boldsymbol{j}_a$, 这表示在粒子-空穴对的产生过程中角动量守恒. 核内其他剩余核子作为旁观者, 其总角动量为 S, 体系的总角动量为 J. 其角动量耦合状况由图 2.8 所示.

注意到空穴是在费米海下缺少核子, 其磁量子数用 $-m_b$ 表示. 跃迁矩阵元为

$$
\Xi_{\Delta n=2} = \left\langle (j_b j_d)jm, j_c m_c, j_a m_a \middle| \sum_l g_l \middle| j_a m_a \right\rangle \tag{2.6.61}
$$

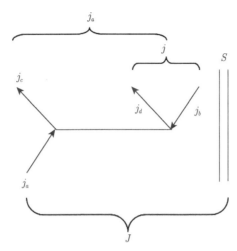

图 2.8　$\Delta n = 2$ 过程中的角动量耦合关系示意图

对于力学量为标量的跃迁过程, 初态与末态要保持角动量守恒, 因此不仅角动量 j_a 值要相同, 磁量子数 m_a 初末态也要相同, 而且可以证明跃迁矩阵元 $\Xi_{\Delta n=2}$ 与磁量子数 m_a 无关, 因此这里将 m_a 作为固定值. 三个角动量耦合与角动量的耦合顺序有关, 但是不同耦合顺序得到相同总角动量的态之间可以通过一个幺正变换相联系. 下面将

$$\boldsymbol{j}_b + \boldsymbol{j}_d = \boldsymbol{j}, \quad \boldsymbol{j} + \boldsymbol{j}_c = \boldsymbol{j}_a \tag{2.6.62}$$

的耦合顺序改变为

$$\boldsymbol{j}_c + \boldsymbol{j}_d = \boldsymbol{j}', \quad \boldsymbol{j}' + \boldsymbol{j}_b = \boldsymbol{j}_a \tag{2.6.63}$$

这时跃迁矩阵元可表示为

$$
\begin{aligned}
\Xi_{\Delta n=2} &= \sum_{j'} \hat{j}\hat{j}' W(j_c j_d j_a j_b, j'j) \langle (j_c j_d) j' m, j_b m_b, j_a m_a | \sum_l g_l | j_a m_a \rangle \\
&= \sum_{j'} \hat{j}\hat{j}' W(j_a j_b j_c j_d, j'j) \sum_{m_c m_b} C_{j_c m_c j_d m_d}^{j' \quad m'} C_{j' m' j_b m_b}^{j_a \quad m_a} \langle (j_c j_d) j_b, j_a | \sum_l g_l | j_a \rangle
\end{aligned}
\tag{2.6.64}
$$

由于产生空穴的算符 $(j_b, -m_b)$ 与湮灭粒子算符之间相差因子 $(-1)^{j_b+m_b}$ (Bohr, 1969), 当将空穴产生算符移到跃迁矩阵元的右边, 等价于粒子湮灭算符时, 于是有

$$
\begin{aligned}
\Xi_{\Delta n=2} &= \sum_{j'l} \hat{j}\hat{j}' W(j_a j_b j_c j_d, j'j) \sum_{m_c m_b} C_{j_c m_c j_d m_d}^{j' \quad m'} C_{j' m' j_b m_b}^{j_a \quad m_a} (-1)^{j_b+m_b+\mu} \\
&\quad \times \langle j_d m_d | Y_{l\mu} | j_b - m_b \rangle \langle j_c m_c | Y_{l-\mu} | j_a m_a \rangle
\end{aligned}
\tag{2.6.65}
$$

同样, 这时从 Clebsh-Gordon 系数中的耦合关系看出, 当选 m_b, m_c 为自由求和时, 与其他磁量子数之间的关系为 $m' = m_a - m_b$, $m_d = m_a - m_b - m_c$, 因而 m', m_d 不

是自由求和的磁量子数. 利用 Wigner-Elkart 定理, 将球谐函数写成约化矩阵元的表示时, 同样得到被磁量子数求和的四个 Clebsh-Gordon 系数.

$$
\begin{aligned}
\Xi_{\Delta n=2} = \sum_{lj'} \hat{j}\hat{j}' W(j_a j_b j_c j_d, j'j) \sum_{m_c m_b \mu} C_{j_c m_c j_d m_d}^{j'~~m'} C_{j'm' j_b m_b}^{j_a~~m_a} (-1)^{j_b+m_b+\mu} \\
\times \frac{1}{\hat{j}_c \hat{j}_d} C_{j_b-m_b l\mu}^{j_d~~m_d} C_{j_a m_a l-\mu}^{j_c~~m_c} \langle j_d\|\mathrm{Y}_l\|j_b\rangle \langle j_c\|\mathrm{Y}_l\|j_a\rangle
\end{aligned}
\tag{2.6.66}
$$

其中, 将四个 Clebsh-Gordon 系数的求和相因子等有关部分记为

$$
\Pi \equiv \frac{1}{\hat{j}_c \hat{j}_d} \sum_{m_c m_b \mu} (-1)^{j_b+m_b+\mu} C_{j_c m_c j_d m_d}^{j'~~m'} C_{j'm' j_b m_b}^{j_a~~m_a} C_{j_b-m_b l\mu}^{j_d~~m_d} C_{j_a m_a l-\mu}^{j_c~~m_c}
\tag{2.6.67}
$$

利用 Clebsh-Gordon 系数的对称性

$$
C_{j_b-m_b l\mu}^{j_d~~m_d} = \frac{\hat{j}_d}{\hat{l}}(-1)^{j_b+m_b} C_{j_b-m_b j_d-m_d}^{l~~-\mu} = \frac{\hat{j}_d}{\hat{l}}(-1)^{j_b+m_b} C_{j_d m_d j_b m_b}^{l~~\mu}
\tag{2.6.68}
$$

$$
C_{j_a m_a l-\mu}^{j_c~~m_c} = \frac{\hat{j}_c}{\hat{j}_a}(-1)^{l-\mu} C_{j_c-m_c l-\mu}^{j_a-m_a} = \frac{\hat{j}_c}{\hat{j}_a}(-1)^{j_a-j_c-\mu} C_{j_c m_c l\mu}^{j_a~~m_a}
\tag{2.6.69}
$$

注意到这时 $\mu = m_a - m_c = m_b + m_d$, 不是自由求和的磁量子数, 这时式 (2.6.67) 变为

$$
\Pi \equiv \frac{(-1)^{j_a-j_c}}{\hat{j}_a \hat{l}} \sum_{m_c m_b} C_{j_c m_c j_d m_d}^{j'~~m'} C_{j'm' j_b m_b}^{j_a~~m_a} C_{j_d m_d j_b m_b}^{l~~\mu} C_{j_c m_c l\mu}^{j_a~~m_a}
\tag{2.6.70}
$$

对磁量子数求和, 因此得到

$$
\Pi = \frac{(-1)^{j_a-j_c}}{\hat{j}_a \hat{l}} \hat{l}\hat{j}' W(j_c j_d j_a j_b, j'l) = \frac{\hat{j}'}{\hat{j}_a}(-1)^{j_a-j_c} W(j_a j_b j_c j_d, j'l)
\tag{2.6.71}
$$

代入到式 (2.6.66), 于是得到跃迁矩阵元

$$
\begin{aligned}
\Xi_{\Delta n=2} = \frac{(-1)^{j_a-j_c}}{\hat{j}_a \hat{j}} \sum_{lj'} (2j+1)(2j'+1) W(j_a j_b j_c j_d, j'j) W(j_a j_b j_c j_d, j'l) \\
\times \langle j_d\|\mathrm{Y}_l\|j_b\rangle \langle j_c\|\mathrm{Y}_l\|j_a\rangle
\end{aligned}
\tag{2.6.72}
$$

利用 Racah 系数的正交性质

$$
\sum_e (2e+1)(2f+1) W(abcd, ef) W(abcd, eg) = \delta_{fg}
\tag{2.6.73}
$$

因此, 在式 (2.6.72) 中对 j' 求和后, 得到因子 δ_{lj}, 跃迁矩阵元被化简为

$$
\Xi_{\Delta n=2} = \frac{(-1)^{j_a-j_c}}{\hat{j}_a \hat{j}} \langle j_d\|\mathrm{Y}_j\|j_b\rangle \langle j_c\|\mathrm{Y}_j\|j_a\rangle
\tag{2.6.74}
$$

确实与磁量子数 m_a 无关. 代入式 (2.6.44) 给出的球谐函数的约化矩阵元表示后,得到 $\Delta n = 2$ 的跃迁矩阵元

$$\Xi_{\Delta n=2} = \frac{(-1)^{j_a-j_d}}{4\pi\hat{j}}\hat{j}_b\hat{j}_c\hat{j}_d C_{j_a\frac{1}{2}j_c-\frac{1}{2}}^{j\ 0} C_{j_b\frac{1}{2}j_d-\frac{1}{2}}^{j\ 0} \tag{2.6.75}$$

由式 (2.6.49) 得到在 $\Delta n = 2$ 的状况下, 约化矩阵元为

$$\Lambda_{\Delta n=2} = \hat{j}_a \Xi_{\Delta n=2} \tag{2.6.76}$$

对于费米子系统需要反称化. 它的反称化是减去交换粒子态 c 和 d 项, 反称化矩阵元是用上标 A 标记, 由式 (2.6.66) 得到的反称化约化矩阵元为

$$\Lambda^A_{\Delta n=2} = \frac{(-1)^{j_a-j_d}}{4\pi}\frac{\hat{j}_a\hat{j}_b\hat{j}_c\hat{j}_d}{\hat{j}}\left[C_{j_a\frac{1}{2}j_c-\frac{1}{2}}^{j\ 0}C_{j_b\frac{1}{2}j_d-\frac{1}{2}}^{j\ 0} - (-1)^{j_d-j_c}C_{j_a\frac{1}{2}j_d-\frac{1}{2}}^{j\ 0}C_{j_b\frac{1}{2}j_c-\frac{1}{2}}^{j\ 0}\right] \tag{2.6.77}$$

假设 n 激子态角动量为 J 的权重是 $R_n(J)$, 则在 n 激子下, 取出 j_a 态的权重为 $R_{n-1}(S)R_1(j_a)/R_n(J)$, 角动量为 j_a 的粒子激发出角动量为 j 的粒子–空穴对, 自身角动量为 j_c 的权重为 $R_2(j)R_1(j_c)$, 粒子–空穴对的权重为 $R_1(j_b)R_1(j_d)/R_2(j)$.

在激子态跃迁速率中的角度因子 λ_+^J 是由约化矩阵元 $\Lambda^A_{\Delta n=2}$ 模的平方得到的. 同样, 必须利用 Hauser-Feshbach 理论中应用的无规相位近似, 将对角动量 j_a, j_b, j_c, j_d 的求和移到模的平方之外, 由此得到 $\Delta n = 2$ 状态下 n 激子态的角动量因子 $x_+^J(n)$ 的表示为 (Zhang et al.,1994a)

$$x_+^J(n) = |\Lambda^A_{\Delta n=2}|^2 = \frac{1}{16\pi^2 R_n(J)}\sum_S\sum_{j_a}(2j_a+1)R_1(j_a)R_{n-1}(S)F_+(j_a)\Delta(j_aJS) \tag{2.6.78}$$

符号 $\Delta(j_aJS)$ 表示这 3 个角动量需要满足角动量耦合的三角关系. 为了方便计算, 利用下面的标记

$$F_+(j_a) = \sum_{jj_c}(2j_c+1)R_1(j_c)G_+(j_aj_cj)\Delta(j_aj_cj) \tag{2.6.79}$$

其中

$$\begin{aligned}G_+(j_aj_cj) = &\frac{1}{2j+1}\sum_{j_bj_d}(2j_b+1)R_1(j_b)(2j_d+1)R_1(j_d)\\ &\times\left[C_{j_a\frac{1}{2}j_c-\frac{1}{2}}^{j\ 0}C_{j_b\frac{1}{2}j_d-\frac{1}{2}}^{j\ 0} - (-1)^{j_d-j_c}C_{j_a\frac{1}{2}j_d-\frac{1}{2}}^{j\ 0}C_{j_b\frac{1}{2}j_c-\frac{1}{2}}^{j\ 0}\right]^2\end{aligned} \tag{2.6.80}$$

下面讨论 $\Delta n = -2$ 的情况, 这是用于 $n \geqslant 5$ 激子态的情况, 对应的跃迁状态是费米面上角动量为 j_a 的粒子 a 与费米面上的一个粒子 d 碰撞后, 将其碰撞到费

米面下, 填充了一个空穴 b, 即湮灭了一个粒子–空穴对, 其角动量分别为 j_d 和 j_b. 在碰撞后, a 粒子的角动量由 j_a 变为 j_c. 这时激子数减少 2, 即 $\Delta n = -2$ 的散射过程. 为保证角动量守恒, 先将粒子–空穴对的角动量耦合成 $\boldsymbol{j}_d + \boldsymbol{j}_b = \boldsymbol{j}$, 再由角动量合成得 $\boldsymbol{j} + \boldsymbol{j}_a = \boldsymbol{j}_c$, 这表示在粒子–空穴对的湮灭过程中角动量守恒. 核内其他核子作为旁观者, 其总角动量为 S, 体系的总角动量为 J, 其角动量耦合状况由图 2.9 所示.

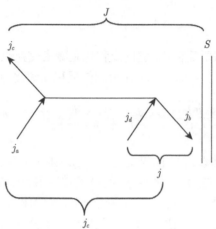

图 2.9 $\Delta n = -2$ 过程中的角动量耦合关系示意图

注意到空穴是在费米海下缺少核子, 其磁量子数用 $-m_b$ 表示. 同样, 由于湮灭粒子态 (j_n, m_b) 的算符与产生空穴态 $(j_n, -m_b)$ 的算符之间相差因子 $(-1)^{j_b + m_b}$ (Bohr, 1969), 类似于上面 $\Delta n = 2$ 的推导, 这时跃迁矩阵元可被约化矩阵元的表示给出

$$\Xi_{\Delta n = -2} = \langle j_c m_c | \sum_{l\mu} \mathrm{Y}_{l\mu}^* \mathrm{Y}_{l\mu} | (j_b j_d) j m, j_a m_a, j_c m_c \rangle \tag{2.6.81}$$

对于力学量为标量的跃迁过程, 初态与末态要保持角动量守恒, 因此不仅角动量 j_c 值要相同, 磁量子数 m_c 初末态也要相同, 而且可以证明跃迁矩阵元 $\Xi_{\Delta n = -2}$ 与磁量子数 m_c 无关, 因此这里将 m_c 作为固定值. 交换角动量的耦合顺序得到相同总角动量的态之间可以通过一个幺正变换相联系. 下面将 $\boldsymbol{j}_b + \boldsymbol{j}_d = \boldsymbol{j}$ 和 $\boldsymbol{j} + \boldsymbol{j}_a = \boldsymbol{j}_c$ 的耦合顺序改变为 $\boldsymbol{j}_d + \boldsymbol{j}_a = \boldsymbol{j}$ 和 $\boldsymbol{j}' + \boldsymbol{j}_b = \boldsymbol{j}_c$. 同样, 湮灭空穴的算符 $(j_b, -m_b)$ 与产生粒子算符之间相差因子 $(-1)^{j_b + m_b}$ (Bohr, 1969), 这时跃迁矩阵元可表示为

$$\begin{aligned}
\Xi_{\Delta n = -2} &= \sum_{j'} \hat{j}\hat{j}' W(j_a j_d j_c j_b, j'j) \left\langle j_c m_c \left| \sum_{l\mu} \mathrm{Y}_{l\mu}^* \mathrm{Y}_{l\mu} \right| (j_a j_d) j_b j', j_c m_c \right\rangle \\
&= \sum_{j'} \hat{j}\hat{j}' W(j_a j_d j_c j_b, j'j) \sum_{m_a m_b} C_{j_a m_a j_d m_d}^{j' \quad m'} C_{j' m' j_b m_b}^{j_c \quad m_c} \\
&\quad \times \langle j_b - m_b | \mathrm{Y}_{l\mu} | j_d m_d \rangle \langle j_c m_c | \mathrm{Y}_{l-\mu} | j_a m_a \rangle
\end{aligned} \tag{2.6.82}$$

同样, 这时从 Clebsh-Gordon 系数中的耦合关系看出, 当选 m_a, m_b 为自由求和时, 与其他磁量子数之间的关系为 $m' = m_c - m_b$, $m_d = m_c - m_b - m_a$, 因而 m', m_d 不是自由求和的磁量子数. 利用 Wigner-Eckart 定理, 将球谐函数写成约化矩阵元的表示时, 得到四个 Clebsh-Gordon 系数.

$$\Xi_{\Delta n=-2} = \sum_{j'l} \hat{j}\hat{j}' W(j_a j_d j_c j_b, j'j) \sum_{m_a m_b \mu} C_{j_a m_a j_d m_d}^{j' \ m'} C_{j' m' j_b m_b}^{j_c \ m_c} (-1)^{j_b + m_b + \mu}$$

$$\times \frac{1}{\hat{j}_b \hat{j}_c} C_{j_d m_d l \mu}^{j_b \ -m_b} C_{j_a m_a l - \mu}^{j_c \ m_c} \langle j_b || Y_l || j_d \rangle \langle j_c || Y_l || j_a \rangle \tag{2.6.83}$$

其中, 四个 Clebsh-Gordon 系数的求和相因子等有关部分记为

$$\Pi \equiv \frac{1}{\hat{j}_b \hat{j}_c} \sum_{m_a m_b \mu} (-1)^{j_b + m_b + \mu} C_{j_a m_a j_d m_d}^{j' \ m'} C_{j' m' j_b m_b}^{j_c \ m_c} C_{j_d m_d l \mu}^{j_b \ -m_b} C_{j_a m_a l - \mu}^{j_c \ m_c} \tag{2.6.84}$$

利用 Clebsh-Gordon 系数的对称性 $C_{j_d m_d l \mu}^{j_b \ -m_b} = \frac{\hat{j}_b}{\hat{l}} (-1)^{j_d - m_d} C_{j_d m_d j_b m_b}^{l \ -\mu}$, 注意到这时 $\mu = m_a - m_c = -m_b - m_d$, 不是自由求和的磁量子数, 则

$$\Pi \equiv \frac{(-1)^{j_b - j_d}}{\hat{j}_c \hat{l}} \sum_{m_c m_b} C_{j_a m_a j_d m_d}^{j' \ m'} C_{j' m' j_b m_b}^{j_c \ m_c} C_{j_d m_d j_b m_b}^{l \ -\mu} C_{j_a m_a l - \mu}^{j_c \ m_c} \tag{2.6.85}$$

对磁量子数求和, 得到

$$\Pi = \frac{(-1)^{j_b - j_d}}{\hat{j}_c \hat{l}} \hat{l} \hat{j}' W(j_a j_d j_c j_b, j'l) = \frac{\hat{j}'}{\hat{j}_c} (-1)^{j_b - j_d} W(j_a j_d j_c j_b, j'l) \tag{2.6.86}$$

于是得到跃迁矩阵元为

$$\Xi_{\Delta n=-2} = \frac{(-1)^{j_b - j_d}}{\hat{j}_c \hat{j}} \sum_{j'l} (2j+1)(2j'+1) W(j_a j_d j_c j_b, j'j) W(j_a j_d j_c j_b, j'l)$$

$$\times \langle j_b || Y_l || j_d \rangle \langle j_c || Y_l || j_a \rangle \tag{2.6.87}$$

利用 Racah 系数的正交性质 (2.6.73), 因此, 对 j' 求和后得到因子 δ_{lj}, 跃迁矩阵元化简为

$$\Xi_{\Delta n=-2} = \frac{(-1)^{j_b - j_d}}{\hat{j}\hat{j}_c} \langle j_b || Y_j || j_d \rangle \langle j_c || Y_j || j_a \rangle \tag{2.6.88}$$

代入球谐函数的约化矩阵元表示式 (2.6.44) 后, 由式 (2.6.76) 得到 $\Delta n = -2$ 的跃迁过程的约化矩阵元的表示

$$\Lambda_{\Delta n=-2} = \hat{j}_c \Xi_{\Delta n=-2} = \frac{(-1)^{j_c - j_d}}{4\pi \hat{j}} \hat{j}_a \hat{j}_b \hat{j}_c \hat{j}_d C_{j_a \frac{1}{2} j_c - \frac{1}{2}}^{j \ 0} C_{j_b \frac{1}{2} j_d - \frac{1}{2}}^{j \ 0} \tag{2.6.89}$$

确实与磁量子数 m_c 无关. 对于湮灭粒子–空穴对的过程 ($\Delta n = -2$), 这时 n 激子态角动量为 J 的概率是 $R_n(J)$, 则在 n 激子下, 取出 j_c 态的权重为 $R_{n-3}(S)R_1(j_c)/R_n(J)$, 角动量为 j_a 的粒子激发出角动量为 j 的粒子–空穴对, 自身角动量为 j_a 的概率为 $R_2(j)R_1(j_a)$, 粒子–空穴对的权重为 $R_1(j_b)R_1(j_d)/R_2(j)$.

角度因子 λ_-^J 是由约化矩阵元 $\Lambda_{\Delta n=-2}^A$ 模的平方得到的. 同样, 必须利用 Hauser-Feshbach 理论中应用的无规相位近似, 将对角动量 j_a, j_b, j_c, j_d 的求和移到模的平方之外, 由此得到 $\Delta n = -2$ 状态下 n 激子态的角动量因子 $X_-^J(n)$ 的表示 (Zhang et al.,1994a).

为了方便计算, 利用下面的标记, 将角动量因子 $x_-^J(n)$ 表示为

$$x_-^J(n) = |\Lambda_{\Delta n=-2}^A|^2 = \frac{1}{16\pi^2 R_n(J)} \sum_S \sum_{j_c} (2j_c+1)R_1(j_c)R_{n-3}(S)F_-(j_c)\Delta(j_c JS) \tag{2.6.90}$$

在考虑了反称化, 交换 j_a 和 j_d 后, 得到

$$F_-(j_c) = \sum_{jj_a} (2j_a+1)R_1(j_a)G_-(j_a j_c j)\Delta(j_a j_c j) \tag{2.6.91}$$

其中

$$G_-(j_a j_c j) = \frac{1}{2j+1} \sum_{j_b j_d} (2j_b+1)R_1(j_b)(2j_d+1)R_1(j_d)$$

$$\times \left[C_{j_a\frac{1}{2}j_c-\frac{1}{2}}^{j\ 0}\, C_{j_b\frac{1}{2}j_d-\frac{1}{2}}^{j\ 0} - (-1)^{j_c-j_d} C_{j_a\frac{1}{2}j_b-\frac{1}{2}}^{j\ 0}\, C_{j_c\frac{1}{2}j_d-\frac{1}{2}}^{j\ 0} \right]^2 \tag{2.6.92}$$

式 (2.6.90) 与式 (2.6.78) 对比可以发现, 两者之间仅是 j_a 和 j_c 的对换, 因此有

$$\chi_-^J(n+2) = \chi_+^J(n) \tag{2.6.93}$$

需要注意的是, 仅是角动量因子的关系, 而激子态之间的跃迁概率是不同的, 这可由式 (2.6.16) 与式 (2.6.18) 的不同而不同.

在得到上面的角动量因子 $x_{\pm,0}^J(n)$ 之后, 还需要满足物理上的自洽条件. 这就是在对所有角动量和宇称求和后, 与角动量有关的激子模型寿命主方程 (2.6.26) 应该自动退化为普通激子模型寿命主方程 (2.6.4). 将与角动量有关的激子模型寿命主方程 (2.6.26) 乘上归一化因子 $(2J+1)P(\pi)R_n(J)$, 对角动量宇称 J,π 求和, 且有

$$\sum_{J\pi} (2J+1)P(\pi)R_n(J)\delta_{n,n_0} = \delta_{n,n_0} \tag{2.6.94}$$

由式 (2.4.18) 和式 (2.4.19) 以及式 (2.4.25) 得到与角动量宇称无关的总发射率表

示为

$$W_T(n, E) = \sum_{J\pi} (2J+1) W_T^{J\pi}(n, E) = \frac{1}{2\pi\hbar\omega(n, E)}$$

$$\sum_{b,k} \sum_{J\pi} (2J+1) \sum_{j=|J-I_k|}^{J+I_k} \sum_{l=|j-s_k|}^{j+s_k} (2j+1) T_{jl}(b, k) f_l(\pi, \pi_k)$$

由此得到角动量因子所满足的归一化条件为

$$\sum_J (2J+1) x_\nu^J R_n(J) = 1 \tag{2.6.95}$$

利用这一个归一化条件, 可以免除确定剩余相互作用强度以及对径向积分所产生的常数的不确定系数值的问题. 由此可以得到角动量因子 $x_{\pm,0}^J(n)$ 的确切值. 至于与角动量有关的激子模型中寿命方程的求解, 是需要对每个角动量 J 的寿命方程逐一求解而已.

下面讨论角动量求和的取值范围. 光学模型计算的吸收截面的结果表明, 与 J, π 有关的吸收截面 $\sigma_a^{J\pi}$ 随着靶核自旋 I 不同有着不同的 J, π 分布. $\sigma_a^{J\pi}$ 的峰值在 $I + 0.5$ 附近, 在 $J > I$ 之后随 J 的增加, $\sigma_a^{J\pi}$ 值迅速减小并可达到可忽略的程度. 例如, 小于 $1\mu b$, 这时给出最大的角动量取值 $J_{\max}$. 入射能量越高, $J_{\max}$ 值越大, 因此 $J_{\max}$ 取值范围是与入射能量有关的.

由图 2.6 可以得到如下的角动量三角关系 $\Delta(j_b j_d j)$, $\Delta(j_a j_c j)$, 以及 $\Delta(j_a \mathbf{J} \mathbf{S})$. 在低能轻核反应中仅需要考虑激子数 $n = 3$ 的 $\Delta n = 2$ 态, 这对应着仅一个空穴态 j_b. 对于 1p 壳核的空穴态角动量只能是 $j_b = 1/2, 3/2$. 由角动量三角关系 $\Delta(j_b j_d j)$ 得到 $|j - j_b| \leqslant j_d \leqslant j + j_b$, 而由角动量三角关系 $\Delta(j_a j_c j)$ 得到 $|j_a - j| \leqslant j_c \leqslant j_a + j$, 再由角动量三角关系 $\Delta(j_a \mathbf{J} \mathbf{S})$ 得到

$$|J - j_a| \leqslant S \leqslant J + j_a \tag{2.6.96}$$

这就意味着在一定 $\mathbf{J}$ 值下, 由式 (2.6.96) 就可以确定从 1p 壳复合核中取出一个核子角动量 j_a 时剩余核子旁观者 S 的取值范围. 由于角动量 j_a 是从复合核中取出的核子, 因而 j_a 的自旋一定是半整数. 对于中子入射而言, 靶核自旋 I 与 S 同为整数或半整数, 而总自旋 J 与 I(或 S) 的整数半整数的情况正好相反. j_a 的取值从 $0.5, 1, 5, \cdots$ 无上限, 在数据计算中, 由式 (2.6.79) 给出的 $F_+(j_a)$ 会随 j_a 的加大而收敛性减少, 给出收敛条件即可结束计算.

应用式 (2.6.78) 和 (2.6.96) 对 1p 壳轻核和 2s~1d 壳的 ^{19}F 和 ^{39}K 的角度因子 $X_+^J(n = 3)$ 对偶偶核和奇 A 核的计算结果分别由表 2.12 和表 2.13 给出.

表 2.12　偶偶核的角度因子 $X_+^J(n=3)$ 的计算结果

J	^{6}Li	^{10}B	^{12}C	^{14}N	^{16}O
0.5	1.088	1.042	1.024	1.010	9.971×10^{-1}
1.5	1.042	1.029	1.019	1.010	1.001
2.5	9.692×10^{-1}	1.006	1.009	1.008	1.005
3.5	8.787×10^{-1}	9.723×10^{-1}	9.904×10^{-1}	1.000	1.006
4.5	7.803×10^{-1}	9.273×10^{-1}	9.623×10^{-1}	9.850×10^{-1}	9.997×10^{-1}
5.5	6.787×10^{-1}	8.699×10^{-1}	9.221×10^{-1}	9.582×10^{-1}	9.834×10^{-1}
6.5	5.755×10^{-1}	7.999×10^{-1}	8.680×10^{-1}	9.174×10^{-1}	9.531×10^{-1}
7.5	4.712×10^{-1}	7.177×10^{-1}	7.994×10^{-1}	8.608×10^{-1}	9.063×10^{-1}
8.5	3.677×10^{-1}	6.250×10^{-1}	7.167×10^{-1}	7.874×10^{-1}	8.413×10^{-1}
9.5	2.710×10^{-1}	5.248×10^{-1}	6.216×10^{-1}	6.985×10^{-1}	7.586×10^{-1}
10.5	1.876×10^{-1}	4.219×10^{-1}	5.181×10^{-1}	5.973×10^{-1}	6.611×10^{-1}
11.5	1.214×10^{-1}	3.222×10^{-1}	4.126×10^{-1}	4.900×10^{-1}	5.545×10^{-1}
12.5	7.256×10^{-2}	2.325×10^{-1}	3.125×10^{-1}	3.842×10^{-1}	4.463×10^{-1}
13.5	3.973×10^{-2}	1.582×10^{-1}	2.247×10^{-1}	2.876×10^{-1}	3.444×10^{-1}
14.5	1.998×10^{-2}	1.016×10^{-1}	1.536×10^{-1}	2.056×10^{-1}	2.549×10^{-1}
15.5	9.380×10^{-1}	6.194×10^{-2}	1.001×10^{-1}	1.408×10^{-1}	1.813×10^{-1}
16.5	4.187×10^{-3}	3.604×10^{-2}	6.250×10^{-2}	9.261×10^{-2}	1.243×10^{-1}
17.5	1.797×10^{-3}	2.008×10^{-2}	3.744×10^{-2}	5.864×10^{-2}	8.227×10^{-2}
18.5	7.408×10^{-4}	1.071×10^{-2}	2.155×10^{-2}	3.583×10^{-2}	5.278×10^{-2}
19.5	2.887×10^{-4}	5.453×10^{-3}	1.193×10^{-2}	2.120×10^{-2}	3.298×10^{-2}

表 2.13　奇 A 核的角度因子 $X_+^J(n=3)$ 的计算结果

J	^{7}Li	^{9}Be	^{11}B	^{19}F	^{39}K
0.0	7.524×10^{-1}	7.531×10^{-1}	7.554×10^{-1}	7.475×10^{-1}	7.789×10^{-1}
1.0	8.254×10^{-1}	8.154×10^{-1}	8.095×10^{-1}	7.859×10^{-1}	8.006×10^{-1}
2.0	9.629×10^{-1}	9.324×10^{-1}	9.116×10^{-1}	8.598×10^{-1}	8.429×10^{-1}
3.0	1.145	1.089	1.050	9.642×10^{-1}	9.034×10^{-1}
4.0	1.344	1.267	1.211	1.092	9.784×10^{-1}
5.0	1.537	1.449	1.380	1.233	1.064
6.0	1.710	1.621	1.544	1.378	1.153
7.0	1.852	1.769	1.688	1.516	1.242
8.0	1.946	1.876	1.794	1.635	1.324
9.0	1.966	1.917	1.842	1.725	1.392
10.0	1.885	1.870	1.815	1.776	1.442
11.0	1.692	1.730	1.709	1.783	1.470
12.0	1.418	1.515	1.536	1.742	1.474
13.0	1.117	1.260	1.320	1.655	1.453
14.0	8.393×10^{-1}	1.003	1.090	1.530	1.410
15.0	6.078×10^{-1}	7.692×10^{-1}	8.671×10^{-1}	1.377	1.347
16.0	4.248×10^{-1}	5.675×10^{-1}	6.649×10^{-1}	1.208	1.271

续表

J	^{7}Li	^{9}Be	^{11}B	^{19}F	^{39}K
17.0	2.832×10^{-1}	4.004×10^{-1}	4.901×10^{-1}	1.036	1.185
18.0	1.766×10^{-1}	2.678×10^{-1}	3.466×10^{-1}	8.715×10^{-1}	1.095
19.0	1.012×10^{-1}	1.694×10^{-1}	2.365×10^{-1}	7.217×10^{-1}	1.006

由表 2.12 和表 2.13 的结果可以看出, 在大角动量部分角度因子随角动量 J 的加大而减小, 靶核越轻减小的程度越快. 1p 壳核素比 2s~1d 壳核素更明显, 说明高角动量的状态向高激子态的跃迁概率 $\lambda_+^J(3)$ 越小, 使得预平衡发射概率越大. 这是轻核反应的特征之处.

计算表明在更高激子态, 对各种角动量, 角动量因子会趋向于 1, 核素越重趋向于 1 的情况越明显, 这是由于在式 (2.6.49) 中自旋切割因子变大所致. 除了角动量因子外, 为了看清在中子引发的核反应中粒子发射率与激子态跃迁率等物理量的数值概念, 作为例子, 在表 2.14 中给出了 n + ^{9}Be 反应, 在 $n = 3$ 激子态中, 中子入射能量 $E_n = 14.1$MeV 时, 在各角动量 J 值的情况下, $W_T^{J\pi}(3)$ 和 $\lambda_+^J(3)$ 的计算结果. 由于在发射率公式 (2.4.18) 和激子态跃迁速率公式 (2.6.32) 中, 分母同时存在 $\hbar$, 在通常计算中, 我们应用发射宽度 $\Gamma_T^{J\pi}(n) = \hbar W_T^{J\pi}(n)$ 和跃迁宽度 $\hbar\lambda_+^J(3)$, 它们的量纲是能量, 单位是 MeV.

在轻核反应中一次粒子发射到剩余核的分立能级, 由于轻核反应剩余核的分立能级都有自己独特的自旋宇称的特性, 因此总发射率 $\Gamma_T^{J\pi}(n)$ 与 $J\pi$ 之间的关系不是光滑曲线, 这与统计理论中连续态的总发射率与 $J\pi$ 的关系为光滑曲线的情况有明显的不同.

表 2.14 n + ^{9}Be 在激子态 $n = 3$ 和 $E_n = 14.1$MeV 时的发射宽度及跃迁宽度

J	$\Gamma_T^{J\pi=1}(3)$	$\Gamma_T^{J\pi=-1}(3)$	$\hbar\lambda_+^J(3)$
0	1.026	1.407	0.5444
1	1.672	1.203	0.5894
2	2.016	1.975	0.6740
3	3.037	2.521	0.7872
4	4.173	3.854	0.9159
5	6.252	5.518	1.047
6	7.726	10.49	1.172
7	11.57	16.45	1.279
8	22.41	28.10	1.356
9	28.87	108.5	1.386
10	148.1	86.70	1.352
11	473.3	660.4	1.251

由表 2.14 的结果可以看出, 总发射宽度 $\Gamma_T^{J\pi}(3)$ 在大角动量区域随角动量 J 加大而迅速加大, 这是由于在式 (2.4.18) 中, 分子计算得到的分立能级的发射率比分

母中与角动量有关的因子 $R_n(J)$ 随角动量 J 加大而衰减变慢, 也就是说 $R_n(J)$ 在大角动量 J 时给出了很小的值而造成总发射宽度在大角动量区域随角动量 J 加大而迅速加大. 对于各种角动量, 都存在 $W_T^{J\pi}(3) > \lambda_+^{J\pi}(3)$ 的情况, 说明在 $n=3$ 的激子态主要是粒子发射, 而跃迁到高激子态的概率就会很小. 因而看到了取最大激子数 $n_{\max}=3$ 的合理性.

用式 (2.6.29) 和 (2.6.30) 计算 n + ⁹Be 在 $E_n = 14\text{MeV}$ 时得到的与角动量有关的预平衡机制的占据概率 $P^{J\pi}(3)$ 和平衡态占据概率 $Q^{J\pi}(3)$, 以及各角动量态下吸收截面 $\sigma_a^{J\pi=\pm1}$ 的计算结果在表 2.15 中给出. 吸收截面是由光学模型计算得到的.

从表 2.15 中的结果可以看出, 在 n + ⁹Be 核反应过程中, 角动量为 $J=1\sim5$ 时, 是吸收截面的峰值. 在这个区域 $P^{J\pi}$ 和 $Q^{J\pi}$ 的成分决定了预平衡态和平衡态的占有比例; 而在高角动量部分, 虽然 $P^{J\pi}$ 都接近于 1, 但是对应的吸收截面很小, 起不到主要作用. 而在 n + ⁹Be 反应中还存在占据三体崩裂, 是属于直接反应部分. 如果采用下面形式对各角动量的平均, 得到平均预平衡机制占有的百分比为

$$\bar{P} = \sum_{J\pi} \sigma_a^{J\pi} P^{J\pi} \Big/ \sum_{J\pi} \sigma_a^{J\pi} \tag{2.6.97}$$

由此得到 n + ⁹Be 在 $E_n = 14.1\text{MeV}$ 时, 预平衡占有百分比为 $\bar{P} = 81.74\%$, ¹⁰Be* 的直接三体崩裂占有百分比为 5.39%, 而平衡态仅占百分比为 $\bar{Q} = 12.88\%$.

表 2.15　n + ⁹Be 在激子态 $n=3$ 和 $E_n = 14\text{MeV}$ 时预平衡和平衡态占据概率及吸收截面

J	$p^{J\pi=1}$	$Q^{J\pi=1}$	$\sigma_a^{J\pi=1}$	$p^{J\pi=-1}$	$Q^{J\pi=-1}$	$\sigma_a^{J\pi=-1}$
0	0.6534	0.3466	4.243	0.7211	0.2789	6.030
1	0.7394	0.2606	33.33	0.6711	0.3289	52.02
2	0.7495	0.2505	68.68	0.7456	0.2544	90.07
3	0.7941	0.2059	67.52	0.7621	0.2379	93.85
4	0.8200	0.1800	50.00	0.8080	0.1920	66.68
5	0.8565	0.1435	32.31	0.8405	0.1595	15.52
6	0.8683	0.1317	4.150	0.8995	0.1005	9.604
7	0.9004	0.0996	2.496	0.9279	0.0721	1.004
8	0.9429	0.0571	0.232	0.9540	0.0460	0.593
9	0.9542	0.0458	0.135	0.9874	0.0126	0.053
10	0.9910	0.0090	0.012	0.9846	0.0154	0.030

注: 表中吸收截面单位是 mb.

表 2.16 中给出 n + ¹⁶O 在 $E_n = 14.1\text{MeV}$ 时与表 2.15 内容相同的物理量的计算结果.

表 2.16 $n + {}^{16}\mathrm{O}$ 在激子态 $n = 3$ 和 $E_n = 14\mathrm{MeV}$ 时预平衡和平衡态占据概率及吸收截面

J	$p^{J\pi=1}$	$Q^{J\pi=1}$	$\sigma_a^{J\pi=1}$	$p^{J\pi=-1}$	$Q^{J\pi=-1}$	$\sigma_a^{J\pi=-1}$
0.5	0.5264	0.4736	4.1867	0.5096	0.4904	3.7495
1.5	0.5227	0.4773	8.3734	0.5158	0.4842	7.1883
2.5	0.5556	0.4444	14.376	0.5495	0.4505	10.783
3.5	0.5929	0.4071	19.168	0.5845	0.4155	6.9100
4.5	0.5777	0.4223	1.0896	0.6526	0.3474	8.6375
5.5	0.6196	0.3804	1.3076	0.6649	0.3351	0.2039
6.5	0.3139	0.6861	0.0407	0.7516	0.2484	0.2379
7.5	0.4885	0.5115	0.0465	0.2329	0.7671	0.0082
8.5	0.2815	0.7185	0.0016	0.4796	0.5204	0.0092
9.5	0.6619	0.3381	0.0018	0.4712	0.5288	0.0003
10.5	0.7373	0.2627	0.0000	0.8687	0.1313	0.0003

注: 表中吸收截面单位是 mb.

在 $n + {}^{16}\mathrm{O}$ 核反应中, 当角动量为 $j = 1.5 \sim 4.5$ 时, 是吸收截面的峰值, 对于比较轻的 ${}^{9}\mathrm{Be}$ 而言, 平衡态的占据概率已经明显大. 对各角动量平均后得到平均预平衡占有百分比为 $\bar{P} = 56.71$, 平衡态平均占有百分比可以达到 $\bar{Q} = 43.29\%$.

由于 Kalbach 系统学参数 K 包含在 $\lambda_+^{J\pi}(n)$ 之中, 由式 (2.6.29) 看出, K 值加大使 $\lambda_+^{J\pi}(n)$ 值加大而 $\bar{P}$ 值减小. $\bar{P}$ 是对吸收截面 $\sigma_a^{J\pi}$ 的平均, $\sigma_a^{J\pi}$ 的峰值是在低角动量部分, 因此在 $\sigma_a^{J\pi}$ 的峰值区域的 $\lambda_+^{J\pi}(3)$ 和 $W_T^{J\pi}(3)$ 的数值起主要作用.

为说明在解主方程中采用无返回近似的合理性, 下面用 $n = 5$ 激子态的计算结果来阐述这个问题. 从激子态 $n = 5$ 返回到 $n = 3$ 激子态的概率百分比由下式给出

$$R_{\text{back}}^{J\pi}(n = 5 \to 3) = P^{J\pi}(5) \frac{\lambda_-^J(5)}{\lambda_+^J(5) + \lambda_-^J(5) + W_T^{J\pi}(5)} \tag{2.6.98}$$

其中, $P^{J\pi}(5)$ 是 $n = 5$ 激子态的 $J\pi$ 态占据概率, 由式 (2.6.32) 给出. 在表 2.17 中给出 $n + {}^{9}\mathrm{Be}$ 反应在 $n = 5$ 激子态的发射宽度和跃迁宽度, 以及从 $n = 5$ 返回到 $n = 3$ 激子态的百分比.

从表 2.17 看出, 在 $\sigma_a^{J\pi}$ 的峰值区域存在 $W_T^{J\pi}(5) > \lambda_{\pm}^J(5) > \lambda_-^{J\pi}(5)$, 这表明在 $n = 5$ 激子态仍然是以粒子发射为主要成分. 对于所有角动量态, 返回的概率 $R_{\text{back}}^{J\pi}(n = 5 \to 3)$ 都是很小的, 以致可以忽略从高激子态的返回过程, 由表 2.17 可以看出忽略返回效应的精确度.

表 2.17 $n + {}^{9}\mathrm{Be}$ 在激子态 $n = 5$ 和 $E_n = 14.1\mathrm{MeV}$ 时发射宽度和跃迁宽度及返回概率

J	$P^{J\pi=1}$	$P^{J\pi=-1}$	$\Gamma_T^{J\pi=-1}$	$\Gamma_T^{J\pi=-1}$	$\hbar\lambda_+^J$	$\hbar\lambda_-^J$	$R_{\text{back}}^{J\pi=1}$	$R_{\text{back}}^{J\pi=-1}$
0	2.459×10^{-1}	2.148×10^{-1}	0.7655	1.050	0.3136	0.1095	2.265×10^{-2}	1.597×10^{-2}
1	2.029×10^{-1}	2.356×10^{-1}	1.127	0.8104	0.3209	0.1186	1.536×10^{-2}	2.235×10^{-2}
2	1.924×10^{-1}	1.944×10^{-1}	1.108	1.086	0.3351	0.1356	1.652×10^{-2}	1.693×10^{-2}

续表

J	$P^{J\pi=1}$	$P^{J\pi=-1}$	$\Gamma_T^{J\pi=-1}$	$\Gamma_T^{J\pi=-1}$	$\hbar\lambda_+^J$	$\hbar\lambda_-^J$	$R_{\text{back}}^{J\pi=1}$	$R_{\text{back}}^{J\pi=-1}$
3	1.597×10^{-1}	1.765×10^{-1}	1.230	1.021	0.3557	0.1583	1.450×10^{-2}	1.820×10^{-2}
4	1.344×10^{-1}	1.404×10^{-1}	1.125	1.039	0.3815	0.1842	1.465×10^{-2}	1.612×10^{-2}
5	1.020×10^{-1}	1.092×10^{-1}	1.013	0.8943	0.4118	0.2107	1.314×10^{-2}	1.517×10^{-2}
6	7.957×10^{-2}	6.779×10^{-2}	0.6800	0.9229	0.4454	0.2357	1.378×10^{-2}	9.962×10^{-3}
7	5.072×10^{-2}	4.301×10^{-2}	0.4992	0.7100	0.4807	0.2572	1.054×10^{-2}	7.640×10^{-3}
8	2.587×10^{-2}	2.348×10^{-2}	0.4286	0.5373	0.5165	0.2728	5.795×10^{-3}	4.827×10^{-3}
9	1.309×10^{-2}	7.574×10^{-3}	0.2209	0.8304	0.5519	0.2787	3.471×10^{-3}	1.271×10^{-3}
10	3.723×10^{-3}	4.460×10^{-3}	0.4094	0.2398	0.5854	0.2719	7.992×10^{-4}	1.105×10^{-3}
11	1.079×10^{-3}	9.293×10^{-4}	0.4273	0.5961	0.6164	0.2515	2.095×10^{-4}	1.596×10^{-4}

注: 表中发射宽度及跃迁宽度的单位是 MeV.

以上是仅考虑 $E_n = 14\text{MeV}$ 的情况. 下面以 ^6Li, ^9Be, ^{16}O 三个核素为例, 在不同中子入射能量的情况下, 直接反应, 预平衡态以及平衡态三种反应机制平均占据概率的百分比计算结果由表 2.18 给出.

表 2.18 中子引发 ^7Li, ^9Be, ^{16}O 在激子态 $n = 3$ 时三种反应机制平均占据概率的百分比

E_n/ MeV	^6Li			^9Be			^{16}O		
	$\bar{D}$	$\bar{P}$	$\bar{E}$	$\bar{D}$	$\bar{P}$	$\bar{E}$	$\bar{D}$	$\bar{P}$	$\bar{E}$
1	74.44	24.89	0.66	99.97	0.01	0.02	99.99	0.00	0.01
2	85.88	12.97	1.15	96.00	1.69	2.31	99.98	0.00	0.02
3	87.53	10.97	1.50	81.73	12.21	6.06	99.96	0.01	0.03
4	85.10	13.57	1.33	71.20	22.35	6.45	98.79	0.31	0.90
5	83.38	15.38	1.24	66.65	27.79	5.56	88.77	3.01	8.22
6	81.89	16.94	1.17	65.78	28.78	5.44	79.53	4.94	15.53
7	80.28	18.60	1.12	65.66	28.72	5.62	63.46	8.66	27.88
8	78.73	20.17	1.10	65.81	28.69	5.51	55.74	12.50	31.76
9	76.95	21.96	1.09	65.56	29.19	5.26	53.32	15.40	31.29
10	73.38	25.51	1.11	65.56	29.31	5.14	52.30	17.35	30.35
11	71.76	27.09	1.15	65.61	29.30	5.09	51.91	18.77	29.31
12	70.47	28.32	1.21	65.69	29.24	5.06	51.87	20.40	27.74
13	69.34	29.38	1.28	65.78	29.19	5.03	51.96	22.39	25.65
14	68.41	30.24	1.35	65.84	29.22	4.94	52.17	24.14	23.70
15	67.75	30.83	1.42	65.97	29.10	4.93	52.43	25.34	22.23
16	67.48	31.03	1.49	66.14	28.98	4.89	52.76	26.56	20.69
17	67.77	30.68	1.55	66.28	28.97	4.75	53.01	27.68	19.31
18	68.56	29.90	1.54	65.79	29.35	4.86	55.66	26.22	18.12
19	69.63	28.88	1.59	65.34	29.77	4.89	53.27	29.78	16.95
20	74.44	24.89	0.67	64.93	30.25	4.82	53.30	30.89	15.81

注: $\bar{D}$ 表示直接反应, 包括弹性散射, 直接非弹和直接三体崩裂占据概率的百分比; $\bar{P}$ 表示预平衡发射到剩余核分立能级占据概率的百分比; $\bar{E}$ 表示平衡态发射到剩余核分立能级占据概率的百分比.

表 2.18 的结果显示出, 在所有的轻核反应中, 在考虑弹性散射的情况下, 直接反应机制都是最主要的成分, 核质量越轻直接反应成分越大; 预平衡态的占据概率基本上是随入射能量的提高而加大, 都是不可忽略的成分; 核质量越重, 平衡态平均占据概率越明显. 像 ^{6}Li 这样的轻核素, 平衡态发射概率非常之小, 达到可以被忽略的程度, 在 ^{9}Be 中平衡态占据概率就开始显得明显, 而像 ^{16}O 这样的核素, 平衡态发射机制就变得更加明显. 由上述三个 1p 壳核素中的结果显示出, 三种反应机制的占据概率对核素的变化相当敏感. 但是, 在吸收截面之中, 预平衡发射是最主要的反应机制. 因此, 仅用直接反应或者仅用核反应的平衡态统计理论是不能准确描述轻核反应的行为的.

2.7 分立能级的粒子发射

由于在轻核反应中, 次级粒子都是从剩余核不稳定的分立能级发射的, 理论计算表明, 可以应用 Hauser-Feshbach 模型理论中所使用的发射率的分支比来计算. 这种理论描述途径也意味着是仅一次预平衡核反应过程的理论框架. 大量的核反应统计模型理论计算表明, 在入射粒子能量不是很高时, 如小于 30MeV 时, 一次预平衡核反应过程的理论可以再现实验测量数据.

下面讨论从分立能级发射到分立能级的分支比计算公式. 以二次粒子发射为例, 如果从复合核发射第一粒子 b_1 到其剩余核的 k_1 能级, 其反应截面记为 $\sigma_{k_1}(n, b_1)$, 而 k_1 能级又能继续发射第二粒子 b_2 到其剩余核的 k_2 能级. 其中还包含 γ 退激的竞争. 这时可将二次粒子发射视为平衡态发射. 由于初始角动量和宇称状态已经确定, 即 j_{k_1}, π_{k_1}, 借助于 Hauser-Feshbach 模型理论中从平衡态发射粒子到分立能级的发射率公式 (2.5.4), 仅将分母中的能级密度改写为确定值, 为保持量纲的准确, 将式 (2.5.4) 中的 $\hbar$ 消除, 将二次粒子发射率转化成二次粒子发射概率. 这样一来, 从分立能级发射次级粒子的发射概率公式就可以简单写出.

$$W_{b_2}^{j_{k_1}\pi_{k_1} \to j_{k_2}\pi_{k_1}}(E_{k_1} \to E_{k_2}) = \frac{1}{2\pi} \sum_l f_l(\pi_{k_1}, \pi_{k_2}) \sum_{j=|l-s_{b_2}|}^{l+s_{b_2}} (2j+1)T_{jl}\Delta(j_{k_1}j_{k_2}j)$$

$$(2.7.1)$$

对于二次粒子发射, 当 k_1 能级的自旋宇称分别为 j_{k1}, π_{k_1} 时, 它相当于初始自旋宇称 $J\pi$; k_2 能级的自旋宇称分别为 j_{k_2}, π_{k_2} 时, 它相当于剩余核的自旋宇称 $I\pi_{k_2}$. s_{b_2} 是发射 b_2 粒子的自旋, 而 $\Delta(j_{k_1}, j_{k_2}, j)$ 是要求三个角动量要满足三角关系, 所有满足角动量三角关系的 l 值都被包含在求和之中, 其中保证宇称守恒的 $f_l(\pi_{k_1}, \pi_{k_2})$ 因子已由式 (2.4.15) 给出.

可以验证, ^{6}Li 的第 2 激发能级 3.56288(0^+) 在能量上允许发射氚核, 但是这时

$j_{k_1} = 0, j_{k_2} = 0$, 因此角动量要满足的三角关系给出 $j = 0$, 由于 $s_{k_2} = 1$, 由式 (2.7.1) 给出对 l 求和的值仅可以是 $l = 1$, 又知 $\pi_{k_1} = 0$, $\pi_{k2} = 0$, 因此 $f_l(\pi_{k_1}, \pi_{k_2}) = 0$, 得到发射概率为 0, 因此从 ^{6}Li 的第 2 激发能级发射氘核的反应过程被禁戒, 仅能通过 E_1 的 γ 退激到 ^{6}Li 的基态. 而 ^{6}Li 的第 1 激发能级 $2.186(3^+)$ 在能量上也允许发射氘核, 但这时 $j_{k_1} = 3$, 由角动量要满足的三角关系给出 $j = 3$, $f_l(\pi_{k_1}, \pi_{k_2}) = 1$ 要求 l 必须为偶数; 由式 (2.7.1) 给出对 l 求和的值可以是 $l = 2, 4$, 因此从 ^{6}Li 的第 1 激发能级发射氘核是不被禁戒的.

这时, 从 k_1 能级发射粒子的总概率为

$$W_{\text{total}}^{j_{k_1}\pi_{k_1}}(E_{k_1}) = W_\gamma^{j_{k_1}\pi_{k_1}}(E_{k_1}) + \sum_{b_2}\sum_{k_2} W_{b_2}^{j_{k_1}\pi_{k_1}\to j_{k_2}\pi_{k_2}}(E_{k_1}\to E_{k_2}) \quad (2.7.2)$$

其中, 包括了 γ 退激的概率 $W_\gamma^{j_{k_1}\pi_{k_1}}(E_{k_1})$, 包括了从 k_1 能级向剩余核的所有可能的能级的级联退激. 由此可得从 k_1 能级发射粒子的各种反应途径的分支比, 发射粒子 b_2 到其剩余核的 k_2 能级的分支比为

$$R_{b_2}^{k_1\to k_2}(E_{k_1}) = W_{b_2}^{j_{k_1}\pi_{k_1}\to j_{k_2}\pi_{k_2}}(E_{k_1}\to E_{k_2})/W_{\text{total}}^{j_{k_1}\pi_{k_1}}(E_{k_1}) \quad (2.7.3)$$

而 γ 退激的分支比为

$$R_\gamma^{k_1}(E_{k_1}) = W_\gamma^{j_{k_1}\pi_{k_1}}(E_{k_1})\Big/W_{\text{total}}^{j_{k_1}\pi_{k_1}}(E_{k_1}) \quad (2.7.4)$$

因此, 由 γ 退激来结束核反应过程的反应道截面, 即一次粒子发射道的截面为

$$\sigma_{k_1}(n, b_1\gamma) = \sigma_{k_1}(n, b_1)\cdot R_\gamma^{k_1}(E_{k_1}) \quad (2.7.5)$$

而从 k_1 能级发射粒子 b_2 到其剩余核的 k_2 能级的截面, 即两粒子发射道的截面为

$$\sigma_{k_1\to k_2}(n, b_1 b_2) = \sigma_{k_1}(n, b_1)\cdot R_{b_2}^{k_1\to k_2}(E_{k_1}) \quad (2.7.6)$$

其中, $\sigma_{k_1}(n, b_1)$ 是由式 (2.5.12) 计算得到的, 二次粒子发射截面的计算公式的详细表示为

$$\sigma_{k_1\to k_2}(n, b_1 b_2) = \sum_{j\pi} \frac{\sigma_a^{j\pi}(E)}{\lambda_+^j(3, E) + W_T^{j\pi}(3, E)}$$
$$\times \left\{ W_{b,k_1}^{j\pi}(n=3, E, \varepsilon_{k_1}) + \lambda_+^j(n=3)\frac{W_{b,k_1}^{j\pi}(E, \varepsilon_{k_1})}{W_T^{j\pi}(E)} \right\} R_{b_2}^{k_1\to k_2}(E_{k_1}) \quad (2.7.7)$$

由式 (2.7.1) 看出, 计算的二次粒子发射的概率大小是对穿透因子求和的结果. 在第 1 章中曾经介绍过在 $n + {}^6\text{Li} \to {}^7\text{Li}^* \to d + {}^5\text{He}$ 核反应过程中, 当中子入射

能量足够高时, 发射一个 d 后, 当剩余核 ^{5}He 处于它的第 3 激发态 (16.84MeV) 分立能级时, 会出现 ^{5}He $\rightarrow$ d + t 核反应过程, 因此属于 (n, 2dt) 反应道, 阈能值为 22.24MeV. 由于要发射氘核到 ^{5}He 的高激发态, 因此氘核的发射能量必须足够低, 这时的穿透因子值就很小了, 计算出的发射概率要比发射氘核到 ^{5}He 的基态的概率小好几个数量级. 虽然在程序计算中考虑了这种反应途径, 但是直到中子入射能量到 30MeV 时, 计算出的 (n, 2dt) 道的截面仍然是小得可以被忽略. 其他轻核的反应中类似情况还有许多, 这里仅给出一个例子, 这表明虽然一些反应道在能量、角动量及宇称上允许开放, 但是由于竞争力太弱, 以致很难观测到这种反应途径的出现.

一般来说, 如果存在二次粒子发射过程, 则 γ 退激的分支比一般会比粒子发射分支比小得多, 只有所有二次粒子发射的概率全被能量、角动量以及宇称所禁戒时, 就仅有 γ 退激的唯一途径了, 另外也有带电粒子发射被库仑位垒阻止的情况而只能通过 γ 退激的情况. 由此可以理解用由 LUNF 程序计算得到的一些反应途径粒子发射的概率为什么为 0 的原因, 虽然在能量上一个分立能级允许发射某种粒子, 但是它们不是由角动量宇称的限制而禁戒, 或是由库仑位垒所限制而造成, 或者是其他粒子出射道的竞争概率太大等原因所致.

对于三次粒子以上的发射过程, 完全可以用上述方式得到发射分支比的公式表示, 并得到对应的各反应途径分反应道的截面值.

γ 辐射的发射率也是由细致平衡原理 (detail balance) 得到, 其中 Brink-Axel 的假设被用来处理激发态的光子吸收截面. 由于是分立能级之间的 γ 退激过程, 因此发射 γ 的能量也是确定的, $\varepsilon_\gamma = E_{k_1} \rightarrow E_{k_2}$, 其 γ 辐射的发射概率可表示为

$$W_\gamma^{j_{k_1}\pi_{k_1} \rightarrow j_{k_2}\pi_{k_2}}(E_{k_1} \rightarrow E_{k_2}) = \frac{2\varepsilon_\gamma^2}{\pi(\hbar c)^2}\sigma_{\mathrm{abs}}^\gamma(j_{k_1}\pi_{k_1} \rightarrow j_{k_2}\pi_{k_2}, \varepsilon_\gamma) \tag{2.7.8}$$

其中, c 为光速. $\sigma_{\mathrm{abs}}^\gamma$ 是 γ 的吸收截面, 由下面形式给出

$$\sigma_{\mathrm{abs}}^\gamma(j_{k_1}\pi_{k_1} \rightarrow j_{k_2}\pi_{k_2}, \varepsilon_\gamma) = \pi\lambda^2 T_{\mathrm{xl}}(\varepsilon_\gamma) \tag{2.7.9}$$

其中, 波长为 $\lambda = \hbar c/\varepsilon_\gamma$. 穿透因子可表示为

$$T_{\mathrm{xl}}(\varepsilon_\gamma) = 2\pi f_{\mathrm{xl}}(\varepsilon_\gamma)\varepsilon_\gamma^{2l+1} \tag{2.7.10}$$

其中, $f_{\mathrm{xl}}(\varepsilon_\gamma)$ 是与 γ 能量有关的 γ 跃迁强度函数 (Young et al., 1992), 量纲是 MeV$^{-(2l+1)}$. l 表示多级性, $x = E$ 或 M 标定电跃迁或磁跃迁. 强度函数有多种表示, 常用的有经验表示形式. 对电巨偶极跃迁 $E1(l = 1)$ 强度函数采用了标准 Lorentzian 型 (Brink, 1962), 它可为单峰或双峰表示

$$f_{E1}(\varepsilon_\gamma) = C_{E1}\sum_{i=1,2}\frac{\sigma_i\varepsilon_\gamma\Gamma_i^2}{(\varepsilon_\gamma^2 - E_\gamma^2)^2 + \varepsilon_\gamma^2\Gamma_i^2} \tag{2.7.11}$$

其中, σ_i, Γ_i, E_i 分别为光子吸收截面、共振宽度及共振位置等参数, 而经验参数 C_{E1} 为 (Zhang, 2002)

$$C_{E1} = 1.302 \times 10^{-9} \mathrm{mb}^{-1} \mathrm{MeV}^{-2} \tag{2.7.12}$$

由于 γ 的角动量为 1, 内禀宇称为 -1. 角动量守恒要求 $|j_{k_1} - j_{k_2}| = 0, 1, 2$, 电巨偶极跃迁 $E1(l = 1)$ 要求初末态宇称相同 $\pi_{k_1} = \pi_{k_2}$.

对于磁偶极跃迁 $M1(l = 1)$ 的强度函数采用的经验系统学公式是

$$f_{M1}(\varepsilon_\gamma) = C_{M1} 9.0 \times 10^{-13} \varepsilon_\gamma^2 A^{1.27} \tag{2.7.13}$$

其中, A 是核质量数. 这时角动量守恒要求 $|j_{k_1} - j_{k_2}| = 0, 1, 2$, $M1$ 跃迁要求初末态宇称相反 $\pi_{k_1} = -\pi_{k_2}$. C_{M1} 是可调参数.

对于 $E2(l = 2)$ 跃迁的强度函数用单峰 Lorentzian 型的形式

$$f_{E2}(\varepsilon_\gamma) = C_{E2} 5.22 \times 10^{-8} \frac{\sigma_0 \varepsilon_\gamma^{-1} \Gamma^2}{(\varepsilon_\gamma^2 - E^2)^2 + \varepsilon_\gamma^2 \Gamma^2} \tag{2.7.14}$$

其中, $\sigma_0 = 1.5 \times 10^{-4} Z^2 E^2 A^{-1/3}$, 共振宽度 $\Gamma = 6.11 - 0.021A(\mathrm{MeV})$, 共振峰的位置为 $E = 63A^{-1/3}(\mathrm{MeV})$. 角动量守恒要求 $|j_{k_1} - j_{k_2}| = 1, 2, 3$, $E2$ 跃迁要求初末态宇称相反 $\pi_{k_1} = -\pi_{k_2}$. C_{E2} 是可调参数.

有了上述模式的 γ 退激的跃迁强度, 就可以得到分立能级的 γ 退激概率. 需要指出的是, 对于更高的模式, 如 $M2, E3, M3$ 等, 目前还缺少有效的系统学公式; 而在实际计算中, 如 ^{12}C 的第 3 激发能级是通过 $E3$ 模式的 γ 退激与 α 粒子发射竞争, 由于缺少准确的 $E3$ 模式的 γ 退激系统学公式, 目前还不能准确计算好这个竞争过程的分支比, 对高模式的 γ 退激系统性公式还需要做进一步研究.

由于在中子引发的轻核反应中, 所有的次级粒子发射都是从剩余核的分立能级发射的, 而每个分立能级都有自己独特的自旋宇称. 换句话说, 每条能级都有自己独特的内禀态结构. 无论是作为几次粒子发射的剩余态, 这条能级总是保持相同的内禀态结构, 只是多次粒子发射后其核素的运动状态会有明显的不同, 自旋取向也会有所不同. 在目前在理论模型计算中, 这种次级粒子发射的角分布都采用了各向同性近似. 计算表明, 这种近似的计算结果可以比较满意地再现双微分截面的测量数据.

2.8 宽度涨落修正

在描述平衡态发射过程的 Hauser-Feshbach 理论模型中, 有三个部分独立应用了光学模型计算的穿透系数, 而穿透系数是应用了 S 矩阵, 而 S 矩阵具有统计涨落的性质. 换句话说这三个部分都独立用到了 S 矩阵的平均值. 在这种情况下, 在平均意义上, 给出的截面计算应该是

$$\frac{\mathrm{d}\sigma}{\mathrm{d}\varepsilon_b} = \sum_{J\pi} \langle \sigma_a^{J\pi} \rangle \frac{\langle T_b^{J\pi}(E^*, \varepsilon_b) \rangle}{\langle T_T^{J\pi}(E^*) \rangle} \tag{2.8.1}$$

而我们要求的统计平均是要对式 (2.8.1) 中整个三个物理量的平均值, 即为

$$\frac{\mathrm{d}\sigma}{\mathrm{d}\varepsilon_b} = \sum_{J\pi} \left\langle \sigma_a^{J\pi} \frac{T_b^{J\pi}(E^*, \varepsilon_b)}{T_T^{J\pi}(E^*)} \right\rangle \tag{2.8.2}$$

由于在一个具有涨落行为的统计过程中, 式 (2.8.1) 和 (2.8.2) 的平均值彼此并不相同, 表明统计行为具有相干性, 因而会产生不同反应道之间的耦合效应. 要得到在式 (2.8.2) 表示下的平均值, 需要引入修正因子

$$W_{ab}^{J\pi}(E^*) = \left\langle \sigma_a^{J\pi} \frac{T_b^{J\pi}(E^*, \varepsilon_b)}{T_T^{J\pi}(E^*)} \right\rangle \Big/ \langle \sigma_a^{J\pi} \rangle \frac{\langle T_b^{J\pi}(E^*, \varepsilon_b) \rangle}{\langle T_T^{J\pi}(E^*) \rangle} \tag{2.8.3}$$

在核反应平衡态统计理论中称式 (2.8.3) 为宽度涨落修正因子 (丁大钊等, 2005), 由 A.M.Lane 和 Moldauer 等给出了宽度涨落修正因子的理论公式表示 (Lane et al.,1957;Moldauer,1980). 因此, 带宽度涨落修正的 Hauser-Feshbach 理论公式表示是

$$\frac{\mathrm{d}\sigma}{\mathrm{d}\varepsilon_b} = \sum_{J\pi} \sigma_a^{J\pi} \frac{T_b^{J\pi}(E^*, \varepsilon_b)}{T_T^{J\pi}(E^*)} W_{ab}^{J\pi}(E^*) \tag{2.8.4}$$

显然, 带宽度涨落修正因子是与 $J\pi$ 有关的. 另外, 需要指出的是, S 矩阵的涨落行为是在平衡态复合核的模型理论上建立的, 是由复合核的长寿命导致的低能核反应截面窄共振现象所证实的. 然而, 在轻核反应中, 有相当多剩余核的能量能级宽度达到几百 keV, 甚至是在 MeV 的量级, 表明剩余核的寿命很短, 不属于平衡态核反应过程 (注: 10keV 相当于 6.6×10^{-20}s, 相当于预平衡反应过程). 因而不满足上述能级宽度涨落修正的条件, 不需要考虑能级宽度涨落修正. 例如, ^{6,7}Li 和 ^{9}Be, 它们的能级都具有很大宽度, 不用考虑宽度涨落修正; 而对于常寿命的能级, 如在 ^{10}B(n, n′) 的核反应过程中, ^{10}B 的前五条激发态分立能级在能量上都不能发射任何粒子, 只能通过发射 γ 光子退激, 这些能级的寿命都很长, 需要考虑能级宽度涨落修正; 而第 10 激发态分立能级虽然在能量上允许发射 α 粒子, 但是由于角动量和宇称守恒的限制, 禁戒了 α 粒子的发射, 因而只能通过发射 γ 光子退激, 这条能级也属于平衡态发射过程. 比 ^{10}B 更重的 1p 壳核素都有类似情况出现. 一般来说, 剩余核的能级可以继续发射粒子时, 能级宽度都很大, 不需要考虑能级宽度涨落修

正, 而仅能通过 γ 退激的能级需要考虑能级宽度涨落修正. 而在中重核反应中的一次粒子发射到剩余核的分立能级后都是通过 γ 退激的, 都需要考虑能级宽度涨落修正. 这又是轻核反应不同于中重核核反应的不同之处.

能级宽度涨落修正的加入, 使 Hauser-Feshbach 模型变得完美. 这种模型理论已能很好再现实验值. 在光学模型计算中, 只有用包含宽度涨落修正的 Hauser-Feshbach 模型理论来计算复合核弹性散射截面, 才能给出正确的弹性截面 $\sigma_{\rm el}$ 及去弹截面 $\sigma_{\rm non}$ 值, 保持全截面随关系 $\sigma_T = \sigma_{\rm el} + \sigma_{\rm non}$, 并与实验有相当满意的符合 (申庆彪等, 1980).

下面简单介绍宽度涨落修正的基本公式. 在轻核反应情况下, 由于没有连续能级出现, 公式中没有连续能级的贡献. 根据 χ^2 分布的统计理论, 可以得到能级宽度涨落修正的计算公式 (丁大钊等, 2005)

$$
\begin{aligned}
W_{\alpha l j, \beta l' j'}^{J\pi} = &\frac{1}{2}(1+2\delta_{\alpha l j, \beta l' j'}) \int_0^1 {\rm d}y \frac{1}{y^2} \left(1 + \frac{T_{\alpha l j}^{J\pi}}{T_T^{J\pi}}\left(\frac{1}{y}-1\right)\right)^{-1} \\
&\times \left(1 + \frac{T_{\beta l' j'}^{J\pi}}{T_T^{J\pi}}\left(\frac{1}{y}-1\right)\right)^{-1} \prod_{r l'' j''} \left(1 + \frac{T_{r l'' j''}^{J\pi}}{T_T^{J\pi}}\left(\frac{1}{y}-1\right)\right)^{-\frac{1}{2}}
\end{aligned} \tag{2.8.5}
$$

其中, $T_{\alpha l j}^{J\pi}$ 是 α 反应道在总角动量宇称为 $J\pi$ 情况下的穿透因子, $T_T^{J\pi}$ 是 $J\pi$ 道总穿透因子.

由于在式 (2.8.5) 中括号项中包含有 δ 函数, 对复合核弹性散射道取值为 3, 因此能级宽度涨落修正对复合核弹性散射道截面一般起着增大作用, 而对非弹性散射的能级宽度涨落修正一般起着减少作用. 为了说明在没有连续能级的情况下宽度涨落修正的定量概念, 表 2.19 给出了 $E_n = 3 \sim 18{\rm MeV}$ 对 n + ^{10}B 反应中对复合核弹性散射以及前六条激发能级在平衡态下的宽度涨落修正效应的计算结果.

表 2.19　n+^{10}B 在几个中子入射能下的宽度涨落修正值

能级	中子入射能量				
	3MeV	6MeV	10MeV	14MeV	18MeV
0.0000(3$^+$)	1.0516	1.4320	1.6662	1.6837	1.6132
0.7184(1$^+$)	0.4274	0.6870	0.8774	0.9279	0.9380
1.7401(0$^+$)	0.4610	0.6808	0.8765	0.9280	0.9370
2.1543(1$^+$)	0.5500	0.6931	0.8794	0.9294	0.9382
3.5871(2$^+$)		0.6926	0.8807	0.9315	0.9389
4.7740(3$^+$)		0.7165	0.8826	0.9320	0.9392
5.1103(2$^-$)		0.8000	0.8839	0.9318	0.9406
$\Delta\sigma_{\rm ce}$/mb	5.3	12.0	2.7	1.1	0.9
$\sigma_{\rm el}$/mb	1732	982	892	907	942

注: $\Delta\sigma_{\rm ce}$ 是考虑宽度涨落修正后复合核弹性散射截面增加值, $\sigma_{\rm el}$ 是弹性散射截面评价值.

由于宽度涨落修正对各 $J\pi$ 道分别给以不同的贡献, 这里复弹截面和非弹截面分别用了考虑宽涨落修正后的式 (2.8.4) 与不考虑宽度涨落修正式 (2.8.1) 计算值的二者截面之比来说明考虑宽度涨落修正的综合效应. 表 2.19 中的空格表示, 在对应的中子入射能下该能级的非弹性散射道还尚未开放. 由结果看出, 宽度涨落修正是增大复合核弹性散射截面而减少所有非弹性散射截面. 中子入射能越高, 复合核弹性散射截面修正因子越大, 但也不是单调的. 而非弹性散射道修正因子小于 1, 随着中子入射能量提高有趋向 1 的趋势; 而在低能区域对非弹性散射的压缩效应是相对明显的.

由表 2.19 中所示, 平衡态所占的比例随中子入射能加大而减少, 从 3MeV 的 42% 到 18MeV 的 9.4%. 虽然所占比例比较小, 但是宽度涨落修正的效应依然存在, 只不过随着入射能量的提高使平衡态占据概率减少的因素导致宽度涨落修正效应的减小. 同样由表 2.19 中所示, 考虑了宽度涨落修正后, 在各种入射能量情况下复合核弹性散射截面的增加值 $\Delta\sigma_{\mathrm{ce}}(\mathrm{mb})$ 都是在毫靶的数量级, 而弹性散射截面 $\sigma_{\mathrm{el}}(\mathrm{mb})$ 是在靶的数量级.

对比中重核 n + ^{54}Fe, 考虑了宽度修正因子后, 在 $E_n = 3\mathrm{MeV}$ 时, 复合核弹性散射截面增加了约 240mb, 而在 $E_n = 8\mathrm{MeV}$ 时, 复合核弹性散射截面仅增加了不到 0.4mb(丁大钊等, 2005), 而入射能量再高时, 宽度涨落修正可以完全忽略不计. 这是由于中重核的能级密, 而且存在连续能级, 激发能高时, 复合核退激到基态的概率会非常小. 而轻核反应中不存在连续谱发射, 能级相对比较稀少. 在 18MeV 时仍然可以观测到宽度涨落修正效应. 因此, 宽度涨落修正在很宽能区内对轻核反应的修正效应比中重核的要明显得多. 但是, 轻核反应平衡态占据概率相对于中重核要明显少, 因此综合考虑后, 轻核反应中的宽度涨落修正效应都是比较小的.

2.9 约化穿透因子 T_l 的介绍和应用

在上面介绍的吸收截面中, 各种粒子反射率的公式中都采用了用光学模型计算的穿透因子 T_{jl}. 为此, 下面介绍一种仅与 l 有关的约化穿透因子的方法. 这个方法已被应用到 LUNF 程序 (Zhang et al.,1999) 和 UNF(Zhang,2002) 程序之中. 为了计算方便, Uhl 提出了仅与 l 有关的约化穿透因子 T_l 的方法 (Uhl,1970).

对出射粒子自旋 $s_b = 0$ 的情况, 仅有 $j = l$. 而对于出射粒子自旋 $s_b = 1/2$, 有 $j = l \pm 1/2$; 对于出射粒子自旋为 $s_b = 1$ 的氘核, 有 $j = l, l \pm 1$. 对于出射粒子自旋分别为上述 $s_b = 0, 1/2, 1$ 的三种情况, 约化穿透因子 T_l 与 T_{jl} 之间的关系具体表示如下

$$T_l = \begin{cases} T_{ll} & s_b = 0 \\ \dfrac{1}{2l+1}\left\{(l+1)T_{l+\frac{1}{2},l} + lT_{l-\frac{1}{2},l}\right\} & s_b = \dfrac{1}{2} \\ \dfrac{1}{6l+3}\left\{(2l+3)T_{l+1,l} + (2l+1)T_{l,l} + (2l-1)T_{l-1,l}\right\} & s_b = 1 \end{cases} \quad (2.9.1)$$

在 $I = 0$ 的情况下, 发射率式 (2.4.18) 可用式 (2.7.1) 中穿透因子对 j,l 求和的形式

$$\sum_l f_l(\pi, \pi_k) \sum_{j=|l-s_b|}^{l+s_b} (2j+1)T_{jl} \quad (2.9.2)$$

这时式 (2.9.2) 可以改写成为由式 (2.9.1) 给出的约化穿透因子 T_l 的表示

$$\sum_l f_l(\pi, \pi_k) \sum_{j=|l-s_b|}^{l+s_b} (2j+1)T_{jl} = (2s_b+1) \sum_l (2l+1)T_l f_l(\pi, \pi_k) \quad (2.9.3)$$

其中, 由式 (2.4.15) 给出的 $f_l(\pi_{k_1}, \pi_{k2})$ 因子可以确定对轨道角动量奇偶性与宇称之间的约束限制.

为了直观起见, 以 $l_{\max} = 4$ 和中子 $s_b = 1/2$ 为例, 来验证式 (2.9.3). 这里先不计 $f_l(\pi, \pi_k)$ 因子. 式 (2.9.3) 左边展开为

$$\sum_{l=0}^{l=4} \sum_{j=|l-s_b|}^{l+s_b} (2j+1)T_{jl} = 2T_{1/2,0} + 2T_{1/2,1} + 4T_{3/2,1} + 4T_{3/2,2} + 6T_{5/2,2} + 6T_{5/2,3}$$
$$+ 8T_{7/2,3} + 8T_{7/2,4} + 10T_{9/2,4}$$

将式 (2.9.1) 代入到式 (2.9.3) 右边, 式 (2.9.3) 右边展开为

$$(2s_b+1)\sum_{l=0}^{l=4}(2l+1)T_l = \sum_{l=0}^{l=4}\left[(2l+2)T_{l+1/2,l} + 2lT_{l-1/2,l}\right]_l$$
$$= 2T_{1/2,0} + 4T_{3/2,1} + 2T_{1/2,1} + 6T_{5/2,2}$$
$$+ 4T_{3/2,2} + 8T_{7/2,3} + 6T_{5/2,3} + 10T_{9/2,4} + 8T_{7/2,4}$$

可以看出, 与上面例中式 (2.9.3) 的左边的展开结果完全相同, 证实了等式 (2.9.3) 应用约化穿透因子 T_l 的准确性.

再考虑靶核自旋 $I \geqslant 0$ 的情况, 应用 LS 耦合表象, 总自旋取值范围是

$$S = |I - s_b|, \cdots\cdots, I + s_b \quad (2.9.4)$$

吸收截面 (2.4.16) 在用约化穿透因子 T_l 的方式下可以改写为

$$\sigma_a^{J\pi} = \pi\lambda_n^2 \frac{(2J+1)}{(2I+1)(2s+1)} \sum_{S=|I-s|}^{I+s} \sum_{l=|J-S|}^{\min\{J+S,l_{\max}\}} T_l f_l(\pi,\pi_a) \tag{2.9.5}$$

其中, π_a 是靶核自旋, s 是中子自旋. 可以用上面方式将式 (2.4.16) 和 (2.9.5) 逐项展开得到恒等关系. 由式 (2.9.1) 给出的 T_l 因子有 $l_{\max}$ 存在, 当 $l > l_{\max}$ 时, T_l 小得可以忽略不计.

特别是在 $I = 0$ 时, 这时仅有 $S = s$, 式 (2.9.5) 可以简化为

$$\sigma_a^{J\pi} = \pi\lambda_n^2 \frac{(2J+1)}{(2s+1)} \sum_{l=|J-s|}^{\min\{J+s,l_{\max}\}} T_l f_l(\pi,\pi_a) \tag{2.9.6}$$

式 (2.9.6) 对 $J\pi$ 求和, 对 π 的求和可以消去 $f_l(\pi,\pi_a)$ 因子, 得到

$$\sum_{J\pi} \sigma_a^{J\pi} = \pi\lambda_n^2 \frac{1}{(2s+1)} \sum_J (2J+1) \sum_{l=|J-s|}^{\min\{J+s,l_{\max}\}} T_l f_l(\pi,\pi_a) \tag{2.9.7}$$

将 $J = 0.5, 1.5, \cdots$ 逐项写出

$$\sum_{J\pi} \sigma_a^{J\pi} = \frac{\pi\lambda_n^2}{2} [2(T_0+T_1) + 4(T_1+T_2) + 6(T_1+T_2) + \cdots]$$

$$= \pi\lambda_n^2 [T_0+T_1+2(T_1+T_2)+3(T_1+T_2)+\cdots] = \pi\lambda_n^2 [T_0+3T_1+5T_2+\cdots]$$

由此得到用约化穿透因子 T_l 表示下吸收截面最简单表示

$$\sigma_a = \sum_{J\pi} \sigma_a^{J\pi} = \pi\lambda_n^2 \sum_l (2l+1)T_l \tag{2.9.8}$$

在轻核反应的情况下, 必须考虑从剩余核分立能级发射次级粒子的机制, 由于 LUNF 程序应用了约化穿透因子 T_l, 为此需要进行比较详细的讨论.

这时总角动量和宇称分别为 j_{k_1}, π_{k_1}, 发射粒子的自旋和宇称分别为 s_b, π_b, 剩余核的自旋和宇称分别为 j_{k_2}, π_{k_2}, 这时总的自旋 S 取值范围是

$$S = |j_{k_2} - s_b|, \cdots, j_{k_2} + s_b \tag{2.9.9}$$

因此, 每个总自旋 S 值对 l 的求和的范围是

$$l = |j_{k_1} - S|, \cdots, j_{k_1} + S \tag{2.9.10}$$

对所有 S 产生的 $|j_{k_1} - S|$ 的极小值作为 l 的极小值, 因此 l 的求和范围是

$$l = \min\{|j_{k_1} - S|\}, \cdots, j_{k_1} + j_{k_2} + s_b \tag{2.9.11}$$

同时, 还伴随宇称守恒因子 $f_l(\pi_{k_1}, \pi_{k_2})$, 由此给出实际计算中 l 的取值范围. 这时分立能级发射次级粒子的概率 (2.7.1) 的求和方式可改写为

$$W_{b_2}^{j_{k_1}\pi_{k_1} \to j_{k_2}\pi_{k_2}}(E_{k_1} \to E_{k_2}) = \frac{1}{2\pi} \sum_{S=|j_{k_2}-s_b|}^{j_{k_2}+s_b} \sum_{l=|j_{k_1}-S|}^{j_{k_1}+S} f_l(\pi_{k_1}, \pi_{k_2})T_l \qquad (2.9.12)$$

这时在式 (2.7.1) 中角动量的三角关系 $\Delta(j_{k_1}j_{k_2}j)$ 已经包含在对 l 求和的上下限中. 同样可以验证对角动量和宇称的禁戒关系. 下面给出几个例子.

以第 1 章中 ^{6}Li 的第 2 激发能级 0^+ 为例, 这时发射氘核 $s_b = 1$, $j_{k_1} = 0$, 剩余核是 ^{4}He, 因此 $j_{k_2} = 0$. 总的自旋 S 取值为 1, 由式 (2.9.11) 得到 $l = 1$, 但是宇称的情况是 $\pi_{k_1} = \pi_{k_2}$, 要求 l 为偶数, 因此 ^{6}Li 的第 2 激发能级 0^+ 发射氘核被角动量核宇称守恒禁戒.

而 ^{6}Li 的第 1 激发能级为 3^+, 总的自旋 S 取值为 1, 由式 (2.9.11) 得到 $l = 2, 3, 4$, 宇称的情况是 $\pi_{k_1} = \pi_{k_2}$, 要求 l 为偶数, 这时存在 $l = 2, 4$ 允许反应道 ^{6}Li(n, ndα) 开放.

以 ^{7}Li(n, n')^{7}Li* 的第 3 激发能级 $j_{k_1} = 7/2^+$ 为例, 通过 ^{7}Li* → t + α, 即 ^{7}Li(n, nt)α 核反应过程. 这时剩余核 ^{7}Li* 出射氘核的总自旋 $S = 1/2$, $j_{k_2} = 0$, l 的求和范围是

$$l = |j_{k_1} - S|, \cdots, j_{k_1} + S = 3, 4$$

这时 $\pi_{k_1} = \pi_{k_2}$, 要求 l 为偶数, 最终只能 $l = 4$ 是唯一的可取值, 可以开放 ^{7}Li(n, nt)α 反应道.

以 ^{10}B(n, n')^{10}B*, 再由 ^{10}B* 发射 d 核到 ^{8}Be 为例, 即 ^{10}B(n, nd2α) 反应道, 这时从 ^{10}B* 的第 12 激发能级 3^- 允许发射 d 核到 ^{8}Be 的基态 0^+, 这时 $j_{k_1} = 3$, $\pi_{k_1} = -1$, $s_b = 1$, $\pi_b = +1$, 剩余核 ^{8}Be 的基态 $j_{k_2} = 0$, $\pi_{k_2} = +1$. 总自旋 S 的取值范围是 $S = 1$, 对于 l 可求和范围是 $l = 2, 3, 4$; 又知 $\pi_{k_1} = -\pi_{k_2}$, 要求 l 为奇数, 因此仅 $l = 3$ 是可取值, 使得可以开放 ^{10}B(n, nd2α) 反应道.

再以 ^{16}O(n, α)^{13}C* 反应中 ^{13}C* 的第 5 激发能级 $7/2^+$ 允许发射中子粒子到 ^{12}C 的基态 0^+ 为例, 这是 ^{16}O(n, αn)^{12}C 反应道. 这时 $j_{k_1} = 7/2$, $\pi_{k_1} = +1$, $s_b = 1/2$, ^{12}C 的基态 $j_{k_2} = 0$, $\pi_{k_2} = +1$. 总自旋 S 取值范围是 $S = 1/2$, l 可求和范围是 $l = 3, 4$, 这时 $\pi_{k_1} = \pi_{k_2}$, 要求 l 为偶数, l 可取值仅是 $l = 4$, 使得可以开放 ^{16}O(n, αn)^{12}C 反应道.

总而言之, 对于每个粒子从分立能级发射都需要用上述方式给出 l 的取值范围, 若没有取值范围, 则这个粒子发射是被禁戒的.

实际上, 在考虑了靶核自旋因素后, 在第一次粒子发射率的表示中求和关系也

可以用 T_l 因子表示, 即在式 (2.4.18) 中的求和可以改写为

$$\sum_{j=|J-I_k|}^{J+I_k} \sum_{l=|j-s_b|}^{j+s_b} (2j+1)T_{jl}(b,k)f_l(\pi,\pi_k) = \sum_{S=|I_k-s_b|}^{I_k+s_b} \sum_{l=l_{\min}}^{l_{\max}} T_l(b,k)f_l(\pi,\pi_k) \quad (2.9.13)$$

这时总的自旋 S 取值范围是

$$S = |I_k - s_b|, \cdots, I_k + s_b \quad (2.9.14)$$

对于每个总自旋 S 值, l 的极小值为 $l_{\min} = |J - S|$, l 的极大值为 $l_{\max} = J + I_k + s_b$, 因此式 (2.4.18) 可以被改写为

$$W_{b,k}^{J\pi}(n,E) = \frac{1}{2\pi\hbar\omega^{J\pi}(n,E)} \sum_{S=|I_k-s_b|}^{I_k+s_b} \sum_{l=l_{\min}}^{l_{\max}} T_l(b,k)f_l(\pi,\pi_k) \quad (2.9.15)$$

显然, 采用约化穿透因子 T_l 的方法可以简化计算过程并便于存储.

2.10 γ 退激的级联过程和 γ 多重数

在轻核反应过程中, 剩余核若处于激发能级态, 则要通过 γ 级联退激过程来结束核反应过程. 由于轻核的理论计算中都局限于分立能级状况, 这里扼要介绍 γ 级联退激的理论图像描述, 而连续能级的 γ 级联退激过程的理论描述可参见文献 (丁大钊等, 2005).

一个核素的能级纲图是由核谱学给出分立能级的能量、角动量和宇称, 另外还给出每个分立能级向低能级退激的 γ 分支比. 这个分支比是通过核谱学的实验测量解谱给出, 而目前在理论上还没有能够定量计算好 γ 分支比的方法.

为了简易说明 γ 级联退激过程, 这里用一个简单示例来描述. 若粒子发射后剩余核有三条能级可以被激发, 而这些能级不能再发射粒子, 只能通过 γ 退激来结束核反应过程. 初始达到这三条能级的初始截面分别为 σ_1, σ_2, σ_3, 其中下标 1,2,3 分别表示基态、第 1 激发态和第 2 激发态. 一般第 1 激发态退激到基态的分支比为 $R_{2\to1} = 1$, 第 2 激发态有三种可能的退激过程, ①直接退激到基态; ②直接退激到第 1 激发态能级, 再由第 1 激发态能级退激到基态; ③存在 γ 退激分支比, 用 $R_{3\to2}$ 和 $R_{3\to1}$ 表示从第 2 激发态到达第 1 激发态和基态的百分比, 且有 $R_{3\to2} + R_{3\to1} = 1$ 成立, γ 分支比的归一条件必须满足, 其中前者 $R_{3\to2}$ 退激后再由第 1 激发态能级退激到基态. 这三种情况由图 2.10 所示.

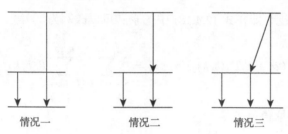

图 2.10 γ 退激过程的示意图

第一种情况 γ 退激过程产生两条谱线, γ 产生截面为

$$\sigma_{\gamma-\mathrm{prod}} = \sigma_2 + \sigma_3 \tag{2.10.1}$$

第二种情况 γ 退激过程产生两条谱线, γ 产生截面为

$$\sigma_{\gamma-\mathrm{prod}} = \sigma_2 + 2\sigma_3 \tag{2.10.2}$$

第三种情况 γ 退激过程产生三条谱线, γ 产生截面为

$$\sigma_{\gamma-\mathrm{prod}} = \sigma_2 + 2R_{3\to2} \times \sigma_3 + R_{3\to1} \times \sigma_3 = \sigma_2 + \sigma_3 + R_{3\to2} \times \sigma_3 \tag{2.10.3}$$

因此, 三种情况的 γ 产生截面各不相同, 能级间的 γ 谱的能量也有所不同. γ 产生截面与反应截面 σ 之比称为该反应道的 γ 多重数, 用 y_γ 表示, 且有

$$y_\gamma = \frac{\sigma_{\gamma-\mathrm{prod}}}{\sigma} \tag{2.10.4}$$

对于非弹性散射道而言, 由于基态是属于弹性散射截面, 这时反应截面为

$$\sigma = \sigma_2 + \sigma_3 \tag{2.10.5}$$

对于第一种情况 γ 多重数为

$$y_\gamma = 1 \tag{2.10.6}$$

对于第二种情况 γ 多重数为

$$y_\gamma = \frac{\sigma_2 + 2\sigma_3}{\sigma_2 + \sigma_3} = 1 + \frac{\sigma_3}{\sigma_2 + \sigma_3} \tag{2.10.7}$$

对于第三种情况 γ 多重数为

$$y_\gamma = \frac{\sigma_2 + \sigma_3 + R_{3\to2} \times \sigma_3}{\sigma_2 + \sigma_3} = 1 + \frac{R_{3\to2} \times \sigma_3}{\sigma_2 + \sigma_3} \tag{2.10.8}$$

因此, 上述三种情况的 γ 多重数是彼此不同的. 对于非弹性散射道的 γ 多重数都是大于等于 1.

而对于带电粒子发射道的情况又有所不同. 这时反应截面中包括基态, 截面为

$$\sigma = \sigma_1 + \sigma_2 + \sigma_3 \tag{2.10.9}$$

对于第一种情况, γ 多重数为

$$y_\gamma = \frac{\sigma_2 + \sigma_3}{\sigma_1 + \sigma_2 + \sigma_3} = 1 - \frac{\sigma_1}{\sigma_1 + \sigma_2 + \sigma_3} \tag{2.10.10}$$

这时会出现 γ 多重数小于 1 的情况.

对于第二种情况, γ 多重数为

$$y_\gamma = \frac{\sigma_2 + 2\sigma_3}{\sigma_1 + \sigma_2 + \sigma_3} = 1 + \frac{\sigma_3 - \sigma_1}{\sigma_2 + \sigma_3} \tag{2.10.11}$$

这时会出现 γ 多重数可以大于 1 或小于 1 的情况.

对于第三种情况, γ 多重数为

$$y_\gamma = \frac{\sigma_2 + \sigma_3 + R_{3\to2} \times \sigma_3}{\sigma_1 + \sigma_2 + \sigma_3} \tag{2.10.12}$$

这时也会出现 γ 多重数可以大于 1 或小于 1 的情况.

以上仅用简单例子来说明分立能级之间 γ 退激过程的物理图像, 它们可以很容易地推广到多分立能级的 γ 退激过程, 以及连续态的 γ 退激过程. 可以看出, γ 退激的途径越多, 即 γ 分支比越多, 会将一个高能量的 γ 谱分解为多个低能量的 γ 谱. 因此, γ 多重数越大, 表明 γ 谱软化程度越大.

另外, 在 γ 退激过程中是不用考虑反冲效应的, 因此第 k 能级的能量为 E_k, 通过各种不同的 γ 退激的途径, 其总 γ 能量 E_k 保持守恒. 事实上, 由于理论计算程序中记录 γ 退激谱是在 $\Delta E_\gamma \approx 0.1\mathrm{MeV}$ 能量间隔内, 即或考虑反冲效应也不会影响 γ 谱的结构.

如果在分立能级中存在同质异能态, 一般这种能级的角动量较高, 能级寿命很长, 它的 γ 退激不属于瞬发 γ 谱. 高激发能级态 γ 退激到这个同质异能态时, γ 退激过程终止. 一般来说, 可能会存在多个同质异能态能级, 从实验测量的角度来说, γ 退激到同质异能态的 γ 产生截面与退激到基态的 γ 产生截面在总 γ 产生截面之间的比例称为截面的同质异能比. 这个核数据在一些确定截面信息中得到了实际应用.

另外, 对于 $(\mathrm{n}, N\mathrm{n}\gamma), N = 1,2,3$ 反应道, 测量特定反应道的 γ 特征谱, 并与理论的计算结果配合来确定这个反应道的截面, 这种方法被称为瞬发 γ 法. 在理论计算中得到的该反应道截面与来自这个反应道的特定的 γ 特征谱之比再乘上实验测量这个反应道的 γ 特征谱截面, 最终得到这个反应道的截面

$$\sigma(\mathrm{n}, N\mathrm{n}) = \sigma_\gamma^{\mathrm{exp}} \times \frac{\sigma^{\mathrm{the}}(\mathrm{n}, N\mathrm{n}\gamma)}{\sigma_\gamma^{\mathrm{the}}} \tag{2.10.13}$$

这里, 上标 exp 代表实验测量值, the 代表理论计算值. 能够成功应用瞬发 γ 法的条件包含有如下两个方面, 在实验测量方面是能够精确测量到 γ 特征谱, 除了能够充分扣除本底外, 还需要避免来自其他反应道的特征 γ 谱的干扰. 在理论计算方面, 需要程序对计算 γ 退激功能的精确性.

下面介绍包括连续态在内的 γ 级联退激的计算过程. 通常发射粒子剩余核是处于连续能区, 其剩余激发能为 E_R^γ, 特别是俘获辐射过程, 剩余激发能就是激发能 E^*. 处理连续态 γ 级联退激过程的方法是将连续能级区域分成等间隔的能段, 由这个能量小区的中点代表该区的能量, 每个中点能量都有角动量和宇称分布, 它是由理论计算给出. 计算表明这个能量间隔一般取 $\Delta E_\gamma \approx 0.1\text{MeV}$ 时能够达到有效数字稳定的 γ 级联退激谱.

记 $\sigma_{i_0}(E_i, J_i, \pi_i)$ 为连续能区中第 i 能段初始激发能, 角动量和宇称值, 用截面表示, 第 i 个能段能量是 $E_i = E_d + (i - 0.5)\Delta E_\gamma$, N 为连续能区分点个数, 且有 $N = (E_R^\gamma - E_d)/\Delta E_\gamma$, 其中 E_d 是最高分立能级的能量值, 每一个能点末态概率为 $\Delta E_\gamma \rho(E_i, J_i, \pi_i)$, $\rho(E_i, J_i, \pi_i)$ 是与角动量和宇称有关的能级密度 (申庆彪, 2005). 在 γ 级联退激过程的理论计算中, i 是从高激发态到低激发态排序, 即 $i = N, N-1, \cdots, 1$.

在连续能级区域之下是分立能级区, 能级是用 k 来标志分立能级序号, k 是从高激发能级到低激发态能级排序, 即 $k = k_{\max}, k_{\max} - 1, \cdots 1, \text{gs}$, 这里 $k_{\max}$ 是分立能级的最大条数. 初始占据概率 (量纲为截面) 记为 $\sigma_{k_0}(E_k, J_k, \pi_k)$, 其中 E_k, J_k, π_k 分别是 k 能级的能量、角动量和宇称值.

γ 级联退激过程的准备工作首先是用 E_1 电偶极跃迁公式 (2.7.11) 从连续区每个 i 能段来计算出到下面连续区每个能段和每个分立能级的跃迁强度, 它们分别记为: 在连续能区之内的跃迁强度为 $G_{i \to j}(i = N, N-1, \cdots, 2; j = i-1, \cdots, 1)$, 其中 γ 跃迁中要考虑各种角动量宇称的分布概率之和, 在跃迁过程中需要保证角动量和宇称守恒, 对于 E_1 电偶极跃迁则需要满足 $\Delta l = 1, \pi_i = \pi_f$. 从连续能区到分立能区的跃迁强度为 $G_{i \to k}(i = N, N-1, \cdots, 1; k = k_{\max}, \cdots, 1, \text{gs})$, 其中 γ 跃迁也需要考虑上述保证的角动量和宇称守恒条件.

因此, 从每个 i 能段到下面第 j 能段的 γ 退激归一化分支比为

$$R_{i \to j} = \frac{G_{i \to j}}{\sum\limits_{j'=i-1,\cdots,1} G_{i \to j'} + \sum\limits_{k=k_{\max},\cdots,1,\text{gs}} G_{i \to k}}, i = N, N-1, \cdots, 1 \qquad (2.10.14)$$

在式 (2.10.14) 中暗示 $G_{i=1 \to j} = 0$. 从每个 i 能段跃迁到下面分立能级 k 的 γ 退激

归一化分支比为

$$R_{i \to k} = \frac{G_{i \to k}}{\displaystyle\sum_{j'=i-1,\cdots,1} G_{i \to j'} + \sum_{k=k_{\max},\cdots,1,\mathrm{gs}} G_{i \to k}}, i = N, N-1, \cdots, 1; k = k_{\max}, \cdots, 1, \mathrm{gs}$$

(2.10.15)

而分立能级之间的 γ 退激分支比 (branching ratio)$R_{k_1 \to k_2}$ 是取实验测量值, 目前该理论方法尚未能找到能够精确计算分立能级之间的 γ 退激分支比的能力, 只能用实验测量值.

得到所有可能的 γ 退激分支比之后, 就能给出如下 γ 级联退激的计算过程.

首先从连续能区内 $i = N, N-1, \cdots, 2$ 的退激 γ 到连续能区中 $j = i-1, \cdots, 2, 1$, γ 产生截面的积累值为

$$\sigma_j(E_\gamma = \Delta E_\gamma \times (i-j)) = \sigma_{j_0} + \sum_{i=N,N-1,\cdots,2} R_{i \to j}\sigma_{i_0}, \quad j = i-1, \cdots, 1 \quad (2.10.16)$$

而从连续能区内第 i 能区的 γ 退激到分立能级区的 k 能级 γ 产生截面的积累值为

$$\sigma_k(E_\gamma = i \times \Delta E_\gamma - E_k) = \sigma_{k_0} + \sum_{i=N,N-1,\cdots,1} R_{i \to k}\sigma_{i_0}, \quad k = k_{\max}, \cdots, 1, \mathrm{gs} \quad (2.10.17)$$

最后是分立能级区内的 γ 退激过程, 从 $k_1 \to k_2$ 能级 $E_\gamma = E_{k_1} - E_{k_2}$ 的 γ 产生截面的积累值为

$$\sigma_{k_1 \to k_2} = \sigma_{k_2 0}(E_\gamma) + R_{k_1 \to k_2}\sigma_{k_1}(E_\gamma), \quad k_1 = k_{\max}, \cdots, k_2+1 \quad (2.10.18)$$

由式 (2.10.16) 给出在连续能区的 γ 退激, 继而由式 (2.10.17) 给出从连续能区退激到分立能级, 最后由式 (2.10.18) 给出分立能级之间的 γ 退激, 这就是整个 γ 级联退激的计算过程.

在级联退激过程中, 所有的 $\sigma_j(E_\gamma)$ 量纲都是截面 (b), 若将 γ 谱以置方形式分成多能段, 其能量间隔为 ΔE_γ, 通常取 $\Delta E_\gamma = 0.1\mathrm{MeV}$, 将 γ 能量为 E_γ 的积累产生截面 $\sigma_j(E_\gamma)$ 以 $\sigma_j(E_\gamma)/\Delta E_\gamma$ 的数值放入对应的 γ 能量间隔之内, 由此得到级联退激的 γ 谱 $S_\gamma(E_\gamma)$, 其量纲为 $\mathrm{b \cdot MeV^{-1}}$. 总的 γ 产生截面是 γ 谱 $S_\gamma(E_\gamma)$ 对能量的积分

$$\sigma_\gamma(E_n) = \int_{E_{\gamma\min}}^{E_{\gamma\max}} S_\gamma(E_\gamma)\mathrm{d}E_\gamma \quad (2.10.19)$$

这个反应道的 γ 多重数为

$$y_\gamma(E_n) = \frac{\sigma_\gamma(E_n)}{\sigma(E_n)} \quad (2.10.20)$$

其中, $\sigma(E_n)$ 是这个反应道在中子入射能量为 E_n 的反应截面.

需要注意的是, 在连续能区的最低能格 $i = 1$, 这个能格中仍然存在各种角动量和宇称分布, 在用 E_1 电偶极跃迁公式计算到分立能级的 γ 退激概率时, 由于分立能级具有确定的角动量和宇称, 在式 (2.10.15) 中会由于角动量和宇称守恒条件 $\Delta l = 1, \pi_i = \pi_f$ 的存在, 有的 J_1, π_1 对应的 γ 退激概率为 0, 表示 γ 退激被禁戒, 形成赝同质异能态, 这是所有用核反应统计理论计算 γ 级联退激过程中总会遇到的公共问题. 我们的处理方法是, 将每个角动量和宇称能够退激部分的概率记为 $Y(J_1, \pi_1)$, 而被禁戒的角动量和宇称退激部分的概率记为 $N(J_1, \pi_1)$, 且有 $Y(J_1, \pi_1) + N(J_1, \pi_1) = \sigma_1$, 实际上从最低能格 $i = 1$ 退激到分立能级的概率 (2.10.15) 在 $i = N$ 时需要改写为

$$R_{1 \to k} = \frac{Y(J_1, \pi_1) + N(J_1, \pi_1)}{Y(J_1, \pi_1)} \frac{G_{1 \to k}}{\sum\limits_{k'=k_{\max}, \cdots, 1, \mathrm{gs}} G_{1 \to k'}} \quad k = k_{\max}, \cdots, 1, \mathrm{gs} \quad (2.10.21)$$

利用加大对可退激的每个角动量和宇称部分的权重, 可以避免赝同质异能态的产生而导致的 γ 退激概率不守恒.

现在已经存在中子引发的核反应中一些反应道剩余核的 γ 级联退激过程中分立能级之间的 γ 特征谱的测量. 下面以 n + ^{56}Fe 的非弹性散射为例, 图 2.11 和图 2.12 给出几个分立能级之间 γ 特征谱的理论计算与实验测量结果的对比. 图中数字是 γ 特征谱的能量, 单位是 Mev.

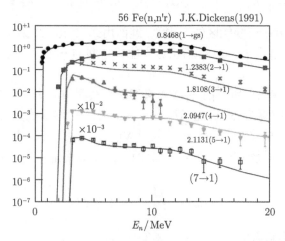

图 2.11　n + ^{56}Fe 的非弹性散射 γ 特征谱

图中括号中的数字表示激发能级的序号

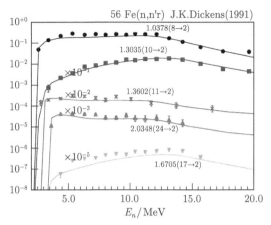

图 2.12   n + ^{56}Fe 的非弹性散射 γ 特征谱

图中括号中的数字表示激发能级的序号

在图 2.11 和图 2.12 的右上角给出了实验测量数据的作者和年代, 图中括号注明的数字表示 ^{56}Fe 的从 $k_1 \rightarrow k_2$ 分立能级之间的退激 γ 特征谱 $\sigma_{k_1 \rightarrow k_2}(E_\gamma = E_{k_1} - E_{k_2})$ 的能级序号. 理论计算值是由 UNF 程序给出 (Zhang, 2002).

有一点要注意, 对非弹性散射道进行数据库的 γ 数据制作 (MT=91), 在剩余核连续谱的 γ 级联退激过程中, 由式 (2.10.17) 给出的分立能级初始占据概率 $\sigma_{k_0}(E_k, J_k, \pi_k)$ 要置 0, 因为它们不属于连续谱的 γ 级联退激. 在计算整个非弹性散射道的级联退激的 γ 谱 $S_\gamma(E_\gamma)$ 时, 则需要将分立能级初始占据概率 $\sigma_{k_0}(E_k, J_k, \pi_k)$ 考虑在内. 由图 2.11 和图 2.12 给出的 n + ^{56}Fe 非弹性散射特征 γ 谱的计算中, 就要将分立能量的截面 $\sigma_k(n, n') = \sigma_{k_0}(E_k, J_k, \pi_k), k = 1, 2, \cdots, k_{\max}$ 包括在内. 对于带电粒子发射也是如此.

2.11   多粒子发射过程的理论描述

正如第 1 章所述, 轻核反应包含了诸多的多粒子发射过程, 而次级粒子都是在分立能级之间的发射过程, 下面给出有关这种多粒子发射的理论公式表示. 式 (2.5.12) 给出了一次粒子发射截面在统一的 Hauser-Feshbach 和激子模型理论框架的理论计算公式, 其中包括了平衡态和预平衡态发射两个部分. 式 (2.4.17) 给出了 J, π 道从复合核的预平衡态发射 b 粒子到剩余核分立能级 k 的发射率, 式 (2.4.18) 给出了 J, π 道从复合核的预平衡态发射的总发射率. 在这种情况下剩余核的能量就是 k 能级的能量. 若 k 能级可以继续发射 b_2 粒子或者仅是由 γ 退激结束反应过程, 它们的发射率以及分立能级的二次粒子发射的截面由式 (2.7.1)~(2.7.7)

已经详细给出.

下面介绍用连续能级描述多粒子发射过程的理论公式描述. 在中子入射能量比较高, 粒子发射的末态需要应用连续能级描述时, 在统一的 Hauser-Feshbach 和激子模型理论中能谱的计算公式由式 (2.5.10) 给出, 在仅考虑 $n = 3$ 激子数的预平衡过程时, 公式写为

$$\frac{\mathrm{d}\sigma}{\mathrm{d}\varepsilon} = \sum_{j\pi} \sigma_a^{j\pi} \left\{ P^{J\pi}(n) \frac{W_b^{j\pi}(n, E^*, \varepsilon)}{W_T^{j\pi}(n, E^*)} + (1 - P^{J\pi}(n)) \frac{W_b^{j\pi}(E^*, \varepsilon)}{W_T^{j\pi}(E^*)} \right\} \tag{2.11.1}$$

由细致平衡原理得到平衡态和预平衡态第一次发射能量为 ε 的 b 粒子发射率的表示, 分别为

$$W_b^{J\pi}(E^*, \varepsilon)\mathrm{d}\varepsilon = \frac{2s_b + 1}{\pi^2\hbar^3} \mu_b \sigma_{\mathrm{in}}(\varepsilon) \varepsilon \frac{\rho^{J\pi}(E_R)}{\rho^{J\pi}(E^*)} \mathrm{d}\varepsilon \tag{2.11.2}$$

和

$$W_b^{J\pi}(n, E^*, \varepsilon)\mathrm{d}\varepsilon = \frac{2s_b + 1}{\pi^2\hbar^3} \mu_b \sigma_{\mathrm{in}}(\varepsilon) \varepsilon \frac{\omega^{J\pi}(n, E_R)}{\omega^{J\pi}(n, E^*)} \mathrm{d}\varepsilon \tag{2.11.3}$$

其中, $\rho^{J\pi}$ (丁大钊等, 2005) 和 $\omega^{J\pi}$ (见式 (2.4.24)) 是与 $J\pi$ 有关的能级密度和激子态密度, μ_b 是 b 粒子发射道的约化质量, $\sigma_{\mathrm{in}}(\varepsilon)$ 是逆截面, E_R 是发射能量为 ε 的 b 粒子后的剩余激发能, 考虑发射粒子的反冲效应后

$$E_R = E^* - B_b - \varepsilon \left(1 + \frac{m_b}{M_T}\right) \tag{2.11.4}$$

其中, m_b, M_T 分别为 b 粒子和靶核的质量数, B_b 是 b 粒子在复合核中的结合能. 平衡态在 $J\pi$ 道的总发射率为

$$W_T^{J\pi}(E^*) = \sum_b \int \mathrm{d}\varepsilon W_b^{J\pi}(E^*, \varepsilon) + W_\gamma^{J\pi}(E^*) \tag{2.11.5}$$

其中, $W_\gamma^{J\pi}(E^*)$ 为 γ 退激率. 因此, 各反应道的分支比分别为

$$R_b^{J\pi}(E^*, \varepsilon) = \frac{W_b^{J\pi}(E^*, \varepsilon)}{W_T^{J\pi}(E^*)}, \quad R_\gamma^{J\pi}(E^*) = \frac{W_\gamma^{J\pi}(E^*)}{W_T^{J\pi}(E^*)} \tag{2.11.6}$$

而预平衡态在 $J\pi$ 道的总发射率为

$$W_T^{J\pi}(n, E^*) = \sum_b \int \mathrm{d}\varepsilon W_b^{J\pi}(n, E^*, \varepsilon) + W_\gamma^{J\pi}(n, E^*) \tag{2.11.7}$$

其中, $W_\gamma^{J\pi}(E^*)$ 为 γ 退激率. 因此, 各反应道的分支比分别为

$$R_b^{J\pi}(n, E^*, \varepsilon) = \frac{W_b^{J\pi}(n, E^*, \varepsilon)}{W_T^{J\pi}(n, E^*)}, \quad R_\gamma^{J\pi}(n, E^*) = \frac{W_\gamma^{J\pi}(n, E^*)}{W_T^{J\pi}(n, E^*)} \tag{2.11.8}$$

若发射 b 粒子后, 一定以 γ 退激来结束反应过程得到 (n, b) 反应截面, 如 UNF 程序 (Zhang, 2002) 中的 (n, d), (n, t), $(n, {}^3\mathrm{He})$ 反应道的能谱为

$$\frac{\mathrm{d}\sigma}{\mathrm{d}\varepsilon} = \sum_{J\pi} \sigma_a^{J\pi} \left\{ P^{J\pi}(n) R_b^{J\pi}(n, E^*, \varepsilon) + (1 - P^{J\pi}(n)) R_b^{J\pi}(E^*, \varepsilon) \right\} \equiv \sum_{J\pi} \sigma_a^{J\pi} \bar{R}_b^{J\pi}(E^*, \varepsilon)$$

$$(2.11.9)$$

反应截面为

$$\sigma(n, b) = \int \frac{\mathrm{d}\sigma}{\mathrm{d}\varepsilon} \mathrm{d}\varepsilon = \sum_{J\pi} \int \sigma_a^{J\pi}(E^*) \bar{R}_b^{J\pi}(E^*, \varepsilon) \mathrm{d}\varepsilon \qquad (2.11.10)$$

而俘获辐射截面为

$$\sigma(n, \gamma) = \sum_{j\pi} \sigma_a^{j\pi} \left\{ P^{j\pi}(n) R_\gamma^{J\pi}(n, E^*) + (1 - P^{J\pi}(n)) R_\gamma^{j\pi}(E^*) \right\} \qquad (2.11.11)$$

在仅考虑一次预平衡机制时, 后面的次级粒子发射总是用平衡态发射过程描述. 当一次粒子发射后剩余核的连续态在能量上允许再次发射粒子时, 对每个剩余激发能 E_R 处 $J\pi$ 道发射二次粒子 c 到剩余核的连续态的发射率为

$$W_c^{J\pi}(E_R, \varepsilon) \mathrm{d}\varepsilon = \frac{2s_c + 1}{\pi^2 \hbar^3} \mu_c \sigma_{\mathrm{in}}(\varepsilon) \varepsilon \frac{\rho^{J\pi}(E_R')}{\rho^{J\pi}(E_R)} \mathrm{d}\varepsilon \qquad (2.11.12)$$

E_R' 是发射能量为 ε' 的第二粒子 c 后的剩余激发能, 考虑发射粒子的反冲效应后

$$E_R' = E_R - B_c - \varepsilon' \left(1 + \frac{m_c}{M_c}\right) \qquad (2.11.13)$$

其中, m_c, M_c 分别为二次粒子发射 c 粒子和剩余核的质量数, B_c 是 c 粒子在一次粒子发射的剩余核 M_b 核中的结合能. 每个剩余激发能 E_R 处 $J\pi$ 道的总发射率为

$$W_T^{J\pi}(E_R) = \sum_c \int \mathrm{d}\varepsilon W_c^{J\pi}(E_R, \varepsilon) + W_\gamma^{J\pi}(E_R) \qquad (2.11.14)$$

其中, $W_\gamma^{J\pi}(E_R)$ 为 γ 退激率. 因此, 各反应道发射的分支比分别为

$$R_c^{J\pi}(E_R, \varepsilon) = \frac{W_c^{J\pi}(E_R, \varepsilon)}{W_T^{J\pi}(E_R)}, \quad R_\gamma^{J\pi}(E_R) = \frac{W_\gamma^{J\pi}(E_R)}{W_T^{J\pi}(E_R)} \qquad (2.11.15)$$

若发射二次粒子 c 后以 γ 退激终结反应过程, 得到 (n, bc) 反应截面为

$$\sigma(n, bc) = \sum_{J\pi} \sigma_a^{J\pi}(E^*) \int \mathrm{d}\varepsilon \bar{R}_b^{J\pi}(E^*, \varepsilon) \int \mathrm{d}\varepsilon' R_c^{J\pi}(E_R, \varepsilon') \qquad (2.11.16)$$

如在 UNF 程序 (Zhang, 2002) 中的 (n, np), $(n, n\alpha)$, (n, pn), (n, pp), $(n, \alpha n)$ 反应道的反应截面. 而一次粒子发射截面, 如 (n, n'), (n, p), (n, α) 等反应道, 其截面为

$$\sigma(n, b) = \sum_{J\pi} \sigma_a^{J\pi}(E^*) \int \mathrm{d}\varepsilon R_b^{J\pi}(E^*, \varepsilon) R_\gamma^{J\pi}(E_R) \qquad (2.11.17)$$

这种反应过程可以推广到更多粒子的发射过程. 如 (n, 2nγ) 和 (n, 3n) 道, 需要考虑在发射两个中子后的剩余核激发态中, 发射第三中子与发射 γ 的分支比竞争. 关于上面发射粒子能量积分限的取值问题, 对于带电粒子发射, 由于要考虑库仑位, 由逆截面要大于 0 的条件, 给出粒子出射能量最小值 $\varepsilon_{\min}$, 而中子的逆截面是无阈的 $\varepsilon_{\min} = 0$. 因此, 在式 (2.11.10) 和 (2.11.16) 的积分中要保证剩余激发能 E_R 和 E'_R 必须要有足够发射粒子能量 (大于 $\varepsilon_{\min}$) 的条件.

以上是在统一的 Hauser–Feshbach 和激子模型理论框架下来描述多粒子发射过程. 事实上, 这种发射除了向剩余核连续态发射外, 另外还要考虑向剩余核分立能级的发射, 这里就不再详述.

参 考 文 献

丁大钊, 叶春堂, 赵志详, 等. 2005. 中子物理学 —— 原理, 方法与应用. 北京: 原子能出版社.

申庆彪. 2005. 低能和中能核反应理论. 北京: 科学出版社.

申庆彪, 赵小麟, 顾英圻, 等. 1980. 中子能量为 1keV 到 20MeV 铀、钚同位素的光学模型计算. 核反应理论方法及其应用文集, hsj-78228(11js).

王竹溪, 郭敦仁. 1965. 特殊函数论. 北京: 科学出版社.

曾谨言. 2001. 量子力学. 卷 II. 3 版. 北京: 科学出版社

马中玉, 张竞上. 2013. 高等量子力学. 哈尔滨: 哈尔滨工程出版社.

Barnett A B, et al. 1974. Coulomb wave functions for all real η and φ. Computer Physics Communication, 8: 377–395.

Blann M. 1968. Extensions of Griffin's statistical model for medium-energy nuclear reaction. Phys. Rev. Lett., 21: 1357.

Blann M. 1975. Ann. Rev. Nucl. Sci., 25: 123.

Bohr A, Mottelson B R. 1969. Niclear Structure. New York: W A, Benjamin Inc.

Brink D M. 1962. Nucl. Phys., 4: 215.

Brink D M, Satchler G R. 1968. Angular Momemtum. Oxford: Clarendon Press.

Cai C H. 2006. MEND: a program for calculating the complete set of nuclear data of medium-heavy niclei in a medium-low energy region. Nucl. Sci. Eng., 153: 93.

Carlson B T. 1996. The Optical Model and ECIS95. Proc. of the Workshop Nuclear Reaction Data and Nuclera Reactor. ICTP, Trieste, Italy, World Science Press.

Cline K, Blann M. 1971. The pre-equilibrium statistical model: Description of the nuclear equilibration process and oaramaterization of the model. Nucl. Phys., A, 172: 225.

Chadwick M B, Oblozinsky P. 1992. Particle-hole state densities with linear momentum and angular distribution in pre-equilibrium reactions. Phys. Rev., C, 46: 2028.

Delaroche J P, Wang Y, Rapaport J. 1989. Phys. Rev., C, 39: 391.

Dobes J, Betak E. 1976. A statistical derivation of the density of final states for the exciton model. Nucl. Phys., A272: 353.

Ericson T. 1960. The statistical model and nuclear level densities. Adv. in Phys., 9: 425.

Griffin J J. 1966. Statistical model of intermadiate structure. Phys. Rev. Lett., 17: 418.

Gruppelaar H. 1983. Level Density in Unified Pre-equilibrium and Eqilibrium Models. Proc. Conf. IAEA Advisory Group Meeting on Basic and Applied Problem of Nuclear Level Densities. Upton New York, BNL-NCS-51694: 143.

Hamermesh M. 1962. Group Theory and Its Application to Physical Problem. Argome National Laboratory, London: Addison-Wesley.

Hasse R M, Schuck P. 1985. Nucl. Phys., A., 438: 157.

Hauser W, Feshbach H. 1952. The inelastic scattering of neutrons. Phys. Rev., 87 : 366.

Kalbach C. 1973. Residual two-body matrix elements for pre-equilibrium calculations. Nucl. Phys., A210: 590.

Kalbach C. 1978. Exciton Dependence of the Griffin model two-body matrix element. Z. Phys., A278: 319.

Kalbach C. 2006. Missing final states and the spectral endpoint in exciton model calculations. Phys. Rev., C73: 024614.

Koning A J. Delaroche P J. 2003. Local and global nucleon optical models from 1 keV to 200 MeV. Nucl. Phys., A713: 231.

Lane A M, Lynn J E. 1957. Fast neutron capture below 1 MeV: The cross sections for ^{238}U and ^{232}Th. Prc. Phys. Soc., A70: 557.

Lane A M, Thomas R G. 1958. R-matrix theory of nuclear reactions. Rev. Mod. Phys., 30: 257.

Lane A M, Robson D. 1969. Optimization of nuclear resonance reaction calculations. Phys. Rev., 178: 1715.

Melkanoff M A, Sawada T, Raynal J. 1966. Nuclear Optical Model Calculations. Method in Computational Physics. Alder B, Fernbach S, Rotenberg M. Advances in reseach and applications. New York: Academic Press.

Moldauer P A. 1980. Statistics and the average cross section. Nucl. Phys., A344: 185.

Newton, J O, et al. 2004. Phys. Rev. C, 70: 024605.

Numerov B V. A method of extrapolation of pertubations. Mon. Not. R. Astron. Soc., 84: 592.

Plyuyko V A, Prokopets G A. 1978. Emission of γ-rays in the exciton model. Phys. Lett., 76B: 253.

Puecell J E. 1969. Nuclear-structure calculation in the continuum-application to neutron-carbon scattering. Phys. Rev., C,185: 1279.

Ring P, Schuck P. 1980. The Nuclear Many Body Problem. Berlin, Heidelberg, New York: Springer.

Rose M E. 1963. 角动量理论. 万乙, 译. 上海: 上海科学出版社.

Shen Q B. 1992. APOM-A code for searching optimal neutron optical parameters. Commun Nucl. Data Drog, 7:43.

Tamura T. 1965. Analysis of the scattering of nuclear rarticles by collective nuclei in terms of the coupled channel calculation. Rev. Mod. Phys., 37: 679.

Uhl M. 1970. Calculations of reaction cross sections on the basis of a statistical model, with allowance for angular momentum and parity conservation. Acta Physica. Austr, 31:245

Weisskopf V F. 1937. Statistics and nuclear reactions. Phys. Rev., 52: 366.

Weisskopf V F, Ewing D H. 1940. On the yield of nuclear reactions with heavy elements. Phys. Rev., 57: 472.

Williams F C. 1970. Intermediate state transition rates in the Griffin model. Phys. Lett., 31B: 184.

Williams F C. 1971. Particle-hole state density in the uniform spoacing model. Nucl. Phys., A, 166: 231.

Young P G, Arther E D, Chadwick M B. 1992. La-12343-MS.

Zhang J S, Yang X Z. 1988. The Pauli exclussion effect in multi paricle and hole state densities. Z. Phys., A, 329: 69.

Zhang J S. 1991. A semi-Classical Theory of Multi-Step Nuclear Reaction Processes. Proc. of Beijing Inter. Sympo. On Fast Neutron Physics, Singapore, JBW Printers & Binders Pre. Ltd., 193.

Zhang J S. 1992. Non-uniform level density effect on exciton state densities. Z Phys. A, 344:49-54; Chin. J. of Nucl, Phys., 14: 121–126.

Zhang J S. 1993a.A unified Hauser-Feshbach and exiton model for calculating double-differential cross sections of neutron induced reactions beloe 20MeV. Nucl. Sci & Eng., 114: 55.

Zhang J S. 1993b. Exciton state density of two kinds of fermions. Chin. J. of Nucl, Phys., 15:220.

Zhang J S, Wen Y Q. 1994a. Angular momentum dependent exciton model. Chin.J. of Nucl. Phys., 16: 153.

Zhang J S, Wen Y Q. 1994b. Exciton model of two-fermion system. Chin. J. of Nucl, Phys, 16:55.

Zhang J S, et al. 1999. Model calculation of n+^{12}C reactions from 4.8 to 20 MeV. Nucl. Sci. Eng., 133: 218.

Zhang J S. 2002. UNF code for fast neutron reaction data calculations. Nucl. Sci. Eng., 142: 207.

第 3 章   单粒子的预平衡发射

3.1   单粒子预平衡态的发射率中的组合因子

原子核的激发系统经历统计物理描述的耗散过程中, 在达到平衡态之前, 会出现发射粒子的概率, 这时这个系统就成为了开放系统, 在达到平衡态前的粒子发射过程被称为预平衡发射, 即在平衡前的粒子发射过程; 而在平衡态发射的粒子被称为平衡态发射, 两者的发射行为彼此有明显的不同. 如果发射的是单核子, 包括了中子和质子, 这就是单粒子发射. 由于这种核子在核反应过程不需要考虑其内禀结构, 因此是发射过程中最简单的情况. 用激子模型描述单粒子预平衡发射有两种途径: 单费米子激子模型或双费米子激子模型.

在第 2 章中, 已经从细致平衡原理导出了核反应预平衡过程中, 单粒子发射到剩余核的分立能级的发射率. 双费米子激子模型要区分中子和质子, 模型中需要增加一个可调参数 (Reffer, 1991). 但是在单费米子激子模型中, 不区分中子和质子, 因此在粒子–空穴激发过程中只需考虑粒子数和空穴数. 实际计算表明, 单费米子激子模型也是能够描述好预平衡发射行为的. 这时, 入射粒子中的中子和质子成分可以影响各种粒子发射率的数值, 也就是说在预平衡阶段, 对入射粒子的成分仍然存在记忆, 这种区分中子和质子的效应是用组合因子来表示的 (Cline, 1972). 这时从复合核的预平衡态到剩余核分立能级的发射率为

$$T^{J\pi}(n, E^*, \varepsilon_b) = \frac{1}{2\pi\hbar\omega^{J\pi}(n, E^*)} \sum_{j=|J-I_k|}^{J+I_k} \sum_{l=|j-s_b|}^{J+s_b} (2j+1)T_{jl}f_l(\pi, \pi_k)Q_b(n) \quad (3.1.1)$$

其中, $Q_b(n)$ 是组合因子 (combination factor). 但是原来组合因子中没有考虑复杂粒子发射组态的成分, 为此进行了改进 (Zhang et al., 1989; 丁大钊等, 2005). 首先给出一些物理量的符号定义.

入射粒子的质量数、中子数、质子数分别记为 A_a, n_a, z_a, 且有 $A_a = n_a + z_a$;

出射粒子的质量数、中子数、质子数分别记为 A_b, n_b, z_b, 且有 $A_b = n_b + z_b$;

靶核的质量数、中子数、质子数分别为 A, N, Z, 且有 $A = N + Z$.

初始入射粒子刚进入靶核时, 粒子数和空穴数分别为 $p = A_a$ 和 $h = 0$. 而入射粒子在进入靶核后激发中子和质子的概率分别为 N/A 和 Z/A. 因此, 在 $n = p + h$ 激子态中, 激发 i 个质子和激发 $h - i$ 个中子的概率为

$$\binom{h}{i}\left(\frac{Z}{A}\right)^i\left(\frac{N}{A}\right)^{h-i} \tag{3.1.2}$$

这里，$\binom{n}{m}=\dfrac{n!}{m!(n-m)!}$ 是数学中从 n 个物件中任取 m 个物件的组合因子. 这时在 z_a+i 个质子和 n_a+h-i 个中子中选出 A_b 出射粒子的组合概率为

$$\binom{z_a+i}{z_b}\binom{n_a+h-i}{n_b} \tag{3.1.3}$$

对各种组态求和

$$\sum_{i=0}^h\binom{h}{i}\left(\frac{Z}{A}\right)^i\left(\frac{N}{A}\right)^{h-i}\binom{z_a+i}{z_b}\binom{n_a+h-i}{n_b} \tag{3.1.4}$$

这表示了在不同激发粒子空穴情况下，出射粒子的组合概率. 为了得到归一化表示，考虑在全部核子中选择 z_b 个质子和 n_b 个中子的概率为

$$\left(\frac{Z}{A}\right)^{z_b}\left(\frac{N}{A}\right)^{n_b} \tag{3.1.5}$$

而在 p 粒子态中选择 A_b 个核子和在 A_b 个核子中选择 z_b 个质子的概率为

$$\binom{p}{A_b}\binom{A_b}{z_b} \tag{3.1.6}$$

因而得到在激子数 $n=p+h$ 的激子态中，发射由 n_b 个中子和 z_b 个质子组成的复杂粒子 A_b 的概率，即对应的组合因子为

$$Q_b(p,h)=\left(\frac{A}{Z}\right)^{z_b}\left(\frac{A}{N}\right)^{n_b}\binom{A_b}{z_b}^{-1}\binom{p}{A_b}^{-1}$$
$$\times\sum_{i=0}^h\binom{h}{i}\left(\frac{Z}{A}\right)^i\left(\frac{N}{A}\right)^{h-i}\binom{z_a+i}{z_b}\binom{n_a+h-i}{n_b} \tag{3.1.7}$$

在以上表示中，认为所有出射粒子全部由费米海上的核子组成. 但是，在考虑了复杂粒子的拾取机制后，出射粒子可以由在费米海上的 λ 个核子，费米海下的 m 个核子组成，且有

$$\lambda+m=A_b \tag{3.1.8}$$

同以前步骤，激发 i 个质子, $h-i$ 个中子的概率由式 (3.1.2) 给出. 而在费米海上选择 j 个质子，费米海下选择 z_b-j 个质子的概率为

$$\binom{z_a+i}{j}\binom{Z-i}{z_b-j} \tag{3.1.9}$$

在费米海上选择 $\lambda - j$ 个中子, 在费米海下选择 $n_b - (\lambda - j)$ 个中子的概率为

$$\begin{pmatrix} n_a + h - i \\ \lambda - j \end{pmatrix} \begin{pmatrix} N + h - i \\ n_b - \lambda + j \end{pmatrix} \tag{3.1.10}$$

这时还要考虑复杂粒子的 $[\lambda, m]$ 组态, 即在费米面以上的 p 个粒子中选择 λ 个粒子, 同时在费米海下的 $A - h$ 个核子中取 m 个粒子的组合概率, 总的归一化组合因子的表示为

$$Q_b(p,h)_{[\lambda,m]} = \left(\frac{A}{Z}\right)^{z_b} \left(\frac{A}{N}\right)^{n_b} \begin{pmatrix} p \\ \lambda \end{pmatrix}^{-1} \begin{pmatrix} A - h \\ m \end{pmatrix}^{-1} \begin{pmatrix} A_b \\ z_b \end{pmatrix}^{-1}$$

$$\times \sum_{i=0}^{h} \begin{pmatrix} h \\ i \end{pmatrix} \left(\frac{Z}{A}\right)^{i} \left(\frac{N}{A}\right)^{h-i} \sum_{j} \begin{pmatrix} z_a + i \\ j \end{pmatrix} \begin{pmatrix} n_a + h - i \\ \lambda - j \end{pmatrix} \begin{pmatrix} Z - i \\ z_b - j \end{pmatrix} \begin{pmatrix} N - h + i \\ n_b - \lambda + j \end{pmatrix} \tag{3.1.11}$$

这就是实际应用的组合因子. 为了验证式 (3.1.12) 的合理性, 以单粒子出射的情况为例, 这时 $\lambda = 1, m = 0$, 上面公式可以约化为

$$Q_b(p,h)_{[1,0]} = \left(\frac{A}{Z}\right)^{z_b} \left(\frac{A}{N}\right)^{n_b} \frac{1}{p} \begin{pmatrix} A_b \\ z_b \end{pmatrix}^{-1}$$

$$\times \sum_{i=0}^{h} \begin{pmatrix} h \\ i \end{pmatrix} \left(\frac{Z}{A}\right)^{i} \left(\frac{N}{A}\right)^{h-i} \sum_{j} \begin{pmatrix} z_a + i \\ j \end{pmatrix} \begin{pmatrix} n_a + h - i \\ 1 - j \end{pmatrix} \begin{pmatrix} Z - i \\ z_b - j \end{pmatrix} \begin{pmatrix} N - h + i \\ n_b - 1 + j \end{pmatrix} \tag{3.1.12}$$

对于出射中子, $A_b = n_b = 1, z_b = 0$, 上式中对 j 的求和仅能取 $j = 0$, 因此得到出射中子的组合因子为

$$Q_n(p,h)_{[1,0]} = \left(\frac{A}{N}\right) \frac{1}{p} \sum_{i=0}^{h} \begin{pmatrix} h \\ i \end{pmatrix} \left(\frac{Z}{A}\right)^{i} \left(\frac{N}{A}\right)^{h-i} (n_a + h - i) \tag{3.1.13}$$

而对于出射质子, $A_b = z_b = 1, n_b = 0$, 这时对 j 的求和仅能取 $j = 1$, 因此得到出射质子的组合因子为

$$Q_p(p,h)_{[1,0]} = \left(\frac{A}{Z}\right) \frac{1}{p} \sum_{i=0}^{h} \begin{pmatrix} h \\ i \end{pmatrix} \left(\frac{Z}{A}\right)^{i} \left(\frac{N}{A}\right)^{h-i} (z_a + i) \tag{3.1.14}$$

注意到 $p = n_a + z_a + h$, 以及

$$\sum_{i=0}^{h} \begin{pmatrix} h \\ i \end{pmatrix} \left(\frac{Z}{A}\right)^{i} \left(\frac{N}{A}\right)^{h-i} = \left(\frac{Z}{A} + \frac{N}{A}\right)^{h} = 1$$

因此存在下面的关系式

$$\frac{N}{A}Q_n(p,h)_{[1,0]} + \frac{Z}{A}Q_p(p,h)_{[1,0]} = 1 \tag{3.1.15}$$

当然, 对于 γ 发射, 这时 $z_b = n_b = A_b = 0$, 以及 $\lambda = 0, m = 0$, 由此得到

$$Q_\gamma(p,h)_{[0,0]} = 1 \tag{3.1.16}$$

可以看出, 这些结果表明组合因子在物理上是合理的.

　　由于式 (3.1.11) 对任意轻入射粒子都成立, 对于中子入射而言, 可以将式 (3.1.11) 加以简化. 这时有 $A_a = n_a = 1, z_a = 0$, 发射 b 粒子的组合因子为

$$Q_b(p,h)_{[\lambda,m]} = \left(\frac{A}{Z}\right)^{z_b} \left(\frac{A}{N}\right)^{n_b} \binom{p}{\lambda}^{-1} \binom{A-h}{m}^{-1} \binom{A_b}{z_b}^{-1}$$

$$\times \sum_{i=0}^{h} \binom{h}{i} \left(\frac{Z}{A}\right)^i \left(\frac{N}{A}\right)^{h-i} \sum_j \binom{i}{j} \binom{h+1-i}{\lambda-j} \binom{Z-i}{z_b-j} \binom{N-h+i}{n_b-\lambda+j} \tag{3.1.17}$$

　　为了看清楚组合因子在预平衡发射率中的作用, 下面以 $n + {}^{16}O$ 为例, 给出在这个核反应中六种出射粒子的组合因子的计算结果, 如表 3.1 所示.

表 3.1　$n + {}^{16}O$ 在激子态 $n = 3, 5, 7, 9$ 的组合因子(对于 $\lambda = 1, m = A_b - 1$ 的情况)

粒子	n	p	α	d	t	${}^3He$
质量数	1	1	4	2	3	3
$n = 3$	1.500	0.500	1.108	1.033	1.244	0.844
$n = 5$	1.333	0.667	1.125	1.048	1.187	0.921
$n = 7$	1.250	0.750	1.135	1.058	1.159	0.961
$n = 9$	1.200	0.800	1.142	1.067	1.143	0.986

　　由表 3.1 中的计算结果可以看出, 在单费米子模型中, 对于中子入射而言, 由于复合核内增加了中子数目, 因此组合因子的作用是加大了中子的发射概率, 而压缩了质子发射的概率. 对于复杂粒子发射, 组合因子的作用也是有利于多中子的复杂粒子发射, 而压缩多质子的复杂粒子发射.

　　对于质子入射, 情况正相反, 在表 3.1(续) 中给出质子入射的组合因子的计算结果. 组合因子有利于质子的发射, 而压缩了中子的发射. 同样, 对于复杂粒子发射, 有利于多质子的复杂粒子发射.

表 3.1(续) p+^{16}O 在激子态 $n=3,5,7,9$ 的组合因子(对于 $\lambda=1$, $m=A_b-1$的情况)

粒子	n	p	α	d	t	^{3}He
质量数	1	1	4	2	3	3
$n=3$	0.5000	1.4444	1.0662	1.0035	0.8195	1.2042
$n=5$	0.6667	1.2963	1.0927	1.0259	0.8991	1.1613
$n=7$	0.7500	1.2222	1.1077	1.0397	0.9401	1.1412
$n=9$	0.8000	1.1778	1.1175	1.0504	0.9658	1.1302

上述效应对于低激子态的情况很明显, 而随着激子数的增大, 这种效应就逐渐降低. 如果发射的复杂粒子具有相同的中子、质子数, 这种组合因子就基本上不起作用, 这些结果在物理上也是合理的.

3.2 Pauli 原理和费米运动对单粒子发射双微分截面的影响

当入射粒子进入靶核后, 核内的激发过程是由预平衡态逐渐过渡到平衡态, 而预平衡过程则由粒子、空穴对的激发和湮灭过程来描述. 靶核内核子的运动通常可以用费米气体模型来描述. 因此, 虽然入射粒子对于靶核质心具有确定的相对运动速度, 但是对于各个核子其相对运动速度却是各不相同的, 对于入射粒子与靶核内不同运动状态的核子的碰撞的平均得到的散射结果称为费米运动效应. 另外, 在粒子、空穴的激发过程中, 由于 Pauli 原理的限制, 如果碰撞后的两个核子态中的任何一个已经被其他核子占据了, 那么这种碰撞就是不能发生的无效碰撞. 这样的核内核子碰撞过程称为考虑 Pauli 原理和费米运动的碰撞过程, 在文献 (Kikuchi et al.,1968) 中用核物质理论方法已经给出了理论公式结果. 下面, 在考虑 Pauli 原理和费米运动效应的基础上, 推导、建立了单粒子发射双微分截面的理论公式表示 (Sun et al.,1982; Akkermans et al.,1980).

为了考虑费米运动效应, 先将靶核视为在实验室系中静止不动. 为了明晰起见, 在本节中用下标 L 标记实验室系中的物理量, 用下标 C 标记质心系中的物理量; 用下标 1 标记入射核子 1, 用下标 2 标记被碰核子 2; 对碰撞前的物理量不加上标 "′", 而对碰撞后的物理量加上标 "′". 考虑了 Pauli 原理后, 碰撞前入射核子的能量一定高于费米面, 而靶核中的核子是将费米海填满. 这里需要指出的是, 在碰撞过程中, 费米面下可以有多于一个的空穴态出现, 而在理论上是可以允许碰撞后的核子占据这些空穴态. 但是对于低激子态, 这种概率是非常小的, 已经有研究表明, 考虑这种碰撞过程后与认为在费米面下被填满的结果是非常一致的 (Costa et al., 1983). 这说明, 在低激子态时可以不考虑费米面下的空穴态的存在对单粒子发射过程的影响.

在粒子–空穴激发过程中, 费米面上的一个核子与费米面下的一个核子发生碰撞, 由于认为费米面下已经被核子填满, 所以在有效碰撞过程中, 费米面下的核子必然被激发到费米面以上. 下面用 p_F 表示费米动量, 它与费米能量之间的关系是 $\varepsilon_F = p_F^2/2m$, 这里 m 为核子质量, 因此有效碰撞需要满足以下关系

$$|p_{L_1}| > p_F, \quad |p_{L_2}| \leqslant p_F, \quad |p_{L_1'}| > p_F, \quad |p_{L_2'}| > p_F \tag{3.2.1}$$

在质心系中, 两个碰撞核子的总动量为

$$\boldsymbol{p}_C = \frac{1}{2}(\boldsymbol{p}_{L_1} + \boldsymbol{p}_{L_2}) = \frac{1}{2}(\boldsymbol{p}_{L_1'} + \boldsymbol{p}_{L_2'}) \tag{3.2.2}$$

因此有

$$\boldsymbol{p}_{C_1'} = \boldsymbol{p}_{L_1'} - \boldsymbol{p}_C, \quad \boldsymbol{p}_{C_2'} = \boldsymbol{p}_{L_2'} - \boldsymbol{p}_C \tag{3.2.3}$$

另外, 由碰撞运动学可以知道, 在质心系中总有

$$p_{C_1} = p_{C_1'} = p_{C_2} = p_{C_2'} \tag{3.2.4}$$

定义 $\boldsymbol{q}$ 为粒子 1 在碰撞后的动量转移, 则有

$$\boldsymbol{q} = \boldsymbol{p}_{L_1'} - \boldsymbol{p}_{L_1} = \boldsymbol{p}_{L_2} - \boldsymbol{p}_{L_2'} = (\boldsymbol{p}_{L_1'} - \boldsymbol{p}_C) - (\boldsymbol{p}_{L_1} - \boldsymbol{p}_C) = \boldsymbol{p}_{C_1'} - \boldsymbol{p}_{C_1} \tag{3.2.5}$$

其中

$$\boldsymbol{p}_{C_1} = (\boldsymbol{p}_{L_1} - \boldsymbol{p}_C) = \frac{1}{2}(\boldsymbol{p}_{L_1} - \boldsymbol{p}_{L_2}) \tag{3.2.6}$$

以及

$$\boldsymbol{p}_{C_1'} = \boldsymbol{p}_{L_1'} - \boldsymbol{p}_C = \frac{1}{2}(\boldsymbol{p}_{L_1'} - \boldsymbol{p}_{L_2'}) \tag{3.2.7}$$

对于一定的入射能, $\boldsymbol{p}_{L_1}$ 为一个确定的量, 由式 (3.2.5) 得到

$$\mathrm{d}\boldsymbol{q} = \mathrm{d}\boldsymbol{p}_{L_1'} \tag{3.2.8}$$

考虑靶内核子的费米运动, 入射粒子 1 对靶内粒子 2 的相对运动速度为 $|\boldsymbol{p}_{L_1} - \boldsymbol{p}_{L_2}|/m$; 而对于整个靶核的入射流, 则不需要考虑具体的被碰核子 2, 其速度为 p_{L_1}/m, 它也相当于不考虑被碰核子的费米运动, 将核子 2 看成是静止的, 即 $\boldsymbol{p}_{L_2} = 0$. 显然, 这时它也等同于假设靶内核子静止不动, 即自由核子散射时的情形.

在理论公式推导过程中, 取如图 3.1 所示的坐标系, 让 Z 轴沿 $-\boldsymbol{q}$ 方向, 原点取在靶核中心, X 轴在 $\boldsymbol{p}_{L_1}, \boldsymbol{p}_{L_1'}$ 的平面上 ($\boldsymbol{p}_{L_2}, \boldsymbol{p}_{L_2'}$ 并不一定在 XOZ 平面中).

对于 $\boldsymbol{p}_{L_1'}$ 的积分区域, 需要满足下面的限制条件

$$|\boldsymbol{p}_{L_2}| \leqslant p_F, \quad |\boldsymbol{p}_{L_2'}| > p_F \tag{3.2.9}$$

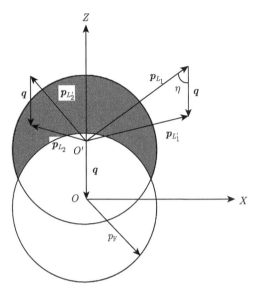

图 3.1 在柱坐标中两个粒子碰撞前后动量示意图

即 $|\boldsymbol{p}_{L_2} + \boldsymbol{q}| = |\boldsymbol{p}_{L_2'}| > p_{\mathrm{F}}$, 可知其积分区域为图 3.1 中的阴影部分; 当不考虑 Pauli 原理时, 无 $|\boldsymbol{p}_{L_2} + \boldsymbol{q}| = |\boldsymbol{p}_{L_2'}| > p_{\mathrm{F}}$ 限制, 这时积分区域为全费米球. 利用下面的公式

$$\int \delta(p_{C_1'} - p_{C_1}) \frac{1}{p_{C_1}^2} \mathrm{d}p_{C_1'} = \int \delta(p_{C_1'} - p_{C_1}) \mathrm{d}p_{C_1'} \mathrm{d}\cos\theta_{C_1'} \mathrm{d}\varphi_{C_1'} = \mathrm{d}\Omega_{C_1'} \qquad (3.2.10)$$

可以将对立体角 $\mathrm{d}\Omega_{C_1'}$ 的积分转换为对动量$\mathrm{d}\boldsymbol{p}_{C_1'}$ 的积分, 即有

$$\sigma(\theta_C, E_{C_1}) \mathrm{d}\Omega_{C_1'} = \int \sigma(\theta_C, E_{C_1}) \frac{1}{p_{C_1}^2} \delta(p_{C_1'} - p_{C_1}) \mathrm{d}\boldsymbol{p}_{C_1'} \qquad (3.2.11)$$

在费米气体模型中, 费米面下的动量 $\boldsymbol{p}_{L_2}$ 服从各向同性的均匀分布, 因此动量 $\boldsymbol{p}_{L_2}$ 在费米海中的占据概率 $N(\boldsymbol{p}_{L_2})$ 为费米球体积的倒数, 即

$$N(\boldsymbol{p}_{L_2}) = \frac{1}{V} = \frac{3}{4\pi p_{\mathrm{F}}^3} \qquad (3.2.12)$$

这就是为什么要在实验室系进行研究的原因, 因为只有这时原来静止的费米球才能用 $\boldsymbol{p}_{L_2}$ 的各向同性的均匀分布. 否则, 在质心系中靶核是处于运动状态, 费米球中的核子运动需要加入质心运动效应. 考虑了费米运动和 Pauli 原理后, 对费米球内 $\boldsymbol{p}_{L_2}$ 的分布进行积分, 核子的平均散射截面 $\bar{\sigma}$ 可表示为

$$\bar{\sigma} = \int |\boldsymbol{p}_{L_1} - \boldsymbol{p}_{L_2}| / P_{L_1} N(\boldsymbol{p}_{L_2}) \sigma(\theta_C, E_{C_1}) \mathrm{d}\Omega_{C_1'} \mathrm{d}\boldsymbol{p}_{L_2}$$

$$= \frac{3}{4\pi p_{\mathrm{F}}^3 p_{L_1}} \int \frac{1}{p_{C_1'}^2} \delta(p_{C_1'} - p_{C_1}) |\boldsymbol{p}_{L_1} - \boldsymbol{p}_{L_2}| \sigma(\theta_C, E_{C_1}) \mathrm{d}\boldsymbol{p}_{C_1'} \mathrm{d}\boldsymbol{p}_{L_2} \qquad (3.2.13)$$

注意上式对 $\boldsymbol{p}_{C_1'}$ 积分时, 对于碰撞前的量, 如 $\boldsymbol{p}_{L_1}, \boldsymbol{p}_{L_2}$ 和 $\boldsymbol{p}_C$ 等皆为常量. 由式 (3.2.8) 知 $\mathrm{d}\boldsymbol{q} = \mathrm{d}\boldsymbol{p}_{L_1'}$, 可得 $\mathrm{d}\boldsymbol{q} = \mathrm{d}\boldsymbol{p}_{C_1'} = \mathrm{d}\boldsymbol{p}_{L_1'}$, 于是由式 (3.2.13) 有 $\mathrm{d}\boldsymbol{p}_{C_1'} \mathrm{d}\boldsymbol{p}_{L_2} = \mathrm{d}\boldsymbol{q} \mathrm{d}\boldsymbol{p}_{L_2}$ 成立, 因此式 (3.2.13) 可以改写为

$$\bar{\sigma} = \frac{3}{4\pi p_{\mathrm{F}}^3 p_{L_1}} \int \frac{1}{p_{C_1'}^2} \delta(p_{C_1'} - p_{C_1}) |\boldsymbol{p}_{L_1} - \boldsymbol{p}_{L_2}| \sigma(\theta_C, E_{C_1}) \mathrm{d}\boldsymbol{q} \mathrm{d}\boldsymbol{p}_{L_2} \qquad (3.2.14)$$

下面将式 (3.2.14) 中的被积函数表示为 $\boldsymbol{q}$ 和 $\boldsymbol{p}_{L_2}$ 的函数. 而碰撞后粒子 1 的动量 也可以写成 $\boldsymbol{q}$ 和 $\boldsymbol{p}_{L_2}$ 的函数. 由 $\boldsymbol{p}_{C_1'} = \boldsymbol{q} + \boldsymbol{p}_{C_1}$, 以及 $\boldsymbol{p}_{C_1} = (\boldsymbol{p}_{L_1} - \boldsymbol{p}_{L_2})/2$ 得到

$$p_{C_1'} = \left[\frac{1}{4}(\boldsymbol{p}_{L_1} - \boldsymbol{p}_{L_2})^2 + \boldsymbol{q}^2 + \boldsymbol{q} \cdot (\boldsymbol{p}_{L_1} - \boldsymbol{p}_{L_2}) \right]^{\frac{1}{2}} \qquad (3.2.15)$$

以及

$$p_{C_1} = \sqrt{(\boldsymbol{p}_{L_1} - \boldsymbol{p}_{L_2})^2/4} \qquad (3.2.16)$$

上面被积函数中的 δ 函数要求 $p_{C_1'} = p_{C_1}$, 于是由 (3.2.15) 和 (3.2.16) 两式得到

$$\boldsymbol{q}^2 + \boldsymbol{q} \cdot (\boldsymbol{p}_{L_1} - \boldsymbol{p}_{L_2}) = 0 \qquad (3.2.17)$$

在图 3.1 中用了柱坐标, 设 $\boldsymbol{p}_{L_2'}$ 的柱坐标为 z, ρ, φ, 则 $\boldsymbol{p}_{L_2}$ 的柱坐标为 $z - q$, ρ, φ. 因此, 上式在柱坐标中可表示为

$$q^2 + q p_{L_1} \cos(\pi - \eta) + (z - q)q = 0 \qquad (3.2.18)$$

其中, $\pi - \eta$ 是 $\boldsymbol{p}_{L_1}$ 与 $\boldsymbol{q}$ 的夹角, 消去一个 q, 由此可解出方程 (3.2.17) 的根为

$$z_0 = p_{L_1} \cos \eta \qquad (3.2.19)$$

利用 δ 函数的性质

$$\delta(f(z)) = \delta(z - z_0)/f'(z_0) \qquad (3.2.20)$$

其中, z_0 是函数 $f(z)$ 的根, 即 $f(z_0) = 0$. 在式 (3.2.14) 中 $f(z) = p_{C_1'} - p_{C_1}$, 由此得到

$$\left. \frac{\partial f(z)}{\partial z} \right|_{z=z_0} = \frac{1}{\sqrt{(\boldsymbol{p}_{L_1} - \boldsymbol{p}_{L_2})^2/4}} \left[\frac{q}{2} \right]_{z=z_0} = \frac{q}{2p_{C_1}} \qquad (3.2.21)$$

于是有

$$\delta(p_{C_1'} - p_{C_1}) = \frac{2p_{C_1}}{q} \delta(z - z_0) = \frac{2p_{C_1}}{q} \delta(z - p_{L_1} \cos \eta) \qquad (3.2.22)$$

因此可以将式 (3.2.14) 改写为

$$\bar{\sigma} = \frac{3}{4\pi p_{\mathrm{F}}^3 p_{L_1}} \int \frac{1}{p_{C_1}^2} \delta(p_{C_1'} - p_{C_1}) 2 p_{C_1} \sigma(\theta_C, E_{C_1}) \mathrm{d}\boldsymbol{q} \mathrm{d}z \rho \mathrm{d}\rho \mathrm{d}\varphi$$

$$= \frac{6}{p_{\mathrm{F}}^3 p_{L_1}} \int \frac{1}{q} \delta(z - p_{L_1} \cos\eta) \sigma(\theta_C, E_{C_1}) \mathrm{d}\boldsymbol{q} \mathrm{d}z \rho \mathrm{d}\rho \tag{3.2.23}$$

在低能核子散射过程中, 如能量小于30MeV时, 在质心系中的核子散射截面近似为各向同性, 并和入射能量无关, 则有

$$\sigma(\theta_C, E_{C_1}) = \frac{\sigma_T}{4\pi} \tag{3.2.24}$$

其中, σ_T 为质心系中的核子总散射截面. 代入上式, 可得

$$\bar{\sigma} = \frac{6}{p_{\mathrm{F}}^3 p_{L_1}} \int \frac{1}{q} \delta(z - p_{L_1} \cos\eta) \frac{\sigma_T}{4\pi} \mathrm{d}\boldsymbol{q} \mathrm{d}z \rho \mathrm{d}\rho \frac{\sigma_T}{4\pi} \int F(\boldsymbol{q}) \mathrm{d}\boldsymbol{q} \tag{3.2.25}$$

其中

$$F(\boldsymbol{q}) = \frac{6}{q p_{\mathrm{F}}^3 p_{L_1}} \int_{\rho_1}^{\rho_2} \rho \mathrm{d}\rho = \frac{3}{q p_{\mathrm{F}}^3 p_{L_1}} (\rho_2^2 - \rho_1^2) \tag{3.2.26}$$

因此得到在考虑了费米运动和 Pauli 原理后的核子散射的双微分截面形式表示

$$\frac{\mathrm{d}^2\sigma}{\mathrm{d}\boldsymbol{P}_{L_1'}} = \frac{\sigma_T}{4\pi} F(\boldsymbol{q}) \tag{3.2.27}$$

利用 $\mathrm{d}\boldsymbol{p}_{L_1'} = p_{L_1'}^2 \mathrm{d}p_{L_1'} \mathrm{d}\Omega_{L_1'}$, 将动量积分转换为对能量和立体角的积分, 得到

$$\frac{\mathrm{d}_2\sigma}{\mathrm{d}\varepsilon_{L_1'} \mathrm{d}\Omega_{L_1'}} = \frac{p_{\mathrm{F}}^3 \sqrt{\varepsilon_{L_1'}}}{2\varepsilon_{\mathrm{F}}^{3/2}} \frac{\sigma_T}{4\pi} F(\boldsymbol{q}) \tag{3.2.28}$$

式 (3.2.28) 就是考虑了靶内核子的费米运动和 Pauli 原理后, 入射粒子在实验室系中的双微分截面的公式.

下面讨论 $F(\boldsymbol{q})$ 中积分的上下限, ρ_1, ρ_2 的选择有三种情况, 它们都考虑了 Pauli 原理限制.

(1) $q \leqslant 2p_{\mathrm{F}}$(图 3.1 中二球相交), 且$\frac{q}{2} \leqslant z_0 \leqslant p_{\mathrm{F}}$的情况, 则

$$\rho_1 = \sqrt{p_{\mathrm{F}}^2 - z_0^2} = \sqrt{p_{\mathrm{F}}^2 - p_{L_1}^2 \cos\eta}$$

$$\rho_2 = \sqrt{p_{\mathrm{F}}^2 - (q - z_0)^2} = \sqrt{p_{\mathrm{F}}^2 - (q - p_{L_1} \cos\eta)^2} \tag{3.2.29}$$

(2) $q \leqslant 2p_{\mathrm{F}}$(图 3.1 中二球相交), 且$p_{\mathrm{F}} \leqslant z_0 \leqslant p_{\mathrm{F}} + q$的情况, 则

$$\rho_1 = 0, \quad \rho_2 = \sqrt{p_{\mathrm{F}}^2 - (q - p_{L_1} \cos\eta)^2} \tag{3.2.30}$$

(3) $q \geqslant 2p_{\mathrm{F}}$(图 3.1 中二球相离), 且 $q - p_{\mathrm{F}} \leqslant z_0 \leqslant q + p_{\mathrm{F}}$ 情况, 则

$$\rho_1 = 0, \quad \rho_2 = \sqrt{p_{\mathrm{F}}^2 - (q - p_{L_1} \cos\eta)^2} \tag{3.2.31}$$

将上面的积分上下限分别代入 $F(\boldsymbol{q})$ 的表示中, 对于情况 (1), 有

$$F(\boldsymbol{q}) = \frac{3}{p_{\mathrm{F}}^3 p_{L_1}}(2p_{L_1}\cos\eta - q), \quad p_{L_1}\cos\eta = \frac{p_{L_1}^2 + q^2 - p_{L_1'}^2}{2q} \tag{3.2.32}$$

对于情况 (2), (3) 合并 $q \leqslant 2p_{\mathrm{F}}$ 和 $q \geqslant 2p_{\mathrm{F}}$ 的条件, 有相同结果

$$F(\boldsymbol{q}) = \frac{3}{q p_{\mathrm{F}}^3 p_{L_1}}\left[p_{\mathrm{F}}^2 - (q - p_{L_1}\cos\eta)^2\right] \tag{3.2.33}$$

下面将所有的动量表示全部转换为能量表示. 把式 (3.2.32) 代入式 (3.2.27) 中, 得到考虑了费米运动和 Pauli 原理后的核子散射双微分截面表示

$$\frac{\mathrm{d}^2\sigma}{\mathrm{d}\varepsilon_{L_1'}\mathrm{d}\Omega_{L_1'}} = \frac{\sqrt{\varepsilon_{L_1'}}}{2\varepsilon_{\mathrm{F}}^{3/2}}\frac{\sigma_T}{4\pi}\frac{3}{p_{L_1}}\left(\frac{p_{L_1}^2 + q^2 - p_{L_1'}^2}{q} - q\right) = \frac{3\sigma_T}{8\pi\varepsilon_F}\sqrt{\frac{\varepsilon_{L_1'}}{\varepsilon_{\mathrm{F}}}}\frac{\varepsilon_{L_1} - \varepsilon_{L_1'}}{\sqrt{Q\varepsilon_{L_1}}} \tag{3.2.34}$$

其中

$$Q = \varepsilon_{L_1} + \varepsilon_{L_1'} - 2\sqrt{\varepsilon_{L_1}\varepsilon_{L_1'}}\cos\theta \tag{3.2.35}$$

这里, θ 为 Ω 与 Ω' 之间的夹角, 即为 $\boldsymbol{P}_{L_1}$ 与 $\boldsymbol{P}_{L_1'}$ 之间的夹角, 是实验室系中散射的角度. 在动量表示中存在的条件为

$$q \leqslant 2p_{\mathrm{F}}, \quad \frac{q}{2} \leqslant z_0 \leqslant p_{\mathrm{F}} \tag{3.2.36}$$

即要求 $q/2 \leqslant (p_{L_1}^2 + q^2 - p_{L_1'}^2)/2q \leqslant p_{\mathrm{F}}$ 成立, 左边的不等式导致 $p_{L_1} \geqslant p_{L_1'}$, 这自然成立; 而右边的不等式要求 $p_{L_1}^2 + q^2 - p_{L_1'}^2 \leqslant 2qp_{\mathrm{F}}$ 成立. 由式 (3.2.5) 知 $\boldsymbol{q} = \boldsymbol{p}_{L_1'} - \boldsymbol{p}_{L_1}$, 以及式 (3.2.36) 中的条件 $q \leqslant 2p_{\mathrm{F}}$, 转换到能量的表示后可得到

$$Q \leqslant 4\varepsilon_{\mathrm{F}} \tag{3.2.37}$$

再由式 (3.2.36) 中的第二条件, 转换到能量表示后可得到

$$\varepsilon_{L_1} - \varepsilon_{L_1'} + Q \leqslant 2\sqrt{\varepsilon_{\mathrm{F}}Q} \tag{3.2.38}$$

由式 (3.2.35) 和 (3.2.37), 得到下面对角度的限制条件

$$\cos\theta \equiv \frac{\varepsilon_{L_1} + \varepsilon_{L_1'} - Q}{2\sqrt{\varepsilon_{L_1}\varepsilon_{L_1'}}} \geqslant \frac{\varepsilon_{L_1} + \varepsilon_{L_1'} - 4\varepsilon_{\mathrm{F}}}{2\sqrt{\varepsilon_{L_1}\varepsilon_{L_1'}}} \tag{3.2.39}$$

另外, 由式 (3.2.38), 得到 Q 满足的不等式

$$Q^2 + 2(\varepsilon_{L_1} - \varepsilon_{L_1'} - 2\varepsilon_F)Q + (\varepsilon_{L_1} - \varepsilon_{L_1'})^2 \leqslant 0 \tag{3.2.40}$$

由式 (3.2.40) 给出 Q 的一元二次不等式, 可以得到 Q 满足的不等式条件为

$$(\sqrt{\varepsilon_F} - \sqrt{\varepsilon_F - \varepsilon_{L_1} + \varepsilon_{L_1'}})^2 \leqslant Q \leqslant (\sqrt{\varepsilon_F}\sqrt{\varepsilon_F - \varepsilon_{L_1} + \varepsilon_{L_1'}})^2 \tag{3.2.41}$$

再将式 (3.2.35)Q 的表示代入式 (3.2.41), 就得到散射角 $\cos\theta$ 满足的积分范围

$$\alpha_1 \leqslant \cos\theta \leqslant \beta_1 \tag{3.2.42}$$

其中

$$\alpha_1 = \frac{1}{\sqrt{\varepsilon_{L_1}\varepsilon_{L_1'}}}\left[\varepsilon_{L_1} - \varepsilon_F - \sqrt{\varepsilon_F(\varepsilon_F - \varepsilon_{L_1} + \varepsilon_{L_1'})}\right] \tag{3.2.43}$$

$$\beta_1 = \frac{1}{\sqrt{\varepsilon_{L_1}\varepsilon_{L_1'}}}\left[\varepsilon_{L_1} - \varepsilon_F + \sqrt{\varepsilon_F(\varepsilon_F - \varepsilon_{L_1} + \varepsilon_{L_1'})}\right] \tag{3.2.44}$$

表达式 α_1, β_1 中根号内的量必须大于 0, 因而一定有

$$\varepsilon_{L_1'} \geqslant \varepsilon_{L_1} - \varepsilon_F \tag{3.2.45}$$

对于第二、三种情况, 与第一种情况相似, 将式 (3.2.33) 代入式 (3.2.28), 并转换到能量的表示后得到

$$\begin{aligned}\frac{\mathrm{d}^2\sigma}{\mathrm{d}\varepsilon_{L_1'}\mathrm{d}\Omega_{L_1'}} &= \frac{\sqrt{\varepsilon_{L_1'}}}{2\varepsilon_F^{3/2}}\frac{\sigma_T}{4\pi}\frac{3}{qp_{L_1}}\left[p_F^2 - (q - p_{L_1}\cos\eta)^2\right] \\ &= \frac{3\sigma_T}{8\pi\varepsilon_F^{3/2}}\frac{\sqrt{\varepsilon_{L_1'}}}{\sqrt{Q\varepsilon_{L_1}}Q}\left[\varepsilon_{L_1}\varepsilon_{L_1'}\sin^2\theta - (\varepsilon_{L_1'} - \varepsilon_F)Q\right]\end{aligned} \tag{3.2.46}$$

对于一定能量 $\varepsilon_{L_1'}$ 值, 可以得到角度分布的区域. 将 $z_0 = p_{L_1}\cos\eta = (p_{L_1}^2 + q^2 - p_{L_1'}^2)/2q$ 代入到式 (3.2.46), 由双微分截面的值必须大于 0 的条件得到不等式

$$\left[p_F^2 - (q - p_{L_1}\cos\eta)^2\right] = \left(\frac{p_{L_1}^2 + q^2 - p_{L_1'}^2}{2q} - q\right)^2 \leqslant p_F^2 \tag{3.2.47}$$

应用式 (3.2.5) 中的 $\boldsymbol{q} = \boldsymbol{p}_{L_1'} - \boldsymbol{p}_{L_1}$ 和 $q^2 = p_{L_1}^2 + p_{L_1'}^2 - 2p_{L_1}p_{L_1'}\cos\theta$ 得到

$$p_{L_1'}^2(p_{L_1'} - p_{L_1}\cos\theta)^2 \leqslant p_F^2(p_{L_1}^2 + p_{L_1'}^2 - 2p_{L_1}p_{L_1'}\cos\theta) \tag{3.2.48}$$

利用 Q 的定义式 (3.2.35), 在能量标度下由式 (3.2.48), 得到 Q 满足的不等式

$$Q^2 - 2Q(\varepsilon_{L_1} - \varepsilon_{L_1'} + 2\varepsilon_F) + (\varepsilon_{L_1} - \varepsilon_{L_1'})^2 \leqslant 0 \tag{3.2.49}$$

由式 (3.2.49) 给出 Q 的一元二次不等式, 得到 Q 满足的不等式

$$\left(\sqrt{\varepsilon_{\mathrm{F}}} - \sqrt{\varepsilon_{\mathrm{F}} + \varepsilon_{L_1} - \varepsilon_{L_1'}}\right)^2 \leqslant Q \leqslant \left(\sqrt{\varepsilon_{\mathrm{F}}} + \sqrt{\varepsilon_{\mathrm{F}} + \varepsilon_{L_1} - \varepsilon_{L_1'}}\right)^2 \tag{3.2.50}$$

将式 (3.2.35) 代入, 得到散射角 $\cos\theta$ 满足的积分范围

$$\alpha_2 \leqslant \cos\theta \leqslant \beta_2 \tag{3.2.51}$$

其中

$$\alpha_2 = \frac{1}{\sqrt{\varepsilon_{L_1}\varepsilon_{L_1'}}}\left[\varepsilon_{L_1'} - \varepsilon_{\mathrm{F}} - \sqrt{\varepsilon_{\mathrm{F}}(\varepsilon_{\mathrm{F}} + \varepsilon_{L_1} - \varepsilon_{L_1'})}\right] \tag{3.2.52}$$

$$\beta_2 = \frac{1}{\sqrt{\varepsilon_{L_1}\varepsilon_{L_1'}}}\left[\varepsilon_{L_1'} - \varepsilon_{\mathrm{F}} + \sqrt{\varepsilon_{\mathrm{F}}(\varepsilon_{\mathrm{F}} + \varepsilon_{L_1} - \varepsilon_{L_1'})}\right] \tag{3.2.53}$$

可以证明 $-1 \leqslant \alpha_2 \leqslant \alpha_1 \leqslant \beta_1 \leqslant \beta_2 \leqslant 1$ 成立.

　　在考虑了费米运动和 Pauli 原理后, 由图 3.2 和图 3.3 示意性地分别给出了 $\varepsilon_{L_1} \geqslant 2\varepsilon_{\mathrm{F}}$ 和 $\varepsilon_{L_1} \leqslant 2\varepsilon_{\mathrm{F}}$ 核子的平均散射双微分截面对能量和 $\cos\theta$ 的区域.

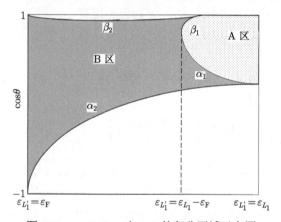

图 3.2　$\varepsilon_{L_1} \geqslant 2\varepsilon_{\mathrm{F}}$ 时 $\cos\theta$ 的积分区域示意图

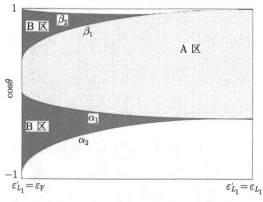

图 3.3　当 $\varepsilon_{L_1} \leqslant 2\varepsilon_{\mathrm{F}}$ 时 $\cos\theta$ 的积分区域示意图

可以验证, 当 $\varepsilon_{L_1} = 2\varepsilon_F$ 和 $\varepsilon_{L_1'} = \varepsilon_F$ 时, $\alpha_1 = \beta_1 = 1/\sqrt{2} > 0$, 这是上面两个图之间的临界状态. 当然, 图 3.2 和图 3.3 中的曲线是随 $\varepsilon_{L_1}/\varepsilon_F$ 比例大小而变化, 因此仅给出示意图. 由不等式 (3.2.51) 看出, 对于一定的出射粒子能量 $\varepsilon_{L_1'}$, $\cos\theta \leqslant \alpha_2$ 和 $\beta_2 \leqslant \cos\theta$ 的区域是单粒子散射出射角的禁区, $\alpha_2 \leqslant \cos\theta \leqslant \alpha_1$ 和 $\beta_1 \leqslant \cos\theta \leqslant \beta_2$ 对应于图 3.3 中的 B 区的公式表示, $\alpha_1 \leqslant \cos\theta \leqslant \beta_1$ 对应于图 3.3 中的 A 区的公式表示, 不同区域具有不同的平均散射截面公式. 而在 $\varepsilon_{L_1} > 2\varepsilon_F$ 时, 出射能量 $\varepsilon_{L_1'} \leqslant \varepsilon_{L_1} - \varepsilon_F$ 时出射能量区域内仅有 B 区存在.

考虑了原子核内核子的费米运动和 Pauli 原理后, 得到入射核子的平均散射双微分截面为

$$\frac{\mathrm{d}^2\sigma}{\mathrm{d}\varepsilon_{L_1'}\mathrm{d}\Omega_{L_1'}} = \begin{cases} \dfrac{3\sigma_T}{8\pi\varepsilon_F}\sqrt{\dfrac{\varepsilon_{L_1'}}{\varepsilon_F}}\dfrac{\varepsilon_{L_1}-\varepsilon_{L_1'}}{\sqrt{Q\varepsilon_{L_1}}} & \text{在 A 区} \\[3mm] \dfrac{3\sigma_T}{8\pi\varepsilon_F}\sqrt{\dfrac{\varepsilon_{L_1'}}{\varepsilon_F}}\dfrac{1}{\sqrt{Q\varepsilon_{L_1}}Q}[\varepsilon_{L_1}\varepsilon_{L_1'}\sin^2\theta - (\varepsilon_{L_1'}-\varepsilon_F)Q] & \text{在 B 区} \end{cases}$$

$$(3.2.54)$$

由式 (3.2.35) 可以看到, Q 是随 $\cos\theta$ 的加大而减小, 因此在式 (3.2.54) 中, 核子的平均散射双微分截面是具有朝前性的.

平均散射双微分截面对角度积分得到能谱表示, 由图 3.3 可以看出, 当 $\varepsilon_{L_1} > 2\varepsilon_F$ 时能谱需要分两个区域. 一个是在 $\varepsilon_{L_1'} \leqslant \varepsilon_{L_1} - \varepsilon_F$ 区域 (见图 3.3 的 B 区), 这时能谱表示为

$$\frac{\mathrm{d}\sigma}{\mathrm{d}\varepsilon_{L_1'}} = \int \frac{\mathrm{d}^2\sigma}{\mathrm{d}\varepsilon_{L_1'}\mathrm{d}\Omega_{L_1'}}\mathrm{d}\Omega_{L_1'} = \int_{\alpha_2}^{\beta_2}\frac{3\sigma_T}{4\varepsilon_F}\sqrt{\frac{\varepsilon_{L_1'}}{\varepsilon_F}}\frac{[\varepsilon_{L_1}\varepsilon_{L_1'}\sin^2\theta - (\varepsilon_{L_1'}-\varepsilon_F)Q]}{\sqrt{Q\varepsilon_{L_1}}Q}\mathrm{d}\cos\theta$$

$$(3.2.55)$$

由式 (3.2.35) 对 Q 的定义, 利用下面的不定积分表示

$$\int \frac{1}{\sqrt{Q}}\mathrm{d}\cos\theta = -\frac{1}{\sqrt{\varepsilon_{L_1}\varepsilon_{L_1'}}}\sqrt{Q} \tag{3.2.56}$$

$$\int \frac{\sin^2\theta}{Q\sqrt{Q}}\mathrm{d}\cos\theta = \frac{1-\cos^2\theta}{\sqrt{\varepsilon_{L_1}\varepsilon_{L_1'}}\sqrt{Q}} - \frac{[3(\varepsilon_{L_1}+\varepsilon_{L_1'})-Q]}{3(\varepsilon_{L_1}\varepsilon_{L_1'})\sqrt{\varepsilon_{L_1}\varepsilon_{L_1'}}}\sqrt{Q} \tag{3.2.57}$$

因此式 (3.2.55) 的积分结果为

$$\frac{\mathrm{d}\sigma}{\mathrm{d}\varepsilon_{L_1'}} = \frac{3\sigma_T}{4\varepsilon_F}\sqrt{\frac{\varepsilon_{L_1'}}{\varepsilon_F}}\left[\frac{\sqrt{\varepsilon_{L_1'}}(1-\cos^2\theta)}{\sqrt{Q}} + \frac{Q^{\frac{3}{2}}}{3\varepsilon_{L_1}\sqrt{\varepsilon_{L_1'}}} - \frac{\varepsilon_{L_1}+\varepsilon_F}{\varepsilon_{L_1}\sqrt{\varepsilon_{L_1'}}}\sqrt{Q}\right]\bigg|_{\alpha_2}^{\beta_2} \tag{3.2.58}$$

为了方便将上下限代入, 定义符号

$$Q(\alpha) \equiv \varepsilon_{L_1} + \varepsilon_{L_1'} - 2\sqrt{\varepsilon_{L_1}\varepsilon_{L_1'}}\alpha \tag{3.2.59}$$

下面给出一些等式

$$1 - \alpha_2^2 = \frac{(\varepsilon_{L_1'} - \varepsilon_{\mathrm{F}})}{\varepsilon_{L_1}\varepsilon_{L_1'}}Q(\alpha_2), \quad 1 - \beta_2^2 = \frac{(\varepsilon_{L_1'} - \varepsilon_{\mathrm{F}})}{\varepsilon_{L_1}\varepsilon_{L_1'}}Q(\beta_2) \tag{3.2.60}$$

$$1 - \alpha_1^2 = \frac{(\varepsilon_{L_1} - \varepsilon_{\mathrm{F}})}{\varepsilon_{L_1}\varepsilon_{L_1'}}Q(\alpha_1), \quad 1 - \beta_1^2 = \frac{(\varepsilon_{L_1} - \varepsilon_{\mathrm{F}})}{\varepsilon_{L_1}\varepsilon_{L_1'}}Q(\beta_1) \tag{3.2.61}$$

$$\sqrt{Q(\beta_2)} \times \sqrt{Q(\alpha_2)} = \varepsilon_{L_1} - \varepsilon_{L_1'}, \quad \sqrt{Q(\beta_2)} - \sqrt{Q(\alpha_2)} = -2\sqrt{\varepsilon_{\mathrm{F}}} \tag{3.2.62}$$

$$\sqrt{Q(\beta_1)} \times \sqrt{Q(\alpha_1)} = \varepsilon_{L_1} - \varepsilon_{L_1'} \tag{3.2.63}$$

$$\sqrt{Q(\beta_1)} - \sqrt{Q(\alpha_1)} = -2\sqrt{\varepsilon_{\mathrm{F}} - \varepsilon_{L_1} + \varepsilon_{L_1'}} \tag{3.2.64}$$

以及由此派生的一些等式

$$Q^{\frac{3}{2}}(\beta_2) - Q^{\frac{3}{2}}(\alpha_2) = -2\sqrt{\varepsilon_{\mathrm{F}}} = -2\sqrt{\varepsilon_{\mathrm{F}}}[3\varepsilon_{L_1} - 3\varepsilon_{L_1'} + 4\varepsilon_{\mathrm{F}}] \tag{3.2.65}$$

$$\sqrt{Q(\alpha_2)}(1 - \beta_2^2) - \sqrt{Q(\beta_2)}(1 - \alpha_2^2) = -2\frac{(\varepsilon_{L_1'} - \varepsilon_{\mathrm{F}})(\varepsilon_{L_1} - \varepsilon_{L_1'})}{\varepsilon_{L_1}\varepsilon_{L_1'}}\sqrt{\varepsilon_{\mathrm{F}}} \tag{3.2.66}$$

$$\sqrt{Q(\alpha_1)}(1 - \beta_1^2) - \sqrt{Q(\beta_1)}(1 - \alpha_1^2) = -2\frac{(\varepsilon_{L_1'} - \varepsilon_{\mathrm{F}})(\varepsilon_{L_1} - \varepsilon_{L_1'})}{\varepsilon_{L_1}\varepsilon_{L_1'}}\sqrt{\varepsilon_{\mathrm{F}} - \varepsilon_{L_1} + \varepsilon_{L_1'}} \tag{3.2.67}$$

$$Q^{\frac{3}{2}}(\beta_1) - Q^{\frac{3}{2}}(\alpha_1) = -2\sqrt{\varepsilon_{\mathrm{F}} - \varepsilon_{L_1} + \varepsilon_{L_1'}}[\varepsilon_{L_1'} - \varepsilon_{L_1} + 4\varepsilon_{\mathrm{F}}] \tag{3.2.68}$$

利用等式 (3.2.66) 和 (3.2.63)、式 (3.2.65)，以及式 (3.2.63)，式 (3.2.58) 中的三项代入上下限后分别得到

$$\frac{\sqrt{\varepsilon_{L_1'}}(1 - \cos^2\theta)}{\sqrt{Q}}\bigg|_{\alpha_2}^{\beta_2} = -2\frac{(\varepsilon_{L_1'} - \varepsilon_{\mathrm{F}})}{\varepsilon_{L_1}\sqrt{\varepsilon_{L_1'}}}\sqrt{\varepsilon_{\mathrm{F}}} \tag{3.2.69}$$

$$\frac{Q^{\frac{3}{2}}}{3\varepsilon_{L_1}\sqrt{\varepsilon_{L_1'}}}\bigg|_{\alpha_2}^{\beta_2} = -\frac{2(3\varepsilon_{L_1} - 3\varepsilon_{L_1'} + 4\varepsilon_{\mathrm{F}})}{3\varepsilon_{L_1}\sqrt{\varepsilon_{L_1'}}}\sqrt{\varepsilon_{\mathrm{F}}} \tag{3.2.70}$$

$$-\frac{\varepsilon_{L_1} + \varepsilon_{\mathrm{F}}}{\varepsilon_{L_1}\sqrt{\varepsilon_{L_1'}}}\sqrt{Q}\bigg|_{\alpha_2}^{\beta_2} = 2\frac{\varepsilon_{L_1} + \varepsilon_{\mathrm{F}}}{\varepsilon_{L_1}\sqrt{\varepsilon_{L_1'}}}\sqrt{\varepsilon_{\mathrm{F}}} \tag{3.2.71}$$

将这三项合并后得到了在 $\varepsilon_{L_1} > 2\varepsilon_{\mathrm{F}}$ 的情况下，当 $\varepsilon_{L_1'} \leqslant \varepsilon_{L_1} - \varepsilon_{\mathrm{F}}$ 时，能谱很简单的常数谱的表示

$$\frac{\mathrm{d}\sigma}{\mathrm{d}\varepsilon_{L_1'}} = \frac{\sigma_T}{\varepsilon_{L_1}} \tag{3.2.72}$$

而另一个情况是在 $\varepsilon_{L_1'} \geqslant \varepsilon_{L_1} - \varepsilon_{\mathrm{F}}$ 时，对角度积分跨越 A 区和 B 区，其能谱表示为

$$\frac{\mathrm{d}\sigma}{\mathrm{d}\varepsilon_{L_1'}} = \int_{\alpha_2}^{\alpha_1} \frac{3\sigma_T}{4\varepsilon_{\mathrm{F}}} \sqrt{\frac{\varepsilon_{L_1'}}{\varepsilon_{\mathrm{F}}}} \frac{1}{\sqrt{Q\varepsilon_{L_1}}Q}[\varepsilon_{L_1}\varepsilon_{L_1'}\sin^2\theta - (\varepsilon_{L_1'} - \varepsilon_{\mathrm{F}})Q]\mathrm{d}\cos\theta$$

$$+ \int_{\alpha_1}^{\beta_1} \frac{3\sigma_T}{4\varepsilon_F} \sqrt{\frac{\varepsilon_{L_1'}}{\varepsilon_F}} \frac{\varepsilon_{L_1} - \varepsilon_{L_1'}}{\sqrt{Q\varepsilon_{L_1}}} \mathrm{d}\cos\theta$$

$$+ \int_{\beta_1}^{\beta_2} \frac{3\sigma_T}{4\varepsilon_F} \sqrt{\frac{\varepsilon_{L_1'}}{\varepsilon_F}} \frac{1}{\sqrt{Q\varepsilon_{L_1}}Q} [\varepsilon_{L_1}\varepsilon_{L_1'} \sin^2\theta - (\varepsilon_{L_1'} - \varepsilon_F)Q] \mathrm{d}\cos\theta \quad (3.2.73)$$

将式 (3.2.73) 中加减在 $\alpha_1 \to \beta_1$ 对 B 区的积分, 得到下面的恒等变换

$$\frac{\mathrm{d}\sigma}{\mathrm{d}\varepsilon_{L_1'}} = \frac{3\sigma_T}{4\varepsilon_F} \sqrt{\frac{\varepsilon_{L_1'}}{\varepsilon_F}} \int_{\alpha_2}^{\beta_2} \frac{1}{\sqrt{Q\varepsilon_{L_1}}Q} [\varepsilon_{L_1}\varepsilon_{L_1'} \sin^2\theta - (\varepsilon_{L_1'} - \varepsilon_F)Q] \mathrm{d}\cos\theta$$

$$+ \frac{3\sigma_T}{4\varepsilon_F} \sqrt{\frac{\varepsilon_{L_1'}}{\varepsilon_F \varepsilon_{L_1}}} \int_{\alpha_1}^{\beta_1} \left[\frac{\varepsilon_{L_1} - \varepsilon_F}{\sqrt{Q}} - \frac{\varepsilon_{L_1}\varepsilon_{L_1'} \sin^2\theta}{Q^{\frac{3}{2}}} \right] \mathrm{d}\cos\theta \quad (3.2.74)$$

其中, 第一项的积分结果就是式 (3.2.72). 利用式 (3.2.56) 和 (3.2.57) 的不定积分, 得到式 (3.2.74) 中第二项的积分结果为

$$\left[-\sqrt{\varepsilon_{L_1}\varepsilon_{L_1'}} \frac{1 - \cos^2\theta}{\sqrt{Q}} - \frac{Q^{\frac{3}{2}}}{3\sqrt{\varepsilon_{L_1}\varepsilon_{L_1'}}} + \frac{\varepsilon_{L_1'} + \varepsilon_F}{\sqrt{\varepsilon_{L_1}\varepsilon_{L_1'}}} \sqrt{Q} \right]_{\alpha_1}^{\beta_1} \quad (3.2.75)$$

其中, 三项代入积分上下限的求值, 可分别应用式 (3.2.64) 和 (3.2.67), 式 (3.2.68), 以及式 (3.2.64), 得到如下结果

$$-\sqrt{\varepsilon_{L_1}\varepsilon_{L_1'}} \frac{(1 - \cos^2\theta)}{\sqrt{Q}} \Big|_{\alpha_1}^{\beta_1} = 2\frac{\sqrt{\varepsilon_F - \varepsilon_{L_1} + \varepsilon_{L_1'}}}{\sqrt{\varepsilon_{L_1}\varepsilon_{L_1'}}} (\varepsilon_{L_1} - \varepsilon_F) \quad (3.2.76)$$

$$-\frac{Q^{\frac{3}{2}}}{3\sqrt{\varepsilon_{L_1}\varepsilon_{L_1'}}} \Big|_{\alpha_1}^{\beta_1} = \frac{2\sqrt{\varepsilon_F - \varepsilon_{L_1} + \varepsilon_{L_1'}}}{3\sqrt{\varepsilon_{L_1}\varepsilon_{L_1'}}} (\varepsilon_{L_1'} - \varepsilon_{L_1} + 4\varepsilon_F) \quad (3.2.77)$$

$$\frac{\varepsilon_{L_1'} + \varepsilon_F}{\sqrt{\varepsilon_{L_1}\varepsilon_{L_1'}}} \sqrt{Q} \Big|_{\alpha_1}^{\beta_1} = -2\frac{\sqrt{\varepsilon_F - \varepsilon_{L_1} + \varepsilon_{L_1'}}}{\sqrt{\varepsilon_{L_1}\varepsilon_{L_1'}}} (\varepsilon_{L_1'} + \varepsilon_F) \quad (3.2.78)$$

将上面三项的结果相加后, 再加上式 (3.2.72) 中的第一项, 得到在 $\varepsilon_{L_1'} \geqslant \varepsilon_{L_1} - \varepsilon_F$ 的情况下的能谱公式为

$$\frac{\mathrm{d}\sigma}{\mathrm{d}\varepsilon_{L_1'}} = \frac{\sigma_T}{\varepsilon_{L_1}} - \frac{\sigma_T}{\varepsilon_{L_1}} \left(1 - \frac{\varepsilon_{L_1} - \varepsilon_{L_1'}}{\varepsilon_F} \right)^{\frac{3}{2}} \quad (3.2.79)$$

合并两种能量区域的结果, 得到能谱的一般表示

$$\frac{\mathrm{d}\sigma}{\mathrm{d}\varepsilon_{L_1'}} = \begin{cases} \dfrac{\sigma_T}{\varepsilon_{L_1}} & \varepsilon_{L_1'} \leqslant \varepsilon_{L_1} - \varepsilon_F \\ \dfrac{\sigma_T}{\varepsilon_{L_1}} \left[1 - \left(1 - \dfrac{\varepsilon_{L_1} - \varepsilon_{L_1'}}{\varepsilon_F} \right)^{\frac{3}{2}} \right] & \varepsilon_{L_1'} \geqslant \varepsilon_{L_1} - \varepsilon_F \end{cases} \quad (3.2.80)$$

在图 3.4 和图 3.5 中分别给出了在 $\varepsilon_{L_1} \geqslant 2\varepsilon_F$ 和 $\varepsilon_{L_1} \leqslant \varepsilon_F$ 两种情况下的平均核子散射截面的曲线图. 显然, 在 $\varepsilon_{L_1} \geqslant 2\varepsilon_F$ 情况下, 能谱中 $\varepsilon_F \leqslant \varepsilon_{L_1'} \leqslant \varepsilon_{L_1} - \varepsilon_F$ 部分是常数谱.

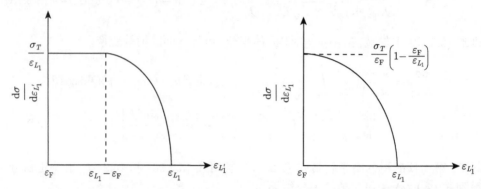

图 3.4　在 $\varepsilon_{L_1} \geqslant 2\varepsilon_F$ 时平均核子的散射截面　图 3.5　在 $\varepsilon_{L_1} \leqslant 2\varepsilon_F$ 时平均核子的散射截面

对式 (3.2.80) 进行 $\varepsilon_{L_1'}$ 的积分, 得到核子在核物质中的平均核子散射截面为 (Clementel, 1961)

$$\bar{\sigma} = \int_{\varepsilon_F}^{\varepsilon_{L_1}} \frac{d\sigma}{d\varepsilon_{L_1'}} d\varepsilon_{L_1'} = \sigma_T \left\{ 1 - \frac{7}{5}\frac{\varepsilon_F}{\varepsilon_{L_1}} + \frac{2}{5}\frac{\varepsilon_F}{\varepsilon_{L_1}}\left(2 - \frac{\varepsilon_{L_1}}{\varepsilon_F}\right)^{5/2}\Theta(2\varepsilon_F - \varepsilon_{L_1})\right\}$$
$$(3.2.81)$$

其中, 阶梯 Θ 函数的定义见式 (2.2.48). 平均核子散射截面 $\bar{\sigma}$ 是入射能量 ε_{L_1} 的函数.

下面对考虑费米运动和 Pauli 原理的物理效应进行分析. 由于 Pauli 原理要求 $\varepsilon_F \leqslant \varepsilon_{L_1'}$ 的条件存在, 仅在 $\varepsilon_{L_1'} = \varepsilon_F$ 时, $\alpha_2 = -1$. 特别是在 $\varepsilon_{L_1'} = \varepsilon_{L_1}$ 时, $\alpha_2 = (\varepsilon_{L_1} - 2\varepsilon_F)/\varepsilon_{L_1}$, 所以当 $\varepsilon_{L_1} < 2\varepsilon_F$ 时 (这是低能核反应中常遇到的情况), $\alpha_2 < 0$, 否则 $\alpha_2 > 0$. 这就表示, 在 $\varepsilon_{L_1} < 2\varepsilon_F$ 的情况下大角度散射禁区是在大于 90° 的区域, 而在 $\varepsilon_{L_1} > 2\varepsilon_F$ 的情况下大角度散射禁区是在小于 90° 的区域, 这意味着粒子散射角都是朝前的.

另外, 由直观的物理图形可以看出, 当费米面减小时, 核内的高动量核子成分减少, 可以降低费米运动效应, 并使得核子被激发到费米海上的概率加大. 因此, 总的来说, 在费米能减小时, Pauli 原理和费米运动效应减小.

可以看一个极端的情况, 当费米能 $\varepsilon_F \to 0$ 时, 角度限制区域变为

$$\cos\theta = \alpha_2 = \beta_2 = \sqrt{\varepsilon_{L_1'}/\varepsilon_{L_1}}, \quad \varepsilon_F \to 0 \qquad (3.2.82)$$

这表示了一定的出射粒子能量仅对应确定的角度, 使得双微分截面退化为角分布. 这相当于自由核子散射. 在自由核子散射的情况下 (见第 5.8 节), 由于费米能为 0,

这时既没有费米运动效应, 也没有 Pauli 原理效应. 因此, 式 (3.2.82) 就是第 5 章中式 (5.8.23) 给出的自由核子散射的能量角度关系式.

在 $\varepsilon_{L_1} < 2\varepsilon_{\mathrm{F}}$ 的情况下, 由式 (3.2.52) 给出的大角度散射的区域 $\alpha_2 < 0$, 总存在 $\theta > 90°$ 的散射, 不同于自由核子散射的仅有朝前散射的状态 $\theta \leqslant 90°$. 这说明考虑了费米运动而造成的背角散射. 因此, 在 $\varepsilon_{L_1} < 2\varepsilon_{\mathrm{F}}$ 的情况下, 费米运动起主导作用. 而在 $\varepsilon_{L_1} > 2\varepsilon_{\mathrm{F}}$ 的情况下, 还会出现 $\alpha_2 > 0$ 的情况, 这说明在高能粒子入射中高出射粒子能量的情况, 小角度出射的粒子的能量转移不足于激发被撞粒子到达费米面之上, Pauli 原理效应起主导作用, 使得出射粒子存在 $\theta < 90°$ 更加严格的限制条件. 由图 3.2 和图 3.3 看出, $\cos\theta < \alpha_2$ 是大角度禁区, 而且最大的禁区发生在 $\varepsilon_{L_1'} \approx \varepsilon_{L_1}$ 附近. 由式 (3.2.52) 给出在 $\varepsilon_{L_1'} = \varepsilon_{L_1}$ 时的最大值 $\alpha_{2,\mathrm{max}}$ 为

$$\alpha_{2,\mathrm{max}} = 1 - 2\varepsilon_{\mathrm{F}}/\varepsilon_{L_1} \tag{3.2.83}$$

显而易见, 随着入射能量的提高, $\alpha_{2,\mathrm{max}}$ 会由负值变成正值. 当 $\varepsilon_{L_1} = 2\varepsilon_{\mathrm{F}}$ 时, $\alpha_{2,\mathrm{max}} = 0$. 这说明在 $\varepsilon_{L_1} < 2\varepsilon_{\mathrm{F}}$ 时, 总存在大于 $90°$ 的大角度散射, 而 $\varepsilon_{L_1} > 2\varepsilon_{\mathrm{F}}$ 时, 散射粒子出射角都在 $90°$ 之内, 这正是上面分析的结果.

为了看清考虑了费米运动和 Pauli 原理后对出射粒子的大小角度限制, 取 $\varepsilon_{\mathrm{F}} = 30\mathrm{MeV}$, $\varepsilon_{L_1} = 50\mathrm{MeV}$ 为例, 在表 3.2 给出了在 $\varepsilon_{L_1'}$ 的不同值的情况下 β_2, α_2 的值. 表中将角度的余弦转换为角度值. 由表中结果看出, 当单粒子入射能量 $\varepsilon_{L_1'}$ 加大时, 最大出射角的禁区范围减小, 但是都大于 $90°$. 而对小角度出射角度限制都是比较小的. 因此, 考虑 Pauli 原理和费米运动对大角度散射角的限制效应是非常明显的, 而对朝前出射的角度限制效应总是比较小的.

表 3.2 在不同 $\varepsilon_{L_1'}$ 值的情况下, 考虑费米运动和 **Pauli** 原理对出射粒子角度的限制范围

$\varepsilon_{L_1'}$	30	35	40	45	50
β_2	0.000	3.773	3.436	2.055	0.000
α_2	180.0	139.4	123.4	111.5	101.5

注: 表中 $\varepsilon_{L_1'}$ 的单位是 MeV.

应该注意到, 上面所有的动量、能量都是从费米气体的阱底算起. 其物理示意图像由图 3.6 给出. 因此物理观测到的能量与上面的表示有所差别, 实际观测到的发射粒子能量为

$$\varepsilon' = \varepsilon_{L_1'} - \varepsilon_{\mathrm{F}} - B \tag{3.2.84}$$

这里, B 为出射单粒子在复合核中的结合能. 对入射粒子能量也要作类似的变换.

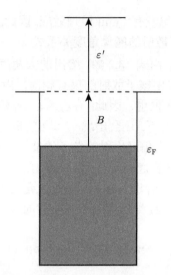

图 3.6   物理观测能量与原能量和结合能的关系示意图

3.3   动量线性相关的激子态密度

值得一提的是, Chadwick 等用另外的理论途径也得到了与式 (3.2.54) 完全相同的结果. 这就是考虑激子态密度与动量线性相关的模型(Chadwick et al.,1991, 1992), 下面简单地介绍一下这种理论方法. 在与动量线性相关的理论中, 激子态密度可以表示为

$$\rho(p,h,E,\boldsymbol{K}) = \frac{1}{p!h!} \int_{i=1} \cdots \int_{i=p} \int_{j=1} \cdots \int_{j=h}$$

$$\delta\left(E - \sum_{i=1}^{p}\varepsilon_i + \sum_{j=1}^{h}\varepsilon_j\right)\delta\left(\boldsymbol{K} - \sum_{i=1}^{p}\boldsymbol{k}_i + \sum_{j=1}^{h}\boldsymbol{k}_j\right)$$

$$\times \prod_{i=1}^{p}\rho_1(k_i)\Theta(k_i - k_{\mathrm{F}})\mathrm{d}\boldsymbol{k}_i \prod_{j=1}^{h}\rho_1(k_j)\Theta(k_{\mathrm{F}} - k_j)\mathrm{d}\boldsymbol{k}_j \quad (3.3.1)$$

其中, p 是粒子数, h 是空穴数, ε_{F} 是费米能, ε_i 是粒子能量, ε_j 是空穴能量, $\boldsymbol{k}_i$ 是粒子的动量, $\boldsymbol{k}_j$ 是空穴的动量, 这些物理量都是从核位阱底部算起, 在动量空间的单粒子密度和单空穴密度分别为 $\rho(\boldsymbol{k}_i)$ 和 $\rho(\boldsymbol{k}_j)$.

如果用均匀费米球来近似表示动量空间的单粒子密度和单空穴密度

$$\rho_1(\boldsymbol{k}) = \frac{3A}{4\pi k_{\mathrm{F}}^3} \quad (3.3.2)$$

这里, A 是质量数, k_F 为费米动量. 对式 (3.3.1) 做六维积分, 就得到 $n = 3$ 激子态在发射一个粒子后, 剩余核的与动量线性相关的激子态密度 $\rho \equiv \rho(1p, 1h, E, \boldsymbol{K})$ (Chadwick et al., 1992)

$$\rho = \frac{\pi m \kappa^2}{K} \begin{cases} [k_F^2 - (mE/K - K/2)^2], & \text{if } K_{\min} < K < K_1 \text{ or } K_2 < K < K_{\max} \\ 2mE, & \text{if } K_1 < K < K_2 \\ 0, & \text{otherwise} \end{cases}$$

(3.3.3)

其中

$$K_{\substack{\min \\ \max}} = \sqrt{2mE + k_F^2} \mp k_F \tag{3.3.4}$$

$$K_{\frac{1}{2}} = \sqrt{2(k_F^2 - mE) \mp 2k_F\sqrt{k_F^2 - 2mE}} \tag{3.3.5}$$

以及 $\kappa = 3A/4\pi k_F^3$. 由一般表示式 (3.3.1), 对于任意粒子空穴态, 都可以得到与动量线性相关的激子态密度, 角度相关的单粒子发射双微分截面就可以表示为

$$\frac{\mathrm{d}^2\sigma}{\mathrm{d}\varepsilon \mathrm{d}\Omega} = \frac{m\sigma_{\mathrm{inv}}\varepsilon}{2\pi^3\hbar^3} Q(p, h) \frac{\rho(p-1, h, E - \varepsilon_\Omega, \boldsymbol{K} - \boldsymbol{k}_\Omega)}{\rho(p, h, E, \boldsymbol{K})} \tag{3.3.6}$$

其中, σ_{inv} 是吸收截面, ε_Ω 是物理观测到的能量, $Q(p, h)$ 是前面提到的区分中子和质子的组合因子. 由于能量和动量都是从核位阱底部算起, 如果 B 为粒子的结合能, 有

$$\varepsilon_\Omega = \varepsilon + B + \varepsilon_F \tag{3.3.7}$$

以及对应的动量值

$$|k_\Omega| = \sqrt{2m\varepsilon_\Omega} \tag{3.3.8}$$

这种与动量线性相关的激子态密度方法有其独特的优点. 不仅可以用等间隔单粒子态密度, 也可以用其他形式的单粒子态密度, 如费米气体模型. 而且, 这种方法还自动包含了费米运动效应和 Pauli 不相容原理. 事实上式 (3.3.3) 就是式 (3.2.54) 的动量表示, 在该式中的三个区域就是式 (3.2.54) 中的 B, A 区, 以及发射角度限制区.

3.4 费 米 能

前面已经多次提到有关费米能的内容, 它直接影响费米运动和 Pauli 原理修正值. 下面讨论关于费米能量的取值问题. 利用费米气体近似 (Bohr et al., 1969), 若考虑一个具有常数位势的体积 Q, 在费米气体的独立粒子态用平面波

$$\varphi_\nu = \frac{1}{\sqrt{Q}} \exp(\mathrm{i}\boldsymbol{k} \cdot \boldsymbol{r}) \chi_{m_s} \xi_{m_1} \tag{3.4.1}$$

来描述, 其中 χ 和 ξ 是自旋和同位旋波函数, 分别用 $m_s = \pm 1/2$ 和 $m_i = \pm 1/2$ 标记.

而波矢 k 的允许值由周期性条件

$$\varphi(x,y,z) = \varphi(x+L,y,z) = \varphi(x,y+L,z) = \varphi(x,y,z+L) \tag{3.4.2}$$

确定, 式中 L 为体积元 ($Q = L^3$) 的边长, 在 Q 中粒子是量子化的. 由条件 (3.4.2), 得到本征值

$$k_x = \frac{2\pi}{L}n_x, \quad k_y = \frac{2\pi}{L}n_y, \quad k_x = \frac{2\pi}{L}n_z \tag{3.4.3}$$

其中

$$n_x, n_y, n_z = 0, \pm 1, \pm 2, \cdots \tag{3.4.4}$$

在动量空间, 单粒子平均密度为 (Bohr et al.,1969)

$$\mathrm{d}n = 4\left(\frac{1}{4\pi}\right)^3 Q\mathrm{d}\boldsymbol{k} \tag{3.4.5}$$

其中, 4 表示对应于每个 $\boldsymbol{k}$ 的本征值, 有 4 个不同的自旋–同位旋态. 当最低的单粒子态被填充时, 这些单粒子态的乘积构成费米气体的基态. 已填充的和未填充的能级的分界线称为费米面, 被占据的轨道的总数必须等于粒子数, 中子数为 N, 质子数为 Z, 从而由式 (3.4.3) 可得中子和质子的波矢值分别为

$$k_{\mathrm{F}}^n = \left(3\pi^2\frac{N}{Q}\right)^{1/3}, \quad k_{\mathrm{F}}^p = \left(3\pi^2\frac{Z}{Q}\right)^{1/3} \tag{3.4.6}$$

在核结构研究中, 根据 α 衰变寿命和 α 粒子对轻核散射截面的证据, 提出在与质量数 A 粗略成正比的体积中, 原子核具有近似为常数的密度这个特征, 在高能电子散射实验中, 证实了这个推测, 并求得在核中心的密度为

$$\rho(0) = \left(\frac{4\pi}{3}k_{\mathrm{F}}^3\right)^{-1} \approx 0.17 \text{ 核子} \cdot \mathrm{fm}^{-3} \tag{3.4.7}$$

由此可以得到平均 k_{F} 值 ($N = Z = A/2$) 为

$$k_{\mathrm{F}} \approx 1.12\mathrm{fm}^{-1} \tag{3.4.8}$$

利用 $p_{\mathrm{F}} = \hbar k_{\mathrm{F}} = \sqrt{2m\varepsilon_{\mathrm{F}}}$, 得到费米气体中单粒子的最大动能, 也就是费米面能

$$\varepsilon_{\mathrm{F}} = \frac{(\hbar k_{\mathrm{F}})^2}{2m} \approx 26\mathrm{MeV} \tag{3.4.9}$$

这仅是一个粗略的估计值. 在实际应用中, 如在第 2 章中所述, 在应用等间隔单粒子能级密度时, 往往取到 $\varepsilon_{\mathrm{F}} > 30\mathrm{MeV}$, 以匹配应用这种近似的成立条件.

3.5 推广的激子模型主方程

为了更加精细地描述在预平衡核反应过程中各种粒子的发射行为, 使之可以计算包含角度的核子发射双微分截面, 就需要在普通的激子态占有概率 $p(n,t)$ 中加入能量和角度因素, 记为 $q(n,\varepsilon,\Omega,t)$, 它表示 n 激子态在 t 时刻、能量是 ε, 角度方向沿 Ω 方向的占有概率. 它和激子态占有概率 $p(n,t)$ 的关系为 (Iwamoto, 1984; Wen, 1985; Zhang, 1989; Mantzouranis et al., 1976)

$$\int q(n,\varepsilon,\Omega,t)\mathrm{d}\varepsilon\mathrm{d}t = p(n,t) \tag{3.5.1}$$

这样就把普通激子模型变为推广的激子模型, 这时主方程可写成

$$\frac{\mathrm{d}}{\mathrm{d}t}q(n,\varepsilon,\Omega,t) = \sum_m \int q(m,\varepsilon'\Omega,t)W_{m\to n}(\Omega'\varepsilon',\Omega\varepsilon)\mathrm{d}\Omega'\mathrm{d}\varepsilon'$$
$$- \sum_m \int q(n,\varepsilon,\Omega,t)W_{n\to m}(\Omega\varepsilon,\Omega'\varepsilon')\mathrm{d}\Omega'\mathrm{d}\varepsilon' \tag{3.5.2}$$

其中, $W_{m\to n}(\Omega'\varepsilon',\Omega\varepsilon)$ 表示单位时间从 (m,Ω',ε') 态到 (n,Ω,ε) 态的跃迁概率. 假定它可以分解为两个独立的部分

$$W_{m\to n}(\Omega'\varepsilon',\Omega\varepsilon) = \lambda_{m\to n}G(\Omega'\varepsilon',\Omega\varepsilon) \tag{3.5.3}$$

这里, $\lambda_{m\to n}$ 为单位时间激子态 $p(m,t)$ 到激子态 $p(n,t)$ 的跃迁速率, 而 $G(\Omega'\varepsilon',\Omega\varepsilon)$ 表示由 $\Omega'\varepsilon'$ 状态的核子经过一次有效碰撞后变为 $\Omega\varepsilon$ 状态的概率 (Mantzouranis et al.,1975), 因此 $G(\Omega'\varepsilon',\Omega\varepsilon)$ 可视为粒子散射的双微分截面. 并假设它满足 $G(\Omega'\varepsilon',\Omega\varepsilon) = G(\Omega\varepsilon,\Omega'\varepsilon')$ 的可逆条件, 并满足归一化条件

$$\int G(\Omega'\varepsilon',\Omega\varepsilon)\mathrm{d}\Omega'\mathrm{d}\varepsilon' = 1 \tag{3.5.4}$$

而 $\lambda_{m\to n}$ 为普通激子模型中的跃迁速率, 满足 $m = n, n \pm 2$. 其中 $\lambda_n^{0,\pm}$ 分别表示在 n 激子态中产生 $\Delta n = 0, \pm 2$ 跃迁过程的跃迁速率, W_n 为 n 激子态发射各种粒子的总速率. 这时主方程(3.5.2) 可改写为

$$\frac{\mathrm{d}}{\mathrm{d}t}q(n,\varepsilon,\Omega,t) = \sum_m \lambda_{m\to n}\int q(m,\varepsilon',\Omega',t)G(\Omega'\varepsilon',\Omega\varepsilon)\mathrm{d}\Omega'\mathrm{d}\varepsilon'$$
$$- \sum_m \lambda_{n\to m}\int q(n,\varepsilon,\Omega,t)G_{nm}(\Omega\varepsilon,\Omega'\varepsilon')\mathrm{d}\Omega'\mathrm{d}\varepsilon' \tag{3.5.5}$$

在多部直接核反应中需要追踪记录碰撞过程中的能量, 而在多部复合核反应过程中, 认为是每次碰撞后都有足够时间达到局部统计平衡, 因此在多部复合核反应过程不显含末态能量 ε', 这表示在上面方程中与能量无关. 这时主方程退化为

$$
\begin{aligned}
\frac{\mathrm{d}q(n,\Omega,t)}{\mathrm{d}t} = & \sum_m \lambda_{m\to n} \int q(m,\Omega',t)G(\Omega',\Omega)\mathrm{d}\Omega' \\
& - \sum_m \lambda_{n\to m} \int q(n,\Omega,t)G_{nm}(\Omega,\Omega')\mathrm{d}\Omega'
\end{aligned}
$$

定义含角度因素的寿命, 并用 Legendre 多项式展开

$$
\tau(n,\Omega) = \int_0^\infty q(n,\Omega,t)\mathrm{d}t = \sum_l \frac{2l+1}{4\pi}\tau_l(n)\mathrm{P}_l(\cos\Omega) \tag{3.5.6}
$$

对时间积分后得到寿命主方程为

$$
\begin{aligned}
-\delta_{n,n_0}q(n,\Omega,t=0) = & \sum_m \lambda_{m\to n} \int \tau(m,\Omega')G(\Omega',\Omega)\mathrm{d}\Omega' \\
& - \sum_m \lambda_{n\to m} \int \tau(n,\Omega)G_{nm}(\Omega,\Omega')\mathrm{d}\Omega'
\end{aligned}
$$

将 $G(\Omega',\Omega)$ 按下面的 Legendre 多项式展开, $f_l(\varepsilon)$ 是展开系数

$$
G(\Omega,\Omega') = \sum_l \frac{2l+1}{4\pi}f_l(\varepsilon)\mathrm{P}_l(\cos\theta) \tag{3.5.7}
$$

其中, θ 为 Ω 和 Ω' 之间的夹角. 利用球谐函数求和公式 (王竹溪等, 1965)

$$
\mathrm{P}_l(\cos\theta) = \frac{4\pi}{2l+1}\sum_m \mathrm{Y}_{lm}(\Omega)\mathrm{Y}_{lm}^*(\Omega') \tag{3.5.8}
$$

其中, $\mathrm{Y}_{lm}(\Omega)$ 是球谐函数, 由此式 (3.5.7) 变为

$$
G(\Omega,\Omega') = \sum_{lm} f_l(\varepsilon)\mathrm{Y}_{lm}(\Omega)\mathrm{Y}_{lm}^*(\Omega') \tag{3.5.9}
$$

因此, 再利用 Legendre 多项式与球谐函数的关系

$$
\mathrm{P}_l(\Omega) = \sqrt{\frac{4\pi}{2l+1}}\mathrm{Y}_{l0}(\Omega) \tag{3.5.10}
$$

利用式 (3.5.4), 完成对 Ω' 角度积分, 并在主方程乘上 $\mathrm{P}_l(\cos\Omega)$, 完成对 Ω 的角度积分后, 寿命主方程变为

$$
-\delta_{n,n_0}\int \mathrm{d}\Omega\mathrm{P}_l(\cos\Omega)q(n,\Omega,t=0) = \sum_{m,l}\lambda_{m\to n}f_l(\varepsilon)\tau_l(m) - \sum_{m,l}\lambda_{n\to m}f_l(\varepsilon)\tau_l(n) \tag{3.5.11}
$$

对于初始激子态, 可以用核子散射双微分截面代替, 即 $q(n, \Omega, t = 0) = G(\Omega, \Omega')$. 因此,

$$\int \mathrm{d}\Omega \mathrm{P}_l(\cos \Omega) q(n, \Omega, t = 0) = \int \mathrm{d}\Omega \mathrm{P}_l(\cos \Omega) G(\Omega, \Omega') = f_l(\varepsilon) \tag{3.5.12}$$

由于在激子模型中, $\lambda_{n \to m}, \lambda_{m \to n}$ 只能在相邻的激子态之间跃迁, 即有

$$\sum_m \lambda_{m \to n} = \lambda_{n-2}^+ + \lambda_{n+2}^- + \lambda_n^0 \text{ 和 } \sum_m \lambda_{n \to m} = \lambda_n^+ + \lambda_n^- + \lambda_n^0 + W_n \tag{3.5.13}$$

其中, $\lambda_n^{0,\pm}$ 分别表示在 n 激子态中, 产生 $\Delta n = 0, \pm 2$ 跃迁过程的跃迁速率, W_n 为 n 激子态发射各种粒子的总速率. 将上述结果代入式 (3.5.11), 可得分波形式的寿命主方程

$$-\delta_{n,n_0} f_l = \lambda_{n-2}^+ f_l \tau_l(n-2) + \lambda_{n+2}^- f_l \tau_l(n+2) - \tau_l(n)[\lambda_n^+ + \lambda_n^- + \lambda_n^0(1 - \mu_l) + W_n] \tag{3.5.14}$$

这时分波形式主方程为一组 $n = n_0, n_0 + 2, n_0 + 4, \cdots$ 的耦合微分方程, n_0 为初始激子数. 显而易见, 由于在微观态中加入了角度这个物理量, 因此在 $\Delta n = 0$ 内部的跃迁过程中, 也会发生角度的变化, 因此主方程中需要加入 λ_n^0 的跃迁. 为了简化, 用了 $f_l \equiv f_l(\varepsilon)$ 表示. 令

$$\Lambda_l^+(n) \equiv f_l \lambda_n^+, \quad \Lambda_l^-(n) \equiv f_l \lambda_n^-, \quad \zeta_l(n) \equiv [\lambda_n^+ + \lambda_n^- + (1 - f_l)\lambda_n^0 + W_n]^{-1} \tag{3.5.15}$$

这时可以将分波形式主方程变化为

$$-\delta_{n,n_0} f_l = \Lambda_l^+(n-2)\tau_l(n-2) + \Lambda_l^-(n+2)\tau_l(n+2) - \frac{\tau_l(n)}{\zeta_l(n)} \tag{3.5.16}$$

仍然采用无返回近似, 在 $\zeta_l(n)$ 中略去 λ_n^-, 这时分波寿命解为:

在 $n = 3$ 时

$$\tau_l(3) = \zeta_l(3) f_l \tag{3.5.17}$$

在 $n > 3$ 时, 可利用递推贡献

$$\tau_l(n) = \zeta_l(n) \Lambda_l^+(n-2)\tau_l(n-2) \tag{3.5.18}$$

由此可见, 在 $n > 3$ 时分波寿命解中包含了 $f_l^{\frac{n-1}{2}}$ 的项, 由于存在 $f_{l>0} < 1$, 当 n 加大时 $f_{l>0}^{(n-1)/2} \to 0$, 因此高激子态的双微分截面是趋向各向同性分布. 这时出射粒子的双微分截面可以被写为

$$\frac{\mathrm{d}^2\sigma}{\mathrm{d}\varepsilon \mathrm{d}\Omega} = \sigma_a \sum_n W_n \tau(n, \Omega) = \sigma_a \sum_n W_n \sum_l \frac{2l+1}{4\pi} \tau_l(n) \mathrm{P}_l(\cos \theta) \tag{3.5.19}$$

其中, $l = 0$ 项对应能谱, 即

$$\frac{\mathrm{d}\sigma}{\mathrm{d}\varepsilon} = \sum_n \frac{\mathrm{d}\sigma(n)}{\mathrm{d}\varepsilon} = \sigma_a \sum_n \tau_0(n) W_n \tag{3.5.20}$$

因此, 出射粒子的双微分截面也可以写为

$$\frac{\mathrm{d}^2\sigma}{\mathrm{d}\varepsilon \mathrm{d}\Omega} = \sum_n \frac{\mathrm{d}\sigma(n)}{\mathrm{d}\varepsilon} A(n, \varepsilon, \Omega) \tag{3.5.21}$$

其中, $A(n, \Omega)$ 是 n 激子态的角度因子, 由式 (3.5.19), 式 (3.5.20) 与式 (3.5.21) 对比得到 n 激子态的角度因子的具体表示

$$A(n, \varepsilon, \Omega) = \sum_l \frac{2l+1}{4\pi} \frac{\tau_l(n)}{\tau_0(n)} \mathrm{P}_l(\cos\theta) \tag{3.5.22}$$

显然, 它满足归一化条件. 式 (3.5.22) 本身关系的成立不依赖于所使用的具体物理模型. 而在计算式 (3.5.17) 中的 f_l 时, 则要依赖于所使用的物理模型, 下面分别用自由核子散射模型和费米气体模型来求 f_l. 关于主方程的解, 曾经应用占据数方法也能得到严格解, 并且可以观测到在激子跃迁过程中熵增加的过程 (Wen, 1989).

　　关于自由核子散射的有关公式在第 5.8 节给出. 在低能自由核子散射中, 实验测量结果显示在质心系中的角分布近似为各向同性, 即

$$\frac{\mathrm{d}\sigma}{\mathrm{d}\Omega_C} = \frac{\sigma_T}{4\pi} \tag{3.5.23}$$

由式 (5.8.23) 得知在实验室系中, 角分布仅存在 $\frac{\pi}{2} \leqslant \theta_L$ 的角度区内, 因此可表示为

$$\frac{\mathrm{d}\sigma}{\mathrm{d}\Omega_L} = \sigma_T \frac{\cos\theta_L}{\pi} \Theta\left(\frac{\pi}{2} - \theta_L\right) \tag{3.5.24}$$

其中, $\Theta(x)$ 是由式 (2.2.48) 定义的阶梯函数. 在 $G(\Omega, \Omega')$ 之中表示朝 Ω 运动方向的核子经过一次碰撞变为朝 Ω' 方向, 下面简记 θ_L 为 θ, 可得

$$G(\Omega, \Omega') = \frac{1}{\sigma_T} \frac{\mathrm{d}\sigma}{\mathrm{d}\Omega_L} = \frac{\cos\theta}{\pi} \Theta\left(\frac{\pi}{2} - \theta\right) \tag{3.5.25}$$

显然, 它是满足归一化条件的, 即

$$\int G(\Omega, \Omega') \mathrm{d}\Omega = \int \frac{\cos\theta}{\pi} \Theta\left(\frac{\pi}{2} - \theta\right) \mathrm{d}\cos\theta \mathrm{d}\varphi = 2 \int_0^1 \cos\theta \mathrm{d}\cos\theta = 1 \tag{3.5.26}$$

将式 (3.5.26) 代入式 (3.5.7) 的 Legendre 多项式展开中, 可得

$$G(\Omega, \Omega') = \frac{\cos\theta}{\pi} \Theta\left(\frac{\pi}{2} - \theta\right) = \sum_l \frac{2l+1}{4\pi} f_l \mathrm{P}_l(\cos\theta) \tag{3.5.27}$$

记 $x = \cos\theta$, 在上述 Legendre 多项式展开的形式下, 得到自由核子散射的 Legendre 多项式展开系数 f_l 的表示为

$$f_l = 2\int_{-1}^{1} x\Theta(x)\mathrm{P}_l(x)\mathrm{d}x = 2\int_{0}^{1} x\mathrm{P}_l(x)\mathrm{d}x \tag{3.5.28}$$

显然 $f_0 = 1$. 当 l 是奇数时, $\mathrm{P}_l(x)$ 是 x 的奇函数, 因此 $x\mathrm{P}_l(x)$ 是 x 的偶函数. 这时式 (3.5.28) 可以改写为

$$f_l = \int_{-1}^{1} x\mathrm{P}_l(x)\mathrm{d}x = \int_{-1}^{1} \mathrm{P}_1(x)\mathrm{P}_l(x)\mathrm{d}x = \frac{2}{3}\delta_{l1} \tag{3.5.29}$$

显然有

$$f_1 = 2/3 \tag{3.5.30}$$

而其他 $l > 1$ 奇数分波都是 $\mu_l = 0$, 因此核子散射的朝前性都是来自 $l = 1$ 的分波.

当 $l = 2n$ 为偶数时, 这时 $n = 1, 2, 3, \cdots$. 利用 Legendre 多项式的罗巨格公式(王竹溪等, 1965)

$$\mathrm{P}_l(x) = \frac{1}{2^l l!} \frac{\mathrm{d}^l}{\mathrm{d}x^l}(x^2 - 1)^l \tag{3.5.31}$$

代入到式 (3.5.28), 进行分部积分, 代入积分的上下限后得到

$$f_{l=2n} = \frac{1}{2^{2n-1}} \frac{(-1)^{n+1}(2n-2)!}{(n+1)!(n-1)!} \tag{3.5.32}$$

例如, $f_2 = 0.25$, $f_3 = 0$, $f_4 = -1/24$. 综上所述, 式 (3.5.30)~(3.5.32) 是自由核子散射模型中 μ_l 的值. 这种公式已经在一些理论计算程序中被应用 (Mantzouranis et al., 1976).

自由核子散射模型没有考虑靶内核子的费米运动, 自然也就没有考虑 Pauli 原理. 因此在实际应用中, 应该用 3.4 节得到的考虑了费米运动和 Pauli 原理的单核子出射的双微分截面公式. 它的归一化单粒子发射平均双微分截面的表示为

$$\frac{\mathrm{d}^2\sigma}{\mathrm{d}\varepsilon_{L_1'}\mathrm{d}\Omega_{L_1'}} = \begin{cases} \dfrac{3\sigma_T}{8\pi\bar{\sigma}\varepsilon_{\mathrm{F}}}\sqrt{\dfrac{\varepsilon_{L_1'}}{\varepsilon_{\mathrm{F}}}}\dfrac{\varepsilon_{L_1} - \varepsilon_{L_1'}}{\sqrt{Q\varepsilon_{L_1}}} & \text{在 A区} \\[3mm] \dfrac{3\sigma_T}{8\pi\bar{\sigma}\varepsilon_{\mathrm{F}}}\sqrt{\dfrac{\varepsilon_{L_1'}}{\varepsilon_{\mathrm{F}}}}\dfrac{1}{\sqrt{Q\varepsilon_{L_1}}Q}[\varepsilon_{L_1}\varepsilon_{L_1'}\sin^2\theta - (\varepsilon_{L_1'} - \varepsilon_F)Q] & \text{在 B区} \end{cases} \tag{3.5.33}$$

其中, $\bar{\sigma}$ 是平均核子的散射截面. 由于核子总散射截面 σ_T 也包含在 $\bar{\sigma}$ 之中, 因此在式 (3.5.33) 中, 归一化的单粒子发射双微分截面实际上与 σ_T 无关. 在这种情况下, 无法得到自由核子散射的 f_l 解析表达式, 而只能用数值计算得到 f_l 值 (Zhang et al.,1 999). 在式 (3.5.33) 中, 除了入射能量 ε_{L_1} 是自变量外, 对出射能量 $\varepsilon_{L_1'}$ 积

分后, 仅是散射角 θ 的函数. 由式 (3.5.7), 利用 Legendre 多项式的正交性, 可以得到 f_l 的计算公式为

$$f_l = \int G(\Omega, \Omega') \mathrm{P}_l(\cos\theta)\mathrm{d}\Omega' = \int \mathrm{d}\Omega' \int_{\varepsilon_\mathrm{F}}^{\varepsilon_{L_1}} \frac{\mathrm{d}^2\sigma}{\mathrm{d}\varepsilon_{L_1'}\mathrm{d}\Omega_{L_1'}} \mathrm{d}\varepsilon_{L_1} \mathrm{P}_l(\cos\theta) \qquad (3.5.34)$$

由于式 (3.5.33) 给出的核子散射双微分截面是归一化的, 因此 $f_0 = 1$. 计算表明, f_l 之值随着分波值 l 的加大而明显减小, 但是总有 $f_1 > 0$, 这表明粒子发射有朝前性, 这正是预平衡发射的特征, 它不同于 90° 对称的平衡态发射的特征. 在表 3.3 中给出了用 LUNF 程序计算得到的在中子入射能量为 14MeV 时的 f_l 值 (Zhang,2002). 可以看出, f_l 随分波 l 加大而迅速减小, 具有很好的收敛性. 其中 $l = 1$ 的 f_1 值的大小是发射粒子朝前性强弱的象征. 对比自由核子散射的式 (3.5.30), 总有 $f_1 = 0.6667$, 由此可见, 在考虑了费米运动和 Pauli 原理后, 减弱了粒子发射的朝前性. 另外, $\mu_3 > 0$ 也不同于自由核子散射.

表 3.3　$E_n = 14\mathrm{MeV}$ 时, 从 $^6\mathrm{Li}$ 到 $^{16}\mathrm{O}$ 的 Legendre 展开系数 f_l 计算值

核素	$l = 1$	$l = 2$	$l = 3$	$l = 4$
$^6\mathrm{Li}$	0.4836	0.1219	0.08068	0.07842
$^6\mathrm{Li}$	0.4537	0.1213	0.11000	0.08798
$^9\mathrm{Be}$	0.5293	0.1335	0.00328	0.00381
$^{10}\mathrm{B}$	0.6091	0.1444	0.01302	0.01107
$^{11}\mathrm{B}$	0.5085	0.1258	0.05235	0.06058
$^{12}\mathrm{C}$	0.5198	0.1297	0.04233	0.04906
$^{14}\mathrm{N}$	0.5485	0.1434	0.01447	0.01330
$^{16}\mathrm{O}$	0.4713	0.1203	0.09313	0.08346

参 考 文 献

丁大钊, 叶春堂, 赵志详, 等. 2005. 中子物理学 —— 原理, 方法与应用. 北京: 原子能出版社.

王竹溪, 郭敦仁. 1965. 特殊函数概论. 北京: 科学出版社.

Akkermans J M, Gruppelaar H, Refo G. 1980. Angular distributions in a unified model of pre-equilibrium and equilibrium neutron emission. Phys. Rev. C, 22: 73.

Bohr A, Mottelson B R. 1969. Nuclear Structure. New York: W. A. Benjamin, Inc.

Chadwick M B, Oblozinsky P. 1991. Linear momentum in the exciton model: Consistent way to obtain angular distributions. Phys. Rev. C, 44: 1740.

Chadwick M B, Oblozinsky P. 1992. Particle-hole state densities with linear momentum and angular distribution in pre-equilibrium reactions. Phys. Rev. C, 46: 2028-2041.

Clementel E, Glashow S L. 1961. Phys. Rev. Lett., 6: 423.

Cline C K. 1972. Extensions to the pre-equilibrium statistical model and a study of complex particle emissions. Nucl. Phys. A, 193: 417.

Costa C, Grupperlaar H, Akkermans J M. 1983. Angle-energy correlated model of pre-equilibrium angular distribution. Phys. Rev. C, 28: 587.

Dobes J, Betak E. 1983. Two-component exciton model. Z. Phys. A, 310: 329.

Iwamoto A, Hadada K. 1984. An extension of the generalized exciton model and calculation of (p,p') and (p,α) angular distribution. Nucl. Phys. A, 419: 472.

Kikuchi K, Kawai M. 1968. Nuclear matter and nuclear reaction. Amsterdam: North-land.

Mantzouranis K, Agassi D, Weidenmuller H A. 1975. Angular distribution of nucleons for pre-equilibrium reactions. Phys. Lett. B, 57: 220.

Mantzouranis K, Weidenmuller H A, Agassi D. 1976. Generalized exciton model for the description of pre-equilibrium angular distributions. Z. Phys. A, 276: 145.

Reffer G, Ge Z G, Herman M, et al. 1991. Calculation of the Nuclear Reactions in terms of the Two-component Exciton Model with Realistic State Densities. Beijing International Symposium on Fast Neutron Physics. Beijing, China, World Scientific.

Sun Z Y, Wang S N, Zhang J S, et al. 1982. Angular distribution calculation based on the exciton model taking account of the inference of the Fermi motion and the Pauli principle. Z.Phys. A, 305: 61.

Wen Y Q, Shi X J, Yan SW, et al. 1985. A semi-classical model of multi-step direct and compound nuclear reactions. Z. Phys. A, 324: 325-330.

Wen Y Q, Zhang J S, Jin X N. 1989. Occupation number in exciton model and the exact solution of the generalized master equation. Chin. J. of Nucl, Phys., 11: 33-42.

Zhang J S, Shi X J. 1989. The formulation of UNIFY code for the calculation of fast neutron data for structure material. INDC(CRP)-014/LJ, IAEA, Vienna.

Zhang J S, Han Y L, Cao L G. 1999. Model calculation of n+^{12}C reactions from 4.8 to 20 MeV. Nucl. Sci. Eng., 133: 218-234.

Zhang J S. 2002. UNF code for fast neutron reaction data calculations. Nucl. Sci. Eng., 142: 207.

第 4 章　复杂粒子的预平衡发射

4.1　复杂粒子预平衡发射率

复杂粒子发射的直接反应机制已有相当成熟的理论模型 (Clendenning, 1983; Satchler, 1983). 直接反应的物理图像是, 入射粒子在进入到靶核前, 仅与核外层的少数核子通过拾缀过程或削裂过程发生粒子交换, 而其他核子是仅为它们提供一个平均场. 模型理论是建立在扭曲波玻恩近似 (DWBA) 的基础上, 内禀波函数通常是用壳模型波函数来描述的 (Satchler, 1964).

对于平衡态的复杂粒子发射, 由于经过长时间的核内的级联碰撞, 会存在集团形成的概率, 而且这些集团在核表面形成的概率比较大, 这些集团就有被发射的可能, 形成平衡态的复杂粒子发射过程. 而对于复杂粒子的预平衡发射, 其物理过程的图像就有所不同了. 由于入射粒子已经进入靶核而形成复合核, 在达到平衡态之前, 就会存在粒子发射的可能. 而平衡前出射的核子在发射过程中拾取了复合核内的其他核子而形成复杂粒子, 就会形成复杂粒子的预平衡发射. 目前比较成功的理论模型是预平衡的拾缀机制(pickup-mechanism). 下面介绍这个理论模型的内容.

从细致平衡原理已经得到从 n 激子态预平衡发射的速率, 但是在复杂粒子发射的情况下, 不仅需要考虑单费米子激子模型理论中区分中子和质子效应的组合因子 $Q_b(n)$, 还要考虑复杂粒子的预形成概率, 这时复杂粒子从 $J\pi$ 道的预平衡发射速率为 (丁大钊等, 2005)

$$W^{J\pi}(n, E^*, \varepsilon_b) = \frac{1}{2\pi\hbar} \sum_{jl} \sum_{I'\pi'} (2j+1)T_{jl}(\varepsilon_b)$$

$$\times \Delta(JjI')f_l(\pi\pi')F_b(\varepsilon_b)Q_b(n)\frac{\omega^{I'\pi'}(n-\Delta n, E')}{\omega^{j\pi}(n, E^*)} \quad (4.1.1)$$

其中, E' 是发射复杂粒子后的剩余激发能, $F_b(\varepsilon_b)$ 是出射能量为 ε_b 的 b 粒子在复合核内的预形成概率, 这实际上是核子出射时拾取复合核内其他核子形成复杂粒子集团的概率, 它不同于直接反应中的拾缀机制, Δn 是发射复杂粒子后激子数的变化量, ω 是激子态密度. π' 和 I' 分别是发射复杂粒子后的剩余核的宇称和自旋. 显然, 对于单核子发射不存在拾取复合核内其他核子的过程, 因此 $F_b(\varepsilon) = 1$ 为无量纲因子. $W^{J\pi}(n, E^*, \varepsilon_b)$ 的量纲为 $\text{MeV}^{-1}\text{s}^{-1}$.

复杂粒子预形成概率计算的基本物理思想是, 应用相空间体积大小来确定预形成概率大小. 有关内容可以参见下列文献 (Iwamoto et al., 1982; Sato et al., 1983; Zhang et al., 1993b; Zhang et al., 1988), 改进的理论结果参见文献 (Zhang et al., 1996; Zhang, 1994a).

在考虑了复杂粒子的拾取机制时, 需要对各种组态求和, 这时式 (4.1.1) 改写为

$$
W^{J\pi}(n, E^*, \varepsilon_b) = \frac{1}{2\pi\hbar} \sum_{jl} \sum_{I'\pi'} (2j+1) T_{jl}(\varepsilon_b) \Delta(JjI') f_l(\pi, \pi')
$$

$$
\times \sum_{\lambda m} F_{b[\lambda, m]}(\varepsilon_b) Q_{b[\lambda, m]}(n) \frac{\omega^{I'\pi'}(n-\lambda, E')}{\omega^{J\pi}(n, E^*)} \tag{4.1.2}
$$

其中, 组态符号 $[\lambda, m]$ 的意义是由第 3 章的式 (3.1.8) 给出. 虽然复合核内的预形成概率满足归一化条件 (见式 (4.3.25)), 在式 (4.1.2) 中显示出, 在考虑不同拾取机制组态后末态激子数的变化是 $\Delta n = n - \lambda$, 这意味着出射核子在费米海上减少 λ 个核子, 因此不同组态的预形成概率因子是乘在不同的激子态密度上, 在费米海下拾取了 m 个核子, 但被拾取走后而形成的 m 个空穴不是由剩余相互作用造成的空穴, 这不应该记入到末态激子态的空穴数之中 (Iwamoto et al.,1982).

一般来说, 复杂粒子发射时, 不仅要克服库仑位垒, 还需要扣除结合能. 另外, 由第 3 章的表 3.1 的结果所示, 复杂粒子组合因子对激子数的依赖关系相对比较弱. 影响复杂粒子发射率的主要因素来自于复杂粒子的预形成概率 $F_{b[\lambda, m]}$ 和激子态的末态密度. 为了看清不同组态发射后对应的激子态的变化值, 下面给出一些数值例子.

定义被拾取 $\lambda \geqslant 2$ 核子与被拾取一个核子 $(\lambda = 1)$ 的末态激子态密度比值为

$$
R(n, E', \lambda) \equiv \omega(n-\lambda, E') / \omega(n-1, E') \tag{4.1.3}
$$

当激子态密度用式 (2.2.42) 表示的 Williams 公式时, 式 (4.1.3) 可以变为

$$
R(n, E', \lambda) = \frac{(p-1)!(n-2)!(gE' - A(p-\lambda, h))^{n-\lambda-1}}{(p-\lambda)!(n-\lambda-1)!(gE' - A(p-1, h))^{n-2}} \tag{4.1.4}
$$

由于上式是应用于中重核的情况, 一般来说 $gE' \gg 1$. 当 gE' 值足够大, 使得 Pauli 原理修正值可以被忽略时, 式 (4.1.4) 可以近似写为

$$
R(n, E', \lambda) \approx \frac{(p-1)!(n-2)!}{(p-\lambda)!(n-\lambda-1)!(gE')^{\lambda-1}} \tag{4.1.5}
$$

由式 (4.1.5) 可以看出, 激子态密度比值是随 λ 的加大以 gE' 的幂次迅速减小. 在中高能的中重核的核反应中, gE' 值可以达到上百甚至更高. 这时, 高 λ 组态的末态激子态密度会变得非常之小, 以致可以被忽略. 另外, 为了进一步说明问题, 以中重核的低激发能情况为例, 取 $g \approx 10\text{MeV}^{-1}$, 当剩余激发能取为 $E' = 5\text{MeV}$ 时,

Pauli 原理修正值取自第 2 章中的表 2.1. 在表 4.1 中给出用不同激子数不同组态在上述剩余激发能的情况下激子态密度比值.

表 4.1　各种剩余激发能的情况下, 不同组态的激子态密度比值 $R(n, E', \lambda)$

λ	$n = 3$	$n = 5$	$n = 7$
2	0.020	0.125	0.494
3		0.005	0.067
4			0.004

表 4.1 中的空格表示没有这种组态出现, 它们对应出射复杂粒子拾取费米面上的核子数大于粒子数 $\lambda > p$. 相对于 $\lambda = 1$ 组态, 其他高 λ 组态对应的末态概率都是非常小的. 在激发能比较高时, 在 $n = 5, 7$ 激子态中, 需要适当考虑 $\lambda = 2$ 的组态发射. 因此, 在 $n = 3$ 激子态中, 仅考虑 $\lambda = 1$ 组态是一个很好的近似. $\lambda = 1$ 组态对应的物理图像是, 被发射的核子拾取费米海下的核子而组成的复杂粒子. 从表 4.1 还看到, 对于低剩余激发能的高激子态中, 低 λ 组态的 $R(n, E', \lambda)$ 值并不小, 不能轻易被忽略. 而从后面复杂粒子的预形成概率的计算结果可以看出, 高激子态中的高 λ 组态的预形成概率都非常小. 综合起来看, 高 λ 组态在预平衡发射中的贡献是相对比较小的.

下面来讨论在轻核反应中的复杂粒子的预平衡发射. 前面已经提到, 中子引发的轻核反应中, 剩余核都处于分立能级. 其角动量和宇称都具有确定的状态. 剩余核的剩余激发能就是 k 分立能级的能量 E_k, 角动量和宇称分别为 I_k, π_k. 因此发射粒子的能量 ε_b 也是确定的, 能谱中包含了 δ 函数. 因此对末态的能量积分后, 就得到复杂粒子的预平衡发射率, 量纲为 s^{-1}. 于是对于 $J\pi$ 道, 从复合核预平衡 n 激子态到剩余核分立能级的发射率为

$$W^{J\pi}(n, E^*, \varepsilon_b) = \frac{1}{2\pi\hbar\omega^{J\pi}(n, E^*)} \sum_{j=|J-I_k|}^{J+I_k} \sum_{l=|j-s_b|}^{j+s_b} (2j+1) T_{jl}(\varepsilon_b) f_l(\pi, \pi_k) F_b(\varepsilon_b) Q_b(n)$$

(4.1.6)

其中, s_b 为发射粒子的自旋, ε_b 是发射粒子的能量, $f_l(\pi, \pi_k)$ 是式 (2.4.17) 给出的保证宇称守恒的因子.

由第 2 章式 (2.7.20) 给出的约化穿透因子的方法, 利用式 (2.9.13) 可以将对 T_{jl} 的求和转化为对约化穿透因子 T_l 的求和方式, 式 (4.1.6) 可以改写为

$$W^{J\pi}(n, E^*, \varepsilon_b) = \frac{1}{2\pi\hbar\omega^{J\pi}(n, E^*)} \sum_{S=|I_k-s_b|}^{I_k+s_b} \sum_{l=|J-S|}^{J+S} T_l(b, k) f_l(\pi, \pi_k) F_b(\varepsilon_b) Q_b(n)$$

(4.1.7)

4.2　中子诱发的轻核反应中 ^{5}He 的发射

目前中子能量在20MeV以下区域的核数据内容有重要的应用价值, 在这个能区, 目前已经有一些核反应统计理论模型程序 (Yong et al.,1996;Fu,1988;Zhang,2002) 作为广泛使用的核数据理论计算工具. 在这些程序中, 考虑的发射粒子包括中子、质子以及 $A \leqslant 4$ 的复杂粒子, 如氘、氚、^{3}He和α 粒子, 这些复杂粒子都是稳定的核子集团. 轻核的集团结构比较强, 而作为轻核集团结构的研究, 早在 1984 年就已经有人研究过 14.4MeV 中子引发 ^{10}B 的集团结构效应 (Turk et al., 1984). 测量了 ^{10}B(n, ^{5}He)^{6}Li$_1$(d, α) 反应数据, 是用准自由散射过程, 在扭曲波玻恩近似的理论基础上, 加入了末态相互作用的 FSI 理论方法来解释实验测量数据. 但是, 这个非稳定核 ^{5}He 的发射却长期以来被忽略了. 研究表明, 对一些轻核, 在考虑了 ^{5}He 发射后, 就可以显著改进中子能谱在低能区域与实验值的符合. 因此对 ^{5}He 发射进行了研究 (Zhang,2004). 首先在中子诱发的核反应中比较了 ^{3}He和^{5}He 发射的阈能值, 两者的电荷数相同, 库仑势垒效应也应该大致相同. 结果表明, 中子引发的各种轻核的复合核都普遍地有利于 ^{5}He 的发射, 而不利于 ^{3}He 的发射. 遗憾的是, 目前上述广泛应用的核反应统计理论模型程序中都没有考虑 ^{5}He 的发射. ^{5}He 是非稳定核, 会自发分裂为一个中子和一个 α 粒子, 因此发射 ^{5}He 的反应最终属于 (n, nα) 反应道. 表 4.2 给出了中子诱发 1p 壳轻核发射 ^{3}He 和 ^{5}He 的阈能值.

表 4.2　中子诱发 1p 壳核发射 ^{3}He 和 ^{5}He 的阈能值　　　　　　(单位: MeV)

核素	^{9}Be	^{10}B	^{11}B	^{12}C	^{14}N	^{16}O
^{3}He	24.04	17.34	25.27	21.10	18.62	15.64
^{5}He	3.74	5.89	10.43	8.95	13.41	8.56

由表 4.2 可以看出, 在中子诱发 1p 壳轻核反应中, ^{5}He 的发射阈能普遍比 ^{3}He 低很多, 在理论上会有 ^{5}He 发射存在的可能. 因此在轻核反应的理论模型计算中考虑了 ^{5}He 的发射. 关于发射 ^{5}He 后自发崩裂的运动学公式将在第 5 章中给出. 本章在研究稳定复杂粒子集团, 如氘、氚、^{3}He和α 粒子的基础上, 推导出了预平衡发射中 ^{5}He 的预形成概率 (Duan et al., 2004) 和 ^{5}He 发射的双微分截面理论公式 (Yan et al.,2005), 并已经应用到了核反应数据理论计算程序之中.

为了说明问题, 在中子入射能量为 $E_n = 14$MeV 的情况下, 计算了这个崩裂中子的出射在质心系中的能谱范围. 计算结果见表 4.3, 其中 $\varepsilon_{\min}$ 和 $\varepsilon_{\max}$ 分别表示出射的崩裂中子在质心系中的最低和最高能量值, $\Delta\varepsilon_n$ 表示能谱宽度. 由表 4.3 可以看出, ^{5}He 崩裂放出的中子都贡献在低能区域, 而且中子能谱宽度大都在几个 MeV 的范围.

表 4.3   中子诱发 1p 壳轻核反应中, ⁵He 崩裂中子的能谱范围   (单位: MeV)

核素	$\varepsilon_{\min} \sim \varepsilon_{\max}$	$\Delta\varepsilon_n$
⁹Be	0.031~3.265	3.25
¹⁰B	0.016~2.875	2.77
¹¹B	0.008~1.777	1.77
¹²C	0.008~2.034	2.03
¹⁴N	0.105~0.759	0.65
¹⁶O	0.092~1.949	1.86

中子引发 ¹⁰,¹¹B 的计算实例表明, 在考虑了 ⁵He 发射后, 会明显地改善在各种角度下出射中子双微分谱在低能区与实验测量数据的符合 (Wang et al., 2006). 在图 4.1~ 图 4.4 中给出考虑 ⁵He 发射的结果, 图中实线是考虑了 ⁵He 的发射, 而虚线是没考虑 ⁵He 发射的结果. 实验测量数据取自文献 (Baba et al., 1985).

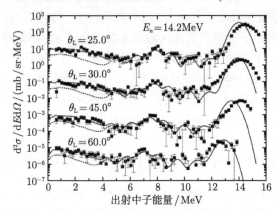

图 4.1   n + ¹⁰B 核反应在 $\theta = 25°, 30°, 45°, 60°$ 的总中子出射的双微分谱

实线为考虑了 ⁵He 发射的结果; 虚线为没有考虑 ⁵He 发射的结果

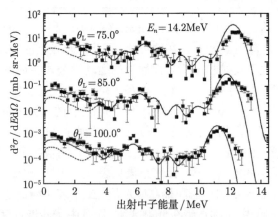

图 4.2   n + ¹⁰B 核反应在 $\theta = 75°, 85°, 100°$ 的总中子出射双微分谱

实线为考虑了 ⁵He 发射的结果; 虚线为没有考虑 ⁵He 发射的结果

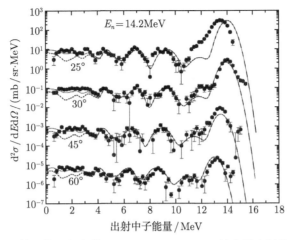

图 4.3   n + ^{11}B 核反应在的 $\theta = 25°, 30°, 45°, 60°$ 总中子出射的双微分谱

实线为考虑了 ^{5}He 发射的结果; 虚线为没有考虑 ^{5}He 发射的结果

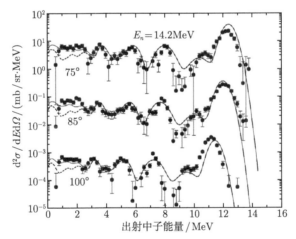

图 4.4   n + ^{11}B 核反应在 $\theta = 75°, 85°, 100°$ 的总中子出射的双微分谱

实线为考虑了 ^{5}He 发射的结果; 虚线为没有考虑 ^{5}He 发射的结果

因此, 在对中子引发 ^{9}Be 以上的轻核反应中都需要将 ^{5}He 的发射考虑到理论模型程序计算中. 而比 ^{9}Be 更轻的核素, ^{5}He 仅能作为剩余核来考虑. 由于 ^{5}He 是非稳定核, 具有一个中子在稳固的 ^{4}He 集团之外, 这种松散结构可以导致中子晕的存在. 理论计算表明, 在 ^{5}He 的光学势中, 其弥散宽度需要比通常的稳定核素的值明显大 (Wang et al., 2006), 这与目前研究中子晕的结果相一致 (Newton et al., 2004).

4.3　复杂粒子发射的预形成概率

4.3.1　相对运动内禀坐标

复杂粒子均为带电粒子. 在核内级联碰撞达到平衡态时, 基本上是呈 Maxwel-
lan 谱的形状. 因而由核反应平衡态统计理论预言仅有少量高能量粒子可以克服库
仑势垒, 使得理论计算的带电粒子发射概率明显比实验测量值偏低. 为了解决这个
问题, 在复杂粒子的预平衡发射过程中引入拾取机制, 而复杂粒子的预形成概率要
由模型理论给出, 预形成概率表示在没有达到平衡之前在核内形成复杂粒子的概
率. 以前比较成功的模型理论是 Iwamoto-Harada 模型 (Iwamoto et al.,1982; Sato
et al., 1983), 下面首先介绍这个模型理论的物理图像.

首先, 在这个模型中需要引入相对运动内禀坐标. 对于质量数为 A_b 的复杂粒
子, 包含质心坐标和 $A_b - 1$ 个相对运动坐标. 质心坐标为

$$\boldsymbol{R} = \frac{1}{A_b} \sum_{i=1}^{A_b} \boldsymbol{r}_i \tag{4.3.1}$$

$\boldsymbol{r}_i$ 是第 i 粒子的坐标. 相对运动内禀坐标的定义和对应相对运动的内禀动量, 以及
每个内禀自由度的折合质量 μ 由表 4.4 给出.

表 4.4　相对内禀坐标和相对内禀动量定义

A_b	μ	相对内禀坐标	相对内禀动量
2	$m/2$	$\boldsymbol{r} = \boldsymbol{r}_1 - \boldsymbol{r}_2$	$\boldsymbol{p}_r = (\boldsymbol{p}_1 - \boldsymbol{p}_2)/2$
3	$m/2$	$\boldsymbol{r} = \boldsymbol{r}_1 - \boldsymbol{r}_2$	$\boldsymbol{p}_r = (\boldsymbol{p}_1 - \boldsymbol{p}_2)/2$
	$2m/3$	$\boldsymbol{r}' = (\boldsymbol{r}_1 + \boldsymbol{r}_2)/2 - \boldsymbol{r}_3$	$\boldsymbol{p}'_r = (\boldsymbol{p}_1 + \boldsymbol{p}_2 - 2\boldsymbol{p}_3)/3$
4	$m/2$	$\boldsymbol{r} = \boldsymbol{r}_1 - \boldsymbol{r}_2$	$\boldsymbol{p}_r = (\boldsymbol{p}_1 - \boldsymbol{p}_2)/2$
	$m/2$	$\boldsymbol{r}' = \boldsymbol{r}_3 - \boldsymbol{r}_4$	$\boldsymbol{p}_r = (\boldsymbol{p}_1 - \boldsymbol{p}_2)/2$
	m	$\boldsymbol{r}'' = (\boldsymbol{r}_1 + \boldsymbol{r}_2)/2 - (\boldsymbol{r}_3 + \boldsymbol{r}_4)/2$	$\boldsymbol{p}''_r = (\boldsymbol{p}_1 + \boldsymbol{p}_2)/2 - (\boldsymbol{p}_3 + \boldsymbol{p}_4)/2$
5	$m/2$	$\boldsymbol{r} = \boldsymbol{r}_1 - \boldsymbol{r}_2$	$\boldsymbol{p}_r = (\boldsymbol{p}_1 - \boldsymbol{p}_2)/2$
	$m/2$	$\boldsymbol{r}' = \boldsymbol{r}_3 - \boldsymbol{r}_4$	$\boldsymbol{p}'_r = (\boldsymbol{p}_3 - \boldsymbol{p}_4)/2$
	m	$\boldsymbol{r}'' = \frac{1}{2}(\boldsymbol{r}_1 + \boldsymbol{r}_2) - \frac{1}{2}(\boldsymbol{r}_3 + \boldsymbol{r}_4)$	$\boldsymbol{p}''_r = (\boldsymbol{p}_1 + \boldsymbol{p}_2)/2 - (\boldsymbol{p}_3 + \boldsymbol{p}_4)/2$
	$4m/5$	$\boldsymbol{r}''' = \boldsymbol{r}_5 - (\boldsymbol{r}_1 + \boldsymbol{r}_2 + \boldsymbol{r}_3 + \boldsymbol{r}_4)/4$	$\boldsymbol{p}''' = 4\boldsymbol{p}_5/5 - (\boldsymbol{p}_1 + \boldsymbol{p}_2 + \boldsymbol{p}_3 + \boldsymbol{p}_4)/5$

注: 其中 m 为核子质量.

内禀坐标的逆关系表示由表 4.5 给出.

质量数为 A_b 的复杂粒子的总动量为

$$\boldsymbol{p} = \sum_{i=1}^{A_b} \boldsymbol{p}_i \tag{4.3.2}$$

表 4.5 核子坐标和内禀坐标的关系

A_b	核子坐标	内禀坐标
2	$\boldsymbol{r}_1 = \boldsymbol{R} + \boldsymbol{r}/2$	$\boldsymbol{r}_1 = \boldsymbol{R} - \boldsymbol{r}/2$
3	$\boldsymbol{r}_1 = \boldsymbol{R} + \boldsymbol{r}/2 + \boldsymbol{r}'/3$ $\boldsymbol{r}_3 = \boldsymbol{R} - 2\boldsymbol{r}'/3$	$\boldsymbol{r}_2 = \boldsymbol{R} - \boldsymbol{r}/2 + \boldsymbol{r}'/3$
4	$\boldsymbol{r}_1 = \boldsymbol{R} + \boldsymbol{r}/2 + \boldsymbol{r}''/2$ $\boldsymbol{r}_3 = \boldsymbol{R} + \boldsymbol{r}'/2 - \boldsymbol{r}''/2$	$\boldsymbol{r}_2 = \boldsymbol{R} - \boldsymbol{r}/2 + \boldsymbol{r}''/2$ $\boldsymbol{r}_4 = \boldsymbol{R} - \boldsymbol{r}'/2 - \boldsymbol{r}''/2$
5	$\boldsymbol{r}_1 = \boldsymbol{R} + \boldsymbol{r}/2 + \boldsymbol{r}''/2 - \boldsymbol{r}'''/5$ $\boldsymbol{r}_3 = \boldsymbol{R} + \boldsymbol{r}'/2 - \boldsymbol{r}''/2 - \boldsymbol{r}'''/5$ $\boldsymbol{r}_5 = \boldsymbol{R} + 4\boldsymbol{r}'''/5$	$\boldsymbol{r}_2 = \boldsymbol{R} - \boldsymbol{r}/2 + \boldsymbol{r}''/2 - \boldsymbol{r}'''/5$ $\boldsymbol{r}_4 = \boldsymbol{R} - \boldsymbol{r}'/2 - \boldsymbol{r}''/2 - \boldsymbol{r}'''/5$

事实上, 由动量算符定义出发, 由表 4.5 中的单核子坐标可以得到表 4.4 中内禀自由度 ξ 的相对动量表示

$$\boldsymbol{p}_\xi = -\mathrm{i}\hbar \boldsymbol{\nabla}_\xi = -\mathrm{i}\hbar \sum_{i=1}^{A_b} \frac{\partial \boldsymbol{r}_i}{\partial \boldsymbol{\xi}} \frac{\partial}{\partial \boldsymbol{r}_i} = \sum_{i=1}^{A_b} \frac{\partial \boldsymbol{r}_i}{\partial \boldsymbol{\xi}} \boldsymbol{p}_i \tag{4.3.3}$$

Iwamoto-Harada 模型认为 d, ^{3}He, t, α 集团是由在谐振子中的 1s 态粒子构成, 其中单粒子归一化波函数是用谐振子波函数描述

$$\varphi(r) = \left(\frac{\beta}{\pi}\right)^{\frac{3}{4}} \exp\left(-\frac{\beta}{2}r^2\right) \tag{4.3.4}$$

而 ^{5}He 的一个核子是处于 1p 态粒子, 1p 壳单粒子谐振子径向归一化波函数是

$$\varphi_{1\mathrm{p}}(r) = \beta \left(\frac{64\beta}{9\pi}\right)^{\frac{1}{4}} r \exp\left(-\frac{1}{2}\beta r^2\right) \tag{4.3.5}$$

其中, β 是与谐振子阱参数相关的参数. 当复杂粒子集团是由 A_b 个核子组成时, 该集团的波函数可以表示为单粒子波函数 (4.3.4) 的乘积, 对于 ^{5}He 还要包含式 (4.3.5) 的乘积, 并可将其分解为质心运动波函数和内禀波函数两个部分

$$\psi = \prod_{i=1}^{A_b} \phi(r_i) = \Phi(R)\varphi_{\mathrm{int}} \tag{4.3.6}$$

这里, $\Phi(R)$ 为集团质心运动归一化波函数, φ_{int} 为归一化内禀波函数. 对于各种复杂粒子的内禀波函数分别是

$$\varphi_{\mathrm{int}} = \left(\frac{\beta}{2\pi}\right)^{3/4} \exp\left(-\frac{\beta}{4}r^2\right), \quad A_b = 2 \tag{4.3.7}$$

$$\varphi_{\mathrm{int}} = \left(\frac{\beta^2}{3\pi^2}\right)^{3/4} \exp\left(-\frac{\beta}{4}r^2 - \frac{\beta}{3}r'^2\right), \quad A_b = 3 \tag{4.3.8}$$

$$\varphi_{\text{int}} = \left(\frac{\beta^3}{4\pi^3}\right)^{3/4} \exp\left(-\frac{\beta}{4}r^2 - \frac{\beta}{4}r'^2 - \frac{\beta}{2}r''^2\right), \quad A_b = 4 \qquad (4.3.9)$$

$$\varphi_{\text{int}} = \left(\frac{\beta^4}{5\pi^4}\right)^{3/4} \sqrt{\frac{8\beta}{15}} r''' \exp\left(-\frac{\beta}{4}r^2 - \frac{\beta}{4}r'^2 - \frac{\beta}{2}r''^2 - \frac{2\beta}{5}r'''^2\right), \quad A_b = 5 \quad (4.3.10)$$

其中, $\beta = m\omega/\hbar$ 参数可由集团的均方半径实验值给出, 而均方半径的理论公式表示是

$$r_b^2 = \frac{1}{A_b} \int \sum_{i=1}^{A_b} (\boldsymbol{r}_i - \boldsymbol{R})^2 |\varphi_{\text{int}}|^2 \mathrm{d}\xi \qquad (4.3.11)$$

这里, $\mathrm{d}\xi$ 表示对全部 $A_b - 1$ 个相对内禀坐标积分. 完成对全部相对内禀坐标积分后, 分别得到均方半径与谐振子势的曲率 $\hbar\omega$ 值的关系

$$\bar{r}_{A_b=2}^2 = \frac{3}{4\beta} = \frac{3\hbar}{4m\omega} \qquad (4.3.12)$$

$$\bar{r}_{A_b=3}^2 = \frac{1}{\beta} = \frac{\hbar}{m\omega} \qquad (4.3.13)$$

$$r_{A_b=4}^2 = \frac{9}{8\beta} = \frac{9\hbar}{8m\omega_{N=4}} \qquad (4.3.14)$$

$$r_{A_b=5}^2 = \frac{13}{10\beta} = \frac{13\hbar}{10m\omega} \qquad (4.3.15)$$

于是可以由均方半径的实验值来确定其曲率参数 $\hbar\omega$ 值. 对于 $A_b = 2, 3, 4, 5$ 的复杂粒子, 由均方半径的值确定的 $\hbar\omega$ 值如表 4.6 所示.

表 4.6   集团均方半径及谐振子曲率参数

A_b	核素	r/fm	$\hbar\omega$/MeV
2	d	1.96	8.1
3	t	1.70	14.4
3	^{3}He	1.77	11.7
4	α	1.60	18.2
5	^{5}He	2.69	7.45

在表 4.6 中 $A_b = 2, 3, 4$ 的均方半径是由实验测量得到的, 而对于 ^{5}He, 由于其中一个核子是处于 1p 壳的内禀态, 不同于 1s 壳的表示. ^{5}He 是不稳定的, 无法由实验测量给出它的均方半径的值, 而是应用平均场理论计算得到的. 由表 4.6 可以看出, α 粒子集团是结合最紧密的复杂粒子, 它的均方半径最小, 对应的谐振子阱的曲率参数最大, 这说明 α 粒子集团中的核子是处在一个很窄的谐振子阱内, 而氘核中核子就结合得很松, 氘核的均方半径比 α 粒子集团的还要大. 特别是 ^{5}He 的均方半径是最大的, 对应的谐振子阱的曲率参数最小, 这说明 ^{5}He 粒子集团中的核子是处在一个很宽松的谐振子阱内运动.

由量子力学的知识得知, 每个三维谐振子的基态能量为 $3\hbar\omega/2$. 因此对于 1s 态粒子有

$$\frac{p_r^2}{2\mu} + \frac{1}{2}\mu\omega^2 r^2 = \frac{3}{2}\hbar\omega \qquad (4.3.16)$$

而对于 1p 态粒子则有

$$\frac{p_r^2}{2\mu} + \frac{1}{2}\mu\omega^2 r^2 = \frac{5}{2}\hbar\omega \qquad (4.3.17)$$

根据谐振子理论, 平均动能等于平均势能, 因此每个内禀自由度的平均动能和平均位能各占 $3\hbar\omega_b(A_b - 1)/4$, 对于质量数为 A_b 的复杂粒子, 集团能量的动能和平均位能之和为

$$\frac{p^2}{2A_b m} + \frac{3}{4}\hbar\omega(A_b - 1) \qquad (4.3.18)$$

在费米气体模型中, 所有的能量和动量都是从阱底计算起, 为了与实验观测值对应起来, 在式 (4.3.18) 中要减去 $A_b\varepsilon_{\mathrm{F}}$ 才能得到观测能量, 并要扣除复杂粒子在复合核内的结合能 B, 因而实际观测到的集团粒子能量为

$$\varepsilon_b = \frac{p^2}{2A_b m} + \frac{3}{4}\hbar\omega_b(A_b - 1) - A_b\varepsilon_{\mathrm{F}} - B \qquad (4.3.19)$$

为避免不同核的结合能差异, 以后用激发能 $E^* = \varepsilon_b + B_b$ 作为自由变量. 因此有

$$\frac{p^2}{2A_b m} = E^* - \frac{3}{4}\hbar\omega_b(A_b - 1) + A_b\varepsilon_{\mathrm{F}} \qquad (4.3.20)$$

以上仅是对于复杂粒子全部处于 1s 壳, 而对于 1p 壳的粒子平均位能为 $5\hbar\omega/4$. ^{5}He 的总动能为 $p^2/10m$, 它与实际观测能量 ε_5 和激发能的关系为

$$\frac{p^2}{10m} = \varepsilon_5 + B - \frac{7}{2}\hbar\omega + 5\varepsilon_{\mathrm{F}} = E^* - \frac{7}{2}\hbar\omega + 5\varepsilon_{\mathrm{F}} \qquad (4.3.21)$$

4.3.2 氚核的预形成概率

在核反应的预平衡阶段, 发射复杂粒子的组态可以用 $[l, m]$ 表示, 这个符号表示在组成的复杂粒子中有 l 个核子在费米面上, 而 m 个核子在费米面下, 且 $l + m = A_b$. p_{F} 是费米动量, 因而在 $[l, m]$ 组态中对每个核子的动量限制条件为

$$\begin{aligned} |\boldsymbol{p}_i| > p_{\mathrm{F}}, &\quad i = 1, 2, \cdots, l \\ |\boldsymbol{p}_j| < p_{\mathrm{F}}, &\quad j = 1, 2, \cdots, m \end{aligned} \qquad (4.3.22)$$

按照 Iwamoto-Harada 理论模型的思想, 复杂粒子的预形成概率正比于各内禀相空间的体积所占据的相格数, 这是预平衡拾取机制的最基本的物理思想, 是预形成概率理论的出发点, 这也就是量子统计理论中的相空间体积的概念 (朗道等,

1964). 因此, 对于质量数为 A_b 的复杂粒子集团, 复杂粒子集团的预形成概率可以普遍被表示为

$$F_{lm}(\varepsilon_b) = \frac{C}{(2\pi\hbar)^{3(A_b-1)}} \int_{\substack{p-\text{fixed} \\ [l.m]}} \prod_{i=1,2,\cdots,A_b-1} \mathrm{d}\boldsymbol{p}_i \mathrm{d}\boldsymbol{r}_i \tag{4.3.23}$$

其中, C 为归一化常数. 对于氘核集团, 内禀态占据的相格数为

$$F_{lm}(\varepsilon_d) = \frac{C}{(2\pi\hbar)^3} \int_{\substack{p-\text{fixed} \\ [l.m]}} \mathrm{d}\boldsymbol{p}_r \mathrm{d}\boldsymbol{r} \tag{4.3.24}$$

归一化条件是对所有组态的预形成概率之和为 1, 即

$$\sum_{lm} F_{lm}(\varepsilon_d) = 1 \tag{4.3.25}$$

由此给出氘核各组态的预形成概率 $F_{lm}(\varepsilon_d)$. 完成式 (4.3.24) 的积分是很烦杂的. 首先给出无组态限制的积分结果, 在式 (4.3.24) 中不计组态限制, 对于氘核有

$$\sum_{lm} F_{lm}(\varepsilon_d) = \frac{C}{(2\pi\hbar)^3} \int_{p-\text{fixed}} \mathrm{d}\boldsymbol{p}_r \mathrm{d}\boldsymbol{r} = 1 \tag{4.3.26}$$

对于确定的 p_r 值, 由式 (4.3.16) 得到 r 的积分区域为

$$0 < r < \sqrt{\frac{3\hbar}{\mu\omega} - \frac{p_r^2}{(\mu\omega)^2}} \tag{4.3.27}$$

而对动量 p_r 的积分区域则为

$$0 < p_r < \sqrt{3\mu\hbar\omega} \tag{4.3.28}$$

完成对 r 积分得到

$$\sum_{lm} F_{lm}(\varepsilon_i) = \frac{C}{(2\pi)^3} \frac{(4\pi)^2}{3(\mu\hbar\omega)^3} \int_0^{\sqrt{3\mu\hbar\omega}} (3\hbar\omega\mu - p_r^2)^{\frac{3}{2}} p_r^2 \mathrm{d}p_r \tag{4.3.29}$$

若令 $u = p^2/3\hbar\omega\mu$, 上面的积分变为 B 函数形式

$$\sum_{lm} F_{lm}(\varepsilon_i) = \frac{9C}{\pi} \int_0^1 (1-u)^{\frac{3}{2}} u^{\frac{1}{2}} \mathrm{d}u = \frac{9C}{\pi} B\left(\frac{5}{2}, \frac{3}{2}\right) = \frac{9}{16} C \tag{4.3.30}$$

由此得到了归一化因子为

$$C = (4/3)^2 \tag{4.3.31}$$

通过对任意质量数 $A_b \leqslant 4$ 的复杂粒子的推导得到, 其归一化因子一般的表示为 (丁大钊等, 2005)

$$C = (4/3)^{A_b} \tag{4.3.32}$$

对于形成氚核的情况, 拾取组态 $[l,m]$ 共包括三项, 它们分别是 $[2,0]$, $[1,1]$, $[0,2]$, 即分别表示两核子全在费米面上, 一个在费米面上一个在费米面下, 两核子全在费米面下. 定义符号

$$G \equiv \sqrt{3\mu\hbar\omega} \tag{4.3.33}$$

G 的量纲为动量. 而从表 4.6 给出的各种复杂粒子的 $\hbar\omega$ 值也可以看出, 总有 $G < p_F$ 成立. 记 $\boldsymbol{p}$ 为氚核的动量, β 为 $\boldsymbol{p}$ 与 $\boldsymbol{p}_r$ 间的夹角, 如图 4.5 所示. 这样, 就可以得到氚核内的两个单核子用氚核动量和两核子相对运动的动量来表示.

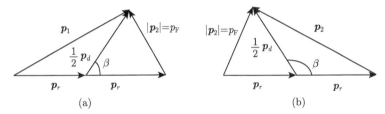

图 4.5 核子 1, 2 的动量 $\boldsymbol{p}_1$, $\boldsymbol{p}_2$ 与质心动量 $\boldsymbol{p}_d$, 相对动量 $\boldsymbol{p}_r$ 的关系示意图

由余弦定理可得

$$p_{1,2}^2 = \frac{1}{4}p^2 + p_r^2 \pm pp_r \cos\beta \tag{4.3.34}$$

于是有

$$\cos\beta = \pm \frac{p_{1,2}^2 - p^2/4 - p_r^2}{pp_r} \tag{4.3.35}$$

因此在费米动量空间表面, 当 $p_1 = p_F$ 或 $p_2 = p_F$ 时, 可以给出 $\cos\beta$ 的积分限. 但是, 这里需要注意的是在一定 p_r 值处, $p_F^2 - p^2/4 - p_r^2$ 会变号, 表示 $p_{1,2}$ 会改变核子在费米面上下的状态, 而出现正负值变化对应的 p_r 值满足下式

$$p^2/4 + p_r^2 = p_F^2 \tag{4.3.36}$$

此时若令

$$B = \left| \frac{p_r^2 + p^2/4 - p_F^2}{pp_r} \right| \tag{4.3.37}$$

由图 4.5 可以看出, 当 p_r 与 p 都很小, 即 $p_r + p/2 < p_F$ 成立时, 这时 $\cos\beta$ 没有积分区域的限制, 因为在任何 β 角度下, 总有 $p_{1,2} < p_F$, 因此属于 $[0,2]$ 组态. 反之, 当 p_r 与 p 都很大时, 且 $|p_r - p/2| > p_F$ 成立时, 这时 $\cos\beta$ 没有积分限制, 因为在任何 β 角度下, 总有 $p_{1,2} > p_F$, 因此属于 $[2,0]$ 组态. 由图 4.5(a) 所示, 如果 β 角

逐渐变小, 当满足不等式 $B < \cos\beta < 1$ 时, 则有 $p_1 > p_F, p_2 < p_F$, 此时氘核处于 $[1, 1]$ 组态. 由图 4.5(b) 所示, 当 $p_1 = p_F$ 时, 由式 (4.3.35) 可以得到 $\cos\beta = -B$, 如果 β 角逐渐变大, 当满足不等式 $-1 < \cos\beta < -B$ 时, 则有 $p_2 > p_F, p_1 < p_F$, 此时氘核仍然处于 $[1, 1]$ 组态. 反之, 当 β 角处于上述两种情况之间即 $-B < \cos\beta < B$ 时, 则有 $p_2 > p_F, p_1 > p_F$, 此时氘核处于 $[2, 0]$ 组态. 综上所述分析过程, 对于不同的 p 和 p_r 值, $\cos\beta$ 的积分域可分为以下三种情况:

(1) $-1 \leqslant \cos\beta \leqslant 1$;

(2) $-B \leqslant \cos\beta \leqslant B$;

(3) $-1 \leqslant \cos\beta \leqslant -B$, $B \leqslant \cos\beta \leqslant 1$. $\qquad$ (4.3.38)

为了推导方便, 引入无量纲量

$$z = p_r/G \qquad (4.3.39)$$

这时氘核各组态对相对动量的积分可以改写为

$$F_{lm}(\varepsilon_d) = \frac{32}{\pi} \int_{\substack{p-\text{fixed} \\ [l,m]}} (1 - z^2)^{\frac{3}{2}} z^2 \mathrm{d}z \qquad (4.3.40)$$

定义无量纲符号

$$x = \frac{p_F - p/2}{G}, \quad y = \frac{\sqrt{p_F^2 - p^2/4}}{G} \qquad (4.3.41)$$

显然, 总有 $y > x$ 成立. 通过对不同氘核动量 p 的各组态的积分区域的分析, 对于给定动量 p 的值, z 的积分域由表 4.7 给出.

表 4.7   对于各种 p, p_r 值, 各种组态的 z 值积分域

	p	z	(20)	(11)	(02)
1	$0 < p < 2(p_F - G)$	$0 < z < 1$			(1)
2	$2(p_F - G) < p < 2\sqrt{p_F^2 - G^2}$	$0 < z < x$			(1)
		$x < z < 1$		(3)	(2)
3	$2\sqrt{p_F^2 - G^2} < p < 2p_F$	$0 < z < x$			(1)
		$x < z < y$		(3)	(2)
		$y < z < 1$	(2)	(3)	
4	$2p_F < p < 2(p_F + G)$	$0 < z < -x$	(1)		
		$-x < z < 1$	(2)	(3)	
5	$2(p_F + G) < p$	$0 < z < 1$	(1)		

定义两个 z 的函数

$$Q(z) \equiv \frac{2}{3\pi} \left\{ 3 \arcsin z - 8z \left(1 - z^2\right)^{\frac{5}{2}} + 2z \left(1 - z^2\right)^{\frac{3}{2}} + 3z \left(1 - z^2\right)^{\frac{1}{2}} \right\} \qquad (4.3.42)$$

和

$$W(z) \equiv \frac{32}{\pi} \left\{ \frac{1}{5} \left(\frac{p^2 - 4p_F^2 + 4G^2}{4pG} \right) \left(1 - z^2\right)^{\frac{5}{2}} - \frac{1}{7} \left(1 - z^2\right)^{\frac{7}{2}} \right\} \qquad (4.3.43)$$

应用表 4.7 给出的各组态的积分限, 完成对式 (4.3.40) 的积分后, 就得到对应于各种氘核动量 p 值的预成概率 F_{lm} 的解析表达式, 其结果由表 4.8 给出. 其中五种 p 值同于表 4.7. 从表中可解析地看出, 在每种情况下都有 $F_{20} + F_{11} + F_{02} = 1$, 这表示归一化条件总能得到满足. 由表中的表示看出, 每一种预形成概率对不同 p 值都是分段表示的. 可以验证在每一个边界处都满足光滑连接条件.

表 4.8　对应于各种氘核动量 p 的 F_{lm} 表达式

p 值区域	F_{20}	F_{11}	F_{02}
1	0	0	1
2	0	$1 + W(x) - Q(x)$	$Q(x) - W(x)$
3	$W(y)$	$1 - 2W(y) + W(x) - Q(x)$	$Q(x) + W(y) - W(x)$
4	$Q(-x) + W(-x)$	$1 - Q(-x) - W(-x)$	0
5	1	0	0

用表 4.8 中的公式可以计算出氘核预形成概率随氘核激发能的变化, 结果如图 4.6 所示.

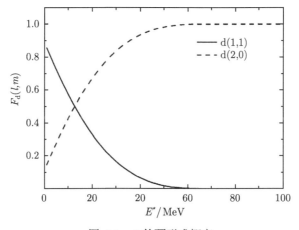

图 4.6　d 的预形成概率

这里需要说明的是, 表 4.8 中最后一行对应的是仅有 $[0, 2]$ 组态. 它对应的氘核动量条件 $p < 2(p_F - \sqrt{G})$, 以及式 (4.3.20) 得到的对应激发能为

$$E^* < 9\hbar\omega_2/4 - 2\sqrt{3\hbar\omega_2\varepsilon_F} < 0 \qquad (4.3.44)$$

由表 4.6 给出的氘核曲率值 $\hbar\omega_2 = 8.1\text{MeV}$, 不等式总成立. 由于 $[0, 2]$ 组态都是由费米海下的核子组成, 因此不能发射氘核. 另外, 由图 4.6 看出, 组态 $[1, 1]$ 随激发能上升而下降, 组态 $[2, 0]$ 随激发能上升而单调上升. 当激发能在 20MeV 以下时, 以组态 $[1, 1]$ 为主, 而当激发能在 20MeV 以上时, 以组态 $[2, 0]$ 为主.

　　另外, 在表 4.8 中的第一行仅有 [2,0] 组态. 由它对应的氘核动量条件 $p > 2(p_F + \sqrt{G})$, 由式 (4.3.15) 得到的对应激发能为 $E^* > 9\hbar\omega_2/4 + 2\sqrt{3\hbar\omega_2\varepsilon_F}$, 当取 $\varepsilon_F = 30\text{MeV}$ 时, 得到 $E^* > 72.225\text{MeV}$. 这只有在中能核反应中才会出现.

　　由表 4.8 给出的氘核集团各组态的解析结果, 可以比较容易地得到更重的复杂粒子集团的预形成概率的理论公式表示. 详细内容见下面几节.

4.3.3　氚和 ^{3}He 的预形成概率

　　在氘核 $(A_b = 2)$ 预形成概率的解析表达式的基础上, 可以用比较简洁的方式得到 $A_b = 3$ 的预形成概率表达式. 对于 t 和 ^{3}He$(A_b = 3)$, 认为 1,2 粒子是氘核的两个粒子, 动量是 p_d, 这时总动量为

$$p = p_d + p_3 \tag{4.3.45}$$

由于上一节已经给出各种氘核动量情况下的组态分布, 因此, 这里考虑在给定三核子总动量 p 的情况下, 第三核子在费米海上下的条件, 以确定三核子集团的各种组态概率表示.

　　将第三核子相对氘核的相对坐标 r_3 和动量记为 p'_r, 这时有

$$r' = r_d - r_3, \quad p'_r = \frac{1}{3}p - p_3 = \frac{1}{3}(p_d - 2p_3) \tag{4.3.46}$$

p, p'_r 与 p_3 之间的矢量关系由图 4.7 所示.

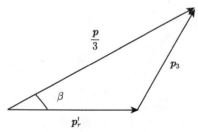

图 4.7　p, p'_r 与 p_3 之间的矢量关系

　　利用式 (4.3.46), 由矢量相加的余弦定理得到

$$p_3^2 = \frac{p^2}{9} + p'^2_r - \frac{2}{3}pp'_r\cos\beta \tag{4.3.47}$$

定义符号

$$B = \frac{\dfrac{p^2}{9} + p'^2_r - p_F^2}{\dfrac{2}{3}pp'_r} \tag{4.3.48}$$

关于 p_3 在费米海上下对应的 p'_r 和 $\cos\beta$ 的积分区域由表 4.9 给出.

表 4.9　$A_b = 3$ 集团中第三个核子在费米面上或下, 以及 p'_r 和 $\cos\beta$ 的积分区域

p	p'_r	$\cos\beta$	p_3
$p > 3p_F$	$0 < p'_r < p/3 - p_F$	$-1 \leqslant \cos\beta \leqslant 1$	$p_3 \geqslant p_F$
	$\dfrac{p}{3} - p_F \leqslant p'_r \leqslant \sqrt{2m\hbar\omega}$	$-1 \leqslant \cos\beta \leqslant B$	$p_3 \geqslant p_F$
		$B \leqslant \cos\beta \leqslant 1$	$p_3 \leqslant p_F$
$p < 3p_F$	$0 < p'_r < p_F - p/3$	$-1 \leqslant \cos\beta \leqslant 1$	$p_3 \leqslant p_F$
	$p_F - \dfrac{p}{3} \leqslant p'_r \leqslant \sqrt{2m\hbar\omega}$	$-1 \leqslant \cos\beta \leqslant B$	$p_3 \geqslant p_F$
		$B \leqslant \cos\beta \leqslant 1$	$p_3 \leqslant p_F$

从复杂粒子集团的预形成概率的普遍表示式 (4.3.23) 出发, 这时还需要考虑第三核子与氚核集团的相对运动自由度的相空间积分, 由式 (4.3.27) 得到相对运动坐标 r' 的积分区域, 完成对 r' 的积分后对相对运动动量 p' 的积分表示为

$$T(p') = \frac{16}{\pi (3\mu\hbar\omega)^3} p'^2 (3\mu\hbar\omega - p'^2)^{\frac{3}{2}} \tag{4.3.49}$$

对于 $A_b = 3$ 体系, 折合质量为 $\mu = 2m/3$. 积分区域由式 (4.3.27) 给出. 若令 $p' = \sqrt{3\mu\hbar\omega}x$, 这时 x 的积分限变为 $0 \to 1$, 得到

$$\int_0^{\sqrt{3\mu\hbar\omega}} T(p')\mathrm{d}p' = \frac{16}{\pi} \int_0^1 x^{\frac{1}{2}}(1-x)^{\frac{3}{2}}\mathrm{d}x = 1 \tag{4.3.50}$$

因此, $T(p')$ 是归一化的. 记

$$D \equiv \left| \frac{p}{3} - p_F \right| \text{ 和 } G = \sqrt{3\mu\hbar\omega} \tag{4.3.51}$$

因此, 利用氚核预形成概率的解析表达式, 可以得到 $A_b = 3$ 各组态预形成概率的表达式.

当 $p > 3p_F$ 时

$$F_{30}(p) = \int_0^D \mathrm{d}p' T(p') \int_{-1}^1 \mathrm{d}\cos\beta F_{20}(\bar{p}) + \int_D^G \mathrm{d}p' T(p') \int_{-1}^B \mathrm{d}\cos\beta F_{20}(\bar{p})$$

$$F_{21}(p) = \int_0^D \mathrm{d}p' T(p') \int_{-1}^1 \mathrm{d}\cos\beta F_{11}(\bar{p})$$
$$+ \int_D^G \mathrm{d}p' T(p') \left[\int_B^1 \mathrm{d}\cos\beta F_{20}(\bar{p}) + \int_{-1}^B \mathrm{d}\cos\beta F_{11}(\bar{p}) \right]$$

$$F_{12}(p) = \int_0^D \mathrm{d}p' T(p') \int_{-1}^1 \mathrm{d}\cos\beta F_{02}(\bar{p})$$
$$+ \int_D^G \mathrm{d}p' T(p') \left[\int_B^1 \mathrm{d}\cos\beta F_{11}(\bar{p}) + \int_{-1}^B \mathrm{d}\cos\beta F_{02}(\bar{p}) \right]$$

$$F_{03}(p) = \int_D^G \mathrm{d}p' T(p') \int_B^1 \mathrm{d}\cos\beta F_{02}(\bar{p}) \tag{4.3.52}$$

当 $p < 3p_{\rm F}$ 时

$$F_{30}(p) = \int_D^G {\rm d}p' T(p') \int_{-1}^B {\rm d}\cos\beta F_{20}(\bar{p})$$

$$F_{21}(p) = \int_0^D {\rm d}p' T(p') \int_{-1}^1 {\rm d}\cos\beta F_{20}(\bar{p})$$
$$+ \int_D^G {\rm d}p' T(p') \left[\int_B^1 {\rm d}\cos\beta F_{20}(\bar{p}) + \int_{-1}^B {\rm d}\cos\beta F_{11}(\bar{p}) \right]$$

$$F_{12}(p) = \int_0^D {\rm d}p' T(p') \int_{-1}^1 {\rm d}\cos\beta F_{11}(\bar{p})$$
$$+ \int_D^G {\rm d}p' T(p') \left[\int_B^1 {\rm d}\cos\beta F_{11}(\bar{p}) + \int_{-1}^B {\rm d}\cos\beta F_{02}(\bar{p}) \right]$$

$$F_{03}(p) = \int_0^D {\rm d}p' T(p') \int_{-1}^1 {\rm d}\cos\beta F_{02}(\bar{p}) + \int_D^G {\rm d}p' T(p') \int_B^1 {\rm d}\cos\beta F_{02}(\bar{p}) \quad (4.3.53)$$

其中, 在计算时 $\hbar\omega$ 值分别为 t 或 ^{3}He 各自的值, 而氚核集团的动量为

$$\bar{p} = \left[\frac{4}{9}p^2 + \frac{4}{3}pp'\cos\beta + p'^2 \right]^{\frac{1}{2}} \quad (4.3.54)$$

式 (4.3.52) 和 (4.3.53) 的连接点是在 $p = 3p_{\rm F}$ 处, 这时 $D = 0$, 由式 (4.3.20) 给出对应的激发能为 $E^* = 3\hbar\omega/2$.

将各组态相加, 由于氚核各组态的预形成概率满足归一化条件, 因而得到

$$F_{30} + F_{21} + F_{12} + F_{03} = \int_0^G T(p'){\rm d}p' = 1 \quad (4.3.55)$$

于是证明了 $A_b = 3$ 复杂粒子预形成概率的归一性.

由式 (4.3.52)~(4.3.53) 计算得到的氚和 ^{3}He 的预形成概率分别由图 4.8 和图 4.9 给出.

同样, 如同氚核一样, 组态 [0,3] 不能发射 $A_b = 3$ 的复杂粒子. 组态 [1,2] 随激发能上升而下降; 组态 [2,1] 随激发能在低能区上升, 在 30MeV 附近达到最大值, 然后随激发能加大而单调下降; 组态 [3,0] 随激发能上升而单调上升. 激发能在 10MeV 附近, 组态 [1,2] 与组态 [2,1] 值近似相同, 而激发能在 50MeV 以上时, 以组态 [3,0] 为主. 虽然预形成概率的计算公式对 t 和 ^{3}He 完全相同, 但是由于谐振子阱的曲率参数 $\hbar\omega$ 的值彼此不同, 因而预形成概率的计算结果会出现一些差别.

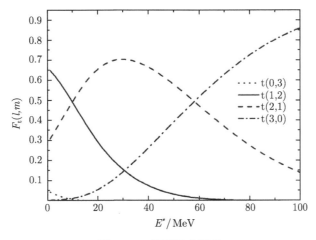

图 4.8　t 的预形成概率

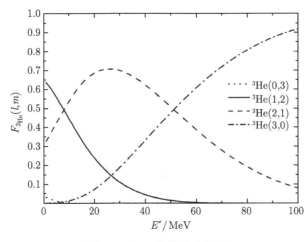

图 4.9　^{3}He 的预形成概率

4.3.4　α 粒子的预形成概率

同样可以用上面类似的途径讨论 α 粒子 ($A_b = 4$) 发射预形成概率的公式表示. 最方便的是可以将 α 粒子看成由两个氘核构成, 两个氘核的动量分别为 $\boldsymbol{p}_+$ 和 $\boldsymbol{p}_-$, 而这两个动量之间的相对动量记为 $\boldsymbol{p}'$

$$\boldsymbol{p}' = \frac{1}{2}\left(\boldsymbol{p}_+ - \boldsymbol{p}_-\right) \tag{4.3.56}$$

α 粒子的总动量为

$$\boldsymbol{p} = \boldsymbol{p}_+ + \boldsymbol{p}_- \tag{4.3.57}$$

α 粒子中的两个氘核集团的动量 $p_\pm$ 可用 $\boldsymbol{p}$ 和 $\boldsymbol{p}'$ 表示, 它们之间的关系如图 4.10 所示. 由此得到

$$p_\pm = \sqrt{\frac{p^2}{4} \pm pp'\cos\beta + p'^2} \tag{4.3.58}$$

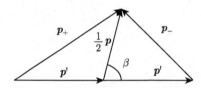

图 4.10 $\boldsymbol{p}_+, \boldsymbol{p}_-$ 与 $\boldsymbol{p}$ 和 $\boldsymbol{p}'$ 之间的矢量关系示意图

同样, 还需要考虑两个氘核集团之间的相对运动自由度的相空间积分, 由式 (4.3.27) 得到相对运动坐标 r' 的积分区域, 完成对 r' 的积分后, 对相对运动动量 p' 的归一化的积分表示由式 (4.3.49) 给出, 但这时折合质量为 $\mu = m$.

因此, α 粒子各种组态的预形成概率可以表示为

$$F_{40}(p) = \int_0^{\sqrt{3\hbar\omega m}} \mathrm{d}p' T(p') \int_{-1}^1 \mathrm{d}\cos\beta F_{20}(p_+)F_{20}(p_-)$$

$$F_{31}(p) = \int_0^{\sqrt{3\hbar\omega m}} \mathrm{d}p' T(p') \int_{-1}^1 \mathrm{d}\cos\beta \left[F_{20}(p_+)F_{11}(p_-) + F_{11}(p_+)F_{20}(p_-)\right]$$

$$F_{22}(p) = \int_0^{\sqrt{3\hbar\omega m}} \mathrm{d}p' T(p') \int_{-1}^1 \mathrm{d}\cos\beta \left[F_{20}(p_+)F_{02}(p_-)\right.$$
$$\left. + F_{11}(p_+)F_{11}(p_-) + F_{02}(p_+)F_{20}(p_-)\right]$$

$$F_{13}(p) = \int_0^{\sqrt{3\hbar\omega m}} \mathrm{d}p' T(p') \int_{-1}^1 \mathrm{d}\cos\beta \left[F_{11}(p_+)F_{02}(p_-) + F_{02}(p_+)F_{11}(p_-)\right]$$

$$F_{04}(p) = \int_0^{\sqrt{3\hbar\omega m}} \mathrm{d}p' T(p') \int_{-1}^1 \mathrm{d}\cos\beta F_{02}(p_+)F_{02}(p_-) \tag{4.3.59}$$

由于氘核的预形成概率在任何动量下都是归一的, 对所有组态求和后, 令 $p' = \sqrt{3\hbar\omega m x}$, 得到 α 粒子预形成概率的归一性的验证

$$\sum_{lm} F_{lm}(p) = \frac{16}{\pi} \int_0^1 \sqrt{x}(1-x)^{\frac{3}{2}} \mathrm{d}x = 1 \tag{4.3.60}$$

用式 (4.3.59) 计算得到的 α 粒子各组态的预形成概率随能量的变化由图 4.11 给出.

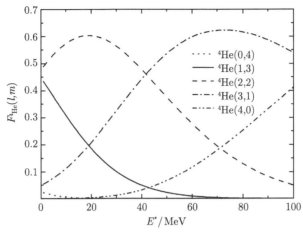

图 4.11　α 粒子的预形成概率

可以看出, 如同前面其他复杂粒子一样, 组态 [0,4] 是不能发射 α 粒子的. 组态 [1,3] 随激发能上升而下降, 组态 [2,2] 随激发能在低能区上升, 在 20MeV 附近达到最大值, 然后随激发能加大而单调下降, 组态 [3,1] 随激发能在低能区上升, 在 70MeV 附近达到最大值, 然后随激发能加大而单调下降; 组态 [4,0] 随激发能上升而单调上升. 激发能在 40MeV 以下, 以组态 [2,2] 为主, 而激发能在 40MeV 以上时, 以组态 [3,1] 为主.

如前所述, 由式 (4.1.2) 看出, α 粒子的预形成概率组态 [1,3] 对应的末态激子态密度为 $\omega(n-1, E')$, 而组态 [2,2] 对应的末态激子态密度为 $\omega(n-2, E')$. 在中高能核反应中, 需要考虑组态 [2,2]时, 由于$\omega(n-2, E') \ll \omega(n-1, E')$, 组态[2,2] 的实际贡献是发生在组态 [1,3] 概率几乎消失时. 但是, 在剩余激发能达到 100MeV 时, 组态 [2,2] 的概率也会迅速下降, 对实际的预平衡发射贡献也很小, 虽然组态 [3,1] 的预形成概率迅速上升, 但激子态密度 $\omega(n-3, E')$ 的值非常小, 因此会造成总的 α 粒子预平衡发射贡献变得很小, 这是需要注意的地方, 其改进内容将在 4.4 节中给出.

4.3.5　^{5}He 的预形成概率

下面讨论对于 $A_b = 5(^5\text{He})$ 的情况, 与上面 $A_b \leqslant 4$ 情况所不同的是, 在 ^{5}He 集团中有一个核子是处于 1p 壳. 最简便的方式是将 ^{5}He 看为一个核子和一个 α 集团. 若核子 1~4 为 α 集团, 5 为另一个核子, 前面已经得到各种动量下 α 集团各组态的表示式, 因此判断出第五粒子的动量在费米海上下的条件可以确定 ^{5}He 的预形成组态的表示. 由表 4.4 得到第五粒子动量有如下关系成立

$$\boldsymbol{p}_5 = \frac{1}{5}\boldsymbol{p} + \boldsymbol{p}''' \qquad (4.3.61)$$

因此, 第五粒子的动量可以表示为

$$p_5^2 = \frac{p^2}{25} + \frac{2}{5}pp''' \cos\beta + p'''^2 \tag{4.3.62}$$

β 是 p 和 $\boldsymbol{p}_{r'''}$ 之间的夹角. 下面用 $\bar{p}$ 表示 α 粒子集团的总动量

$$\bar{\boldsymbol{p}} = \boldsymbol{p}_1 + \boldsymbol{p}_2 + \boldsymbol{p}_3 + \boldsymbol{p}_4 = \frac{4}{5}\boldsymbol{p} - \boldsymbol{p}''' \tag{4.3.63}$$

在给定 $^5\mathrm{He}$ 的动量 $\boldsymbol{p}$ 和 $\boldsymbol{p}'''$ 之后, 与 $\bar{p}$ 的关系由图 4.12 表示.

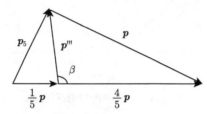

图 4.12 $\boldsymbol{p}_{r'''}$ 和 $\bar{\boldsymbol{p}}$ 与 $\boldsymbol{p}$ 之间的矢量关系示意图

在给定 p 值后, 表 4.10 给出式 (4.3.61) 中对 p''' 和 $\cos\beta$ 的积分限制条件. 其中, 定义 B 为

$$B = \frac{p_{\mathrm{F}}^2 - \dfrac{1}{25}p^2 - p'''^2}{\dfrac{2}{5}pp'''} \tag{4.3.64}$$

表 4.10 $^5\mathrm{He}$ 集团中第五个核子在费米面上或下, 以及 p''' 和 $\cos\beta$ 的积分区域

p	p'''	$\cos\beta$	p_5
	$0 < p''' < p/5 - p_{\mathrm{F}}$	$-1 \leqslant \cos\beta \leqslant 1$	$p_5 \geqslant p_{\mathrm{F}}$
$p > 5p_{\mathrm{F}}$	$\dfrac{p}{5} - p_{\mathrm{F}} \leqslant p''' \leqslant 2\sqrt{m\hbar\omega_5}$	$-1 \leqslant \cos\beta \leqslant B$	$p_5 \leqslant p_{\mathrm{F}}$
		$B \leqslant \cos\beta \leqslant 1$	$p_5 \geqslant p_{\mathrm{F}}$
	$0 < p''' < p_{\mathrm{F}} - p/5$	$-1 \leqslant \cos\beta \leqslant 1$	$p_5 \leqslant p_{\mathrm{F}}$
$p < 5p_{\mathrm{F}}$	$p_{\mathrm{F}} - \dfrac{p}{5} \leqslant p''' \leqslant 2\sqrt{m\hbar\omega_5}$	$-1 \leqslant \cos\beta \leqslant B$	$p_5 \leqslant p_{\mathrm{F}}$
		$B \leqslant \cos\beta \leqslant 1$	$p_5 \geqslant p_{\mathrm{F}}$

在给定 p 和 p''' 后, 由式 (4.3.63) 给出的 α 集团的动量 $\bar{p}$, 这时可写为

$$\bar{p} = \sqrt{\frac{16}{25}p^2 - \frac{8}{5}pp''' \cos\beta + p'''^2} \tag{4.3.65}$$

同样, 还需要考虑第五核子与 α 之间的相对运动自由度的相空间积分, 由式 (4.3.17) 得到相对运动坐标 r''' 的积分区域, 完成对 r''' 的积分, 相对动量 p'''(以下用 p' 代换) 的积分区域由式 (4.3.17) 得到的是 $0 \to \sqrt{5\mu\hbar\omega}$, 被积函数的归一化表示为

$$T(p') = \frac{16}{\pi(5\mu\hbar\omega_5)^3}(5\mu\hbar\omega_5 - p'^2)^{\frac{3}{2}}p'^2 \tag{4.3.66}$$

这里, 折合质量是 $\mu = 4m/5$, 为了简化表示, 记

$$D = \left| \frac{p}{5} - p_{\mathrm{F}} \right| \text{ 和 } G = \sqrt{5\mu\hbar\omega_5} \tag{4.3.67}$$

由此得到 ${}^5\mathrm{He}$ 各组态的预形成概率的理论公式表示.

当 $p > 5p_{\mathrm{F}}$ 时

$$F_{50}(p) = \int_0^D \mathrm{d}p' T(p') \int_{-1}^1 \mathrm{d}\cos\beta F_{40}(\bar{p}) + \int_D^G \mathrm{d}p' T(p') \int_B^1 \mathrm{d}\cos\beta F_{40}(\bar{p})$$

$$F_{41}(p) = \int_0^D \mathrm{d}p' T(p') \int_{-1}^1 \mathrm{d}\cos\beta F_{31}(\bar{p})$$
$$+ \int_D^G \mathrm{d}p' T(p') \left[\int_B^1 \mathrm{d}\cos\beta F_{31}(\bar{p}) + \int_{-1}^B \mathrm{d}\cos\beta F_{40}(\bar{p}) \right]$$

$$F_{32}(p) = \int_0^D \mathrm{d}p' T(p') \int_{-1}^1 \mathrm{d}\cos\beta F_{22}(\bar{p})$$
$$+ \int_D^G \mathrm{d}p' T(p') \left[\int_B^1 \mathrm{d}\cos\beta F_{22}(\bar{p}) + \int_{-1}^B \mathrm{d}\cos\beta F_{31}(\bar{p}) \right]$$

$$F_{23}(p) = \int_0^D \mathrm{d}p' T(p') \int_{-1}^1 \mathrm{d}\cos\beta F_{13}(\bar{p})$$
$$+ \int_D^G \mathrm{d}p' T(p') \left[\int_B^1 \mathrm{d}\cos\beta F_{13}(\bar{p}) + \int_{-1}^B \mathrm{d}\cos\beta F_{22}(\bar{p}) \right]$$

$$F_{14}(p) = \int_0^D \mathrm{d}p' T(p') \int_{-1}^1 \mathrm{d}\cos\beta F_{04}(\bar{p})$$
$$+ \int_D^G \mathrm{d}p' T(p') \left[\int_B^1 \mathrm{d}\cos\beta F_{04}(\bar{p}) + \int_{-1}^B \mathrm{d}\cos\beta F_{13}(\bar{p}) \right]$$

$$F_{05}(p) = \int_D^G \mathrm{d}p' T(p') \left[\int_{-1}^B \mathrm{d}\cos\beta F_{04}(\bar{p}) \right] \tag{4.3.68}$$

当 $p < 5p_{\mathrm{F}}$ 时

$$F_{50}(p) = \int_D^G \mathrm{d}p' T(p') \int_B^1 \mathrm{d}\cos\beta F_{40}(\bar{p})$$

$$F_{41}(p) = \int_0^D \mathrm{d}p' T(p') \int_{-1}^1 \mathrm{d}\cos\beta F_{40}(\bar{p})$$
$$+ \int_D^G \mathrm{d}p' T(p') \left[\int_B^1 \mathrm{d}\cos\beta F_{31}(\bar{p}) + \int_{-1}^B \mathrm{d}\cos\beta F_{40}(\bar{p}) \right]$$

$$F_{32}(p) = \int_0^D \mathrm{d}p' T(p') \int_{-1}^1 \mathrm{d}\cos\beta F_{31}(\bar{p})$$

$$+ \int_D^G dp' T(p') \left[\int_B^1 d\cos\beta F_{22}(\bar{p}) + \int_{-1}^B d\cos\beta F_{31}(\bar{p}) \right]$$

$$F_{23}(p) = \int_0^D dp' T(p') \int_{-1}^1 d\cos\beta F_{22}(\bar{p})$$

$$+ \int_D^G dp' T(p') \left[\int_B^1 d\cos\beta F_{13}(\bar{p}) + \int_{-1}^B d\cos\beta F_{22}(\bar{p}) \right]$$

$$F_{14}(p) = \int_0^D dp' T(p') \int_{-1}^1 d\cos\beta F_{13}(\bar{p})$$

$$+ \int_D^G dp' T(p') \left[\int_B^1 d\cos\beta F_{04}(\bar{p}) + \int_{-1}^B d\cos\beta F_{13}(\bar{p}) \right]$$

$$F_{05}(p) = \int_0^D dp' T(p') \int_{-1}^1 d\cos\beta F_{04}(\bar{p}) + \int_D^G dp' T(p') \left[\int_{-1}^B d\cos\beta F_{04}(\bar{p}) \right] \quad (4.3.69)$$

式 (4.3.68) 和 (4.3.69) 的连接点是在 $p = 5p_F$ 处, 这时 $D = 0$, 由式 (4.3.21) 给出对应的激发能为 $E^* = 7\hbar\omega/2 \approx 26.1\mathrm{MeV}$. 用前面同样方式可以验证上述 $^5\mathrm{He}$ 预形成概率的归一性. 由式 (4.3.68)~(4.3.69) 计算的 $^5\mathrm{He}$ 各组态 $[l, m]$ 的预形成概率随激发能的变化由图 4.13 给出, 横坐标为激发能.

$[0, m]$ 组态在物理上表示全部核子在费米海下的结团概率, 虽然这个集团不能被发射, 但是, 作为模型理论, 数学上仍然给出 $[0, m]$ 组态, 以保证归一化条件成立. 由于被拾缀的核子一定在费米面下, 而组态 $[1, 4]$ 在整个能区内明显比组态 $[2, 3]$ 要小, 而激发能在 10 MeV 以上, $[3, 2]$ 组态的概率要比 $[2, 3]$ 组态明显大, 激发能在 50 MeV 以上, $[4, 1]$ 组态的概率要比 $[3, 2]$ 组态明显大, 是主要成分.

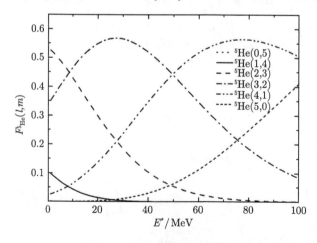

图 4.13　$^5\mathrm{He}$ 的预形成概率

这就是在 Iwamoto-Harada 模型 (Iwamoto et al.,1982) 基础上得到的数值结果. 由图 4.13 给出的结果揭示出这样的物理问题, 即或在低激发能的情况下, 例如, 在 $E \approx 20\text{MeV}$ 时除了 $[1,4]$ 组态外, 仍然出现 $[2,3]$ 和 $[3,2]$ 等组态, 而且明显比 $[1,4]$ 组态的预形成概率要大. 由于 $[2,3]$ 和 $[3,2]$ 组态对应的末态激子态密度会很小, 如同上面对 α 粒子的预平衡发射的分析那样, 使得总的 ${}^5\text{He}$ 预平衡发射概率过小, 这种物理图像的出现为改进 Iwamoto-Harada 模型给出了提示.

当然, 上述方法可以被推广应用到 ${}^6\text{Li}$ 和 ${}^8\text{Be}$ 复杂粒子的预平衡发射概率的描述, 例如 ${}^6\text{Li}$ 可视为 $d+\alpha$ 集团组成, ${}^8\text{Be}$ 可视为 $\alpha+\alpha$ 集团的组成. Iwamoto-Harada 模型提供了一个有用的理论方法途径, 但是在这个模型中还有一些物理因素没有被考虑周全. 因此, 以上对各种复杂粒子的预形成概率中, 各种组态的比例还不能给出比较准确的结果. 在下一节中将对这方面的改进研究内容给予详细的阐述.

4.3.6 改进的复杂粒子预形成概率

前面给出从 d 核到 α 粒子的复杂粒子预形成概率中组态 $[1, A_b - 1]$ 的计算结果, 其中 A_b 是复杂粒子的质量数, 可以用能量的二次曲线来拟合. 由于考虑了费米能 ε_F 和结合能的因素, 复杂粒子出射能量 ε 二次曲线的形式为

$$F_{1,A_b-1}(\varepsilon) = (a_1 + a_2\varepsilon_\text{F}) + (b_1 + b_2\varepsilon_\text{F})Y + (c_1 + c_2\varepsilon_\text{F})Y^2 \tag{4.3.70}$$

其中

$$Y = \varepsilon + B_b + \Delta\varepsilon_\text{F} \tag{4.3.71}$$

这里, B_b 是复杂粒子 b 在复合核中的结合能, $\Delta\varepsilon_\text{F}$ 是复杂粒子 b 的费米能的修正值, 表示不同的复杂粒子对应不同的费米面. 通过 UNF 程序的多年计算 (Zhang, 2002), 这些参数由表 4.11 给出.

表 4.11 改进的复杂粒子预形成概率中组态 $[1, A_b - 1]$ 的参数表

	$\alpha[1,3]$	${}^3\text{He}[1,2]$	$d[1,1]$	$t[1,2]$
a_1	0.570405	0.729604	0.999813	0.747638
a_2	-0.003950	-0.001661	0.000260	-0.001783
b_1	-0.023807	-0.036164	-0.046294	-0.032393
b_2	0.000246	0.000298	0.000407	0.000272
c_1	0.000250	0.000428	0.000497	0.000338
c_2	-0.000003	-0.000005	-0.000007	-0.000004
$\Delta\varepsilon_\text{F}/\text{MeV}$	8.0	2.55	12.5	6.075

由表 4.11 给出的参数和式 (4.3.70) 对复杂粒子预形成概率的计算均得到了合理的结果. 这种经验性的结果说明, 由 Iwamoto-Harada 方法中得到的复杂粒子预形成概率都不够大, 需要引入增大因素. 为了在理论模型上给予合理的解释, 在下面考虑了与激子数有关的复杂粒子预形成概率的讨论中得到答案.

4.4   与激子态有关的复杂粒子预形成概率

上面介绍了 Iwomoto-Harada 理论模型方法 (Iwamoto et al., 1982; Sato et al., 1983), 及其改进的结果 (Zhang, 1993b; Zhang et al., 1988). 然而, 在 Iwomoto-Harada 方法中对内禀动量积分时, 没有对物理系统中的动量分布做任何限制, 即假定了在费米面上仍然像费米面下那样处处填充了费米子, 这是不符合实际情况的. 带有一定能量的入射粒子进入靶核内部形成复合核, 它具有确定的激发能 E^*, 对应的最大动量值为 $p_{\max}$

$$p_{\max} = \sqrt{2mE^*} \tag{4.4.1}$$

因此, 在考虑了由入射粒子能量给出的动量限制后, 被称为与能量有关的复杂粒子预形成概率, 就会修正复杂粒子的预形成概率 (Zhang,1994a; Zhang et al.,1996). 但是, 这仅是限制了动量积分的上限. 实际上, 在上述方法中仍然认为动量空间中在 $p_{\max}$ 以下被核子占满, 这仍然与实际情况不符.

为了进一步改进 Iwomoto-Harada 模型, 不仅考虑了由入射粒子能量给出的最大动量的限制, 还要考虑在各种激子态的情况下的动量分布. 通过这种与激子态有关的动量分布来计算的复杂粒子预形成概率就与激子态有关了, 因而被称为与激子态有关的复杂粒子预形成概率(exciton dependent pre-formation probability)(Zhang et al., 2007). 下面讨论如何计算与激子态有关的动量分布, 再讨论这种考虑动量分布对复杂粒子预形成概率的影响.

首先讨论与激子态有关的动量分布问题. 核反应非平衡态的耗散过程可以用占据数方程来描述. 这里用的是约化占据数方程(Wolschin,1982), 它的合理性在于, 复合核系统从任何形式的初始态分布出发通过核系统的能量耗散过程, 经过足够长的时间, 最终都能达到平衡态的费米分布. 上述演化过程对任意初始状态都是成立的. 平衡态费米分布的温度由入射粒子的能量决定. 占据数是指每个动量空间相格在每个时刻被占据的状态, 且满足 $0 \leqslant n(\varepsilon,t) \leqslant 1$, 占据数的演化过程给出核反应非平衡态耗散过程的理论描述. 而在 Iwamoto-Harada 模型中仅是用了相空间的大小来确定预形成概率的大小, 这就暗示了在这些被占据的相空间中总有 $n(\varepsilon,t) = 1$存在, 这就造成仅用相空间体积来描述概率的大小会发生偏差. 因此, 需要研究耗散过程中占据数随时间的演化过程.

这里采用了约化占据数方程来描述核反应系统的能量耗散过程, 其一般形式如下 (Wolschin, 1982)

$$\frac{\partial n(\varepsilon,t)}{\partial t} = -\frac{\partial}{\partial \varepsilon}\left[V(t)n(\varepsilon,t)(1-n(\varepsilon,t)) + n^2(\varepsilon,t)\frac{\partial D(t)}{\partial \varepsilon}\right] + D(t)\frac{\partial^2 n(\varepsilon,t)}{\partial \varepsilon^2} \tag{4.4.2}$$

其中, $V(t)$ 为漂移系数 (量纲 MeV/s), $D(t)$ 为扩散系数 (量纲 MeV^2/s). 方程中右边第一项为漂移项, 描述任一个占据态向不同能量区域的漂移过程, 而右边第二项为扩散项, 描述任一个占据态分布在耗散过程中的扩散过程.

以往求解约化占据数方程有三种途径: 漂移系数和扩散系数为常数时可以得到解析解, 或用弛豫近似法求解, 而漂移系数和扩散系数随时间变化时只能用数值解 (Zhang et al., 1983).

由于感兴趣的是耗散过程中的核子动量分布, 而不是耗散过程本身. 为简单起见, 这里仅讨论漂移系数和扩散系数为常数的情况 (Zhang et al.,1983). 因为在这种情况下可以得到解析解. 当耗散系数和扩散系数为常数时, 方程简化为

$$\frac{\partial n(\varepsilon,t)}{\partial t} = -V\frac{\partial}{\partial\varepsilon}[n(\varepsilon,t)(1-n(\varepsilon,t))] + D\frac{\partial^2 n(\varepsilon,t)}{\partial\varepsilon^2} \tag{4.4.3}$$

对于如图 4.14 所示的矩形初始分布, 如果单粒子能级密度仍然用等间隔形式, 则有

$$n_0(\varepsilon) = [1 - \Theta(\varepsilon - \varepsilon_1)] + [1 - \Theta(\varepsilon - \varepsilon_3)]\Theta(\varepsilon - \varepsilon_2) \tag{4.4.4}$$

其中

$$\Theta(x) = \begin{cases} 0, & \text{当} x < 0 \\ 1, & \text{当} x > 0 \end{cases} \tag{4.4.5}$$

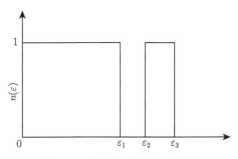

图 4.14 矩形初始分布示意图

因此, 入射粒子携带能量为

$$E_{0_i} = g\int_{\varepsilon_2}^{\varepsilon_3}\varepsilon\mathrm{d}\varepsilon = \frac{1}{2}g(\varepsilon_3^2 - \varepsilon_2^2) \tag{4.4.6}$$

这时 $\varepsilon_1 = \varepsilon_{\text{F}_0}$ 是靶核的费米面. 对于单粒子入射需要满足下面关系

$$g\int_{\varepsilon_{\text{F}_0}}^{\infty}\mathrm{d}\varepsilon = g(\varepsilon_3 - \varepsilon_2) = 1 \tag{4.4.7}$$

这里, g 是单粒子能级密度. 与通常激子模型一样, 单粒子能级分布取为等间隔形式, 即 g 为常数, 一般地, 取近似 $g \approx A/10$, A 为靶核的质量数. 按矩形初始分布, 封闭核系统的总能量为

$$E_T = g \int_0^\infty \varepsilon \mathrm{d}\varepsilon = E_0 + E_1 = \frac{g}{2}\varepsilon_{\mathrm{F}_0}^2 + \frac{1}{2}(\varepsilon_3 + \varepsilon_2) \tag{4.4.8}$$

其中, 靶核初始能量为 $E_0 = \dfrac{g}{2}\varepsilon_{\mathrm{F}_0}^2$. 核系统的激发能 E^* 为

$$E^* = \frac{1}{2}(\varepsilon_3 + \varepsilon_2) - \varepsilon_{\mathrm{F}_0} \tag{4.4.9}$$

由单粒子入射条件式 (4.4.7) 和 (4.4.9) 给出激发能表示后, 可以得到由图 4.14 给出的矩形初始分布中能量的范围分别是

$$\varepsilon_2 = E^* + \varepsilon_{\mathrm{F}_0} - \frac{1}{2g}, \quad \varepsilon_3 = E^* + \varepsilon_{\mathrm{F}_0} + \frac{1}{2g} \tag{4.4.10}$$

由于最后要达到平衡态, 并满足费米–狄拉克分布

$$n(\varepsilon, t \to \infty) = \frac{1}{1 + \exp[\beta(\varepsilon - \varepsilon_{\mathrm{F}})]} \tag{4.4.11}$$

其中, ε_{F} 是复合核的费米能, 而初始靶核的费米能为 $\varepsilon_{\mathrm{F}_0}$, 它们之间是不同的. 将式 (4.4.11) 代入方程 (4.4.3), 可以得到漂移系数与扩散系数之间的关系为

$$V = -\beta D \tag{4.4.12}$$

β 是一个关联系数, 对比式 (1.10.1) 的费米分布表示, 得到 β 与平衡态温度之间的关系为

$$\beta(t \to \infty) = 1/KT \tag{4.4.13}$$

这意味着只有达到平衡态时才有温度可言, T 是平衡态核系统的温度. 对于封闭系统, 还需要满足粒子数守恒和能量守恒的条件. 由粒子数守恒可以得到初始粒子数为

$$N = g\varepsilon_{\mathrm{F}_0} + 1 \tag{4.4.14}$$

特别要指出的是, 我们所研究的只是费米能远远大于核温度的情况, 即要求

$$\exp(-\varepsilon_{\mathrm{F}}/KT) \ll 1 \tag{4.4.15}$$

的条件成立, 即相对于 1 而言, 式 (4.4.15) 的指数函数项总可以被忽略不计. 这个条件给出了限定研究适用的能量范围. 一般低能核反应的情况都能满足上述这个条件. 通常取费米能大约为 $\varepsilon_{\mathrm{F}} \approx 30\mathrm{MeV}$, 而核系统的温度仅为几个 MeV. 例如,

当 $KT = 1, 2, 3\mathrm{MeV}$ 时, 相应的 $\exp(-\varepsilon_\mathrm{F}/KT)$ 值分别为 9.35×10^{-14}, 3.06×10^{-7}, 4.54×10^{-5}, 都远小于 1, 都是可以被忽略的. 一般初始靶核的费米能为 $20 \sim 35\mathrm{MeV}$, 当激发能 E^* 在 $20 \sim 100\mathrm{MeV}$ 范围时, 这时平衡态温度 KT 的数量级为几个 MeV. 这正是我们感兴趣的能量范围.

利用不定积分公式

$$\int \frac{\mathrm{d}x}{a + b\mathrm{e}^{mx}} = \frac{1}{am}[mx - \ln(a + b\mathrm{e}^{mx})] = \frac{-1}{am}\ln(a\mathrm{e}^{-mx} + b) \tag{4.4.16}$$

可以得到平衡态粒子数 (此时 $a = 1$, $m = \beta$, $b = \mathrm{e}^{-\beta\varepsilon_\mathrm{F}}$)

$$g\int_0^\infty \frac{\mathrm{d}\varepsilon}{1 + \mathrm{e}^{\beta(\varepsilon - \varepsilon_\mathrm{F})}} = \frac{-g}{\beta}\ln(\mathrm{e}^{-\beta\varepsilon} + \mathrm{e}^{-\beta\varepsilon_\mathrm{F}})|_0^\infty = g\varepsilon_\mathrm{F} + \frac{g}{\beta}\ln(1 + \mathrm{e}^{-\beta\varepsilon_\mathrm{F}}) \approx g\varepsilon_\mathrm{F} \tag{4.4.17}$$

因此对于一个封闭系统, 由粒子数守恒可以确定在单粒子入射时, 复合系统的费米能 ε_F 与靶核费米能 $\varepsilon_{\mathrm{F}_0}$ 之间的关系是

$$\varepsilon_\mathrm{F} = \varepsilon_{\mathrm{F}_0} + 1/g \tag{4.4.18}$$

显然, 对质量数为 A 的入射粒子而言, 在式 (4.4.18) 中就将 1 改为 A 即可.

对于封闭系统, 由能量守恒可以得到

$$E_T = \frac{g}{2}\varepsilon_{\mathrm{F}_0}^2 + \frac{1}{2}(\varepsilon_3 - \varepsilon_2) = \int_0^\infty g\frac{\varepsilon\mathrm{d}\varepsilon}{1 + \exp[\beta(\varepsilon - \varepsilon_\mathrm{F})]} \tag{4.4.19}$$

为了作出这个积分, 需要将被积函数作级数展开, 为保证级数收敛, 需将能量分段采用下面两种不同的级数展开形式

$$
\begin{aligned}
E_T &= \int_0^\infty \frac{g\varepsilon\mathrm{d}\varepsilon}{1 + \exp[\beta(\varepsilon - \varepsilon_\mathrm{F})]} \\
&= g\int_0^{\varepsilon_\mathrm{F}} \frac{\varepsilon\mathrm{d}\varepsilon}{1 + \exp[\beta(\varepsilon - \varepsilon_\mathrm{F})]} + g\int_{\varepsilon_\mathrm{F}}^\infty \frac{\exp[-\beta(\varepsilon - \varepsilon_\mathrm{F})]\varepsilon\mathrm{d}\varepsilon}{1 + \exp[-\beta(\varepsilon - \varepsilon_\mathrm{F})]} \\
&= \frac{g}{2}\varepsilon_\mathrm{F}^2 + g\sum_{n=1}^\infty (-1)^n \mathrm{e}^{-n\beta\varepsilon_\mathrm{F}} \int_0^{\varepsilon_\mathrm{F}} \mathrm{e}^{n\beta\varepsilon}\varepsilon\mathrm{d}\varepsilon \\
&\quad + g\sum_{n=0}^\infty (-1)^n \mathrm{e}^{(n+1)\beta\varepsilon_\mathrm{F}} \int_{\varepsilon_\mathrm{F}}^\infty \mathrm{e}^{-(n+1)\beta\varepsilon}\varepsilon\mathrm{d}\varepsilon \\
&= \frac{g}{2}\varepsilon_\mathrm{F}^2 - \frac{2g}{\beta^2}\sum_{n=1}^\infty \frac{(-1)^n}{n^2} - g\sum_{n=1}^\infty \frac{(-1)^n}{n^2\beta^2}\mathrm{e}^{-n\beta\varepsilon_\mathrm{F}}
\end{aligned} \tag{4.4.20}
$$

在式 (4.4.20) 中的第二项可利用等式

$$\sum_{n=1}^\infty \frac{(-1)^n}{n^2} = -\frac{\pi^2}{12} \tag{4.4.21}$$

由式 (4.4.15) 的条件, 式 (4.4.21) 中的第三项可以被忽略. 利用式 (4.4.8), 式 (4.4.10) 和 (4.4.20), 由能量守恒得到下面的关系式

$$E_T = \frac{g}{2}\varepsilon_{F_0}^2 + E^* + \varepsilon_{F_0} \approx \frac{g}{2}\varepsilon_F^2 + \frac{g\pi^2}{6\beta^2} \tag{4.4.22}$$

将式 (4.4.18) 代入到式 (4.4.22), 应用了式 (4.4.15) 的条件, 经过整理后得到

$$\frac{g\pi^2}{6\beta^2} = E^* - \frac{g}{2}(\varepsilon_F^2 - \varepsilon_{F_0}^2) + \varepsilon_{F_0} = E^* - \frac{1}{2g} \approx E^* \tag{4.4.23}$$

就得到一般文献中熟知的激发能与平衡态温度之间的关系

$$KT \approx \sqrt{\frac{6E^*}{g\pi^2}} = \sqrt{\frac{E^*}{a}} \tag{4.4.24}$$

其中, a 是能级密度参数, 式 (4.4.24) 的右边是由平衡态统计理论给出的激发能与核温度的关系, 由此得到单粒子能级密度与能级密度参数的关系

$$a = \frac{\pi^2}{6}g \tag{4.4.25}$$

在一个核激发系统中, 粒子数是指在费米海 ε_{F_0} 之上的占据数. 特别需要指出的是, 入射粒子不会改变靶核的费米能, 因此不能用复合核的费米能 ε_F 来标定粒子数, 因此粒子数随时间的变化可表示为

$$p(t) = g\int_{\varepsilon_{F_0}}^{\infty} n(\varepsilon, t)\mathrm{d}\varepsilon \tag{4.4.26}$$

对于单粒子入射情况, 初始粒子数为 $p_0 = 1$. 利用积分公式 (4.4.16), 得到平衡态粒子数

$$p(t \to \infty) = g\int_{\varepsilon_{F_0}}^{\infty} \mathrm{d}\varepsilon \frac{1}{1 + \exp[(\varepsilon - \varepsilon_F)/KT]} = gKT\ln(1 + \mathrm{e}^{\frac{1}{gKT}}) \tag{4.4.27}$$

相应地, 空穴数随时间的变化一般地表示为

$$h(t) = g\int_0^{\varepsilon_{F_0}} [1 - n(\varepsilon, t)]\mathrm{d}\varepsilon \tag{4.4.28}$$

初始靶核在基态情况下, 初始空穴数为 $h_0 = 0$, 而平衡态的空穴数为

$$h(t \to \infty) = g\int_0^{\varepsilon_{F_0}} \mathrm{d}\varepsilon \left\{1 - \frac{1}{1 + \exp[(\varepsilon - \varepsilon_F)/KT]}\right\} = gKT\ln(1 + \mathrm{e}^{\frac{1}{gKT}}) - 1 \tag{4.4.29}$$

因此, 平衡态对应的最大激子数为

$$n_{\max} = n(t \to \infty) = p(t \to \infty) + h(t \to \infty) = 2gKT \ln(1 + \mathrm{e}^{\frac{1}{gKT}}) - 1 \qquad (4.4.30)$$

由上面公式很容易看出, 随着单粒子能级密度 g 或温度 KT 增大, 封闭系统平衡态的粒子数、空穴数以及激子数都随之单调增大. 注意到上述结果是对应于单核子引发的核反应过程的结果. 对于重离子引发的核反应过程, 在上面公式的基础上很容易地进行推广得到.

与 Iwomoto-Harada 模型根本不同的地方在于, 在一定的激发能情况下最大粒子数和空穴数是被确定的, 而不可能像前面的结果那样, 在任何激发能的情况下所有的组态都可能出现. 例如, 对于 $n = 3$ 的激子态, 由于费米海上仅有两个核子, 因此 $[l > 3, m]$ 的组态就不可能出现了, 而对于 $n = 5$ 的激子态, $[l > 4, m]$ 的组态就不可能出现了. 为此下面讨论出现 n 激子态的条件. 为了方便计算, 将式 (4.4.30) 用激发能代替温度的形式表示. 对于单粒子入射情况, 激子数与粒子数满足条件 $n = 2p - 1$, 利用式 (4.4.24), 式 (4.4.30) 用激发能表示的最大激子数是

$$n_{\max} = \frac{2\sqrt{6gE^*}}{\pi} \cdot \ln \left[1 + \exp \left(\frac{\pi}{\sqrt{6gE^*}} \right) \right] - 1 \qquad (4.4.31)$$

若令

$$x = \frac{\pi}{\sqrt{6gE^*}} \qquad (4.4.32)$$

式 (4.4.31) 变为

$$\exp \left[\frac{(n_{\max} + 1)}{2} x \right] - \exp(x) - 1 = 0 \qquad (4.4.33)$$

这是 x 的超越方程, 是在给定的激子数时要求激发能的关系式. 数值计算表明, $n_{\max}$ 越大, 根 x 值越小, 表明要求的激发能越高. 例如, 如果要求 $n_{\max} = 3$ 的激子态存在, 令

$$y = \exp(x) \qquad (4.4.34)$$

式 (4.4.33) 变为

$$y^2 - y - 1 = 0 \qquad (4.4.35)$$

解出 $y = (1 + \sqrt{5})/2 \approx 1.681$. 对于一定的单粒子能级密度 g 情况, 存在 $n_{\max} = 3$ 激子态的激发能必须满足的条件为

$$E^* \geqslant \frac{1}{6g} \left(\frac{\pi}{\lg 1.681} \right)^2 \approx 6.098/g \qquad (4.4.36)$$

这个不等式的物理含义在于, 当激发能满足式 (4.4.36) 时, 这个核系统才可能激发出 $n = 3$ 的激子态, 否则核系统不能出现 $n = 3$ 的激子态. 因此, 对于任意激子态

n, 由式 (4.4.31) 可以给出这个激子态出现所需要的最低激发能. 换句话说, 在给定激发能时, 由式 (4.4.31) 可以确定允许哪些激子态存在.

为了在物理图像上清楚起见, 对于核素 ^{10}B, ^{12}C, ^{16}O, 利用式 (4.4.31), 在激发能为 10~50MeV 的情况下, 存在可能的最大激子态数由表 4.12 给出.

表 4.12　在不同激发能的情况下, ^{10}B, ^{12}C, ^{16}O 的最大激子数

E^*/MeV	10	20	30	40	50
^{10}B	3	3	5	5	7
^{12}C	3	5	5	7	9
^{16}O	3	5	7	7	9

例如, 激发能在20MeV 附近时, 由表 4.12 看出, 这时 ^{10}B 的最大激子数仅为 $n=3$, 这表明在中子引发的轻核反应中, 费米海上的粒子数最大仅是 2. 因此, 对于 ^{5}He 发射的情况, 仅能存在组态 [1,4], [2,3], 而前面不考虑激子态中动量分布的情况下, 还会有 [3,2], [4,1], 以及 [5,0] 组态的出现. 而 ^{12}C 和 ^{16}O 的最大激子数为 $n=5$, 表明在上述激发能的情况下中子引发的轻核反应中, 费米海上的粒子数是 3. 因此, 对于 ^{5}He 发射的情况, 仅存在 [1,4], [2,3], [3,2] 组态, 而前面由图 4.13 可见, 还会有 [4,1], [5,0] 组态出现. 考虑到激发能对最大激子态存在的物理条件, 因而限制了一些复杂粒子预形成的组态出现, 这是与原来 Iwomoto-Harada 模型的根本不同之处.

为了看清关于预平衡复杂粒子发射的各组态构成的物理图像, 在 $n=3$ 和 5 的情况下各组态的组成由图 4.15 和图 4.16 示意地给出. 可以很容易地看出, 在 $n=3$ 激子态时, 不可能存在 [3, m] 的组态. 而在原来 Iwomoto-Harada 模型中却是可以存在的. 这也就是需要进一步考虑与激子数有关的预平衡形成概率的原因.

$n=3$

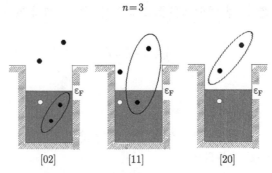

[02]　　　　　　　　　[11]　　　　　　　　　[20]

图 4.15　激子态 $n=3$ 时 d 的 [02], [11] 和 [20] 组态示意图

以前已经讨论了传输系数为常数和与时间有关的传输系数的能量耗散过程之间的区别 (Zhang et al., 1983). 而在这里研究的主要目的是为了得到在确定的激子态情况下费米子系统的动量分布状态. 为计算方便, 在约化占据数方程 (4.4.3) 中

对时间变量作如下标度变换

$$\tau = Dt \tag{4.4.37}$$

这时, τ 的量纲为 MeV^2. 显而易见, 当解出 τ 时刻的耗散过程的行为时, 扩散系数越大, 对应的真实时间越短, 因此这种标度变换可以简化扩散过程的物理分析. 于是, 约化占据数方程 (4.4.3) 演变为

$$\frac{\partial n(\varepsilon, \tau)}{\partial \tau} = \beta \frac{\partial}{\partial \varepsilon} n(\varepsilon, \tau)(1 - n(\varepsilon, \tau)) + \frac{\partial^2 n(\varepsilon, \tau)}{\partial \varepsilon^2} \tag{4.4.38}$$

$n=5$

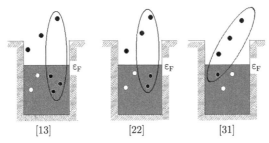

图 4.16　激子态 $n = 5$ 时 α 粒子的 [13], [22] 和 [31] 组态示意图

在漂移系数和扩散系数为常数的情况下, 可以得到约化占据数方程 (4.4.38) 中 $n(\varepsilon, \tau)$ 的解析解, 对于任意初始分布的情况, 已经证明了这个解析解可以写成下面的形式 (Zhang et al., 1983)

$$n(\varepsilon, \tau) = \int_{-\infty}^{\infty} n_0(x) f(x, \varepsilon, \tau) \mathrm{d}x \bigg/ \int_{-\infty}^{\infty} f(x, \varepsilon, \tau) \mathrm{d}x \tag{4.4.39}$$

这里, n_0 为初始占据数分布. 其中

$$f(x, \varepsilon, \tau) = \exp\left\{\frac{\beta}{2}\left[x - 2\int_0^x n_0(y)\mathrm{d}y\right]\right\} \cdot \exp\left[-\frac{(\varepsilon - x)^2}{4\tau}\right] \tag{4.4.40}$$

由于费米海负能态全部被核子占据, 因此在 $-\infty < x < 0$ 的区域, $n_0(x) = 1$. 因此在式 (4.4.39) 中, 当 $-\infty < x < 0$ 时有下面积分结果存在

$$\frac{\beta}{2}\left[x - 2\int_0^x n_0(y)\mathrm{d}y\right] = -\frac{\beta}{2}x \tag{4.4.41}$$

这时, 在式 (4.4.40) 的分子和分母中, 都有下面的积分结果存在

$$\int_{-\infty}^0 f(x, \varepsilon, \tau)\mathrm{d}x = \exp\left\{-\frac{1}{2}\beta\varepsilon + \frac{1}{4}\beta^2\tau\right\} \sqrt{\pi\tau}\left[1 - \mathrm{erf}\left(\frac{\varepsilon - \beta\tau}{2\sqrt{\tau}}\right)\right] \tag{4.4.42}$$

这里, $\mathrm{erf}(x)$ 是误差函数, 其定义是

$$\mathrm{erf}(x) = \frac{2}{\sqrt{\pi}} \int_0^x \mathrm{e}^{-u^2} \mathrm{d}u \tag{4.4.43}$$

在式 (4.4.39) 的分子分母中共同约去公共因子$\exp\left\{-\frac{1}{2}\beta\varepsilon + \frac{1}{4}\beta^2\tau\right\}\sqrt{\pi\tau}$, 占据数方程的解 (4.4.39) 可以改写为 (Wolschin, 1982)

$$n(\varepsilon,\tau) = \frac{\left[1 - \mathrm{erf}\left(\dfrac{\varepsilon - \beta\tau}{2\sqrt{\tau}}\right) + \displaystyle\int_0^\infty n_0(x)G(x,\varepsilon,\tau)\mathrm{d}x\right]}{\left[1 - \mathrm{erf}\left(\dfrac{\varepsilon - \beta\tau}{2\sqrt{\tau}}\right) + \displaystyle\int_0^\infty G(x,\varepsilon,\tau)\mathrm{d}x\right]} \tag{4.4.44}$$

其中

$$G(x,\varepsilon,\tau) = \frac{1}{\sqrt{\pi\tau}}\exp\left\{\frac{\beta}{2}\varepsilon - \frac{1}{4}\beta^2\tau\right\}f(x,\varepsilon,\tau) \tag{4.4.45}$$

将式 (4.4.40) 的 $f(x,\varepsilon,t)$ 代入上式得到

$$G(x,\varepsilon,\tau) = \frac{1}{\sqrt{\pi Dt}}\exp\left\{-\frac{(x-\varepsilon-\beta\tau)^2}{4\tau} + \beta\varepsilon - \beta\int_0^x n_0(y)\mathrm{d}y\right\} \tag{4.4.46}$$

矩形初始分布 (4.4.4) 是分段给出的, 可以得到下面分段的积分结果

$$\int_0^x n_0(y)\mathrm{d}y = \begin{cases} x & \text{当 } 0 < x \leqslant \varepsilon_1 \\ \varepsilon_1 & \text{当 } \varepsilon_1 < x \leqslant \varepsilon_2 \\ x + \varepsilon_1 - \varepsilon_2 & \text{当 } \varepsilon_2 < x \leqslant \varepsilon_3 \\ \varepsilon_1 + \varepsilon_3 - \varepsilon_2 & \text{当 } \varepsilon_3 < x \end{cases} \tag{4.4.47}$$

因此, 在式 (4.4.46) 中需要分段积分, 将式 (4.4.47) 代入式 (4.4.46) 中, 得到四个能量区域的积分结果分别是

$$\int_0^{\varepsilon_1} G(x,\varepsilon,\tau)\mathrm{d}x = \mathrm{erf}\left(\frac{\varepsilon_1 - \varepsilon + \beta\tau}{2\sqrt{\tau}}\right) + \mathrm{erf}\left(\frac{\varepsilon - \beta\tau}{2\sqrt{\tau}}\right)$$

$$\int_{\varepsilon_1}^{\varepsilon_2} G(x,\varepsilon,\tau)\mathrm{d}x = \exp\{\beta(\varepsilon - \varepsilon_1)\}\left[\mathrm{erf}\left(\frac{\varepsilon_2 - \varepsilon - \beta\tau}{2\sqrt{\tau}}\right) - \mathrm{erf}\left(\frac{\varepsilon_1 - \varepsilon - \beta\tau}{2\sqrt{\tau}}\right)\right]$$

$$\int_{\varepsilon_2}^{\varepsilon_3} G(x,\varepsilon,\tau)\mathrm{d}x = \exp\{\beta(\varepsilon_2 - \varepsilon_1)\}\left[\mathrm{erf}\left(\frac{\varepsilon_3 - \varepsilon + \beta\tau}{2\sqrt{\tau}}\right) - \mathrm{erf}\left(\frac{\varepsilon_2 - \varepsilon + \beta\tau}{2\sqrt{\tau}}\right)\right]$$

$$\int_{\varepsilon_3}^{\infty} G(x,\varepsilon,\tau)\mathrm{d}x = \exp\{\beta(\varepsilon - \varepsilon_1 + \varepsilon_2 - \varepsilon_3)\}\left[1 - \mathrm{erf}\left(\frac{\varepsilon_3 - \varepsilon - \beta\tau}{2\sqrt{\tau}}\right)\right] \tag{4.4.48}$$

在式 (4.4.44) 的分子中, 对于矩形初始分布, 该积分只有两个不为零的积分区间

$$\int_0^\infty n_0(x)G(x,\varepsilon,\tau)\mathrm{d}x = \int_0^{\varepsilon_1} G(x,\varepsilon,\tau)\mathrm{d}x + \int_{\varepsilon_2}^{\varepsilon_3} G(x,\varepsilon,\tau)\mathrm{d}x \tag{4.4.49}$$

积分结果已经包含在式 (4.4.48) 中. 定义下面符号

$$A(\varepsilon,\tau) = \mathrm{erf}\left(\frac{\varepsilon_1 - \varepsilon + \beta\tau}{2\sqrt{\tau}}\right) + 1$$

$$B(\varepsilon,\tau) = \exp\{\beta(\varepsilon - \varepsilon_1)\}\left[\mathrm{erf}\left(\frac{\varepsilon_2 - \varepsilon - \beta\tau}{2\sqrt{\tau}}\right) - \mathrm{erf}\left(\frac{\varepsilon_1 - \varepsilon - \beta\tau}{2\sqrt{\tau}}\right)\right]$$

$$E(\varepsilon,\tau) = \exp\{-\beta(\varepsilon_1 - \varepsilon_2)\}\left[\mathrm{erf}\left(\frac{\varepsilon_3 - \varepsilon + \beta\tau}{2\sqrt{\tau}}\right) - \mathrm{erf}\left(\frac{\varepsilon_2 - \varepsilon + \beta\tau}{2\sqrt{\tau}}\right)\right]$$

$$F(\varepsilon,\tau) = \exp\{\beta(\varepsilon - \varepsilon_1 + \varepsilon_2 - \varepsilon_3)\}\left[1 - \mathrm{erf}\left(\frac{\varepsilon_3 - \varepsilon - \beta\tau}{2\sqrt{\tau}}\right)\right] \tag{4.4.50}$$

显然在式 (4.4.50) 中, 无论在指数函数和误差函数中的变量都是无量纲量. 将以上的结果代入式 (4.4.44), 就得到了与能量时间无关的传输系数下约化占据数方程的解析解.

$$n(\varepsilon,\tau) = \frac{A(\varepsilon,\tau) + E(\varepsilon,\tau)}{A(\varepsilon,\tau) + B(\varepsilon,\tau) + E(\varepsilon,\tau) + F(\varepsilon,\tau)} \tag{4.4.51}$$

利用误差函数的性质 $\mathrm{erf}(x \to \pm\infty) = \pm 1$, 当 $\tau \to 0$ 时, 在式 (4.4.50) 中, 有

当 $0 < \varepsilon \leqslant \varepsilon_1$ 时

$$A = 2; \quad B = E = F = 0, \quad n_0(\varepsilon) = A/A = 1$$

当 $\varepsilon_1 < \varepsilon \leqslant \varepsilon_2$ 时

$$B = 2e^{\beta(\varepsilon - \varepsilon_1)}; \quad A = E = F = 0, \quad n_0(\varepsilon) = 0/B = 0$$

当 $\varepsilon_2 < \varepsilon \leqslant \varepsilon_3$ 时

$$E = 2e^{-\beta(\varepsilon_1 - \varepsilon_2)}; \quad A = B = F = 0, \quad n_0(\varepsilon) = E/E = 1$$

当 $\varepsilon_3 < \varepsilon$ 时

$$F = 2e^{\beta(\varepsilon - \varepsilon_1 + \varepsilon_2 - \varepsilon_3)}; \quad A = B = E = 0, \quad n_0(\varepsilon) = 0/F = 0 \tag{4.4.52}$$

代入到式 (4.4.51) 后, 这正是矩形初始分布式 (4.4.4). 说明占据数方程的解析解 (4.4.51) 满足初始矩形分布. 另外还可以证明, 当时间足够长时, 占据数分布 (4.4.51) 趋向费米分布. 事实上, 当时间 $\tau \to \infty$ 时, 利用误差函数的性质可得到

$$A(\varepsilon, \tau \to \infty) = 2, \quad B(\varepsilon, \tau \to \infty) = E(\varepsilon, \tau \to \infty) = 0$$

$$F(\varepsilon, \tau \to \infty) = 2\exp((\varepsilon - \varepsilon_\mathrm{F})/KT)$$

于是, 当 $\tau \to \infty$ 时, 占据数分布式 (4.4.52) 自动演化成为费米分布式 (4.4.11).

对于矩形初始分布 (4.4.4) 而言, 由式 (4.4.51) 给出熵的公式得到的初始熵值为 0. 将平衡态费米分布代入到式 (1.10.5), 得到平衡态的熵为

$$S(t) = g\left\{\frac{\pi^2}{3}KT - (\varepsilon_{\mathrm{F}} + 2KT)\mathrm{e}^{-\beta\varepsilon_{\mathrm{F}}}\right\} \approx \frac{\pi^2}{3}gKT \tag{4.4.53}$$

其中, $\exp(-\varepsilon_{\mathrm{F}}/KT)$ 项仍然是可被忽略的. 平衡态的熵是随温度的上升而近似地线性单调上升. 因此, 在封闭核激发系统的能量耗散过程中, 在给定的上述初始条件下, 其熵值是从 $0 \to S(t \to \infty)$ 的增加过程, 满足熵增加定律.

得到占据数分布 $n(\varepsilon, \tau)$ 之后, 就可以求出与激子数 $n(\tau) = p(\tau) + h(\tau)$ 相对应的新标度 "时间"$\tau(n)$. 费米子系统在 "时间"τ 的粒子数可以由下式计算

$$p(\tau) = g\int_{\varepsilon_{\mathrm{F}_0}}^{\infty} n(\varepsilon, \tau)\mathrm{d}\varepsilon \tag{4.4.54}$$

因此可以计算出每个可存在的激子数 n 对应的 "时间"τ_n, 不同的激发能对应不同的 τ_n. 下面给出一个计算示例. 在单核子入射, 费米能取30MeV, $A = 56$ 的核系统, 激发能为20MeV 的情况下, 在考虑了低激子态的动量分布后, 这时在费米海上的动量分布与 Iwomoto-Harada 模型中用充满的费米球分布有着十分明显的差别. 图 4.17 给出在初始为矩形分布时, 激子数分别为 $n = 3, 5, 7, 9$ 以及平衡态的占据数分布图 (Zhang et al.,2007).

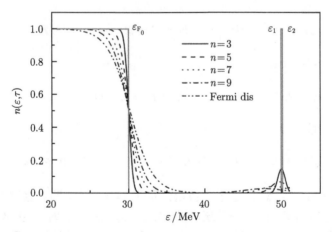

图 4.17 $n = 3, 5, 7, 9$ 及平衡态的占据数分布图

可以看出在耗散过程中, 在费米面附近, 海下出现空穴态的产生, 海上出现粒子态的产生, 且随激子数的加大这种图像显得越明显. 在低激子态的情况下, 费米海上的动量分布概率很小, 使得对于高粒子态的预形成 $[l > 1, m]$ 组态概率成分会明显降低. 由约化占据数方程的解析解 (4.4.52), 可以得到各种激子态下的动量分

布, 将这一新物理因素纳入预形成概率的动量积分中, 就得到与激子态有关 (即考虑了动量分布) 的复杂粒子的预形成概率. 理论计算表明, 激发能越高, 达到各激子态的时间越短, 而在一定激发能的情况下, 达到越高激子态的时间就越长.

下面给出氘核的与激子数有关的预形成概率, 这时对动量的积分变为

$$F_{lm}(n, \varepsilon_d) = \frac{8\pi^2 C}{3(\pi m \hbar \omega)^3} \int_{[l,m]} \left(\frac{3}{2} m \hbar \omega - p_r^2 \right)^{\frac{3}{2}} J(n) p_r^2 \mathrm{d} p_r \mathrm{d} \cos \beta \quad (4.4.55)$$

其中, 引进了因子 $J(n)$ 是表示在 n 激子态情况下的动量分布. 在给定氘核能量 ε_d(或氘核动量 p_d) 后, 由式 (4.3.34) 可以得到氘核中两个核子的动量 p_1 和 p_2, 也就得到氘核中两个核子的能量 ε_1 和 ε_2. 表 4.7 已给出了 d 核各组态对 p_r 和 $\cos \beta$ 积分的上下限. 再由占据数方程得到在一定激子态下每个核子的占据数分布 $n(\varepsilon)$, 从而给出式 (4.4.55) 的积分中动量分布因子 $J(n)$ 的值为

$$J(n) = n(\varepsilon_1) \cdot n(\varepsilon_2) \quad (4.4.56)$$

但这时无法像表 4.7 那样得到 $F_{lm}(n, \varepsilon_d)$ 的解析表达式, 只能用数值积分方法计算.

在考虑了动量分布之后, 经过重归一化, 可以得到氘核的预形成概率, 再利用 4.3 节的公式可进一步得到各种复杂粒子的预形成概率. 在 ^{16}O 的 α 粒子预形成概率情况下, 分别对激子数为 $n = 3, 5$ 的情况进行了计算, 其结果如图 4.18 和图 4.19 所示.

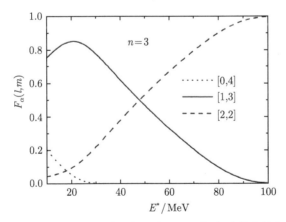

图 4.18 ^{16}O 在 $n = 3$ 时 α 粒子各组态预形成概率随激发能变化的曲线

将图 4.18 和图 4.19 与原来的图 4.11 比较可以明显看出, 在考虑了动量空间的占据状态后, 得到的 $l > 1$ 预形成概率值明显小于未考虑动量空间的占据状态时得到的值. 以 $n = 3$ 激子态为例, 这时在激发能小于 50MeV 时, 以组态 [1,3] 为主, 而在大于 50MeV 时, 组态 [2,2] 的贡献变成主要贡献, 而 [3,1] 和 [4,0] 组态却都没

出现. 而在 $n=5$ 的激子态情况下, 虽然出现 $[3,1]$ 组态, 但是在激发能比较低时, 仍然是比较小的, 而 $[4,0]$ 组态却没出现. 当然, 组态 $[0,4]$ 的概率也明显加大, 这是对应了的费米海下四个核子组成 α 粒子的预形成概率, 如前所述, 由于集团能量的限制, 这种组态形成的 α 粒子集团是不能被发射的. 同时, 这种结果也表明, 在高激发能的不同激子态 $n=3,5$ 的情况下, 组态 $[2,2]$ 值明显比原来由图 4.11 给出值要大, 原来随激发能提高而迅速下降的 $[2,2]$ 组态预形成概率会使高激发能的情况复杂粒子发射的预平衡贡献太小, 以致造成复杂粒子的预平衡发射截面过低. 因此, 在考虑了与动量有关的预形成概率后, 可以解决中高能核反应中复杂粒子发射概率过低的问题.

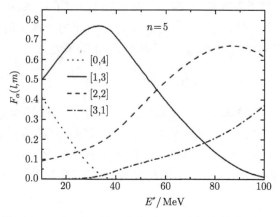

图 4.19　^{16}O 在 $n=5$ 时 α 粒子各组态预形成概率随激发能变化的曲线

　　另外, 由式 (4.4.26) 和 (4.4.28) 可以看出, 粒子数和空穴数与单粒子能级密度 g 有关, 表明与激子态有关的预形成概率是与靶核质量数有关的. 但是理论计算表明, 这与质量数的关系是很弱的, 对 ^{16}O 的预形成概率曲线与质量数大的核素的曲线基本是一致的, 因此图 4.18 和图 4.19 中的曲线基本给出了各种核素与激子态有关的预形成概率的结果.

　　对于低激子态, 激发到费米面上的核子非常稀少, 因此考虑了动量分布会明显改变原来 Iwomoto-Harada 模型的结果, 大大压缩多个核子来自费米面上的组态的形成概率. 计算结果表明, 在低激发能情况下, 与激子态有关的复杂粒子预形成概率, 其最主要的组态是 $[1,m]$. 对质量数为各种不同值的核素进行的计算结果表明, 在低能核反应中, 对于各种复杂粒子, 组态 $[3,m]$ 总是可以被忽略. 当激发能升高后, 例如在中高能的情况下, 特别是在考虑了多步预平衡过程时, $[2,m]$ 组态需要给予适当地考虑.

　　同样, 对于 t, ^{3}He, ^{5}He 等复杂粒子的预形成概率的计算也得到了类似的结果, 即在考虑了各激子态的动量分布后, $[l>1,m]$ 组态的预形成概率被明显压缩, 而增

大了 $[1, m]$ 组态的概率, 这就是在 4.3.6 节中提出的用 Iwomoto-Harada 模型计算 $[1, m]$ 组态的概率需要增大的原因所在. 同时 $[2, m]$ 组态随激发能的加大而减小的趋势也会明显减弱, 使得在中高能核反应中复杂粒子预平衡发射的贡献普遍加大.

这种方法可以很容易地推广到重离子入射的核反应情况中去. 原来的 Iwomoto-Harada 模型, 仅考虑了复杂粒子预形成概率中的相空间的体积. 由于没有考虑到每个相格中的平均占据概率, 这就无法考虑与激子态有关的动量分布, 这就会使得对各组态的概率分配产生明显的偏离, 在一定激发能的情况下, 就会出现一些不合理的组态概率. 因此, 在低激发能的情况下, 原来的 Iwomoto-Harada 模型会过高地给出 $[l > 1, m]$ 的贡献, 而在相对高的激发能的情况下, 过高地给出了在费米海上高粒子数 $[l > 2, m]$ 组态的概率.

4.5 复杂粒子发射的双微分截面

4.5.1 引言

在预平衡发射过程不仅可以发射单核子, 还可以发射复杂粒子, 如 d, t, ^{3}He, α 粒子以及 ^{5}He 等, 所以我们还需要给出复杂粒子发射的双微分截面公式.

但是, 复杂粒子发射双微分截面的理论公式是当前一个未能很好解决的核反应理论课题. 目前, 国际上比较通用的核反应统计理论模型计算程序, 通常是用 Kalbach 系统学公式 (Kalbach,1987) 来计算双微分截面. Kalbach 系统学是对多种出射粒子, 包括中子、质子、氘核、氚核、^{3}He、以及 α 粒子等, 在符合大量核素不同入射能的双微分截面实验测量数据的基础上来确定系统学参数, 它可以描述的出射粒子双微分截面的能量区域很宽, 对中重核数据的计算表明 Kalbach 系统学公式能够成功地描述各种粒子发射的双微分截面. 然而, 这个系统学公式有其局限性, 正如参考文献 (Kalbach,1987) 的题目所表明的, 只适用于发射粒子后剩余核是处于连续态能级的情况. 而轻核反应恰恰是发射粒子到剩余核的分立能级态, 因此不适用于描述轻核反应. 于是需要建立计算复杂粒子发射双微分截面的理论模型 (Zhang,1990). 有关内容的介绍还可以参阅相关文献 (Zhang et al.,1993a; 丁大钊等,2005).

在综合考虑了单粒子发射的角分布描述方法和复杂粒子发射的拾取机制后, 就能初步建立起描述复杂粒子预平衡发射双微分截面的理论方法, 其基本思想如下.

(1) 单粒子发射的双微分截面用考虑了费米运动和 Pauli 原理后的单粒子发射理论描述.

(2) 复合核系统用费米气体模型描述. 当然, 原子核内的核子配对效应比较强, 而费米气体模型是独立粒子模型, 这是今后可以着手进行改进的一个方面.

(3) 一个被发射的核子如果不拾取其他核子, 则发射单核子; 如果拾取了其他核子而形成复杂粒子集团, 则发射复杂粒子.

(4) 在低能核反应中, 最主要的复杂粒子预形成组态是 $[1, m]$, 这表示所有发射的复杂粒子都是由出射单核子拾取费米面下的核子而形成的.

(5) 复杂粒子的发射方向由发射的单核子动量以及所有可能的在费米海中被拾取的其他核子的动量合成而确定.

在上述思想基础上, 复杂粒子发射的双微分截面可以用类似于单粒子的式 (3.5.21) 表示

$$\frac{\mathrm{d}^2\sigma}{\mathrm{d}\varepsilon\mathrm{d}\Omega} = \sum_n \frac{\mathrm{d}\sigma(n)}{\mathrm{d}\varepsilon} A(n, \varepsilon, \Omega) \tag{4.5.1}$$

其中, $\mathrm{d}\sigma(n)/\mathrm{d}\varepsilon$ 是 n 激子态的能谱, 它由描述粒子预平衡发射的激子模型得到, $A(n, \varepsilon, \Omega)$ 为 n 激子态发射任何粒子的角度因子, 它应该满足归一化条件

$$\int A(n, \varepsilon, \Omega)\mathrm{d}\Omega = 1 \tag{4.5.2}$$

基于上面的思路, 由动量守恒出发, 复杂粒子的动量等于出射单粒子动量与被拾取核子的动量之和. 因此可将复杂粒子 b 的预平衡发射角度因子普遍表示为

$$A(n, \varepsilon_b, \Omega) = \frac{1}{N} \int_{[1,m]} \mathrm{d}\boldsymbol{p}_1 \cdots \mathrm{d}\boldsymbol{p}_{A_b} \delta\left(\boldsymbol{p} - \sum_{i=1}^{A_b} \boldsymbol{p}_i\right) \tau(n, \Omega_1) \tag{4.5.3}$$

其中, N 为归一化因子, $\boldsymbol{p}$ 是质心系中复杂粒子的总动量, ε_b 是复杂粒子的发射能量, A_b 是复杂粒子的质量数. 显然, 如果出射粒子 b 是单核子, 那么式 (4.5.3) 便退化为单粒子发射的角分布. 对于低能核反应, $[1, m]$ 是最主要的组态, 因此有

$$|\boldsymbol{p}_1| > p_{\mathrm{F}}, \quad |\boldsymbol{p}_i| < p_{\mathrm{F}}, \quad i = 2, \cdots, A_b$$

以下公式中下标 1 总表示出射的单核子, 而 $\tau(n, \Omega_1)$ 是出射方向 Ω_1 的单核子在 n 激子态的寿命, 由单粒子发射推广的激子模型方程可以得到它的解. 公式中的 δ 函数是为保证在给定复杂粒子发射方向 Ω, 以及单核子出射方向 Ω_1 时, 在费米海下被拾取的核子所有可能的动量空间, 由此可确定式 (4.5.3) 中被拾取核子动量的积分区域, 由此得到复杂粒子发射的双微分截面的公式表示.

4.5.2　氘核预平衡发射的双微分截面

对于出射 d 粒子的角度因子, 仅需要考虑的组态为 $[1, 1]$ 时, 可以表示为

$$A(n, \varepsilon, \Omega) = \frac{1}{N} \int_{[1,1]} \mathrm{d}\boldsymbol{p}_1 \mathrm{d}\boldsymbol{p}_2 \delta(\boldsymbol{p} - \boldsymbol{p}_1 - \boldsymbol{p}_2) \tau(n, \Omega_1) \tag{4.5.4}$$

p 是氘核的动量, p_1, p_2 分别是氘核中的两个核子动量. 将 d 粒子的发射角度记为 $\Omega(\theta, \varphi)$. 将激子态寿命的分波表示代入后, 式 (4.5.4) 变为

$$A(n, \varepsilon_d, \Omega) \equiv \sum_l A_l(n, \varepsilon_d) \mathrm{P}_l(\cos\theta)$$

$$= \frac{1}{N} \sum_l \tau_l(n) \int_{[1,1]} \mathrm{d}p_1 \mathrm{d}p_2 \delta(p - p_1 - p_2) \mathrm{P}_l(\cos\theta_1) \quad (4.5.5)$$

上式两边乘上 $\mathrm{P}_l(\cos\theta)$, 并对 $\cos\theta$ 积分, 利用 Legendre 多项式的正交归一性, 从而得到角度因子的 Legendre 多项式展开系数为

$$A_l(n, \varepsilon_d) = \frac{2l+1}{2N} \sum_{l'} \tau_{l'}(n) \int_{-1}^{1} \mathrm{d}\cos\theta \int_{[1,1]} \mathrm{d}p_1 \mathrm{d}p_2 \delta(p - p_1 - p_2) \mathrm{P}_{l'}(\cos\theta_1) \mathrm{P}_l(\cos\theta)$$

$$(4.5.6)$$

在对式 (4.5.6) 积分之前, 需要先确定积分中各物理量的取值范围. 组成氘核的两个核子的动量取值区间由下面的不等式给出, 由于第 1 核子是可发射粒子, 它必须满足

$$p_{\mathrm{F}} < |p_1| < p_{1\max} \quad (4.5.7)$$

其中, 最大的出射动量 $p_{1\max}$ 是由中子入射能量 E_n 确定, 且有

$$p_{1\max}^2 / 2m = \varepsilon_{\mathrm{F}} + E$$

ε_{F} 是费米能, E 是激发能. 而被拾取的核子在费米海中, 因此满足

$$p_2 \leqslant p_{\mathrm{F}} \quad (4.5.8)$$

在费米气体模型中, 费米海中归一化的动量分布为均匀费米气体球

$$D_n(p) = \frac{3}{4\pi p_{\mathrm{F}}^3} \Theta(p_{\mathrm{F}} - p) \quad (4.5.9)$$

为方便起见, 引入无量纲量 $x_1 = p_1/p_{\mathrm{F}}$, $x_2 = p_2/p_{\mathrm{F}}$, 因此它们分别满足下面不等式

$$1 < x_1 < \sqrt{1 + E/\varepsilon_{\mathrm{F}}} \text{ 以及 } 0 < x_2 \leqslant 1 \quad (4.5.10)$$

应该注意到式 (4.5.6) 中含有 $\mathrm{P}_{l'}(\cos\theta_1)$, 因此, 为解析地作出积分, 需要作一个数学变换, 记 p_2 与 p 轴夹角为 Θ. 将 p 的方向视为新的 Z 轴, 且有 $p = p_1 + p_2$. 组成氘核的两个核子动量 p_1 和 p_2 与氘核总动量的关系由图 4.20 所示.

下面介绍一个有用的数学技巧. 由图 4.21 所示, 有三个矢量 a, b 和 c, 它们彼此间的夹角分别为 $\theta_{ab}, \theta_{bc}, \theta_{ac}$ 时, 其中任何两个矢量夹角的 Legendre 多项式可以用其他两个矢量之间的立体角的 Legendre 多项式来表示, 这就是 Legendre 多项式

的合成关系 (王竹溪等,1965). 例如, 对于矢量 a 和 b 的夹角的 Legendre 多项式, 可以用 b 和 c 以及 a 和 c 之间的夹角的 Legendre 多项式来表示, 其合成关系由下面公式所示

$$
\begin{aligned}
\mathrm{P}_l(\cos\theta_{ab}) =&\, \mathrm{P}_l(\cos\theta_{ac})\mathrm{P}_l(\cos\theta_{bc}) \\
&+ 2\sum_{m=1}^{l}\frac{(l-m)!}{(l+m)!}\mathrm{P}_l^m(\cos\theta_{ac})\mathrm{P}_l^m(\cos\theta_{bc})\cos m(\varphi_{ac}-\varphi_{bc}) \quad (4.5.11)
\end{aligned}
$$

在式 (4.5.11) 中, $\mathrm{P}_l^m(\cos\theta)$ 是连带 Legendre 多项式(王竹溪等,1965). 相当于将矢量 c 作为 Z 轴. 若在积分表示式中与方位角 φ 角无关, 对 φ 角积分后, 式 (4.5.11) 中的第二项消失. 这个数学技巧在本节和第 5 章中都会多次应用到.

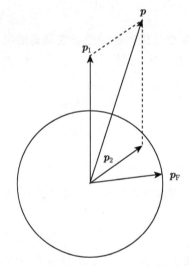

图 4.20　氘核动量 $p = p_1 + p_2$ 的示意图

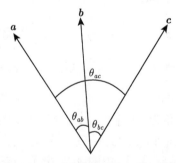

图 4.21　三个矢量 a, b, c 的示意图

在目前的情况下, 由图 4.21 可知, 三个矢量分别为 p_1, p 和 Z 轴. 若以 p 作为

新 Z 轴, 可以把粒子 $\boldsymbol{p}_1$ 的 Legendre 多项式 $\mathrm{P}_l(\cos\theta_1)$ 用 $\boldsymbol{p}_2$ 和 $\boldsymbol{p}$ 的立体角来表示. 在将 $\boldsymbol{p}$ 作为新 Z 轴的坐标系中 $\boldsymbol{p}_1$ 的立体角是 (Θ, Φ), 即 $\boldsymbol{p}_1$ 与 $\boldsymbol{p}$ 的夹角为 Θ, 由图 4.22 所示.

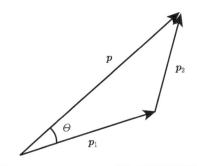

图 4.22 $\boldsymbol{p}_2 = \boldsymbol{p} - \boldsymbol{p}_1$ 的矢量关系示意图

原来 Z 轴的立体角是 $\Omega(\theta, \varphi)$, 这时 $\theta_1 = \theta_{ab}$, $\Theta = \theta_{ac}$, $\theta = \theta_{bc}$, 将式 (4.5.11) 代入到 d 核发射的角度因子的分波表示式 (4.5.6) 中, 由于在费米球内的费米气体为各向同性, 因此对 $\boldsymbol{p}_1$ 的积分可以写为

$$\mathrm{d}\boldsymbol{p}_1 = p_1^2 \mathrm{d}p_1 \mathrm{d}\cos\Theta \mathrm{d}\Phi \tag{4.5.12}$$

对 Φ 积分后, 式 (4.5.11) 的第二部分消失. 利用 Legendre 多项式的正交性, 完成对 $\cos\theta$ 积分后, 得到 l 分波的角度因子为

$$A_l(n, \varepsilon_{\mathrm{d}}) = \frac{2\pi}{N} \tau_l(n) \int_{[1,1]} p_1^2 \mathrm{d}\boldsymbol{p}_2 \delta(\boldsymbol{p} - \boldsymbol{p}_1 - \boldsymbol{p}_2) \mathrm{P}_l(\cos\Theta) \mathrm{d}\cos\Theta \mathrm{d}p_1 \tag{4.5.13}$$

由于 $\boldsymbol{p}_2 = \boldsymbol{p} - \boldsymbol{p}_1$, 得到

$$p_2^2 = p^2 + p_1^2 - 2pp_1 \cos\Theta \tag{4.5.14}$$

要求被拾取的核子在费米面之下, $p_2 \leqslant p_{\mathrm{F}}$. 由此得到条件

$$\cos\Theta \geqslant \frac{p^2 + p_1^2 - p_{\mathrm{F}}^2}{2pp_1} \equiv \beta \tag{4.5.15}$$

因此, 由不等式 (4.5.15) 得到 $\cos\Theta$ 的积分范围是

$$\beta < \cos\Theta \leqslant 1 \tag{4.5.16}$$

如果上述积分存在, 就必须有 $\beta < 1$ 成立, 这也是上面 δ 函数宗量的要求条件. 另外, 物理上还要求 $-1 \leqslant \beta$, 事实上, 由式 (4.5.15) 可知, 这个条件相当于要求 $p_{\mathrm{F}}^2 \leqslant (p + p_1)^2$. 由于 $p_1 > p_{\mathrm{F}}$ 和 $p > p_{\mathrm{F}}$, 所以该不等式永远成立. $\beta < 1$ 的要求给出对 p_1 的积分限制

$$p - p_{\mathrm{F}} < p_1 \tag{4.5.17}$$

再利用 δ 函数的性质完成对 $\boldsymbol{p}_2$ 的积分后, 归一化的 d 核出射的 l 分波角度因子

$$A_l(n, \varepsilon_{\mathrm{d}}) = \frac{2\pi}{N} \tau_l(n) \int_{[1,1]} p_1^2 \int \mathrm{P}_l(\cos\Theta) \mathrm{d}\cos\Theta \mathrm{d}p_1 \tag{4.5.18}$$

应用无量纲表示 $x_{\mathrm{d}} = p/p_{\mathrm{F}}$, $y = p_2/p_{\mathrm{F}}$, $x_1 = p_1/p_{\mathrm{F}}$, 由式 (4.5.14) 可将对 $\cos\Theta$ 的积分换为对 y 的积分

$$\mathrm{d}\cos\Theta = -\frac{y}{x_{\mathrm{d}} x_1} \mathrm{d}y \tag{4.5.19}$$

而对 y 的积分限是从 $(x_{\mathrm{d}} - x_1)$ 到 1. 由于 $x_1 > 1$, 由式 (4.5.17) 的条件相当于 $x_{\mathrm{d}} - 1 < x_1$.

　　将拾取费米海下核子的效应产生的因子称为几何因子. 利用无量纲表示, d 核出射的几何因子的分波形式可表示为

$$G_l(n, \varepsilon_{\mathrm{d}}) = \frac{1}{x_{\mathrm{d}}} \int_{\max\{1, x_{\mathrm{d}} - 1\}}^{\sqrt{1+E/\varepsilon_{\mathrm{F}}}} x_1 \mathrm{d}x_1 \int_{x_{\mathrm{d}} - x_1}^{1} y \mathrm{P}_l\left(\frac{x_{\mathrm{d}}^2 + x_1^2 - y^2}{2x_{\mathrm{d}} x_1}\right) \mathrm{d}y \tag{4.5.20}$$

利用式 (3.5.6) 对寿命的分波展开, 这时归一化的 d 核出射的角度因子可以表示为如下形式

$$A(n, \varepsilon_{\mathrm{d}}, \Omega) = \frac{1}{4\pi} \sum_l (2l+1) \frac{\tau_l(n, \varepsilon_{\mathrm{d}}) G_l(n, \varepsilon_{\mathrm{d}})}{\tau_0(n, \varepsilon_{\mathrm{d}}) G_0(n, \varepsilon_{\mathrm{d}})} \mathrm{P}_l(\cos\theta) \tag{4.5.21}$$

显而易见, 单粒子发射的角度因子中的几何因子为 1.

4.5.3 ^{3}He 和 t 预平衡发射的双微分截面

　　^{3}He 和 t 核都包含 3 个核子, 在我们所关心的能量区域内预形成概率的主要贡献来自 [1,2] 组态. 在复杂粒子 ^{3}He 和 t 的预平衡发射过程中, 出射的单核子从费米海中拾取两个核子形成复杂粒子 ^{3}He 和 t 后再发射出去. 与 d 核的角度因子相类似, ^{3}He 和 t 核的角度因子可以表示为

$$A(n, \varepsilon, \Omega) = \frac{1}{N} \int_{[1,2]} \mathrm{d}\boldsymbol{p}_1 \mathrm{d}\boldsymbol{p}_2 \mathrm{d}\boldsymbol{p}_3 \delta(\boldsymbol{p} - \boldsymbol{p}_1 - \boldsymbol{p}_2 - \boldsymbol{p}_3) \tau(n, \Omega_1) \tag{4.5.22}$$

上式中各项的意义与式 (4.5.3) 中的相同. 由组态 [1, 2] 可以确定各动量的积分区间, 这时

$$p_{\mathrm{F}} < |\boldsymbol{p}_1| < p_{1\max}, \quad |\boldsymbol{p}_i| < p_{\mathrm{F}}, \quad i = 2, 3 \tag{4.5.23}$$

其中, $p_{1\max} = \sqrt{2m(E + \varepsilon_{\mathrm{F}})}$. 为了作出式 (4.5.22) 的积分, 首先将被拾取的费米海中的两个核子的动量分别改写成两个动量之和 $\boldsymbol{p}_{23}$ 及相对动量 $\boldsymbol{p}_r$ 的形式

$$\boldsymbol{p}_{23} = \boldsymbol{p}_2 + \boldsymbol{p}_3, \quad \boldsymbol{p}_r = \frac{1}{2}(\boldsymbol{p}_2 - \boldsymbol{p}_3) \tag{4.5.24}$$

其逆关系为

$$\boldsymbol{p}_2 = \frac{1}{2}\boldsymbol{p}_{23} + \boldsymbol{p}_r, \quad \boldsymbol{p}_3 = \frac{1}{2}\boldsymbol{p}_{23} - \boldsymbol{p}_r \qquad (4.5.25)$$

于是在角度因子 (4.5.23) 中对两个被拾取核子动量的积分可替换为对 $\boldsymbol{p}_{23}$ 和 $\boldsymbol{p}_r$ 的积分

$$\mathrm{d}\boldsymbol{p}_2\mathrm{d}\boldsymbol{p}_3 = \mathrm{d}\boldsymbol{p}_{23}\mathrm{d}\boldsymbol{p}_r \qquad (4.5.26)$$

因此, 角度因子可以改写为

$$A(n,\varepsilon,\Omega) = \frac{1}{N}\int_{[1,2]}\mathrm{d}\boldsymbol{p}_1\mathrm{d}\boldsymbol{p}_{23}\mathrm{d}\boldsymbol{p}_r\delta(\boldsymbol{p}-\boldsymbol{p}_1-\boldsymbol{p}_{23})\tau(n,\Omega_1) \qquad (4.5.27)$$

^{3}He 和 t 核的总动量可以表示为 $\boldsymbol{p} = \boldsymbol{p}_1 + \boldsymbol{p}_{23}$, 由于被拾取的两个核子都在费米海下, 因此有下面不等式成立

$$p_{23}^2 = p^2 + p_1^2 - 2pp_1\cos\theta' \leqslant 4p_{\mathrm{F}}^2 \qquad (4.5.28)$$

定义 β 值为

$$\beta = \frac{p_{\mathrm{F}}^2 - p_{23}^2/4 - p_r^2}{p_{23}p_r} \qquad (4.5.29)$$

其中, θ' 是 $\boldsymbol{p}$ 与 $\boldsymbol{p}_1$ 之间的夹角, 如图 4.23 所示.

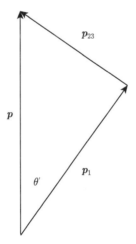

图 4.23 $\boldsymbol{p}_{23}$ 与 $\boldsymbol{p}$ 和 $\boldsymbol{p}_1$ 之间的矢量关系示意图

由于在式 (4.5.27) 中的 δ 函数不显含 $\boldsymbol{p}_r$, 对于给定的 $\boldsymbol{p}_{23}$, 可以确定对 $\boldsymbol{p}_r$ 的积分范围. 记 θ'' 为 $\boldsymbol{p}_{23}$ 与 $\boldsymbol{p}_r$ 之间的夹角, $\boldsymbol{p}_2, \boldsymbol{p}_3$ 与 $\boldsymbol{p}_{23}, \boldsymbol{p}_r$ 之间的矢量关系如图 4.24 所示.

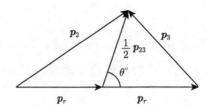

图 4.24　p_2, p_3 与 p_{23}, p_r 之间的矢量关系示意图

可以看出, 在 $p_2 \leqslant p_F$ 和 $p_3 \leqslant p_F$ 成立的前提下, 无论 θ'' 取任何值, $|p_r + p_{23}/2| \leqslant p_F$ 总能成立 (即 $p_r + p_{23}/2 \leqslant p_F$ 也成立), 因而对 θ'' 积分时 θ'' 取值范围是 0 到 π. 若 $p_r + p_{23}/2 > p_F$ 成立, 当 θ'' 变化到 $\pm\beta$ 时, 就会有 $p_2 \geqslant p_F$ 或 $p_3 \geqslant p_F$ 出现, 这就不满足被拾取的核子是在费米面下的条件. 由条件 $p_2 \leqslant p_F$ 和 $p_3 \leqslant p_F$ 得知, 当 $\beta = 0$ 时, p_r 取其最大值, 这时相应的 $\cos\theta''$ 无积分区域, 因而得到

$$p_{r,\max} = \sqrt{p_F^2 - p_{23}^2/4} \tag{4.5.30}$$

因此, 可以明确地写出对 $\mathrm{d}p_{23}\mathrm{d}p_r$ 的积分上下限的表示

$$\int \mathrm{d}p_{23}\mathrm{d}p_r = \int \mathrm{d}p_{23}\left[\int_0^{p_F-\frac{1}{2}p_{23}} p_r^2 \mathrm{d}p_r \int_{-1}^1 \mathrm{d}\cos\theta'' + \int_{p_F-\frac{1}{2}p_{23}}^{\sqrt{p_F^2-\frac{1}{4}p_{23}^2}} p_r^2 \mathrm{d}p_r \int_{-\beta}^{\beta} \mathrm{d}\cos\theta''\right] \tag{4.5.31}$$

完成对 $\cos\theta''$ 积分后得到

$$\int \mathrm{d}p_{23}\mathrm{d}p_r = \int \mathrm{d}p_{23}\left[2\int_0^{p_F-\frac{1}{2}p_{23}} p_r^2 \mathrm{d}p_r + \frac{2}{p_{23}}\int_{p_F-\frac{1}{2}p_{23}}^{\sqrt{p_F^2-\frac{1}{4}p_{23}^2}} p_r\left(p_F^2 - \frac{1}{4}p_{23}^2 - p_r^2\right)\mathrm{d}p_r\right] \tag{4.5.32}$$

再作出对 p_r 的积分, 得到

$$\int \mathrm{d}p_{23}\mathrm{d}p_r = \frac{1}{6}\int \mathrm{d}p_{23}\left(p_F - \frac{1}{2}p_{23}\right)^2(4p_F + p_{23}) \tag{4.5.33}$$

将其代入式 (4.5.28) 得到的角度因子为

$$A(n, \varepsilon, \Omega) = \frac{1}{6N}\int_{[1,2]} \mathrm{d}p_1\mathrm{d}p_{23}\delta(p - p_1 - p_{23})\left(p_F - \frac{1}{2}p_{23}\right)^2(4p_F + p_{23})\tau(n, \Omega_1) \tag{4.5.34}$$

系统质心坐标系中的 Z 轴沿中子入射方向 k, 其中出射粒子 p 的立体角为 $\Omega = (\theta, \varphi)$. 前面已经定义 p_1 与 p 的夹角为 θ', 如果应用式 (4.5.11) 介绍的方法, 取新的 Z 轴沿 p 的方向, 利用球谐函数的求和公式

$$\mathrm{P}_l(\cos\theta_1) = \mathrm{P}_l(\cos\theta')\mathrm{P}_l(\cos\theta) + 2\sum_{m=1}^l \frac{(l-m)!}{(l+m)!}\mathrm{P}_l^m(\cos\theta')\mathrm{P}_l^m(\cos\theta)\cos m(\varPhi - \phi)$$

与氘核的情形类似, p_1 相对于 p 的分布是旋转对称的, 所以对 Φ 积分后上式的第二项消失. 发射 ^{3}He 和 t 核的角度因子的分波形式为

$$A_l(n,\varepsilon) = \frac{\pi\tau_l(n)}{3N} \int_{[1,1]} p_1^2 \mathrm{d}\boldsymbol{p}_{23}\delta(\boldsymbol{p}-\boldsymbol{p}_1-\boldsymbol{p}_{23})\left(p_\mathrm{F}-\frac{1}{2}p_{23}\right)^2$$
$$\times (4p_\mathrm{F}+p_{23})\mathrm{P}_l(\cos\theta')\mathrm{d}\cos\theta'\mathrm{d}p_1$$

可以利用 δ 函数的性质完成对 $\boldsymbol{p}_{23}$ 的积分. 由于 $\boldsymbol{p}_{23}$ 必须满足条件 $p_{23} \leqslant 2p_\mathrm{F}$, 由图 4.23 的矢量关系可以得到 $\cos\theta'$ 的积分限

$$\gamma \leqslant \cos\theta' \leqslant 1 \tag{4.5.35}$$

其中

$$\gamma \equiv \frac{p^2+p_1^2-4p_\mathrm{F}^2}{2pp_1} \tag{4.5.36}$$

对 $\cos\theta'$ 积分不为 0 的条件为 $\gamma < 1$, 得到

$$(p-p_1)^2 < 4p_\mathrm{F}^2 \quad \text{或} \quad p-2p_\mathrm{F} < p_1 \tag{4.5.37}$$

以下计算中换为无量纲的表示, $x_b = p/p_\mathrm{F}$, $x_1 = p_1/p_\mathrm{F}$, $y = p_{23}/p_\mathrm{F}$, 对 x_1 的积分限为

$$\max\{1, x_b-2\} \leqslant x_1 \leqslant \sqrt{1+E/\varepsilon_\mathrm{F}} \tag{4.5.38}$$

由式 (4.5.28) 得到

$$\cos\theta' = \frac{x_b^2+x_1^2-y^2}{2x_bx_1} \tag{4.5.39}$$

将对 $\cos\theta'$ 的积分换为对 y 的积分

$$\mathrm{d}\cos\theta' = -\frac{y}{x_bx_1}\mathrm{d}y \tag{4.5.40}$$

由式 (4.5.35)~(4.5.37) 可以得到 y 的积分区间是 $(x_b-x_1) \to 2$. 于是得到几何因子的积分表示

$$G_l^b(n,\varepsilon_b) = \frac{1}{x_b}\int_{\max\{1,x_b-2\}}^{\sqrt{1+E/\varepsilon_\mathrm{F}}} x_1\mathrm{d}x_1 \int_{x_b-x_1}^{2} y(2-y)^2(4+y)\mathrm{P}_l\left(\frac{x_b^2+x_1^2-y^2}{2x_bx_1}\right)\mathrm{d}y \tag{4.5.41}$$

因此, ^{3}He 和 t 核出射角度因子的分波展开的归一化表示为

$$A(n,\varepsilon_b,\Omega) = \frac{1}{4\pi}\sum_l (2l+1)\frac{\tau_l(n,\varepsilon_b)G_l(n,\varepsilon_b)}{\tau_0(n,\varepsilon_b)G_0(n,\varepsilon_b)}\mathrm{P}_l(\cos\theta) \tag{4.5.42}$$

其中, b 表示 ^{3}He 或 t 核.

4.5.4　α 粒子预平衡发射的双微分截面

对于 α 粒子, 如前面所述, 在预平衡发射过程中, 在我们所关心的能量区域内主要贡献来自 [1, 3] 组态, 详细推导过程可参阅文献 (Zhang et al., 1988), 即一个在费米海以上的核子拾取三个在费米海下的核子, 形成 α 粒子出射. 出射 α 粒子的角度因子可以表示为

$$A(n, \varepsilon, \Omega) = \frac{1}{N} \int_{[1,3]} \mathrm{d}\boldsymbol{p}_1 \mathrm{d}\boldsymbol{p}_2 \mathrm{d}\boldsymbol{p}_3 \mathrm{d}\boldsymbol{p}_4 \delta(\boldsymbol{p} - \boldsymbol{p}_1 - \boldsymbol{p}_2 - \boldsymbol{p}_3 - \boldsymbol{p}_4) \tau(n, \Omega_1) \quad (4.5.43)$$

上式中各项的意义与式 (4.5.3) 中的相同, 由组态 [1, 3] 可以确定各动量的积分区域为

$$p_{\mathrm{F}} < |\boldsymbol{p}_1| < p_{1\,\mathrm{max}}, \quad |\boldsymbol{p}_i| < p_{\mathrm{F}}, \quad i = 2, 3, 4 \quad (4.5.44)$$

由于单粒子的寿命与发射能量无关. 三个被拾取的费米海中核子的总动量为

$$\boldsymbol{p}_{234} = \boldsymbol{p}_2 + \boldsymbol{p}_3 + \boldsymbol{p}_4 \quad (4.5.45)$$

第三、四两个核子的总动量及它们之间的相对动量为

$$\boldsymbol{p}_{34} = \boldsymbol{p}_3 + \boldsymbol{p}_4, \quad \boldsymbol{p}_r = \frac{1}{2}(\boldsymbol{p}_3 - \boldsymbol{p}_4) \quad (4.5.46)$$

因此有 $\int \mathrm{d}\boldsymbol{p}_3 \mathrm{d}\boldsymbol{p}_4 = \int \mathrm{d}\boldsymbol{p}_{34} \mathrm{d}\boldsymbol{p}_r$, 这时出射 α 粒子的角度因子可以改写为

$$A(n, \varepsilon, \Omega) = \frac{1}{N} \int_{[1,3]} \mathrm{d}\boldsymbol{p}_1 \mathrm{d}\boldsymbol{p}_2 \mathrm{d}\boldsymbol{p}_{34} \mathrm{d}\boldsymbol{p}_r \delta(\boldsymbol{p} - \boldsymbol{p}_1 - \boldsymbol{p}_2 - \boldsymbol{p}_{34}) \tau(n, \Omega_1) \quad (4.5.47)$$

在上面 δ 函数中不显含 $\boldsymbol{p}_r$, 在给定 $\boldsymbol{p}_{34}$ 的条件下, 记 $\boldsymbol{p}_{34}$ 与 $\boldsymbol{p}_r$ 的夹角为 θ', 这个矢量关系如图 4.25 所示.

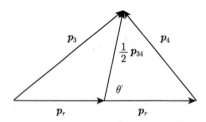

图 4.25　$\boldsymbol{p}_3$, $\boldsymbol{p}_4$ 与 $\boldsymbol{p}_{34}$, $\boldsymbol{p}_r$ 的矢量关系示意图

由于被拾取的粒子是在费米面之下, 满足下面条件

$$p_3 \leqslant p_{\mathrm{F}}, \quad p_4 \leqslant p_{\mathrm{F}}$$

由此可以确定对 $\boldsymbol{p}_r$ 的积分范围, 得到下面的不等式

$$p_{3,4}^2 = \frac{1}{4}p_{34}^2 + p_r^2 \pm p_{34}p_r\cos\theta' \leqslant p_{\mathrm{F}}^2 \tag{4.5.48}$$

记

$$\beta = \frac{p_{\mathrm{F}}^2 - p_{34}^2/4 - p_r^2}{p_{34}p_r} \tag{4.5.49}$$

这时, $\cos\theta'$ 的积分区间为

$$-\beta \leqslant \cos\theta' \leqslant \beta \tag{4.5.50}$$

在式 (4.5.50) 中, 只有当 $\beta > 0$ 时, 该积分区间才存在, 这就给出了 p_r 的一个取值范围是

$$0 \leqslant p_r \leqslant \sqrt{p_{\mathrm{F}}^2 - p_{34}^2/4} \tag{4.5.51}$$

另外, 还要求 $\beta \leqslant 1$. 这个条件给出在给定 p_{34} 时, p_r 的取值范围要满足 $p_{\mathrm{F}} - p_{34}/2 \leqslant p_r$, 与式 (4.5.51) 比较看出, 这个条件是被包含在式 (4.5.51) 之中. 由图 4.25 以及式 (4.5.51) 的条件得到:

当 $0 \leqslant p_r \leqslant p_{\mathrm{F}} - \dfrac{1}{2}p_{34}$ 时, 对 $\cos\theta'$ 的积分要满足 $-1 \leqslant \cos\theta' \leqslant 1$;

当 $p_{\mathrm{F}} - \dfrac{1}{2}p_{34} \leqslant p_r \leqslant \sqrt{p_{\mathrm{F}}^2 - \dfrac{1}{4}p_{34}^2}$ 时, 对 $\cos\theta'$ 的积分要满足 $-\beta \leqslant \cos\theta' \leqslant \beta$.

因此, 可以把积分 $\displaystyle\int \mathrm{d}\boldsymbol{p}_{34}\mathrm{d}\boldsymbol{p}_r$ 的具体形式写出来

$$\int \mathrm{d}\boldsymbol{p}_{34}\mathrm{d}\boldsymbol{p}_r = \int \mathrm{d}\boldsymbol{p}_{34}\left[\int_0^{p_{\mathrm{F}}-\frac{1}{2}p_{34}} p_r^2\mathrm{d}p_r \int_{-1}^1 \mathrm{d}\cos\theta' + \int_{p_{\mathrm{F}}-\frac{1}{2}p_{34}}^{\sqrt{p_{\mathrm{F}}^2-\frac{1}{4}p_{34}^2}} p_r^2\mathrm{d}p_r \int_{-\beta}^{\beta} \mathrm{d}\cos\theta'\right] \tag{4.5.52}$$

完成对 $\cos\theta'$ 的积分后得到

$$\int \mathrm{d}\boldsymbol{p}_{34}\mathrm{d}\boldsymbol{p}_r = \int \mathrm{d}\boldsymbol{p}_{34}\left[2\int_0^{p_{\mathrm{F}}-\frac{1}{2}p_{34}} p_r^2\mathrm{d}p_r + \frac{2}{p_{34}}\int_{p_{\mathrm{F}}-\frac{1}{2}p_{34}}^{\sqrt{p_{\mathrm{F}}^2-\frac{1}{4}p_{34}^2}} p_r\left(p_{\mathrm{F}}^2 - \frac{1}{4}p_{34}^2 - p_r^2\right)\mathrm{d}p_r\right] \tag{4.5.53}$$

下面讨论对 $\boldsymbol{p}_2$ 的积分, 因为 $\boldsymbol{p}_{234} = \boldsymbol{p}_2 + \boldsymbol{p}_{34}$, $\boldsymbol{p}_2$, $\boldsymbol{p}_{34}$ 和 $\boldsymbol{p}_{234}$ 的矢量关系由图 4.26 给出, θ'' 是 $\boldsymbol{p}_{34}$ 和 $\boldsymbol{p}_{234}$ 之间的夹角.

完成对 p_r 的积分后得到

$$\int \mathrm{d}\boldsymbol{p}_{34}\mathrm{d}\boldsymbol{p}_r = \frac{1}{6}\int \mathrm{d}\boldsymbol{p}_{34}\left(p_{\mathrm{F}} - \frac{1}{2}p_{34}\right)^2 (4p_{\mathrm{F}} + p_{34}) \tag{4.5.54}$$

由于第二粒子也是被拾取的核子, 因此要求 $p_2 < p_{\mathrm{F}}$, 由图 4.26 可知

$$p_2^2 = p_{234}^2 + p_{34}^2 - 2p_{234}p_{34}\cos\theta'' \leqslant p_{\mathrm{F}}^2 \tag{4.5.55}$$

记

$$\gamma = \frac{p_{234}^2 + p_{34}^2 - p_{\rm F}^2}{2p_{234}p_{34}} \tag{4.5.56}$$

由于要求 $\gamma < 1$, 由上式得到 $p_{234} - p_{34} \leqslant p_{\rm F}$ 或 $p_{234} - p_{\rm F} \leqslant p_{34}$. 另外也要求 $-1 \leqslant \gamma$ 成立, 于是有

$$p_{\rm F} \leqslant p_{234} + p_{34} \tag{4.5.57}$$

显然这个条件总是成立的, 于是 $-1 \leqslant \gamma$ 这个要求总能被满足. 又知 $p_{34} \leqslant 2p_{\rm F}$, 因而得到 p_{34} 的积分限为

$$p_{234} - p_{\rm F} \leqslant p_{34} \leqslant 2p_{\rm F} \tag{4.5.58}$$

而 $\cos\theta''$ 的积分区间为

$$\gamma \leqslant \cos\theta'' \leqslant 1 \tag{4.5.59}$$

于是可将式 (4.5.54) 中对 p_{34} 的积分具体写出, 为

$$\int {\rm d}p_{34}{\rm d}p_r = \frac{1}{6} \int_{p_{234}-p_{\rm F}}^{2p_{\rm F}} p_{34}^2 {\rm d}p_{34} \int_{\gamma}^{1} {\rm d}\cos\theta'' \left(p_{\rm F} - \frac{1}{2}p_{34}\right)^2 (p_{34} + 4p_{\rm F}) \tag{4.5.60}$$

不难作出对 p_{34} 的解析积分, 虽然有些繁琐. 而对 p_2 的积分可以利用 δ 函数的性质作出来. 记 p_{234} 与 p 轴夹角为 Θ, p_{234}, p_1 与 p 的矢量关系由图 4.27 给出. 其中 θ_1 是 p_1 与中子入射方向 k 的夹角, (θ, φ) 是 p 在以 k 为 Z 轴的质心系中的立体角. 在以 p 为 Z 轴的新坐标系中, (Θ, Φ) 是 p_1 的立体角, (θ, ϕ) 是 k 的立体角 (ϕ 和 φ 是两个不同的方位角). 于是, 新坐标系中, 应用前面介绍的 Legendre 多项式的求和公式 (4.5.11), 与氘核的情形类似, p_1 相对于 p 的分布是旋转对称的, 所以对 Φ 积分后式 (4.5.11) 的第二项消失.

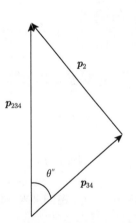 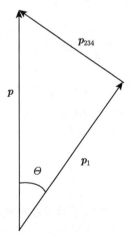

图 4.26 p_2, p_{34} 与 p_{234} 的矢量关系示意图   图 4.27 p_{234}, p_1 与 p 的矢量关系示意图

如同对前面的推导过程那样, 将激子态寿命的分波形式表示代入, 对 $\cos\theta$ 积分后可以得到 α 粒子发射角度因子的分波形式表示. 由条件 $p_{234} \leqslant 3p_F$, 并且由

$$p_{234}^2 = p^2 + p_1^2 - 2pp_1\cos\Theta \leqslant 9p_F^2 \tag{4.5.61}$$

得到 $\cos\Theta$ 的积分区域为

$$\frac{p^2 + p_1^2 - 9p_F^2}{2pp_1} \equiv \eta \leqslant \cos\Theta \leqslant 1 \tag{4.5.62}$$

对 $\cos\Theta$ 的积分不为 0 的条件是 $\eta < 1$, 由式 (4.5.62) 得到 $(p - p_1)^2 < 9p_F^2$, 即 $p - 3p_F < p_1$. 下面采用无量纲表示, 令 $x_\alpha = p/p_F$, 得到 x_1 的积分区域为

$$\max\{1, x_\alpha - 3\} \leqslant x_1 \leqslant \sqrt{1 + E/\varepsilon_F} \tag{4.5.63}$$

令 $y = p_{234}/p_F$, 这时 $\cos\Theta$ 可表示为

$$\cos\Theta = \frac{x_\alpha^2 + x_1^2 - y^2}{2x_\alpha x_1} \tag{4.5.64}$$

可将对 $\cos\Theta$ 的积分换为对 y 的积分

$$\mathrm{d}\cos\Theta = -\frac{y}{x_\alpha x_1}\mathrm{d}y \tag{4.5.65}$$

而 y 的积分限是 $(x_\alpha - x_1) \to 3$. 得到的几何因子为

$$\begin{aligned} G_l^\alpha(n, \varepsilon_\alpha) = &\frac{1}{x_\alpha} \int_{\max\{1, x_\alpha - 3\}}^{\sqrt{1+E/\varepsilon_F}} x_1 \mathrm{d}x_1 \int_{x_\alpha - x_1}^{3} (3-y)^4 \\ &\times (y^3 + 12y^2 + 27y - 6)\mathrm{P}_l\left(\frac{x_\alpha^2 + x_1^2 - y^2}{2x_\alpha x_1}\right)\mathrm{d}y \end{aligned} \tag{4.5.66}$$

最后得到 α 粒子出射的归一化角度因子为

$$A(n, \varepsilon_\alpha, \Omega) = \frac{1}{4\pi}\sum_l (2l+1)\frac{\tau_l(n, \varepsilon_\alpha)G_l(n, \varepsilon_\alpha)}{\tau_0(n, \varepsilon_\alpha)G_0(n, \varepsilon_\alpha)}\mathrm{P}_l(\cos\theta) \tag{4.5.67}$$

低能中子引发轻核反应中出射 α 粒子的双微分截面的实验测量数据比较少, 下面由图 4.28 给出在 $E_n = 14.8\mathrm{MeV}$ 时, $^{56}\mathrm{Fe}(\mathrm{n}, \alpha)$ 的计算结果与实验测量数据的比较 (Zhang,1994b), 实验测量数据取自文献 (Grimes, 1979).

由图 4.28 可以看出, 出射 α 粒子双微分截面的理论计算值与实验测量数据得到较好的符合. 在 $^{56}\mathrm{Fe}(\mathrm{n}, x\alpha)$ 核反应过程中, 除了一次 α 粒子发射外, 在能量为 $E_n = 14.8\mathrm{MeV}$ 时, $(\mathrm{n}, \mathrm{n}\alpha)$ 反应道也开放. 由于预平衡发射的 α 粒子在质心系中具有明显的朝前性, 而二次发射的 α 粒子在质心系中几乎为各向同性. 从上面图中可以看出, 在出射 α 粒子双微分谱的低能区域, 在小角度的谱中会出现一个凹坑, 而在大角度的双微分谱中不出现这个凹坑, 就是上述原因造成的.

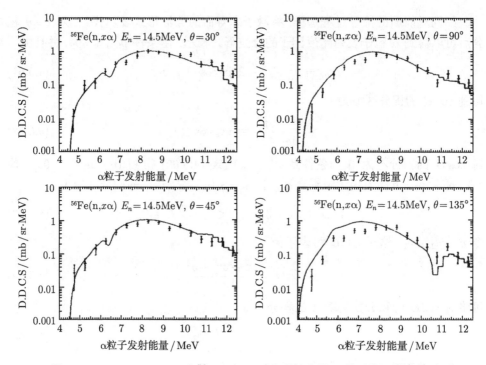

图 4.28　$E_n = 14.8$MeV 时 ^{56}Fe(n, $x\alpha$) 反应中总出射 α 粒子的双微分截面

用同样的理论方法还成功计算了 ^{56}Fe(n, xd) 反应中氘核的双微分截面 (Zhang, 1993c).

4.5.5　^{5}He 预平衡发射的双微分截面

既然已经提出了需要在轻核反应中考虑 ^{5}He 的发射 (Zhang,2004), 因此就要给出描述 ^{5}He 发射的双微分截面公式. ^{5}He 发射双微分截面的理论基本思想与在前面各节中处理其他复杂粒子发射的思想相同. 事实上, 在我们所关心的能量区域内, ^{5}He 发射是出射单核子在发射前从费米海中拾取了四个核子, 相当于拾取一个 α 粒子. 按照前面处理复杂粒子发射双微分截面的基本思想, ^{5}He 预平衡发射的角度因子可以表示为

$$A(n, \varepsilon, \Omega) = \frac{1}{N} \int_{[1m]} \mathrm{d}\boldsymbol{p}_1 \mathrm{d}\boldsymbol{p}_2 \mathrm{d}\boldsymbol{p}_3 \mathrm{d}\boldsymbol{p}_4 \mathrm{d}\boldsymbol{p}_5 \delta(\boldsymbol{p} - \boldsymbol{p}_1 - \boldsymbol{p}_2 - \boldsymbol{p}_3 - \boldsymbol{p}_4 - \boldsymbol{p}_5)\tau(n, \Omega_1) \quad (4.5.68)$$

$\boldsymbol{p}$ 是 ^{5}He 的总动量, 主导核子 1 的预平衡发射具有朝前的空间分布. 因此式 (4.5.68) 表示对于给定的 $\boldsymbol{p}$, 被拾取的四个核子占有的动量空间体积就是 ^{5}He在 $\Omega = (\theta, \varphi)$ 方向单位立体角内的发射概率. 除费米面上的核子 1 外, 费米海中被拾取的四个核子

相当于一个 α 粒子集团, 其内禀相对运动动量用四个核子动量定义为

$$\boldsymbol{p}_{23} = \boldsymbol{p}_2 + \boldsymbol{p}_3, \quad \boldsymbol{p}_r = \frac{1}{2}(\boldsymbol{p}_2 - \boldsymbol{p}_3), \quad \boldsymbol{p}_{45} = \boldsymbol{p}_4 + \boldsymbol{p}_5, \quad \boldsymbol{p}_{r'} = \frac{1}{2}(\boldsymbol{p}_4 - \boldsymbol{p}_5) \quad (4.5.69)$$

被拾取的 α 粒子集团动量为

$$\boldsymbol{p}_\alpha = \boldsymbol{p}_2 + \boldsymbol{p}_3 + \boldsymbol{p}_4 + \boldsymbol{p}_5 = \boldsymbol{p}_{23} + \boldsymbol{p}_{45} \quad (4.5.70)$$

这种动量相加关系由图 4.29 表示.

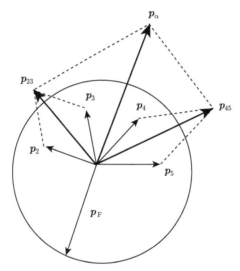

图 4.29　$\boldsymbol{p}_2, \boldsymbol{p}_3, \boldsymbol{p}_4, \boldsymbol{p}_5$ 合成 $\boldsymbol{p}_\alpha$ 的矢量关系示意图

在这种相对动量的关系下, 两组动量积分间的 Jacobian 变换取值为 1, 于是有

$$\mathrm{d}\boldsymbol{p}_2\mathrm{d}\boldsymbol{p}_3\mathrm{d}\boldsymbol{p}_4\mathrm{d}\boldsymbol{p}_5 = \mathrm{d}\boldsymbol{p}_{23}\mathrm{d}\boldsymbol{p}_r\mathrm{d}\boldsymbol{p}_{45}\mathrm{d}\boldsymbol{p}_{r'} \quad (4.5.71)$$

因此, ^{5}He 预平衡发射的角度因子可以改写为

$$A(n, \varepsilon, \Omega) = \frac{1}{N} \int_{[lm]} \mathrm{d}\boldsymbol{p}_1\mathrm{d}\boldsymbol{p}_{23}\mathrm{d}\boldsymbol{p}_r\mathrm{d}\boldsymbol{p}_{45}\mathrm{d}\boldsymbol{p}_{r'} \delta(\boldsymbol{p} - \boldsymbol{p}_1 - \boldsymbol{p}_{23} - \boldsymbol{p}_{45})\tau(n, \Omega_1) \quad (4.5.72)$$

给定 $\boldsymbol{p}$ 和 $\boldsymbol{p}_1$ 后, $\boldsymbol{p}_\alpha$ 也就被确定. 由于 $\boldsymbol{p}_\alpha = \boldsymbol{p}_{23} + \boldsymbol{p}_{45}$, 因此 $\boldsymbol{p}_{23}$ 与 $\boldsymbol{p}_{45}$ 的关系也被确定.

事实上, 可以证明 ^{5}He 总动量 p 满足 $p > 4p_\mathrm{F}$. 利用式 (4.3.21), 可将 $p^2 > 16p_\mathrm{F}^2$ 变为 $10E + 18\varepsilon_\mathrm{F} > 35\hbar\omega$. 在费米气体模型中, 一般取 $\varepsilon_\mathrm{F} \approx 25 \sim 35\mathrm{MeV}$, 而由平均场理论计算出 $\hbar\omega_5 \approx 7.45\mathrm{MeV}$, 因此, 在任何低激发能的情况下 $p > 4p_\mathrm{F}$ 总成立.

另外, p_1 满足的条件为 $p_1^2/2m \leqslant E + \varepsilon_\mathrm{F}$. 当 $E < \varepsilon_\mathrm{F}$ 时, 可得 $p_1 < 2p_\mathrm{F}$, 再利用动量合成关系 $\boldsymbol{p} = \boldsymbol{p}_1 + \boldsymbol{p}_\alpha$, 可知

$$|\boldsymbol{p} - \boldsymbol{p}_1| \equiv p_\alpha > 2p_\mathrm{F} \quad (4.5.73)$$

由于式 (4.5.72) 中的 δ 函数中不显含 $\boldsymbol{p}_2$, $\boldsymbol{p}_3$ 和 $\boldsymbol{p}_r$, 可以先考虑对 $\boldsymbol{p}_{23}$ 和 $\boldsymbol{p}_r$ 的积分. 对于给定的 $\boldsymbol{p}_{23}$, 由于组态 [1, 4] 的全部被拾取核子都在费米海中, 即有 $p_2 \leqslant p_{\mathrm{F}}, p_3 \leqslant p_{\mathrm{F}}$, 由此条件可以确定 $\boldsymbol{p}_r$ 的积分范围, 如图 4.30 所示.

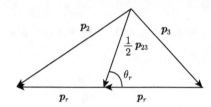

图 4.30　$\boldsymbol{p}_2$, $\boldsymbol{p}_3$ 与 $\boldsymbol{p}_{23}$, $\boldsymbol{p}_r$ 的矢量关系示意图

用 θ_r 表示 $\boldsymbol{p}_{23}$ 与 $\boldsymbol{p}_r$ 的夹角. 由动量合成关系, 可得动量 p_2 和 p_3 满足的条件

$$p_{2,3}^2 = \frac{1}{4}p_{23}^2 + p_r^2 \pm p_{23}p_r \cos\theta_r \leqslant p_{\mathrm{F}}^2 \tag{4.5.74}$$

记

$$\beta = \frac{p_{\mathrm{F}}^2 - \dfrac{1}{4}p_{23}^2 - p_r^2}{p_{23}p_r} \tag{4.5.75}$$

由式 (4.5.74) 可以得到 $\cos\theta_r$ 的积分区间

$$-\beta \leqslant \cos\theta_r \leqslant \beta \tag{4.5.76}$$

该积分区域存在的条件为 $\beta \geqslant 0$, 由此可得 p_r 必须满足条件

$$p_r \leqslant \sqrt{p_{\mathrm{F}}^2 - p_{23}^2/4} \tag{4.5.77}$$

另外由 $\beta \leqslant 1$ 的条件给出

$$p_r \geqslant p_{\mathrm{F}} - p_{23}/2 \tag{4.5.78}$$

反之, 如果 $\beta > 1$, 则 $p_r < p_{\mathrm{F}} - p_{23}/2$, 这时 $\cos\theta_r$ 的积分区间为 $-1 \to 1$, 于是对 $\boldsymbol{p}_r$ 积分可具体写为

$$\int \mathrm{d}\boldsymbol{p}_r = \int_0^{p_{\mathrm{F}} - \frac{1}{2}p_{23}} p_r^2 \mathrm{d}p_r \int_{-1}^1 \mathrm{d}\cos\theta_r \int_0^{2\pi} \mathrm{d}\phi_r$$

$$+ \int_{p_{\mathrm{F}} - \frac{1}{2}p_{23}}^{\sqrt{p_{\mathrm{F}}^2 - \frac{1}{4}p_{23}^2}} p_r^2 \mathrm{d}p_r \int_{-\beta}^\beta \mathrm{d}\cos\theta_r \int_0^{2\pi} \mathrm{d}\phi_r \tag{4.5.79}$$

完成对 p_r 的积分后得到

$$\int \mathrm{d}\boldsymbol{p}_r = \frac{\pi}{12}(16p_{\mathrm{F}}^3 - 12p_{\mathrm{F}}^2 p_{23} + p_{23}^3) \tag{4.5.80}$$

同样地, 由于式 (4.5.72) 中的 δ 函数中也不显含 $\boldsymbol{p}_4$, $\boldsymbol{p}_5$ 和 $\boldsymbol{p}_{r'}$, 可以先考虑对 $\boldsymbol{p}_{45}$ 和对 $\boldsymbol{p}_r'$ 的积分. 以相同的步骤完成对 $\boldsymbol{p}_{r'}$ 的积分, 得到

$$\int \mathrm{d}\boldsymbol{p}_{r'} = \frac{\pi}{12}(16p_{\mathrm{F}}^3 - 12p_{\mathrm{F}}^2 p_{45} + p_{45}^3) \tag{4.5.81}$$

这时 ^{5}He 预平衡发射的角度因子表示变为

$$A(n, \varepsilon, \Omega) = \frac{\pi^2}{144N} \iiint\limits_{[1,4]} \mathrm{d}\boldsymbol{p}_1 \mathrm{d}\boldsymbol{p}_{23} \mathrm{d}\boldsymbol{p}_{45} \delta(\boldsymbol{p} - \boldsymbol{p}_1 - \boldsymbol{p}_{23} - \boldsymbol{p}_{45})$$
$$\times (16p_{\mathrm{F}}^3 - 12p_{\mathrm{F}}^2 p_{23} + p_{23}^3)(16p_{\mathrm{F}}^3 - 12p_{\mathrm{F}}^2 p_{45} + p_{45}^3)\tau(n, \Omega_1) \tag{4.5.82}$$

下面讨论对 $\boldsymbol{p}_{23}$ 的积分. 因为 $\boldsymbol{p}_\alpha = \boldsymbol{p}_{23} + \boldsymbol{p}_{45}$, 如图 4.31 所示, 用 θ'' 表示 $\boldsymbol{p}_\alpha$ 与 $\boldsymbol{p}_{23}$ 的夹角. 由于被拾取的核子都在费米海下, 因此有 $p_{23} \leqslant 2p_{\mathrm{F}}$ 和 $p_{45} \leqslant 2p_{\mathrm{F}}$ 成立, 可以得到

$$p_{45} = \sqrt{p_\alpha^2 + p_{23}^2 - 2p_\alpha p_{23}\cos\theta''} \leqslant 2p_{\mathrm{F}} \tag{4.5.83}$$

于是 $\cos\theta''$ 的积分区间为

$$1 \geqslant \cos\theta'' \geqslant \frac{p_\alpha^2 + p_{23}^2 - 4p_{\mathrm{F}}^2}{2p_\alpha p_{23}} \equiv \gamma \tag{4.5.84}$$

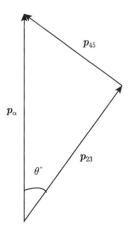

图 4.31 $\boldsymbol{p}_{23}, \boldsymbol{p}_{45}$ 合成 $\boldsymbol{p}_\alpha$ 的矢量关系示意图

可以证明 $\gamma \leqslant -1$ 是不可能的. 因为当 $\gamma \leqslant -1$ 时, 由式 (4.5.84) 得到 $p_\alpha + p_{23} \leqslant 2p_{\mathrm{F}}$. 已知 $p_\alpha > 2p_{\mathrm{F}}$ 永远成立, 所以 $\cos\theta''$ 的积分区域为

$$\gamma \leqslant \cos\theta'' \leqslant 1 \tag{4.5.85}$$

$\cos\theta''$ 有积分域的条件为 $\gamma < 1$, 由此得到 p_{23} 必须满足 $p_{23} > p_\alpha - 2p_F$, 因此, 可以把对 $\boldsymbol{p}_{23}$ 的积分限具体写出为

$$\int \mathrm{d}\boldsymbol{p}_{23} = \int_{p_\alpha - 2p_F}^{2p_F} p_{23}^2 \mathrm{d}p_{23} \int_\gamma^1 \mathrm{d}\cos\theta'' \int_0^{2\pi} \mathrm{d}\varphi \tag{4.5.86}$$

为方便, 引入无量纲表示 $\boldsymbol{x}_b = \boldsymbol{p}/p_F$, $\boldsymbol{x}_1 = \boldsymbol{p}_1/p_F$, $\boldsymbol{x}_{23} = \boldsymbol{p}_{23}/p_F$, $\boldsymbol{x}_{45} = \boldsymbol{p}_{45}/p_F$ 以及 $\boldsymbol{y} = \boldsymbol{p}_\alpha/p_F$ 和 $t = \cos\theta''$. 由于归一化表示中可以忽略常数因子, 角度因子表示为

$$A(n, \varepsilon, \Omega) = \iiint_{[1,4]} \mathrm{d}\boldsymbol{x}_1 \mathrm{d}\boldsymbol{y} \mathrm{d}\boldsymbol{x}_{23} \mathrm{d}\boldsymbol{x}_{45} \delta(\boldsymbol{x}_b - \boldsymbol{x}_1 - \boldsymbol{y}) \delta(\boldsymbol{y} - \boldsymbol{x}_{23} - \boldsymbol{x}_{45})$$
$$\times (16 - 12x_{23} + x_{23}^3)(16 - 12x_{45} + x_{45}^3)\tau(n, \Omega) \tag{4.5.87}$$

在上式中引入一个值为 1 的因子 $\displaystyle\int \mathrm{d}\boldsymbol{y}\delta(\boldsymbol{y} - \boldsymbol{x}_{23} - \boldsymbol{x}_{45})$. 利用式 (4.5.87) 中第二个 δ 函数, 可以把 $\boldsymbol{x}_{45}$ 由 $\boldsymbol{x}_{23}$ 和 $\boldsymbol{y}$ 表示出来, 完成对 t 的积分后得到

$$\frac{1}{5x_{23}y}\{(x_{23} - 2)^2(x_{23} + 4)(2 + x_{23} - y)^3[4 + x_{23}^2 + 6y + y^2 - 2x_{23}(3 + y)]\}$$

再完成式 (4.5.87) 中对 x_{23} 的积分, 角度因子可以表示为

$$A(n, \varepsilon, \Omega) = \iiint_{[1,4]} \mathrm{d}\boldsymbol{x}_1 \mathrm{d}\boldsymbol{y} \delta(\boldsymbol{x}_b - \boldsymbol{x}_1 - \boldsymbol{y}) \frac{Z_b(y)}{6300} \tau(n, \Omega_1) \tag{4.5.88}$$

其中

$$Z_b(y) = (y - 4)^6(-144 + 224y + 156y^2 + 24y^3 + y^4)/y$$

再利用引入的 δ 函数, 可以消去对 $\boldsymbol{y}$ 的积分. 这时变量 y 需要用 $\boldsymbol{x}_b$ 和 $\boldsymbol{x}_1$ 表示出来. 用 Θ 表示 $\boldsymbol{p}$ 与 $\boldsymbol{p}_1$ 之间的夹角, 于是有

$$y = \sqrt{x_b^2 + x_1^2 - 2x_b x_1 \cos\Theta} \leqslant 4 \tag{4.5.89}$$

p_1 为费米面上的粒子, x_1 的积分区域为

$$\max\{1, x_b - 4\} \leqslant x_1 \leqslant \sqrt{1 + E/\varepsilon_F} \tag{4.5.90}$$

在得到 x_1 的积分区域之后, 由式 (4.5.89) 可以得到 $\cos\Theta$ 的积分区域

$$\frac{x_b^2 + x_1^2 - 16}{2x_b x_1} \leqslant \cos\Theta \leqslant 1 \tag{4.5.91}$$

θ_1 是 $\boldsymbol{p}_1$ 与中子入射方向 $\boldsymbol{k}$ 的夹角, (θ, φ) 是 $\boldsymbol{p}$ 在以 $\boldsymbol{k}$ 为 Z 轴的质心系中的立体角. 在以 $\boldsymbol{p}$ 为 Z 轴的新坐标系中, (Θ, Φ) 是 $\boldsymbol{p}_1$ 的立体角, (θ, ϕ) 是 $\boldsymbol{k}$ 的立体角(因

此 ϕ 和 φ 是两个不同的方位角). 于是, 新坐标系中, 应用前面介绍的 Legendre 多项式的求和公式 (4.5.11), 得到在以 $\boldsymbol{p}$ 为 Z 轴的新坐标系中, 对 $\boldsymbol{x}_1\boldsymbol{p}_1/p_f$ 的积分可以代换为 $\mathrm{d}\boldsymbol{x}_1 = x_1^2\mathrm{d}x_1\mathrm{d}\cos\Theta\mathrm{d}\Phi$, 对 Φ 积分后, 得到 ^{5}He 发射的归一化角度因子 Legendre 展开的最终表示, 可以写成

$$A(n,\varepsilon,\Omega) = \frac{1}{4\pi}\sum_l (2l+1)\frac{\tau_l(n)}{\tau_0(n)}\frac{G_l(\varepsilon,n)}{G_0(\varepsilon,n)}\mathrm{P}_l(\cos\theta) \tag{4.5.92}$$

利用式 (4.5.89), 将对 $\cos\Theta$ 的积分变换为对 y 的积分, 即

$$\mathrm{d}\cos\Theta = -y\mathrm{d}y/x_bx_1 \tag{4.5.93}$$

由式 (4.5.89) 和 (4.5.91) 可以得到 y 的积分区间为 $x_b - x_1 \leqslant y \leqslant 4$, 于是, ^{5}He 发射角度因子中的几何因子可以表示为

$$G_l(\varepsilon) = \frac{1}{x_b}\int_{\max\{1,x_b-4\}}^{\sqrt{1+E/\varepsilon_{\mathrm{F}}}} x_1\mathrm{d}x_1 \int_{x_5-x_1}^{4} \mathrm{d}yZ_5(y)\mathrm{P}_l\left(\frac{x_b^2+x_1^2-y^2}{2x_bx_1}\right) \tag{4.5.94}$$

4.5.6 复杂粒子发射双微分截面的综合讨论

上面得到了各种复杂粒子发射的双微分截面理论公式, 由此可以用下面统一的表示给出

$$\frac{\mathrm{d}^2\sigma}{\mathrm{d}\varepsilon\mathrm{d}\Omega} = \sum_n \frac{\mathrm{d}\sigma(n)}{\mathrm{d}\varepsilon}A(n,\varepsilon,\Omega) \tag{4.5.95}$$

其中, 角度因子统一表示为

$$A(n,\varepsilon,\Omega) = \frac{1}{4\pi}\sum_l (2l+1)\frac{G_l(\varepsilon,n)}{G_0(\varepsilon,n)}\frac{\tau_l(n,\varepsilon)}{\tau_0(n,\varepsilon)}\mathrm{P}_l(\cos\theta) \tag{4.5.96}$$

$\tau_l(n,\varepsilon)$ 是由激子模型计算得到的 n 激子态发射单粒子能量为 ε 的 l 分波寿命, 而由出射单粒子拾取费米海中几个核子产生的几何因子一般可表示为

$$G_l^b(\varepsilon_b) = \frac{1}{x_b}\int_{\max\{1,x_b-A_b+1\}}^{\sqrt{1+E/\varepsilon_{\mathrm{F}}}} x_1\mathrm{d}x_1 \int_{x_b-x_1}^{A_b-1} \mathrm{d}yZ_b(y)\mathrm{P}_l(\cos\Theta) \tag{4.5.97}$$

其中, $Z_b(y)$ 因子可统一表示为

$$Z_b(y) = \begin{cases} y & b=\mathrm{d} \\ y(y-2)^2(y+4) & b=\mathrm{t},{}^3\mathrm{He} \\ (y-3)^4\left(y^3+12y^2+27y-6\right) & b=\alpha \\ (y-4)^6(y^4+24y^3+156y^2+224y-144) & b={}^5\mathrm{He} \end{cases} \tag{4.5.98}$$

由于单核子发射角度因子中的几何因子为 1, 由此可见几何因子 $G_l(\varepsilon)$ 是出射的单核子拾取费米面下几个核子导致的复杂粒子发射角度变化的效应.

为了比较不同的复杂粒子在不同发射能量情况下几何因子的数值, 以 n + ^{14}N 为例, 计算了中子入射能量分别在 15MeV, 20MeV 情况下, 由复合核经组态 $[1, m]$ 发射五种复杂粒子 d, t, ^{3}He, α 和 ^{5}He 后剩余核处于基态时, 几何因子随分波数 $l = 1, 2, 3, 4$ 的变化情况.

由于发射粒子后剩余核处于分立能级, 因而复杂粒子的发射能量 ε_b 是一确定值. 这时双微分截面计算可以简化为角分布计算. 费米能量取为 $\varepsilon_F = 30$MeV, 在 n + ^{14}N 反应中的入射中子的结合能为 $B_n = 10.833$MeV, 计算中所用参数由表 4.13 给出.

表 4.13   n + ^{14}N 反应中各种复杂粒子的结合能和谐振子曲率参数   (单位: MeV)

复杂粒子	d	^{3}He	t	α	^{5}He
B_b	16.160	28.199	14.849	10.991	23.339
$\hbar\omega_b$	8.1	11.7	14.4	18.2	7.47

注: 表中 B_b 为结合能, $\hbar\omega_b$ 为谐振子曲率参数.

应用 UNF 程序 (Zhang, 2002) 可以计算与分波寿命有关的因子 $\tau_l(n)/\tau_0(n)$, 用来表征核反应系统的预平衡发射特征. 对于 $n = 3$ 激子态, 中子入射能量分别为 $E_n = 15$MeV, 20MeV, 分波寿命比例因子 $\tau_l(n)/\tau_0(n)$ 的计算结果由表 4.14 给出. 由该表可以看出, 入射中子能量越高, $\tau_{l=1}(n)/\tau_0(n)$ 越大, 表明单粒子发射的朝前性越强.

表 4.14   n + ^{14}N 反应的 $\tau_l(n = 3)/\tau_0(n = 3)$ 计算结果

E_n	$l = 1$	$l = 2$	$l = 3$	$l = 4$
15	0.5110	0.1266	0.0517	0.0583
20	0.5297	0.1338	0.0322	0.0374

由式 (4.5.97) 和 (4.5.98) 可以计算各种复杂粒子的几何因子中 l 分波与 $l = 0$ 分波的比值 $G_l(\varepsilon_b)/G_0(\varepsilon_b)$, 其结果由表 4.15 给出, 表中 $p/A_b p_F$ 表示在复杂粒子中每个核子的平均动量与费米动量的比值.

由于复杂粒子发射中包含了从费米海中拾取的核子, 而费米海中核子的运动是各向同性的, 由表 4.15 可以看出, 所有几何因子都小于 1, 这就使得复杂粒子发射的朝前性减弱. 同样表明, 出射的复杂粒子发射朝前性的强弱主要取决于复杂粒子集团中每个核子的平均动量 $p/(A_b p_F)$ 值的大小, $p/(A_b p_F)$ 值越大, 朝前性会越强, 当然还取决于复杂粒子角度因子中 $Z_b(y)$ 的形式. 表 4.15 给出的计算结果表明了这个事实, 氘核的 $p/(A_b p_F)$ 值最大, 朝前性最强; α 粒子的 $p/(A_b p_F)$ 值最小, 朝前性最弱. 由于 ^{5}He 发射的结合能比 α 粒子的结合能要大, 谐振子势阱的曲率明显比 α 集团的小, 因而 ^{5}He 发射的观测能量比较大, 使得 ^{5}He 核中每个核子动量要比 α 集团的大, 因而 ^{5}He 发射的朝前性要比发射 α 集团的大.

表 4.15 $\quad$ n $+$ ^{14}N 反应的 $G_l(\varepsilon_b)/G_0(\varepsilon_b)$ 计算结果

E_n/MeV	b	$p/(A_b p_{\mathrm{F}})$	$l=1$	$l=2$	$l=3$	$l=4$
15	d	1.137	0.9917	0.9753	0.9511	0.9194
	^{3}He	1.043	0.9796	0.9397	0.8825	0.8106
	t	1.007	0.9688	0.9089	0.8247	0.7225
	α	0.914	0.9432	0.8380	0.6994	0.5457
	^{5}He	0.992	0.9748	0.9261	0.8572	0.7724
20	d	1.167	0.9925	0.9775	0.9554	0.9266
	^{3}He	1.063	0.9810	0.9439	0.8904	0.8230
	t	1.027	0.9711	0.9155	0.8369	0.7409
	α	0.929	0.9471	0.8485	0.7175	0.5703
	^{5}He	1.002	0.9758	0.9291	0.8627	0.7809

另一方面, 对于每种复杂粒子, 出射能量越低, 朝前性就越弱, 这是由于在预平衡发射过程中拾取费米海下的出射单粒子发射的朝前性小所致.

以上是复杂粒子出射的双微分截面的理论公式研究结果, 是建立在预平衡核反应的拾取机制之上, 以及满足动量守恒这一物理因素的基础上得到的理论公式表示. 目前在低能核反应中, 复杂粒子出射的双微分截面的实验测量数据公开发布的非常少, 这对进一步细致深入地进行理论研究也造成一定的局限性. 需要说明的是, 由于复杂粒子都是带电粒子, 从实用角度来看, 由于库仑相互作用, 对复杂粒子的双微分截面数据的需求远不如像对出射中子那样敏感.

参 考 文 献

丁大钊, 叶春堂, 赵志详, 等. 2005. 中子物理学 —— 原理, 方法与应用. 北京: 原子能出版社.

朗道, 栗佛席兹. 1964. 统计物理学. 杨训恺, 等, 译. 北京: 人民教育出版社.

王竹溪, 郭敦仁. 1965. 特殊函数论. 北京: 科学出版社.

Baba M, et al. 1985. Scattering of 14.2 MeV Neutron from B-10,B11, C,N,O F and Si. Conf. Nuclear Data for Basic and Applied Science, Santa Fe 1: 223.

Clendenning N K. 1983. Direct Nuclear Reactions. New York: Academic Press, 45.

Duan J F, Yan L Y, Zhang J S. 2004. Pre-formation probability of ^{5}He cluster in pre-equilibrium mechanism. Commun. Theor. Phys., 42: 587-593.

Grimes S M. 1979. Measurements of double-differential cross sections of emitted charged particles in neutron induced reactions at 14.8 MeV. Phys. Rev. C,19: 217.

Fu C Y. 1988. Approximation of pre-equilibrium effect in Hauser-Feshbach codes for calcu-
    lating double-differential (n,xn) cross sections. Nucl. Sci. Eng., 100: 61-78.

Iwamoto A, Harada K. 1982. Mechanism of cluster emission in nucleon-induced pre-equilibri-
    um reactions. Phys. Rev. C, 26: 1821.

Kalbach C. 1987. Systematics of Continuum Distributions: Extensions to Higher Energies.
    LA-UR-87-4139.

Newton J O, et al. 2004. Phys. Rev. C,70: 024605.

Satchler G R. 1983. Direct Nuclrar Reaction. Oxford: Clareendon Press, 264.

Satchler G R. 1964. The distorted-waves theory of nuclrar reaction with spin-orbit effects.
    Nucl.Phy., 55:1

Sato K, Iwamoto A, Harada K. 1983. Pre-equilibruim emission of light composite particle
    in framework of the exciton model. Phys. Rev. C, 28: 1527.

Turk M, Antolkovic B. 1984. Multiparticle break-up of ^{10}B induced by fast neutrons. Nucl.
    Phys. A, 431: 381-392.

Wang J M, Duan J F, Yang Y L, et al. 2006. ^{5}He emission in neutron –induced ^{10}B reactions.
    Commun. Theor. Phys., 46: 527-532.

Wolschin G. 1982. Equilibration in dissipative nuclear collision. Phys. Rev. Lett., 48: 1004.

Yan Y L, Duan J F, Zhang J S, et al. 2005. Double-differential cross section of ^{5}He emission.
    Commun. Theor. Phys., 43: 298-304.

Young P G, Arthur E D, Chadwick M B. 1996. Comprehensive Nuclear Model Calculation:
    Theory and Use of GHASH Code. LA-UR-96-3739.

Zhang J S, Wolschin G. 1983. Occupation of the reduced occcupation-number equation for
    fermion system. Z. Phys. A, 311: 177.

Zhang J S, Wen Y Q, Wang S N, et al. 1988. Formation and emission of light particles
    in fast neutron induced reaction—a united compound pre-equilibrium model. Commun.
    Theor. Phys., 10: 33-44.

Zhang J S. 1990. The angular distribution of light particle projectile based on a semi-classical
    model. Commun. Theor. Phys., 14: 41-52.

Zhang J S, Yan S W, Wang C L. 1993a. The pick-up mechanism in composite particle
    emission processes. Z. Phys. A, 344: 251-258.

Zhang J S. 1993b. A unified Hauser-Feshbach and exciton model for calculating double-
    differential cross sections of neutron induced reactions below 20 MeV. Nucl. Sci. Eng.,
    114: 55-64.

Zhang J S. 1993c. A theoretical calculation of double-differential cross sections of deuteron emissions. Commun. Theor. Phys, 15: 347-351.

Zhang J S. 1994a. A method for calculating double-differential cross sections of alpha-particle emissions. Nucl. Sci. Eng., 116: 35-41.

Zhang J S. 1994b. Improvement of computation on neutron induced Helium gas production. Proc. Int. Conf. Nuclear Data for Science and Technology, Gatlinburg, Tennessee, 2: 932.

Zhang J S, Zhou S J. 1996. E-dependent pre-formation probability of composite particles. Chin. J. of Nucl. Phys., 18: 28.

Zhang J S. 2002. UNF code for fast neutron reaction data calculations. Nucl. Sci. Eng., 142: 207.

Zhang J S. 2004. Possibility of ^{5}He emission in neutron induced reactions. Science in China G, 47: 137-145.

Zhang J S, Wang J M, Duan J F. 2007. Exciton dependent preformation probability of composite particles. Commun. Theor. Phys., 48: 33-44.

第5章 轻核反应的运动学

5.1 引 言

由于在核反应过程中, 必须遵守能量、角动量和宇称守恒定律. 因此, 核反应运动学也是至关重要的内容. 以前已经推导出了从连续能级发射二次粒子后, 其剩余核分别处于连续能级及分立能级的运动学公式 (Zhang, 2000a, 2002a), 并已应用到中子引发结构材料核的全套数据的计算程序中 (Zhang, 2002a), 从而保证了双微分截面数据的能量平衡. 在低能中子入射情况下 (如 $E_n \leqslant 20 \text{MeV}$) 的轻核反应过程中, 第一粒子都是从复合核发射粒子到剩余核的分立能级过程, 后续过程都是分立能级之间的次级粒子发射过程, 在这种反应途径下, 轻核反应中不用考虑连续能级, 也不需要能级密度这一类物理量. 为此需要建立适用于轻核反应的特征, 包括有序粒子发射和无序粒子发射的反应过程的运动学, 因此轻核反应运动学是具有独特特征的运动学公式. 这个运动学公式是建立轻核双微分截面文档不可或缺的主要要素之一.

为了完善运动学内容在高能中子入射时若需要用能级密度表示末态的状态, 这时运动学公式会用新方式来表示. 在这种情况下, 都是由 γ 退激来结束核反应过程.

由于轻核的质量轻, 在轻核反应中发射粒子的反冲效应很强, 需要严格考虑发射各种粒子状态下的运动学. 这不仅可以准确地给出发射粒子能谱的形状与位置, 还可以保证整个核反应过程的能量平衡.

以有序发射 N 个粒子的情况为例, 所谓能量平衡是指, 所有出射粒子和剩余核在实验室系中所携带能量 E_N^l 以及 γ 退激能量 E_γ 之和与入射中子能量 E_n 之间满足如下关系

$$\sum_{i=1}^N \varepsilon_i^l + E_N^l + E_\gamma = E_n + Q \tag{5.1.1}$$

这里, Q 是这个反应道的阈能.

正如第 1 章所介绍的那样, 轻核反应过程的形态非常复杂, 其中包括了分立能级之间多个粒子的有序发射过程, 发射多粒子后剩余核的两体崩裂过程、三体崩裂过程, 以及直接三体崩裂过程等. 由于不同粒子发射顺序产生的粒子能谱彼此之间差异很大, 发射粒子的总谱是由几十个甚至上百个出射粒子发射分谱组成. 这些分谱的位置和形状需要由保证能量守恒的核反应运动学给出. 因此, 为了能够准确地给出每一个出射粒子分谱的截面值以及分谱的位置和形状, 不仅需要考虑轻核反应

的动力学过程, 而且还需严格地考虑核反应的运动学, 以再现双微分截面实验测量数据, 轻核反应的运动学起着至关重要的作用.

正确地描述出射粒子的双微分截面, 可以为分析核反应过程提供更详细的信息. 研究表明, 虽然各种形态的出射粒子运动状态彼此差异很大, 除了一次粒子发射和直接三体崩裂核反应是一次核反应过程外, 还有多次粒子发射的过程. 尽管看起来十分复杂, 但是, 对其进行分析和归纳后, 发现无论什么复杂形态的多粒子发射过程都可以归入下面四类:

(1) 从分立能级到分立能级的发射过程, 记为 $(D \text{ to } D)$;

(2) 从连续谱到分立能级的发射过程, 记为 $(C \text{ to } D)$;

(3) 从分立能级到连续谱的发射过程, 记为 $(D \text{ to } C)$;

(4) 从连续谱到连续谱的发射过程, 记为 $(C \text{ to } C)$.

在末态的能量为确定值的情况, 前两个发射过程多用于多粒子的有序发射过程, 而在末态的能量为连续谱的情况, 后两个发射过程主要用于剩余核的多体崩裂过程, 因为多体崩裂过程的末态粒子发射谱是连续的. 另外, 对于较重的 1p 壳轻核, 由于分立能级非常多, 在能级纲图中一些较高激发态的能级中存在未确定的角动量和宇称, 因此可以用能级密度的方式来描述, 这时发射粒子的剩余核是处于连续态.

下面先对一次粒子发射和直接三体崩裂过程给出其运动学公式. 然后, 在保证能量平衡的条件下, 再对上述四种类型的核反应过程给出多粒子发射的运动学公式. 双微分截面都是来自于多粒子发射过程. 事实上, 对于各种类型的核反应过程, 由运动学推导双微分截面公式的思路都比较简明, 但是具体推导过程却是很繁杂的. 在本书中所有双微分截面都采用了 Legendre 多项式展开的方式.

由统计物理学的原理得知, 任何可观测物理量都是对分布函数的平均值. 因此, 在下面所有的公式推导过程中, 有关平均携带能量等物理量都是对已知的角分布和双微分截面的平均值, 与坐标系的选择无关. 实际应用表明, 现在对质心系的角分布和双微分截面的平均值是最方便的途径, 因为在质心系中粒子发射是 4π 分布的, 无出射角度限制.

本章主要考虑中子入射能量小于 30MeV 时有关的运动学公式. 当中子入射能量更高时, 还可能出现更多粒子发射的核反应过程. 但是, 只要掌握了本章的方法和要领, 沿着下面给出的运动学公式的推导方法和思路, 对于任何轻核反应过程都能得到满足能量平衡的双微分截面公式. 另外, 对于较重的轻核可以应用能级密度来代替分立能级来近似描述发射粒子过程的末态, 在这种情况下的满足能量平衡的 Legendre 系数的公式也在本章中给出.

首先要给出粒子发射双微分截面在不同坐标系之间的关系. 下面需要用到三种坐标系, 其一是发射粒子后随剩余核运动的坐标系, 这在质心系中是处于运动状态,称之为剩余核运动系 (RNS). 由于次级粒子都是从剩余核发射出去的, 与剩余核运动系有关的物理量用上标 " r " 标明. 其二是质心系 (CMS), 理论计算一般都在质心系中进行, 与质心系有关的物理量用上标 " c " 标明. 最后, 由于所有实验测量都是在实验室系中进行的, 为了将理论计算值与实验测量结果做比较并给出能量平衡关系, 还需要第三种坐标系, 即实验室坐标系 (LS). 与实验室系有关的能量、角度等物理量用上标 " l " 标明. 显然, 对于第一次粒子发射, 质心系与剩余核运动系是等价的.

粒子发射双微分截面在三种坐标系中的表示有着确定的转换关系. 实际上, 对于同一个粒子发射过程, 它们在不同坐标系中双微分截面应该有下面的关系存在

$$\frac{\mathrm{d}^2\sigma}{\mathrm{d}\varepsilon^r\mathrm{d}\Omega^r}\mathrm{d}\varepsilon^r\mathrm{d}\Omega^r = \frac{\mathrm{d}^2\sigma}{\mathrm{d}\varepsilon^c\mathrm{d}\Omega^c}\mathrm{d}\varepsilon^c\mathrm{d}\Omega^c = \frac{\mathrm{d}^2\sigma}{\mathrm{d}\varepsilon^l\mathrm{d}\Omega^l}\mathrm{d}\varepsilon^l\mathrm{d}\Omega^l \tag{5.1.2}$$

式 (5.1.2) 表示双微分截面在各个坐标系中对能量、角度积分后应该得到同一个反应概率. 在不同坐标系中, 角度与能量之间有确定的关系存在, 它被称之为雅可比 (Jacobian) 变换关系. 这个关系式可以通过两个坐标系中的能量、角度关系得到, 例如在质心系与实验室系之间用球坐标分别写出这些关系, 然后具体计算各种偏微分量. 实验室系速度 v^l 和质心系速度 v^c 与角度的关系如图 5.1 所示.

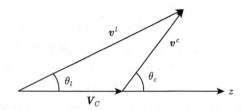

图 5.1   实验室系速度 v^l 和质心系速度 v^c 的关系示意图

下面给出本章中所用的物理量的含义.

M_T: 靶核质量数 (A); M_C: 复合核质量数 $(A+1)$; E_n: 在实验室系中的中子入射能量;

m_n: 中子的质量数 $(m_\mathrm{n} = 1)$; B_n: 中子在复合核中的结合能; E^*: 复合核激发能;

B_1 和 B_2 分别表示发射第一个粒子和第二个粒子的结合能;

m_1 和 M_1 分别表示发射第一个粒子的质量数和剩余核的质量数;

m_2 和 M_2 分别表示发射第二个粒子的质量数和剩余核的质量数;

ε_1 (或 ε_{m_1}) 和 E_1 (或 E_{M_1}) 分别表示发射第一个粒子的能量和剩余核的能量;

ε_2 (或 ε_{m_2}) 和 E_2 (或 E_{M_2}) 分别表示发射第二个粒子的能量和剩余核的能量;

$f_l(\varepsilon^c)$, $f_l(E^c)$ 分别表示在质心系中第一个发射粒子和其剩余核 l 分波的 Legendre 系数.

由爱因斯坦的质能关系得知, 在核反应的过程中质量是不守恒的, 反应前后存在着质量亏损, 而质量亏损虽然对于核的质量而言是一个很小的量, 但这绝不意味着核反应中质量保持守恒. 但是核反应中质量数和电荷数是守恒的. 因此, 在以下的运动学公式推导中都用质量数来代替核质量数, 即核反应前后质量数满足 $m_1 + M_1 = M_C = m_n + M_T$ 的关系. 但是, 在下面所有公式中质量数 A 的实际含义是 $A = A m_{nucl}$, 其中 m_{nucl} 是核子质量, 不过这个核子质量会在等式中相消, 下面不再一一阐明.

由式 (1.1.1) 已经给出复合核在实验室系中的运动速度 $\boldsymbol{V}_C$. 下面各节中在得到质心系的双微分截面表示后, 在实验室系中的能量需要利用速度合成关系来计算, 另外有时还需要上面的逆向变换, 即

$$\varepsilon^l = \frac{m v^{l^2}}{2} = \frac{m}{2}(\boldsymbol{V}_C + \boldsymbol{v}^c)^2 \quad \text{以及} \quad \varepsilon^c = \frac{m v^{c^2}}{2} = \frac{m}{2}(\boldsymbol{v}^c - \boldsymbol{V}_C)^2 \tag{5.1.3}$$

式 (5.1.3) 中不仅含有质心运动能量和质心系中发射粒子的能量, 还含有依赖在质心系中的运动速度 $\boldsymbol{v}^c$ 和质心运动速度 $\boldsymbol{V}_C$ 之间夹角有关的相干项. 从下面的公式推导中可以看到, 这个相干项对能量平衡起到很重要的作用. 为了方便, 下面记

$$\mu^c \equiv \cos\theta^c \quad \text{以及} \quad \mu^l \equiv \cos\theta^l \tag{5.1.4}$$

由余弦定理得知, 实验室系的能量 ε^l 与质心系的能量 ε^c 和角度 μ^c 有以下关系

$$\varepsilon^l = \varepsilon^c + 2\beta\sqrt{\varepsilon^c}\mu^c + \beta^2 \tag{5.1.5}$$

两种坐标系中速度在粒子入射方向投影的关系为

$$v^l \mu^l = V_C + v^c \mu^c \tag{5.1.6}$$

进而得到实验室系与质心系中角度余弦之间的关系

$$\mu^l = \frac{\sqrt{\varepsilon^c}\mu^c + \beta}{\sqrt{\varepsilon^c + 2\beta\sqrt{\varepsilon^c}\mu^c + \beta^2}} = \frac{\sqrt{\varepsilon^c}\mu^c + \beta}{\sqrt{\varepsilon^l}} \tag{5.1.7}$$

其中, β 是与出射粒子能量无关的参数

$$\beta \equiv \frac{\sqrt{m_n m_b E_n}}{M_C} \tag{5.1.8}$$

m_n, m_b 和 M_C 分别为入射中子、出射粒子和复合核的质量数, E_n 为实验室系中入射中子的能量.

由图 5.1 的速度合成还可以由实验室系的能量 ε^l 和角度余弦 μ^l 得到质心系的能量 ε^c 和角度 μ^c.

$$\varepsilon^c(\varepsilon^l, \mu^l) = \varepsilon^l - 2\beta\sqrt{\varepsilon^l}\mu^l + \beta^2 \tag{5.1.9}$$

和

$$\mu^c(\varepsilon^l, \mu^l) = \frac{\sqrt{\varepsilon^l}\mu^l - \beta}{\sqrt{\varepsilon^c}} \tag{5.1.10}$$

通过 Jacobian 行列式可得到实验室系与质心系之间能量和立体角的关系, 利用式 (5.1.5) 和 (5.1.7) 可以得到 Jacobian 行列式中的导数值 (见附录 2)

$$\mathrm{d}\varepsilon^l \mathrm{d}\varOmega^l = \begin{vmatrix} \dfrac{\mathrm{d}\varepsilon^l}{\mathrm{d}\varepsilon^c} & \dfrac{\mathrm{d}\varepsilon^l}{\mathrm{d}\cos\theta^c} \\ \dfrac{\mathrm{d}\cos\theta^l}{\mathrm{d}\varepsilon^c} & \dfrac{\mathrm{d}\cos\theta^l}{\mathrm{d}\cos\theta^c} \end{vmatrix} \mathrm{d}\varepsilon^c \mathrm{d}\varOmega^c = \sqrt{\frac{\varepsilon^c}{\varepsilon^l}}\mathrm{d}\varepsilon^c \mathrm{d}\varOmega^c \tag{5.1.11}$$

由此就可得到实验室系与质心系中的双微分截面之间的关系

$$\frac{\mathrm{d}^2\sigma}{\mathrm{d}\varepsilon^l \mathrm{d}\varOmega^l} = \sqrt{\frac{\varepsilon^l}{\varepsilon^c}}\frac{\mathrm{d}^2\sigma}{\mathrm{d}\varepsilon^c \mathrm{d}\varOmega^c} \tag{5.1.12}$$

同样可以得到质心系与剩余核运动系之间的 Jacobian 变换关系 (见附录 2)

$$\mathrm{d}\varepsilon^c \mathrm{d}\varOmega^c = \sqrt{\frac{\varepsilon^r}{\varepsilon^c}}\mathrm{d}\varepsilon^r \mathrm{d}\varOmega^r \tag{5.1.13}$$

从而也可以得到质心系与剩余核运动系中的双微分截面之间的关系

$$\frac{\mathrm{d}^2\sigma}{\mathrm{d}\varepsilon^c \mathrm{d}\varOmega^c} = \sqrt{\frac{\varepsilon^c}{\varepsilon^r}}\frac{\mathrm{d}^2\sigma}{\mathrm{d}\varepsilon^r \mathrm{d}\varOmega^r} \tag{5.1.14}$$

在理论计算中, 双微分截面通常用下面形式的 Legendre 多项式展开方式给出

$$\frac{\mathrm{d}^2\sigma}{\mathrm{d}\varepsilon \mathrm{d}\varOmega} = \frac{1}{4\pi}\sum_l (2l+1)f_l(\varepsilon)\mathrm{P}_l(\mu) \tag{5.1.15}$$

其中, $f_l(\varepsilon)$ 是在质心系中的 Legendre 展开系数, $\mathrm{P}_l(\mu)$ 是 Legendre 多项式, $f_0(\varepsilon)$ 是归一化的能谱, 归一化条件要求

$$\int_{\varepsilon_{\min}}^{\varepsilon_{\max}} f_0(\varepsilon)\mathrm{d}\varepsilon = 1 \tag{5.1.16}$$

我们将在 5.2 节和 5.3 节给出核反应一次过程的运动学公式, 它包含一次粒子发射和直接多体崩裂过程, 后者属于非有序的粒子发射过程. 在后面的四节中将给出上述四类多次粒子发射过程的运动学公式. 核反应运动学与粒子发射是平衡态或预平衡态无关.

目前核医学和核辐射防护在不断地发展之中, 并伴随着有关的核数据提出更加精细的需求. 由于动物和人体组织中含有大量的碳、氧、氮等元素, 它们都属于轻核, 所以轻核的核反应数据在核医学中也有重要应用价值. 在中子治癌的核医学应用中, 需要知道中子与这些轻核反应的截面及核反应过程中所释放的能量, 以保证治疗过程的剂量安全. 另外, 核反应堆中能量的沉积对燃料元件、结构材料的安全和寿命也都有重要影响. 因此, 在本章后面将对核反应中与各类粒子能量释放有关的 Kerma 系数作简介.

5.2 一次粒子发射过程

当中子轰击靶核形成复合核之后, 可以通过预平衡机制和平衡态机制发射各种粒子, 也包括发射 γ 光子的退激过程. 对于低能轻核反应, 复合核发射粒子后剩余核处于分立能级, 因此一次粒子发射有简单的表示. 一次粒子发射的能量和剩余核能量在质心系中的关系如图 5.2 所示.

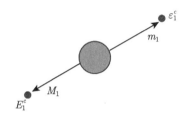

图 5.2 质心系中一次粒子发射能量 ε_1^c 和剩余核能量 E_1^c 的关系示意图

对于一次粒子发射过程分下面两种情况讨论.

(1) 如果一次粒子发射后剩余核处在第 k_1 分立能级, 考虑到剩余核的反冲效应以及发射粒子在母核中的结合能, 以及在质心系中总动量为 0 等因素, 在质心系中质量数为 m_1 的一次粒子发射和质量数为 M_1 的剩余核的反冲动能具有下面给出的确定能量

$$\varepsilon_1^c = \frac{M_1}{M_{\mathrm{C}}}(E^* - B_1 - E_{k_1}), \quad E_1^c = \frac{m_1}{M_{\mathrm{C}}}(E^* - B_1 - E_{k_1}) \tag{5.2.1}$$

一次发射粒子在质心系中的归一化角分布在标准形式下表示为

$$\frac{\mathrm{d}\sigma}{\mathrm{d}\Omega^c} = \sum_l \frac{2l+1}{4\pi} f_l^c(m_1) \mathrm{P}_l(\mu^c) \tag{5.2.2}$$

利用速度合成关系, 以及非相对论中能量与速度的关系, $\boldsymbol{V}_{\mathrm{C}}$ 是由式 (1.1.1) 给出的质心运动速度, 可以得到从实验室系中一次粒子发射能量对出射角的平均结果为

$$\bar{\varepsilon}_1^l = \int \frac{1}{2} m_1 (\boldsymbol{V}_{\mathrm{C}} + \boldsymbol{v}_c)^2 \frac{\mathrm{d}\sigma}{\mathrm{d}\Omega^c} \mathrm{d}\Omega^c = \frac{m_1 m_{\mathrm{n}} E_{\mathrm{n}}}{M_{\mathrm{C}}^2} + \varepsilon_1^c + 2\frac{\sqrt{m_1 m_{\mathrm{n}} E_{\mathrm{n}} \varepsilon_1^c}}{M_{\mathrm{C}}} f_1^c(m_1) \tag{5.2.3}$$

实验室系中一次粒子发射后剩余核能量对出射角的平均结果为

$$\overline{E}_1^l = \frac{M_1 m_{\mathrm{n}} E_{\mathrm{n}}}{M_{\mathrm{C}}^2} + E_1^c - 2\frac{M_1}{M_{\mathrm{C}}}\sqrt{\frac{m_{\mathrm{n}} E_{\mathrm{n}} E_1^c}{M_1}} f_1^c(m_1) \tag{5.2.4}$$

再由质心系中的动量守恒和式 (5.2.1) 得到反冲能量与粒子发射能量之间的关系

$$E_1^c = \frac{m_1}{M_1}\varepsilon_1^c \tag{5.2.5}$$

将式 (5.2.5) 代入式 (5.2.4) 后得到

$$\overline{E}_1^l = \frac{M_1 m_n E_n}{M_C^2} + \frac{m_1}{M_1}\varepsilon_1^c - 2\frac{\sqrt{m_1 m_n E_n \varepsilon_1^c}}{M_C}f_1^c(m_1) \tag{5.2.6}$$

利用式 (5.2.1) 得到一次发射粒子的能量与剩余核能量之和是

$$\bar{\varepsilon}_1^l + \overline{E}_1^l = \frac{m_n E_n}{M_C} + \varepsilon_1^c + E_1^c = \frac{m_n E_n}{M_C} + E^* - B_1 - E_{k_1} \tag{5.2.7}$$

其中, 在式 (5.2.6) 与 (5.2.3) 中的 $f_1^c(m_1)$ 项恰好相消.

如果在一次粒子发射后, 剩余核的 k_1 分立能级是以 γ 退激过程来结束反应, 则 γ 射线带走的能量就是 $E_\gamma = E_{k_1}$. 应用式 (1.1.3) 给出的激发能公式, 再由式 (5.2.7) 就得到在实验室系中所有粒子发射能量的总和为

$$\bar{\varepsilon}_1^l + \overline{E}_1^l + E_{k_1} = E_n + B_n - B_1 = E_n + Q_1 \tag{5.2.8}$$

其中

$$Q_1 \equiv B_n - B_1 \tag{5.2.9}$$

是一次粒子发射核反应过程的 Q 值. 于是严格证明了在实验室系中的能量平衡.

上述公式适用于非弹性散射 (n, n′), 以及 (n, p), (n, α), (n, d), (n, t) 等核反应一次粒子发射过程, 它们都是发射一个粒子后, 剩余核的分立能级通过发射 γ 光子退激的方式来结束核反应过程. 这里需要指出的是, 在质心系中预平衡阶段发射的粒子具有朝前性. 例如, 对于 ⁶Li(n, t)α 反应, 其中 t 的质量较轻, 但结合得松散, 均方根半径比 α 粒子的大, 而 α 粒子质量较大, 但结合得紧密, 那么在质心系中, 究竟谁是发射粒子, 谁是剩余核, 在理论上难以判断清楚. 但是, 实验测量表明, 在质心系中仍然是 t 的发射具有朝前性. 因此, 在以后所有的反应道中, 总是将质量小的粒子作为发射粒子, 而质量大的核作为剩余核, 除非两个核质量完全相同.

(2) 对于一次粒子发射到剩余核的连续态, 需要用双微分截面形式给出. 在质心系中双微分截面的 Legendre 多项式展开的归一化标准表示为

$$\frac{d^2\sigma}{d\varepsilon_{m_1}^c d\Omega_{m_1}^c} = \sum_l \frac{2l+1}{4\pi}f_l(\varepsilon_{m_1}^c)P_l(\cos\theta_{m_1}^c) \tag{5.2.10}$$

其中, $P_l(\cos\theta_1^c)$ 为 Legendre 多项式, $f_0(\varepsilon_1^c)$ 是归一化能谱. 而剩余反冲核双微分截面则为

$$\frac{d^2\sigma}{dE_{M_1}^c d\Omega_{M_1}^c} = \sum_l \frac{2l+1}{4\pi}f_l(E_{M_1}^c)P_l(\cos\theta_{M_1}^c) \tag{5.2.11}$$

剩余核的 Legendre 多项式与发射粒子 Legendre 多项式之间的关系为

$$f_l(E^c_{M_1}) = \frac{M_1}{m_1} f_l(\varepsilon^c_{m_1}) \tag{5.2.12}$$

在质心系中有 $\cos\theta^c_{M_1} = -\cos\theta^c_{m_1}$, 利用 Legendre 多项式的性质

$$\mathrm{P}_l(\cos\theta^c_{M_1}) = (-1)^l \mathrm{P}_l(\cos^c_{m_1}) \tag{5.2.13}$$

利用式 (5.2.3) 所用的方法, 在实验室系中发射粒子携带能量为

$$\bar\varepsilon^l_{m_1} = \iint \varepsilon^l_1 \frac{\mathrm{d}^2\sigma}{\mathrm{d}\varepsilon^c_1 \mathrm{d}\Omega^c_1} \mathrm{d}\varepsilon^c_1 \mathrm{d}\Omega^c_1$$

$$= \iint \frac{1}{2} m_1 (\boldsymbol{V}_\mathrm{C} + \boldsymbol{v}_c)^2 \sum_l \frac{2l+1}{2} f_l(\varepsilon^c_1) \mathrm{P}_l(\cos\theta^c_1) \mathrm{d}\varepsilon^c_1 \mathrm{d}\cos\theta^c_1$$

利用 Legendre 多项式的正交性得到

$$\bar\varepsilon^l_{m_1} = \frac{m_1 m_\mathrm{n} E_\mathrm{n}}{M^2_\mathrm{C}} + \int_{\varepsilon^c_{m_1,\mathrm{min}}}^{\varepsilon^c_{m_1,\mathrm{max}}} f_0(\varepsilon^c_{m_1}) \varepsilon^c_{m_1} \mathrm{d}\varepsilon^c_{m_1}$$

$$+ 2 \frac{\sqrt{m_1 m_\mathrm{n} E_\mathrm{n}}}{M_\mathrm{C}} \int_{\varepsilon^c_{m_1,\mathrm{min}}}^{\varepsilon^c_{m_1,\mathrm{max}}} \sqrt{\varepsilon^c_{m_1}} f^c_1(\varepsilon^c_{m_1}) \mathrm{d}\varepsilon^c_{m_1} \tag{5.2.14}$$

利用式 (5.2.4) 的表示, 在实验室系中剩余反冲核携带能量为

$$\overline{E}^l_{M_1} = \frac{M_1 m_\mathrm{n} E_\mathrm{n}}{M^2_\mathrm{C}} + \int_{E^c_{M_1,\mathrm{min}}}^{E^c_{M_1,\mathrm{max}}} f_0(E^c_{M_1}) E^c_{M_1} \mathrm{d}E^c_{M_1}$$

$$- 2 \frac{\sqrt{M_1 m_\mathrm{n} E_\mathrm{n}}}{M_\mathrm{C}} \int_{E^c_{M_1,\mathrm{min}}}^{E^c_{M_1,\mathrm{max}}} \sqrt{E^c_{M_1}} f^c_1(E^c_{M_1}) \mathrm{d}E^c_{M_1} \tag{5.2.15}$$

由式 (5.2.13) 和 (5.2.5) 给出的能量关系, 式 (5.2.15) 可约化为

$$\overline{E}^l_{M_1} = \frac{M_1 m_\mathrm{n} E_\mathrm{n}}{M^2_\mathrm{C}} + \frac{m_1}{M_1} \int_{\varepsilon^c_{m_1,\mathrm{min}}}^{\varepsilon^c_{m_1,\mathrm{max}}} f_0(\varepsilon^c_{m_1}) \varepsilon^c_{m_1} \mathrm{d}\varepsilon^c_{m_1}$$

$$- 2 \frac{\sqrt{m_1 m_\mathrm{n} E_\mathrm{n}}}{M_\mathrm{C}} \int_{\varepsilon^c_{m_1,\mathrm{min}}}^{\varepsilon^c_{m_1,\mathrm{max}}} \sqrt{\varepsilon^c_{m_1}} f^c_1(\varepsilon^c_{m_1}) \mathrm{d}\varepsilon^c_{m_1} \tag{5.2.16}$$

因此, 在实验室系中, 发射粒子和剩余核携带能量之和为

$$\bar\varepsilon^l_{m_1} + \overline{E}^l_{M_1} = \frac{m_\mathrm{n} E_\mathrm{n}}{M_\mathrm{C}} + \left(1 + \frac{m_1}{M_1}\right) \int_{\varepsilon^c_{m_1,\mathrm{min}}}^{\varepsilon^c_{m_1,\mathrm{max}}} f_0(\varepsilon^c_{m_1}) \varepsilon^c_{m_1} \mathrm{d}\varepsilon^c_{m_1} \tag{5.2.17}$$

由此得到剩余核激发能, 即提供 γ 退激的能量为

$$E_\gamma = E_n + Q - \bar{\varepsilon}^l_{m_1} - \overline{E}^l_{M_1} = E^* - B_1 - \left(1 + \frac{m_1}{M_1}\right) \int_{\varepsilon^c_{m_1,\min}}^{\varepsilon^c_{m_1,\max}} f_0(\varepsilon^c_{m_1}) \varepsilon^c_{m_1} \mathrm{d}\varepsilon^c_{m_1} \quad (5.2.18)$$

其中, $Q = B_n - B_1$, B_1 是发射第一粒子在复合核中的结合能. 显然, 式 (5.2.18) 就是连续态发射 m_1 粒子后的剩余激发能, 这种物理图像是合理的.

对于连续态的非弹性散射过程, 带电粒子仅是剩余核, 其能量由式 (5.2.16) 给出. 下面以 $n + {}^{56}Fe$ 为例, 给出由 UNF 程序计算连续态的非弹性散射的能量平衡状况, 其内容见表 5.1. 由表 5.1 的结果看出, γ 退激能量是主要项, 中子入射能量越低, γ 退激能量占的百分比越大; 其次是中子携带能量, 剩余核携带能量相对小, 能量平衡 DIFF% 均达到万分之一.

表 5.1　$n + {}^{56}Fe$ 连续态的非弹性散射中中子、剩余核, 以及 γ 退激能量平衡状况

E_n/MeV	E_{av}/MeV	DIFF%	E_{sum}/MeV	n/MeV	${}^{56}Fe$/MeV	γ/MeV
5.00	4.91	0.02	4.91	0.112	0.0021	4.80
5.50	5.40	0.02	5.40	0.383	0.0070	5.01
6.00	5.89	0.02	5.89	0.646	0.0119	5.24
6.50	6.38	0.02	6.39	0.891	0.0163	5.48
7.00	6.88	0.02	6.88	1.11	0.0203	5.74
7.50	7.37	0.02	7.37	1.33	0.0242	6.01
8.00	7.86	0.02	7.86	1.52	0.0274	6.32
8.50	8.35	0.02	8.35	1.69	0.0304	6.63
9.00	8.84	0.02	8.84	1.84	0.0331	6.96
9.50	9.33	0.02	9.33	1.99	0.0357	7.31
10.00	9.82	0.02	9.82	2.13	0.0380	7.66
1.10	1.08	0.02	10.8	2.36	0.0424	8.41
12.0	1.18	0.02	11.8	2.65	0.0481	9.09
13.0	1.28	0.02	12.8	3.18	0.0569	9.53
14.0	1.38	0.02	13.8	3.92	0.0720	9.76
15.0	1.47	0.02	14.7	4.84	0.0863	9.81
16.2	1.60	0.02	16.0	6.03	0.107	9.82
17.0	1.67	0.02	16.7	6.77	0.120	9.81
18.0	1.77	0.02	17.7	7.80	0.140	9.74
19.0	1.87	0.02	18.7	8.89	0.161	9.61
20.0	1.96	0.02	19.6	9.93	0.179·	9.54

注: 其中, $E_{av} = AE_n/(A+1) + Q$ 是在质心系中理论上总的释放能量, E_{sum} 是计算得到的总的释放能量, DIFF $\% \equiv 100 \times (E_{sum} - E_{av})/E_{av}$ 是计算能量差别的百分比, 后两列分别为中子和 γ 以及剩余核携带的量.

对于连续态的带电粒子发射过程, 带电粒子和剩余核的能量分别由式 (5.2.14) 和 (5.2.15) 给出, 从能量平衡的关系式 (5.1.1) 可表示为总释放能量中扣除中子和 γ

退激的能量, 即

$$\bar{\varepsilon}_{m_1}^l + \overline{E}_{M_1}^l = E_{\rm n} + Q - E_\gamma = \frac{m_{\rm n}E_{\rm n}}{M_{\rm C}} + \left(1 + \frac{m_1}{M_1}\right)\int_{\varepsilon_{m_1,\min}^c}^{\varepsilon_{m_1,\max}^c} f_0(\varepsilon_{m_1}^c)\varepsilon_{m_1}^c {\rm d}\varepsilon_{m_1}^c \quad (5.2.19)$$

在实验室系的平均携带能量表示中, 都含有分波系数 $f_1(\varepsilon_{m_1}^c)$, 核反应动力学给出的预平衡发射 ($f_1(\varepsilon_{m_1}^c) > 0$) 可以影响能量释放分配. 当 $f_1(\varepsilon_{m_1}^c)$ 越大时, 前冲越强, 因而 $\bar{\varepsilon}_{m_1}^l$ 越大, 表示发射粒子带走能量越多. 另外, 余核反冲与质心运动速度抵消, 带走能量最小. 而能谱 $f_0(\varepsilon_{m_1}^c)$ 的形状可影响到粒子, 剩余核与 γ 发射能量之间的分配, 粒子发射谱越硬, 粒子带走能量越多, 而反冲余核和 γ 退激能量越小. 但是对于平衡态理论, 无论是各向同性近似还是 Hauser-Feshbach 理论的 $90°$ 对称的发射角分布中, $l = 1$ 分波的 Legendre 展开分布均为 0, 仅能谱形状影响各类粒子发射的能量分配.

5.3 直接多体崩裂过程

首先讨论直接三体崩裂过程. 一些轻核在中子诱导的核反应中会存在直接三体崩裂过程. 记 $E_{\rm av}$ 表示三体崩裂反应过程中在质心系中三个粒子释放的总能量与直接三体崩裂过程的 Q 值之间的关系:

$$E_{\rm av} = \frac{M_{\rm T}}{M_{\rm C}}E_{\rm n} + Q \quad (5.3.1)$$

三体崩裂的 Q 值是由入射道的质量 (即中子质量与靶核质量之和) 与出射道的质量 (即三体崩裂粒子的质量和) 之差给出.

例如,

$${\rm n} + {}^6{\rm Li} \to {}^7{\rm Li}^* \to {\rm n} + {\rm d} + \alpha, \quad Q = -1.476{\rm MeV}, \quad E_{\rm th} = 1.722{\rm MeV}$$

$${\rm n} + {}^9{\rm Be} \to {}^{10}{\rm Be}^* \to {\rm n} + {\rm n} + {}^8{\rm Be}, \quad Q = -1.666{\rm MeV}, \quad E_{\rm th} = 1.85{\rm MeV}$$

$${\rm n} + {}^{16}{\rm O} \to {}^{17}{\rm O}^* \to {\rm n} + \alpha + {}^{12}{\rm C}, \quad Q = -7.162{\rm MeV}, \quad E_{\rm th} = 7.6096{\rm MeV} \quad (5.3.2)$$

由于 $Q < 0$, 这就意味着上述直接三体崩裂过程是有阈反应, 必须要有足够高的激发能, 即必须满足 $E_{\rm av} > 0$ 时才能发生, 由此可以得到上述直接三体崩裂反应的阈能 $E_{\rm th}$. 轻核反应中存在的三体崩裂过程是典型的粒子非有序发射行为, 是轻核反应与中重核反应的重要区别之一.

Ohlson 在1965年首先对三体崩裂过程的运动学进行了理论研究(Ohlson,1965). 如果记三个崩裂粒子的质量数分别为 m_a, m_b, m_c, 它们满足的质量数关系为

$$m_a + m_b + m_c = M_{\rm C} \quad (5.3.3)$$

1982 年 Fuchs 通过对不可观测变量的积分解释了 Ohlson 的推导 (Fuchs,1982), 后来 Meijer 和 Kamermens 又用 ^{3}He 作为入射粒子, 研究了三体崩裂过程 (Meijer et al.,1985). 对于三体运动而言, 有 9 个自由度. 但是, 由于动量守恒和能量守恒, 加入了四个限制条件, 使得独立的自由度减少到 5 个. 三体崩裂的能量守恒关系式为

$$\varepsilon_a + \varepsilon_b + \varepsilon_c = E_{\mathrm{av}} \qquad (5.3.4)$$

在质心系中, 动量守恒条件为

$$\boldsymbol{p}_a + \boldsymbol{p}_b + \boldsymbol{p}_c = 0 \qquad (5.3.5)$$

这个动量关系式由图 5.3 给出.

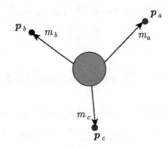

图 5.3   三体崩裂过程中动量 $\boldsymbol{p}_a$, $\boldsymbol{p}_b$, $\boldsymbol{p}_c$ 的示意图

因此, 在三微分谱的理论公式中, 仅有 5 个独立的自由度, 而其他 4 个自由度可以由这 5 个独立的自由度确定. 在我们的研究中选 a 粒子的 3 个自由度 $(\theta_a, \varphi_a, \varepsilon_a)$, 和 b 粒子的两个自由度 (θ_b, φ_b) 为独立变量. 从动量守恒条件得到

$$\boldsymbol{p}_c = -\boldsymbol{p}_a - \boldsymbol{p}_b \qquad (5.3.6)$$

因此 c 粒子的能量可以由 a 和 b 粒子的能量来表示, 若 a 和 b 粒子之间夹角为 θ_{ab}, 则有下面等式成立

$$\varepsilon_c = \frac{p_c^2}{2m_c} = \frac{(\boldsymbol{p}_a + \boldsymbol{p}_b)^2}{2m_c} = \frac{p_a^2 + p_b^2 + 2p_a p_b \cos\theta_{ab}}{2m_c} \qquad (5.3.7)$$

用能量替换动量, 上式被改写为

$$\varepsilon_c = \frac{m_a \varepsilon_a}{m_c} + \frac{m_b \varepsilon_b}{m_c} + \frac{2}{m_c}\sqrt{m_a m_b \varepsilon_a \varepsilon_b}\cos\theta_{ab} \qquad (5.3.8)$$

另外, 由能量守恒关系式可以得到

$$\varepsilon_c = E_{\mathrm{av}} - \varepsilon_a - \varepsilon_b \qquad (5.3.9)$$

由此得到如下方程给出的能量 ε_b 与 ε_a 的关系

$$\frac{1}{m_c}\left[\varepsilon_a(m_a+m_c)+\varepsilon_b(m_b+m_c)+2\sqrt{m_am_b\varepsilon_a\varepsilon_b}\cos\theta_{ab}\right]=E_{\mathrm{av}} \tag{5.3.10}$$

在直接三体崩裂过程中, 三个出射粒子都是连续能谱. 因为三个粒子中总可能有一个粒子在质心系处于静止状态, 而其他两个粒子分别向相反方向飞行, 并满足动量和能量守恒. 所以直接三体崩裂的出射粒子能量的最小值一定为 0. 而一个出射粒子能量的最大值应该出现在该粒子向一定方向飞行, 而另外两个粒子同时向相反方向飞行的情况下. 以 a 粒子为例, 这时动量守恒要求

$$p_a=p_b+p_c \tag{5.3.11}$$

这意味着在方程 (5.3.10) 中 $\theta_{ab}=\pi$, 这时方程 (5.3.10) 变为

$$\left[\varepsilon_a(m_a+m_c)+\varepsilon_b(m_b+m_c)-2\sqrt{m_am_b\varepsilon_a\varepsilon_b}\right]=m_cE_{\mathrm{av}} \tag{5.3.12}$$

对 ε_b 求一次导数得到 $m_b+m_c-\sqrt{m_am_b\varepsilon_a/\varepsilon_b}=0$, 解出

$$\varepsilon_b=\frac{m_am_b}{(m_b+m_c)^2}\varepsilon_a \tag{5.3.13}$$

将式 (5.3.13) 代入式 (5.3.12), 从而求得 a 粒子出射能量 ε_a 的最大值为

$$\varepsilon_{a,\max}=\frac{m_b+m_c}{M_{\mathrm{C}}}E_{\mathrm{av}} \tag{5.3.14}$$

同理得到 b 粒子和 c 粒子出射能量的最大值分别为

$$\varepsilon_{b,\max}=\frac{m_a+m_c}{M_{\mathrm{C}}}E_{\mathrm{av}},\quad \varepsilon_{c,\max}=\frac{m_a+m_b}{M_{\mathrm{C}}}E_{\mathrm{av}} \tag{5.3.15}$$

直接三体崩裂过程中, $i=a,b,c$ 的能量的最大值的一般表示为

$$\varepsilon_{i,\max}=\frac{M_{\mathrm{C}}-m_i}{M_{\mathrm{C}}}E_{\mathrm{av}} \tag{5.3.16}$$

在直接三体崩裂中粒子的三微分截面谱可用 Ohlson 理论公式表示为 (Ohlson, 1965)

$$\frac{\mathrm{d}^3\sigma}{\mathrm{d}\varepsilon_a\mathrm{d}\Omega_a\mathrm{d}\Omega_b}=\frac{2\pi}{\hbar}\frac{\mu_{\mathrm{in}}}{P_{\mathrm{in}}}|T_{ij}|^2\rho_a(\varepsilon_a) \tag{5.3.17}$$

其中, $\rho_a(\varepsilon_a)$ 是末态密度

$$\rho_a(\varepsilon_a)=\frac{m_am_bm_cp_ap_b}{(2\pi\hbar)^6\left[(m_b+m_c)+\dfrac{m_b(\boldsymbol{p}_a-\boldsymbol{P})\cdot\boldsymbol{p}_b}{p_b^2}\right]} \tag{5.3.18}$$

其中, μ_{in} 是入射道的约化质量数, P_{in} 是入射道的动量, $\boldsymbol{P}$ 是系统总动量, 在质心系中为 0. 三体过程的跃迁矩阵元 $|T_{ij}|$ 是与入射能有关的物理量, 如果将 $|T_{ij}|$ 在

三体崩裂过程中当成常数, 上述三微分谱就是以 a 粒子的能量 ε_a、角度 Ω_a 以及 b 粒子角度 Ω_b 的纯粹统计谱, 这被称为相空间理论.

　　由于在我们的研究中只关心三体崩裂过程中每个出射粒子的双微分谱, 不关心粒子发射之间的关联, 因此将上述三微分谱对 b 粒子的角度积分, 得到 a 粒子的双微分谱

$$\frac{\mathrm{d}^2\sigma}{\mathrm{d}\varepsilon_a\mathrm{d}\Omega_a} = \int \frac{\mathrm{d}^3\sigma}{\mathrm{d}\varepsilon_a\mathrm{d}\Omega_a\mathrm{d}\Omega_b}\mathrm{d}\Omega_b \tag{5.3.19}$$

由 a 粒子和 b 粒子的能量关系可以得到 b 粒子的双微分谱

$$\frac{\mathrm{d}^2\sigma}{\mathrm{d}\varepsilon_b\mathrm{d}\Omega_b} = \int \frac{\mathrm{d}^3\sigma}{\mathrm{d}\varepsilon_a\mathrm{d}\Omega_a\mathrm{d}\Omega_b}\left|\frac{\mathrm{d}\varepsilon_a}{\mathrm{d}\varepsilon_b}\right|\mathrm{d}\Omega_a \tag{5.3.20}$$

在 Ohlson 公式基础上, 当不考虑粒子发射关联时, 仅对一个出射粒子而言, 直接三体崩裂的粒子谱在质心系中是各向同性的, 粒子 $i = a, b, c$ 的归一化双微分截面可以简单地表示为

$$\frac{\mathrm{d}^2\sigma}{\mathrm{d}\varepsilon_i\mathrm{d}\Omega_i} = \frac{S(\varepsilon_i)}{4\pi} \tag{5.3.21}$$

其归一化能谱的表示为 (Ohlson, 1965)

$$S(\varepsilon_i) = \frac{8}{\pi\varepsilon_{i,\max}^2}\sqrt{\varepsilon_i(\varepsilon_{i,\max} - \varepsilon_i)}, \quad i = a, b, c \tag{5.3.22}$$

下面对这个谱的归一性进行验证. 将对 ε_a 的积分变为对 x 的积分, 于是对能谱 $S(\varepsilon_a)$ 的积分便可表示为 B 函数 (王竹溪等, 1965), B 函数的定义以及与 Γ 函数的关系为

$$B(a, b) \equiv \int_0^1 x^{a-1}(1-x)^{b-1}\mathrm{d}x = \frac{\Gamma(a)\Gamma(b)}{\Gamma(a+b)} \tag{5.3.23}$$

Γ 函数具有下面性质

$$\Gamma(1+a) = a\Gamma(a) \quad \text{以及} \quad \Gamma\left(\frac{1}{2}\right) = \sqrt{\pi} \tag{5.3.24}$$

当 $a = n$ 为整数时, 则有

$$\Gamma(1+n) = n! \quad \text{以及} \quad \Gamma(1) = 1 \tag{5.3.25}$$

利用式 (5.3.23) 和 (5.3.24), 验证了能谱 (5.3.22) 的积分结果的归一性.

$$\int_0^{\varepsilon_{a,\max}} S(\varepsilon_a)\mathrm{d}\varepsilon_a = \frac{8}{\pi}\int_0^1 \sqrt{x}\sqrt{(1-x)}\mathrm{d}x = \frac{8}{\pi}B\left(\frac{3}{2}, \frac{3}{2}\right) = \frac{8}{\pi}\frac{\Gamma\left(\frac{3}{2}\right)\Gamma\left(\frac{3}{2}\right)}{\Gamma(3)} = 1$$

图 5.4 给出了直接三体崩裂的能谱曲线. 其中 $x = \varepsilon_a/\varepsilon_{a,\max}$.

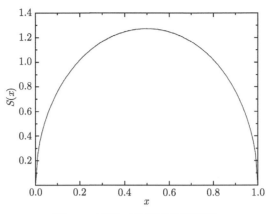

图 5.4 直接三体崩裂的能谱图

这时, i 粒子在质心系中携带的能量为

$$\bar{\varepsilon}_i^c = \int_0^{\varepsilon_{i,\max}} \varepsilon_i S(\varepsilon_i) \mathrm{d}\varepsilon_i = \frac{1}{2}\varepsilon_{i,\max} \tag{5.3.26}$$

因此, 由式 (5.3.16) 可以得到三个崩裂粒子在质心系中携带的总能量为

$$\bar{\varepsilon}_a^c + \bar{\varepsilon}_b^c + \bar{\varepsilon}_c^c = \frac{1}{2}(\varepsilon_{a,\max} + \varepsilon_{b,\max} + \varepsilon_{c,\max}) = E_{\mathrm{av}} \tag{5.3.27}$$

满足质心系中的能量平衡条件. 下面还需要证明在实验室系中能量平衡条件也要成立. 实验室系中每个出射粒子的速度应该是它在质心系中的速度与质心运动速度的矢量和 (图 5.2). 于是, 在实验室系中得到直接三体崩裂过程中第 i 个出射粒子的能量为

$$\bar{\varepsilon}_i^l = \frac{1}{2}m_i \int (\boldsymbol{v}_i^c + \boldsymbol{V}_{\mathrm{C}})^2 \frac{\mathrm{d}^2\sigma}{\mathrm{d}\varepsilon_i \mathrm{d}\Omega_i} \mathrm{d}\varepsilon_i \mathrm{d}\Omega_i, \quad i = 1, 2, 3 \tag{5.3.28}$$

由于直接三体崩裂的粒子能谱在质心系中是各向同性的, 因此对角度部分积分后约化为

$$\bar{\varepsilon}_i^l = \int_0^{\varepsilon_{a,\max}^c} \left(\varepsilon_i + \frac{m_i m_{\mathrm{n}} E_{\mathrm{n}}}{M_{\mathrm{C}}^2}\right) S(\varepsilon_i) \mathrm{d}\varepsilon_i = \bar{\varepsilon}_i^c + \frac{m_i m_{\mathrm{n}} E_{\mathrm{n}}}{M_{\mathrm{C}}^2} \tag{5.3.29}$$

在实验室系中三个崩裂粒子的能量之和满足能量平衡关系式 (5.1.1)

$$\sum_{i=a,b,c} \bar{\varepsilon}_i^l = E_{\mathrm{av}} + \frac{m_{\mathrm{n}} E_{\mathrm{n}}}{M_{\mathrm{C}}} = \frac{M_{\mathrm{T}} E_{\mathrm{n}}}{M_{\mathrm{C}}} + Q + \frac{m_{\mathrm{n}} E_{\mathrm{n}}}{M_{\mathrm{C}}} = E_{\mathrm{n}} + Q \tag{5.3.30}$$

至此, 实验室系中的能量平衡也得到了严格证明.

由于在质心系中直接三体崩裂的崩裂粒子谱全是各向同性的, 因此可以简单地给出在实验室系的崩裂粒子谱. 这时在实验室系中, 直接三体崩裂出射粒子的双微

分截面可以表示为

$$\frac{\mathrm{d}^2\sigma}{\mathrm{d}\varepsilon^l\mathrm{d}\varOmega^l} = \sqrt{\frac{\varepsilon^l}{\varepsilon^c}}\frac{S(\varepsilon^c)}{4\pi} = \frac{2}{\pi^2(\varepsilon_{\max}^c)^2}\sqrt{\varepsilon^l(\varepsilon_{\max}^c - \varepsilon^c)} \tag{5.3.31}$$

例如, 在 $E_{\mathrm{n}} = 14\mathrm{MeV}$ 时, 由表 5.2 给出复合核 $^7\mathrm{Li}^*$, $^{10}\mathrm{Be}^*$ 和 $^{17}\mathrm{C}^*$ 的三体崩裂粒子的能量范围.

表 5.2　在 $E_{\mathrm{n}} = 14\mathrm{MeV}$ 时, 直接三体崩裂出射粒子的能量范围

$^7\mathrm{Li}^* \to \mathrm{n}+\mathrm{d}+\alpha$	$^{10}\mathrm{Be}^* \to \mathrm{n} + \mathrm{n} + {}^8\mathrm{Be}$	$^{17}\mathrm{O}^* \to \mathrm{n} +\alpha+ {}^{12}\mathrm{C}$
$E_{\mathrm{av}} = 11.982\mathrm{MeV}$	$E_{\mathrm{av}} = 12.60\mathrm{MeV}$	$E_{\mathrm{av}} = 13.1765\mathrm{MeV}$
$\varepsilon(\mathrm{n})=0\sim10.270\mathrm{MeV}$	$\varepsilon(\mathrm{n})=0\sim11.34\mathrm{MeV}$	$\varepsilon(\mathrm{n})=0\sim12.401\mathrm{MeV}$
$\varepsilon(\mathrm{d})=0\sim8.559\mathrm{MeV}$	$\varepsilon({}^8\mathrm{Be})= 0\sim2.25\mathrm{MeV}$	$\varepsilon(\alpha)=0\sim10.076\mathrm{MeV}$
$\varepsilon(\alpha)=0\sim5.135\mathrm{MeV}$		$\varepsilon({}^{12}\mathrm{C})=0\sim3.875\mathrm{MeV}$

由能量关系式 (5.1.9) 给出 ε^c 由 ε^l 和 μ^l 的表示, 由此得到以实验室系的能量 ε^l 和角度 θ^l 为自变量的双微分截面 (5.3.31) 的显示表示

$$\frac{\mathrm{d}^2\sigma}{\mathrm{d}\varepsilon^l\mathrm{d}\varOmega^l} = \frac{2}{\pi^2(\varepsilon_{\max}^c)^2}\sqrt{\varepsilon^l(\varepsilon_{\max}^c - \varepsilon^l + 2\beta\sqrt{\varepsilon^l}\mu^l - \beta^2)} \tag{5.3.32}$$

很显然, 在上式中的根号内数值必须大于等于 0, 这样, 在实验室系中确定的角度 θ^l 给出对出射粒子能量 ε^l 的限制, 以保证根号内的值大于 0. 这个值满足的方程可以改写为

$$\varepsilon^l - 2\beta\sqrt{\varepsilon^l}\mu^l - \varepsilon_{\max}^c + \beta^2 \leqslant 0 \tag{5.3.33}$$

解出 $\sqrt{\varepsilon^l}$ 对应的一元二次方程的根

$$\sqrt{\varepsilon_0^l} = \beta\mu^l \pm \sqrt{\varepsilon_{\max}^c - \beta^2\left(1 - (\mu^l)^2\right)} \tag{5.3.34}$$

得到在 $\varepsilon_{\max}^c \geqslant \beta^2$ 的情况下, 实验室系的出射能量范围满足

$$0 \leqslant \sqrt{\varepsilon^l} \leqslant \beta\mu^l + \sqrt{\varepsilon_{\max}^c - \beta^2\left(1 - (\mu^l)^2\right)} \tag{5.3.35}$$

这时对 θ^l 没有角度限制, 即 $-1 \leqslant \mu^l \leqslant 1$. 对一定角度 θ^l 出射能量 ε^l 的最大值为

$$\varepsilon_{\max}^l = \varepsilon_{\max}^c + \beta^2\cos 2\theta^l + 2\beta\mu^l\sqrt{\varepsilon_{\max}^c - \beta^2\left(1 - (\mu^l)^2\right)} \tag{5.3.36}$$

因此, 式 (5.3.36) 中右边的后两项之和的正负值确定了在实验室系中出射粒子的能量大于或小于质心系中的能量最大值. 显然, 在 $\theta^l = 0$ 和 $\theta^l = \pi$ 时给出在实验室系中出射粒子的能量最大值分别为

$$\varepsilon_{\max}^l = \left(\sqrt{\varepsilon_{\max}^c} + \beta\right)^2 > \varepsilon_{\max}^c \quad \text{和} \quad \varepsilon_{\max}^l = \left(\sqrt{\varepsilon_{\max}^c} - \beta\right)^2 < \varepsilon_{\max}^c \tag{5.3.37}$$

当 $\varepsilon_{\max}^c \leqslant \beta^2$ 的条件成立时, 在实验室系中存在角度限制. 由式 (5.3.36) 根号中大于 0 的条件给出在实验室系中 μ^l 的最小值为

$$\mu_{\min}^l = \frac{\sqrt{\beta^2 - \varepsilon_{\max}^c}}{\beta} \geqslant 0 \tag{5.3.38}$$

更多体的直接崩裂过程的能谱公式已经给出 (张本爱等, 1987). 对于 N 体崩裂过程, 在质心系中的能谱一般表示为

$$S_N(\varepsilon_i) = C_N \sqrt{\varepsilon_i}(\varepsilon_{i,\max} - \varepsilon_i)^{\frac{3N}{2}-4}, \quad i = 1, 2, \cdots, N \tag{5.3.39}$$

其中, ε_i 是质心系中的崩裂粒子能量, C_N 是归一化系数, 由式 (5.3.23) 得到满足的关系为

$$\int_0^{\varepsilon_{i,\max}} S_N(\varepsilon_i)\mathrm{d}\varepsilon_i = C_N(\varepsilon_{i,\max})^{(3N-5)/2} B\left(\frac{3}{2}, \frac{3N}{2} - 3\right) = 1 \tag{5.3.40}$$

由式 (5.3.23), 这里的 B 函数 (王竹溪等, 1965) 可用 Γ 函数表示为

$$B\left(\frac{3}{2}, \frac{3N}{2} - 3\right) = \frac{\Gamma\left(\frac{3}{2}\right)\Gamma\left(\frac{3N}{2} - 3\right)}{\Gamma\left(\frac{3(N-1)}{2}\right)} \tag{5.3.41}$$

利用式 (5.3.24) 和 (5.3.39) 得到归一化系数

$$C_N = \frac{\Gamma\left(\frac{3(N-1)}{2}\right)}{\Gamma\left(\frac{3}{2}\right)\Gamma\left(\frac{3N}{2} - 3\right)(\varepsilon_{i,\max})^{(3N-5)/2}} \tag{5.3.42}$$

由式 (5.3.41) 得到 $N = 3, 4, 5$ 的系数分别为

$$C_3 = \frac{8}{\pi(\varepsilon_{i,\max})^2}, \quad C_4 = \frac{105}{16(\varepsilon_{i,\max})^{7/2}}, \quad C_5 = \frac{256}{7\pi(\varepsilon_{i,\max})^5} \tag{5.3.43}$$

$\varepsilon_{i,\max}$ 是质心系中的崩裂粒子的最大能量.

$$\varepsilon_{i,\max} = \frac{M_{\mathrm{C}} - m_i}{M_{\mathrm{C}}}\left(\frac{M_{\mathrm{T}}}{M_{\mathrm{C}}}E_{\mathrm{n}} + Q\right) = \frac{M_{\mathrm{C}} - m_i}{M_{\mathrm{C}}}E_{\mathrm{av}}, \quad i = 1, 2, \cdots, N \tag{5.3.44}$$

这里, M_{C} 是 N 体崩裂母和的质量数. 这时 i 粒子在质心系中携带的能量为

$$\bar{\varepsilon}_i^c = \int_0^{\varepsilon_{i,\max}} \varepsilon_i S_N(\varepsilon_i)\mathrm{d}\varepsilon_i = C_N(\varepsilon_{i,\max})^{(3N-3)/2} B\left(\frac{5}{2}, \frac{3N}{2} - 3\right) \tag{5.3.45}$$

利用式 (5.3.24) 和 (5.3.41) 则有

$$C_N B\left(\frac{5}{2}, \frac{3N}{2}-3\right) = \frac{\Gamma\left(\dfrac{3(N-1)}{2}\right)}{\Gamma\left(\dfrac{3}{2}\right)\Gamma\left(\dfrac{3N}{2}-3\right)} \frac{\Gamma\left(\dfrac{5}{2}\right)\Gamma\left(\dfrac{3N}{2}-3\right)}{\Gamma\left(\dfrac{3N}{2}-\dfrac{1}{2}\right)} \frac{(\varepsilon_{i,\max})^{(3N-3)/2}}{(\varepsilon_{i,\max})^{(3N-5)/2}} = \frac{\varepsilon_{i,\max}}{N-1}$$

由此得到一般 N 体崩裂中 i 粒子在质心系中携带的能量为

$$\bar{\varepsilon}_i^N = \frac{\varepsilon_{i,\max}}{N-1} \tag{5.3.46}$$

例如, $\bar{\varepsilon}_i^{N=3} = \dfrac{\varepsilon_{i,\max}}{2}, \bar{\varepsilon}_i^{N=4} = \dfrac{\varepsilon_{i,\max}}{3}, \bar{\varepsilon}_i^{N=5} = \dfrac{\varepsilon_{i,\max}}{4}$.

因此, N 体崩裂粒子在质心系中携带的总能量为

$$\sum_{i=1}^N \bar{\varepsilon}_i^c = \sum_{i=1}^N \frac{\bar{\varepsilon}_{i,\max}}{N-1} = \sum_{i=1}^N \frac{M_C-m_i}{M_C(N-1)}\left(\frac{M_T}{M_C}E_n+Q\right) = \frac{M_T}{M_C}E_n+Q = E_{av} \tag{5.3.47}$$

满足质心系中的能量平衡条件.

在相空间理论中, 多体崩裂粒子在质心系中都是各向同性的, 因此转换到实验室系时仅添加每个崩裂粒子在实验室系的运动动能

$$E_i = \frac{m_n m_i}{M_C^2}E_n \tag{5.3.48}$$

因此, N 体崩裂粒子在实验室系中携带的总能量为

$$\sum_{i=1}^N \bar{\varepsilon}_i^l = \frac{m_n}{M_C}E_n + \frac{M_T}{M_C}E_n + Q = E_n + Q \tag{5.3.49}$$

因此, 满足实验室系中的能量平衡条件式 (5.1.1).

5.4　分立能级到分立能级次级粒子的发射过程

轻核的能级纲图中给出的能级许多是不稳定的, 能级宽度可以达到几万电子伏到几个兆电子伏数量级. 能级宽度为 100keV 的能级寿命大约为 6×10^{-21}s, 这种时间尺度的发射过程对应了直接反应和预平衡发射过程. 从不稳定的分立能级继续发射粒子是轻核反应的一个特征. 对于比较重的核素, 所有的分立能级都通过发射 γ 光子完成退激而结束核反应. 而对于轻核反应, 从剩余核的分立能级继续发射粒子则是最普遍的一种多粒子发射的反应方式. 下面讨论一次粒子发射后剩余核到达其 k_1 分立能级并继续发射粒子的情况; 这属于有序的两次粒子发射过程, 也就是从分立能级到分立能级的发射过程 (D to D), 例如 (n, 2n), (n, np), (n, nα) 等核反应过程. 这种二次粒子发射过程如图 5.5 所示.

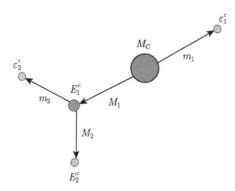

图 5.5 从剩余核分立能级发射二次粒子的示意图

在 5.1 节中已经指出, 发射一次粒子后的剩余核是以能量 E_1^c 在质心系中运动, 考虑从它的 k_1 分立能级继续发射粒子就需要应用剩余核运动系. 该剩余核在剩余核运动系中是静止的, 而在质心系中则是在做反冲运动. 如果从 k_1 分立能级继续发射能量为 ε_2^r 的二次粒子, 到达二次粒子发射的剩余核的 k_2 分立能级, 在剩余核运动系中 ε_2^r 是一个确定的值

$$\varepsilon_2^r = \frac{M_2}{M_1}(E_{k_1} - B_2 - E_{k_2}) \tag{5.4.1}$$

二次粒子发射的剩余核在一次粒子发射后的剩余核运动系中的能量为

$$E_2^r = \frac{m_2}{M_1}(E_{k_1} - B_2 - E_{k_2}) \tag{5.4.2}$$

另外, 还有一类轻核反应, 它们在发射一次粒子后, 剩余核是不稳定核, 自发崩裂为两个核. 例如, 在 $^6\text{Li}(\text{n},\text{d})^5\text{He}$, $^7\text{Li}(\text{n},\text{t})^5\text{He}$ 等反应中, ^5He 是不稳定核, 会自发崩裂, 并释放确定的能量, 这种核反应过程也属于 $(D \text{ to } D)$ 的情况. 例如,

$$^5\text{He} \to \text{n} + \alpha, \quad Q_2 = 0.894\text{MeV}$$

$$^5\text{Li} \to \text{p} + \alpha, \quad Q_2 = 1.966\text{MeV}$$

$$^8\text{Be} \to \alpha + \alpha, \quad Q_2 = 0.092\text{MeV} \tag{5.4.3}$$

对于发射一次粒子后进行两体崩裂的核反应过程, 在剩余核运动系中, 两体崩裂的粒子也具有确定的单能值, 类似于二次粒子发射. 两个崩裂粒子数分别为 m_2 和 M_2, 它们在一次粒子发射后的剩余核运动系中的能量分别为

$$\varepsilon_2^r = \frac{M_2}{M_1}(E_{k_1} + Q_2), \quad E_2^r = \frac{m_2}{M_1}(E_{k_1} + Q_2) \tag{5.4.4}$$

一次粒子发射的剩余核在质心系中的角分布为

$$\frac{\mathrm{d}\sigma}{\mathrm{d}\Omega_{M_1}^c} = \sum_l \frac{2l+1}{4\pi} f_l^c(M_1) \mathrm{P}_l(\cos\theta_{M_1}^c) \tag{5.4.5}$$

由速度合成关系 $\boldsymbol{v}_{m_2}^c = \boldsymbol{v}_{M_1}^c + \boldsymbol{v}_{m_2}^r$, $\boldsymbol{v}_{m_2}^r$ 与 $\boldsymbol{v}_{M_1}^c$ 的夹角记为 Θ, 将 $\boldsymbol{v}_{m_2}^c$ 和 $\boldsymbol{v}_{M_1}^c$ 构成的平面 z-x 称为发射平面, $\boldsymbol{v}_{m_2}^c$ 和 $\boldsymbol{v}_{M_1}^c$ 与 z 轴夹角分别为 θ_2^c 和 $\theta_{M_1}^c$, 而 $\boldsymbol{v}_{m_2}^c$ 和 $\boldsymbol{v}_{M_1}^c$ 之间的夹角记为 θ. 这种速度关系由图 5.6 所示.

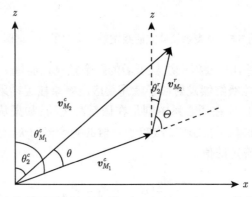

图 5.6   在发射平面中速度矢量 $\boldsymbol{v}_{m_2}^c$ 与 $\boldsymbol{v}_{M_1}^c$ 和 $\boldsymbol{v}_{m_2}^r$ 的关系示意图

由图 5.6 中给出的速度合成关系, 可以得到在质心系中发射二次粒子的能量为

$$\varepsilon_2^c = \frac{m_2}{2}(v_{M_1}^c)^2 + \varepsilon_2^r + m_2 v_{M_1}^c v_{m_2}^r \cos\Theta \tag{5.4.6}$$

并将速度转换成能量得到

$$\varepsilon_2^c = \frac{m_2 E_1^c}{M_1} + \varepsilon_2^r + 2\sqrt{\frac{m_2 E_1^c \varepsilon_2^r}{M_1}} \cos\Theta \tag{5.4.7}$$

若定义

$$\gamma \equiv \sqrt{\frac{m_2 E_1^c}{M_1 \varepsilon_2^r}} \tag{5.4.8}$$

式 (5.4.7) 被改写为

$$\varepsilon_2^c = \varepsilon_2^r \left(1 + 2\gamma\cos\Theta + \gamma^2\right) \tag{5.4.9}$$

得到角度余弦 $\cos\Theta$ 与能量之间的关系为

$$\cos\Theta = \frac{\varepsilon_2^c/\varepsilon_2^r - 1 - \gamma^2}{2\gamma} \tag{5.4.10}$$

由动量守恒可以得到二次发射粒子在质心系中的角度与它在剩余核运动系中的角度之间的关系. 在质心运动系中速度的 X 和 Z 分量分别为

$$v_{m_2}^c \sin \theta_2^c = v_{m_2}^r \sin \theta_2^r + v_{M_1}^c \sin \theta_{M_1}^c \tag{5.4.11}$$

$$v_{m_2}^c \cos \theta_2^c = v_{m_2}^r \cos \theta_2^r + v_{M_1}^c \cos \theta_{M_1}^c \tag{5.4.12}$$

因此有

$$\tan \theta_2^c = \frac{v_{m_2}^r \sin \theta_2^r + v_{M_1}^c \sin \theta_{M_1}^c}{v_{m_2}^r \cos \theta_2^r + v_{M_1}^c \cos \theta_{M_1}^c} \tag{5.4.13}$$

利用三角公式

$$\cos \theta_2^c = \frac{1}{\sqrt{1 + \tan^2 \theta_2^c}} \tag{5.4.14}$$

得到

$$\cos \theta_2^c = \frac{v_{m_2}^r \cos \theta_2^r + v_{M_1}^c \cos \theta_{M_1}^c}{\sqrt{(v_{m_2}^r)^2 + (v_{M_1}^c)^2 + 2 v_{m_2}^r v_{M_1}^c (\sin \theta_2^r \sin \theta_{M_1}^c + \cos \theta_2^r \cos \theta_{M_1}^c)}} \tag{5.4.15}$$

应用在 z-x 发射平面中的角度合成关系

$$\sin \theta_2^r \sin \theta_{M_1}^c + \cos \theta_2^r \cos \theta_{M_1}^c = \cos(\theta_2^r - \theta_{M_1}^c) = \cos \Theta \tag{5.4.16}$$

并对式 (5.4.16) 中分子分母同时除以 $v_{m_2}^r$, 利用 $v_{M_1}^c / v_{m_2}^r = \gamma$, 得到

$$\cos \theta_2^c = \frac{\cos \theta_2^r + \gamma \cos \theta_{M_1}^c}{\sqrt{1 + 2\gamma \cos \Theta + \gamma^2}} \tag{5.4.17}$$

θ 是 $\boldsymbol{v}_{M_1}^c$ 与 $\boldsymbol{v}_{m_2}^c$ 的夹角, 考虑到发射平面在质心系中的方位角, 它的余弦可以用这两个矢量在质心系中的角度的函数表示, 应用角度合成公式得到的表达式为

$$\cos \theta = \cos \theta_2^c \cos \theta_{M_1}^c + \sin \theta_2^c \sin \theta_{M_1}^c \cos(\varphi_2^c - \varphi_{M_1}^c) \tag{5.4.18}$$

由图 5.6 给出的速度合成关系 $\boldsymbol{v}_{m_2}^r = \boldsymbol{v}_{m_2}^c - \boldsymbol{v}_{M_1}^c$, 得到下面的能量关系式

$$\varepsilon_2^r = \varepsilon_2^c + \frac{m_2}{M_1} E_1^c - 2\sqrt{\frac{m_2 \varepsilon_2^c E_1^c}{M_1}} \cos \theta \tag{5.4.19}$$

将式 (5.4.19) 除以 ε_2^r, 并利用式 (5.4.9) 得到

$$\cos \Theta = \sqrt{\frac{\varepsilon_2^c}{\varepsilon_2^r}} \cos \theta - \gamma \tag{5.4.20}$$

将式 (5.4.18) 的 $\cos\theta$ 之值代入式 (5.4.20), 得到

$$\cos\Theta = \sqrt{\frac{\varepsilon_2^c}{\varepsilon_2^r}} \left[\cos\theta_2^c \cos\theta_{M_1}^c + \sin\theta_2^c \sin\theta_{M_1}^c \cos(\varphi_2^c - \varphi_{M_1}^c)\right] - \gamma \tag{5.4.21}$$

这说明 $v_{m_2}^r$ 与 $v_{M_1}^c$ 的夹角 Θ 可以用 m_2 粒子的球坐标 $(\theta_2^c, \varphi_2^c)$ 和一次发射剩余核 M_1 的球坐标 $(\theta_{M_1}^c, \varphi_{M_1}^2)$ 来表示. 另外, 利用剩余核运动系与质心运动系的速度合成关系 $v_{m_2}^c = v_{M_1}^c + v_{m_2}^r$ 还可以得到二次发射粒子在质心系中的能量范围. 由速度的最大和最小值, 以及式 (5.4.9), 得到能量的最大和最小值分别为

$$\varepsilon_{2,\max}^c = \varepsilon_2^r(1+\gamma)^2 \quad \text{和} \quad \varepsilon_{2,\min}^c = \varepsilon_2^r(1-\gamma)^2 \tag{5.4.22}$$

由此可见, 分立能级之间的二次发射粒子在剩余核运动系中虽然是单能的, 但在考虑了发射粒子的反冲效应之后, 在质心系中就不再是单能的了, 而是变成一个环型的连续能谱, 能量范围满足关系 $\varepsilon_{2,\min}^c \leqslant \varepsilon_2^c \leqslant \varepsilon_{2,\max}^c$, 而对于轻核反应这个能量范围可以达到几个兆电子伏. 图 5.7 示意性地给出了二次粒子发射在质心系中的环型连续能谱的直观图像.

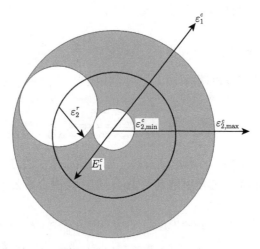

图 5.7   从分立能级发射二次粒子的环型能谱示意图

　　严格考虑反冲效应是轻核反应中至关重要的物理内容, 因为这也是轻核反应的特性之一. 这种结果表明, 在轻核反应中, 在严格考虑反冲效应后, 次级粒子发射在质心系中是具有明显能量宽度的粒子谱, 因此, 多次粒子发射过程是需要用双微分截面来描述的.

　　以 $n + {}^7Li$ 核反应为例, 在 $E_n = 14.1MeV$ 时, 从复合核发射中子到 ${}^7Li$ 的 k_1 能级所开放的二次粒子发射 (n, 2n), (n, np), (n, nt), (n, pn) 反应道, 以及二次粒子

发射到剩余核不同能级 k_2 在质心系中的环型连续谱的能量范围由表 5.3 给出.

表 5.3 中子入射能量为 $E_n = 14\text{MeV}$, 在 $\text{n} + {}^7\text{Li}$ 反应中, 通过一次粒子发射到达一次粒子发射的剩余核分立能级 k_1, 再发射二次粒子到达二次粒子发射的剩余核分立能级 k_2 的开放道以及二次粒子发射环型谱的能量范围 (其中 gs 表示基态)

反应道	k_1	k_2	$E(k_1)^a/\text{MeV}$	$\varepsilon_{2,\min} \to \varepsilon_{2,\max}{}^b/\text{MeV}$
	4	gs	4.337	0.307~0.812
	5	gs	2.404	0.002~1.277
	5	1	2.404	0.129~0.526
(n,2n)	6	gs	2.246	0.007~1.285
	6	1	2.246	0.079~0.589
	7	gs	1.031	0.160~1.232
	7	1	1.031	0.023~0.744
	7	2	1.031	0.012~0.363
(n,np)	7	gs	1.031	0.005~0.609
(n,nd)	6	gs	2.246	0.049~0.540
	7	gs	1.031	0.127~1.009
	2	gs	6.811	0.048~2.916
	3	gs	5.019	0.496~3.932
(n,nt)	4	gs	4.337	0.754~4.232
	5	gs	2.404	1.728~4.838
	6	gs	2.246	1.825~4.869
	7	gs	1.031	2.720~4.967
(n,pn)	gs	gs	1.747	0.044~0.511

a. $E(k_1)$ 是质心系中一次粒子发射的能量;

b. $\varepsilon_{2,\min} \to \varepsilon_{2,\max}$ 是二次粒子发射在质心系中环型谱的能量范围.

从表 5.3 可以看出, 轻核的反冲效应十分强烈, 像 ${}^7\text{Li}$ 这样轻的核, 发射的二次粒子谱的能量范围有的竟然可以达到 2~3MeV, 这种现象是在中重核的核反应中所看不到的. 以 $\text{n} + {}^{56}\text{Fe}$ 这样比较轻的中等核素的核反应为例, 在 $E_n = 14.1\text{MeV}$ 时, 只有发射第一中子到 ${}^{56}\text{Fe}$ 的激发能级 ($E_k = 11.918\text{MeV}$, $\Gamma = 11\text{keV}$) 时, 才开始允许发射第二中子, 属于 $(\text{n}, 2\text{n})$ 反应道. 如果继续发射第二中子到 ${}^{55}\text{Fe}$ 的基态, 这时第二中子在 ${}^{56}\text{Fe}$ 中的结合能是 11.179MeV, 因此得到 $\varepsilon_2^r = 0.7258\text{MeV}$, 而第一中子发射后反冲核的能量为 $E_1^c = 0.0322\text{MeV}$, 由此得到 $\gamma = 0.0284$. 这样一来, 在质心系中从剩余核 ${}^{56}\text{Fe}$ 发射的第二中子的环型连续谱的能量范围是从 $\varepsilon_{2,\min} = 0.685\text{MeV}$ 到 $\varepsilon_{2,\max} = 0.768\text{MeV}$, 环型连续谱的宽度仅为 $\Delta\varepsilon = 82.4\text{keV}$. 而在核数据库中, 如果采用置方图 (histogram) 的方式记录能谱, 一般采用 $\Delta E = 0.1\text{MeV}$ 作为能量间隔. 因此 ${}^{56}\text{Fe}$ 发射的第二中子的环型连续谱仅记录到一个能量区间, 可视为单能谱. 换句话说, 来自分立能级的多次粒子发射的反冲效应不能给出像轻核反应那样的连续谱状态. 显然, 对于更重的核素, 次级粒子发射的环型连续谱的宽度还会更小, 更可视为单能谱. 相反, 对于轻核反应, 这个次级粒子发射的反冲效应是相当强烈的, 次级粒子谱必须被视为连续谱. 这正是在轻核反应中次级粒子发射谱在质心系中是连续谱, 而不是单能谱原因之所在.

同样, 二次粒子发射后的剩余核也在质心系中呈连续谱状态. 如果需要考虑从二次粒子发射的剩余核再发射第三次粒子, 对于发射到剩余核的分立能级的情况, 三次粒子发射的剩余核也是处于分立能级态, 这就变成从连续谱到分立谱的情况, 即 (C to D), 这是因为发射二次粒子后的二次粒子发射的剩余核也是处于连续谱的状态.

下面研究这种二次粒子发射的环型连续能谱的公式表示. 在低能反应中, 无论对轻核反应和中重核反应的理论计算表明, 在低能反应中用一次预平衡过程来描述核反应双微分截面的行为就足够了. 若从激子模型的角度来看, 从 $n = 3$ 的激子态发射一个核子后, 剩余核是处于 1p – 1h (1 粒子 –1 空穴) 的状态, 而二次粒子发射后, 剩余核是处于 0p – 1h (0 粒子 –1 空穴) 的状态, 因而二次粒子发射在剩余核体系采用各向同性近似具有合理的物理解释, 这也相当于多次 Hauser-Feshbach 理论模型计算中的 S 波近似.

因此, 在剩余核运动系中采用了各向同性发射的近似, 并且粒子发射能量是确定的, 这时粒子发射的双微分截面表示为 (Zhang, 2003a)

$$\frac{\mathrm{d}^2\sigma}{\mathrm{d}\varepsilon_2^r \mathrm{d}\Omega_2^r} = \frac{1}{4\pi}\delta\left(\varepsilon_2^c - \varepsilon_2^r(1 + 2\gamma\cos\Theta + \gamma^2)\right) \tag{5.4.23}$$

又知, 质心系与剩余核运动系的双微分截面关系为

$$\frac{\mathrm{d}^2\sigma}{\mathrm{d}\varepsilon^c \mathrm{d}\Omega^c} = \sqrt{\frac{\varepsilon^c}{\varepsilon^r}}\frac{\mathrm{d}^2\sigma}{\mathrm{d}\varepsilon^r \mathrm{d}\Omega^r} \tag{5.4.24}$$

在统计理论中, 任何可观测的物理量都是来自对分布函数的平均值. 由于一次粒子发射后剩余核的角分布为 $\mathrm{d}\sigma/\mathrm{d}\Omega_{M_1}^c$, 因此上式对一次粒子发射后剩余核的角分布平均后, 就会得到二次发射粒子在质心系中的双微分截面表示

$$\frac{\mathrm{d}^2\sigma}{\mathrm{d}\varepsilon_2^c \mathrm{d}\Omega_2^c} = \int \mathrm{d}\Omega_{M_1}^c \frac{\mathrm{d}\sigma}{\mathrm{d}\Omega_{M_1}^c}\sqrt{\frac{\varepsilon_2^c}{\varepsilon_2^r}}\frac{\mathrm{d}^2\sigma}{\mathrm{d}\varepsilon_2^r \mathrm{d}\Omega_2^r} \tag{5.4.25}$$

由于二次发射粒子在剩余核系中是单能的, 把剩余核运动系中的双微分截面表示代入之后, 二次发射粒子在质心系的双微分截面表示变为

$$\frac{\mathrm{d}^2\sigma}{\mathrm{d}\varepsilon_2^c \mathrm{d}\Omega_2^c} = \frac{1}{4\pi}\int \mathrm{d}\Omega_{M_1}^c \frac{\mathrm{d}\sigma}{\mathrm{d}\Omega_{M_1}^c}\sqrt{\frac{\varepsilon_2^c}{\varepsilon_2^r}}\delta\left(\varepsilon_2^c - \varepsilon_2^r(1 + 2\gamma\cos\Theta + \gamma^2)\right) \tag{5.4.26}$$

下面应用 δ 函数的性质来完成式 (5.4.26) 的积分. 数学上, 如果在一个积分中出现 δ 函数, 而 δ 函数中的表示又是一个函数形式, 则有如下性质

$$\int F(x)\delta(g(x))\mathrm{d}x = \sum_i \frac{F(x_{0_i})}{|\mathrm{d}g(x)/\mathrm{d}x|_{x=x_{0_i}}} \tag{5.4.27}$$

其中, x_{0_i} 为函数 $g(x)$ 的零点, 即 $g(x_{0_i}) = 0, i = 1, 2, \cdots$. 由于

$$\mathrm{d}\Omega_{M_1}^c = \sin\theta_{M_1}^c \mathrm{d}\theta_{M_1}^c \mathrm{d}\varphi_{M_1}^c = -\mathrm{d}\cos\theta_{M_1}^c \mathrm{d}\varphi_{M_1}^c \tag{5.4.28}$$

选择在式 (5.4.26) 的积分自变量为 $\varphi_{M_1}^c$, 由式 (5.4.27) 给出 δ 的函数积分性质. 这时就需要寻找在函数 $g(x_0) = 0$ 中的 x_0 的值. 这时式 (5.4.27) 的分母变为

$$\left| \frac{\mathrm{d}(\varepsilon_2^c - \varepsilon_2^r(1 + 2\gamma\cos\Theta + \gamma^2))}{\mathrm{d}\varphi_{M_1}^c} \right| = \left| 2\gamma\varepsilon_2^r \frac{\mathrm{d}\cos\Theta}{\mathrm{d}\varphi_{M_1}^c} \right|$$

$$= \left| 2\gamma\sqrt{\varepsilon_2^c\varepsilon_2^r}\sin\theta_2^c\sin\theta_{M_1}^c\sin(\varphi_2^c - \varphi_{M_1}^c) \right|$$

$$= \left| 2\gamma\sqrt{\varepsilon_2^c\varepsilon_2^r}\sin\theta_2^c\sin\theta_{M_1}^c\sqrt{1 - \cos^2(\varphi_2^c - \varphi_{M_1}^c)} \right|$$

$$= \left| 2\gamma\sqrt{\varepsilon_2^c\varepsilon_2^r}\sqrt{\sin^2\theta_2^c\sin^2\theta_{M_1}^c - \sin^2\theta_2^c\sin^2\theta_{M_1}^c\cos^2(\varphi_2^c - \varphi_{M_1}^c)} \right| \tag{5.4.29}$$

其中, 对于根号中第二项, 由于有

$$\sin\theta_2^c\sin\theta_{M_1}^c\cos(\varphi_2^c - \varphi_{M_1}^c) = \sqrt{\frac{\varepsilon_2^r}{\varepsilon_2^c}}(\cos\Theta + \gamma) - \cos\theta_2^c\cos\theta_{M_1}^c \tag{5.4.30}$$

代入 $\cos\Theta$ 的表示式 (5.4.10) 后, 式 (5.4.30) 被约化为

$$\sin\theta_2^c\sin\theta_{M_1}^c\cos(\varphi_2^c - \varphi_{M_1}^c) = \sqrt{\frac{\varepsilon_2^r}{\varepsilon_2^c}}\frac{\varepsilon_2^c/\varepsilon_2^r - 1 + \gamma^2}{2\gamma} - \cos\theta_2^c\cos\theta_{M_1}^c \tag{5.4.31}$$

再定义参数 η

$$\eta \equiv \sqrt{\frac{\varepsilon_2^r}{\varepsilon_2^c}}\frac{\varepsilon_2^c/\varepsilon_2^r - 1 + \gamma^2}{2\gamma} \tag{5.4.32}$$

式 (5.4.31) 改写为

$$\sin\theta_2^c\sin\theta_{M_1}^c\cos(\varphi_2^c - \varphi_{M_1}^c) = \eta - \cos\theta_2^c\cos\theta_{M_1}^c \tag{5.4.33}$$

将 $\varepsilon_{2,\min}^c \leqslant \varepsilon_2^c \leqslant \varepsilon_{2,\max}^c$ 所有可能的值代入 η 的表示式作计算, 可以发现不等式 $-1 \leqslant \eta \leqslant 1$ 总是成立的. 仅在环型谱的能量边沿值的情况下才会有 $\eta = \pm 1$ 的情况出现. 事实上, 将最小能量值 $\varepsilon_2^c = \varepsilon_{2,\min}^c$ 代入到式 (5.4.32), 得到的是 $\eta = (\gamma - 1)/|1 - \gamma|$, 而将最大能量值 $\varepsilon_2^c = \varepsilon_{2,\max}^c$ 代入式 (5.4.32), 得到的是 $\eta = 1$.

这样一来, 寻找在函数 $g(x_0) = 0$ 中的 x_0 的值表示可以化简为

$$\left| \frac{\mathrm{d}(\varepsilon_2^c - \varepsilon_2^r(1 + 2\gamma\cos\Theta + \gamma^2))}{\mathrm{d}\phi_{M_1}^c} \right|$$

$$= \left| 2\gamma\sqrt{\varepsilon_2^c\varepsilon_2^r}\sqrt{1 - \cos^2\theta_2^c - \cos^2\theta_{M_1}^c + 2\eta\cos\theta_2^c\cos\theta_{M_1}^c - \eta^2} \right| \tag{5.4.34}$$

为了方便, 下面记

$$x = \cos \theta_{M_1}^c, \quad c = 1 - \cos^2 \theta_2^c - \eta^2 \tag{5.4.35}$$

因此有

$$\left| \frac{\mathrm{d}(\varepsilon_2^c - \varepsilon_2^r(1 + 2\gamma \cos \Theta + \gamma^2))}{\mathrm{d}\varphi_{M_1}^c} \right| = \left| 2\gamma \sqrt{\varepsilon_2^c \varepsilon_2^r} \sqrt{c + 2\eta \cos \theta_2^c x - x^2} \right| \tag{5.4.36}$$

如果 $\delta\left(\varepsilon_2^c - \varepsilon_2^r(1 + 2\gamma \cos \Theta + \gamma^2)\right)$ 函数的宗量在一个 $\sin \varphi_{M_1}^c$ 值时存在 0 点, 那么一定还存在另一个 0 点, 即在 $\sin(\pi - \varphi_{M_1}^c)$ 处, 因此积分结果一定产生一个 2 的因子. 这时, 在质心系中二次发射粒子的双微分截面表示就演变为

$$\frac{\mathrm{d}^2\sigma}{\mathrm{d}\varepsilon_2^c \mathrm{d}\Omega_2^c} = \frac{1}{8\pi^2 \gamma \varepsilon_2^r} \int_{x_1}^{x_2} \frac{\mathrm{d}\sigma}{\mathrm{d}x} \frac{\mathrm{d}x}{\sqrt{c + 2\eta \cos \theta_2^c x - x^2}} \tag{5.4.37}$$

其中, 剩余核的归一化角分布是由式 (5.4.5) 给出. 由于在二次发射粒子的双微分截面表示中不允许有 0 点存在, 这也是在 δ 函数中存在 $\sin \varphi_{M_1}^c$ 使 δ 函数存在 0 点的条件. 因此要求式 (5.4.37) 的分母中要满足下面不等式

$$x^2 - 2\eta \cos \theta_2^c x - c \leqslant 0 \tag{5.4.38}$$

这个不等式给出对 x 积分的区间, 式 (5.4.38) 的一元二次方程的根为

$$x_1 = \eta \cos \theta_2^c - \sqrt{(1 - \eta^2) \sin^2 \theta_2^c} \tag{5.4.39}$$

和

$$x_2 = \eta \cos \theta_2^c + \sqrt{(1 - \eta^2) \sin^2 \theta_2^c} \tag{5.4.40}$$

由此给出了积分上下限 x_2 和 x_1. 下面将积分变量由 x 变为 t, 它们之间的关系是

$$x = \sqrt{(1 - \eta^2) \sin^2 \theta_2^c} \cos t + \eta \cos \theta_2^c \tag{5.4.41}$$

式 (5.4.41) 两边对 t 微分, 利用 $\sin t = \sqrt{1 - \cos^2 t}$ 以及式 (5.4.35), 得到下面关系式

$$-\frac{\mathrm{d}x}{\sqrt{c + 2\eta x \cos \theta_2^c - x^2}} = \mathrm{d}t \tag{5.4.42}$$

这时对 t 积分的上下限变为 $0 \leqslant t \leqslant \pi$. 将式 (5.4.41) 和 (5.4.42) 代入式 (5.4.37), 在质心系中二次发射粒子的双微分截面公式变为

$$\frac{\mathrm{d}^2\sigma}{\mathrm{d}\varepsilon_2^c \mathrm{d}\Omega_2^c} = \frac{1}{16\pi^2 \gamma \varepsilon_2^r} \sum_l (2l+1) f_l^c(M_1) \int_0^\pi \mathrm{d}t \mathrm{P}_l \left(\sqrt{(1 - \eta^2) \sin^2 \theta_2^c} \cos t + \eta \cos \theta_2^c \right) \tag{5.4.43}$$

这个定积分是可用解析方式做出的. 具体做法是应用了 Legendre 多项式的合成公式 (王竹溪, 1965)

$$P_l(\cos\Theta) = P_l(\cos\theta)P_l(\cos\theta') + 2\sum_{m=1}^{l}\frac{(l-m)!}{(l+m)!}P_l^m(\cos\theta)P_l^m(\cos\theta')\cos m(\phi-\phi')$$

$$(5.4.44)$$

这里, Θ 是两个立体角 Ω 和 Ω' 之间的夹角, 由角度合成公式

$$\cos\Theta = \cos\theta\cos\theta' + \sin\theta\sin\theta'\cos(\phi-\phi') \qquad (5.4.45)$$

利用这个关系式, 取 $t = \phi - \phi'$, $\cos\theta = \cos\theta_2^c$, $\eta = \cos\theta'$, 因而有

$$\sin\theta\sin\theta'\cos(\phi-\phi') + \cos\theta\cos\theta' = \sqrt{(1-\eta^2)\sin^2\theta_2^c}\cos t + \eta\cos\theta_2^c \qquad (5.4.46)$$

对 t 进行积分, 式 (5.4.44) 中第二项中含 $\cos m(\phi-\phi')$ 项消失, 第一项积分得到因子 π, 于是得到了如下的一个定积分公式

$$\int_0^\pi \mathrm{d}t P_l\left(\sqrt{(1-\eta^2)\sin^2\theta_2^c}\cos t + \eta\cos\theta_2^c\right) = \pi P_l(\eta)P_l(\cos\theta_2^c) \qquad (5.4.47)$$

这个定积分的解析结果为后面所有类型的运动学公式表示的简化起到了十分关键的作用.

利用式 (5.4.47) 和一次粒子发射到分立能级与其剩余核的 Legendre 系数之间的关系 $f_l^c(M_1) = (-1)^l f_l^c(m_1)$, 得到在质心系中二次粒子发射双微分截面有如下的解析表达式 (Zhang et al., 1999; Zhang, 2003a)

$$\frac{\mathrm{d}^2\sigma}{\mathrm{d}\varepsilon_2^c\mathrm{d}\Omega_2^c} = \sum_l \frac{(-1)^l}{16\pi\gamma\varepsilon_2^r}(2l+1)f_l^c(m_1)P_l(\eta)P_l(\cos\theta_2^c) \qquad (5.4.48)$$

将上式与归一化双微分截面的标准形式 (5.1.18) 比较, 即可得到在质心系中发射二次粒子双微分截面的 Legendre 展开系数

$$f_l^c(\varepsilon_2^c) = \frac{(-1)^l}{4\gamma\varepsilon_2^r}f_l^c(m_1)P_l(\eta) \qquad (5.4.49)$$

显然, 这是一个很有意思的结果, 在 Legendre 多项式的展开系数中仍然包括 Legendre 多项式. 由于前面已经证明了 $|\eta| \leqslant 1$, 因此它满足 Legendre 多项式对自变量取值范围的要求. 可以看出, 在质心系中的二次发射粒子双微分截面谱 $f_0^c(\varepsilon_2^c)$ 是一个常数谱, 与出射能量 ε_2^c 无关. 另外, 很容易验证质心系中二次发射粒子能谱的归一性. 事实上

$$\int_{\varepsilon_{2,\min}^c}^{\varepsilon_{2,\max}^c} f_0^c(\varepsilon_2^c)\mathrm{d}\varepsilon_2^c = \frac{1}{4\gamma\varepsilon_2^r}\left[\varepsilon_2^r(1+\gamma)^2 - \varepsilon_2^r(1-\gamma)^2\right] = 1 \qquad (5.4.50)$$

为了明确给出环型谱的物理图像, 作为数值计算的示例, 在表 5.4 中给出了中子入射能量在 $E_n = 14\text{MeV}$ 时, 在 $^7\text{Li}(n, 2n)$ 反应中第二个出射中子在质心系中 Legendre 多项式展开系数的计算结果 (Zhang et al., 2002b). 其中, 第一中子是从复合核发射到 ^7Li 的第 5 激发能级, 而第二个中子是从这个能级再发射第二中子到 ^6Li 的基态. 当然, 从其他能级途径的二次中子发射的计算也会得到类似结果, 仅在数值上有所不同而已.

表 5.4　$^7\text{Li}(n, 2n)$ 第二个出射中子的 Legendre 多项式展开系数

ε/MeV	$f_0(\varepsilon)$	$f_1(\varepsilon)$	$f_2(\varepsilon)$	$f_3(\varepsilon)$	$f_4(\varepsilon)$
0.785	8.888×10^{-1}	7.545×10^{-2}	1.762×10^{-2}	-7.837×10^{-3}	5.297×10^{-3}
0.800	8.888×10^{-1}	7.226×10^{-2}	1.543×10^{-2}	5.952×10^{-3}	3.262×10^{-3}
0.861	8.888×10^{-1}	5.961×10^{-2}	7.686×10^{-3}	3.733×10^{-4}	-1.384×10^{-3}
0.966	8.888×10^{-1}	4.013×10^{-2}	-1.335×10^{-3}	-3.305×10^{-3}	-1.778×10^{-3}
1.104	8.888×10^{-1}	1.749×10^{-2}	-7.390×10^{-3}	-2.481×10^{-3}	9.859×10^{-4}
1.264	8.888×10^{-1}	-5.310×10^{-3}	-8.680×10^{-3}	8.205×10^{-4}	1.889×10^{-3}
1.432	8.888×10^{-1}	-2.629×10^{-2}	-5.603×10^{-3}	3.267×10^{-3}	-8.302×10^{-5}
1.592	8.888×10^{-1}	-4.423×10^{-2}	2.715×10^{-4}	2.945×10^{-3}	-2.103×10^{-3}
1.730	8.888×10^{-1}	-5.843×10^{-2}	7.040×10^{-3}	5.026×10^{-6}	-1.592×10^{-3}
1.835	8.888×10^{-1}	-6.847×10^{-2}	1.296×10^{-2}	-3.974×10^{-3}	1.345×10^{-3}
1.896	8.888×10^{-1}	-7.412×10^{-2}	1.670×10^{-2}	-7.026×10^{-3}	4.400×10^{-3}
1.911	8.888×10^{-1}	-7.545×10^{-2}	1.762×10^{-2}	-7.837×10^{-3}	5.297×10^{-3}

正如表 5.4 所示, 在质心系中第二中子发射谱是个环型谱, 能谱范围是从 0.785MeV 到 1.911MeV, 能谱宽度约为 1.126MeV, 确实要看成一个连续谱. 正如式 (5.4.49) 所示, 由于 γ 与 ε_2^c 无关, 而 ε_2^r 为常数, 因此归一化能谱 $f_0(\varepsilon)$ 是常数谱, 而 $l = 1$ 分波的展开系数 $f_1(\varepsilon)$ 的值在能谱高能区域为负值, 反映了剩余核在质心系的反冲效应, 而在低能区域 $f_1(\varepsilon)$ 为正值, 这是由于在式 (5.4.49) 中 $\eta < 0$ 所导致的. 至于高阶 Legendre 多项式的展开系数则变得很复杂, 有正有负. 这是由式 (5.4.49) 计算的结果.

以上给出了从一次粒子发射的剩余核的分立能级发射次级粒子到二次粒子发射的剩余核分立能级, 在质心系中发射二次粒子的双微分截面计算公式, 用类似的办法容易推导出二次粒子发射的剩余核的双微分截面公式, 只要在上面的推导过程中将 m_2, M_2 换为 M_2, m_2 即可. 但是为了后面要用到运动学公式的推导, 需要将它们的表示明显地写出来. 按照惯例, 对于剩余核, 有关物理量用大写英文字母和希腊字母表示.

对于剩余核, 同上推导过程, 定义

$$\Gamma \equiv \sqrt{\frac{M_2 E_1^c}{M_1 E_2^r}} \tag{5.4.51}$$

二次粒子发射的剩余核在质心系中的最大和最小能量分别为

$$E_{2,\max}^c = E_2^r(1+\Gamma)^2 \quad \text{和} \quad E_{2,\min}^c = E_2^r(1-\Gamma)^2 \tag{5.4.52}$$

因此, 在质心系中, 二次粒子发射的剩余核能量的取值范围是 $E_{2,\min}^c \leqslant E_2^c \leqslant E_{2,\max}^c$, 其归一化双微分截面可写成如下标准形式

$$\frac{\mathrm{d}^2\sigma}{\mathrm{d}E_2^c \mathrm{d}\Omega_{M_2}^c} = \sum_l \frac{2l+1}{4\pi} f_l^c(E_2^c) \mathrm{P}_l(\cos\theta_{M_2}^c) \tag{5.4.53}$$

二次粒子发射的剩余核双微分截面的 Legendre 展开系数 $f_l^c(E_2^c)$ 为

$$f_l^c(E_2^c) = \frac{(-1)^l}{4\Gamma E_2^r} f_l^c(m_1) \mathrm{P}_l(H) \tag{5.4.54}$$

其中

$$H = \sqrt{\frac{E_2^r}{E_2^c}} \frac{E_2^c/E_2^r - 1 + \Gamma^2}{2\Gamma} \tag{5.4.55}$$

同样可以证明质心系中二次粒子发射的剩余核能谱 $f_0^c(E_2^c)$ 的归一性, 即

$$\int_{E_{2,\min}^c}^{E_{2,\max}^c} f_0^c(E_2^c) \mathrm{d}E_2^c = \frac{1}{4\Gamma E_2^r} \left[E_2^r(1+\Gamma)^2 - E_2^r(1-\Gamma)^2 \right] = 1 \tag{5.4.56}$$

这时, 从分立能级到分立能级的二次粒子发射过程中, 质心系中二次粒子发射的剩余核能谱也是环型的, 二次粒子发射的剩余核的环型能谱宽度为

$$\Delta E_2^c = E_{2,\max}^c - E_{2,\min}^c = 4E_2^r\Gamma = 4\sqrt{\frac{M_2 E_1^c E_2^r}{M_1}} \tag{5.4.57}$$

由动量守恒得到的能量关系, 得到在剩余核运动系中次级粒子发射能量与反冲核能量之间的关系为

$$E_2^r = \frac{m_2}{M_2} \varepsilon_2^r \tag{5.4.58}$$

表明该环型谱的宽度与二次发射粒子的环型能谱的宽度是相同的, 即

$$\Delta E_2^c = 4\sqrt{m_2 E_1^c \varepsilon_2^r / M_1} = 4\varepsilon_2^r \gamma = \Delta\varepsilon_2^r \tag{5.4.59}$$

但是, 由于一般有 $M_2 > m_2$, 两个同样宽度的环型能谱的半径却可以不相同, 事实上

$$\sqrt{E_{2,\max}^c} = \sqrt{E_2^r}(1+\Gamma) = \sqrt{E_2^r} + \sqrt{\frac{M_2 E_1^c}{M_1}} = \sqrt{\frac{m_2}{M_2}\varepsilon_2^r} + \sqrt{\frac{M_2 E_1^c}{M_1}} \tag{5.4.60}$$

而

$$\sqrt{\varepsilon_{2,\max}^c} = \sqrt{\varepsilon_2^r}(1+\gamma) = \sqrt{\varepsilon_2^r} + \sqrt{\frac{m_2 E_1^c}{M_1}} \tag{5.4.61}$$

因此

$$\varepsilon_{2,\max}^c - E_{2,\max}^c = \frac{M_2 - m_2}{M_2}(\varepsilon_2^r - E_1^c) \tag{5.4.62}$$

由此可见, 当 $\varepsilon_2^r > E_1^c$ 时, 二次发射粒子环型谱的半径比二次粒子发射的剩余核环型谱的半径要大, 而 $\varepsilon_2^r < E_1^c$ 时, 二次发射粒子环型谱的半径则比二次粒子发射的剩余核环型谱的半径还要小. 由式 (5.2.1) 和 (5.4.1) 可以看出, E_1^c 主要取决于复合核发射第一次粒子过程中, 激发能与剩余核分立能级的能量差, 而 ε_2^r 主要取决于一次粒子发射后剩余核分立能级与第二次粒子发射的剩余核分立能级之间的能量差. 对于较高能量的中子入射, 发射一次粒子后剩余核处于较低分立能级的核反应过程而言, 往往二次粒子发射的剩余核环型能谱的半径要比二次发射粒子环型谱的半径大, 即 $E_{2,\max}^c > \varepsilon_{2,\max}^c$, 而在低能中子入射情况下, 如果发射一次粒子后的剩余核处于能量较高的分立能级, 发射二次粒子后二次粒子发射的剩余核又处于较低分立能级, 那么二次发射粒子环型谱的半径就要比二次粒子发射的剩余核环型谱半径大, 即 $\varepsilon_{2,\max}^c > E_{2,\max}^c$. 当然, 这还与二次粒子发射的结合能值有关. 在低能中子诱导的轻核反应中, 出现 $\varepsilon_{2,\max}^c > E_{2,\max}^c$ 的情况比较多.

下面我们将证明, 无论在质心系还是在实验室系中, 上面给出的二次发射粒子和其剩余核的双微分截面公式都满足能量平衡条件.

首先考虑两次有序发射粒子的核反应过程. 如前所述, 对于核反应过程是从复合核发射一次粒子后到达其剩余核的 E_{k_1} 分立能级, 再从 E_{k_1} 分立能级发射二次粒子后到达二次粒子发射的剩余核的 E_{k_2} 分立能级, 发射完两个粒子后, 二次粒子发射的剩余核的 E_{k_2} 分立能级则通过发射 γ 光子退激来结束核反应过程, 因而 γ 光子带走的能量就是 E_{k_2}.

在质心系中, 一次发射粒子的能量和其剩余核的能量已经由式 (5.2.1) 给出. 在实验室系中, 一次发射粒子平均能量已由式 (5.2.3) 给出. 在质心系中, 二次发射粒子能量对二次粒子发射的双微分截面作平均的结果为

$$\bar{\varepsilon}_2^c = \int_{\varepsilon_{2,\min}^c}^{\varepsilon_{2,\max}^c} \varepsilon_2^c \frac{\mathrm{d}^2\sigma}{\mathrm{d}\varepsilon_2^c \mathrm{d}\Omega_2^c} \mathrm{d}\varepsilon_2^c \mathrm{d}\Omega_2^c = \int_{\varepsilon_{2,\min}^c}^{\varepsilon_{2,\max}^c} \varepsilon_2^c \sum_l \frac{2l+1}{4\pi} f_l^c(\varepsilon_2^c) \mathrm{P}_l(\cos\theta_2^c) \mathrm{d}\varepsilon_2^c \mathrm{d}\Omega_2^c \tag{5.4.63}$$

上式积分的能量上下限由式 (5.4.22) 给出. 对角度 Ω_2^c 积分后仅剩下 $l=0$ 分波, 再完成对 ε_2^c 的积分后便得到

$$\bar{\varepsilon}_2^c = \int_{\varepsilon_{2,\min}^c}^{\varepsilon_{2,\max}^c} \varepsilon_2^c f_0^c(\varepsilon_2^c) \mathrm{d}\varepsilon_2^c = \int_{\varepsilon_{2,\min}^c}^{\varepsilon_{2,\max}^c} \frac{\varepsilon_2^c}{4\gamma\varepsilon_2^r} \mathrm{d}\varepsilon_2^c = \varepsilon_2^r(1+\gamma^2) \tag{5.4.64}$$

代入上面对 γ 的定义和给出的 ε_2^r 之值, 得到质心系中二次发射粒子的平均能量为

$$\bar{\varepsilon}_2^c = \frac{M_2}{M_1}(E_{k_1} - B_2 - E_{k_2}) + \frac{m_2}{M_1}E_1^c \tag{5.4.65}$$

用同样的推导过程可以得到质心系中二次粒子发射的剩余核的平均能量

$$\overline{E}_2^c = \frac{m_2}{M_1}(E_{k_1} - B_2 - E_{k_2}) + \frac{M_2}{M_1}E_1^c \tag{5.4.66}$$

至于实验室系中二次发射粒子的平均能量, 可以将其动能对质心系中二次发射粒子的双微分截面平均后得到, 其中 $\boldsymbol{V}_{\mathrm{C}}$ 是质心运动速度.

$$\bar{\varepsilon}_2^l = \frac{m_2}{2}\int (\boldsymbol{v}_2^c + \boldsymbol{V}_{\mathrm{C}})^2 \frac{\mathrm{d}^2\sigma}{\mathrm{d}\varepsilon_2^c \mathrm{d}\Omega_2^c}\mathrm{d}\varepsilon_2^c \mathrm{d}\Omega_2^c \tag{5.4.67}$$

注意到在质心系中, 二次发射粒子的出射方向与中子入射方向 (即质心运动 $\boldsymbol{V}_{\mathrm{C}}$ 方向) 之夹角为 θ_2^c. 由速度合成关系将其在实验室系中的动能用在质心系中的能量表示出来, 得到

$$\bar{\varepsilon}_2^l = \int \left(\varepsilon_2^c + \frac{m_{\mathrm{n}}m_2 E_{\mathrm{n}}}{M_{\mathrm{C}}^2} + 2\frac{\sqrt{m_{\mathrm{n}}m_2 E_{\mathrm{n}}\varepsilon_2^c}}{M_{\mathrm{C}}}\cos\theta_2^c\right)\frac{\mathrm{d}^2\sigma}{\mathrm{d}\varepsilon_2^c \mathrm{d}\Omega_2^c}\mathrm{d}\varepsilon_2^c \mathrm{d}\Omega_2^c \tag{5.4.68}$$

再将双微分截面的 Legendre 展开式 (5.4.48) 代入后, 并注意到 $\mathrm{P}_1(\cos\theta_2^c) = \cos\theta_2^c$, 利用 Legendre 多项式的正交归一性, 在式 (5.4.68) 中的第三项对角度积分后仅剩下 $l = 1$ 的分波, 这时式 (5.4.68) 被简化为

$$\bar{\varepsilon}_2^l = \frac{m_{\mathrm{n}}m_2 E_{\mathrm{n}}}{M_{\mathrm{C}}^2} + \bar{\varepsilon}_2^c + 2\int_{\varepsilon_{2,\min}^c}^{\varepsilon_{2,\max}^c}\frac{\sqrt{m_{\mathrm{n}}m_2 E_{\mathrm{n}}\varepsilon_2^c}}{M_{\mathrm{C}}}f_1^c(\varepsilon_2^c)\mathrm{d}\varepsilon_2^c \tag{5.4.69}$$

在式 (5.4.49) 给出的 Legendre 展开系数 $l = 1$ 分波中, 代入式 (5.4.32) 对 η 的表示, 得到

$$f_1^c(\varepsilon_2^c) = -\frac{\eta}{4\gamma\varepsilon_2^r}f_1^c(m_1) = -\sqrt{\frac{\varepsilon_2^r}{\varepsilon_2^c}}\frac{\varepsilon_2^c/\varepsilon_2^r - 1 + \gamma^2}{8\gamma^2\varepsilon_2^r}f_1^c(m_1) \tag{5.4.70}$$

将上式代入式 (5.4.69), 其中第三项积分变为

$$2\int_{\varepsilon_{2,\min}^c}^{\varepsilon_{2,\max}^c}\frac{\sqrt{m_{\mathrm{n}}m_2 E_{\mathrm{n}}\varepsilon_2^c}}{M_{\mathrm{C}}}f_1^c(\varepsilon_2^c)\mathrm{d}\varepsilon_2^c = -\frac{\sqrt{m_{\mathrm{n}}m_2 E_{\mathrm{n}}}}{4M_{\mathrm{C}}\gamma^2\sqrt{\varepsilon_2^r}}f_1^c(m_1)\int_{\varepsilon_{2,\min}^c}^{\varepsilon_{2,\max}^c}\left(\frac{\varepsilon_2^c}{\varepsilon_2^r} - 1 + \gamma^2\right)\mathrm{d}\varepsilon_2^c \tag{5.4.71}$$

完成对 ε_2^c 的积分, 并将积分上下限代入后得到

$$\int_{\varepsilon_{2,\min}^c}^{\varepsilon_{2,\max}^c}\left(\frac{\varepsilon_2^c}{\varepsilon_2^r} - 1 + \gamma^2\right)\mathrm{d}\varepsilon_2^c = \left[\frac{(\varepsilon_2^c)^2}{2\varepsilon_2^r} - (1 - \gamma^2)\varepsilon_2^c\right]_{\varepsilon_{2,\min}^c}^{\varepsilon_{2,\max}^c} = 8\gamma^3\varepsilon_2^r \tag{5.4.72}$$

由此得到式 (5.4.68) 中第三项的积分结果是

$$2\int_{\varepsilon_{2,\min}^c}^{\varepsilon_{2,\max}^c} \frac{\sqrt{m_n m_2 E_n \varepsilon_2^c}}{M_C} f_1^c(\varepsilon_2^c)\mathrm{d}\varepsilon_2^c = -2\frac{m_2}{M_C}\sqrt{\frac{m_n E_n}{M_1}}\sqrt{E_1^c}f_1^c(m_1) \tag{5.4.73}$$

将这个结果代入到式 (5.4.69), 得到在实验室系中二次发射粒子的平均能量为

$$\bar{\varepsilon}_2^l = \frac{m_n m_2 E_n}{M_C^2} + \bar{\varepsilon}_2^c - 2\frac{m_2}{M_C}\sqrt{\frac{m_n E_n}{M_1}}\sqrt{E_1^c}f_1^c(m_1) \tag{5.4.74}$$

用同样的推导过程可以得到实验室系中二次粒子发射的剩余核的平均能量为

$$\overline{E}_2^l = \frac{m_n M_2 E_n}{M_C^2} + \overline{E}_2^c - 2\frac{M_2}{M_C}\sqrt{\frac{m_n E_n}{M_1}}\sqrt{E_1^c}f_1^c(m_1) \tag{5.4.75}$$

在实验室系中粒子和剩余核的能量之和是

$$\bar{\varepsilon}_2^l + \overline{E}_2^l = \frac{m_n M_1 E_n}{M_C^2} + \bar{\varepsilon}_1^c + \overline{E}_2^c - \frac{2\sqrt{m_1 m_n E_n \varepsilon_1^c}}{M_C}f_1^c(m_1) \tag{5.4.76}$$

在发射第二次粒子后的核系统的能量是由四个部分组成, 它们分别是一次粒子发射能量、二次粒子发射和其剩余核的能量, 以及二次粒子发射后的剩余激发能, 各种能量之和为

$$E_{\text{total}}^l = \bar{\varepsilon}_1^l + \bar{\varepsilon}_2^l + \overline{E}_2^l + E_{k_2} \tag{5.4.77}$$

可以看出, 式 (5.4.76) 中与 $f_1^c(m_1)$ 有关的项恰好与由式 (5.2.3) 给出的一次发射粒子能量 $\bar{\varepsilon}_1^l$ 中的 $f_1^c(m_1)$ 项相消. 由此得到

$$E_{\text{total}}^l = \frac{m_n E_n}{M_C} + \bar{\varepsilon}_1^c + \bar{\varepsilon}_2^c + \overline{E}_2^c + E_{k_2} \tag{5.4.78}$$

由式 (5.2.3), 式 (5.4.65) 和 (5.4.66) 得到

$$\bar{\varepsilon}_1^c + \bar{\varepsilon}_2^c + \overline{E}_2^c = E^* - B_1 - B_2 - E_{k_2} \tag{5.4.79}$$

利用激发能公式 (1.1.3), 得到在实验室系中的总释放能量为

$$E_{\text{total}}^l = E_n + B_n - B_1 - B_2 = E_n + Q \tag{5.4.80}$$

其中, 有序二次粒子发射核反应过程的 Q 值为

$$Q = B_n - B_1 - B_2 \tag{5.4.81}$$

由此证明了, 在上述两次粒子有序发射的核反应过程中, 由式 (5.4.49) 给出的二次粒子发射的 Legendre 多项式展开系数表示的归一化双微分截面公式 (5.4.48) 是能够严格保证能量平衡的 (Zhang et al., 1999).

下面再考虑一次粒子发射后剩余核发生两体崩裂的核反应过程, 与上述两次粒子有序发射相比, 只是二次粒子的环型能谱表示改变了, 其他能量表示完全一样. 这时, 在质心系中, 一次粒子发射后剩余核两体崩裂过程中 m_2 粒子的平均能量为

$$\bar{\varepsilon}_2^c = \frac{M_2}{M_1}(E_{k_1} + Q_2) + \frac{m_2}{M_1}E_1^c \tag{5.4.82}$$

其中, Q_2 是剩余核两体崩裂的 Q 值. 因而 M_2 粒子两体崩裂的平均能量为

$$\overline{E}_2^c = \frac{m_2}{M_1}(E_{k_1} + Q_2) + \frac{M_2}{M_1}E_1^c \tag{5.4.83}$$

于是, 得到剩余核两体崩裂在质心系中的动能之和为

$$\bar{\varepsilon}_2^c + \overline{E}_2^c = E_{k_1} + Q_2 + E_1^c \tag{5.4.84}$$

因此, 加上第一粒子的动能式 (5.2.1), 在实验室系中的总释放能量为

$$E_{\text{total}}^l = \frac{m_{\text{n}}E_{\text{n}}}{M_{\text{C}}} + \bar{\varepsilon}_1^c + \bar{\varepsilon}_2^c + \overline{E}_2^c = E_{\text{n}} + B_{\text{n}} - B_1 + Q_2 = E_{\text{n}} + Q \tag{5.4.85}$$

对于发射一次粒子后发生两体崩裂的核反应过程, 它的 Q 值为

$$Q = B_{\text{n}} - B_1 + Q_2 \tag{5.4.86}$$

因此, 对于发射一次粒子后再发生两体崩裂的核反应过程, 也能够严格保证能量平衡条件.

以上我们考虑的都是中子入射的情况, 上述公式与结论很容易推广到其他粒子入射的情况. 在实验室系中能量的统计平均值式 (5.4.74) 和 (5.4.75) 给出的实验室系中二次发射粒子的能量表示都包含了 $f_1^c(m_1)$ 分波, 这是预平衡反应特征.

回忆最早的蒸发模型, 都假定各向同性分布, 对每个 $l > 1$ 的分波都为 0; 而在考虑了角动量和宇称守恒的 Hauser-Feshbach 统计理论中, 平衡态复合核的发射只有 $l = 0, 2, 4, \cdots$ 偶数分波, 在质心系中, 发射粒子的角分布都是关于 $90°$ 对称的, 不包含 $l = 1$ 的分波. $l = 1$ 的分波只是出现在粒子的预平衡发射中, 这是预平衡核反应的特征之一. 与角动量有关的激子模型则既能保证角动量宇称守恒又能给出预平衡反应的粒子发射特征, 这正是这一新轻核反应理论模型的特色. 分波系数 $f_1^c(m_1)$ 的值越大, 表明一次发射粒子的超前性越强; 同时, 更强的一次粒子发射, 一定造成剩余核在质心系中更强的反冲. 因此在质心系中, 无论是二次发射粒子还是二次粒子发射的剩余核都有向后反冲的行为. 这可以由式 (5.4.82) 和 (5.4.83) 给出的二次发射粒子和二次粒子发射的剩余核的能量 $\bar{\varepsilon}_2^l$ 和 $\overline{E}_2^l$ 公式中看出, 在包含 $f_1^c(m_1)$ 的项前面都有一个负号, 表明二次粒子发射在质心系中是朝后性的.

　　当然, 要描述好双微分截面行为, 就需要考虑所有的 Legendre 展开系数的贡献. 但是, 由统计平均得到的结果看出, 对于保持能量平衡而言, 仅 $l = 1$ 的 Legendre 展开系数起着关键作用. 这种结果会在后面有关能量平衡的问题中屡屡出现.

　　需要特别指出的是, 在轻核反应中还会出现双两体崩裂的核反应过程 (Zhang et al., 1999), 例如, $^9\text{Be}(\text{n}, {}^5\text{He})^5\text{He}$ 核反应过程, 其中每个 ^5He 都会自发分裂为一个中子和一个 α 粒子, 由于 ^5He 是费米子, 在考虑全同粒子的交换反对称性之后, 就会消去奇数分波, 仅有偶数分波存在. 又如 $^{12}\text{C}(\text{n}, {}^8\text{Be})^5\text{He}$ 核反应过程, 出射的 ^5He 会自发分裂为一个中子和一个 α 粒子, 而剩余核 ^8Be 也会自发分裂为两个 α 粒子. 这时 ^8Be 与 ^5He 不是全同粒子, 可以存在奇数分波. 这种非有序粒子发射过程又是轻核反应的一个特征. 对于发射一个粒子后剩余核发生双两体崩裂的核反应过程, 上面的结果可以适用. 这种核反应由图 5.8 给出示意图.

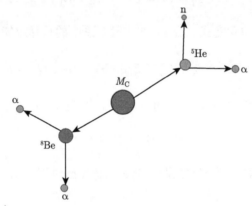

图 5.8　发射一次粒子后剩余核发生双两体崩裂的核反应过程示意图

　　下面讨论这种特殊情况, 即双两体崩裂的核反应过程. 例如, 在 $^{12}\text{C}(\text{n}, {}^8\text{Be})^5\text{He}$ 核反应过程中, 剩余核 ^8Be 自发分裂为两个 α 粒子, 这时在两体崩裂过程中, 相当于发射二次粒子的质量数与其剩余核的质量数相同, 即 $m_2 = M_2$. 在质心系中双微分截面中的每个 α 粒子的 Legendre 多项式展开系数由式 (5.4.54) 给出, 每个 α 粒子在质心系中携带的能量为

$$\bar{\varepsilon}_2^c = \frac{m_2}{M_1}(Q_2 + E_{k_1}) + \frac{m_2}{M_1}E_1^c \tag{5.4.87}$$

每个 α 粒子在实验室系中携带的能量为

$$\bar{\varepsilon}_2^l = \overline{E}_2^l = \frac{m_\text{n}m_2 E_\text{n}}{M_\text{C}^2} + \bar{\varepsilon}_2^c - 2\frac{m_2}{M_\text{C}}\sqrt{\frac{m_\text{n}E_\text{n}}{M_1}}\sqrt{E_1^c}f_1^c(m_1) \tag{5.4.88}$$

在质心系中两个 α 粒子携带的能量为

$$\bar{\varepsilon}_2^c + \overline{E}_2^c = Q_2 + E_1^c + E_{k_1} \tag{5.4.89}$$

当出现 ^{5}He 粒子发射时, ^{5}He 会自发崩裂为一个中子和一个 α 粒子, 已经在理论上研究了 ^{5}He 发射过程的双微分截面谱的理论表示形式 (Zhang, 2003a, 2004). 本节以下部分专门研究一次发射粒子是 ^{5}He 的情况, 从 ^{5}He 崩裂出的中子质量数记为 m_{n}, α 粒子的质量数记为 m_α, 下面分别用下标 n 和 α 标记与崩裂中子和 α 粒子有关的物理量. 这时一次发射粒子质量数 m_1 就是 ^{5}He 的质量数, 且有 $m_{\mathrm{n}} + m_\alpha = m_1$. 已知 ^{5}He 崩裂的 Q 值为 $Q_5 = 0.894\mathrm{MeV}$, 在剩余核运动系中, 崩裂中子和 α 粒子的能量是确定的, 分别为

$$\varepsilon_{\mathrm{n}}^r = \frac{m_\alpha}{m_1}Q_5, \quad \varepsilon_\alpha^r = \frac{m_{\mathrm{n}}}{m_1}Q_5 \tag{5.4.90}$$

在质心系中, ^{5}He 的整体发射能量和剩余核的能量由式 (5.2.1) 给出. 从 ^{5}He 崩裂出的中子的能量范围是 $\varepsilon_{\mathrm{n,min}}^c \leqslant \varepsilon_{\mathrm{n}}^c \leqslant \varepsilon_{\mathrm{n,max}}^c$, 能量边界值分别为

$$\varepsilon_{\mathrm{n,min}}^c = \varepsilon_{\mathrm{n}}^r(1-\gamma_{\mathrm{n}})^2, \quad \varepsilon_{\mathrm{n,max}}^c = \varepsilon_{\mathrm{n}}^r(1+\gamma_{\mathrm{n}})^2 \tag{5.4.91}$$

其中

$$\gamma_{\mathrm{n}} = \sqrt{\frac{m_{\mathrm{n}}\varepsilon_1^c}{m_1\varepsilon_{\mathrm{n}}^r}} \tag{5.4.92}$$

在质心系中, 从 ^{5}He 崩裂中子的归一化双微分截面表示由式 (5.4.48) 给出, 其中 Legendre 展开系数为 (参见式 (5.4.49))

$$f_l^c(\varepsilon_{\mathrm{n}}^c) = \frac{1}{4\gamma_{\mathrm{n}}\varepsilon_{\mathrm{n}}^r}f_l^c(m_1)\mathrm{P}_l(\eta_{\mathrm{n}}) \tag{5.4.93}$$

其中

$$\eta_{\mathrm{n}} = \sqrt{\frac{\varepsilon_{\mathrm{n}}^r}{\varepsilon_{\mathrm{n}}^c}}\frac{\varepsilon_{\mathrm{n}}^c/\varepsilon_{\mathrm{n}}^r - 1 + \gamma_{\mathrm{n}}^2}{2\gamma_{\mathrm{n}}} \tag{5.4.94}$$

需要特别注意的是, 在 Legendre 展开系数中, 不像从反冲剩余核发射粒子那样, 存在 $(-1)^l$ 因子. 对于发射 ^{5}He, 其崩裂的中子和 α 粒子在质心系中都是朝前的. 在质心系中, 从 ^{5}He 崩裂出的 α 粒子的能量范围是 $\varepsilon_{\alpha,\mathrm{min}}^c \leqslant \varepsilon_\alpha^c \leqslant \varepsilon_{\alpha,\mathrm{max}}^c$, 能量边界值分别为

$$\varepsilon_{\alpha,\mathrm{min}}^c = \varepsilon_\alpha^r(1-\gamma_\alpha)^2, \quad \varepsilon_{\alpha,\mathrm{max}}^c = \varepsilon_\alpha^r(1+\gamma_\alpha)^2 \tag{5.4.95}$$

其中

$$\gamma_\alpha = \sqrt{\frac{m_\alpha\varepsilon_1^c}{m_1\varepsilon_\alpha^r}} \tag{5.4.96}$$

在质心系中, 崩裂 α 粒子的归一化双微分截面表示为

$$\frac{\mathrm{d}^2\sigma}{\mathrm{d}\varepsilon_\alpha^c\mathrm{d}\Omega_\alpha^c} = \sum_l \frac{2l+1}{4\pi}f_l^c(\varepsilon_\alpha^c)\mathrm{P}_l(\cos\theta_\alpha^c) \tag{5.4.97}$$

同样得到 Legendre 展开系数为

$$f_l^c(\varepsilon_\alpha^c) = \frac{1}{4\gamma_\alpha \varepsilon_\alpha^r} f_l^c(m_1) \mathrm{P}_l(\eta_\alpha) \tag{5.4.98}$$

这里

$$\eta_\alpha = \sqrt{\frac{\varepsilon_\alpha^r}{\varepsilon_\alpha^c}} \frac{\varepsilon_\alpha^c/\varepsilon_\alpha^r - 1 + \gamma_\alpha^2}{2\gamma_\alpha} \tag{5.4.99}$$

在质心系中, 它们携带的平均能量分别表示为 $\bar{\varepsilon}_n^c$ 和 $\bar{\varepsilon}_\alpha^c$, 对于崩裂中子有

$$\bar{\varepsilon}_n^c = \frac{m_\alpha}{m_1} Q_5 + \frac{m_n}{m_1} E_1^c \tag{5.4.100}$$

而对于崩裂 α 粒子, 平均能量为

$$\bar{\varepsilon}_\alpha^c = \frac{m_n}{m_1} Q_5 + \frac{m_\alpha}{m_1} E_1^c \tag{5.4.101}$$

这时, 在质心系中崩裂的中子和 α 粒子携带能量总和为

$$\bar{\varepsilon}_n^c + \bar{\varepsilon}_\alpha^c = Q_5 + E_1^c \tag{5.4.102}$$

在实验室系中, 发射粒子的平均能量是由其双微分截面的平均值给出, 注意到 $^5\mathrm{He}$ 为一次发射粒子, 在质心的发射角为 θ_1^c, 将速度转换为能量后得到

$$\bar{\varepsilon}_n^l = \int \left(\varepsilon_n^c + \frac{m_n m_n E_n}{M_C^2} + 2\frac{\sqrt{m_n m_n E_n \varepsilon_n^c}}{M_C} \cos\theta_n^c \right) \frac{\mathrm{d}^2\sigma}{\mathrm{d}\varepsilon_n^c \mathrm{d}\Omega_n^c} \mathrm{d}\varepsilon_n^c \mathrm{d}\Omega_n^c \tag{5.4.103}$$

将崩裂中子的归一化双微分截面代入上式, 得到

$$\bar{\varepsilon}_n^l = \frac{m_n m_n E_n}{M_C^2} + \bar{\varepsilon}_n^c + 2\int_{\varepsilon_{n,\min}^c}^{\varepsilon_{n,\max}^c} \frac{\sqrt{m_n m_n E_n \varepsilon_n^c}}{M_C} f_1^c(\varepsilon_n^c) \mathrm{d}\varepsilon_n^c \tag{5.4.104}$$

将式 (5.4.93) 中 $l = 1$ 分波的 Legendre 展开系数和 η_n 代入式 (5.4.104) 后, 完成对 ε_n^c 的积分, 就会得到式 (5.4.104) 中第三项的积分结果为

$$2\int_{\varepsilon_{n,\min}^c}^{\varepsilon_{n,\max}^c} \frac{\sqrt{m_n m_n E_n \varepsilon_n^c}}{M_C} f_1^c(\varepsilon_n^c) \mathrm{d}\varepsilon_n^c = \frac{2}{M_C} \sqrt{m_n m_n E_n \varepsilon_n^r} \gamma_n \tag{5.4.105}$$

再将式 (5.4.92) 的 γ_n 之值代入, 就得到了实验室系中 $^5\mathrm{He}$ 崩裂中子的平均能量为

$$\bar{\varepsilon}_n^l = \frac{m_n m_n E_n}{M_C^2} + \bar{\varepsilon}_n^c + 2\frac{m_n}{M_C m_1} \sqrt{m_1 m_n E_n} \sqrt{\varepsilon_1^c} f_1^c(m_1) \tag{5.4.106}$$

用同样的推导过程, 得到实验室系中从 ^{5}He 崩裂出的 α 粒子的平均能量为

$$\bar{\varepsilon}_\alpha^l = \frac{m_n m_\alpha E_n}{M_C^2} + \bar{\varepsilon}_\alpha^c + 2\frac{m_\alpha}{M_C m_1}\sqrt{m_1 m_n E_n}\sqrt{\varepsilon_1^c}f_1^c(m_1) \tag{5.4.107}$$

因此, 发射 ^{5}He 后, 在实验室系中, 它崩裂的中子和 α 粒子的平均能量之和为

$$\bar{\varepsilon}_n^l + \bar{\varepsilon}_\alpha^l = \frac{m_n m_1 E_n}{M_C^2} + \bar{\varepsilon}_n^c + \bar{\varepsilon}_\alpha^c + \frac{2}{M_C}\sqrt{m_1 m_n E_n}\sqrt{\varepsilon_1^c}f_1^c(m_1) \tag{5.4.108}$$

由式 (5.4.102) 得到

$$\bar{\varepsilon}_n^c + \bar{\varepsilon}_\alpha^c = Q_5 + \varepsilon_1^c = Q_5 + \frac{m_1}{M_1}E_1^c \tag{5.4.109}$$

对于双两体崩裂的核反应 ^{12}C$(n, {}^8$Be$)^5$He 过程, 发射粒子 ^{5}He 后, 剩余核 M_1 为 ^{8}Be, 它自发分裂为两个 α 粒子, 在实验室系中它们的平均能量之和为

$$\bar{\varepsilon}_2^l + \overline{E}_2^l = \frac{m_n M_1 E_n}{M_C^2} + Q_2 + E_1^c + E_{k_1} - \frac{2}{M_C}\sqrt{m_1 m_n E_n}\sqrt{\varepsilon_1^c}f_1^c(m_1) \tag{5.4.110}$$

可以看出, 在实验室系中, 式 (5.4.108) 的最后一项, 即 ^{5}He 崩裂中包含 $f_1^c(m_1)$ 的朝前项, 恰好与剩余核 ^{8}Be 崩裂的反冲项, 即式 (5.4.110) 的最后一项相抵消. 因此, 双两体崩裂产生的四个粒子在实验室系中携带的平均能量之和为

$$E_{\text{total}}^l = \bar{\varepsilon}_2^l + \overline{E}_2^l + \bar{\varepsilon}_n^l + \overline{E}_\alpha^l = \frac{m_n E_n}{M_C} + Q_2 + E_1^c + Q_5 + \varepsilon_1^c + E_{k_1} \tag{5.4.111}$$

利用式 (5.4.84), 这里的 B_1 就是 ^{5}He 在复合核中的结合能, 于是上式可进一步简化为

$$E_{\text{total}}^l = E_n + B_n - B_1 + Q_2 + Q_5 = E_n + Q \tag{5.4.112}$$

这种双两体崩裂核反应过程的 Q 值为 $Q = B_n - B_1 + Q_2 + Q_5$, 因此, 在双两体崩裂核反应过程的能量平衡严格成立也被证明.

除此之外, 还存在全同的双两体崩裂的核反应过程. 这是 ^{9}Be$(n, {}^5$He$)^5$He 的核反应过程, 其中每个 ^{5}He 都会自发崩裂为一个中子和一个 α 粒子, 如果只考虑两个崩裂的 ^{5}He 都处于基态的情况, 由于全同粒子效应, 双微分截面的 Legendre 展开中仅有 l 为偶数的分波存在. 在这种特殊情况下, 两个 ^{5}He 在质心系中分别朝相反方向出射, 在采用各向同性近似时, 由前面给出的结果, 得到的归一化的崩裂中子和 α 粒子能谱分别为

$$f_0^c(\varepsilon_n^c) = \frac{1}{4\gamma_n \varepsilon_n^r}, \quad f_0^c(\varepsilon_\alpha^c) = \frac{1}{4\gamma_\alpha \varepsilon_\alpha^r} \tag{5.4.113}$$

在总的出射中子和 α 粒子能谱中, 都要乘上因子 2. 这时在质心系中每个 ^{5}He 释放的能量为

$$\bar{\varepsilon}_\mathrm{n}^c + \bar{\varepsilon}_\alpha^c = Q_5 + \varepsilon_1^c \tag{5.4.114}$$

而在实验室系中, 每个 ^{5}He 释放的平均能量为

$$\bar{\varepsilon}_\mathrm{n}^l + \bar{\varepsilon}_\alpha^l = \frac{m_\mathrm{n} m_1 E_\mathrm{n}}{M_\mathrm{C}^2} + Q_5 + \varepsilon_1^c \tag{5.4.115}$$

对于双 ^{5}He 崩裂过程

$$\varepsilon_1^c = \frac{1}{2}(E^* - B_1) \tag{5.4.116}$$

因此两个 ^{5}He 在实验室系释放的总能量为

$$E_\mathrm{total}^l = \frac{m_\mathrm{n} E_\mathrm{n}}{M_\mathrm{C}} + 2Q_5 + E^* - B_1 = E_\mathrm{n} + B_\mathrm{n} - B_1 + 2Q_5 = E_\mathrm{n} + Q \tag{5.4.117}$$

对于 ^{9}Be$(\mathrm{n},{}^5\mathrm{He}){}^5$He 核反应过程, 其反应 Q 值为 $Q = B_\mathrm{n} - B_1 + 2Q_5$, 因此也严格保持了能量平衡. 上面给出的发射 ^{5}He 的反应过程中, ^{5}He 自发崩裂为一个中子和一个 α 粒子的双微分截面谱. 对于由 14MeV 中子诱发 1p 壳轻核发射 ^{5}He 的核反应, 只需要考虑 ^{5}He 处于基态的情况, 对从 ^{5}He 崩裂出的中子能量做了计算, 其结果列在表 5.5 中.

表 5.5　$E_\mathrm{n} =$14MeV 中子的 $(\mathrm{n},{}^5\mathrm{He})$ 轻核反应中, ^{5}He 崩裂中子的能谱区域

	$\varepsilon_\mathrm{n,min}^c - \varepsilon_\mathrm{n,max}^c$/MeV	$\Delta\varepsilon$/MeV
^{9}Be	0.013~3.265	3.25
^{10}B	0.016~2.785	2.77
^{11}B	0.009~1.777	1.77
^{12}C	0.008~2.034	2.03
^{14}N	0.105~0.759	0.65
^{16}O	0.092~1.949	1.86

由表 5.5 中的结果看出, ^{5}He 崩裂中子的能量都是在低能区域. 当剩余核是处于激发态时, 这个崩裂中子的能量区域还会更低. 但是, 在质心系中这个崩裂中子谱的能量宽度为兆电子伏数量级的连续谱, 可以视为连续谱.

下面继续讨论有关 ^{5}He 发射的核反应过程. 首先讨论发射 ^{5}He 之后, 剩余核处于激发态, 并且都以 γ 退激方式结束核反应的情况. 例如, ^{10}B$(\mathrm{n},{}^5\mathrm{He}){}^6$Li* 到 ^{6}Li 的第 2 激发态, ^{11}B$(\mathrm{n},{}^5\mathrm{He}){}^7$Li* 到 ^{7}Li 的第 1 激发态, ^{14}N$(\mathrm{n},{}^5\mathrm{He}){}^{10}$B* 到 ^{10}B 的前五个激发态, ^{16}O$(\mathrm{n},{}^5\mathrm{He}){}^{12}$C* 到 ^{12}C 的前两个激发态等. 由第 1 章得知, 这些剩余核处于上述能级都只能以 γ 退激结束核反应过程. 这时剩余核的能量 $\bar{E}_1^c$ 和 $\bar{E}_1^l$ 分别由式 (5.2.3) 和 (5.2.6) 给出. 式 (5.4.115) 已经给出 ^{5}He 崩裂为一个中子和一个 α

粒子在实验室系中的能量之和, 加上发射 ^{5}He 后的剩余核的退激 γ 射线能量 E_{k_1} 在内的总释放能量为

$$E_{\text{total}}^l = \overline{E}_1^l + \overline{\varepsilon}_{\text{n}}^l + \overline{\varepsilon}_\alpha^l + E_{k_1} = \frac{m_{\text{n}}E_{\text{n}}}{M_{\text{C}}} + E_1^c + \overline{\varepsilon}_1^c + O_5 + E_{k_1} \tag{5.4.118}$$

由式 (5.2.1) 所表示的 ε_1^c 和 E_1^c 代入之后, 得到

$$E_{\text{total}}^l = \frac{m_{\text{n}}E_{\text{n}}}{M_{\text{C}}} + E^* - B_1 + O_5 = E_{\text{n}} + B_{\text{n}} - B_1 + O_5 = E_{\text{n}} + Q \tag{5.4.119}$$

该核反应过程的 Q 值为 $Q = B_{\text{n}} - B_1 + O_5$, 因此也严格保持了能量平衡.

另外, 若在发射 ^{5}He 之后, 剩余核处于较高激发态, 可以继续发射次级粒子. 有的再发射一个粒子后以 γ 退激方式结束核反应, 有的按有序方式再发射两个粒子后以 γ 退激方式结束核反应, 或有序发射两个粒子后剩余核发生两体崩裂等反应过程. 关于剩余核的这些核反应过程的运动学公式前面已经给出, 因此这里不再一一写出, 只要将发射粒子 m_1 的双微分谱换成上述 ^{5}He 发射后崩裂为一个中子和一个 α 粒子的双微分谱就可以了. 以上就是对分立能级到分立能级粒子发射运动学 (D to D) 的讨论. 下面以 n $+$ ^{9}Be 核反应, 在 $E_{\text{n}} = 14.1$MeV 为例, 结果由表 5.6 给出.

表 5.6 n $+$ ^{9}Be 在 E_{n}=14.1MeV 时次级发射粒子谱在质心系中的能谱宽度, 从复合核发射粒子氘剩余核能级 k_1, 再从 k_1 能级发射粒子的次级剩余核的分立能级 k_2

反应道	k_1	k_2	$\sigma_{k_1 \to k_2}$/mb	中子能谱范围/MeV
(n,2n)	1	gs	6.5418	0.0466~0.2328
	2	gs	15.0109	0.2373~1.3489
	3	gs	1.7516	0.4412~1.7606
	4	gs	4.0038	0.6121~2.0619
	5	gs	0.4742	1.8123~3.7672
	6	gs	0.0251	3.5043~5.6847
	6	1	0.2960	1.1999~2.5847
	7	gs	0.0520	4.5478~6.7127
	7	1	0.7322	2.1509~3.7053
	8	gs	0.0180	7.8385~9.2910
	8	1	0.5684	5.2620~6.4631
	9	gs	0.0464	8.4397~9.6150
	9	1	0.1164	5.8333~6.8169
(n, αn)	2	gs	2.1942	1.2248~5.8556
	2	1	0.8766	0.6014~4.3624
(n, ^{5}He)	gs		1.8165	0.0139~3.2777
直接三体崩裂			3.2003	0.0000~9.9062

从表 5.6 中的结果可以看出, 对于 (n, 2n) 和 (n, αn) 反应道, 是分立能级到分立

能级的 $(D\ to\ D)$ 过程, 而 $(n, {}^5\text{He})$ 是双两体崩裂过程, 在 $(n, \alpha n)$ 反应道中的出射中子能量区域明显比 $(n, 2n)$ 反应道的要大, 这是由于第一发射粒子是 α 粒子. 相对中子发射的反冲效应明显强. 在 $(n, \alpha n)$ 反应道中的出射中子能量区域可以达到 4MeV 左右. 而从直接三体崩裂过程中崩裂中子的能量范围可以达到近 10MeV, 这是一个非常宽的能谱.

5.5　分立能级到连续谱次级粒子的发射过程

下面讨论从分立能级到连续谱粒子发射过程的运动学 $(D\ to\ C)$. 例如, 复合核发射第一个粒子后, 剩余核发生三体崩裂或多体崩裂的情况, 因为多体崩裂过程中出射粒子的能谱总是处于连续状态. 在这种类型的轻核反应过程中, 剩余核会发生三体崩裂的总是 ${}^6\text{He}$ 的第 1 激发态, 它是不稳定核, 基态通过 β 衰变到 ${}^6\text{Li}$, 而第 1 激发态处于中子发射阈之下, 不能发射任何粒子, 只能通过三体崩裂来结束反应过程, 在 ${}^6\text{He}$ 的第 2 激发态以上就允许发射中子. 例如, ${}^6\text{Li}(n, p){}^6\text{He}^*$, ${}^7\text{Li}(n, d){}^6\text{He}^*$, ${}^9\text{Be}(n, \alpha){}^6\text{He}^*$ 等核反应过程, 当 ${}^6\text{He}$ 处于第 1 激发态时, 是通过三体崩裂过程 ${}^6\text{He}^* \to n + n + \alpha$ 结束核反应过程, 这也是一种非有序的粒子发射过程. 另外, 在 ${}^{16}\text{O}(n, n){}^{16}\text{O}^*$ 的核反应过程中, 理论上也可能在 ${}^{16}\text{O}(n, n){}^{16}\text{O}^*$ 的高激发态产生四体崩裂过程 ${}^{16}\text{O}^* \to \alpha + \alpha + \alpha + \alpha$ 结束核反应过程, 这也是一种非有序的粒子发射过程. 由于在质心系中, 一次粒子发射后的剩余核处在一个确定的能级上, 所以这种核反应过程属于从分立能级到连续谱的粒子发射 $(D\ to\ C)$ 过程.

由式 (5.2.1) 得到在质心系中, 一次发射粒子和其剩余核的能量分别为

$$\varepsilon_1^c = \frac{M_1}{M_\text{C}}(E^* - B_1 - E_k), \quad E_1^c = \frac{m_1}{M_\text{C}}(E^* - B_1 - E_k) \tag{5.5.1}$$

一次发射粒子和剩余核的能量之和为

$$\varepsilon_1^c + E_1^c = E^* - B_1 - E_k \tag{5.5.2}$$

其中, B_1 是发射第一粒子在复合核中的结合能. 对于 ${}^6\text{He}$ 的三体崩裂 $E_{k=1} = 1.797\text{MeV}$ 是 ${}^6\text{He}^*$ 的第 1 激发态能量, 要求 $E^* \geqslant B_1 + E_{k=1}$ 时才能开放这种反应, 因此这是有阈反应. 而对于 ${}^{16}\text{O}^*$ 的四体崩裂的质量亏损得到 Q 值为 $Q_4 = -14.437\text{MeV}$, 能够发生四体崩裂能级能量需要 $E_k > 14.437\text{MeV}$. 要求 $E^* \geqslant B_1 + E_k$ 时才能开放 ${}^{16}\text{O}^*$ 中 k 能级的四体崩裂反应, 因此也是有阈反应.

为了将上述两种核反应过程统一给出, 由 5.3 节对多体崩裂核反应过程的讨论得知, $N \geqslant 3$ 的多体崩裂的归一化连续能谱形式由式 (5.3.39) 给出, 这时崩裂粒子最大能量为

$$\varepsilon_{i,\max} = \frac{M_1 - m_i}{M_1} E_k, \quad i = 1, 2, \cdots, N \tag{5.5.3}$$

图 5.9 给出了这种发射第一个粒子后, 剩余核发生三体崩裂的示意图.

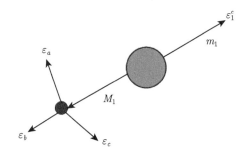

图 5.9 一次粒子发射后剩余核三体崩裂过程示意图

应该注意到, 这里与 5.3 节的内容有所不同, 现在发生多体崩裂的核是发射一次粒子后的剩余核 ^{6}He 或 ^{16}O*, 其质量数记为 M_1 (相当于 5.3 节中的 M_C). 对于发射一次粒子后剩余核发生多体崩裂的核反应过程, 归一化双微分截面的标准形式为

$$\frac{\mathrm{d}^2\sigma}{\mathrm{d}\varepsilon_i^c \mathrm{d}\Omega_i^c} = \frac{1}{4\pi}\sum_l (2l+1)f_l(\varepsilon_i^c)\mathrm{P}_l(\cos\theta_i^c), \quad i=1,2,\cdots,N \tag{5.5.4}$$

在剩余核运动系中, $N \geqslant 3$ 多体崩裂出射的粒子是各向同性的, 其双微分截面表示为

$$\frac{\mathrm{d}^2\sigma}{\mathrm{d}\varepsilon_i^r \mathrm{d}\Omega_i^r} = \frac{S(\varepsilon_i^r)}{4\pi} \tag{5.5.5}$$

在质心系中, 对应的双微分截面为

$$\frac{\mathrm{d}^2\sigma}{\mathrm{d}\varepsilon_i^c \mathrm{d}\Omega_i^c} = \sqrt{\frac{\varepsilon_i^c}{\varepsilon_i^r}}\frac{\mathrm{d}^2\sigma}{\mathrm{d}\varepsilon_i^r \mathrm{d}\Omega_i^r} = \sqrt{\frac{\varepsilon_i^c}{\varepsilon_i^r}}\frac{S(\varepsilon_i^r)}{4\pi} \tag{5.5.6}$$

对一次粒子发射的剩余核 ^{6}He 或 ^{16}O* 的角分布平均后, 得到多体崩裂粒子的平均双微分截面表示

$$\frac{\mathrm{d}^2\sigma}{\mathrm{d}\varepsilon_i^c \mathrm{d}\Omega_i^c} = \int \sqrt{\frac{\varepsilon_i^c}{\varepsilon_i^r}}\frac{S(\varepsilon_i^r)}{4\pi}\frac{\mathrm{d}\sigma}{\mathrm{d}\Omega_{M_1}^c}\mathrm{d}\Omega_{M_1}^c \tag{5.5.7}$$

而一次粒子发射的剩余核的角分布由式 (5.4.5) 给出. 记 θ 表示 $\boldsymbol{v}_{M_1}^c$ 与 $\boldsymbol{v}_i^c$ 之间的夹角, 这时可以利用 Legendre 多项式的合成公式

$$\mathrm{P}_l(\cos\theta_{M_1}^c) = \mathrm{P}_l(\cos\theta)\mathrm{P}_l(\cos\theta_i^c) + 2\sum_{m=1}^l \frac{(l-m)!}{(l+m)!}\mathrm{P}_l^m(\cos\theta)\mathrm{P}_l^m(\cos\theta_i^c)\cos m(\varphi-\varphi_i^c) \tag{5.5.8}$$

在式 (5.5.7) 中对 $\Omega_{M_1}^c$ 的积分可以用对 $\mathrm{d}\cos\theta\mathrm{d}\varphi$ 的积分代替. 对 φ 的积分使得式 (5.5.8) 中带 m 的项消失, 第一项仅出现因子 2π. 这时式 (5.5.7) 变为

$$\frac{\mathrm{d}^2\sigma}{\mathrm{d}\varepsilon_i^c\mathrm{d}\Omega_i^c} = \int \sqrt{\frac{\varepsilon_i^c}{\varepsilon_i^r}} \frac{S(\varepsilon_i^r)}{8\pi} \sum_l (2l+1)(-1)^l f_l^c(m_1) \mathrm{P}_l(\cos\theta_i^c) \mathrm{P}_l(\cos\theta) \mathrm{d}\cos\theta \quad (5.5.9)$$

在式 (5.5.4) 归一化双微分截面的标准形式下, 在质心系中的 Legendre 展开系数可以表示为

$$f_l(\varepsilon_i^c) = 2\pi \int_{-1}^1 \frac{\mathrm{d}^2\sigma}{\mathrm{d}\varepsilon_i^c\mathrm{d}\Omega_i^c} \mathrm{P}_l(\cos\theta_i^c) \mathrm{d}\cos\theta_i^c \quad (5.5.10)$$

将式 (5.5.9) 代入到式 (5.5.10), 利用 Legendre 多项式的正交性, 对 $\cos\theta_i^c$ 积分后得到

$$f_l(\varepsilon_i^c) = \frac{(-1)^l}{2} f_l^c(m_1) \int_{-1}^1 \sqrt{\frac{\varepsilon_i^c}{\varepsilon_i^r}} S(\varepsilon_i^r) \mathrm{P}_l(\cos\theta) \mathrm{d}\cos\theta \quad (5.5.11)$$

定义

$$\beta \equiv \sqrt{\frac{m_i}{M_1} E_1^c} \quad (5.5.12)$$

如前所作, 由速度合成关系可推导出剩余核运动系中的能量与质心系中能量之间的关系为

$$\varepsilon_i^r = \frac{m_i}{M_1} E_1^c + \varepsilon_i^c - 2\sqrt{\beta\varepsilon_i^c}\cos\theta \quad (5.5.13)$$

因此, 对 $\cos\theta$ 的积分可转换为对 $\varepsilon_i^r \equiv \varepsilon$ 的积分, 两者之间的微分关系为

$$\mathrm{d}\cos\theta = -\frac{1}{2\beta\sqrt{\varepsilon_i^c}}\mathrm{d}\varepsilon \quad (5.5.14)$$

这时, 式 (5.5.11) 可以改写为

$$f_l(\varepsilon_i^c) = \frac{(-1)^l}{4\beta} f_l^c(m_1) \int_a^b \frac{S(\varepsilon)}{\sqrt{\varepsilon}} \mathrm{P}_l\left(\frac{\varepsilon_i^c + \beta^2 - \varepsilon}{2\beta}\right) \mathrm{d}\varepsilon \quad (5.5.15)$$

由此得到了一次粒子发射后多体崩裂粒子的双微分截面的 Legendre 展开系数, 其中 $f_l^c(m_1)$ 是质心系中一次发射粒子角分布的 Legendre 展开系数. 在质心系中, 多体崩裂过程中发射粒子的最大速度是 $v_{M_1}^c + v_{i,\mathrm{max}}^r$, 对应的最大能量为

$$\varepsilon_{i,\mathrm{max}}^c = (\sqrt{\varepsilon_{i,\mathrm{max}}^r} + \beta)^2 \quad (5.5.16)$$

$N \geqslant 3$ 的多体崩裂过程中发射粒子的最小能量则有如下两种情况:

(1) 当 $v_{M_1}^c > v_{i,\mathrm{max}}^r$ 时, 多体崩裂粒子可向 4π 空间的任何方向出射

$$\varepsilon_{i,\mathrm{min}}^c = (\beta - \sqrt{\varepsilon_{i,\mathrm{max}}^r})^2 \quad (5.5.17)$$

(2) 当 $v_{M_1}^c < v_{i,\max}^r$ 时, 多体崩裂粒子的出射速度可能与一次粒子发射的剩余核的速度相抵消, 因此有

$$\varepsilon_{i,\min}^c = 0 \tag{5.5.18}$$

将式 (5.5.17) 和 (5.5.18) 可合并为

$$\varepsilon_{i,\min}^c = \begin{cases} 0 & \text{当} \varepsilon_{i,\max}^r > \beta^2 \\ (\beta - \sqrt{\varepsilon_{i,\max}^r})^2 & \text{当} \varepsilon_{i,\max}^r \leqslant \beta^2 \end{cases} \tag{5.5.19}$$

下面来确定式 (5.5.15) 中的积分限. 对于给定的 i 粒子在质心系中的能量 ε_i^c 值, 反冲核坐标系中的能量 $\varepsilon_i^r \equiv \varepsilon$ 的值不能超过 $\varepsilon_{i,\max}^r$, 同时, 由速度合成关系 $\boldsymbol{v}_i^r = \boldsymbol{v}_i^c - \boldsymbol{v}_{M_1}^c$, 它也不能超过 $(\beta + \sqrt{\varepsilon_i^c})^2$, 由此可得到积分上限值. 同样由此速度合成关系可得到, 积分下限必须大于 $(\beta - \sqrt{\varepsilon_i^c})^2$. 因此, 式 (5.5.15) 中的积分下限和上限分别为

$$a = (\sqrt{\varepsilon_i^c} - \beta)^2, \quad b = \min\{\varepsilon_{i,\max}^r, (\sqrt{\varepsilon_i^c} + \beta)^2\} \tag{5.5.20}$$

下面讨论多体崩裂双微分谱式 (5.5.15) 的归一化问题. 在质心系中, 双微分谱归一化要求

$$\int_{\varepsilon_{i,\min}^c}^{\varepsilon_{i,\max}^c} f_{i0}^c(\varepsilon_i^c)\mathrm{d}\varepsilon_i^c = \frac{1}{4\beta} f_0^c(m_1) \int_{\varepsilon_{i,\min}^c}^{\varepsilon_{i,\max}^c} \mathrm{d}\varepsilon_i^c \int_a^b \frac{S(\varepsilon)}{\sqrt{\varepsilon}} \mathrm{d}\varepsilon = 1 \tag{5.5.21}$$

其中, $f_0^c(m_1) = 1$. 注意到上式对 ε 的积分上下限是 ε_i^c 的函数, 而被积函数与 ε_i^c 无关, 于是利用交换积分顺序的数学技巧. 由速度合成关系 $\boldsymbol{v}_i^c = \boldsymbol{v}_{M_1}^c + \boldsymbol{v}_i^r$ 得到能量 ε_i^c 与 ε_i^r 的关系为

$$\varepsilon_i^c = \frac{m_i}{M_1} E_1^c + \varepsilon_i^r + 2\sqrt{\frac{m_i}{M_1} E_1^c \varepsilon_i^r} \cos\theta \tag{5.5.22}$$

交换积分顺序后, 当给定 ε 值的积分限时, 多体崩裂在 i 粒子的能量范围, 因此式 (5.5.21) 的积分变为

$$\int_{\varepsilon_{i,\min}^c}^{\varepsilon_{i,\max}^c} f_0^c(\varepsilon_i^c)\mathrm{d}\varepsilon_i^c = \frac{1}{4\beta} \int_0^{\varepsilon_{i,\max}^r} \frac{S(\varepsilon)}{\sqrt{\varepsilon}} \mathrm{d}\varepsilon \int_{\varepsilon_{i,\min}^c}^{\varepsilon_{i,\max}^c} \mathrm{d}\varepsilon_i^c \tag{5.5.23}$$

对于给定的 ε 值, 由速度合成关系得到, 在式 (5.5.23) 中 ε_i^c 的积分限分别是

$$\varepsilon_{i,\max}^c = (\beta + \sqrt{\varepsilon})^2, \quad \varepsilon_{i,\min}^c = (\beta - \sqrt{\varepsilon})^2 \tag{5.5.24}$$

利用式 (5.5.22) 可以把对 ε_i^c 的积分换为对角度 $\cos\theta$ 的积分, 两种微分关系是

$$\mathrm{d}\varepsilon_i^c = 2\sqrt{\frac{m_i}{M_1}E_1^c\varepsilon}\,\mathrm{d}\cos\theta = 2\beta\sqrt{\varepsilon}\,\mathrm{d}\cos\theta \tag{5.5.25}$$

且有 $-1 \leqslant \cos\theta \leqslant 1$, 因此对 $\cos\theta$ 的积分得到因子 2. 对 ε_i^c 的积分结果得到的 $4\beta\sqrt{\varepsilon}$ 因子恰与式 (5.5.23) 中其他因子相消, 由于在剩余核运动系中 $^6\mathrm{He}$ 或 $^{16}\mathrm{O}^*$ 的多体崩裂的能谱是归一化的, 因此最后得到

$$\int_{\varepsilon_{i,\min}^c}^{\varepsilon_{i,\max}^c} f_0^c(\varepsilon_i^c)\mathrm{d}\varepsilon_i^c = \int_0^{\varepsilon_{i,\max}^r} S(\varepsilon)\mathrm{d}\varepsilon = 1 \tag{5.5.26}$$

于是证明了在质心系中 $N \geqslant 3$ 体崩裂发射粒子的能谱确实是归一化的.

下面再来研究能量平衡的问题. 首先计算质心系中 $^6\mathrm{He}$ 或 $^{16}\mathrm{O}^*$ 的多体崩裂粒子的平均能量, 多体崩裂中第 i 粒子有

$$\bar{\varepsilon}_i^c = \int_{\varepsilon_{i,\min}^c}^{\varepsilon_{i,\max}^c} f_0^c(\varepsilon_i^c)\varepsilon_i^c\mathrm{d}\varepsilon_i^c = \frac{1}{4\beta}f_0^c(m_1)\int_{\varepsilon_{i,\min}^c}^{\varepsilon_{i,\max}^c} \varepsilon_i^c\mathrm{d}\varepsilon_i^c \int_a^b \frac{S(\varepsilon)}{\sqrt{\varepsilon}}\mathrm{d}\varepsilon \tag{5.5.27}$$

利用同上的数学技巧, 交换积分顺序后上式的积分变为

$$\bar{\varepsilon}_i^c = \frac{1}{4\beta}\int_0^{\varepsilon_{i,\max}^r} \frac{S(\varepsilon)}{\sqrt{\varepsilon}}\mathrm{d}\varepsilon \int_{\varepsilon_{i,\min}^c}^{\varepsilon_{i,\max}^c} \varepsilon_i^c\mathrm{d}\varepsilon_i^c \tag{5.5.28}$$

应用式 (5.5.25) 将对 ε_i^c 的积分换为对 $\cos\theta$ 的积分, 式 (5.5.28) 被改写为

$$\bar{\varepsilon}_i^c = \frac{1}{2}\int_0^{\varepsilon_{i,\max}^r} S(\varepsilon)\mathrm{d}\varepsilon \int_{-1}^1 \left(\frac{m_i}{M_1}E_1^c + \varepsilon + 2\sqrt{\frac{m_i}{M_1}E_1^c\varepsilon}\cos\theta\right)\mathrm{d}\cos\theta \tag{5.5.29}$$

对 $\cos\theta$ 的积分后, 式 (5.5.29) 内层括号积分中的第三项消失, 利用式 (5.5.3), 完成对 $\cos\theta$ 积分, 得到在质心系中第 i 粒子携带的能量为

$$\bar{\varepsilon}_i^c = \frac{m_i}{M_1}E_1^c + \int_0^{\varepsilon_{i,\max}^r} S(\varepsilon)\varepsilon\mathrm{d}\varepsilon = \frac{m_i}{M_1}E_1^c + \frac{M_1 - m_i}{2M_1}E_k \tag{5.5.30}$$

因此在质心系中, $N \geqslant 3$ 个崩裂粒子的平均能量之和为

$$\sum_{i=1,2,\cdots,N} \bar{\varepsilon}_i^c = E_1^c + E_k \tag{5.5.31}$$

在实验室系中, 将速度换成能量后得到多体崩裂的第 i 粒子的能量为

$$\bar{\varepsilon}_i^l = \frac{m_i m_\mathrm{n} E_\mathrm{n}}{M_\mathrm{C}^2} + \bar{\varepsilon}_i^c + 2\frac{\sqrt{m_i m_\mathrm{n} E_\mathrm{n}}}{M_\mathrm{C}}\int_{\varepsilon_{i,\min}^c}^{\varepsilon_{i,\max}^c} \sqrt{\varepsilon_i^c}\cos\theta_i^c \frac{\mathrm{d}^2\sigma}{\mathrm{d}\varepsilon_i^c\mathrm{d}\Omega_i^c}\mathrm{d}\varepsilon_i^c\mathrm{d}\Omega_i^c \tag{5.5.32}$$

代入多体崩裂 i 粒子的归一化双微分截面式 (5.5.6), 由于 $\cos\theta_i^c = \mathrm{P}_1(\cos\theta_i^c)$, 对角度积分后仅留下 $l=1$ 的项, 于是式 (5.5.32) 被简化为

$$\bar{\varepsilon}_i^l = \frac{m_i m_\mathrm{n} E_\mathrm{n}}{M_\mathrm{C}^2} + \bar{\varepsilon}_i^c + 2\frac{\sqrt{m_i m_\mathrm{n} E_\mathrm{n}}}{M_\mathrm{C}} \int_{\varepsilon_{i,\min}^c}^{\varepsilon_{i,\max}^c} \sqrt{\varepsilon_i^c} f_1^c(\varepsilon_i^c)\mathrm{d}\varepsilon_i^c \qquad (5.5.33)$$

代入 $f_1^c(\varepsilon_i^c)$ 的表达式 (5.5.15) 后得到

$$\bar{\varepsilon}_i^l = \frac{m_i m_\mathrm{n} E_\mathrm{n}}{M_\mathrm{C}^2} + \bar{\varepsilon}_i^c - \frac{\sqrt{m_i m_\mathrm{n} E_\mathrm{n}}}{4\beta^2 M_\mathrm{C}} f_1^c(m_1) \int_{\varepsilon_{i,\min}^c}^{\varepsilon_{i,\max}^c} \mathrm{d}\varepsilon_i^c \int_a^b \frac{S(\varepsilon)}{\sqrt{\varepsilon}}(\varepsilon_i^c + \beta^2 - \varepsilon)\mathrm{d}\varepsilon \quad (5.5.34)$$

利用交换积分顺序的途径, 并将对 ε_i^c 的积分换为对 $\cos\theta$ 的积分, 式 (5.5.34) 变为

$$\bar{\varepsilon}_i^l = \frac{m_i m_\mathrm{n} E_\mathrm{n}}{M_\mathrm{C}^2} + \bar{\varepsilon}_i^c - \frac{\sqrt{m_i m_\mathrm{n} E_\mathrm{n}}}{2\beta M_\mathrm{C}} f_1^c(m_1) \int_0^{\varepsilon_{i,\max}^r} S(\varepsilon)\mathrm{d}\varepsilon \int_{-1}^1 (\varepsilon_i^c + \beta^2 - \varepsilon)\mathrm{d}\cos\theta$$
$$(5.5.35)$$

利用式 (5.5.30) 给出的 ε_i^c 的表示, 完成对 $\cos\theta$ 的积分后得到了第 i 粒子携带的能量为

$$\bar{\varepsilon}_i^l = \frac{m_i m_\mathrm{n} E_\mathrm{n}}{M_\mathrm{C}^2} + \bar{\varepsilon}_i^c - \frac{2m_i}{M_\mathrm{C} M_1}\sqrt{m_1 m_\mathrm{n} E_\mathrm{n} \varepsilon_1^c} f_1^c(m_1) \qquad (5.5.36)$$

最后得到在实验室系中, $^6\mathrm{He}$ 或 $^{16}\mathrm{O}^*$ 的多体崩裂三个发射粒子的能量之和为

$$\sum_{i=1,2,\cdots,N} \bar{\varepsilon}_i^l = \frac{M_1 m_\mathrm{n} E_\mathrm{n}}{M_\mathrm{C}^2} + E_1^c + E_k - 2\frac{\sqrt{m_1 m_\mathrm{n} E_\mathrm{n} \varepsilon_1^c}}{M_\mathrm{C}} f_1^c(m_1) \qquad (5.5.37)$$

在式 (5.2.3) 给出 $\bar{\varepsilon}_1^l$ 的表示中, 与在式 (5.5.37) 中的与 $f_1^c(m_1)$ 有关的项彼此相消. 因此, 在一次粒子发射后, 余核 $^6\mathrm{He}$ 或 $^{16}\mathrm{O}^*$ 在发生多体崩裂的过程中, 总共有 $N+1$ 个出射粒子, 它们在实验室系中的平均能量之和为

$$E_\mathrm{total}^l = \bar{\varepsilon}_1^l + \sum_{i=1,2,\cdots,N} \bar{\varepsilon}_i^l = \frac{m_\mathrm{n} E_\mathrm{n}}{M_\mathrm{C}} + \varepsilon_1^c + E_1^c + E_k \qquad (5.5.38)$$

应用式 (5.2.2), 得到在实验室系中的平均能量之和为

$$E_\mathrm{total}^l = \frac{m_\mathrm{n} E_\mathrm{n}}{M_\mathrm{C}} + \frac{M_\mathrm{T} E_\mathrm{n}}{M_\mathrm{C}} + B_\mathrm{n} - B_1 = E_\mathrm{n} + Q \qquad (5.5.39)$$

其中, $Q = B_\mathrm{n} - B_1$ 是这种核反应的 Q 值. 由此可见, 在一次粒子发射后, 余核 $^6\mathrm{He}$ 或 $^{16}\mathrm{O}^*$ 在发生多体崩裂的过程中, 实验室系中总能量是严格保持平衡的.

在实验室系的能量表示中, 都含有分波系数 $f_1^c(m_1)$, $f_1^c(m_1)$ 的值越大, 就表示一次发射粒子的朝前性越强, 相应地在质心系中, 剩余核的反冲也越强. 因此, 其后

剩余核的多体崩裂粒子发射在实验室系中也都有明显向后反冲的行为, 这可从 $\bar{\varepsilon}_2^l$ 和 $\bar{E}_2^l$ 的公式中包含 $f_1^c(m_1)$ 分波项的负号看出.

目前我们关注的 1p 壳轻核中, 只有发射一个粒子后余核 ^{6}He 或 ^{16}O* 发生多体崩裂的情形才属于从分立能级到连续谱的核反应过程, 应用范围虽然小, 但是毕竟存在这种核反应过程, 因此仍然需要给出这种核反应过程运动学的有关公式. 如果今后的研究发现在发射一个粒子后, 还有其他剩余核的多体崩裂过程, 上述公式可自然被推广应用. 只是崩裂的核素不同而已.

5.6   连续谱到分立能级次级粒子的发射过程

本节研究从连续谱到分立能级的核反应过程的运动学 (C to D). 在 5.4 节中已看到, 从分立能级到分立能级有序发射两个粒子之后, 二次粒子发射后的剩余核是处于环型能谱状态, 如果从二次粒子发射的剩余核的分立能级再发射粒子, 达到三次粒子发射后的剩余核的分立能级时, 就属于从连续谱到分立能级的核反应过程. 当然, 更多粒子在分立能级之间的有序发射也都属于这种核反应过程. 这都是由于轻核质量轻, 反冲效应很强, 剩余核能谱在质心系中往往是宽度达到兆电子伏数量级的环型谱, 次级粒子发射必须被考虑为从连续谱的发射. 而中重核的反冲效应小, 中重核的分立能级一般不能再发射粒子, 因此在目前通用的核反应数据计算的程序中没有考虑这种情况.

另外, 由第 1 章对轻核反应道开放的分析可以看到, 有些核反应道是从分立能级有序发射两个粒子之后, 二次粒子发射的剩余核发生两体崩裂. 例如, ^{6}Li(n, 2n)^{5}Li, ^{7}Li(n, nd)^{5}He, ^{9}Be(n, 2n)^{8}Be, ^{12}C(n, nα)^{8}Be 等核反应的剩余核 ^{5}Li, ^{5}He 和 ^{8}Be 都是不稳定核, 正如式 (5.4.3) 所示, 它们都会自发崩裂为两个粒子, 并释放能量. 这种核反应过程也属于从连续谱到分立谱的核反应过程. 如上所述, 有序发射三个粒子的核反应过程, 如 ^{14}N(n, 2np)^{12}C, 也属于从连续谱到分立能级的核反应过程.

在本节, 用 m_3 和 M_3 表示从二次粒子发射的剩余核发射的三次粒子和三次粒子发射的剩余核的质量数, 如果二次粒子发射的剩余核发生两体崩裂, 则用 m_3 和 M_3 表示这两个崩裂粒子的质量数.

另外, 还有一种特殊情况, 例如 n + ^{9}Be $\rightarrow$ ^{10}Be* $\rightarrow$ n + n + ^{8}Be 的三体崩裂过程, 由于这两个崩裂中子和 ^{8}Be 的能谱都是连续的, 而 ^{8}Be 又会发生两体崩裂, 出射两个具有确定能量的 α 粒子, 因此也属于从连续谱到分立谱的核反应过程. 再一种情况是从连续谱发射粒子到剩余核的分立能级.

下面分三种情况分别进行讨论.

(1) 通过分立能级有序发射两个粒子后, 剩余核为不稳定核, 发生两体崩裂的过程. 或者通过分立能级有序发射两个粒子后, 二次粒子发射的剩余核发射三次粒子, 其剩余核处于 k_3 能级, 最后通过发射 γ 光子结束核反应的过程. 这种三次粒子发射过程可由图 5.10 示意地给出.

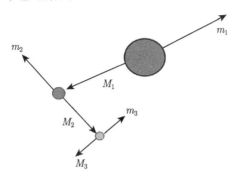

图 5.10　三次粒子发射过程的示意图

两体崩裂过程的反应 Q 值用 Q_{cluster} 表示, 质量数满足 $m_3 + M_3 = M_2$. 若从二次粒子发射的剩余核分立能级 k_2 发生两体崩裂, 在两次粒子发射后的剩余核运动系中, 两体崩裂的两个核的能量分别是

$$\varepsilon_3^r = \frac{M_3}{M_2}(Q_{\text{cluster}} + E_{k_2}), \quad E_3^r = \frac{m_3}{M_2}(Q_{\text{cluster}} + E_{k_2}) \tag{5.6.1}$$

对于从二次粒子发射的剩余核分立能级 k_2 发射三次粒子, 三次粒子发射的剩余核处于 k_3 能级的核反应过程, 三次发射粒子和三次粒子发射的剩余核的能量分别为

$$\varepsilon_3^r = \frac{M_3}{M_2}(E_{k_2} - B_3 - E_{k_3}), \quad E_3^r = \frac{m_3}{M_2}(E_{k_2} - B_3 - E_{k_3}) \tag{5.6.2}$$

仿照 5.4 节的推导过程, 定义与前面两个类似的物理量

$$\gamma_3 = \sqrt{\frac{E_2^c m_3}{\varepsilon_3^r M_2}} \tag{5.6.3}$$

和

$$\eta_3 = \sqrt{\frac{\varepsilon_3^r}{\varepsilon_3^c}} \frac{\varepsilon_3^c / \varepsilon_3^r - 1 + \gamma_3^2}{2\gamma_3} \tag{5.6.4}$$

在质心系中, 我们用 ε_3^c 表示三次发射粒子或两体崩裂中较轻粒子的能量, 用 E_3^c 表示三次粒子发射的剩余核或两体崩裂中较重粒子的能量. 下面我们来讨论 ε_3^c 的能量范围. 这时需要下面两个量

$$\gamma_{3,\min} = \sqrt{\frac{E_{2,\min}^c m_3}{\varepsilon_3^r M_2}}, \quad \gamma_{3,\max} = \sqrt{\frac{E_{2,\max}^c m_3}{\varepsilon_3^r M_2}} \tag{5.6.5}$$

其中, $E_{2,\min}^c$ 和 $E_{2,\max}^c$ 决定了质心系中二次粒子发射的剩余核环型谱的能量范围 $E_{2,\min}^c \leqslant E_2^c \leqslant E_{2,\max}^c$.

如果记质心系中二次粒子发射的剩余核的速度为 $v_{M_2}^c$, 记 m_3 粒子在剩余核运动系中的速度为 v_3^r, 在质心系中的速度为 v_3^c. 由速度合成关系 $v_3^c = v_{M_2}^c + v_3^r$ 可以看出, 当 v_3^r 恰好与 $v_{M_2}^c$ 沿同一方向时, m_3 粒子在质心系中的能量将最大, 于是

$$\varepsilon_{3,\max}^c = \varepsilon_3^r (1 + \gamma_{3,\max})^2 \tag{5.6.6}$$

在质心系中, 由于二次粒子发射的剩余核具有环型谱形式, 因此 m_3 粒子的最小能量有几种可能. 当然, 最小能量一定发生在 v_3^r 与 $v_{M_2}^c$ 沿相反方向的情况下. 当 $v_{M_2,\min}^c$ 大于 v_3^r 时, 对应的 m_3 粒子最小能量是

$$\varepsilon_{3,\min}^c = \frac{1}{2} m_3 (v_{M_2,\min}^c - v_3^r)^2 = \varepsilon_3^r (1 - \gamma_{3,\min})^2 \tag{5.6.7}$$

而当 $v_{M_2,\max}^c$ 小于 v_3^r 时, 对应的 m_3 粒子最小能量是

$$\varepsilon_{3,\min}^c = \frac{1}{2} m_3 (v_{M_2,\max}^c - v_3^r)^2 = \varepsilon_3^r (1 - \gamma_{3,\max})^2 \tag{5.6.8}$$

另外, 当 $v_{M_2,\min}^c \leqslant v_3^r \leqslant v_{M_2,\max}^c$ 时, 总可能存在一个 $v_{M_2}^c$ 值, 它与 v_3^r 数值相同, 但方向相反, 这时 $\varepsilon_{3,\min}^c = 0$. 归纳上面三种情况, m_3 粒子在质心系中的最小能量可以表示为

$$\varepsilon_{3,\min}^c = \begin{cases} \varepsilon_3^r (1 - \gamma_{3,\min})^2, & 1 \leqslant \gamma_{3,\min} \leqslant \gamma_{3,\max} \\ 0, & \gamma_{3,\min} \leqslant 1 \leqslant \gamma_{3,\max} \\ \varepsilon_3^r (1 - \gamma_{3,\max})^2, & \gamma_{3,\min} \leqslant \gamma_{3,\max} \leqslant 1 \end{cases} \tag{5.6.9}$$

下面研究 m_3 粒子在质心系中双微分截面的表示, 它的标准形式为

$$\frac{\mathrm{d}^2 \sigma}{\mathrm{d}\varepsilon_3^c \mathrm{d}\Omega_3^c} = \sum_l \frac{2l+1}{4\pi} f_l^c(\varepsilon_3^c) \mathrm{P}_l(\cos\theta_3^c) \tag{5.6.10}$$

对于某个确定的二次粒子发射的剩余核能量 E_2^c, 仿照 5.4 节的推导过程, 得到

$$f_l^c(\varepsilon_3^c) = \frac{1}{4\gamma_3 \varepsilon_3^r} f_l^c(E_2^c) \mathrm{P}_l(\eta_3) \tag{5.6.11}$$

但这时 E_2^c 并不是一个确定的能量, 而是具有环型能谱的分布, 所以我们必须将式 (5.6.11) 对 E_2^c 进行积分, 由此得到 Legendre 系数 $f_l^c(\varepsilon_3^c)$ 的表示

$$f_l^c(\varepsilon_3^c) = \int_{a_3}^{b_3} \frac{1}{4\gamma_3 \varepsilon_3^r} f_l^c(E_2^c) \mathrm{P}_l(\eta_3) \mathrm{d}E_2^c \tag{5.6.12}$$

这里, 把对 E_2^c 积分的上下限分别记为 b_3 和 a_3.

同样也可以验证 $-1 \leqslant \eta_3 \leqslant 1$. 事实上, $-1 \leqslant \eta_3$ 对应于

$$1 \leqslant (\sqrt{\varepsilon_3^c/\varepsilon_3^r} + \gamma_3)^2 \quad \text{或} \quad \varepsilon_3^r \leqslant (\sqrt{\varepsilon_3^c} + \sqrt{m_3 E_2^c/M_2})^2 \qquad (5.6.13)$$

用速度表示则为 $v_3^r \leqslant v_3^c + v_{M_2}^c$, 上面已经指出, 最大的 v_3^r 值为 $v_3^c + v_{M_2}^c$, 因此该不等式永远成立. 而 $\eta_3 \leqslant 1$ 对应于

$$(\sqrt{\varepsilon_3^c/\varepsilon_3^r} - \gamma_3)^2 \leqslant 1 \quad \text{或} \quad (\sqrt{\varepsilon_3^c} - \sqrt{m_3 E_2^c/M_2})^2 \leqslant \varepsilon_3^r \qquad (5.6.14)$$

用速度表示则为 $|v_3^c - v_{M_2}^c| \leqslant v_3^r$, 上面已经指出, 最小的 v_3^r 值为 $|v_3^c - v_{M_2}^c|$, 因此该不等式也永远成立. 于是, $-1 \leqslant \eta_3 \leqslant 1$ 永远成立.

对于一个给定的 ε_3^c 值, 需要给出对 E_2^c 积分的上下限 b_3 和 a_3. 在各种可能的 ε_3^r 值下, 由速度合成关系 $\boldsymbol{v}_{M_2}^c = \boldsymbol{v}_3^c - \boldsymbol{v}_3^r$, 转换到能量表示, 得到最小能量

$$E_2^c = M_2(\sqrt{\varepsilon_3^c} - \sqrt{\varepsilon_3^r})^2/m_3 \qquad (5.6.15)$$

如果它比 $E_{2,\min}^c$ 还大, 这时 E_2^c 的积分下限就应该是 $E_{M_2,\min}^c$, 因此有

$$a_3 = \max\left\{E_{M_2,\min}^c, \frac{M_2}{m_3}\varepsilon_3^r\left(\sqrt{\frac{\varepsilon_3^c}{\varepsilon_3^r}} - 1\right)^2\right\} \qquad (5.6.16)$$

同样由上面给出的速度合成关系, 也可得到 E_2^c 的最大能量为

$$E_2^c = M_2(\sqrt{\varepsilon_3^c} + \sqrt{\varepsilon_3^r})^2/m_3 \qquad (5.6.17)$$

如果它比 $E_{2,\max}^c$ 还大, 这时 E_2^c 的积分上限就应该是 $E_{2,\max}^c$, 因此得到

$$b_3 = \min\left\{E_{M_2,\max}^c, \frac{M_2}{m_3}\varepsilon_3^r\left(\sqrt{\frac{\varepsilon_3^c}{\varepsilon_3^r}} + 1\right)^2\right\} \qquad (5.6.18)$$

以上讨论了在有序发射两个粒子后, 剩余核发生两体崩裂的核反应过程中, 崩裂粒子 m_3 在质心系中用 Legendre 多项式展开的方式表示的双微分截面公式. 对于两体崩裂过程中较重的粒子 M_3, 其推导过程完全相同, 只要在上面的公式中将 m_3 和 M_3 的位置相互调换即可.

下面证明, 在质心系中, 式 (5.6.12) 给出的两体崩裂粒子 m_3 的能谱是归一化的. 事实上

$$\int_{\varepsilon_{3,\min}^c}^{\varepsilon_{3,\max}^c} f_0^c(\varepsilon_3^c)\mathrm{d}\varepsilon_3^c = \int_{\varepsilon_{3,\min}^c}^{\varepsilon_{3,\max}^c} \mathrm{d}\varepsilon_3^c \int_{a_3}^{b_3} \frac{1}{4\gamma_3\varepsilon_3^r} f_0^c(E_2^c)\mathrm{d}E_2^c \qquad (5.6.19)$$

在上式中交换积分顺序, 可以使计算简化. 注意到在给定 E_2^c 值后, 由于 ε_3^r 为确定值, 由速度合成关系 $\boldsymbol{v}_3^c = \boldsymbol{v}_{M_2}^c + \boldsymbol{v}_3^r$ 可得到

$$\varepsilon_3^c = \varepsilon_3^r + \frac{m_3}{M_2}E_2^c + 2\sqrt{\frac{m_3}{M_2}\varepsilon_3^r E_2^c}\cos\theta \tag{5.6.20}$$

因而有

$$\mathrm{d}\varepsilon_3^c = 2\sqrt{\frac{m_3}{M_2}\varepsilon_3^r E_2^c}\mathrm{d}\cos\theta \tag{5.6.21}$$

这里, θ 是 $\boldsymbol{v}_{M_2}^c$ 与 $\boldsymbol{v}_3^r$ 之间的夹角. 将对 ε_3^c 的积分变换为对 $\cos\theta$ 的积分, 式 (5.6.19) 就变为

$$\int_{\varepsilon_{3,\min}^c}^{\varepsilon_{3,\max}^c} f_0^c(\varepsilon_3^c)\mathrm{d}\varepsilon_3^c = \int_{E_{2,\min}^c}^{E_{2,\max}^c} f_0^c(E_2^c)\mathrm{d}E_2^c \int_{-1}^1 \frac{1}{2\gamma_3\varepsilon_3^r}\sqrt{\frac{m_3}{M_2}\varepsilon_3^r E_2^c}\mathrm{d}\cos\theta \tag{5.6.22}$$

代入式 (5.6.3) 对 γ_3 的表示, 完成对 $\cos\theta$ 的积分后得到

$$\int_{\varepsilon_{3,\min}^c}^{\varepsilon_{3,\max}^c} f_0^c(\varepsilon_3^c)\mathrm{d}\varepsilon_3^c = \int_{E_{2,\min}^c}^{E_{2,\max}^c} f_0^c(E_2^c)\mathrm{d}E_2^c = 1 \tag{5.6.23}$$

至此, 证明了式 (5.6.12) 给出的能谱是归一化的. 用同样方式也可以证明较重的粒子或核 M_3 的能谱也是归一化的.

下面讨论核反应的能量平衡问题. 首先考虑在质心系中, m_3 粒子携带的平均能量.

$$\bar{\varepsilon}_3^c = \int_{\varepsilon_{3,\min}^c}^{\varepsilon_{3,\max}^c} f_0^c(\varepsilon_3^c)\varepsilon_3^c\mathrm{d}\varepsilon_3^c \tag{5.6.24}$$

仿照上面计算式 (5.6.22) 的积分方法, 交换积分顺序再变换积分变量后得到

$$\bar{\varepsilon}_3^c = \int_{E_{2,\min}^c}^{E_{2,\max}^c} f_0^c(E_2^c)\mathrm{d}E_2^c \int_{-1}^1 \frac{1}{2}\left(\varepsilon_3^r + \frac{m_3}{M_2}E_2^c + 2\sqrt{\frac{m_3}{M_2}\varepsilon_3^r E_2^c}\cos\theta\right)\mathrm{d}\cos\theta \tag{5.6.25}$$

完成对 $\cos\theta$ 的积分后得到

$$\bar{\varepsilon}_3^c = \int_{E_{2,\min}^c}^{E_{2,\max}^c} f_0^c(E_2^c)\left(\varepsilon_3^r + \frac{m_3}{M_2}E_2^c\right)\mathrm{d}E_2^c = \varepsilon_3^r + \frac{m_3}{M_2}\overline{E}_2^c \tag{5.6.26}$$

用同样的方式也可算出质心系中 M_3 粒子携带的平均能量为

$$\overline{E}_3^c = E_3^r + \frac{M_3}{M_2}\overline{E}_2^c \tag{5.6.27}$$

因此有

$$\bar{\varepsilon}_3^c + \overline{E}_3^c = \varepsilon_3^r + E_3^r + \overline{E}_2^c \tag{5.6.28}$$

下面讨论在实验室系中 m_3 和 M_3 两个粒子在实验室系中携带的平均能量. 利用式 (5.4.79) 给出的质心系与实验室系的能量关系, 可得到 m_3 粒子的平均能量

$$\bar{\varepsilon}_3^l = \frac{m_3 m_{\mathrm{n}} E_{\mathrm{n}}}{M_{\mathrm{C}}^2} + \bar{\varepsilon}_3^c + 2\frac{\sqrt{m_3 m_{\mathrm{n}} E_{\mathrm{n}}}}{M_{\mathrm{C}}} \int \sqrt{\varepsilon_3^c} f_1^c(\varepsilon_3^c) \mathrm{d}\varepsilon_3^c \qquad (5.6.29)$$

其中

$$f_1^c(\varepsilon_3^c) = \int_{a_3}^{b_3} \frac{1}{4\gamma_3 \varepsilon_3^r} f_1^c(E_2^c) P_1(\eta_3) \mathrm{d}E_2^c \qquad (5.6.30)$$

将由式 (5.6.3) 给出的 γ_3 和式 (5.6.4) 给出的 η_3 表示代入到上式, 得到

$$f_1^c(\varepsilon_3^c) = \frac{M_2}{8m_3} \int_{a_3}^{b_3} \frac{1}{E_2^c} \sqrt{\frac{\varepsilon_3^r}{\varepsilon_3^c}} \left(\frac{\varepsilon_3^c}{\varepsilon_3^r} - 1 + \frac{E_2^c m_3}{\varepsilon_3^r M_2} \right) f_1^c(E_2^c) \mathrm{d}E_2^c \qquad (5.6.31)$$

将其代入到式 (5.6.26) 中, 得到该式中第三项的积分结果为

$$\int \sqrt{\varepsilon_3^c} f_1^c(\varepsilon_3^c) \mathrm{d}\varepsilon_3^c = \frac{M_2}{8m_3} \int_{\varepsilon_{3,\min}^c}^{\varepsilon_{3,\max}^c} \int_{a_3}^{b_3} \frac{\sqrt{\varepsilon_3^r}}{E_2^c} \left(\frac{\varepsilon_3^c}{\varepsilon_3^r} - 1 + \frac{E_2^c m_3}{\varepsilon_3^r M_2} \right) f_1^c(E_2^c) \mathrm{d}E_2^c \mathrm{d}\varepsilon_3^c$$
$$(5.6.32)$$

交换积分顺序, 并应用式 (5.6.21), 将对 ε_3^c 的积分变换为对 $\cos\theta$ 的积分, 完成对 $\cos\theta$ 的积分后, 式 (5.6.32) 变为

$$\int \sqrt{\varepsilon_3^c} f_1^c(\varepsilon_3^c) \mathrm{d}\varepsilon_3^c = \int_{E_{2,\min}^c}^{E_{2,\max}^2} \sqrt{\frac{m_3}{M_2} E_2^c} f_1^c(E_2^c) \mathrm{d}E_2^c \qquad (5.6.33)$$

代入由式 (5.4.54) 给出的 $f_1^c(E_2^c)$ 表示式, 以及由式 (5.4.55) 给出的 H 和式 (5.4.51) 给出的 Γ 的公式表示后, 可得

$$f_1^c(E_2^c) = -\frac{f_1^c(m_1)}{4\Gamma E_2^r} H = -\frac{M_1 f_1^c(m_1)}{8M_2 E_1^c} \sqrt{\frac{E_2^r}{E_2^c}} \left(\frac{E_2^c}{E_2^r} - 1 + \frac{M_2 E_1^c}{M_1 E_2^r} \right) \qquad (5.6.34)$$

将其代入式 (5.6.32) 得到

$$\int \sqrt{\varepsilon_3^c} f_1^c(\varepsilon_3^c) \mathrm{d}\varepsilon_3^c = -\frac{M_1 \sqrt{m_3 E_2^r}}{8M_2 E_1^c \sqrt{M_2}} f_1^c(m_1) \int_{E_{2,\min}^c}^{E_{2,\max}^2} \left(\frac{E_2^c}{E_2^r} - 1 + \Gamma^2 \right) \mathrm{d}E_2^c \qquad (5.6.35)$$

完成对 E_2^c 的积分, 注意到 $E_{2,\min}^c = E_2^r(1-\Gamma)^2$, $E_{2,\max}^c = E_2^r(1+\Gamma)^2$, 得到

$$\int \sqrt{\varepsilon_3^c} f_1^c(\varepsilon_3^c) \mathrm{d}\varepsilon_3^c = -f_1^c(m_1) \sqrt{\frac{m_3 E_1^c}{M_1}} \qquad (5.6.36)$$

将其代入到式 (5.6.29) 后, 得到在实验室系中 m_3 粒子的平均能量为

$$\bar{\varepsilon}_3^l = \frac{m_3 m_{\mathrm{n}} E_{\mathrm{n}}}{M_{\mathrm{C}}^2} + \bar{\varepsilon}_3^c - 2\frac{m_3}{M_{\mathrm{C}}} \sqrt{\frac{m_{\mathrm{n}} E_{\mathrm{n}} E_1^c}{M_1}} f_1^c(m_1) \qquad (5.6.37)$$

以类似的步骤也可得到 M_3 粒子在实验室系的平均能量为

$$\overline{E}_3^l = \frac{M_3 m_{\rm n} E_{\rm n}}{M_{\rm C}^2} + \overline{E}_3^c - 2\frac{M_3}{M_{\rm C}}\sqrt{\frac{m_{\rm n} E_{\rm n} E_1^c}{M_1}} f_1^c(m_1) \tag{5.6.38}$$

因此, 在实验室系中 m_3 粒子和 M_3 粒子的平均能量之和为

$$\bar{\varepsilon}_3^l + \overline{E}_3^l = \frac{M_2 m_{\rm n} E_{\rm n}}{M_{\rm C}^2} + \varepsilon_3^r + E_3^r + \bar{E}_2^c - 2\frac{M_2}{M_{\rm C}}\sqrt{\frac{m_{\rm n} E_{\rm n} E_1^c}{M_1}} f_1^c(m_1) \tag{5.6.39}$$

由式 (5.4.74) 得到的在实验室系中二次发射粒子的平均能量 $\bar{\varepsilon}_2^l$ 表示式, 于是, 在实验室系中, m_3 粒子和 M_3 粒子的平均能量之和加上二次发射粒子的平均能量为

$$\bar{\varepsilon}_3^l + \overline{E}_3^l + \bar{\varepsilon}_2^l = \frac{M_1 m_{\rm n} E_{\rm n}}{M_{\rm C}^2} + \varepsilon_3^r + E_3^r + \bar{\varepsilon}_2^c + \overline{E}_2^c - 2\frac{M_1}{M_{\rm C}}\sqrt{\frac{m_{\rm n} E_{\rm n} E_1^c}{M_1}} f_1^c(m_1) \tag{5.6.40}$$

由式 (5.2.3) 给出的一次发射粒子的能量 ε_1^c 公式表示可以看出, 恰好与式 (5.6.40) 中包含 $f_1^c(m_1)$ 的项彼此相消, 一次粒子发射是朝前的, 而从反冲剩余核发射的粒子在质心系中是向后的. 在实验室系中, 释放的总平均能量为

$$E_{\rm total}^l = \bar{\varepsilon}_3^l + \overline{E}_3^l + \bar{\varepsilon}_2^l + \bar{\varepsilon}_1^l = \frac{m_{\rm n} E_{\rm n}}{M_{\rm C}} + \varepsilon_3^r + E_3^r + \bar{\varepsilon}_2^c + \overline{E}_2^c + \varepsilon_1^c \tag{5.6.41}$$

利用前面给出的有关质心系中第一粒子、第二粒子和其剩余核的能量公式, 可得到

$$E_{\rm total}^l = E_{\rm n} + B_{\rm n} - B_1 - B_2 - E_{k_2} + \varepsilon_3^r + E_3^r \tag{5.6.42}$$

对于有序发射三个粒子之后再通过 γ 退激而结束的核反应过程有

$$\varepsilon_3^r + E_3^r = E_{k_2} - B_3 - E_{k_3} \tag{5.6.43}$$

在总能量中还需要加入从剩余核的 k_3 能级退激的 γ 光子能量 E_{k_3}, 因此, 在实验室系中总释放能量为

$$E_{\rm total}^l = E_{\rm n} + B_{\rm n} - B_1 - B_2 - B_3 = E_{\rm n} + Q \tag{5.6.44}$$

有序发射三个粒子核反应过程的 Q 值为 $Q = B_{\rm n} - B_1 - B_2 - B_3$, 结果表明, 在实验室系中有序发射三个粒子的核反应过程严格满足能量平衡条件.

下面讨论关于有序发射两个粒子后二次发射的剩余核发生两体崩裂的核反应过程

$$\varepsilon_3^r + E_3^r = Q_{\rm cluster} + E_{k_2} \tag{5.6.45}$$

在实验室系中释放的总能量为

$$E_{\rm total}^l = E_{\rm n} + B_{\rm n} - B_1 - B_2 + Q_{\rm cluster} = E_{\rm n} + Q \tag{5.6.46}$$

这种核反应过程的 Q 值为 $Q = B_n - B_1 - B_2 + Q_{cluster}$. 式 (5.6.46) 表明, 在实验室系中, 有序发射两个粒子后二次余核发生两体崩裂的核反应过程也严格满足能量平衡条件.

若在发射二次粒子后, 发生 $N > 3$ 的多体崩裂. 这时仅将式 (5.3.36) 给出的多体崩裂粒子谱取代上面三体崩裂在 RNS 运动系中的崩裂粒子谱, 用同样步骤可以得到在实验室系中的能量平衡条件式 (5.6.46).

当中子入射能量足够高时, 可能出现三次以上的有序粒子发射过程, 或二次以上的有序粒子发射后剩余核发生两体崩裂的过程. 这些核反应过程仍然属于从连续谱到分立谱的运动学. 如果需要的话, 仿照上面的思路和推导过程, 总能给出相应的发射粒子的归一化双微分截面谱, 而且严格满足能量平衡. 在这里就不再逐一写出了.

(2) 在直接三体崩裂中的一个崩裂核再次发生两体崩裂的核反应过程.

下面研究的核反应过程在轻核反应中是很独特的. 目前, 只知道一个这样的核反应, 就是中子诱导 ^{9}Be 的核反应中复合核 ^{10}Be* 发生直接三体崩裂, 出射两个中子和一个 ^{8}Be 核, 而 ^{8}Be 是不稳定核, 它自发崩裂为两个 α 粒子.

$$n + {}^9\text{Be} \to {}^{10}\text{Be} \to n + n + {}^8\text{Be}, \quad {}^8\text{Be} \to \alpha + \alpha$$

这个核反应过程由图 5.11 示意性地给出. 由于直接三体崩裂的粒子谱是连续谱, 但不同于两次粒子发射后的环型谱, 因此上面的公式就不适用于这种情况. 必须给出这种情况下的再次发生两体崩裂的粒子谱.

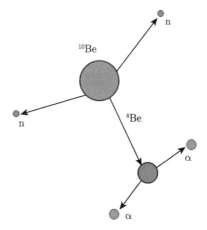

图 5.11   从 ^{10}Be $\to$ n $+$ n $+$ ^{8}Be 直接三体崩裂中的 ^{8}Be 再发生两体崩裂过程的示意图

在这种核反应过程中, 三体崩裂粒子的能谱是连续的, 而 ^{8}Be 两体崩裂的出射粒子是单能的. 因此, 该核反应过程也属于从连续谱到分立谱的核反应过程.

　　虽然目前这类核反应过程还只有如图 5.11 所示的一个例子, 但是, 对于核的散裂反应, 完全可以参考使用这里得到的运动学公式.

　　前面已经对直接三体崩裂核反应过程做过研究, 本章 5.3 节已经给出了三体崩裂粒子归一化双微分截面、崩裂粒子能谱和崩裂粒子能量的最大值. 这时, Q 为 ^{10}Be* 三体崩裂的 Q 值, 且有 $Q = E^* - Q_3, Q_3 = 8.477$MeV. 不失一般性, 在本节中, 我们约定 b 和 c 粒子为中子, 而 a 粒子为 ^{8}Be, 其质量数表示为 m_a. 由于 b 和 c 粒子的直接三体崩裂双微分截面谱已经给出, 不再做进一步讨论, 现在集中讨论 a 粒子即 ^{8}Be 继续发生两体崩裂的过程和两个出射 α 粒子的归一化双微分截面, 并证明能量平衡关系成立.

　　实际上, 这种核反应过程的运动学是比较简单的, 这是因为在质心系中, 直接三体崩裂粒子是各向同性出射的, 而在剩余核运动系中, ^{8}Be 的两体崩裂粒子也是各向同性出射的. 所以, 在质心系中, ^{8}Be 两体崩裂出射 α 粒子的双微分截面也是各向同性的. 于是, 由式 (5.3.22) 可以得到, 在质心系中, α 粒子的归一化双微分截面可以表示为

$$\frac{\mathrm{d}^2\sigma}{\mathrm{d}\varepsilon_\alpha^c \mathrm{d}\Omega_\alpha^c} = \frac{S(\varepsilon_\alpha^c)}{4\pi} \tag{5.6.47}$$

在剩余核运动系中, ^{8}Be 两体崩裂的 α 粒子具有确定能量

$$\varepsilon_\alpha^r = Q_8/2 \tag{5.6.48}$$

其中, $Q_8 = 0.092$MeV 是 ^{8}Be 两体崩裂的 Q 值, 这是放能反应. 在剩余核运动系中, ^{8}Be 两体崩裂的 α 粒子的双微分截面可以表示为

$$\frac{\mathrm{d}^2\sigma}{\mathrm{d}\varepsilon_\alpha^r \mathrm{d}\Omega_\alpha^r} = \frac{\delta(\varepsilon_\alpha^r - Q_8/2)}{4\pi} \tag{5.6.49}$$

在质心系中, 对于一定的 ^{8}Be 能量值, 该双微分截面变为

$$\frac{\mathrm{d}^2\sigma}{\mathrm{d}\varepsilon_\alpha^c \mathrm{d}\Omega_\alpha^c} = \sqrt{\frac{\varepsilon_\alpha^c}{\varepsilon_\alpha^r}} \frac{\mathrm{d}^2\sigma}{\mathrm{d}\varepsilon_\alpha^r \mathrm{d}\Omega_\alpha^r} \tag{5.6.50}$$

实际上 ^{8}Be 有一个连续的能量分布, 所以上式给出的 α 粒子的双微分截面还需要对 ^{8}Be 的归一化能谱作平均, 然后得到在质心系中, 从直接三体崩裂产生的 ^{8}Be 再发生两体崩裂的 α 粒子的双微分截面

$$\frac{\mathrm{d}^2\sigma}{\mathrm{d}\varepsilon_\alpha^c \mathrm{d}\Omega_\alpha^c} = \frac{1}{4\pi} \int_a^b \sqrt{\frac{\varepsilon_\alpha^c}{\varepsilon_\alpha^r}} \frac{\mathrm{d}^2\sigma}{\mathrm{d}\varepsilon_\alpha^r \mathrm{d}\Omega_\alpha^r} S(\varepsilon_a^c) \mathrm{d}\varepsilon_a^c \mathrm{d}\Omega_a^c \tag{5.6.51}$$

由剩余核运动系与质心系的速度合成关系 $v_\alpha^r = v_\alpha^c - v_a^c$, 得到它们的能量关系为

$$\varepsilon_\alpha^r = \varepsilon_\alpha^c + \frac{m_a}{m_\alpha}\varepsilon_a^c - 2\sqrt{\frac{m_a}{m_\alpha}\varepsilon_a^c\varepsilon_\alpha^c}\cos\theta_\alpha^c \tag{5.6.52}$$

其中, θ_α^c 为 v_α^c 与 v_a^c 之间的夹角. 由上面的速度合成关系还可确定对 a 粒子能量积分的上下限. 现在首先确定在质心系中, ^{8}Be 两体崩裂出射 α 粒子的能量范围, 其最大能量发生在 v_α^r 与 v_a^c 同方向的情况下, 即

$$\varepsilon_{\alpha,\max}^c = \frac{1}{2}m_\alpha(v_\alpha^r + v_{a,\max}^c)^2 = \left(\sqrt{\varepsilon_\alpha^r} + \sqrt{\frac{m_a}{m_\alpha}\varepsilon_{a,\max}^c}\right)^2 \tag{5.6.53}$$

其最小能量则发生在 v_α^r 与 v_a^c 方向相反的情况下, 由于 a 粒子 ^{8}Be 具有连续谱, 当 ^{8}Be 的最大速度 $v_{a,\max}^c$ 大于剩余核运动系中 α 粒子的速度 v_α^r 时, 总会存在一个 ^{8}Be 的速度 v_a^c 恰好与 v_α^r 相抵消, 于是

$$\varepsilon_{\alpha,\min}^c = 0 \tag{5.6.54}$$

而如果 ^{8}Be 的最大速度 $v_{a,\max}^c$ 小于 v_α^r 时, v_α^r 与 v_a^c 就总也不能相互抵消, 于是

$$\varepsilon_{\alpha,\min}^c = \left(\sqrt{\varepsilon_\alpha^r} - \sqrt{\frac{m_a}{m_\alpha}\varepsilon_{a,\max}^c}\right)^2 \tag{5.6.55}$$

将上面两种情况合并写出, 得到 α 粒子发射的最小能量为

$$\varepsilon_{\alpha,\min}^c = \begin{cases} 0, & \text{当}\varepsilon_{a,\max}^c \geqslant \dfrac{m_a}{2m_\alpha}Q_8 \\ \left(\sqrt{\varepsilon_\alpha^r} - \sqrt{\dfrac{m_a}{m_\alpha}\varepsilon_{a,\max}^c}\right)^2, & \text{当}\varepsilon_{a,\max}^c < \dfrac{m_a}{2m_\alpha}Q_8 \end{cases} \tag{5.6.56}$$

在质心系中, 对于一个确定的 α 粒子发射能量 ε_α^c 值 ($\varepsilon_{\alpha,\min}^c \leqslant \varepsilon_\alpha^c \leqslant \varepsilon_{\alpha,\max}^c$), 可以通过速度合成关系 $v_a^c = v_\alpha^c - v_\alpha^r$ 来确定对 a 粒子 ^{8}Be 能量积分的上下限. 其下限发生在 v_α^c 与 v_α^r 方向相反时,

$$a = (\sqrt{\varepsilon_\alpha^c} - \sqrt{\varepsilon_\alpha^r})^2 \tag{5.6.57}$$

其上限则发生在 v_α^c 与 v_α^r 的方向相同时, 对应于 $(\sqrt{\varepsilon_\alpha^c} + \sqrt{\varepsilon_\alpha^r})^2$, 但是这个值有可能大于 ^{8}Be 三体崩裂粒子能量的最大值, 因此, 对 a 粒子 ^{8}Be 能量 ε_α^c 积分的上限写为

$$b = \min\left\{\varepsilon_{a,\max}^c, (\sqrt{\varepsilon_\alpha^c} + \sqrt{\varepsilon_\alpha^r})^2\right\} \tag{5.6.58}$$

在对 ^{8}Be 归一化能谱作平均后, 在质心系, 得到从三体崩裂出射的 ^{8}Be 再发生两体崩裂, 其崩裂 α 粒子的双微分截面为

$$\frac{\mathrm{d}^2\sigma}{\mathrm{d}\varepsilon_a^c\mathrm{d}\varOmega_\alpha^c} = \frac{1}{(4\pi)^2}\int_a^b \sqrt{\frac{\varepsilon_a^c}{\varepsilon_a^r}}\delta\left(\varepsilon_\alpha^c + \frac{m_a}{m_a}\varepsilon_a^c - 2\sqrt{\frac{m_a}{m_a}\varepsilon_a^c\varepsilon_a^c}\cos\theta_\alpha^c - \frac{Q_8}{2}\right)S(\varepsilon_a^c)\mathrm{d}\varepsilon_a^c\mathrm{d}\varOmega_a^c$$

$$(5.6.59)$$

再应用 δ 函数的性质, 如果在一个积分中出现 δ 函数, 其结果可以表示为

$$\int F(x)\delta(a(x-x_0))\mathrm{d}x = \frac{1}{a}F(x_0) \tag{5.6.60}$$

这里 $x = \cos\theta_\alpha^c$, 因此, 由式 (5.6.59) 的积分结果得到在质心系中从 ^{8}Be 两体崩裂的 α 粒子能谱为

$$S_\alpha(\varepsilon_\alpha^c) = \frac{1}{4}\sqrt{\frac{m_a}{m_a\varepsilon_\alpha^r}}\int_a^b \frac{S(\varepsilon_a^c)}{\sqrt{\varepsilon_a^c}}\mathrm{d}\varepsilon_a^c \tag{5.6.61}$$

下面证明这个谱是归一化的. 事实上

$$\int_{\varepsilon_{\alpha,\min}^c}^{\varepsilon_{\alpha,\max}^c} S_\alpha(\varepsilon)\mathrm{d}\varepsilon = \int_{\varepsilon_{\alpha,\min}^c}^{\varepsilon_{\alpha,\max}^c}\frac{1}{4}\sqrt{\frac{m_a}{m_a\varepsilon_\alpha^r}}\int_a^b \frac{S(\varepsilon_a^c)}{\sqrt{\varepsilon_a^c}}\mathrm{d}\varepsilon_a^c\mathrm{d}\varepsilon \tag{5.6.62}$$

交换积分顺序后, 记 $\varepsilon' = \varepsilon_a^c$, 得到

$$\int_{\varepsilon_{\alpha,\min}^c}^{\varepsilon_{\alpha,\max}^c} S_\alpha(\varepsilon)\mathrm{d}\varepsilon = \frac{1}{4}\sqrt{\frac{m_a}{m_a\varepsilon_\alpha^r}}\int_{\varepsilon_{\min}}^{\varepsilon_{\max}}\frac{S(\varepsilon')}{\sqrt{\varepsilon'}}\mathrm{d}\varepsilon'\int_{\varepsilon_{\alpha,\min}^c}^{\varepsilon_{\alpha,\max}^c}\mathrm{d}\varepsilon_\alpha^c \tag{5.6.63}$$

由速度合成关系 $\boldsymbol{v}_\alpha^c = \boldsymbol{v}_\alpha^r + \boldsymbol{v}_a^c$, 对于确定的 ε_a^c 可以得到对 ε_a^c 积分的下限、上限分别为

$$\varepsilon_{\alpha,\min}^c = (\sqrt{\varepsilon_\alpha^r} - \sqrt{m_a\varepsilon'/m_a})^2, \quad \varepsilon_{\alpha,\max}^c = (\sqrt{\varepsilon_\alpha^r} + \sqrt{m_a\varepsilon'/m_a})^2 \tag{5.6.64}$$

因而有

$$\varepsilon_{\alpha,\max}^c - \varepsilon_{\alpha,\min}^c = 4\sqrt{\frac{m_a}{m_a}\varepsilon'\varepsilon_\alpha^r} \tag{5.6.65}$$

代入到式 (5.6.63) 的积分中, 由 5.3 节得知, 直接三体崩裂粒子的能谱是归一化的

$$\int_{\varepsilon_{\alpha,\min}^c}^{\varepsilon_{\alpha,\max}^c} S_\alpha(\varepsilon)\mathrm{d}\varepsilon = 1 \tag{5.6.66}$$

因此证明了在质心系中, 从直接三体崩裂中的 ^{8}Be 再发生两体崩裂, 其崩裂出的 α 粒子的能谱是归一化的. 下面讨论在质心系中, 从上述 ^{10}Be 直接三体崩裂过程中, ^{8}Be 崩裂出的 α 粒子所携带的能量. 两体崩裂 α 粒子的能量对其能谱作平均, 得到

$$\int_{\varepsilon_{\alpha,\min}^c}^{\varepsilon_{\alpha,\max}^c} S_\alpha(\varepsilon)\varepsilon\mathrm{d}\varepsilon = \int_{\varepsilon_{\alpha,\min}^c}^{\varepsilon_{\alpha,\max}^c}\frac{1}{4}\sqrt{\frac{m_a}{m_a\varepsilon_\alpha^r}}\int_a^b \frac{S(\varepsilon_a^c)}{\sqrt{\varepsilon_a^c}}\mathrm{d}\varepsilon_a^c\varepsilon\mathrm{d}\varepsilon \tag{5.6.67}$$

交换积分顺序后, 记 $\varepsilon' = \varepsilon_a^c$, 上式变为

$$\int_{\varepsilon_{a,\min}^c}^{\varepsilon_{a,\max}^c} S_\alpha(\varepsilon)\varepsilon \mathrm{d}\varepsilon = \frac{1}{4}\sqrt{\frac{m_a}{m_\alpha \varepsilon_\alpha^r}} \int_{\varepsilon_{a,\min}^c}^{\varepsilon_{a,\max}^c} \frac{S(\varepsilon')}{\sqrt{\varepsilon'}}\mathrm{d}\varepsilon' \int_{\varepsilon_{a,\min}^c}^{\varepsilon_{a,\max}^c} \varepsilon_\alpha^c \mathrm{d}\varepsilon_\alpha^c \tag{5.6.68}$$

由式 (5.6.64) 给出的对 ε_α^c 积分的上下限, 得到式 (5.6.68) 中对 ε_α^c 积分的结果为

$$\int_{\varepsilon_{a,\min}^c}^{\varepsilon_{a,\max}^c} \varepsilon_\alpha^c \mathrm{d}\varepsilon_\alpha^c = 4\sqrt{\frac{m_\alpha \varepsilon' \varepsilon}{m_a}} \left(\varepsilon_\alpha^r + \frac{m_\alpha}{m_a}\varepsilon'\right) \tag{5.6.69}$$

代入到式 (5.6.68), 得到

$$\bar{\varepsilon}_\alpha^c = \int_{\varepsilon_{a,\min}^c}^{\varepsilon_{a,\max}^c} S_\alpha(\varepsilon)\varepsilon \mathrm{d}\varepsilon = \int_{\varepsilon_{a,\min}^c}^{\varepsilon_{a,\max}^c} S(\varepsilon)\left(\varepsilon_\alpha^r + \frac{m_\alpha}{m_a}\varepsilon'\right)\mathrm{d}\varepsilon' = \varepsilon_\alpha^r + \frac{m_\alpha}{m_a}\bar{\varepsilon}_a^c \tag{5.6.70}$$

注意到 $2m_\alpha = m_a$, m_a 是 ^{8}Be 的质量数. 因此在质心系中, ^{8}Be 两体崩裂出射的两个 α 粒子所携带的能量之和为

$$2\varepsilon_\alpha^r + \frac{2m_\alpha}{m_a}\bar{\varepsilon}_a^c = Q_8 + \bar{\varepsilon}_a^c \tag{5.6.71}$$

上述由 ^{8}Be 崩裂的 α 粒子, 在实验室系中的能量可以由质心系与实验室系的速度合成关系 $v_\alpha^l = v_\alpha^c + V_C$ 得到. 由于三体崩裂粒子都是各向同性发射的, 所以在实验室系中每个 α 粒子携带的平均动能为它在质心系中的平均动能加上质心动能分到 α 粒子上的那一部分

$$\bar{\varepsilon}_\alpha^l = \frac{m_\alpha m_n E_n}{M_C^2} + \bar{\varepsilon}_\alpha^c \tag{5.6.72}$$

5.3 节已经给出, 在实验室系中, 直接三体崩裂粒子携带的平均能量为

$$\bar{\varepsilon}_b^l = \bar{\varepsilon}_c^l = \frac{m_n m_n E_n}{M_C^2} + \frac{1}{2}\varepsilon_{b,\max}^c \tag{5.6.73}$$

于是可以得到在实验室系中释放的总能量, 它就是由 b 和 c 粒子 (即两个中子) 携带的能量加上 ^{8}Be 两体崩裂的两个 α 粒子所携带的能量

$$E_{\mathrm{total}}^l = 2\bar{\varepsilon}_\alpha^l + \bar{\varepsilon}_b^l + \bar{\varepsilon}_c^l = \frac{m_n E_n}{M_C} + 2\varepsilon_\alpha^r + \bar{\varepsilon}_a^c + \varepsilon_{n,\max}^c \tag{5.6.74}$$

由直接三体崩裂的讨论得知

$$\bar{\varepsilon}_a^c = \frac{1}{2}\varepsilon_{a,\max}^c = \frac{m_n}{M_C}(E^* - Q_3) \tag{5.6.75}$$

其中

$$\varepsilon_{\mathrm{n,max}}^{c} = \frac{M_{\mathrm{C}} - m_{\mathrm{n}}}{M_{\mathrm{C}}}\left(E^{*} - Q_{3}\right) \tag{5.6.76}$$

由此得到从 ^{10}Be 直接三体崩裂中的 ^{8}Be 再两体崩裂出两个 α 粒子在实验室系中携带的能量之和

$$E_{\mathrm{total}}^{l} = E_{\mathrm{n}} + B_{\mathrm{n}} + Q_{8} - Q_{3} = E_{\mathrm{n}} + Q \tag{5.6.77}$$

上述这种独特核反应的 Q 值为 $Q = B_{\mathrm{n}} + Q_{8} - Q_{3}$. 因此, ^{10}Be 在质心系中三体崩裂中的 ^{8}Be 再崩裂为两个 α 粒子的双微分截面表示也能够保证在实验室系中的能量平衡条件.

(3) 在一次粒子发射到连续能级态后, 其二次粒子发射到剩余核的分立能级的核反应过程.

一次粒子发射到剩余核连续能级态和剩余核的双微分截面 Legerndre 多项式的展开表示分别由式 (5.2.10) 和 (5.2.11) 给出.

二次粒子发射的双微分截面表示为剩余核运动系 (RNS) 的双微分截面对一次粒子发射剩余核的双微分截面 (5.2.11) 的平均值, 将在质心系中双微分截面写成在剩余核运动系的双微分截面

$$\frac{\mathrm{d}^{2}\sigma}{\mathrm{d}\varepsilon_{m_{2}}^{c}\mathrm{d}\Omega_{m_{2}}^{c}} = \int \frac{\mathrm{d}^{2}\sigma}{\mathrm{d}E_{M_{1}}^{c}\mathrm{d}\Omega_{M_{1}}^{c}} \frac{\mathrm{d}^{2}\sigma}{\mathrm{d}\varepsilon_{m_{2}}^{r}\mathrm{d}\Omega_{m_{2}}^{r}} \sqrt{\frac{\varepsilon_{m_{2}}^{c}}{\varepsilon_{m_{2}}^{r}}} \mathrm{d}E_{M_{1}}^{c}\mathrm{d}\Omega_{M_{1}}^{c}$$

$$= \frac{1}{4\pi}\sum_{l}(2l+1)f_{l}(\varepsilon_{m_{2}}^{c})\mathrm{P}_{l}(\cos\theta_{m_{2}}^{c}) \tag{5.6.78}$$

当第二粒子发射的余核处于分立能级态时, 双微分截面形式有不同的表示. 这时相当于 $\varepsilon_{m_{2}}^{r}$ 具有确定能量值, 这时

$$\frac{\mathrm{d}^{2}\sigma}{\mathrm{d}\varepsilon_{m_{2}}^{r}\mathrm{d}\Omega_{m_{2}}^{r}} = \frac{1}{4\pi}\delta(\varepsilon_{m_{2}}^{r} - \varepsilon_{m_{2},k}^{r}(E_{M_{1}}^{c})) \tag{5.6.79}$$

第一发射粒子及其剩余核的能量之和为 $\varepsilon_{m_{1}}^{c} + E_{M_{1}}^{c} = M_{1}E_{M_{1}}^{c}/m_{1} + E_{M_{1}}^{c} = M_{\mathrm{C}}E_{M_{1}}^{c}/m_{1}$, 第二发射粒子和它的剩余核能量之和为

$$\varepsilon_{m_{2}}^{r} + E_{M_{2}}^{r} = \varepsilon_{m_{2}}^{r} + m_{2}\varepsilon_{m_{2}}^{r}/M_{2} = M_{1}\varepsilon_{m_{2}}^{r}/M_{2}$$

由能量守恒得到

$$\varepsilon_{m_{2},k}^{r}(E_{M_{1}}^{c}) = \frac{M_{2}}{M_{1}}\left(E^{*} - B_{1} - B_{2} - E_{k} - \frac{M_{\mathrm{C}}}{m_{1}}E_{M_{1}}^{c}\right) \tag{5.6.80}$$

这里, E_{k} 为第二次粒子发射后余核处于 k 能级的能量. 将式(5.6.79)代入式 (5.6.78), 以及用式 (5.2.11) 的 Legendre 多项式展开公式表示代入, 式 (5.6.78) 两边乘上

$P_l(\cos\theta^c_{m_2})$ 对 $d\Omega^c_{m_2}$ 积分, 式 (5.6.78) 右边给出 Legendre 展开系数 $f_l(\varepsilon^c_{m_2})$,

$$f_l(\varepsilon^c_{m_2})_k = \frac{1}{4\pi}\int\frac{d^2\sigma}{dE^c_{M_1}d\Omega^c_{M_1}}\delta(\varepsilon^r_{m_2}-\varepsilon^r_{m_2,k}(E^c_{M_1}))\sqrt{\frac{\varepsilon^c_{m_2}}{\varepsilon^r_{m_2}}}P_l(\cos\theta^c_{m_2})dE^c_{M_1}d\Omega^c_{M_1}d\Omega^c_{m_2} \tag{5.6.81}$$

将一次粒子发射剩余核的双微分截面式 (5.2.11) 代入式 (5.6.81). 若记 $\Omega^c_{M_1}$ 与 $\Omega^c_{m_2}$ 的夹角为 Θ, 利用第 4 章介绍的数学技巧式 (4.5.11), 这时的具体表示为

$$\begin{aligned} P_l(\cos\theta^c_{m_2}) &= P_l(\cos\Theta)P_l(\cos\theta^c_{M_1}) \\ &\quad + 2\sum_{m=1}^{l}\frac{(l-m)!}{(l+m)!}P_l^m(\cos\Theta)P_l^m(\cos\theta^c_{M_1})\cos\left(m(\varphi^c_{M_1}-\Phi)\right) \end{aligned} \tag{5.6.82}$$

将对 $d\Omega^c_{m_2}$ 的立体角积分换为对全空间 $d\Theta d\Phi$ 积分, 这相当于 m_2 粒子发射是以 Ω_{M_1} 为 Z 轴. 对 $d\Phi$ 积分得到因子 $2\pi\delta_{m0}$, 式 (5.6.82) 中第二项消失, 再对 $d\Omega^c_{M_1}$ 积分, 利用 Legerndre 多项式的正交性, 式 (5.6.81) 被约化为

$$f_l(\varepsilon^c_{m_2})_k = \frac{1}{2}\int f_l(E^c_{M_1})\delta(\varepsilon^r_{m_2}-\varepsilon^r_{m_2,k}(E^c_{M_1}))\sqrt{\frac{\varepsilon^c_{m_2}}{\varepsilon^r_{m_2}}}P_l(\cos\theta^c_{m_2})dE^c_{M_1}d\cos\Theta \tag{5.6.83}$$

由速度合成关系 $\boldsymbol{v}^r_{m_2}=\boldsymbol{v}^c_{m_2}-\boldsymbol{v}^c_{M_1}$, 得到能量关系式

$$\varepsilon^r_{m_2} = \varepsilon^c_{m_2} + \frac{m_2}{M_1}E^c_{M_1} - 2\sqrt{\frac{m_2}{M_1}E^c_{M_1}\varepsilon^c_{m_2}}\cos\Theta = \varepsilon^c_{m_2}\left(1+\xi^2-2\xi\cos\Theta\right) \tag{5.6.84}$$

由式 (5.6.84) 得到 $\cos\Theta$ 的显式表示

$$\cos\Theta = \frac{1+\xi^2-\varepsilon^r_{m_2}/\varepsilon^c_{m_2}}{2\xi},\text{其中}\xi \equiv \sqrt{\frac{m_2E^c_{M_1}}{M_1\varepsilon^c_{m_2}}} \tag{5.6.85}$$

对于给定的 $E^c_{M_1}$ 和 $\varepsilon^c_{m_2}$ 值, 在式 (5.6.83) 中将 $\cos\Theta$ 代换成 $\varepsilon^r_{m_2}$ 时

$$d\cos\Theta = -\frac{d\varepsilon^r_{m_2}}{2\varepsilon^c_{m_2}\xi} \tag{5.6.86}$$

代入式 (5.6.83), 第二粒子发射的 Legendre 系数为

$$\begin{aligned} f_l(\varepsilon^c_{m_2})_k &= \frac{1}{4}\sqrt{\frac{M_1}{m_2}}\int_A^B\frac{f_l(E^c_{M_1})}{\sqrt{\varepsilon^r_{m_2}}\sqrt{E^c_{M_1}}}\delta(\varepsilon^r_{m_2}-\varepsilon^r_{m_2,k}(E^c_{M_1})) \\ &\quad \times dE^c_{M_1}P_l\left(\frac{1+\xi^2-\varepsilon^r_{m_2}/\varepsilon^c_{m_2}}{2\xi}\right)d\varepsilon^r_{m_2} \end{aligned} \tag{5.6.87}$$

对 $\varepsilon_{m_2}^r$ 积分, 式 (5.6.87) 变为

$$f_l(\varepsilon_{m_2}^c)_k = \frac{1}{4}\sqrt{\frac{M_1}{m_2}} \int_A^B \frac{f_l(E_{M_1}^c)}{\sqrt{\varepsilon_{m_2,k}^r(E_{M_1}^c)}\sqrt{E_{M_1}^c}} \mathrm{P}_l \left(\frac{1+\xi^2 - \varepsilon_{m_2,k}^r(E_{M_1}^c)\big/\varepsilon_{m_2}^c}{2\xi} \right) \mathrm{d}E_{M_1}^c$$

$$(5.6.88)$$

在质心系中 m_2 粒子的最小能量一定出现在 m_2 粒子与 M_1 相反的运动方向, 存在下面三种情况

$$\varepsilon_{m_2,\min}^c = \begin{cases} \left(\sqrt{\dfrac{m_2}{M_1}E_{M_1,\min}^c}\sqrt{\varepsilon_{m_2,k}^r} \right)^2, & \text{当}\ \varepsilon_{m_2,k}^r \leqslant \dfrac{m_2}{M_1}E_{M_1,\min}^c \\[2mm] 0, & \text{当}\ \dfrac{m_2}{M_1}E_{M_1,\min}^c < \varepsilon_{m_2,k}^r < \dfrac{m_2}{M_1}E_{M_1,\max}^c \\[2mm] \left(\sqrt{\varepsilon_{m_2,k}^r} - \sqrt{\dfrac{m_2}{M_1}E_{M_1,\max}^c} \right)^2, & \text{当}\ \dfrac{m_2}{M_1}E_{M_1,\max}^c \leqslant \varepsilon_{m_2,k}^r \end{cases}$$

$$(5.6.89)$$

在质心系中, 当对应出射粒子与反冲核是处于同方向, 出射第二粒子能量最大值为

$$\varepsilon_{m_2,\max}^c(E_{M_1}^c) = \left(\sqrt{\frac{m_2}{M_1}E_{M_1,\max}^c} + \sqrt{\varepsilon_{m_2,k}^r} \right)^2 \tag{5.6.90}$$

这时第二粒子发射能量在质心系的能量区域也有所加宽, 给定 $\varepsilon_{m_2}^c$ 值时, 式 (5.6.88) 中对 $E_{M_1}^c$ 的积分区域要满足 $-1 \leqslant \cos\Theta \leqslant 1$, 由此得到 $E_{M_1}^c$ 的积分区域

$$A = \max\left\{ E_{M_1,\min}^c, \frac{M_1}{m_2}\varepsilon_{m_2,k}^r \left(\sqrt{\frac{\varepsilon_{m_2}^c}{\varepsilon_{m_2,k}^r}} - 1 \right)^2 \right\}$$

$$B = \min\left\{ E_{M_1,\max}^c, \frac{M_1}{m_2}\varepsilon_{m_2,k}^r \left(\sqrt{\frac{\varepsilon_{m_2}^c}{\varepsilon_{m_2,k}^r}} + 1 \right)^2 \right\} \tag{5.6.91}$$

由 $\boldsymbol{v}_{m_2}^l = \boldsymbol{V}_{\mathrm{C}} + \boldsymbol{v}_{m_2}^c$ 速度矢量关系, 在实验室系中第二发射粒子携带能量为

$$\bar{\varepsilon}_{m_2}^l = \frac{m_{\mathrm{n}}m_2}{M_{\mathrm{C}}^2}E_{\mathrm{n}} + \int \varepsilon_{m_2}^c f_0(\varepsilon_{m_2}^c)\mathrm{d}\varepsilon_{m_2}^c + 2\frac{\sqrt{m_{\mathrm{n}}m_2 E_{\mathrm{n}}}}{M_{\mathrm{C}}} \int \sqrt{\varepsilon_{m_2}^c} f_1(\varepsilon_{m_2}^c)\mathrm{d}\varepsilon_{m_2}^c \tag{5.6.92}$$

由式 (5.6.88) 可得 $f_l(\varepsilon_{m_2}^c)$ 的 $l = 0, 1$ 的 Legendre 分波的显式表示分别为

$$f_0(\varepsilon_{m_2}^c)_k = \frac{1}{4}\sqrt{\frac{M_1}{m_2}} \int_A^B \frac{f_0(E_{M_1}^c)}{\sqrt{\varepsilon_{m_2,k}^r(E_{M_1}^c)}\sqrt{E_{M_1}^c}} \mathrm{d}E_{M_1}^c \tag{5.6.93}$$

$$\sqrt{\varepsilon_{m_2}^c}f_1(\varepsilon_{m_2}^c)_k = \frac{1}{8}\frac{M_1}{m_2} \int_A^B \frac{f_1(E_{M_1}^c)}{\sqrt{\varepsilon_{m_2,k}^r(E_{M_1}^c)}E_{M_1}^c} \left(\frac{m_2}{M_1}E_{M_1}^c + \varepsilon_{m_2}^c - \varepsilon_{m_2,k}^r(E_{M_1}^c) \right) \mathrm{d}E_{M_1}^c$$

$$(5.6.94)$$

将式 (5.6.93) 和 (5.6.94) 代入式 (5.6.92), 式 (5.6.92) 约化为

$$
\begin{aligned}
\bar{\varepsilon}^l_{m_2} = {} & \frac{m_\mathrm{n} m_2}{M_\mathrm{C}^2} E_\mathrm{n} + \frac{1}{4} \sqrt{\frac{M_1}{m_2}} \iint \varepsilon^c_{m_2} \frac{f_0(E^c_{M_1})}{\sqrt{\varepsilon^r_{m_2,k}(E^c_{M_1})} \sqrt{E^c_{M_1}}} \mathrm{d}E^c_{M_1} \mathrm{d}\varepsilon^c_{m_2} \\
& + \frac{\sqrt{m_\mathrm{n} m_2 E_\mathrm{n}}}{4 M_\mathrm{C}} \frac{M_1}{m_2} \iint \frac{f_1(E^c_{M_1})}{\sqrt{\varepsilon^r_{m_2,k}(E^c_{M_1})} E^c_{M_1}} \\
& \times \left(\frac{m_2}{M_1} E^c_{M_1} + \varepsilon^c_{m_2} - \varepsilon^r_{m_2,k}(E^c_{M_1}) \right) \mathrm{d}E^c_{M_1} \mathrm{d}\varepsilon^c_{m_2}
\end{aligned}
\tag{5.6.95}
$$

由速度合成关系 $\boldsymbol{v}^c_{m_2} = \boldsymbol{v}^c_{M_1} + \boldsymbol{v}^r_{m_2,k}$, 这时对 $\varepsilon^c_{m_2}$ 的积分限为

$$
\left(\sqrt{\frac{m_2}{M_1} E^c_{M_1}} - \sqrt{\varepsilon^r_{m_2,k}} \right)^2 \leqslant \varepsilon^c_{m_2} \leqslant \left(\sqrt{\frac{m_2}{M_1} E^c_{M_1}} + \sqrt{\varepsilon^r_{m_2,k}} \right)^2
\tag{5.6.96}
$$

在式 (5.6.95) 中有两种积分, 他们的积分结果分别是

$$
\int_{\varepsilon^c_{m_2,\mathrm{min}}}^{\varepsilon^c_{m_2,\mathrm{max}}} \mathrm{d}\varepsilon^c_{m_2} = \varepsilon^c_{m_2,\mathrm{max}} - \varepsilon^c_{m_2,\mathrm{min}} = 4\sqrt{\frac{m_2}{M_1} E^c_{M_1} \varepsilon^r_{m_2,k}}
\tag{5.6.97}
$$

$$
\int_{\varepsilon^c_{m_2,\mathrm{min}}}^{\varepsilon^c_{m_2,\mathrm{max}}} \varepsilon^c_{m_2} \mathrm{d}\varepsilon^c_{m_2} = \frac{1}{2} \left[(\varepsilon^c_{m_2,\mathrm{max}})^2 - (\varepsilon^c_{m_2,\mathrm{min}})^2 \right] = 4\left(\frac{m_2}{M_1} E^c_{M_1} + \varepsilon^r_{m_2,k} \right) \sqrt{\frac{m_2}{M_1} E^c_{M_1} \varepsilon^r_{m_2,k}}
\tag{5.6.98}
$$

代入式 (5.6.95) 得到

$$
\begin{aligned}
\bar{\varepsilon}^l_{m_2} = {} & \frac{m_\mathrm{n} m_2}{M_\mathrm{C}^2} E_\mathrm{n} + \int f_0(E^c_{M_1}) \left(\frac{m_2}{M_1} E^c_{M_1} + \varepsilon^r_{m_2,k} \right) \mathrm{d}E^c_{M_1} \\
& + \frac{2\sqrt{m_\mathrm{n} m_2 E_\mathrm{n}}}{M_\mathrm{C}} \sqrt{\frac{m_2}{M_1}} \int f_1(E^c_{M_1}) \sqrt{E^c_{M_1}} \mathrm{d}E^c_{M_1}
\end{aligned}
$$

代入 $\varepsilon^r_{m_2,k}$ 的表示式 (5.6.80), 利用能谱 $f_0(E^c_{M_1})$ 的归一性, 以及式 (5.2.5), 将对 $E^c_{M_1}$ 的积分换为对 $\varepsilon^c_{m_1}$ 的积分, 以及 Legendre 多项式 (5.2.11) 的表示

$$
\begin{aligned}
\bar{\varepsilon}^l_{m_2} = {} & \frac{m_\mathrm{n} m_2}{M_\mathrm{C}^2} E_\mathrm{n} + \frac{M_2}{M_1} (E^* - B_1 - B_2 - E_k) \\
& + \left(\frac{m_2}{M_1} - \frac{M_2}{M_1} \frac{M_\mathrm{C}}{m_1} \right) \frac{m_1}{M_1} \int f_0(\varepsilon^c_{m_1}) \varepsilon^c_{m_1} \mathrm{d}\varepsilon^c_{m_1} \\
& - \frac{2\sqrt{m_\mathrm{n} m_1 E_\mathrm{n}}}{M_\mathrm{C}} \frac{m_2}{M_1} \int f_1(\varepsilon^c_{m_1}) \sqrt{\varepsilon^c_{m_1}} \mathrm{d}\varepsilon^c_{m_1}
\end{aligned}
\tag{5.6.99}
$$

对于二次粒子发射后剩余核的双微分截面, 可以完全仿照上式方式得到

$$\frac{\mathrm{d}^2\sigma}{\mathrm{d}E^c_{M_2}\mathrm{d}\Omega^c_{M_2}} = \int \frac{\mathrm{d}^2\sigma}{\mathrm{d}E^c_{M_1}\mathrm{d}\Omega^c_{M_1}} \frac{\mathrm{d}^2\sigma}{\mathrm{d}\varepsilon^r_{m_2}\mathrm{d}\Omega^r_{m_2}} \sqrt{\frac{E^c_{M_2}}{E^r_{M_2}}} \mathrm{d}E^c_{M_1}\mathrm{d}\Omega^c_{M_1}$$

$$= \frac{1}{4\pi}\sum_l (2l+1) f_l(E^c_{M_2}) \mathrm{P}_l(\cos\theta^c_{M_2}) \tag{5.6.100}$$

当第二粒子发射的余核处于分立能级态时, 双微分截面形式有不同的表示. 这时相当于 $E^r_{m_2}$ 具有确定能量值, 这时

$$\frac{\mathrm{d}^2\sigma}{\mathrm{d}E^r_{M_2}\mathrm{d}\Omega^r_{M_2}} = \frac{1}{4\pi}\delta(E^r_{M_2} - E^r_{M_2,k}(E^c_{M_1})) \tag{5.6.101}$$

第一发射粒子及其剩余核的能量之和为 $\varepsilon^c_{m_1}+E^c_{M_1} = M_1 E^c_{M_1}/m_1 + E^c_{M_1} = M_C E^c_{M_1}/m_1$, 第二发射粒子和它的剩余核能量之和为 $\varepsilon^r_{m_2}+E^r_{M_2} = M_2 E^r_{M_2}/m_2 + E^r_{m_2} = M_1 E^r_{m_2}/m_2$, 由能量守恒得到

$$E^r_{M_2,k}(E^c_{M_1}) = \frac{m_2}{M_1}\left(E^* - B_1 - B_2 - E_k - \frac{M_C}{m_1}E^c_{M_1}\right) = \frac{m_2}{M_2}\varepsilon^r_{m_2,k}(E^c_{M_1}) \tag{5.6.102}$$

这里, E_k 为第二次粒子发射后余核处于 k 能级的能量. 将式 (5.6.101) 代入式 (5.6.100), 以及用式 (5.2.11) 的 Legendre 多项式展开公式表示代入, 式 (5.6.100) 两边乘上 $\mathrm{P}_l(\cos\theta^c_{M_2})$ 对 $\mathrm{d}\Omega^c_{M_2}$ 积分, 式 (5.6.100) 右边给出 Legendre 展开系数 $f_l(E^c_{M_2})$,

$$f_l(E^c_{M_2}) = \frac{1}{4\pi}\int \frac{\mathrm{d}^2\sigma}{\mathrm{d}E^c_{M_1}\mathrm{d}\Omega^c_{M_1}}\delta(E^r_{M_2} - E^r_{M_2,k}(E^c_{M_1}))\sqrt{\frac{E^c_{M_2}}{E^r_{M_2}}}\mathrm{P}_l(\cos\theta^c_{M_2})\mathrm{d}E^c_{M_1}\mathrm{d}\Omega^c_{M_1}\mathrm{d}\Omega^c_{M_2}$$

$$\tag{5.6.103}$$

将一次粒子发射后剩余核的双微分截面 (5.2.11) 代入式 (5.6.103). 若记 $\Omega^c_{M_1}$ 与 $\Omega^c_{M_2}$ 夹角为 Θ, 利用第 4 章介绍的数学技巧式 (4.5.11), 这时的具体表示为

$$\mathrm{P}_l(\cos\theta^c_{M_2}) = \mathrm{P}_l(\cos\Theta)\mathrm{P}_l(\cos\theta^c_{M_1})$$

$$+ 2\sum_{m=1}^{l}\frac{(l-m)!}{(l+m)!}\mathrm{P}_l^m(\cos\Theta)\mathrm{P}_l^m(\cos\theta^c_{M_1})\cos\left(m(\varphi^c_{M_1} - \Phi)\right) \tag{5.6.104}$$

将对 $\mathrm{d}\Omega^c_{M_2}$ 的立体角积分换为对全空间 $\mathrm{d}\Theta\mathrm{d}\Phi$ 积分. 对 $\mathrm{d}\Phi$ 积分得到因子 $2\pi\delta_{m0}$, 式 (5.6.104) 中第二项消失, 对 $\mathrm{d}\Omega^c_{M_1}$ 积分, 利用 Legerndre 多项式的正交性, 式 (5.6.103) 改写为

$$f_l(E^c_{M_2}) = \frac{1}{2}\int f_l(E^c_{M_1})\delta(E^r_{M_2} - E^r_{M_2,k}(E^c_{M_1}))\sqrt{\frac{E^c_{M_2}}{E^r_{M_2}}}\mathrm{P}_l(\cos\theta^c_{M_2})\mathrm{d}E^c_{M_1}\mathrm{d}\cos\Theta$$

$$\tag{5.6.105}$$

由速度合成关系 $\boldsymbol{v}_{M_2}^r = \boldsymbol{v}_{M_2}^c - \boldsymbol{v}_{M_1}^c$, 得到能量关系式

$$E_{M_2}^r = E_{M_2}^c + \frac{M_2}{M_1}E_{M_1}^c - 2\sqrt{\frac{M_2}{M_1}E_{M_1}^c E_{M_2}^c}\cos\Theta = E_{M_2}^c\left(1 + \Xi^2 - 2\Xi\cos\Theta\right)$$

$$(5.6.106)$$

由此得到 $\cos\Theta$ 的表示

$$\cos\Theta = \left(1 + \Xi^2 - E_{M_2}^r/E_{M_1}^c\right)/2\Xi,\text{其中}\Xi \equiv \sqrt{\frac{M_2 E_{M_1}^c}{M_1 E_{M_2}^c}} \qquad (5.6.107)$$

在式 (5.6.104) 中将对 $\cos\Theta$ 的积分代换成对 $E_{M_2}^c$ 的积分

$$\mathrm{d}\cos\Theta = -\frac{\mathrm{d}E_{M_2}^r}{2E_{M_2}^c\Xi} \qquad (5.6.108)$$

代入式 (5.6.105), 第二粒子发射的 Legendre 系数为

$$f_l(E_{M_2}^c)_k = \frac{1}{4}\sqrt{\frac{M_1}{M_2}}\int_A^B \frac{f_l(E_{M_1}^c)}{\sqrt{E_{M_2}^r}\sqrt{E_{M_1}^c}}\delta(E_{M_2}^r - E_{M_2,k}^r(E_{M_1}^c))$$

$$\times \mathrm{d}E_{M_1}^c \mathrm{P}_l\left(\frac{1 + \Xi^2 - E_{M_2}^r/E_{M_2}^c}{2\Xi}\right)\mathrm{d}E_{M_2}^r \qquad (5.6.109)$$

对 $E_{M_2}^r$ 积分, 式 (5.6.109) 变为

$$f_l(E_{M_2}^c)_k = \frac{1}{4}\sqrt{\frac{M_1}{M_2}}\int_A^B \frac{f_l(E_{M_1}^c)}{\sqrt{E_{M_2,k}^r(E_{M_1}^c)}\sqrt{E_{M_1}^c}}\mathrm{P}_l\left(\frac{1 + \Xi^2 - E_{M_2,k}^r(E_{M_1}^c)\big/E_{M_2}^c}{2\Xi}\right)\mathrm{d}E_{M_1}^c$$

$$(5.6.110)$$

又知

$$E_{M_2,k}^r(E_{M_1}^c) = \frac{m_2}{M_2}\varepsilon_{m_2,k}^r(E_{M_1}^c) \qquad (5.6.111)$$

将式 (5.6.111) 代入式 (5.6.110) 得到反冲剩余核的 Legendre 系数

$$f_l(E_{M_2}^c)_k = \frac{1}{4}\sqrt{\frac{M_1}{m_2}}\int_A^B \frac{f_l(E_{M_1}^c)}{\sqrt{\varepsilon_{m_2,k}^r(E_{M_1}^c)}\sqrt{E_{M_1}^c}}\mathrm{P}_l$$

$$\times \left(\frac{1 + \Xi^2 - m_2\varepsilon_{m_2,k}^r(E_{M_1}^c)\big/M_2 E_{M_2}^c}{2\Xi}\right)\mathrm{d}E_{M_1}^c \qquad (5.6.112)$$

由 $\boldsymbol{v}_{M_2}^l = \boldsymbol{V}_\mathrm{C} + \boldsymbol{v}_{M_2}^c$ 速度矢量关系, 在实验室系中第二发射粒子的剩余核携带能量为

$$\overline{E}_{M_2}^l = \frac{m_{\mathrm{n}} M_2}{M_{\mathrm{C}}^2} E_{\mathrm{n}} + \int E_{M_2}^c f_0(E_{M_2}^c) \mathrm{d}E_{M_2}^c + 2\frac{\sqrt{m_{\mathrm{n}} m_2 E_{\mathrm{n}}}}{M_{\mathrm{C}}} \int \sqrt{E_{M_2}^c} f_1(E_{M_1}^c) \mathrm{d}E_{M_2}^c \tag{5.6.113}$$

由式 (5.6.112) 可得 $f_l(E_{M_2}^c)$ 的 $l=0,1$ 的 Legendre 分波的显示表示

$$f_0(E_{M_2}^c)_k = \frac{1}{4}\sqrt{\frac{M_1}{M_2}} \int_A^B \frac{f_0(E_{M_1}^c)}{\sqrt{E_{M_2,k}^r(E_{M_1}^c)}\sqrt{E_{M_1}^c}} \mathrm{d}E_{M_1}^c \tag{5.6.114}$$

$$\sqrt{E_{M_2}^c} f_1(E_{M_2}^c)_k = \frac{1}{8}\frac{M_1}{M_2} \int_A^B \frac{f_1(E_{M_1}^c)}{\sqrt{E_{M_2,k}^r(E_{M_1}^c)}E_{M_1}^c} \left(\frac{M_2}{M_1}E_{M_1}^c + E_{M_2}^c - E_{M_2,k}^r(E_{M_1}^c)\right) \mathrm{d}E_{M_1}^c \tag{5.6.115}$$

将式 (5.6.114) 和 (5.6.115) 代入式 (5.6.113), 交换积分顺序得到第二发射粒子的剩余核平均携带能量为

$$\overline{E}_{M_2}^l = \frac{m_{\mathrm{n}} M_2}{M_{\mathrm{C}}^2} E_{\mathrm{n}} + \frac{1}{4}\sqrt{\frac{M_1}{m_2}} \iint E_{m_2}^c \frac{f_0(E_{M_1}^c)}{\sqrt{\varepsilon_{M_2,k}^r(E_{M_1}^c)}\sqrt{E_{M_1}^c}} \mathrm{d}E_{M_1}^c \mathrm{d}E_{M_2}^c$$

$$+ \frac{\sqrt{m_{\mathrm{n}} m_2 E_{\mathrm{n}}}}{4M_{\mathrm{C}}}\frac{M_1}{m_2} \iint \frac{f_1(E_{M_1}^c)}{\sqrt{\varepsilon_{M_2,k}^r(E_{M_1}^c)}E_{M_1}^c}$$

$$\times \left(\frac{M_2}{M_1}E_{M_1}^c + E_{M_2}^c - \frac{m_2}{M_2}\varepsilon_{M_2,k}^r(E_{M_1}^c)\right) \mathrm{d}E_{M_1}^c \mathrm{d}E_{M_2}^c \tag{5.6.116}$$

由速度合成关系 $\boldsymbol{v}_{M_2}^c = \boldsymbol{v}_{M_1}^c + \boldsymbol{v}_{M_2,k}^r$, 对 $E_{M_2}^c$ 积分, 且 $E_{M_2}^c$ 的积分限为

$$\left(\sqrt{\frac{M_2}{M_1}E_{M_1}^c} - \sqrt{\frac{m_2}{M_2}\varepsilon_{m_2,k}^r}\right)^2 \leqslant E_{M_2}^c \leqslant \left(\sqrt{\frac{M_2}{M_1}E_{M_1}^c} + \sqrt{\frac{m_2}{M_2}\varepsilon_{m_2,k}^r}\right)^2 \tag{5.6.117}$$

在式 (5.6.116) 中对 $E_{M_2}^c$ 的积分有两种情况

$$\int_{E_{M_2,\min}^c}^{E_{M_2,\max}^c} \mathrm{d}E_{M_2}^c = E_{M_2,\max}^c - E_{M_2,\min}^c = 4\sqrt{\frac{m_2}{M_1}E_{M_1}^c \varepsilon_{m_2,k}^r} \tag{5.6.118}$$

$$\int_{E_{M_2,\min}^c}^{E_{M_2,\max}^c} E_{m_2}^c \mathrm{d}E_{m_2}^c = \frac{1}{2}\left[(E_{M_2,\max}^c)^2 - (E_{M_2,\min}^c)^2\right]$$

$$= 4\left(\frac{M_2}{M_1}E_{M_1}^c + \frac{m_2}{M_2}\varepsilon_{m_2,k}^r\right)\sqrt{\frac{m_2}{M_1}E_{M_1}^c \varepsilon_{m_2,k}^r} \tag{5.6.119}$$

将式 (5.6.118) 和 (5.6.119) 代入式 (5.6.116), 再利用式 (5.2.1) 和 (5.2.12) 得到

$$\overline{E}_{M_2}^l = \frac{m_n M_2}{M_C^2} E_n + \int f_0(E_{M_1}^c) \left(\frac{M_2}{M_1} E_{M_1}^c + \frac{m_2}{M_2} \varepsilon_{m_2,k}^r \right) \mathrm{d}E_{M_1}^c$$

$$- \frac{2\sqrt{m_n m_1 E_n}}{M_C} \frac{M_2}{M_1} \int f_1(\varepsilon_{m_1}^c) \sqrt{\varepsilon_{m_1}^c} \mathrm{d}\varepsilon_{m_1}^c \qquad (5.6.120)$$

代入式 (5.6.80) 表示的 $\varepsilon_{m_2,k}^r$, 式 (5.6.120) 变为

$$\overline{E}_{M_2}^l = \frac{m_n M_2}{M_C^2} E_n + \frac{m_2}{M_1} (E^* - B_1 - B_2 - E_k)$$

$$+ \left(\frac{M_2}{M_1} - \frac{m_2}{M_1} \frac{M_C}{m_1} \right) \frac{m_1}{M_1} \int f_0(\varepsilon_{m_1}^c) \varepsilon_{m_1}^c \mathrm{d}\varepsilon_{m_1}^c$$

$$- \frac{2\sqrt{m_n m_1 E_n}}{M_C} \frac{M_2}{M_1} \int f_1(\varepsilon_{m_1}^c) \sqrt{\varepsilon_{m_1}^c} \mathrm{d}\varepsilon_{m_1}^c \qquad (5.6.121)$$

由式 (5.6.99) 给出的 $\bar{\varepsilon}_{m_2}^l$, 与式 (5.6.121) 给出的 $\overline{E}_{M_2}^l$ 相加, 其中因子的约化结果为

$$\left(\frac{M_2}{M_1} - \frac{m_2}{M_1} \frac{M_C}{m_1} \right) \frac{m_1}{M_1} + \left(\frac{m_2}{M_1} - \frac{M_2}{M_1} \frac{M_C}{m_1} \right) \frac{m_1}{M_1} = \frac{m_1}{M_1} \left(1 - \frac{M_C}{m_1} \right) = -1 \quad (5.6.122)$$

由此得到

$$\bar{\varepsilon}_{m_2}^l + \overline{E}_{M_2}^l = \frac{m_n M_1}{M_C^2} E_n + (E^* - B_1 - B_2 - E_k)$$

$$- \frac{2\sqrt{m_n m_1 E_n}}{M_C} \int f_1(\varepsilon_{m_1}^c) \sqrt{\varepsilon_{m_1}^c} \mathrm{d}\varepsilon_{m_1}^c - \int f_0(\varepsilon_{m_1}^c) \varepsilon_{m_1}^c \mathrm{d}\varepsilon_{m_1}^c$$

$$(5.6.123)$$

将式 (5.2.14) 给出的 $\bar{\varepsilon}_{m_1}^l$, 和式 (5.6.99) 给出的 $\bar{\varepsilon}_{m_2}^l$, 与式 (5.6.121) 给出的 $\overline{E}_{M_2}^l$ 相加得到

$$\bar{\varepsilon}_{m_1}^l + \bar{\varepsilon}_{m_2}^l + \bar{E}_{M_2}^l = \frac{m_n}{M_C} E_n + (E^* - B_1 - B_2 - E_k) \qquad (5.6.124)$$

总释放能中还包括 γ 退激能量 $E_\gamma = E_k$, 因而总释放能为

$$E_T^l = \bar{\varepsilon}_{m_1}^l + \bar{\varepsilon}_{m_2,k}^l + \overline{E}_{M_2,k}^l + E_\gamma = E_n + Q \qquad (5.6.125)$$

其中, 二次粒子发射反应道的 Q 值为 $Q = B_n - B_1 - B_2$, 因而满足能量平衡. 这种能保证能量平衡的 C to D 理论计算出射粒子的双微分截面公式已经应用在 UNF 程序之中 (Zhang, 2002a).

下面以 $^{56}\mathrm{Fe}(n, 2n)^{55}\mathrm{Fe}$ 的 UNF 程序计算结果为例, 由于考虑了预平衡发射, 因此第一中子发射在质心系中是超前的 ($f_1(n_1) > 0$), 剩余核 $^{56}\mathrm{Fe}^*$ 在质心系中是朝

后的 $(f_1(^{56}\text{Fe}^*) < 0)$, 在仅考虑一次预平衡发射机制的情况下, 第二粒子是由平衡态理论描述, 这时从 $^{56}\text{Fe}^*$ 的连续态再次发射第二中子到剩余核 ^{55}Fe 的基态的第二中子的双微分截面 Legendre 系数由表 5.7 给出.

表 5.7 给出的 $f_1 < 0$, 表明在质心系中剩余核 $^{56}\text{Fe}^*$ 的反冲效应使得第二中子仍然保留在质心系中的朝后发射的状态, 但是朝后状态已经变得比较小了. 对于其他激发能级, 当能级能量增高时, 除二次中子发射的能量区域变小之外, 都具有朝后发射的状态.

表 5.7　从发射第一中子剩余核 $^{56}\text{Fe}^*$ 再发射第二中子到 ^{55}Fe 的基态的 Legendre 系数

ε_n/MeV	f_0/MeV^{-1}	f_1/MeV^{-1}	f_2/MeV^{-1}	f_3/MeV^{-1}	f_4/MeV^{-1}
0.000	0.00	0.00	0.00	0.00	0.00
0.033	2.49×10^{-1}	3.05×10^{-5}	-1.57×10^{-4}	5.51×10^{-7}	6.15×10^{-6}
0.170	5.11×10^{-1}	-4.95×10^{-5}	-5.45×10^{-5}	9.25×10^{-8}	2.44×10^{-6}
0.403	6.92×10^{-1}	-1.04×10^{-4}	-5.68×10^{-5}	5.82×10^{-8}	2.52×10^{-6}
0.712	7.04×10^{-1}	-1.42×10^{-4}	-3.78×10^{-5}	2.06×10^{-8}	1.83×10^{-6}
1.069	5.59×10^{-1}	-1.33×10^{-4}	-1.38×10^{-5}	-8.09×10^{-9}	9.37×10^{-7}
1.443	3.36×10^{-1}	-8.39×10^{-5}	4.12×10^{-5}	-2.52×10^{-8}	-1.26×10^{-6}
1.801	2.14×10^{-1}	-4.43×10^{-5}	1.20×10^{-5}	-7.48×10^{-9}	-2.38×10^{-7}
2.110	1.28×10^{-1}	-2.68×10^{-5}	6.26×10^{-6}	-4.28×10^{-9}	-4.82×10^{-8}
2.343	6.69×10^{-2}	-1.65×10^{-5}	2.59×10^{-6}	-1.19×10^{-9}	1.08×10^{-7}
2.480	2.41×10^{-2}	-1.19×10^{-5}	-2.73×10^{-6}	1.22×10^{-8}	4.70×10^{-7}
2.512	0.00	0.00	0.00	0.00	0.00

注: ε_n 是第二中子出射能量.

到此, 从连续谱到分立能级的核反应过程中出现的运动学的三种情况讨论完毕.

5.7　连续谱到连续谱次级粒子的发射过程

下面研究从连续谱到连续谱的核反应过程的运动学 (C to C). 在轻核反应中, 只有在发射多粒子之后, 剩余核在质心系中是环型连续谱 (见图 5.7), 有时这个剩余核可以发生三体崩裂, 由于崩裂出的粒子是连续谱, 因此出现从连续谱到连续谱的核反应过程. 目前已知的有 ^6He 的第 1 激发态会发生三体崩裂. 例如,

$$^7\text{Li}(n, np + pn)^6\text{He}^*, \quad ^{10}\text{B}(n, p\alpha + \alpha p)^6\text{He}^*, \quad ^{11}\text{B}(n, d\alpha + \alpha d)^6\text{He}^*$$

等核反应过程, 它们都属于连续谱到连续谱的发射过程. 下面分两种情况进行讨论.

(1) 下面首先讨论两次粒子发射后剩余核 ^6He 处于第 1 激发态的情况 (Zhang et al., 2001, 2002b). 目前已知 ^6He 的第 1 激发态是通过三体崩裂产生两个中子和一个 α 粒子, 这是一种从连续谱到连续谱的情况. 而 $E_{\text{brk}} = 1.797\text{MeV}$ 是 $^6\text{He}^*$ 第

1 激发态的能量. 当然, 如果需要的话, 仿照下面的思路, 也同样能处理两次以上粒子发射后到达剩余核 ^{6}He 的第 1 激发态的三体崩裂情况. 图 5.12 示意地表示了这种核反应过程.

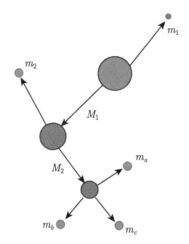

图 5.12 两次粒子发射后 ^{6}He* 三体崩裂过程的示意图

无论在质心系或是在实验室系中, 一、二次发射粒子的能量表示都已经在 5.4 节中给出, 即式 (5.4.52) 给出的二次粒子发射的剩余核在质心系中的最大和最小能量值以及式 (5.4.66) 给出的二次粒子发射的剩余核在质心系中的平均能量. 在质心系中, 二次粒子发射的剩余核能量的归一化双微分截面由式 (5.4.53) 给出, 其 Legendre 展开系数由式 (5.4.54) 给出.

在 5.3 节中已经给出了在剩余核运动系中三体崩裂粒子的双微分截面和能谱表示, 以及三体崩裂的 i 粒子发射能量的最大值. 但是这里 M_2 是二次粒子发射后剩余核 ^{6}He 的质量数. 由式 (5.1.14) 给出双微分截面在质心系与余核运动系之间的关系, 于是在质心系中的三体崩裂的 i 粒子双微分截面表示为

$$\frac{\mathrm{d}^2\sigma}{\mathrm{d}\varepsilon_i^c\mathrm{d}\Omega_i^c} = \sqrt{\frac{\varepsilon_i^c}{\varepsilon_i^r}}\frac{\mathrm{d}^2\sigma}{\mathrm{d}\varepsilon_i^r\mathrm{d}\Omega_i^r} = \sqrt{\frac{\varepsilon_i^c}{\varepsilon_i^r}}\frac{S(\varepsilon_i^r)}{4\pi} \tag{5.7.1}$$

将三体崩裂的第 i 粒子的双微分截面对二次粒子发射的剩余核的归一化双微分截面平均之后, 得到质心系中三体崩裂 i 粒子的双微分截面表示

$$\frac{\mathrm{d}^2\sigma}{\mathrm{d}\varepsilon_i^c\mathrm{d}\Omega_i^c} = \int \frac{\mathrm{d}^2\sigma}{\mathrm{d}E_2^c\mathrm{d}\Omega_{M_2}^c}\sqrt{\frac{\varepsilon_i^c}{\varepsilon_i^r}}\frac{S(\varepsilon_i^r)}{4\pi}\mathrm{d}E_2^c\mathrm{d}\Omega_{M_2}^c \tag{5.7.2}$$

ε_i^c 是 i 粒子在质心系中的能量, 写成双微分截面的标准形式为

$$\frac{\mathrm{d}^2\sigma}{\mathrm{d}\varepsilon_i^c \mathrm{d}\Omega_i^c} = \frac{1}{4\pi}\sum_l (2l+1)f_l^c(\varepsilon_i^c)\mathrm{P}_l(\cos\theta_i^c) \tag{5.7.3}$$

这里, θ_i^c 是三体崩裂 i 粒子在质心系中的角度. 将上面两个双微分截面表示两边分别都乘上因子 $2\pi\mathrm{P}_l(\cos\theta_i^c)$, 并对 $\cos\theta_i^c$ 积分, 利用 Legendre 多项式的正交性, 得到 i 粒子在质心系中的 Legendre 展开系数为

$$f_l^c(\varepsilon_i^c) = \frac{1}{2}\int_{-1}^{1}\mathrm{d}\cos\theta_i^c\int\frac{\mathrm{d}^2\sigma}{\mathrm{d}E_2^c\mathrm{d}\Omega_{M_2}^c}\mathrm{P}_l(\cos\theta_i^c)\sqrt{\frac{\varepsilon_i^c}{\varepsilon_i^r}}S(\varepsilon_i^r)\mathrm{d}E_2^c\mathrm{d}\Omega_{M_2}^c \tag{5.7.4}$$

在质心系中, 如果用 θ 表示二次粒子发射剩余核的速度 $v_{M_2}^c$ 与三体崩裂 i 粒子的速度 v_i^c 之间的夹角, 利用球谐函数的加法定理公式 (5.5.9), 仅在这里用 $\theta_{M_2}^c$ 代替了 $\theta_{M_1}^c$. 在式 (5.7.4) 中, 对 $\Omega_{M_2}^c$ 的积分可以用对 $\mathrm{d}\cos\theta\mathrm{d}\varphi$ 的积分代替. 对 φ 的积分使得带 m 的项消失, 第一项仅出现因子 2π. 将二次粒子发射的剩余核的双微分截面表示代入到式 (5.7.4) 中, 得到

$$\frac{\mathrm{d}^2\sigma}{\mathrm{d}\varepsilon_i^c\mathrm{d}\Omega_i^c} = \int\sqrt{\frac{\varepsilon_i^c}{\varepsilon_i^r}}\frac{S(\varepsilon_i^r)}{8\pi}\sum_l(2l+1)f_l^c(E_2^c)\mathrm{P}_l(\cos\theta_i^c)\mathrm{P}_l(\cos\theta)\mathrm{d}E_2^c\mathrm{d}\cos\theta \tag{5.7.5}$$

Legendre 多项式展开系数 (5.7.4) 可以表示为

$$f_l(\varepsilon_i^c) = 2\pi\int_{-1}^{1}\frac{\mathrm{d}^2\sigma}{\mathrm{d}\varepsilon_i^c\mathrm{d}\Omega_i^c}\mathrm{P}_l(\cos\theta_i^c)\mathrm{d}\cos\theta_i^c \tag{5.7.6}$$

将式 (5.7.5) 代入到式 (5.7.6) 中, 完成对 $\cos\theta$ 的积分, 得到

$$f_l(\varepsilon_i^c) = \frac{1}{2}\int_{-1}^{1}\sqrt{\frac{\varepsilon_i^c}{\varepsilon_i^r}}S(\varepsilon_i^r)f_l^c(E_2^c)\mathrm{P}_l(\cos\theta)\mathrm{d}E_2^c\mathrm{d}\cos\theta \tag{5.7.7}$$

由速度合成关系 $v_i^r = v_i^c - v_{M_2}^c$ 可以得到各种能量与 $\cos\theta$ 的等式

$$\varepsilon_i^r = \varepsilon_i^c + \frac{m_i}{M_2}E_2^c - 2\sqrt{m_i E_2^c \varepsilon_i^c/M_2}\cos\theta \tag{5.7.8}$$

利用式 (5.7.8), 可以将对 $\mathrm{d}\cos\theta$ 的积分换为对 $\varepsilon_i^r \equiv \varepsilon$ 的积分. 它们的微分关系是

$$\mathrm{d}\cos\theta = -\frac{\sqrt{M_2}}{2\sqrt{m_i E_2^c \varepsilon_i^c}}\mathrm{d}\varepsilon \tag{5.7.9}$$

这时 i 粒子在质心系中的 Legendre 展开系数约化为

$$f_l^c(\varepsilon_i^c) = \frac{1}{4}\sqrt{\frac{M_2}{m_i}} \int_A^B \mathrm{d}E_2^c \frac{f_l^c(E_2^c)}{\sqrt{E_2^c}} \int_a^b \frac{S(\varepsilon)}{\sqrt{\varepsilon}} \mathrm{P}_l \left(\frac{\varepsilon_i^c + \dfrac{m_i}{M_2}E_2^c - \varepsilon}{2\sqrt{\dfrac{m_i}{M_2}E_2^c\varepsilon_i^c}} \right) \mathrm{d}\varepsilon \qquad (5.7.10)$$

下面需要确定式 (5.7.10) 中的积分上下限 a 和 b. 首先, 在给定 ε_i^c 和 E_2^c 数值后, 由速度合成关系 $\boldsymbol{v}_i^r = \boldsymbol{v}_i^c - \boldsymbol{v}_{M_2}^c$ 可以得到对 ε_i^r 的积分限. $\boldsymbol{v}_i^c$ 与 $\boldsymbol{v}_{M_2}^c$ 方向相同时给出积分下限

$$a = \left(\sqrt{\varepsilon_i^c} - \sqrt{\frac{m_i}{M_2}E_2^c} \right)^2 \qquad (5.7.11)$$

而 $\boldsymbol{v}_i^c$ 与 $\boldsymbol{v}_{M_2}^c$ 方向相反时则给出积分上限, 但是对应的能量不能超过三体崩裂能量的最大值 $\varepsilon_{i,\max}^r$, 因此对 ε_i^r 的积分上限为

$$b = \min \left\{ \varepsilon_{i,\max}^r, \left(\sqrt{\varepsilon_i^c} + \sqrt{\frac{m_i}{M_2}E_2^c} \right)^2 \right\} \qquad (5.7.12)$$

关于 E_2^c 的积分上下限, 当给定 ε_i^c 数值后, 由速度合成关系 $\boldsymbol{v}_{M_2}^c = \boldsymbol{v}_i^c - \boldsymbol{v}_i^r$ 可以看出, $\boldsymbol{v}_i^c$ 与 $\boldsymbol{v}_i^r$ 方向相反时给出积分上限, 但是需要考虑到剩余核能谱存在能量最大值 $E_{2,\max}^c$, 因此对 E_2^c 的积分上限为

$$B = \min \left\{ E_{2,\max}^c, \frac{M_2}{m_i}(\sqrt{\varepsilon_{i,\max}^r} + \sqrt{\varepsilon_i^c})^2 \right\} \qquad (5.7.13)$$

而 $\boldsymbol{v}_i^c$ 与 $\boldsymbol{v}_i^r$ 方向相同时给出积分下限, 但不能低于二次粒子发射的剩余核能量的最小值 $E_{2,\min}^c$, 因此对 E_2^c 积分的下限为

$$A = \begin{cases} \dfrac{M_2}{m_i}(\sqrt{\varepsilon_{i,\min}^r}\sqrt{\varepsilon_i^c})^2, & \text{当} \sqrt{\dfrac{m_i}{M_2}E_{2,\min}^c} \leqslant |\sqrt{\varepsilon_{i,\min}^r} - \sqrt{\varepsilon_i^c}| \\[3mm] E_{2,\min}, & \text{当} \sqrt{\dfrac{m_i}{M_2}E_{2,\min}^c} \geqslant |\sqrt{\varepsilon_{i,\min}^r} - \sqrt{\varepsilon_i^c}| \end{cases} \qquad (5.7.14)$$

得到了对 ε_i^r 积分的上下限和对 E_2^c 积分的上下限之后, 就可以计算出二次粒子发射的剩余核的三体崩裂中 i 粒子双微分截面谱的 Legendre 展开系数 $f_l^c(\varepsilon_i^c)$.

下面来证明这个双微分截面中的能谱是归一化的. 为此, 需要先确定 ε_i^c 的能量范围. 由速度合成关系 $\boldsymbol{v}_i^c = \boldsymbol{v}_{M_2}^c + \boldsymbol{v}_i^r$ 可以看出, 当 $\boldsymbol{v}_i^r$ 与 $\boldsymbol{v}_{M_2}^c$ 方向相同并都取最大值时, 就给出 ε_i^c 的最大值为

$$\varepsilon_{i,\max}^c = \left(\sqrt{\varepsilon_{i,\max}^r} + \sqrt{\frac{m_i}{M_2}E_{2,\max}^c} \right)^2 \qquad (5.7.15)$$

而当 $\boldsymbol{v}_i^r$ 与 $\boldsymbol{v}_{M_2}^c$ 方向相反时, 并且注意到如果 $v_{i,\max}^r < v_{M_2,\min}^c$, 无论如何两者都不能彼此抵消; 而 $v_{i,\max}^r > v_{M,\min}^c$ 时, 总会有一个 $\boldsymbol{v}_i^r$ 值恰好与 $\boldsymbol{v}_{M_2}^c$ 的合成速度为 0, 即 ε_i^c 的最小值为 0. 综合起来, ε_i^c 的最小值可表示为

$$\varepsilon_{i,\min}^c = \begin{cases} \left(\sqrt{\dfrac{m_i}{M_2} E_{2,\min}^c} - \sqrt{\varepsilon_{i,\max}^r} \right)^2, & \text{当} \varepsilon_{i,\max}^r < \dfrac{m_i}{M_2} E_{2,\min}^c \\[4mm] 0, & \text{当} \varepsilon_{i,\max}^r \geqslant \dfrac{m_i}{M_2} E_{2,\min}^c \end{cases} \tag{5.7.16}$$

在质心系中, 三体崩裂 i 粒子的能量满足 $\varepsilon_{i,\min}^c \leqslant \varepsilon_i^c \leqslant \varepsilon_{i,\max}^c$.

在对能谱归一化的积分中, 利用交换积分顺序, 先对 ε_i^c 积分, 再对 ε_i^r 积分, 最后对 E_2^c 积分. 这时在给定 E_2^c 和 ε_i^r 数值之后, 对 ε_i^c 的积分上下限可以由速度合成关系分别得到

$$\varepsilon_{i,\max}^c = \left(\sqrt{\frac{m_i}{M_2} E_2^c} + \sqrt{\varepsilon_i^r} \right)^2, \quad \varepsilon_{i,\min}^c = \left(\sqrt{\frac{m_i}{M_2} E_2^c} - \sqrt{\varepsilon_i^r} \right)^2 \tag{5.7.17}$$

因此归一化积分变为

$$\int_{\varepsilon_{i,\min}^c}^{\varepsilon_{i,\max}^c} f_0^c(\varepsilon_i^c) \mathrm{d}\varepsilon_i^c = \frac{1}{4} \sqrt{\frac{M_2}{m_i}} \int_{E_{2,\min}^c}^{E_{2,\max}^c} \mathrm{d}E_2^c \frac{f_0^c(E_2^c)}{\sqrt{E_2^c}} \int_0^{\varepsilon_{i,\max}^r} \mathrm{d}\varepsilon_i^r \frac{S(\varepsilon_i^r)}{\sqrt{\varepsilon_i^r}} \int_{\varepsilon_{i,\min}^c}^{\varepsilon_{i,\max}^c} \mathrm{d}\varepsilon_i^c \tag{5.7.18}$$

最内层对 ε_i^c 的积分结果为

$$\int_{\varepsilon_{i,\min}^c}^{\varepsilon_{i,\max}^c} \mathrm{d}\varepsilon_i^c = 4 \sqrt{\frac{m_i}{M_2} E_2^c \varepsilon_i^r} \tag{5.7.19}$$

代入式 (5.7.18) 后, 可以消去被积函数的分母中包含的 $\sqrt{E_2^c}$ 和 $\sqrt{\varepsilon_i^r}$, 以及前面的系数. 又知, $S(\varepsilon_i^r)$ 和 $f_0^c(E_2^c)$ 都是归一化的, 因此最后得到

$$\int_{\varepsilon_{i,\min}^c}^{\varepsilon_{i,\max}^c} f_0^c(\varepsilon_i^c) \mathrm{d}\varepsilon_i^c = 1 \tag{5.7.20}$$

由此证明了由式 (5.7.10) 给出的能谱是归一化的.

作为计算示例, 在表 5.8 中给出了对 $^7\mathrm{Li}(\mathrm{n}, \mathrm{np} + \mathrm{pn})^6\mathrm{He}^*$ 反应, 在 $E_\mathrm{n} = 14\mathrm{MeV}$ 时, 用式 (5.7.10) 计算的在剩余核 $^6\mathrm{He}$ 三体崩裂中的中子双微分截面的 Legendre 展开系数. 计算结果表明, 展开系数随分波 l 的加大而迅速减小, 可以近似视为各向同性.

由表 5.8 中结果还可以看出, 由于在 $^6\mathrm{He}$ 的三体崩裂前已经有了两次粒子发射, 一次粒子发射的反冲效应被明显掩盖, 这时 $l = 1$ 分波的系数 $f_1(\varepsilon)$ 都大于 0. 另外, 从归一化能谱 $f_0(\varepsilon)$ 来看, 峰值是在 $0.216\mathrm{MeV}$ 附近, 随着出射中子能量的提高, 能谱值迅速降低, 属于软能谱.

表 5.8 $E_\mathrm{n}=14\mathrm{MeV}$ 时 $^7\mathrm{Li}(n,np+pn)^6\mathrm{He}^*$ 反应中 $^6\mathrm{He}$ 三体崩裂中子的双微分截面在质心系中的 Legendre 系数

ε/MeV	$f_0(\varepsilon)$	$f_1(\varepsilon)$	$f_2(\varepsilon)$	$f_3(\varepsilon)$	$f_4(\varepsilon)$
0.000	0.000	0.000	0.000	0.000	0.000
0.018	5.348×10^{-1}	5.215×10^{-4}	-1.254×10^{-6}	2.549×10^{-8}	-6.311×10^{-10}
0.091	1.126	2.927×10^{-3}	-1.900×10^{-5}	1.040×10^{-6}	-6.824×10^{-8}
0.216	1.450	8.573×10^{-3}	-1.360×10^{-4}	1.874×10^{-5}	-3.141×10^{-6}
0.382	1.274	1.934×10^{-2}	-1.670×10^{-4}	-1.410×10^{-4}	6.114×10^{-5}
0.574	9.744×10^{-1}	2.152×10^{-2}	7.661×10^{-4}	-2.169×10^{-4}	-6.721×10^{-5}
0.775	6.512×10^{-1}	1.769×10^{-2}	1.299×10^{-3}	1.139×10^{-4}	-8.815×10^{-5}
0.967	3.661×10^{-1}	1.134×10^{-2}	1.171×10^{-3}	3.477×10^{-4}	4.092×10^{-5}
1.132	1.597×10^{-1}	5.389×10^{-3}	6.773×10^{-4}	2.971×10^{-4}	1.027×10^{-4}
1.258	4.430×10^{-2}	1.579×10^{-3}	2.226×10^{-4}	1.183×10^{-4}	5.561×10^{-5}
1.331	3.800×10^{-3}	1.393×10^{-4}	2.083×10^{-5}	1.211×10^{-5}	6.460×10^{-6}
1.349	0.000	0.000	0.000	0.000	0.000

注: Legendre 系数的单位为 MeV^{-1}.

下面讨论能量平衡问题. 在质心系中考虑二次粒子发射的剩余核的三体崩裂中, 第 i 粒子所携带的平均能量为

$$\bar\varepsilon_i^c = \int_{\varepsilon_{i,\min}^c}^{\varepsilon_{i,\max}^c} \frac{\mathrm{d}^2\sigma}{\mathrm{d}\varepsilon_i^c\mathrm{d}\Omega_i^c}\varepsilon_i^c\mathrm{d}\varepsilon_i^c\mathrm{d}\Omega_i^c, i=1,2,3 \tag{5.7.21}$$

将质心系中第 i 粒子的双微分截面表示 (5.7.10) 代入上式, 完成对角度的积分后, 再交换积分顺序, 由此得到

$$\bar\varepsilon_i^c=\int_{\varepsilon_{i,\min}^c}^{\varepsilon_{i,\max}^c} f_0^c(\varepsilon_i^c)\varepsilon_i^c\mathrm{d}\varepsilon_i^c=\frac14\sqrt{\frac{M_2}{m_i}}\int_{E_{2,\min}^c}^{E_{2,\max}^c}\mathrm{d}E_2^c\frac{f_0^c(E_2^c)}{\sqrt{E_2^c}}\int_0^{\varepsilon_{i,\max}^r}\mathrm{d}\varepsilon_i^r\frac{S(\varepsilon_i^r)}{\sqrt{\varepsilon_i^r}}\int_{\varepsilon_{i,\min}^c}^{\varepsilon_{i,\max}^c}\varepsilon_i^c\mathrm{d}\varepsilon_i^c \tag{5.7.22}$$

在 (5.7.22) 中对最内层 ε_i^c 的积分得到的积分结果是

$$\int_{\varepsilon_{i,\min}^c}^{\varepsilon_{i,\max}^c}\varepsilon_i^c\mathrm{d}\varepsilon_i^c=4\sqrt{\frac{m_i}{M_2}E_2^c\varepsilon_i^r}\left(\varepsilon_i^r+\frac{m_i}{M_2}E_2^c\right) \tag{5.7.23}$$

将其代入式 (5.7.22) 后得到

$$\bar\varepsilon_i^c=\int_{E_{2,\min}^c}^{E_{2,\max}^c}\mathrm{d}E_2^c f_0^c(E_2^c)\int_0^{\varepsilon_{i,\max}^r}S(\varepsilon_i^r)\left(\varepsilon_i^r+\frac{m_i}{M_2}E_2^c\right)\mathrm{d}\varepsilon_i^r \tag{5.7.24}$$

完成对 ε_i^r 的积分后得到

$$\bar\varepsilon_i^c=\int_{E_{2,\min}^c}^{E_{2,\max}^c}f_0^c(E_2^c)[\bar\varepsilon_i^r+\frac{m_i}{M_2}E_2^c]\mathrm{d}E_2^c \tag{5.7.25}$$

最后完成对 E_2^c 的积分, 得到质心系中三体崩裂中 i 粒子携带的平均能量为

$$\bar{\varepsilon}_i^c = \bar{\varepsilon}_i^r + \frac{m_i}{M_2}\overline{E}_2^c \tag{5.7.26}$$

由此得到在质心系中, $i = 1, 2, 3$ 的三个崩裂粒子携带的平均总能量为

$$\sum_{i=1,2,3} \bar{\varepsilon}_i^c = E_{\mathrm{brk}} + \overline{E}_2^c \tag{5.7.27}$$

在实验室系中, 由质心系和实验室系的速度合成关系可以得到三体崩裂的第 i 粒子携带的平均能量为

$$\bar{\varepsilon}_i^l = \frac{m_i m_{\mathrm{n}} E_{\mathrm{n}}}{M_{\mathrm{C}}^2} + \bar{\varepsilon}_i^c + 2\frac{\sqrt{m_i m_{\mathrm{n}} E_{\mathrm{n}}}}{M_{\mathrm{C}}} \int_{\varepsilon_{i,\mathrm{min}}^c}^{\varepsilon_{i,\mathrm{max}}^c} \sqrt{\varepsilon_i^c} f_1^c(\varepsilon_i^c)\mathrm{d}\varepsilon_i^c \tag{5.7.28}$$

将由式 (5.7.10) 得到的 $f_1^c(\varepsilon_i^c)$ 的表示代入后得到

$$f_1^c(\varepsilon_i^c) = \frac{1}{8}\frac{M_2}{m_i\sqrt{\varepsilon_i^c}} \int_A^B \mathrm{d}E_2^c \frac{f_1^c(E_2^c)}{E_2^c} \int_a^b \frac{S(\varepsilon_i^r)}{\sqrt{\varepsilon_i^r}}\left(\varepsilon_i^c + \frac{m_i}{M_2}E_2^c - \varepsilon_i^r\right)\mathrm{d}\varepsilon_i^r \tag{5.7.29}$$

将其代入式 (5.7.28) 第三项中, 积分部分变为

$$\int_{\varepsilon_{i,\mathrm{min}}^c}^{\varepsilon_{i,\mathrm{max}}^c} \sqrt{\varepsilon_i^c} f_1^c(\varepsilon_i^c)\mathrm{d}\varepsilon_i^c = \frac{M_2}{8m_i}\int_{\varepsilon_{i,\mathrm{min}}^c}^{\varepsilon_{i,\mathrm{max}}^c} \mathrm{d}\varepsilon_i^c \int_A^B \mathrm{d}E_2^c \frac{f_1^c(E_2^c)}{E_2^c}\int_a^b \frac{S(\varepsilon_i^r)}{\sqrt{\varepsilon_i^r}}\left(\varepsilon_i^c + \frac{m_i}{M_2}E_2^c - \varepsilon_i^r\right)\mathrm{d}\varepsilon_i^r \tag{5.7.30}$$

再应用交换积分顺序的方式, 式 (5.7.30) 被改写为

$$\int_{\varepsilon_{i,\mathrm{min}}^c}^{\varepsilon_{i,\mathrm{max}}^c} \sqrt{\varepsilon_i^c} f_1^c(\varepsilon_i^c)\mathrm{d}\varepsilon_i^c = \frac{M_2}{8m_i}\int_{E_{2,\mathrm{min}}^c}^{E_{2,\mathrm{max}}^c} \mathrm{d}E_2^c \frac{f_1^c(E_2^c)}{E_2^c}\int_0^{\varepsilon_{i,\mathrm{max}}^r}$$
$$\times \mathrm{d}\varepsilon_i^r \frac{S(\varepsilon_i^r)}{\sqrt{\varepsilon_i^r}} \int_{\varepsilon_{i,\mathrm{min}}^c}^{\varepsilon_{i,\mathrm{max}}^c} \left(\varepsilon_i^c + \frac{m_i}{M_2}E_2^c - \varepsilon_i^r\right)\mathrm{d}\varepsilon_i^c \tag{5.7.31}$$

完成式 (5.7.31) 中最内层对 ε_i^c 的积分后得到

$$\int_{\varepsilon_{i,\mathrm{min}}^c}^{\varepsilon_{i,\mathrm{max}}^c} \left(\varepsilon_i^c + \frac{m_i}{M_2}E_2^c - \varepsilon_i^r\right)\mathrm{d}\varepsilon_i^c = 8\sqrt{\frac{m_i}{M_2}E_2^c \varepsilon_i^r}\frac{m_i}{M_2}E_2^c \tag{5.7.32}$$

将式 (5.7.32) 的结果代入到式 (5.7.31) 后, 式 (5.7.31) 被约化为

$$\int_{\varepsilon_{i,\mathrm{min}}^c}^{\varepsilon_{i,\mathrm{max}}^c} \sqrt{\varepsilon_i^c} f_1^c(\varepsilon_i^c)\mathrm{d}\varepsilon_i^c = \sqrt{\frac{m_i}{M_2}}\int_{E_{2,\mathrm{min}}^c}^{E_{2,\mathrm{max}}^c} \mathrm{d}E_2^c \sqrt{E_2^c} f_1^c(E_2^c)\int_0^{\varepsilon_{i,\mathrm{max}}^r} S(\varepsilon_i^r)\mathrm{d}\varepsilon_i^r \tag{5.7.33}$$

由式 (5.4.54) 得到的二次粒子发射后剩余核的 $l = 1$ 阶 Legendre 展开系数表示

$$f_1^c(E_2^c) = -\frac{1}{8\varGamma^2 E_2^r}f_1^c(m_1)\sqrt{\frac{E_2^r}{E_2^c}}\left(\frac{E_2^c}{E_2^r} - 1 + \varGamma^2\right) \tag{5.7.34}$$

式 (5.4.51) 给出了 Γ 的表达式. 将式 (5.7.34) 代入式 (5.7.33), 注意到 $S(\varepsilon_i^r)$ 对 ε_i^r 积分是归一化的. 于是有

$$\int_{\varepsilon_{i,\min}^c}^{\varepsilon_{i,\max}^c} \sqrt{\varepsilon_i^c} f_1^c(\varepsilon_i^c) \mathrm{d}\varepsilon_i^c = -\sqrt{\frac{m_i}{M_2 E_2^r}} \frac{1}{8\Gamma^2} f_1^c(m_1) \int_{E_{2,\min}^c}^{E_{2,\max}^c} \mathrm{d}E_2^c \left(\frac{E_2^c}{E_2^r} - 1 + \Gamma^2 \right)$$

(5.7.35)

利用前面给出的 $E_{2,\max}^c$ 和 $E_{2,\min}^c$, 完成对 E_2^c 的积分后得到

$$\int_{\varepsilon_{i,\min}^c}^{\varepsilon_{i,\max}^c} \sqrt{\varepsilon_i^c} f_1^c(\varepsilon_i^c) \mathrm{d}\varepsilon_i^c = -\sqrt{\frac{m_i}{M_2 E_2^r}} f_1^c(m_1) E_2^r \Gamma = -\sqrt{\frac{m_i E_1^c}{M_1}} f_1^c(m_1) \qquad (5.7.36)$$

将式 (5.7.36) 代入式 (5.7.28) 后, 得到了三体崩裂中的第 i 粒子在实验室系中携带的平均能量为

$$\bar{\varepsilon}_i^l = \frac{m_i m_{\mathrm{n}} E_{\mathrm{n}}}{M_{\mathrm{C}}^2} + \bar{\varepsilon}_i^c - 2\frac{m_i}{M_{\mathrm{C}}} \sqrt{\frac{m_{\mathrm{n}} E_{\mathrm{n}} E_1^c}{M_1}} f_1^c(m_1) \qquad (5.7.37)$$

因此, 在实验室系中, $i=1,2,3$ 的三个崩裂粒子携带的平均总能量为

$$\sum_{i=1,2,3} \bar{\varepsilon}_i^l = \frac{M_2 m_{\mathrm{n}} E_{\mathrm{n}}}{M_{\mathrm{C}}^2} + E_{\mathrm{brk}} + \overline{E}_2^c - 2\frac{M_2}{M_{\mathrm{C}}} \sqrt{\frac{m_{\mathrm{n}} E_{\mathrm{n}} E_1^c}{M_1}} f_1^c(m_1) \qquad (5.7.38)$$

在实验室系中, 由式 (5.2.3) 给出的一次发射粒子携带的平均能量 $\bar{\varepsilon}_1^l$, 以及由式 (5.4.74) 给出的二次发射粒子携带的平均能量 $\bar{\varepsilon}_2^l$, 可以看出, 将上面五个出射粒子的能量求和后, 与 $f_1^c(m_1)$ 有关的项彼此相消. 因此, 在实验室系中, 五个出射粒子携带的平均总能量为

$$E_{\mathrm{total}}^l = \frac{m_{\mathrm{n}} E_{\mathrm{n}}}{M_{\mathrm{C}}} + E_{\mathrm{brk}} + \overline{E}_2^c + \bar{\varepsilon}_1^c + \bar{\varepsilon}_2^c = E_{\mathrm{n}} + B_{\mathrm{n}} - B_1 - B_2 = E_{\mathrm{n}} + Q \quad (5.7.39)$$

上述两次粒子发射后再进行 $^6\mathrm{He}$ 的三体崩裂过程的反应的 Q 值为 $Q = B_{\mathrm{n}} - B_1 - B_2$, 因此, 双微分截面式 (5.7.10) 给出在两次粒子发射后, 其剩余核 $^6\mathrm{He}$ 再发生三体崩裂的核反应过程中, 在实验室系中也严格满足能量平衡条件. 注意到这时 Q 值与有序发射两个粒子的结果式 (5.4.81) 完全相同. 但是, 这里不同的是在有序发射两个粒子后剩余核必须达到 $^6\mathrm{He}$ 的第 1 激发态, 因此, 在反应阈能上是有所不同的.

式 (1.4.4) 指出, $^9\mathrm{Be}(\mathrm{n}, 2\mathrm{n})$ 反应道是通过六种不同的反应途径来实现的. 其中包括连续发射两个中子, 以及发射一个中子和一个 α 粒子后, 剩余核 $^5\mathrm{He} \to \mathrm{n} + \alpha$ 的两体崩裂过程, 其中的第二个粒子发射是属于 D to D 运动学过程, 连续发射两个中子后, 剩余核 $^8\mathrm{Be} \to \alpha + \alpha$ 的两体崩裂过程的 α 粒子是属于 C to D 运动学过程. 同样, 复合核直接三体崩裂 $^{10}\mathrm{Be}^* \to \mathrm{n} + \mathrm{n} + {}^8\mathrm{Be}$ 中的 $^8\mathrm{Be} \to \alpha + \alpha$ 两体崩裂出的 α 粒子也是属于 C to D 运动学过程, 而在发射一个 α 粒子后, 剩余核 $^6\mathrm{He}$ 处于第 1 激发能级时, 出现 $^6\mathrm{He} \to \mathrm{n} + \mathrm{n} + \alpha$ 的三体崩裂过程, 这些中子和 α 粒子

都属于 D to C 运动学过程. 由此可见 $^9\text{Be}(n, 2n)$ 的反应道中包含了多种运动学过程. 由于有了上述各种运动模式下的运动学公式, 可以给出保证能量平衡的双微分截面数据. 在编写的 LUNF 程序中应用了上面给出的各种运动模式下的运动学公式. 作为实际计算的例子, 中子引发 $^9\text{Be}(n, 2n)$ 反应道的双微分截面的能量平衡结果由表 5.9 给出, 而关于双微分截面谱的计算结果则由第 6 章给出.

表 5.9 $^9\text{Be}(n, 2n2\alpha)$ 反应道中, 出射的中子和 α 粒子的携带能量和能量平衡情况

E_n/MeV	E_{av}/MeV	DIFF%	E_{sum}/MeV	n/MeV	α/MeV
2.70	0.855	0.29	0.853	0.672	0.181
3.25	1.35	0.16	1.35	1.12	0.227
3.90	1.93	0.10	1.93	1.64	0.295
4.50	2.47	0.02	2.47	2.01	0.461
5.90	3.73	0.01	3.73	2.83	0.901
6.40	4.18	0.00	4.18	3.12	1.06
7.05	4.77	0.01	4.77	3.55	1.21
8.40	5.98	0.04	5.98	4.34	1.63
10.3	7.65	0.06	7.65	5.46	2.19
11.0	8.32	0.06	8.32	5.91	2.40
12.0	9.22	0.06	9.21	6.53	2.68
13.0	10.1	0.06	10.1	7.22	2.89
14.1	11.1	0.06	11.1	8.01	3.09
15.0	11.9	0.07	11.9	8.65	3.26
16.0	12.8	0.07	12.8	9.38	3.43
17.0	13.7	0.07	13.7	10.1	3.61
18.0	14.6	0.07	14.6	10.9	3.74
19.0	15.5	0.07	15.5	11.6	3.89
20.0	16.4	0.07	16.4	12.4	4.03

注: 表中各符号的意义同表 2.1.

由 5.9 表中的结果看出, 保证了能量平衡. 另外还可以看到, 在 $^9\text{Be}(n, 2n2\alpha)$ 反应道中出射的中子所携带能量总是大于 α 粒子携带的能量. 因而也可以得到在不同入射中子能量时, 中子和 α 粒子携带的能量在总能量中所占的百分比.

在轻核反应双微分截面数据的计算中, 轻核反应运动学是不可或缺的理论基础.

从核反应统计理论出发, 任何一个物理观测量是这个物理量对分布函数的平均值. 通过上述各种形态的运动学的理论公式表明一个重要特点, 这些平均值都仅与角分布和双微分截面中 Legendre 系数 $l = 0, 1$ 有关. 而 $l = 1$ 的分波是在预平衡发射的过程中才出现, 而蒸发模型和 Hauser-Feshbach 统计理论中都不出现这个 $l = 1$ 的分波. 应用与角动量有关的激子模型则既能保证角动量宇称守恒又能给出预平衡反应的粒子发射特征, 这正是这一新轻核反应理论模型的特色. 角分布和双微分截面中 Legendre 系数 $l=1$ 的分波系数 $f_1^c(\varepsilon_{m_1}^c)$ 的值越大, 表明一次发射粒子的超前性越强; 同时, 更强的一次粒子发射, 一定造成剩余核在质心系中更强的反冲. 因此在质心系中, 无论是二次发射粒子还是二次粒子发射的剩余核都有向后反冲的行为. 这可以由式 (5.2.14) 给出的 $\varepsilon_{m_1}^l$ 中的一次粒子发射是朝前的, 而式 (5.6.99) 给出的二次粒子发射能量 $\varepsilon_{m_2}^l$ 和式 (5.6.121) 给出的二次粒子发射的剩余核的能量 $\overline{E}_{M_2}^l$ 中看出, 在包含 $f_1^c(\varepsilon_{m_1}^c)$ 的项前面都有一个负号, 表明二次粒子发射在质心系中是朝后性的.

(2) 另一个情况是二次粒子发射是从一次发射的剩余核的连续态上再发射二次粒子到其剩余核的连续态. 首先由基本关系式出发, 质心系双微分截面与剩余核系发射双微分截面之间的关系为

$$\frac{\mathrm{d}^2\sigma}{\mathrm{d}\varepsilon_c\mathrm{d}\Omega_c}\mathrm{d}\varepsilon_c\mathrm{d}\Omega_c = \frac{\mathrm{d}^2\sigma}{\mathrm{d}\varepsilon_r\mathrm{d}\Omega_r}\mathrm{d}\varepsilon_r\mathrm{d}\Omega_r \tag{5.7.40}$$

由 Jacobian 因子得到质心系和剩余核系之间的关系 (见附录 2 中式 (5.13.19))

$$\frac{\mathrm{d}^2\sigma}{\mathrm{d}\varepsilon^c\mathrm{d}\mu^c} = \sqrt{\frac{\varepsilon^c}{\varepsilon^r}}\frac{\mathrm{d}^2\sigma}{\mathrm{d}\varepsilon^r\mathrm{d}\mu^r} \tag{5.7.41}$$

双微分截面在各种运动系中的归一化标准表示为

$$\frac{\mathrm{d}^2\sigma}{\mathrm{d}\varepsilon\mathrm{d}\Omega} = \sum_l \frac{2l+1}{4\pi} f_l(\varepsilon)\mathrm{P}_l(\cos\theta) \tag{5.7.42}$$

其中, $\mathrm{P}_l(\cos\theta)$ 为 Legendre 多项式. 这时, 第二粒子 m_2 在质心系的双微分截面是由第二粒子 m_2 在反冲核运动系的双微分截面对一次粒子发射剩余核的双微分截面的平均得出. 其中需要考虑反冲剩余核运动系列质心系转接的 Jacobian 因子.

$$\frac{\mathrm{d}^2\sigma}{\mathrm{d}\varepsilon_{m_2}^c\mathrm{d}\Omega_{m_2}^c} = \int \frac{\mathrm{d}^2\sigma}{\mathrm{d}E_{M_1}^c\mathrm{d}\Omega_{M_1}^c}\frac{\mathrm{d}^2\sigma}{\mathrm{d}\varepsilon_{m_2}^r\mathrm{d}\Omega_{m_2}^r}\sqrt{\frac{\varepsilon_{m_2}^c}{\varepsilon_{m_2}^r}}\mathrm{d}E_{M_1}^c\mathrm{d}\Omega_{M_1}^c$$
$$= \frac{1}{4\pi}\sum_l (2l+1)f_l(\varepsilon_{m_2}^c)\mathrm{P}_l(\cos\theta_{m_2}^c) \tag{5.7.43}$$

式 (5.2.11) 给出剩余核 M_1 双微分截面. 剩余核系二次粒子发射为各向同性时, 归一化双微分截面为

$$\frac{\mathrm{d}^2\sigma}{\mathrm{d}\varepsilon_{m_2}^r\mathrm{d}\Omega_{m_2}^r} = \frac{1}{4\pi}\frac{\mathrm{d}\sigma}{\mathrm{d}\varepsilon_{m_2}^r} \tag{5.7.44}$$

在式 (5.7.43) 两边乘上 $\mathrm{P}_l(\cos\theta_{m_2}^c)$, 并对 $\Omega_{m_2}^c$ 积分, 利用 Legendre 系数正交性, 式 (5.7.43) 右边得到第二粒子发射的 Legendre 系数为

$$f_l(\varepsilon_{m_2}^c) = \frac{1}{4\pi}\int \frac{\mathrm{d}^2\sigma}{\mathrm{d}E_{M_1}^c\mathrm{d}\Omega_{M_1}^c}\frac{\mathrm{d}\sigma}{\mathrm{d}\varepsilon_{m_2}^r}\sqrt{\frac{\varepsilon_{m_2}^c}{\varepsilon_{m_2}^r}}\mathrm{P}_l(\cos\theta_{m_2}^c)\mathrm{d}E_{M_1}^c\mathrm{d}\Omega_{M_1}^c\mathrm{d}\Omega_{m_2}^c \tag{5.7.45}$$

若记 $\Omega^c_{M_1}$ 与 $\Omega^c_{m_2}$ 夹角为 Θ, 利用式 (5.6.82), 式 (5.6.84), 式 (5.6.86) 的数学技巧, 式 (5.7.45) 可以约化为

$$f_l(\varepsilon^c_{m_2}) = \frac{1}{4}\sqrt{\frac{M_1}{m_2}} \int_A^B dE^c_{M_1} \frac{f_l(E^c_{M_1})}{\sqrt{E^c_{M_1}}} \int_a^b \frac{d\sigma}{d\varepsilon^r_{m_2}} \frac{d\varepsilon^r_{m_2}}{\sqrt{\varepsilon^r_{m_2}}} P_l \left(\frac{1+\xi^2 - \varepsilon^r_{m_2}/\varepsilon^c_{m_2}}{2\xi} \right)$$
$$(5.7.46)$$

其中, ξ 由式 (5.6.85) 给出, 在一定 $\varepsilon^c_{m_2}$ 值下, 其中 $\varepsilon^r_{m_2}$ 的积分限为

$$a = \max\left\{\varepsilon^r_{m_2,\min}, \varepsilon^c_{m_2}(1-\gamma)^2\right\}, \quad b = \min\left\{\varepsilon^r_{m_2,\min}, \varepsilon^c_{m_2}(1+\gamma)^2\right\} \quad (5.7.47)$$

记

$$D \equiv \sqrt{\frac{m_2}{M_1}E^c_{M_1}} = \sqrt{\varepsilon^c_{m_2}}\xi \quad (5.7.48)$$

由速度合成关系可以得到在质心系中第二个发射粒子 m_2 在质心系中的取值范围是

$$\varepsilon^c_{m_2,\min} = \begin{cases} \left(\sqrt{\varepsilon^r_{m_2,\max}} - \sqrt{\frac{m_2}{M_1}E^c_{m_1,\min}}\right)^2, & \text{当}\sqrt{\varepsilon^r_{m_2,\max}} < D \\ 0, & \text{当}\sqrt{\varepsilon^r_{m_2,\min}} \leqslant D \leqslant \sqrt{\varepsilon^r_{m_2,\max}} \\ \left(\sqrt{\varepsilon^r_{m_2,\max}} - \sqrt{\frac{m_2}{M_1}E^c_{m_1,\max}}\right)^2, & \text{当}D < \sqrt{\varepsilon^r_{m_2,\min}} \end{cases}$$
$$(5.7.49)$$

以及

$$\varepsilon^c_{m_2,\max} = \left(D + \sqrt{\varepsilon^r_{m_2,\max}}\right)^2 \quad (5.7.50)$$

当 $f_0(E^c_{M_1})$ 为归一谱时, 利用交换积分次序可以证明 $f_0(\varepsilon^c_{m_2})$ 也为归一化谱. 可以看出, 考虑了剩余核反冲效应之后, 出射粒子能谱能量范围加宽, 靶核越轻, 反冲效应越强, 而能谱加宽越明显.

在给定 $\varepsilon^c_{m_2}$ 能点值时, 且 $\varepsilon^c_{m_2,\min} \leqslant \varepsilon^c_{m_2} \leqslant \varepsilon^c_{m_2,\max}$, 对于 $E^c_{M_1}$ 的能量积分区域

$$A = \begin{cases} \dfrac{M_1}{m_2}\left(\sqrt{\varepsilon^c_{m_2}} - \sqrt{\varepsilon^r_{m_2,\max}}\right)^2, & \text{当}\sqrt{\varepsilon^r_{m_2,\max}} + \sqrt{\dfrac{m_2}{M_1}E^c_{M_1,\min}} < \sqrt{\varepsilon^c_{m_2}} \\ E^c_{M_1,\min}, & \text{其他} \end{cases}$$

$$B = \min\left\{E^c_{M_1,\max}, \frac{M_1}{m_2}\left(\sqrt{\varepsilon^c_{m_2}} + \sqrt{\varepsilon^r_{m_2,\max}}\right)\right\} \quad (5.7.51)$$

对于二次粒子发射后反冲剩余核的双微分截面表示及能量取值范围, 将上面公式中全部 m_2 用 M_2 代替, $\varepsilon^c_{m_2}$ 换成 $E^c_{M_2}$, 并将 $\varepsilon^r_{m_2}$ 换成 $\varepsilon^r_{M_2}$ 即可. 利用式 (5.6.104), 式 (5.6.106) 和 (5.6.109) 的数学技巧

$$f_l(E_{M_2}^c) = \frac{1}{4}\sqrt{\frac{M_1}{M_2}} \int_A^B \mathrm{d}E_{M_1}^c \frac{f_l(E_{M_1}^c)}{\sqrt{E_{M_1}^c}} \int_a^b \frac{\mathrm{d}\sigma}{\mathrm{d}\varepsilon_{M_2}^r} \frac{\mathrm{d}\varepsilon_{M_2}^r}{\sqrt{\varepsilon_{M_2}^r}} \mathrm{P}_l\left(\frac{1 + \Xi^2 - \varepsilon_{M_2}^r/E_{M_2}^c}{2\Xi}\right)$$

(5.7.52)

其中, Ξ 由式 (5.6.107) 给出, 在剩余核运动系中, 由动量守恒, 粒子发射能量与剩余核反冲能量有如下关系成立

$$\varepsilon_{M_2}^r = \frac{m_2}{M_2}\varepsilon_{m_2}^r$$

(5.7.53)

因而式 (5.7.52) 可改写为

$$f_l(E_{M_2}^c) = \frac{1}{4}\sqrt{\frac{M_1}{m_2}} \int_A^B \mathrm{d}E_{M_1}^c \frac{f_l(E_{M_1}^c)}{\sqrt{E_{M_1}^c}} \int_a^b \frac{\mathrm{d}\sigma}{\mathrm{d}\varepsilon_{m_2}^r} \frac{\mathrm{d}\varepsilon_{m_2}^r}{\sqrt{\varepsilon_{m_2}^r}} \mathrm{P}_l\left(\frac{1 + \Xi^2 - \varepsilon_{m_2}^r/E_{M_2}^c}{2\Xi}\right)$$

(5.7.54)

若第一粒子为连续态, 第二粒子发射的余核仍是连续态, 这时第一粒子能量由式 (5.2.1) 给出. 而第二粒子与余核的能量分别是能量对质心系中双微分截面的平均值, 它们表示为

$$\bar{\varepsilon}_{m_2}^l = \frac{m_\mathrm{n}m_2}{M_\mathrm{C}^2}E_\mathrm{n} + \int \varepsilon_{m_2}^c f_0(\varepsilon_{m_2}^c)\mathrm{d}\varepsilon_{m_2}^c + 2\frac{\sqrt{m_\mathrm{n}m_2E_\mathrm{n}}}{M_\mathrm{C}} \int \sqrt{\varepsilon_{m_2}^c}f_1(\varepsilon_{m_2}^c)\mathrm{d}\varepsilon_{m_2}^c \quad (5.7.55)$$

$$\overline{E}_{M_2}^l = \frac{m_\mathrm{n}M_2}{M_\mathrm{C}^2}E_\mathrm{n} + \int E_{M_2}^c f_0(E_{M_2}^c)\mathrm{d}E_{M_2}^c + 2\frac{\sqrt{m_\mathrm{n}M_2E_\mathrm{n}}}{M_\mathrm{C}} \int \sqrt{E_{M_2}^c}f_1(E_{M_2}^c)\mathrm{d}E_{M_2}^c$$

(5.7.56)

由式 (5.7.46) 可以得到 Legendre 的分波 $l = 0, 1$ 系数 $f_l(\varepsilon_{m_2}^c)$ 的显示表示分别为

$$f_0(\varepsilon_{m_2}^c) = \frac{1}{4}\sqrt{\frac{M_1}{m_2}} \int_A^B \mathrm{d}E_{M_1}^c \frac{f_0(E_{M_1}^c)}{\sqrt{E_{M_1}^c}} \int_a^b \frac{\mathrm{d}\sigma}{\mathrm{d}\varepsilon_{m_2}^r} \frac{\mathrm{d}\varepsilon_{m_2}^r}{\sqrt{\varepsilon_{m_2}^r}}$$

(5.7.57)

$$\sqrt{\varepsilon_{m_2}^c}f_1(\varepsilon_{m_2}^c) = \frac{1}{8}\frac{M_1}{m_2} \int_A^B \mathrm{d}E_{M_1}^c \frac{f_1(E_{M_1}^c)}{E_{M_1}^c} \int_a^b \frac{\mathrm{d}\sigma}{\mathrm{d}\varepsilon_{m_2}^r} \frac{\mathrm{d}\varepsilon_{m_2}^r}{\sqrt{\varepsilon_{m_2}^r}}\left(\varepsilon_{m_2}^c + \frac{m_2}{M_1}E_{M_1}^c - \varepsilon_{m_2}^r\right)$$

(5.7.58)

将式 (5.7.57) 和 (5.7.58) 代入式 (5.7.55) 得到第二发射粒子在实验室系中平均携带能量为

$$\bar{\varepsilon}_{m_2}^l = \frac{m_\mathrm{n}m_2}{M_\mathrm{C}^2}E_\mathrm{n} + \frac{1}{4}\sqrt{\frac{M_1}{m_2}} \iiint \frac{f_0(E_{M_1}^c)}{\sqrt{E_{M_1}^c}} \frac{\mathrm{d}\sigma}{\mathrm{d}\varepsilon_{m_2}^r} \frac{1}{\sqrt{\varepsilon_{m_2}^r}}\varepsilon_{m_2}^c \mathrm{d}\varepsilon_{m_2}^c \mathrm{d}E_{M_1}^c \mathrm{d}\varepsilon_{m_2}^r$$

$$+ \frac{\sqrt{m_\mathrm{n}m_2E_\mathrm{n}}}{4M_\mathrm{C}}\frac{m_2}{M_1} \iiint \frac{f_1(E_{M_1}^c)}{E_{M_1}^c} \frac{\mathrm{d}\sigma}{\mathrm{d}\varepsilon_{m_2}^r} \frac{\mathrm{d}\varepsilon_{m_2}^r}{\sqrt{\varepsilon_{m_2}^r}}$$

$$\times \left(\frac{m_2}{M_1}E_{M_1}^c - \varepsilon_{m_2}^r + \varepsilon_{m_2}^c\right)\mathrm{d}\varepsilon_{m_2}^c \mathrm{d}E_{M_1}^c$$

(5.7.59)

由速度合成关系 $\boldsymbol{v}_{m_2}^c = \boldsymbol{v}_{M_1}^c + \boldsymbol{v}_{m_2}^r$, 这时对 $\varepsilon_{m_2}^c$ 的积分限为

$$\left(\sqrt{\frac{m_2}{M_1}E_{M_1}^c} - \sqrt{\varepsilon_{m_2}^r}\right)^2 \leqslant \varepsilon_{m_2}^c \leqslant \left(\sqrt{\frac{m_2}{M_1}E_{M_1}^c} + \sqrt{\varepsilon_{m_2}^r}\right)^2 \tag{5.7.60}$$

在式 (5.6.95) 中有两种积分, 它们的积分结果分别为

$$\int_{\varepsilon_{m_2,\min}^c}^{\varepsilon_{m_2,\max}^c} \mathrm{d}\varepsilon_{m_2}^c = \varepsilon_{m_2,\max}^c - \varepsilon_{m_2,\min}^c = 4\sqrt{\frac{m_2}{M_1}E_{M_1}^c\varepsilon_{m_2}^r} \tag{5.7.61}$$

$$\int_{\varepsilon_{m_2,\min}^c}^{\varepsilon_{m_2,\max}^c} \varepsilon_{m_2}^c \mathrm{d}\varepsilon_{m_2}^c = \frac{1}{2}\left[{\varepsilon_{m_2,\max}^c}^2 - {\varepsilon_{m_2,\min}^c}^2\right] = 4\left(\frac{m_2}{M_1}E_{M_1}^c + \varepsilon_{m_2}^r\right)\sqrt{\frac{m_2}{M_1}E_{M_1}^c\varepsilon_{m_2}^r}$$
$$\tag{5.7.62}$$

代入式 (5.7.59), 利用第二粒子能谱的归一性, 得到

$$\bar{\varepsilon}_{m_2}^l = \frac{m_{\mathrm{n}}m_2}{M_{\mathrm{C}}^2}E_{\mathrm{n}} + \frac{m_2}{M_1}\int f_0(E_{M_1}^c)E_{M_1}^c \mathrm{d}E_{M_1}^c$$

$$+ \int \frac{\mathrm{d}\sigma}{\mathrm{d}\varepsilon_{m_2}^r}\varepsilon_{m_2}^r \mathrm{d}\varepsilon_{m_2}^r + \frac{2\sqrt{m_{\mathrm{n}}m_2E_{\mathrm{n}}}}{M_{\mathrm{C}}}\sqrt{\frac{m_2}{M_1}}\int f_1(E_{M_1}^c)\sqrt{E_{M_1}^c}\mathrm{d}E_{M_1}^c$$

利用 $\varepsilon_{m_1}^c$ 与 $E_{M_1}^c$ 之间的关系 (5.2.1) 和 Legendre 多项式关系 (5.2.12), 上式改写为

$$\bar{\varepsilon}_{m_2}^l = \frac{m_{\mathrm{n}}m_2}{M_{\mathrm{C}}^2}E_{\mathrm{n}} + \frac{m_1m_2}{M_1^2}\int f_0(\varepsilon_{m_1}^c)\varepsilon_{m_1}^c \mathrm{d}\varepsilon_{m_1}^c$$

$$+ \int \frac{\mathrm{d}\sigma}{\mathrm{d}\varepsilon_{m_2}^r}\varepsilon_{m_2}^r \mathrm{d}\varepsilon_{m_2}^r - \frac{2\sqrt{m_{\mathrm{n}}m_1E_{\mathrm{n}}}}{M_{\mathrm{C}}}\frac{m_2}{M_1}\int f_1(\varepsilon_{m_1}^c)\sqrt{\varepsilon_{m_1}^c}\mathrm{d}\varepsilon_{m_1}^c \quad (5.7.63)$$

下面讨论二次粒子发射后剩余核 M_2 的运动学. 由式 (5.7.54) 可得 M_2 的 Legendre 的 $l = 0, 1$ 分波系数 $f_l(E_{M_2}^c)$ 在式 (5.7.56) 中的显式表示

$$f_0(E_{M_2}^c) = \frac{1}{4}\sqrt{\frac{M_1}{m_2}}\int_A^B \mathrm{d}E_{M_1}^c \frac{f_0(E_{M_1}^c)}{\sqrt{E_{M_1}^c}}\int_a^b \frac{\mathrm{d}\sigma}{\mathrm{d}\varepsilon_{m_2}^r}\frac{\mathrm{d}\varepsilon_{m_2}^r}{\sqrt{\varepsilon_{m_2}^r}} \tag{5.7.64}$$

$$\sqrt{E_{M_2}^c}f_1(E_{M_2}^c) = \frac{1}{8}\frac{M_1}{\sqrt{m_2M_2}}\int_A^B \mathrm{d}E_{M_1}^c \frac{f_1(E_{M_1}^c)}{E_{M_1}^c}$$

$$\times \int_a^b \frac{\mathrm{d}\sigma}{\mathrm{d}\varepsilon_{m_2}^r}\frac{\mathrm{d}\varepsilon_{m_2}^r}{\sqrt{\varepsilon_{m_2}^r}}\left(E_{M_2}^c + \frac{M_2}{M_1}E_{M_1}^c - \frac{m_2}{M_2}\varepsilon_{m_2}^r\right) \tag{5.7.65}$$

代入式 (5.7.56), 并对 $E_{M_2}^c$ 积分, 由速度合成关系 $\boldsymbol{v}_{M_2}^c = \boldsymbol{v}_{M_1}^c + \boldsymbol{v}_{M_2}^r = \boldsymbol{v}_{M_1}^c + m_2\boldsymbol{v}_{m_2}^r / M_2$, $E_{M_2}^c$ 的积分限为

$$\left(\sqrt{\frac{M_2}{M_1}E_{M_1}^c} - \sqrt{\frac{m_2}{M_2}}\sqrt{\varepsilon_{m_2}^r}\right)^2 \leqslant E_{M_2}^c \leqslant \left(\sqrt{\frac{M_2}{M_1}E_{M_1}^c} + \sqrt{\frac{m_2}{M_2}}\sqrt{\varepsilon_{m_2}^r}\right)^2 \quad (5.7.66)$$

且有下面两种积分存在, 它们分别是

$$\int_{E_{M_2,\min}^c}^{E_{M_2,\max}^c} \mathrm{d}E_{M_2}^c = E_{M_2,\max}^c - E_{M_2,\min}^c = 4\sqrt{\frac{m_2}{M_1}E_{M_1}^c \varepsilon_{m_2}^r}\sqrt{\varepsilon_{m_2}^r} \quad (5.7.67)$$

$$\int_{E_{M_2,\min}^c}^{E_{M_2,\max}^c} E_{M_2}^c \mathrm{d}E_{M_2}^c = \frac{1}{2}\left[(E_{M_2,\max}^c)^2 - (E_{M_2,\min}^c)^2\right]$$

$$= 4\left(\frac{M_2}{M_1}E_{M_1}^c + \frac{m_2}{M_2}\varepsilon_{m_2}^r\right)\sqrt{\frac{m_2}{M_1}E_{M_1}^c \varepsilon_{m_2}^r} \quad (5.7.68)$$

代入式 (5.7.56), 利用能谱归一性, 式 (5.7.56) 中第二项约化为

$$\int E_{M_2}^c f_0(E_{M_2}^c)\mathrm{d}E_{M_2}^c = \frac{M_2}{M_1}\frac{m_1}{M_1}\int f_0(\varepsilon_{m_1}^c)\varepsilon_{m_1}^c \mathrm{d}\varepsilon_{m_1}^c + \frac{m_2}{M_2}\int \frac{\mathrm{d}\sigma}{\mathrm{d}\varepsilon_{m_2}^r}\varepsilon_{m_2}^r \mathrm{d}\varepsilon_{m_2}^r \quad (5.7.69)$$

利用式 (5.2.1) 和 (5.2.12), 式 (5.7.56) 中第三项约化为

$$2\frac{\sqrt{m_\mathrm{n}M_2E_\mathrm{n}}}{M_\mathrm{C}}\int \sqrt{E_{M_2}^c}f_1(E_{M_2}^c)\mathrm{d}E_{M_2}^c$$

$$= \frac{M_1\sqrt{m_\mathrm{n}E_\mathrm{n}}}{4M_\mathrm{C}\sqrt{m_2}}\int \mathrm{d}E_{M_1}^c \frac{f_1(E_{M_1}^c)}{E_{M_1}^c}\frac{\mathrm{d}\sigma}{\mathrm{d}\varepsilon_{m_2}^r}\frac{\mathrm{d}\varepsilon_{m_2}^r}{\sqrt{\varepsilon_{m_2}^r}}\left(E_{M_2}^c + \left(\frac{M_2}{M_1}E_{M_1}^c - \frac{m_2}{M_2}\varepsilon_{m_2}^r\right)\right)\mathrm{d}E_{M_2}^c$$

$$= \frac{2\sqrt{m_\mathrm{n}E_\mathrm{n}}}{M_\mathrm{C}}\frac{M_2}{\sqrt{M_1}}\int f_1(E_{M_1}^c)\sqrt{E_{M_1}^c}\mathrm{d}E_{M_1}^c$$

$$= -\frac{2\sqrt{m_\mathrm{n}m_1E_\mathrm{n}}}{M_\mathrm{C}}\frac{M_2}{M_1}\int f_1(\varepsilon_{m_1}^c)\sqrt{\varepsilon_{m_1}^c}\mathrm{d}\varepsilon_{m_1}^c \quad (5.7.70)$$

将式 (5.7.69) 和 (5.7.70) 代入式 (5.7.56), 得到剩余核 M_2 在实验室系中平均携带能量为

$$\overline{E}_{M_2}^l = \frac{m_\mathrm{n}M_2}{M_\mathrm{C}^2}E_\mathrm{n} + \frac{m_1M_2}{M_1^2}\int f_0(\varepsilon_{m_1}^c)\varepsilon_{m_1}^c \mathrm{d}\varepsilon_{m_1}^c$$

$$+ \frac{m_2}{M_2}\int \frac{\mathrm{d}\sigma}{\mathrm{d}\varepsilon_{m_2}^r}\varepsilon_{m_2}^r \mathrm{d}\varepsilon_{m_2}^r - \frac{2\sqrt{m_\mathrm{n}m_1E_\mathrm{n}}}{M_\mathrm{C}}\frac{M_2}{M_1}\int f_1(\varepsilon_{m_1}^c)\sqrt{\varepsilon_{m_1}^c}\mathrm{d}\varepsilon_{m_1}^c \quad (5.7.71)$$

连续发射两个粒子后通过 γ 退激, 提供 γ 退激的剩余激发能是除了在激发能中扣除两个发射粒子的结合能外, 还要扣除第一粒子在质心系中的平均能量以及第二粒子和其剩余核在质心系中的平均能量

$$E_r = E_n + Q - \bar{\varepsilon}_{m_1}^c - \bar{\varepsilon}_{m_2}^c - \overline{E}_{M_2}^c \tag{5.7.72}$$

其中, $Q = B_n - B_1 - B_2$. 对其进行双微分截面的平均得到下式

$$E_r = E_n + Q - \int \varepsilon_{m_1}^c f_0(\varepsilon_{m_1}^c) \mathrm{d}\varepsilon_{m_1}^c - \int f_0(\varepsilon_{m_2}^c) \varepsilon_{m_2}^c \mathrm{d}\varepsilon_{m_2}^c - \int f_0(E_{M_2}^c) E_{M_2}^c \mathrm{d}E_{M_2}^c \tag{5.7.73}$$

其中, $f_0(\varepsilon_{m_2}^c)$ 用式 (5.7.57) 代换, 并对 $\varepsilon_{m_2}^c$ 积分, 利用能谱的归一性, 得到式 (5.7.73) 第二项积分为

$$\int f_0(\varepsilon_{m_2}^c) \varepsilon_{m_2}^c \mathrm{d}\varepsilon_{m_2}^c = \frac{m_2}{M_1} \frac{m_1}{M_1} \int f_0(\varepsilon_{m_1}^c) \varepsilon_{m_1}^c \mathrm{d}\varepsilon_{m_1}^c + \int \frac{\mathrm{d}\sigma}{\mathrm{d}\varepsilon_{m_2}^r} \varepsilon_{m_2}^r \mathrm{d}\varepsilon_{m_2}^r \tag{5.7.74}$$

在式 (5.7.73) 中 $f_0(E_{M_2}^c)$ 用式 (5.7.64) 代换, 并对 $E_{M_2}^c$ 积分, 利用能谱的归一性, 得到式 (5.7.73) 第三项为

$$\int f_0(E_{M_2}^c) E_{M_2}^c \mathrm{d}E_{M_2}^c = \frac{M_2}{M_1} \frac{m_1}{M_1} \int f_0(\varepsilon_{m_1}^c) \varepsilon_{m_1}^c \mathrm{d}\varepsilon_{m_1}^c + \frac{m_2}{M_2} \int \frac{\mathrm{d}\sigma}{\mathrm{d}\varepsilon_{m_2}^r} \varepsilon_{m_2}^r \mathrm{d}\varepsilon_{m_2}^r \tag{5.7.75}$$

可以看出, 对于连续态二次粒子发射, 式 (5.7.74) 和 (5.7.75) 之间并不是简单插一个因子 m_2 与 M_2 互相替换问题. 将它们分别代入式 (5.7.73), 得到 γ 退激的平均剩余激发能为

$$\begin{aligned} E_r = & E^* - B_1 - B_2 - \left(1 + \frac{m_1}{M_1}\right) \int \varepsilon_{m_1}^c f_0(\varepsilon_{m_1}^c) \mathrm{d}\varepsilon_{m_1}^c \\ & - \left(1 + \frac{m_2}{M_2}\right) \int \frac{\mathrm{d}\sigma}{\mathrm{d}\varepsilon_{m_2}^r} \varepsilon_{m_2}^r \mathrm{d}\varepsilon_{m_2}^r \end{aligned} \tag{5.7.76}$$

由此可见, γ 退激的平均剩余激发是除了在激发能中扣除两个发射粒子的结合能外, 还要扣除第一粒子和剩余核在质心系中的能量以及第二粒子和其剩余核在剩余核运动系中的能量, 其物理图像是明显合理的. 利用式 (5.2.3), 式 (5.7.63), 式 (5.7.71) 和 (5.7.76), 得到总释放能量为

$$E_T^l = \bar{\varepsilon}_{m_1}^l + \bar{\varepsilon}_{m_2}^l + \overline{E}_{M_2}^l + E_\gamma = E_n + B_n - B_1 - B_2 = E_n + Q \tag{5.7.77}$$

这里, $Q = B_n - B_1 - B_2$ 是两次粒子发射反应道的 Q 值. 严格满足能量平衡. 这种能保证能量平衡 C to C 的理论计算出射粒子双微分截面的公式已经应用在 UNF 程序之中 (Zhang, 2002a). 下面以 $n + {}^{56}Fe$ 为例, 表 5.10 给出 ${}^{56}Fe(n, 2n){}^{55}Fe$ 反应道的出射中子和剩余核携带能量以及 γ 退激能量和能量平衡状况.

表 5.10　^{56}Fe(n, 2n)^{55}Fe 反应道的出射中子和剩余核携带能量以及 γ 退激能量和能量平衡状况

E_n/MeV	E_{av}/MeV	DIFF/%	E_{sum}/MeV	n/MeV	^{55}Fe/MeV	γ/MeV
11.5	0.099	0.89	0.100	0.098	0.0018	0.00
12.0	0.590	0.30	0.592	0.582	0.0104	0.00
13.0	1.57	0.08	1.57	1.55	0.0254	0.00
13.5	2.06	0.01	2.06	2.03	0.0313	0.00
14.0	2.56	0.08	2.56	2.06	0.0368	0.464
14.5	3.05	0.07	3.05	2.36	0.0433	0.642
15.0	3.54	0.07	3.54	2.62	0.0488	0.874
15.5	4.03	0.06	4.03	2.86	0.0538	1.12
15.8	4.27	0.06	4.28	2.99	0.0566	1.23
16.2	4.77	0.05	4.77	3.19	0.0607	1.52
17.0	5.50	0.05	5.50	3.46	0.0655	1.98
17.5	5.99	0.05	6.00	3.65	0.0691	2.28
18.0	6.48	0.04	6.49	3.82	0.0733	2.59
18.5	6.98	0.04	6.98	3.99	0.0765	2.91
19.0	7.47	0.04	7.47	4.16	0.0793	3.23
20.0	8.45	0.04	8.45	4.48	0.0851	3.88

注: 表中符号的意义见表 5.1.

　　由表 5.10 的结果看出, 中子携带能量是主要项, 其次是 γ 退激能量, 中子入射能量越高, γ 退激能量占的百分比越大, 剩余核携带能量相对很小, 能量平衡明显小于 1/100.

　　在严格考虑了反冲效应后, 在 ^{56}Fe(n, 2n)^{55}Fe 的第一中子发射中, 由于包含预平衡发射, 因此出射中子在质心系中是朝前的 $f_1(n_1) > 0$; 而剩余核 ^{56}Fe* 在质心系中的 $f_1(^{56}$Fe$) < 0$ 是超后的. 以中子入射能量在 14MeV 时从 ^{56}Fe* 连续态发射第一中子后的双微分截面为例, 计算结果由表 5.11 给出.

表 5.11　剩余核 ^{56}Fe* 连续态双微分截面的 Legendre 系数

E_R/MeV	f_0/MeV^{-1}	f_1/MeV^{-1}	f_2/MeV^{-1}	f_3/MeV^{-1}	f_4/MeV^{-1}
0.0000	0.000	0.000	0.000	0.000	0.000
0.0009	0.224×10^{-2}	-0.600×10^{-5}	0.901×10^{-6}	-0.504×10^{-6}	0.348×10^{-6}
0.0044	0.616×10^{-2}	-0.171×10^{-4}	0.257×10^{-5}	-0.144×10^{-5}	0.993×10^{-6}
0.0105	0.188×10^{-1}	-0.542×10^{-4}	0.813×10^{-5}	-0.455×10^{-5}	0.314×10^{-5}
0.0185	0.489×10^{-1}	-0.178×10^{-3}	0.267×10^{-4}	-0.150×10^{-4}	0.103×10^{-4}
0.0278	0.116	-0.618×10^{-3}	0.927×10^{-4}	-0.519×10^{-4}	0.358×10^{-4}
0.0375	0.156	-0.119×10^{-2}	0.179×10^{-3}	-0.100×10^{-3}	0.692×10^{-4}
0.0468	0.302	-0.353×10^{-2}	0.530×10^{-3}	-0.297×10^{-3}	0.205×10^{-3}
0.0548	0.260	-0.381×10^{-2}	0.572×10^{-3}	-0.320×10^{-3}	0.221×10^{-3}
0.0608	0.230	-0.399×10^{-2}	0.599×10^{-3}	-0.335×10^{-3}	0.231×10^{-3}

E_R/MeV	f_0/MeV^{-1}	f_1/MeV^{-1}	f_2/MeV^{-1}	f_3/MeV^{-1}	f_4/MeV^{-1}
0.0644	0.213	-0.408×10^{-2}	0.613×10^{-3}	-0.343×10^{-3}	0.237×10^{-3}
0.0664	0.204	-0.413×10^{-2}	0.621×10^{-3}	-0.347×10^{-3}	0.240×10^{-3}
0.0715	0.183	-0.425×10^{-2}	0.638×10^{-3}	-0.357×10^{-3}	0.247×10^{-3}
0.0802	0.151	-0.442×10^{-2}	0.664×10^{-3}	-0.371×10^{-3}	0.257×10^{-3}
0.0917	0.117	-0.459×10^{-2}	0.689×10^{-3}	-0.385×10^{-3}	0.266×10^{-3}
0.1050	0.883×10^{-1}	-0.470×10^{-2}	0.706×10^{-3}	-0.395×10^{-3}	0.273×10^{-3}
0.1189	0.668×10^{-1}	-0.471×10^{-2}	0.708×10^{-3}	-0.396×10^{-3}	0.274×10^{-3}
0.1322	0.524×10^{-1}	-0.462×10^{-2}	0.693×10^{-3}	-0.388×10^{-3}	0.268×10^{-3}
0.1437	0.435×10^{-1}	-0.445×10^{-2}	0.668×10^{-3}	-0.374×10^{-3}	0.258×10^{-3}
0.1524	0.383×10^{-1}	-0.428×10^{-2}	0.642×10^{-3}	-0.359×10^{-3}	0.248×10^{-3}
0.1575	0.357×10^{-1}	-0.416×10^{-2}	0.624×10^{-3}	-0.349×10^{-3}	0.241×10^{-3}
0.1587	0.000	0.000	0.000	0.000	0.000

注: E_R 是剩余核 $^{56}\text{Fe}^*$ 在质心系中的能量.

表 5.11 给出的发射第一中子后剩余核 $^{56}\text{Fe}^*$ 的 Legendre 系数 $f_1 < 0$, 显示了 $^{56}\text{Fe}^*$ 在质心系中是超后反冲运动的图像. 由于仅考虑了一次预平衡发射, 二次粒子是由平衡态发射描述, 因此从这个反冲剩余核 $^{56}\text{Fe}^*$ 发射的第二中子仍然会保持在质心系中超后运动图像. 仍以中子入射能量在 14MeV 时从 $^{56}\text{Fe}^*$ 的连续态发射第二中子到剩余核 $^{55}\text{Fe}^*$ 连续态的双微分截面为例, 第二中子的双微分截面的 Legendre 系数由表 5.12 给出.

表 5.12　　$^{56}\text{Fe}(\text{n}, 2\text{n})^{55}\text{Fe}$ 反应中第二中子的双微分截面的 Legendre 系数

ε_n/MeV	f_0/MeV^{-1}	f_1/MeV^{-1}	f_2/MeV^{-1}	f_3/MeV^{-1}	f_4/MeV^{-1}
0.0000	0.00	0.00	0.00	0.00	0.00
0.0054	1.41	6.86×10^{-6}	-4.94×10^{-6}	7.49×10^{-7}	2.01×10^{-7}
0.0278	2.87	-5.30×10^{-5}	-1.70×10^{-6}	4.61×10^{-7}	-2.93×10^{-8}
0.0661	3.52	-8.81×10^{-5}	-4.78×10^{-7}	2.21×10^{-7}	-5.27×10^{-8}
0.1169	3.46	-1.03×10^{-4}	1.57×10^{-8}	6.30×10^{-8}	-2.44×10^{-8}
0.1756	2.99	-1.02×10^{-4}	1.22×10^{-7}	8.07×10^{-9}	-3.56×10^{-9}
0.2370	2.41	-9.26×10^{-5}	1.06×10^{-7}	-1.81×10^{-9}	5.25×10^{-10}
0.2957	1.89	-8.08×10^{-5}	7.94×10^{-8}	-2.07×10^{-9}	4.60×10^{-10}
0.3465	1.51	-7.07×10^{-5}	6.17×10^{-8}	4.43×10^{-10}	-1.38×10^{-10}
0.3848	1.24	-1.17×10^{-4}	-6.41×10^{-6}	-2.60×10^{-6}	-1.10×10^{-6}
0.4072	1.42×10^{-2}	-3.81×10^{-5}	4.77×10^{-6}	-2.00×10^{-6}	9.10×10^{-7}
0.4126	0.00	0.00	0.00	0.00	0.00

注: ε_n 是第二中子能量.

由表 5.12 看出, 作为从 $^{56}\text{Fe}^*$ 的连续态发射第二中子在质心系中的 Legendre 系数仍然 $f_1 < 0$, 给出了从 $^{56}\text{Fe}^*$ 发射的第二中子仍然保持在质心系中朝后的运动

图像. 而通过二次中子发射后, 剩余核 ^{55}Fe 的连续态双微分截面的 Legendre 系数由表 5.13 给出.

表 5.13 剩余核 ^{55}Fe* 连续态双微分截面的 Legendre 系数

E_R/MeV	f_0/MeV^{-1}	f_1/MeV^{-1}	f_2/MeV^{-1}	f_3/MeV^{-1}	f_4/MeV^{-1}
0.0000	0.00	0.00	0.00	0.00	0.00
0.0004	5.02×10^1	2.70×10^{-2}	3.50×10^{-4}	3.26×10^{-6}	-1.18×10^{-5}
0.0019	8.52×10^1	-1.06×10^{-1}	3.92×10^{-3}	-3.76×10^{-4}	4.26×10^{-5}
0.0046	7.74×10^1	-1.43×10^{-1}	8.71×10^{-3}	-1.20×10^{-3}	1.57×10^{-4}
0.0081	4.85×10^1	-1.10×10^{-1}	9.89×10^{-3}	-2.22×10^{-3}	2.47×10^{-4}
0.0121	2.20×10^1	-5.58×10^{-2}	6.29×10^{-3}	-2.19×10^{-3}	7.06×10^{-4}
0.0163	7.47	-2.01×10^{-2}	2.56×10^{-3}	-1.11×10^{-3}	5.24×10^{-4}
0.0204	1.77	-4.95×10^{-3}	6.80×10^{-4}	-3.31×10^{-4}	1.89×10^{-4}
0.0239	2.43×10^{-1}	-7.00×10^{-4}	1.01×10^{-4}	-5.26×10^{-5}	3.33×10^{-5}
0.0265	1.17×10^{-2}	-3.43×10^{-5}	5.07×10^{-6}	-2.77×10^{-6}	1.85×10^{-6}
0.0281	2.32×10^{-5}	-6.87×10^{-8}	1.03×10^{-8}	-5.73×10^{-9}	3.94×10^{-9}
0.0285	0.00	0.00	0.00	0.00	0.00

注: E_R 是剩余核 ^{55}Fe* 在质心系中的能量.

由于二次中子发射是用平衡态发射机制描述, 由表 5.13 的结果看出, 剩余核 ^{55}Fe 的连续态 Legendre 系数仍然 $f_1 < 0$, 说明在质心系中 ^{55}Fe 仍然处于朝后运动状态.

下面再讨论一种多次连续谱发射到剩余核的连续谱的核反应过程, 由于多次粒子发射从激发能中消耗多个结合能, 如果粒子平均发射能量明显小于 4MeV, 预平衡效应可以被忽略. 这时就可以用多次平衡态的 Hauser-Feshbach 统计理论方法来描述, 这时 $f_1(\varepsilon) = 0$, 使得各种能量表示简化, 也被称为 S 波近似. 中子入射能量在 20MeV 之下时, 对于 (n,3n) 反应道而言, 这个条件成立, 这时一次粒子发射和剩余核在实验室系中的能量 (5.2.14) 和 (5.5.48) 分别变为

$$\bar{\varepsilon}^l_{m_1} = \frac{m_\mathrm{n} m_1}{M_\mathrm{C}^2} E_\mathrm{n} + \int \varepsilon^c_{m_1} f_0(\varepsilon^c_{m_1}) \mathrm{d}\varepsilon^c_{m_1} = \frac{m_\mathrm{n} m_1}{M_\mathrm{C}^2} E_\mathrm{n} + \bar{\varepsilon}^c_{m_1} \tag{5.7.78}$$

$$\overline{E}^l_{M_1} = \frac{m_\mathrm{n} M_1}{M_\mathrm{C}^2} E_\mathrm{n} + \frac{m_1}{M_1} \int \varepsilon^c_{m_1} f_0(\varepsilon^c_{m_1}) \mathrm{d}\varepsilon^c_{m_1} = \frac{m_\mathrm{n} M_1}{M_\mathrm{C}^2} E_\mathrm{n} + \overline{E}^c_{M_1} \tag{5.7.79}$$

利用式 (5.7.63) 和 (5.7.71), 二次发射粒子和其剩余核在实验室系中携带能量分别变为

$$\bar{\varepsilon}^l_{m_2} = \frac{m_\mathrm{n} m_2}{M_\mathrm{C}^2} E_\mathrm{n} + \frac{m_1 m_2}{M_1^2} \int f_0(\varepsilon^c_{m_1}) \varepsilon^c_{m_1} \mathrm{d}\varepsilon^c_{m_1} + \int \frac{\mathrm{d}\sigma}{\mathrm{d}\varepsilon^r_{m_2}} \varepsilon^r_{m_2} \mathrm{d}\varepsilon^r_{m_2} = \frac{m_\mathrm{n} m_2}{M_\mathrm{C}^2} E_\mathrm{n} + \bar{\varepsilon}^c_{m_2} \tag{5.7.80}$$

$$\overline{E}_{M_2}^l = \frac{m_{\rm n} M_2}{M_{\rm C}^2} E_{\rm n} + \frac{m_1 M_2}{M_1^2} \int f_0(\varepsilon_{m_1}^c) \varepsilon_{m_1}^c {\rm d}\varepsilon_{m_1}^c + \frac{m_2}{M_2} \int \frac{{\rm d}\sigma}{{\rm d}\varepsilon_{m_2}^r} \varepsilon_{m_2}^r {\rm d}\varepsilon_{m_2}^r = \frac{m_{\rm n} M_2}{M_{\rm C}^2} E_{\rm n} + \overline{E}_{M_2}^c \tag{5.7.81}$$

从剩余核 M_2 发射第三粒子, 其形式完全类似于从式 (5.7.43) 到 (5.7.46), 这时由于仅存在 $l = 0$ 分波, 因而第三粒子发射谱为

$$S(\varepsilon_{m_2}^c) = f_0(\varepsilon_{m_2}^c) = \frac{1}{4} \sqrt{\frac{M_2}{m_3}} \int_A^B {\rm d}E_{M_2}^c \frac{f_0(E_{M_2}^c)}{\sqrt{E_{M_2}^c}} \int_a^b \frac{{\rm d}\sigma}{{\rm d}\varepsilon_{m_3}^r} \frac{{\rm d}\varepsilon_{m_3}^r}{\sqrt{\varepsilon_{m_3}^r}} \tag{5.7.82}$$

其积分限的表示也类似于式 (5.7.47) 和 (5.7.51), 只不过将其中 m_2 换为 m_3, 将 M_1 换为 M_2. 在质心系中第三粒子 m_3 携带能量为

$$\bar{\varepsilon}_{m_3}^c = \int \varepsilon_{m_3}^c S(\varepsilon_{m_3}^c) {\rm d}\varepsilon_{m_3}^c \tag{5.7.83}$$

由速度合成关系 $\boldsymbol{v}_{m_3}^c = \boldsymbol{v}_{M_2}^c + \boldsymbol{v}_{m_3}^r$, 这时对 $\varepsilon_{m_3}^c$ 的积分限为

$$\left(\sqrt{\frac{m_3}{M_2} E_{M_2}^c} - \sqrt{\varepsilon_{m_3}^r} \right)^2 \leqslant \varepsilon_{m_3}^c \leqslant \left(\sqrt{\frac{m_3}{M_2} E_{M_2}^c} + \sqrt{\varepsilon_{m_3}^r} \right)^2 \tag{5.7.84}$$

对式 (5.7.83) 进行积分, 利用式 (5.7.82) 和谱的归一性得到在质心系中第三粒子 m_3 携带能量为

$$\bar{\varepsilon}_{m_3}^c = \frac{m_3}{M_2} \int f_0(E_{M_2}^c) E_{M_2}^c {\rm d}E_{M_2}^c + \int \frac{{\rm d}\sigma}{{\rm d}\varepsilon_{m_3}^r} \varepsilon_{m_3}^r {\rm d}\varepsilon_{m_3}^r \tag{5.7.85}$$

同样, 对于发射第三粒子的剩余核 M_3 在质心系中的能谱 (见式 (5.7.54))

$$S(E_{M_3}^c) = f_0(E_{M_3}^c) = \frac{1}{4} \sqrt{\frac{M_2}{M_3}} \int_A^B {\rm d}E_{M_2}^c \frac{f_0(E_{M_2}^c)}{\sqrt{E_{M_2}^c}} \int_a^b \frac{{\rm d}\sigma}{{\rm d}\varepsilon_{M_3}^r} \frac{{\rm d}\varepsilon_{M_3}^r}{\sqrt{\varepsilon_{M_3}^r}} \tag{5.7.86}$$

其积分限的表示也类似于式 (5.7.47) 和 (5.7.51), 只不过将其中 m_2 换为 m_3, 将 M_1 换为 M_2. 在质心系中第三粒子 M_3 携带能量为

$$\overline{E}_{M_3}^c = \int \varepsilon_{M_3}^c S(\varepsilon_{M_3}^c) {\rm d}\varepsilon_{M_3}^c \tag{5.7.87}$$

由速度合成关系 $\boldsymbol{v}_{M_3}^c = \boldsymbol{v}_{M_2}^c + \boldsymbol{v}_{M_3}^r$, 这时对 $\varepsilon_{m_3}^c$ 的积分限为

$$\left(\sqrt{\frac{M_3}{M_2} E_{M_2}^c} - \sqrt{\varepsilon_{M_3}^r} \right)^2 \leqslant E_{M_3}^c \leqslant \left(\sqrt{\frac{M_3}{M_2} E_{M_2}^c} + \sqrt{\varepsilon_{M_3}^r} \right)^2 \tag{5.7.88}$$

对式 (5.7.87) 进行积分, 利用式 (5.7.86) 和谱的归一性得到在质心系中第三粒子 M_3 携带的能量为

$$\overline{E}_{M_3}^c = \frac{M_3}{M_2} \int E_{M_2}^c f_0(E_{M_2}^c) {\rm d}E_{M_2}^c + \int \frac{{\rm d}\sigma}{{\rm d}E_{M_3}^r} E_{M_3}^r {\rm d}E_{M_3}^r \tag{5.7.89}$$

在剩余核运动系中粒子与剩余核能量之间的关系为

$$E_{M_3}^r = \frac{m_3}{M_3} \varepsilon_{m_3}^r \tag{5.7.90}$$

式 (5.7.89) 改写为

$$\overline{E}_{M_3}^c = \frac{M_3}{M_2} \int E_{M_2}^c f_0(E_{M_2}^c) \mathrm{d}E_{M_2}^c + \frac{m_3}{M_3} \int \frac{\mathrm{d}\sigma}{\mathrm{d}\varepsilon_{m_3}^r} \varepsilon_{m_3}^r \mathrm{d}\varepsilon_{m_3}^r \tag{5.7.91}$$

下面讨论在实验室系中粒子和剩余核携带的能量, 这时第三粒子和其剩余核在实验室系中携带能量分别为

$$\bar{\varepsilon}_{m_3}^l = \frac{m_\mathrm{n} m_3}{M_\mathrm{C}^2} E_\mathrm{n} + \bar{\varepsilon}_{m_3}^c \quad \text{和} \quad \overline{E}_{M_3}^l = \frac{m_\mathrm{n} M_3}{M_\mathrm{C}^2} E_\mathrm{n} + \overline{E}_{M_3}^c \tag{5.7.92}$$

由式 (5.7.85) 和 (5.7.89) 得到两者之和为

$$\begin{aligned} \bar{\varepsilon}_{m_3}^l + \overline{E}_{M_3}^l &= \frac{m_\mathrm{n} M_2}{M_\mathrm{C}^2} E_\mathrm{n} + \bar{\varepsilon}_{m_3}^c + \overline{E}_{M_3}^c \\ &= \frac{m_\mathrm{n} M_2}{M_\mathrm{C}^2} E_\mathrm{n} + \int E_{M_2}^c f_0(E_{M_2}^c) \mathrm{d}E_{M_2}^c + \left(1 + \frac{m_3}{M_3}\right) \int \frac{\mathrm{d}\sigma}{\mathrm{d}\varepsilon_{m_3}^r} \varepsilon_{m_3}^r \mathrm{d}\varepsilon_{m_3}^r \end{aligned} \tag{5.7.93}$$

连续发射三个粒子后通过 γ 退激, 提供 γ 退激的剩余激发能是除了在激发能中扣除三个发射粒子的结合能外, 还要扣除第一粒子和第二粒子在质心系中的能量以及第三粒子和其剩余核在质心系中的平均能量

$$E_r = E_\mathrm{n} + Q - \bar{\varepsilon}_{m_1}^c - \bar{\varepsilon}_{m_2}^c - \bar{\varepsilon}_{m_3}^c - \bar{E}_{M_3}^c \tag{5.7.94}$$

其中, $Q = B_\mathrm{n} - B_1 - B_2 - B_3$ 是三次粒子发射反应道的 Q 值. 对于 (n,3n) 反应道, B_1, B_2, B_3 是有序发射三个中子的结合能. 在式 (5.7.94) 中三个出射粒子和其剩余核在质心系中的能量之和由式 (5.2.14), 式 (5.7.55) 和 (5.7.93) 并利用式 (5.7.69) 得到

$$\begin{aligned} \bar{\varepsilon}_{m_1}^c + \bar{\varepsilon}_{m_2}^c + \bar{\varepsilon}_{m_3}^c + \overline{E}_{M_3}^c &= \frac{m_\mathrm{n}}{M_\mathrm{C}} E_\mathrm{n} + \left(1 + \frac{m_1}{M_1}\right) \int f_0(\varepsilon_{m_1}^c) \varepsilon_{m_1}^c \mathrm{d}\varepsilon_{m_1}^c \\ &\quad + \left(1 + \frac{m_2}{M_2}\right) \int \frac{\mathrm{d}\sigma}{\mathrm{d}\varepsilon_{m_2}^r} \varepsilon_{m_2}^r \mathrm{d}\varepsilon_{m_2}^r + \left(1 + \frac{m_3}{M_3}\right) \int \frac{\mathrm{d}\sigma}{\mathrm{d}\varepsilon_{m_3}^r} \varepsilon_{m_3}^r \mathrm{d}\varepsilon_{m_3}^r \end{aligned} \tag{5.7.95}$$

因此得到总的释放能量为

$$E_\mathrm{T}^l = \bar{\varepsilon}_{m_1}^l + \bar{\varepsilon}_{m_2}^l + \bar{\varepsilon}_{m_3}^l + \overline{E}_{M_3}^l + E_\gamma = E_\mathrm{n} + B_\mathrm{n} - B_1 - B_2 - B_3 = E_\mathrm{n} + Q \tag{5.7.96}$$

严格满足能量平衡. 这个结果说明, 提供 γ 退激的剩余激发能是除了在激发能中扣除三个发射粒子的结合能外, 还要扣除第一粒子和其剩余核在质心系中的能量, 以及第二粒子和第三粒子及其剩余核在剩余核运动系中的能量.

　　由于第一粒子发射的质心系就是剩余核运动系, 由上述结果可以推广到 N 个多粒子发射过程中在质心系中能量的总和

$$\sum_{i=1}^{N} \bar{\varepsilon}^c_{m_i} + \bar{E}_{M_N} = \frac{m_{\rm n}}{M_{\rm C}} E_{\rm n} + \sum_{i=1}^{N} \left(1 + \frac{m_i}{M_i}\right) \int \frac{{\rm d}\sigma}{{\rm d}\varepsilon^r_{m_i}} \varepsilon^r_{m_i} {\rm d}\varepsilon^r_{m_i} \qquad (5.7.97)$$

而对发射 N 个多粒子后作为提供 γ 退激的剩余激发能为

$$E_\gamma = E^* - \sum_{i=1}^{N} B_i - \sum_{i=1}^{N} \bar{\varepsilon}^c_{m_i} - \bar{E}_{M_N} = E^* - \sum_{i=1}^{N} B_i - \sum_{i=1}^{N} \left(1 + \frac{m_i}{M_i}\right) \int \frac{{\rm d}\sigma}{{\rm d}\varepsilon^r_{m_i}} \varepsilon^r_{m_i} {\rm d}\varepsilon^r_{m_i}$$
$$(5.7.98)$$

　　至此, 对于轻核反应中可能出现的各种粒子发射模式, 在用质心系中的 Legendre 展开系数的形式下, 出射粒子的双微分截面的理论表示都已经被给出. 无论是粒子的有序发射和非有序发射, 包括剩余核或发射粒子的两体崩裂, 以及三体崩裂过程, 都可以用上述的推导结果给出. 因此, 尽管轻核反应非常复杂, 但是形形色色的核反应过程的运动学都包含在前述的几类之中. 核反应运动学给出发射粒子双微分谱准确的形状和位置, 而每个分谱的大小则由核反应动力学给出. 关于核反应运动学的更详细的内容可参见核科技报告 (Zhang, 2003b).

5.8　分立能级角分布的坐标系转换

　　上面给出了轻核反应过程中, 由运动学给出的各种形态的出射粒子谱形状. 但是为了与实验测量的总中子出射双微分截面数据进行比较, 还需要将这些由理论计算的数据从质心系转换到实验室系. 本节讨论单能的分立能级角分布的坐标系转换问题.

　　如果出射粒子在质心系的能量为 ε^c, 而在实验室系的出射角为 θ^l 时, 对应的实验室系的能量 ε_l 和质心系的出射角 θ^c 可以按下面的方式得到. 先定义质心运动速度与质心系中出射粒子速度之比值为 γ, 将其变换为能量单位的表示后得到

$$\gamma \equiv \frac{V_{\rm C}}{v^c} = \frac{\sqrt{m_{\rm n} m_1}}{M_{\rm C}} \sqrt{\frac{E_{\rm n}}{\varepsilon^c}} = \frac{\beta}{\sqrt{\varepsilon^c}} \qquad (5.8.1)$$

这里, $m_{\rm n}$、m_1 和 $M_{\rm C}$ 分别是入射中子、出射粒子和复合核的质量数, ε^c 是出射粒子在质心系中的能量, 对于从复合核到剩余核的分立能级发射, ε^c 为确定值, 因而 γ 也是确定值. 由速度合成关系可知, 当 $\gamma < 1$ 时, θ_l 可以在 0 到 π 之间变化 ($-1 \leqslant \cos\theta_l \leqslant 1$), 没有角度限制, 这对应了轻粒子入射的情况; 而如果 $\gamma \geqslant 1$, θ_l 就会存在一极大值的限制

$$\cos\theta^l_{\max} = \frac{1}{\gamma} \sqrt{\gamma^2 - 1} \qquad (5.8.2)$$

这表示在实验室系中存在一个最大出射角 $\cos\theta_{\max}^l$, 因而在实验室系中没有大于 $\theta^l > \cos\theta_{\max}^l$ 角度的粒子出射, 它通常对应于入射粒子质量大于靶核质量的情况, 或者发生近阈反应的情况, 当 ε^c 很小时的情况. 对于中子入射情况下, 由式 (5.8.1) 可以给出 $\gamma = 1$ 临界状态下出射粒子的能量值需要满足

$$\varepsilon_{\min}^c = \frac{m_n m_1}{M_C^2} E_n \tag{5.8.3}$$

因此, 只有在 $\varepsilon^c \leqslant \varepsilon_{\min}^c$ 时才会有 $\gamma \geqslant 1$ 的情况发生.

下面讨论 $\gamma \geqslant 1$ 的物理意义. 由图 5.13 可以看出, 如果质心系中粒子的出射速度小于等于质心运动速度, 即 $v^c \leqslant V_C$ 时, 虽然在质心系中粒子仍然可以在 4π 空间内发射, 但是在实验室系中粒子的发射角却不能大于 $\theta_{\max}^l$. 而且, 除了 $\theta^l = \theta_{\max}^l$ 之外, 对于每个出射角 θ^l 都对应于质心系中的两个出射角 (向前的 θ^c 和向后的 $\theta^{c'}$). 在质心系中与 $\theta_{\max}^l$ 相对应的角度为 θ_m^c, 当质心系中的角度由 $0 \to \theta_m^c$ 增大时, 在实验室系中对应的角度也增大, 而质心系中的角度由 $\theta_m^c \to \pi$ 增大时, 实验室系中对应的角度反而会由 $\theta_{\max}^l$ 逐步减小到 0.

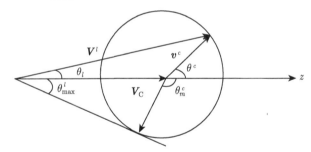

图 5.13 在 $\gamma > 1$ 时, 粒子 m_1 在实验室系中出射角的限制

下面由实际的例子给出一些数值概念. 当入射中子能量为 $E_n = 14\text{MeV}$ 时, 在 $n + {}^9\text{Be}$ 反应中, 对于出射中子的情况, 在 $\gamma \geqslant 1$ 发生时对应的出中子射能量大约为 $\varepsilon_n \leqslant 0.14\text{MeV}$, 而对于出射 α 粒子的情况, 在 $\gamma > 1$ 发生时对应的出射能量大约为 $\varepsilon_n \leqslant 0.56\text{MeV}$. 而第一出射粒子发射到剩余核能量为 E_{k_1} 的能级时, 出射粒子能量由式 (5.2.1) 给出, 由式 (5.8.3) 得到, 当分立能级能量满足

$$E_{k_1} \geqslant \frac{M_T M_1 - m_n m_1}{M_1 M_C} E_n + B_n - B_1 \tag{5.8.4}$$

时, 就会出现 $\gamma \geqslant 1$ 的情况. 以 $n + {}^9\text{Be}$ 核反应为例, 在 $E_n = 14\text{MeV}$ 时, 出射中子到剩余核 ${}^9\text{Be}$ 的分立能级能量 $E_{k_1} > 12.44\text{MeV}$ 时才会有 $\gamma \geqslant 1$ 的情况出现. 对于出射 α 粒子的情况, 中子和 α 粒子在 ${}^{10}\text{Be}$ 中的结合能分别是 $B_n = 6.811\text{MeV}$, $B_\alpha = 7.409\text{MeV}$, 只有达到 ${}^6\text{He}$ 的分立能级能量为 $E_{k_1} > 11.07\text{MeV}$ 时, 即达到 ${}^6\text{He}$

的第 3 激发能级时, $\gamma \geqslant 1$ 的情况才会出现, 出射 α 粒子的角分布才会出现角度限制.

下面讨论在质心系中能量为确定值的分立能级角分布的坐标系转换公式. 以粒子入射方向为 Z 轴, 速度在 Z 轴和 X 轴的投影关系分别

$$\begin{cases} v^l \cos\theta_l = V_{\mathrm{C}} + v^c \cos\theta^c \\ v^l \sin\theta_l = v^c \sin\theta^c \end{cases} \tag{5.8.5}$$

两式相除得到

$$\tan\theta_l = \frac{v^c \sin\theta^c}{V_{\mathrm{C}} + v^c \cos\theta^c} = \frac{\sin\theta^c}{\gamma + \cos\theta^c} \tag{5.8.6}$$

利用三角学的知识

$$\cos\theta^l = \frac{1}{\sqrt{1 + \tan^2\theta^l}} = \frac{\gamma + \cos\theta^c}{\sqrt{1 + 2\gamma\cos\theta^c + \gamma^2}} \tag{5.8.7}$$

下面讨论在实验室系和质心系中角分布之间的关系, 对式 (5.8.7) 两边微分得到

$$-\sin\theta^l \mathrm{d}\theta^l = -\frac{1 + \gamma\cos\theta^c}{(1 + 2\gamma\cos\theta^c + \gamma^2)^{3/2}} \sin\theta^c \mathrm{d}\theta^c \tag{5.8.8}$$

由此得到质心系和实验室系之间的立体角的关系

$$\mathrm{d}\Omega_l = \sin\theta^l \mathrm{d}\theta^l \mathrm{d}\varphi^l = \mathrm{d}\cos\theta^l \mathrm{d}\varphi^l = \frac{|1 + \gamma\cos\theta^c|}{(1 + 2\gamma\cos\theta^c + \gamma^2)^{3/2}} \mathrm{d}\Omega^c \tag{5.8.9}$$

如果已知在质心系中的角分布 $\mathrm{d}\sigma/\mathrm{d}\Omega^c$, 则在实验室系中的角分布可以表示为

$$\frac{\mathrm{d}\sigma}{\mathrm{d}\Omega^l} = \frac{\mathrm{d}\sigma}{\mathrm{d}\Omega^c}\frac{\mathrm{d}\Omega^c}{\mathrm{d}\Omega^l} = \frac{(1 + 2\gamma\mu^c + \gamma^2)^{3/2}}{|1 + \gamma\mu^c|} \frac{\sigma}{4\pi} \sum_L (2L+1)F_L(\varepsilon^c)\mathrm{P}_L(\mu^c) \tag{5.8.10}$$

由于发射一次粒子后剩余核处于分立能级, 出射粒子在质心系中具有确定的能量 ε^c. 如果已经从理论上给出了反应截面 σ 和质心系中的 Legendre 展开系数 $F_L(\varepsilon^c)$, 就可以用式 (5.8.10) 计算出实验室系中的角分布 $\mathrm{d}\sigma/\mathrm{d}\Omega^l$. 当然, 首先需要判断 γ 是否是大于 1, 如果 $\gamma \geqslant 1$ 出现, 则在实验室系中的角度取值就需要用式 (5.8.2) 来确定角度范围, 这时就不能用 Legendre 展开系数描述实验室系中的角分布, 只有在 $\theta^l < \theta^l_{\max}$ 时, 才可以用式 (5.8.10) 得到实验室系的角分布值, 而在 $\theta^l \geqslant \theta^l_{\max}$ 的角度区域角分布值自然是 0.

将式 (5.8.7) 两边平方, 并整理为 μ^c 的一元二次方程. 这时两个运动学中的余弦满足的一元二次方程为

$$(\mu^c)^2 + 2\gamma\left[1 - (\mu^l)^2\right]\mu^c - {\mu^l}^2 + \gamma^2\left[1 - (\mu^l)^2\right] = 0 \tag{5.8.11}$$

求解该一元二次方程, 得到 μ^c 与 μ^l 之间的关系式

$$\mu^c = -\gamma \left[1 - (\mu^l)^2\right] \pm \mu^l \sqrt{1 - \gamma^2 \left[1 - (\mu^l)^2\right]} \qquad (5.8.12)$$

当 $\gamma < 1$ 时, 在式 (5.8.9) 中仅取正号. 在实验室系中角度区域为 4π 方位角, 即 $0 \leqslant \theta^l \leqslant \pi$. 当 $\mu^l = 1$ 时, 由式 (5.8.10) 得到 $\mu^c = 1$, 而当 $\mu^l = -1$ 时, 得到 $\mu^c = -1$, 显然在物理上是合理的.

而在 $\gamma \geqslant 1$ 时, 在实验室系中存在 $\cos\theta^l_{\max} \leqslant \cos\theta^l \leqslant 1$ 的角度限制 (或 $0 \leqslant \mu^l_{\min} \leqslant \mu^l \leqslant 1$). 这时, 对于每个满足上面不等式的 μ^l 值, 由图 5.13 看出, 在质心系中都存在对应的两个角度, 即在式 (5.8.12) 中取正负号. 例如, 当 $\mu^l = 1$ 时, 由式 (5.8.9) 得到 $\mu^c = \pm 1$. 而 $\mu^l = \mu^l_{\min}$ 时, 由式 (5.8.2) 可以得到 $1 - \mu^{l2}_{\min} = 1/\gamma^2$, 因而得到在质心系中对应的角度为

$$\mu^c_m = -\frac{1}{\gamma} = -\frac{\sqrt{\varepsilon_c}}{\beta} = -\frac{v_c}{V_C} = -\sin\theta^l_{\max} < 0 \qquad (5.8.13)$$

由图 5.13 所示, 总有 $\theta^l_{\max} < \pi/2$ 存在, 因为这时总有 $\theta^c_m = \pi/2 + \theta^l_{\max} > 90°$, 显然在物理上是合理的.

如果在质心系中的中子能量为 ε^c, 当给定实验室系的角度 θ^l 时, 需要求出在实验室系的能量 ε^l 值. 这需要分两种情况考虑.

(1) 当 $\varepsilon^c > \beta^2$ 时 (相当于 $\gamma < 1$): 这是非常普遍的情况, 实验室系和质心系中的角度都是 4π 方位角, 两者之间的关系为

$$\mu^c = \mu^l \sqrt{1 - \frac{\beta^2}{\varepsilon^c} \left[1 - (\mu^l)^2\right]} - \frac{\beta}{\sqrt{\varepsilon^c}} \left[1 - (\mu^l)^2\right] \qquad (5.8.14)$$

得到当给定实验室系的角度 θ^l 时, 实验室系的能量 ε^l 值是由式 (5.1.5) 给出的结果.

(2) 当 $\varepsilon^c \leqslant \beta^2$ 时 (相当于 $\gamma \geqslant 1$): 这是质心系中出射能量非常低的情况下出现的.

这时物理上在实验室系的粒子出射角度有限制, 即 $0 \leqslant \mu^l_{\min} \leqslant \mu^l \leqslant 1$, 其中

$$\mu^l_{\min} \leqslant \frac{1}{\gamma}\sqrt{\gamma^2 - 1} = \frac{1}{\beta}\sqrt{\beta^2 - \varepsilon^c} \qquad (5.8.15)$$

对于一个给定满足 $0 \leqslant \mu^l_{\min} \leqslant \mu^l \leqslant 1$ 条件的 μ^l, 式 (5.8.10) 用 β 表示时的形式为

$$\mu^{c(\pm)} = -\frac{\beta}{\sqrt{\varepsilon^c}} \left[1 - (\mu^l)^2\right] \pm \frac{\mu^l}{\sqrt{\varepsilon^c}} \sqrt{\varepsilon^c - \beta^2 \left[1 - (\mu^l)^2\right]} \qquad (5.8.16)$$

显然在式 (5.8.16) 的根号中值大于等于 0 的条件是由式 (5.8.15) 给出.

特殊情况 1: 当 $\varepsilon^c = \beta^2$ 时, $\mu^l_{\min} = \sqrt{\beta^2 - \varepsilon^c}\big/\beta = 0$, 即 $\theta^l_{\max} = \pi/2$,

特殊情况 2: 当 $\varepsilon^c = \beta^2 \sin^2\theta^l = \beta^2\left(1 - (\mu^l)^2\right)$ 时, 在 $\mu^{c(\pm)}$ 中第二项为 0, 这时 $\varepsilon^l = \beta^2 - \varepsilon^c$, 能量取值范围仅收缩为一点.

在一般情况下, 对于给定 μ^l 时, $\mu^{c(\pm)}$ 都对应两个不同值. 例如, 在 $\mu^l = 1$ 时, $\mu^{c(\pm)} = \pm 1$.

当然, 在 $\theta^l > \theta^l_{\max}$ 时, 即 $\mu^l < \mu^l_{\min}$ 时, 由于 θ^l 超出限制角度, 因而物理上没有任何能量 ε^l 的取值范围. 当以 ε^l 和 μ^l 为自变量, 且满足

$$\varepsilon^c = \varepsilon^l - 2\beta\sqrt{\varepsilon^l}\mu^l + \beta^2 \leqslant \beta^2 \tag{5.8.17}$$

条件时, 对于一个给定满足 $0 \leqslant \mu^l_{\min} \leqslant \mu^l \leqslant 1$ 条件的 μ^l, 在实验室系中的能量 ε^l 取值为两个能点, 它们分别是

$$\varepsilon^{l(\pm)} = \varepsilon^c + 2\beta\sqrt{\varepsilon^c}\mu^{c(\pm)} + \beta^2 \tag{5.8.18}$$

将式 (5.8.16) 代入式 (5.8.19) 得到其显式表示为

$$\varepsilon^{l(\pm)} = \varepsilon^c - 2\beta^2\left[1 - (\mu^l)^2\right] \pm 2\beta\mu^l\sqrt{\varepsilon^c - \beta^2\left[1 - (\mu^l)^2\right]} + \beta^2 \tag{5.8.19}$$

式 (5.8.20) 还可以改写为

$$\varepsilon^{l(\pm)} = \left(\sqrt{\varepsilon^c - \beta^2\left[1 - (\mu^l)^2\right]} \pm \beta\mu^l\right)^2 \tag{5.8.20}$$

显然, 当 $\mu^l = 1$ 时, $\varepsilon^{l(\pm)} = \left(\sqrt{\varepsilon^c} \pm \beta\right)^2$. 因此, 在 $\varepsilon^c < \beta^2$ 的情况下, 对于一个满足 $\mu^l_{\min} \leqslant \mu^l \leqslant 1$ 角度对应两个能点 ε^l 值由式 (5.8.21) 给出.

显然, 当 $\varepsilon^c = \beta^2\left[1 - (\mu^l)^2\right]$ 时, $\varepsilon^{l(\pm)}$ 收缩为一个能点 $\varepsilon^{l(\pm)} = (\beta\mu^l)^2 = \beta^2 - \varepsilon^c > 0$. 在一般情况下, $\sqrt{\varepsilon^{l(-)}} < \beta\mu^l$; 而 $\sqrt{\varepsilon^{l(+)}} > \beta\mu^l$.

对于自由核子散射的情况, 由于这时质心运动速度恰好是入射粒子速度的一半, 因而质心系与实验室系具有如下关系

$$\varepsilon^c = E_n/4 \tag{5.8.21}$$

由式 (5.8.1) 得到 $\gamma = 1$, 这是出现有角度限制的临界情况, 由式 (5.8.2) 给出

$$\cos\theta^c = \cos 2\theta^l \quad \text{或} \quad \theta^c = 2\theta^l \tag{5.8.22}$$

自由核子散射在质心系中的散射角总是实验室系的一倍. 因此, 在实验室系中仅有 $\theta^l \leqslant 90°$ 的发射. 实验室系中的角分布与质心系的角分布有如下关系

$$\frac{d\sigma}{d\mu^l} = \frac{d\sigma}{d\mu^c} \cdot \frac{d\mu^c}{d\mu^l} = 4\mu^l\frac{d\sigma}{d\mu^c}, \ \theta^l \leqslant 90° \tag{5.8.23}$$

由式 (5.8.16) 得到在实验室系中自由核子散射后能量与散射角之间的关系

$$\varepsilon^l = \frac{E_n}{2}(1 + \mu^c) = E_n(\mu^l)^2 \tag{5.8.24}$$

在 γ 小于 1 的情况下, 在实验室系中没有角度限制, 也可以用 Legendre 展开系数的表示

$$\frac{\mathrm{d}\sigma}{\mathrm{d}\Omega^l} = \frac{\sigma}{4\pi}\sum_L (2L + 1)F_L^l \mathrm{P}_L(\mu^l) \tag{5.8.25}$$

将式 (5.8.26) 代入式 (5.8.10) 得到

$$\sum_L (2L + 1)F_L^l \mathrm{P}_L(\mu^l) = \frac{(1 + 2\gamma\mu^c + \gamma^2)^{\frac{3}{2}}}{|1 + \gamma\mu^c|}\sum_L (2L + 1)F_L^c(\varepsilon^c)\mathrm{P}_L(\mu^c) \tag{5.8.26}$$

在上式两边乘上 Legendre 多项式 $\mathrm{P}_L(\mu^l)$, 并对 μ^l 积分, 在该方程左边利用 Legendre 多项式的正交性, 将对 μ^l 的积分变为对 μ^c 的积分, 代入 μ^l 在质心系中的表示 (5.8.7), 由此得到在实验室系的 Legendre 系数为

$$F_L^l = \sum_{L'}\frac{2L' + 1}{2}f_{L'}(\varepsilon^c)\int_{-1}^1 \mathrm{P}_{L'}(\mu^c)\mathrm{P}_L\left(\frac{\gamma + \mu^c}{\sqrt{1 + 2\gamma\mu^c + \gamma^2}}\right)\mathrm{d}\mu^c \tag{5.8.27}$$

应用数值积分, 可以得到任意 $\gamma < 1$ 情况下的实验室系的 Legendre 系数 F_L^l.

在 $\gamma \ll 1$ 时, 也可以利用 $\cos\theta^l$ 对 γ 低次幂的展开得到 F_L^l 值 (丁大钊等, 2005). 对于弹性散射, 将式 (5.8.4) 给出的在质心系中的散射能量代入式 (5.8.1) 后得到

$$\gamma = m_n/M_T \tag{5.8.28}$$

因此, 在弹性散射过程中不会出现对出射粒子在实验室系中的角度限制.

5.9 双微分截面的坐标系转换

理论计算是在质心系中进行, 而实验测量总是在实验室系中进行. 物理将理论计算结果与实验测量数据对比, 需要对理论计算结果进行坐标系转换. 在核数据库的双微分截面文档中, 采用的是在质心系中给出发射质量数为 m 的粒子归一化能谱和相应的 Legendre 展开系数, 是用置方 (histogram) 方式表示的 (MacFarlane et al., 1999).

$$\mathrm{DDX}(\varepsilon^c, \mu^c) \equiv \frac{\mathrm{d}^2\sigma}{\mathrm{d}\varepsilon^c \mathrm{d}\Omega^c} = \frac{1}{4\pi}\sum_L (2L + 1)F_L(\varepsilon^c)\mathrm{P}_L(\mu^c) \tag{5.9.1}$$

若在质心系中出射粒子的能量区域为

$$\varepsilon_{\min}^c \leqslant \varepsilon^c \leqslant \varepsilon_{\max}^c \tag{5.9.2}$$

而在质心系中出射粒子的角度是 4π 分布的

$$-1 \leqslant \mu^c \leqslant 1 \tag{5.9.3}$$

现在是要以实验室系中的能量 ε^l 和角度 θ^l(或 μ^l) 为自变量来给出实验室系中的双微分截面数据.

$$\text{DDX}(\varepsilon^l, \mu^l) \equiv \frac{\mathrm{d}^2\sigma}{\mathrm{d}\varepsilon^l \mathrm{d}\Omega^l} \tag{5.9.4}$$

在式 (5.9.1) 中, 对于发射质量数为 m 的粒子, 质心系中的能量和角度都是实验室系中的能量和角度的函数, $\varepsilon^c(\varepsilon^l, \mu^l)$ 和 $\mu^c(\varepsilon^l, \mu^l)$, 其能量关系由式 (5.1.9) 给出, 角度关系式由式 (5.1.10) 给出. 且有

$$\varepsilon^c(\varepsilon^l, \mu^l) = \varepsilon^l - 2\beta\sqrt{\varepsilon^l}\mu^l + \beta^2 \tag{5.9.5}$$

由质心系中出射粒子的能量区域 (5.9.2) 可以得到在实验室系中的能量范围. 从速度合成关系出发有 $v_{\max}^l = v_{\max}^c + V_C$, 因此在实验室系中的最大能量为

$$\varepsilon_{\max}^l = (\sqrt{\varepsilon_{\max}^c} + \beta)^2 \tag{5.9.6}$$

实验室系中的最小能量值仍然可以从速度合成关系得到

$$v_{\min}^l = \begin{cases} V_C - v_{\max}^c, & \text{当} \quad v_{\max}^c < V_C \\ 0, & \text{当} \quad v_{\min}^c \leqslant V_C \leqslant v_{\max}^c \\ v_{\min}^c - V_C, & \text{当} \quad V_C < v_{\min}^c \end{cases} \tag{5.9.7}$$

写成能量形式时

$$\varepsilon_{\min}^l = \begin{cases} (\beta - \sqrt{\varepsilon_{\max}^c})^2, & \text{当} \quad \varepsilon_{\max}^c < \beta \\ 0, & \text{当} \quad \varepsilon_{\min}^c \leqslant \beta \leqslant \varepsilon_{\max}^c \\ (\sqrt{\varepsilon_{\min}^c} - \beta)^2, & \text{当} \quad \beta < \varepsilon_{\min}^c \end{cases} \tag{5.9.8}$$

由式 (5.9.6) 和 (5.9.8) 给出实验室系中的能量范围, 满足下面不等式

$$\varepsilon_{\min}^l \leqslant \varepsilon^l \leqslant \varepsilon_{\max}^l \tag{5.9.9}$$

同样, 由速度在入射方向的投影关系 $v^c\mu^c = v^l\mu^l - V_C$, 由式 (5.1.10) 得到质心系和实验室系中的角度对应关系式. 可以验证式 (5.1.10), 当 $\theta^l = 0°$ 时 $(\mu^l = 1)$, 且有 $\varepsilon^c = (\sqrt{\varepsilon_l} - \beta)^2$, 因而 $\mu^c = 1$, 即 $\theta^c = 0°$; 而当 $\theta^l = 180°$ 时 $(\mu^l = -1)$, $\varepsilon^c = (\sqrt{\varepsilon^l} + \beta)^2$, 因而 $\mu^c = -1$, 即 $\theta^c = 180°$. 这是合理的物理图形.

由式 (5.1.7) 得到 $\mu^l = \dfrac{\varepsilon^l + \beta^2 - \varepsilon^c}{2\beta\sqrt{\varepsilon^l}}$, 对于在质心系中双微分截面 $\varepsilon^c > \beta^2$ (即

$v^c > V_{\rm C}$) 的部分, 在实验室系中无角度的限制, 如果 $\varepsilon^c_{\min} > \beta^2$, 则在整个 $\varepsilon^l_{\min} \leqslant \varepsilon^l \leqslant \varepsilon^l_{\max}$ 能量区域都无角度的限制. 这时总有 $-1 \leqslant \mu^l \leqslant 1$.

对于在质心系中双微分截面 $\varepsilon^c \leqslant \beta^2$ (即 $v^c < V_{\rm C}$) 的部分, 这时由式 (5.1.7) 可以给出对发射角 θ^l 的限制条件 $\mu^l_{\min}$, 如果 $\varepsilon^c_{\max} < \beta^2$, 则在整个 $\varepsilon^l_{\min} \leqslant \varepsilon^l \leqslant \varepsilon^l_{\max}$ 能量区域都有角度的限制.

因此, 在整体情况下在实验室系中的角度范围满足下面的条件

$$\mu^l_{\min} = \begin{cases} -1, & \text{当} \quad \varepsilon^c_{\max} > \beta^2 \\[2mm] \dfrac{\varepsilon^l + \beta^2 - \varepsilon^c_{\max}}{2\beta}, & \text{当} \quad \varepsilon^c_{\max} \leqslant \beta^2 \end{cases} \tag{5.9.10}$$

在实验室系中的角度余弦满足下面不等式

$$\mu^l_{\min} \leqslant \mu^l \leqslant 1 \tag{5.9.11}$$

两个坐标系中双微分截面的关系为

$$\mathrm{DDX}(\varepsilon^l, \mu^l) = \sqrt{\frac{\varepsilon^l}{\varepsilon^c}} \mathrm{DDX}(\varepsilon^c(\varepsilon^l, \mu^l), \mu^c(\varepsilon^l, \mu^l)), \quad \varepsilon^l_{\min} \leqslant \varepsilon^l \leqslant \varepsilon^l_{\max} \tag{5.9.12}$$

式 (5.9.12) 中的因子 $\sqrt{\varepsilon^l/\varepsilon^c}$ 是质心系到实验室系坐标变换的雅可比行列式值. 在实际计算中, 对于一个给定的 μ^l 值, 对各种可能的能量 ε^l 由式 (5.1.9) 计算出的 ε^c 在满足 $\varepsilon^c < \varepsilon^c_{\min}$ 或 $\varepsilon^c > \varepsilon^c_{\max}$ 的情况下, 双微分截面值自动为 0.

由式 (5.9.10) 看出, $\varepsilon^c_{\max} \leqslant \beta^2$ 的情况会出现在实验室系中角度的限制, 这时在实验室系中不易采用 Legendre 展开系数形式. 而在 $\varepsilon^c_{\max} > \beta^2$ 的情况下, 可以在实验室系中采用 Legendre 展开系数形式.

$$\frac{\mathrm{d}^2\sigma}{\mathrm{d}\varepsilon^l \mathrm{d}\Omega^l} = \frac{1}{4\pi}\sum_L (2L+1)F_L(\varepsilon^l)\mathrm{P}_L(\mu^l) = \sqrt{\frac{\varepsilon^l}{\varepsilon^c}}\frac{1}{4\pi}\sum_{L'}(2L'+1)F_{L'}(\varepsilon^c)\mathrm{P}_{L'}(\mu^c) \tag{5.9.13}$$

式 (5.9.13) 两边乘上 $\mathrm{P}_L(\mu^l)$ 对 μ^l 积分, 利用 Legendre 多项式的正交性得到

$$F_L(\varepsilon^l) = \frac{1}{2}\sum_{L'}(2L'+1)\int_{-1}^{1}\sqrt{\frac{\varepsilon^l}{\varepsilon^c}}F_{L'}(\varepsilon^c)\mathrm{P}_{L'}(\mu^c)\mathrm{P}_L(\mu^l)\mathrm{d}\mu^l \tag{5.9.14}$$

将式 (5.1.10) 对 μ^c 的表示和式 (5.1.9) 对 ε^c 的表示代入, 式 (5.9.14) 就是应用连续谱 Legendre 展开系数坐标转换的积分方法在 $\varepsilon^c_{\max} > \beta^2$ 时给出的转换公式. 一般只能用数值计算进行.

在实验室系中的能谱表示为

$$S^l(\varepsilon^l) \equiv F_0(\varepsilon^l) = 2\pi \int_{\mu_{\min}}^{1} \mathrm{DDX}(\varepsilon^l, \mu^l)\mathrm{d}\mu^l \tag{5.9.15}$$

在 $\varepsilon_{\max}^c > \beta^2$ 的情况下, $-1 \leqslant \mu^l \leqslant 1$, 利用式 (5.9.13) 在实验室系中的能谱可以写为

$$S^l(\varepsilon^l) = \frac{1}{2} \sum_L (2L+1) \int_{-1}^1 \sqrt{\frac{\varepsilon^l}{\varepsilon^c}} F_L(\varepsilon^c) \mathrm{P}_L(\mu^c) \mathrm{d}\mu^l \qquad (5.9.16)$$

若在质心系中是各向同性的能谱, 即仅有 $L = 0$ 项存在, 在实验室系中的能谱可以简写为

$$S^l(\varepsilon^l) = \frac{1}{2} \int_{-1}^1 \sqrt{\frac{\varepsilon^l}{\varepsilon^c}} S^c(\varepsilon^c) \mathrm{d}\mu^l \qquad (5.9.17)$$

下面给出一个示例, 在质心系中采用归一化的各向同性的 Maxwell 分布

$$S^c(\varepsilon^c) = \frac{2}{\sqrt{\pi}(KT)^{3/2}} \exp\left\{ -\frac{\varepsilon^c}{KT} \right\} \sqrt{\varepsilon^c}, \quad 0 \leqslant \varepsilon^c < \infty \qquad (5.9.18)$$

将式 (5.9.18) 代入式 (5.9.17) 得到

$$S^l(\varepsilon^l) = \frac{\sqrt{\varepsilon^l}}{\sqrt{\pi}(KT)^{3/2}} \int_{-1}^1 \exp\left\{ -\frac{\varepsilon^l - 2\beta\sqrt{\varepsilon^l}\mu^l + \beta^2}{KT} \right\} \mathrm{d}\mu^l \qquad (5.9.19)$$

记 $a = 2\beta\sqrt{\varepsilon_l}/KT$. 对式 (5.9.19) 进行角度 μ^l 的积分, 得到

$$S^l(\varepsilon^l) = \frac{2\sqrt{\varepsilon^l}}{\sqrt{\pi}(KT)^{3/2}} \exp\left\{ -\frac{\varepsilon^l + \beta^2}{KT} \right\} \frac{\sinh a}{a} \qquad (5.9.20)$$

由此得到的是 Watt 能谱表示

$$S^l(\varepsilon^l) = \frac{\mathrm{e}^{-\beta^2/KT}}{\sqrt{\pi}\beta\sqrt{KT}} \exp\left\{ -\frac{\varepsilon^l}{KT} \right\} \sinh\left(\frac{2\beta\sqrt{\varepsilon^l}}{KT} \right) \qquad (5.9.21)$$

事实上, 由式 (5.1.8) 看出, 对于很重的核, β 值很小, 这时在 $\beta \to 0$ 的极限下, 可以取近似 $\varepsilon^l \approx \varepsilon^c$. Watt 谱自动退化为式 (5.9.18) 表示的 Maxwell 谱.

5.10　Kerma 系数的简介

在核反应过程中, 会发射 γ 射线、中子、各种带电粒子以及对应的剩余核, 包括弹性散射和非弹性散射的反冲核等. 由于中子和 γ 射线不带电, 自由程长, 会很容易从物质中跑掉因此对于中子和 γ 射线是属于辐射防护问题, 而带电粒子, 如质子 (p)、氘 (d)、氚 (t)、α 粒子, 以及核反应中的各种反冲核, 由于与核外电子和其他带电核之间的库仑场的相互作用, 它们都会滞留在物质内部离反应位置很近之处, 它们的动能都耗损在物质内部, 并转化为相应的热量, 这就是所谓物质的 "阻止本领", 不同核素具有不同的阻止本领.

在核工程和核医学的应用中, 这种带电粒子滞留在物质内部所产生的热能被称之为 Kerma 系数, 它是 "Kinetic Energy Released in Material" 一词的缩写. Kerma 系数对于确定核工程中材料、元件的辐照损伤, 热工系统的传热、载热, 冷却方面的设计以及核医学中确定放射治疗的辐照剂量等方面, 都起着重要作用.

在核医学中, 很早就考虑如何利用中子治疗癌症 (Stone, 1948). 其原理就是让中子束流在癌细胞位置发生核反应产生带电粒子和反冲核, 通过它们的电离作用破坏癌细胞组织, 达到治疗癌症的作用. 目前主要有硼的热中子俘获治癌、快中子治癌和近距中子治癌等方式. 关于中子治癌的发展过程可以参见有关文献 (丁大钊等, 2005). 而人体有机组织的主要成分是碳、氢和氧, 以及少量的氮. 中子与质子只有弹性散射过程, 目前这方面的核数据已经相当丰富而准确. 而另外两个主要元素碳和氧元素都是属于 1p 壳轻核, 中子与它们发生核反应后, 会产生带电粒子和反冲核, 由于它们与核外电场之间的库仑相互作用, 它们携带的动能都转化为热量而滞留在人体内. 在核医学应用中, 确定最佳入射能量、定准辐照位置、精确计算辐照吸收剂量都是非常重要的, 而辐照剂量在一级近似下正比于吸收剂量, 而与吸收剂量紧密联系的物理量就是 Kerma 系数. 当然, 对于辐照损伤来说, 还包含了初始原子位移、氦气产生以及电离过程等. 本书的内容仅限于讨论 Kerma 系数.

其实 Kerma 系数就是在实验室系中, 从各种核反应过程中产生的带电粒子和反冲核所携带的平均动能的总和. 前面已经给出了实验室系中, 在一定中子入射能量下, 各种类型轻核反应从各分反应道所释放的能量, 将其乘以相应分反应道的截面, 再按不同出射粒子和反冲核分类相加, 就得到各种粒子和反冲核的分 Kerma 系数. Kerma 系数包括弹性散射反冲核的 Kerma 系数, 非弹性散射反冲剩余核的 Kerma 系数, 各反应道的出射粒子和对应反冲剩余核的 Kerma 系数, 以及俘获辐射的反冲剩余核的 Kerma 系数. 将这些分 Kerma 系数求和后就得到总 Kerma 系数. 一般来说, 发射带电粒子包括: 质子、氘核、^{3}He, 以及 α 粒子, 其质量数都小于等于 4, 而 ^{5}He 的发射会自发崩裂为一个中子和一个 α 粒子, α 粒子的质量数等于 4. 而剩余核也都是带电的, 质量数范围却很广.

第 5 章给出了从各分反应道中各种粒子所释放的能量, 但是其中没有对弹性散射进行讨论. 因此, 这里将给出弹性散射的 Kerma 系数公式. 在弹性散射过程中, 仅是原来在实验室系中静止的靶核经过弹性散射后在实验室系的运动能量贡献到 Kerma 系数中, 在实验方面也对 ^{12}C 的弹性散射和非弹性散射的 Kerma 系数进行了测量 (Ohlson et al., 1989). 根据统计理论的原理, 任何可观测的物理量都是由这个物理量对分布函数的平均值给出. 因此, 在弹性散射中, 散射中子在实验室系中的能量是由散射中子能量对弹性散射角分布的平均. 这个实验室系的能量乘上对应的评价截面, 再乘上粒子多重数而给出该带电粒子的 Kerma 系数.

在 Legendre 展开系数形式下, 弹性散射角分布通常是在质心系中以下面标准

形式给出

$$\frac{\mathrm{d}\sigma_{\mathrm{el}}}{\mathrm{d}\Omega^c} = \frac{1}{4\pi} \sum_l (2l+1) f_l^{\mathrm{el}} \mathrm{P}_l(\mu) \tag{5.10.1}$$

而在实验室系中的中子散射平均能量由下式给出

$$\bar{\varepsilon}_l^{\mathrm{el}}(n) = \int \varepsilon_l^{\mathrm{el}}(n) \frac{\mathrm{d}\sigma_{\mathrm{el}}}{\mathrm{d}\Omega^l} \mathrm{d}\Omega^l = \int \varepsilon_l^{\mathrm{el}}(n) \frac{\mathrm{d}\sigma_{\mathrm{el}}}{\mathrm{d}\Omega^c} \mathrm{d}\Omega^c \tag{5.10.2}$$

在实验室系中, 散射中子的能量是散射角度的函数, 用速度合成关系可以得到用质心系中的散射角度表示的能量关系

$$\bar{\varepsilon}_l^{\mathrm{el}}(n) = \frac{m_{\mathrm{n}}^2}{M_{\mathrm{C}}^2} E_{\mathrm{n}} + 2\frac{m_{\mathrm{n}}}{M_{\mathrm{C}}} \sqrt{\varepsilon_c^{\mathrm{el}}(n) E_{\mathrm{n}}} \mu^c + \varepsilon_c^{\mathrm{el}}(n) \tag{5.10.3}$$

而在质心系中弹性散射的能量是有确定值的, 由速度合成关系得到为

$$\bar{\varepsilon}_c^{\mathrm{el}}(n) = \frac{1}{2} m_{\mathrm{n}} (v_{\mathrm{n}} - V_{\mathrm{C}})^2 = \frac{M_{\mathrm{T}}^2}{M_{\mathrm{C}}^2} E_{\mathrm{n}} \tag{5.10.4}$$

可以看出, 在质心系中弹性散射的能量是入射中子能量乘上因子 $(M_{\mathrm{T}}/M_{\mathrm{C}})^2$. 因而靶核越轻, 这个因子就越小, 说明轻核的反冲效应比较明显. 将式 (5.10.4) 代入式 (5.10.3) 得到

$$\bar{\varepsilon}_l^{\mathrm{el}}(n) = \left[\frac{m_{\mathrm{n}}^2 + M_{\mathrm{T}}^2}{M_{\mathrm{C}}^2} + \frac{2m_{\mathrm{n}} M_{\mathrm{T}}}{M_{\mathrm{C}}^2} \mu^c \right] E_{\mathrm{n}} \tag{5.10.5}$$

由式 (5.10.2) 得到在实验室系中散射中子平均能量为

$$\bar{\varepsilon}_l^{\mathrm{el}}(n) = \left[\frac{m_{\mathrm{n}}^2 + M_{\mathrm{T}}^2}{M_{\mathrm{C}}^2} + \frac{2m_{\mathrm{n}} M_{\mathrm{T}}}{M_{\mathrm{C}}^2} f_1^{\mathrm{el}}(c) \right] E_{\mathrm{n}} \tag{5.10.6}$$

而弹性散射的反冲靶核在质心系中的速度就是质心运动速度. 因此, 弹性散射的反冲靶核在实验室系中的平均能量为

$$\overline{E}_l^{\mathrm{el}}(R) = \int \varepsilon_l^{\mathrm{el}}(R) \frac{\mathrm{d}\sigma_{\mathrm{el}}}{\mathrm{d}\Omega^l} \mathrm{d}\Omega^l = \int \varepsilon_l^{\mathrm{el}}(R) \frac{\mathrm{d}\sigma_{\mathrm{el}}}{\mathrm{d}\Omega^c} \mathrm{d}\Omega^c \tag{5.10.7}$$

其中

$$\bar{\varepsilon}_l^{\mathrm{el}}(R) = \frac{2m_{\mathrm{n}} M_{\mathrm{T}}}{M_{\mathrm{C}}^2} (1 - \mu^c) E_{\mathrm{n}} \tag{5.10.8}$$

由式 (5.10.8) 可见, 当弹性散射角为 0° 时, 没有靶核的反冲动能, 这种物理图形是显而易见的. 而中子散射在 180° 时, 对应了靶核的反冲动能为最大值的情况. 这也是很直观的物理图像. 将式 (5.10.8) 代入到式 (5.10.7) 后, 对立体角积分后得到靶核的反冲动能为 (MacFarlane et al., 1999)

$$\overline{E}_l^{\mathrm{el}}(R) = \frac{2m_{\mathrm{n}} M_{\mathrm{T}}}{M_{\mathrm{C}}^2} [1 - f_1^{\mathrm{el}}(c)] E_{\mathrm{n}} \tag{5.10.9}$$

这就是弹性散射中反冲靶核携带的动能, 弹性散射的 Kerma 系数计算公式为

$$\text{Kerma}_{\text{el}} = \sigma_{\text{el}}(E_{\text{n}}) \times \bar{E}_l^{\text{el}}(R) \tag{5.10.10}$$

事实上, 将式 (5.10.9) 和式 (5.10.6) 相加后得到 $\bar{\varepsilon}_l^{\text{el}}(n) + \overline{E}_l^{\text{el}}(R) = E_{\text{n}}$, 表示保持了能量守恒. 在对分布函数求平均后, 由式 (5.10.9) 给出弹性散射反冲靶核携带的动能仅与 $l = 1$ 的 Legendre 展开系数有关, 这与本章上面得到各种粒子发射的运动学的结果的形式一致.

在通常的 Kerma 系数的研究中, 还包括了俘获辐射 (n, γ) 的剩余核 (即复合核) 在实验室系中的能量. (n, γ) 反应道的 Q 值就是中子在复合核中的结合能 B_n. 如果记出射 γ 的能量为 E_γ, 由于 γ 的能量与动量之间的关系是 $E_\gamma = p_\gamma c$, 可以得到剩余核反冲动量在质心系中为 $\boldsymbol{p}_{\text{rec}} = \boldsymbol{p}_\gamma$. 这个结果可以应用到 γ 特征谱的数值计算之中, 两个分立能级直接的 γ 特征能量并不严格等于两个分立能级之间的能量差. 事实上, 从质量为 M 的核素中 γ 发射会产生原子核的反冲, 由动量守恒得到核反冲能量为

$$E_R(\gamma) = \frac{p_{\text{rec}}^2}{2M} = \frac{p_\gamma^2}{2M} = \frac{E_\gamma^2}{2Mc^2} \tag{5.10.11}$$

由能量守恒, 从 k_2 到 k_1 两个分立能级之间的能量差 $\Delta E(k_2 \to k_1)$ 被划分成两个部分: γ 特征谱能量和 γ 发射的反冲能量. 由此得到 γ 特征谱的能量为

$$E_\gamma(k_2 \to k_1) = \Delta E(k_2 \to k_1)\left(1 - \frac{\Delta E(k_2 \to k_1)}{2Mm_{\text{nucl}}c^2}\right) \tag{5.10.12}$$

由此可见, 质量数 M 越小, γ 特征谱能量修正值越大, 反之亦然. 在式 (5.10.12) 括号中第二项分母中, 核素能量通常是在 $2M$ GeV 的数量级, 对于轻核 $\Delta E(k_2 \to k_1)$ 是在几十 keV 到 MeV 数量级, 因此在式 (5.10.12) 中第二项修正总是很小值. 例如, 在表 1.2 中 ^{6}Li 的第 3 激发能级能量为 4.310MeV, 而退激到基态的 γ 射线能量却是 $E_\gamma = 4.308$MeV. 又如, 在表 1.3 中 ^{7}Li 的第 1 激发能级能量为 477.612keV, 而退激到基态的 γ 射线能量却是 $E_\gamma = 477.595$keV. 这些都是由式 (5.10.12) 考虑反冲效应后的计算结果, 仅影响到第四位有效数字, 中重核的修正会更小 (Firestone et al., 1996).

当 M 变为无穷大时, 反冲效应消失. γ 特征谱的能量与能级间隔能量相同, 这时一个核素从一个激发态退激的 γ 就会被同样核素的基态吸收而变成它的激发态, 称为 γ 的共振吸收. 这是由德国物理学家穆斯堡尔在 1958 年观测到的, 物理上称为 "无反冲 γ 吸收". 使 M 变为无穷大的方法是将原子核嵌入晶体中, 将它紧紧束缚在晶格上, 这时反冲是对整个晶体的反冲, 使反冲效应几乎完全消失. 这被称

为穆斯堡尔效应, 这是现在医学上核磁共振仪工作的物理原理, 得到了广泛的应用. 而在一般情况下由于 γ 反冲效应, 这种共振吸收不存在.

由于 γ 退激过程是级联过程, γ 退激方向是各向同性的, 每次 γ 退激的反冲方向是 4π 空间中随机的, 对于整个 γ 级联退激过程中, γ 退激是相互关联的, 平均 $\boldsymbol{p}_\gamma = 0$, 因此俘获辐射 (n, γ) 的剩余核反冲平均能量就是复合核在实验室系中的动能:

$$\overline{E_{\mathrm{rec}}(\gamma)} = \frac{m_{\mathrm{n}}}{M_{\mathrm{C}}} E_{\mathrm{n}} \tag{5.10.13}$$

俘获辐射 (n, γ) 道总 γ 级联退激的能量之和一定是激发能 E^*. 因此, 俘获辐射的总平均释放能量 $\overline{E_l^{\mathrm{total}}}$ 由两部分组成: γ 辐射能量和复合核在实验室系中的动能:

$$\overline{E_l^{\mathrm{total}}(\gamma)} = E^* + \overline{E_{\mathrm{rec}}(l)} = \frac{M_{\mathrm{T}}}{M_{\mathrm{C}}} E_{\mathrm{n}} + B_{\mathrm{n}} + \frac{m_{\mathrm{n}}}{M_{\mathrm{C}}} E_{\mathrm{n}} = E_{\mathrm{n}} + B_{\mathrm{n}} = E_{\mathrm{n}} + Q \tag{5.10.14}$$

可见满足了能量平衡关系. 俘获辐射 (n, γ) 道的 Kerma 系数为

$$\mathrm{Kerma}(n, \gamma) = \sigma(n, \gamma) \times \overline{E_{\mathrm{rec}}(\gamma)} = \sigma(n, \gamma) \frac{m_{\mathrm{n}}}{M_{\mathrm{C}}} E_{\mathrm{n}} \tag{5.10.15}$$

由式 (5.10.12) 看出, 一般中子结合能是几个兆电子伏特, 因此 $\overline{E_l^{\mathrm{total}}(\gamma)}$ 在入射中子能量比较大时也是一个不小的量. 但是对于 Kerma 系数, 需要乘上 (n, γ) 反应截面. 一般来说, 在中子引发的 1p 壳的轻核反应中, 俘获辐射截面是非常小的, 大约是在微靶 (μb) 的数量级, 以致可以忽略俘获辐射的复合核在实验室系中的动能在 Kerma 系数中的贡献. 但是对于中重核, 这种贡献就需要考虑了, 这是由于中重核的俘获辐射截面在低能中子入射时, 可以达到靶以上的数量级.

对于一次粒子核反应发射过程, 发射粒子能量和剩余核反冲能量已由 5.2 节给出. 对于非弹性散射道到 k 激发能级, 只须考虑剩余核在实验室系中的能量 $E_k(R)$ 再乘上对应的非弹性散射道截面.

$$\mathrm{Kerma}(n, n') = \sum_k \sigma(n, n')_k \times E_k^l(R) \tag{5.10.16}$$

由式 (5.2.4) 得到剩余核在实验室系中的动能为

$$E_k^l(R) = \frac{m_{\mathrm{n}} M_{\mathrm{T}}}{M_{\mathrm{C}}^2} E_{\mathrm{n}} + \frac{m_{\mathrm{n}}}{M_{\mathrm{T}}} \varepsilon_k^c - 2 \frac{m_{\mathrm{n}} \sqrt{E_{\mathrm{n}} \varepsilon_k^c}}{M_{\mathrm{C}}} f_1^c(k) \tag{5.10.17}$$

这里, 由式 (5.2.1) 得到质心系中非弹性散射道到 k 激发能级的中子能量为

$$\varepsilon_k^c = \frac{M_{\mathrm{T}}}{M_{\mathrm{C}}} \left(\frac{M_{\mathrm{T}}}{M_{\mathrm{C}}} E_{\mathrm{n}} - E_k \right) \tag{5.10.18}$$

将式 (5.10.17) 代入式 (5.10.16) 得到 (MacFarlane et al., 1999)

$$E_k^l(R) = \frac{2m_{\mathrm{n}}M_{\mathrm{T}}}{M_{\mathrm{C}}^2}E_{\mathrm{n}}\left[1 - f_1^c(k)\sqrt{1 - \frac{M_{\mathrm{C}}}{M_{\mathrm{T}}}\frac{E_k}{E_{\mathrm{n}}}}\right] - \frac{m_{\mathrm{n}}}{M_{\mathrm{C}}}E_k \tag{5.10.19}$$

而对应带电粒子的一次粒子发射过程, 由于发射粒子和剩余核都是带电的, 由式 (5.2.8), 发射粒子和剩余核的能量总和都贡献到 Kerma 系数之中, 由能量平衡得到仅在 $E_{\mathrm{n}} + Q$ 中扣除 γ 退激能.

$$\mathrm{Kerma}(\mathrm{n},x) = \sum_k \sigma_k \times E_{\mathrm{Kerma}}(\mathrm{n},x)B_k^* = \sum_k \sigma_k \times (E_{\mathrm{n}} + Q - E_k) \tag{5.10.20}$$

其中, E_k 是剩余核 k 能级的能级能量, 反应是由 γ 退激来结束, E_k 不属 Kerma 数据.

对于多粒子发射, 包括两体崩裂、三体崩裂和连续谱发射的核反应过程是由双微分截面给出. 当双微分截面是由置方的形式给出时, 即在能量间隔 $\Delta\varepsilon = \varepsilon_{i+1} - \varepsilon_i$ 内 Legendre 系数 $f_l(\varepsilon^c)$ 为常数时, 在 LUNF 程序中取 $\Delta\varepsilon = 0.1\mathrm{MeV}$, 可以由双微分截面数据给出每种发射粒子的平均能量. 发射中子的实验室系的平均能量 $\bar{\varepsilon}_{\mathrm{n}}^l$ 可由下面公式给出, 其中 $\varepsilon_{\min}^c$ 和 $\varepsilon_{\max}^c$ 分别是质心系中能量最小值和最大值, 共 N 个能点, 这时

$$\overline{\varepsilon_{\mathrm{n}}^l} = \int_{\varepsilon_{\mathrm{c,min}}^b}^{\varepsilon_{\mathrm{c,max}}^b} \varepsilon_{\mathrm{n}}^l \frac{\mathrm{d}^2\sigma}{\mathrm{d}\varepsilon_{\mathrm{n}}^c \mathrm{d}\varOmega_{\mathrm{n}}^c}\mathrm{d}\varepsilon_{\mathrm{n}}^c\mathrm{d}\varOmega_{\mathrm{n}}^c = \sum_{i=1}^{N-1}\int_{\varepsilon_{\mathrm{n},i}^c}^{\varepsilon_{\mathrm{n},i+1}^c}\varepsilon_{\mathrm{n}}^l\sum_l\frac{2l+1}{2}f_l(\varepsilon_{\mathrm{n}}^c)\mathrm{P}_l(\mu^c)\mathrm{d}\varepsilon_{\mathrm{n}}^c\mathrm{d}\mu^c \tag{5.10.21}$$

利用速度合成关系 $\boldsymbol{v}_{\mathrm{n}}^l = \boldsymbol{v}_{\mathrm{n}}^c + \boldsymbol{V}_{\mathrm{C}}$, 其中, 质心运动速度 $\boldsymbol{V}_{\mathrm{C}}$ 由式 (1.1.1) 给出, 由此得到在实验室系中的能量为

$$\varepsilon_{\mathrm{n}}^l = \frac{1}{2}m_{\mathrm{n}}v_{\mathrm{n}}^{l2} = \frac{1}{2}m_{\mathrm{n}}(\boldsymbol{v}_{\mathrm{n}}^c + \boldsymbol{V}_{\mathrm{C}})^2 = \varepsilon_{\mathrm{n}}^c + \frac{m_{\mathrm{n}}^2E_{\mathrm{n}}}{M_{\mathrm{C}}^2} + \frac{2m_{\mathrm{n}}\sqrt{\varepsilon_{\mathrm{n}}^cE_{\mathrm{n}}}}{M_{\mathrm{C}}}\mu^c \tag{5.10.22}$$

代入式 (5.10.21), 其中, $\mu^c = \mathrm{P}_1(\mu^c)$, 利用 Legendre 多项式的正交性, 对角度和能量积分后, 式 (5.10.21) 变成下面的求和方式

$$\overline{\varepsilon_{\mathrm{n}}^l} = \sum_{i=1}^{N-1}\left[\left(\frac{(\varepsilon_{\mathrm{n},i+1}^c + \varepsilon_{\mathrm{n},i}^c)}{2} + \frac{m_{\mathrm{n}}^2E_{\mathrm{n}}}{M_{\mathrm{C}}^2}\right)\Delta\varepsilon f_0(\varepsilon_{\mathrm{n},i}^c)\right.$$
$$\left. + \frac{4m_{\mathrm{n}}\sqrt{E_{\mathrm{n}}}}{3M_{\mathrm{C}}}\left((\varepsilon_{\mathrm{n},i+1}^c)^{\frac{3}{2}} - (\varepsilon_{\mathrm{n},i}^c)^{\frac{3}{2}}\right)f_1(\varepsilon_{\mathrm{n},i}^c)\right] \tag{5.10.23}$$

由于能谱的归一性, 最终得到中子在实验室系中的平均携带能量 (用质量数表示) 为

$$\bar{\varepsilon}_{\mathrm{n}}^l = \frac{E_{\mathrm{n}}}{(A+1)^2} + \frac{1}{2}\sum_{i=1}^{N-1}\left[\left((\varepsilon_{\mathrm{n},i+1}^c)^2 - (\varepsilon_{\mathrm{n},i}^c)^2\right)f_0(\varepsilon_{\mathrm{n},i}^c)\right.$$

$$+\frac{8\sqrt{E_{\mathrm{n}}}}{3(A+1)}\left((\varepsilon_{\mathrm{n},i+1}^{c})^{\frac{3}{2}}-(\varepsilon_{\mathrm{n},i}^{c})^{\frac{3}{2}}\right)f_1(\varepsilon_{\mathrm{n},i}^{c})\right] \tag{5.10.24}$$

注意到, 中子携带能量还需要乘上多重数, 再乘上这个反应道的评价截面. 单位是
eV · b.

如果多粒子发射道存在多个出射带电粒子, 由于在 Kerma 系数库格式输出中
不区分粒子类型, 最简便的方式是从总释放能中扣除中子在实验室系中的能量 $\varepsilon_{\mathrm{n}}^{l}$
和 γ 退激能量 E_γ 而得到, 即

$$E_{\mathrm{Kerma}}(\mathrm{n},\mathrm{n}x)B_k^* = \sigma(\mathrm{n},\mathrm{n}x)\times\left[E_{\mathrm{n}}+Q-y_{\mathrm{n}}\times\bar{\varepsilon}_{\mathrm{n}}^{l}-E_\gamma\right] \tag{5.10.25}$$

其中, Q 是反应道 Q 值, y_{n} 是出射中子的多重数. 这种方法称为能量平衡法.

在二次粒子发射中, 有的反应道剩余核是处于基态, 有的反应道剩余核会处于
激发态, 存在 γ 退激能量 E_γ, 它不属于 Kerma 系数, 则要扣除. γ 谱 S_i^γ 一般是用
置方格式给出, γ 退激能量 E_γ 是由归一化 γ 谱和 γ 多重数给出

$$E_\gamma = y_\gamma\times\frac{1}{2}\sum_{i=1}^{N-1}\left((\varepsilon_{i+1}^\gamma)^2-(\varepsilon_i^\gamma)^2\right)S_i^\gamma \tag{5.10.26}$$

其中, y_γ 是 γ 多重数, 因此可以在每个能点间隔内用梯形公式给出, 共有 N 个能
点, 每个能点能量为 ε_i^γ, 在 $\varepsilon_i^\gamma\to\varepsilon_{i+1}^\gamma$ 能量区间 γ 谱为 S_i^γ. 实际计算表明, 当中子
入射能量在 20MeV 以下时, 仅 ^{11}B(n, nα)^{7}Li 和 ^{11}B(n, np)^{10}Be 这两个反应道会出
现剩余核会处于激发态这种情况, 需要考虑 E_γ 其他中子引发轻核反应中都没有 γ
退激能量, 即 $E_\gamma = 0$. 当中子入射能量再提高时, 多种核素中的许多反应道会出现
γ 退激能量 $E_\gamma > 0$ 的情况.

下面分别给出第 1 章给出的中子引发八个轻核反应各开放反应道的 Kerma 系
数的计算内容和相应的计算公式. 在表 5.14∼ 表 5.21 中, 所有的有关截面是由
MF = 3 中对应的 MT 号给出. MF (文档号) 和 MT (反应道号) 是目前国际通用核
数据库的 ENDF-6 格式中的专用符号 (Trkov et al., 2013).

表 5.14　^{6}Li 的 Kerma 系数

反应道	MF	MT	MT (Kerma)	Kerma 公式
弹性散射	4	2	302	(5.10.10)
(n, γ)	12,15	102	402	(5.10.15)
(n, n′)	4	52	304	(5.10.16)
(n, p)^{6}He(gs)	4	103(600)	403	$E_{\mathrm{n}}+Q$
(n, t)α	4	105(700)	405	$E_{\mathrm{n}}+Q$
(n, nd)α	6	32	332	(5.10.25)
(n, 2np)α	6	41	341	(5.10.25)

表 5.15 ^{7}Li 的 Kerma 系数

反应道	MF	MT	MT(Kerma)	Kerma 公式
弹性散射	4	2	302	(5.10.10)
(n, γ)	12,15	102	402	(5.10.15)
(n, n')	4	52	304	(5.10.16)
$(n, 2n)^6$Li	6	16	316	(5.10.25)
$(n, np)^6$He(gs)	6	28	328	(5.10.25)
$(n, nt)\alpha$	6	22	322	(5.10.25)
$(n, 2nd)\alpha$	6	24	324	(5.10.25)
$(n, 3np)\alpha$	6	25	325	(5.10.25)

表 5.16 ^{9}Be 的 Kerma 系数

反应道	MF	MT	MT(Kerma)	Kerma 公式
弹性散射	4	2	302	(5.10.10)
(n, γ)	12,15	102	402	(5.10.16)
$(n, p)^9$Li	4	103(600,601)	403	(5.10.20)
$(n, d)^8$Li	4	104(650,651,652)	404	(5.10.20)
$(n, t)^8$He	4	105(700,701,702,703)	405	(5.10.20)
$(n, \alpha)^6$He(gs)	4	107 (800)	407	$E_n + Q$
$(n, 2n)2\alpha$	6	16	316	(5.10.25)
$(n, np)^8$Li(gs)	6	28	328	(5.10.25)
$(n, nd)^7$Li(gs)	6	32	332	(5.10.25)

表 5.17 ^{10}B 的 Kerma 系数

反应道	MF	MT	MT(Kerma)	Kerma 公式
弹性散射	4	2	302	(5.10.10)
(n, γ)	12,15	102	402	(5.10.15)
(n, n')	4	4(51-55,60)	304	(5.10.16)
$(n, p)^{10}$Be	4	103(600-605)	403	(5.10.20)
$(n, d)^9$Be(gs)	4	104(650)	404	$E_n + Q$
$(n, \alpha)^7$Li	4	107(800-801)	407	(5.10.20)
$(n, 2np)2\alpha$	6	16	316	(5.10.25)
$(n, n\alpha)^6$Li(gs, 2)	6	22	322	(5.10.25)
$(n, np)^9$Be(gs)	6	28	328	(5.10.25)
$(n, nd2\alpha)$	6	32	332	(5.10.25)
$(n, t2\alpha)$	6	113	413	$E_n + Q$

表 5.18　^{11}B 的 Kerma 系数

反应道	MF	MT	MT(Kerma)	Kerma 公式
弹性散射	4	2	302	(5.10.10)
(n, γ)	12,15	102	402	(5.10.15)
(n, n')	4	4(51-69)	304	(5.10.16)
$(n, p)^{11}$Be	4	103	403	(5.10.20)
$(n, d)^{10}$Be	4	104	404	(5.10.20)
$(n, t)^{9}$Be	4	105	405	(5.10.20)
$(n, \alpha)^{8}$Li	4	107	407	(5.10.20)
$(n, 2n)^{10}$B	4	16	316	(5.10.25)
$(n, n\alpha)^{7}$Li	6	22	322	(5.10.25), (5.10.26)
$(n, np)^{10}$Be	6	28	328	(5.10.25), (5.10.26)
$(n, nd)^{9}$Be(gs)	6	32	332	(5.10.25)
$(n, nt)2\alpha$	6	33	333	(5.10.25)

表 5.19　^{12}C 的 Kerma 系数

反应道	MF	MT	MT(Kerma)	Kerma 公式
弹性散射	4	2	302	(5.10.10)
(n, γ)	12,15	102	402	(5.10.15)
(n, n')	4	4(51-63)	304	(5.10.16)
$(n, p)^{12}$B	4	103(600-603)	403	(5.10.20)
$(n, d)^{11}$B	4	104(650-651)	404	(5.10.20)
$(n, \alpha)^{9}$Be(gs)	4	107(800)	407	$E_n + Q$
$(n, {}^{6}\text{Li})^{7}$Li	4	115(850-851)	415	(5.10.20)
$(n, n\alpha)2\alpha$	6	22	322	(5.10.25)
$(n, np)^{11}$B	6	28	328	(5.10.25)

表 5.20　^{14}N 的 Kerma 系数

反应道	MF	MT	MT(Kerma)	Kerma 公式
弹性散射	4	2	302	(5.10.10)
(n, γ)	12,15	102	402	(5.10.15)
(n, n')	4	4(51-59,62)	304	(5.10.16)
$(n, p)^{14}$C	4	103(600-606)	403	(5.10.20)
$(n, d)^{13}$C	4	104(650-653)	404	(5.10.20)
$(n, t)^{12}$C	4	105(700-702)	405	(5.10.20)
$(n, \alpha)^{11}$B	4	107(800-809)	407	(5.10.20)
$(n, 2n)^{13}$N	6	16	316	(5.10.25)
$(n, n\alpha)^{10}$B	6	22	322	(5.10.25)
$(n, np)^{13}$C	6	28	328	(5.10.25)
$(n, nd)^{12}$C	6	32	332	(5.10.25)
$(n, 2np)^{12}$C	6	41	341	(5.10.25)
$(n, 2\alpha)^{7}$Li	6	108	408	$E_n + Q$
$(n, t3\alpha)$	6	113	413	$E_n + Q$

表 5.21　^{16}O 的 Kerma 系数

反应道	MF	MT	MT(Kerma)	Kerma 公式
弹性散射	4	2	302	(5.10.10)
(n,γ)	12,15	102	402	(5.10.15)
(n,n')	4	(51-55,59-60,62,69)	304	(5.10.16)
$(n,p)^{16}N$	4	103(600,602-603)	403	(5.10.20)
$(n,d)^{15}N$	4	104(653)	404	(5.10.20)
$(n,t)^{14}N$	4	105(700)	405	E_n+Q
$(n,{}^3He)^{14}C$	4	106(750)	406	E_n+Q
$(n,\alpha)^{13}C$	4	107(800-803)	407	(5.10.20)
$(n,2n)^{15}O$	6	16	316	(5.10.25)
$(n,n\alpha)^{12}C$	6	22	322	(5.10.25)
$(n,np)^{15}N$	6	28	328	(5.10.25)
$(n,nd)^{14}N$	6	32	332	(5.10.25)
$(n,2np)^{14}N$	6	41	341	(5.10.25)
$(n,2\alpha)^9Be(gs)$	6	108	408	E_n+Q

事实上, 对于双微分截面文档 (MF = 6), 仅需要用能量平衡法 (5.10.25) 中检索粒子类型号 zap, 当存在 zap = 1 时由式 (5.10.24) 得到中子携带能量 $y_n \times \varepsilon_n^l$, 否则中子携带能量为 0; 当存在 zap = 0 时由式 (5.10.26) 得到光子携带能量 E_γ, 否则光子携带能量为 0. 因此当没有中子和光子携带能量时, 由能量平衡法得到的带电粒子携带能量就是 $E_n + Q$.

用来衡量辐照吸收剂量的 Kerma 系数的量纲是截面乘能量. 它是每个原子产生的带电粒子截面 (单位是 b) 乘上平均能量 (能量单位是 MeV). 因此理论模型计算的 Kerma 系数可以用每个原子的 b·MeV 的单位给出.

但是, 在传统剂量学中 Kerma 系数用 SI 单位. 辐照剂量以 1Gy·m^2 为单位, 表示每平方米每千克物质吸收 1 焦耳的热量, 在 SI 单位中, 1Gy 表示每千克物质中的原子吸收的热量, 单位是焦耳. 面积的单位是平方米, 而每千克物质是指每千克物质中的原子数, 这是与核物理中单原子的辐照吸收剂量非常不同之处. 而在核物理中, 面积用的是靶, 能量用的是 MeV. 两种单位的转换关系由下面方式给出 (Chadwich et al., 1996; Axton et al., 1992), 例如对于 ^{12}C 核而言, 原子量是 12, 得到

$$1b \cdot MeV = 0.804044 \times 10^{-15} Gy \cdot m^2 \tag{5.10.27}$$

这个因子的产生由来是:

用 Avogadro 常数可以得到每千克 ^{12}C 包含 $6.0221367/12 \times 10^{26}$ 个碳原子,

而 $1MeV = 1.60217733 \times 10^{-13}J$,

$1b = 10^{-28}m^2$.

因此, 上面这三个数的乘积为

$$6.0221367/12 \times 10^{26} \times 1.60217733 \times 10^{-13} \times 10^{-28} = 0.804044 \times 10^{-15}$$

由于两种单位的转换中存在一个很小的 10^{-15} 因子, 因此在实际应用中往往用

$$1\mathrm{fGy} \cdot \mathrm{m}^2 = 1 \times 10^{-15}\mathrm{Gy} \cdot \mathrm{m}^2 \tag{5.10.28}$$

的单位 (Chadwick et al., 1996; Axton, 1992). 因此, 对于 $^{12}\mathrm{C}$ 核而言

$$1\mathrm{b} \cdot \mathrm{MeV} = 0.804044\mathrm{fGy} \cdot \mathrm{m}^2 \tag{5.10.29}$$

显而易见, 两种单位的转换是与原子质量有关的. 而对于 $^{16}\mathrm{O}$ 仅将上面 (5.10.30) 的因子乘以 12/16 即可 (Chadwick et al., 1999), 对于 $^{16}\mathrm{O}$, 原子量为 16, 两种单位的转换关系常数是

$$1\mathrm{b} \cdot \mathrm{MeV} = 0.603225\mathrm{fGy} \cdot \mathrm{m}^2 \tag{5.10.30}$$

对其他轻核就可按照上述过程给出两种单位的转换关系值.

目前已经有很多 $^{12}\mathrm{C}$ 的 Kerma 系数实验测量数据, 例如, 文献 (Slypen et al., 1995; Ronero et al., 1986; Antolkovic et al., 1984; Deluca et al., 1986; Hartmann et al., 1992; Schrewe et al., 1992;) 等; 也有对 $^{16}\mathrm{O}$ 和 $^{14}\mathrm{N}$ 的 Kerma 系数实验测量数据, 例如, 文献 (Boeker et al., 1988; Meulders et al., 2000) 以及其他大量的实验测量数据. 应用轻核反应的理论模型也对 $^{12}\mathrm{C}$ 的 Kerma 系数进行了理论计算 (Zhang et al., 1999). 需要注意的是, 在低能区域, 轻核反应的截面会出现明显的结构, 这是轻核反应理论方法所无能为力的, 这种截面只能用 R 矩阵理论拟合给出. 因此, 在用目前轻核反应理论来计算各种类型的粒子的 Kerma 系数时, 需要用反应截面的评价值, 而不能用理论计算值.

以前国际上对 Kerma 系数实验测量数据进行理论分析时, 往往仅用平衡态统计理论进行计算. 现在对轻核反应的研究表明, 仅用平衡态统计理论是不能很好描述这些轻核的反应行为, 必须要用以预平衡机制为主的核反应理论去描述. 因此, 可以将上述轻核反应理论模型应用到轻核反应的 Kerma 系数计算中. 由于 1p 壳轻核的 (n,γ) 截面很小, γ 发射的反冲核能量也比较小, 轻核俘获辐射剩余核的 Kerma 系数可以忽略不计. 在计算 $^{12}\mathrm{C}$, $^{14}\mathrm{N}$ 和 $^{16}\mathrm{O}$ 等核素的 Kerma 系数时, 包括了弹性散射的反冲核能量, 质量数小于等于 4 的复杂粒子发射能量, 以及质量数大于 4 的剩余反冲核的能量, 并分别给出各种类型发射粒子和剩余核的 Kerma 系数, 相加后得到总 Kerma 系数.

例如, 对于 $\mathrm{n}+^{12}\mathrm{C}$ 核反应过程, 在一定的中子入射能量下, 已经计算过包括了质子, 氘核, 氚核, α 粒子, 以及各种剩余反冲核, 还有弹性散射和非弹性散射的反冲核的 Kerma 系数 (Chadwick et al., 1996). 当然还应包括 $\mathrm{n}+^{12}\mathrm{C} \rightarrow ^{6}\mathrm{Li}+^{7}\mathrm{Li}$ 的发射过程. 但目前还缺少对 $^{3}\mathrm{He}$ 和 $^{6}\mathrm{Li}$ 的 Kerma 系数的实验测量数据. 计算结果表明,

它们都会有所贡献, 但在总 Kerma 系数中仅占很小比例. 对于 n + ^{12}C 而言, 弹性散射剩余核和 α 粒子的 Kerma 系数是在总 Kerma 系数中占主要成分 (Chadwick et al., 1996). 以 n + ^{12}C 核反应为例, 给出用轻核反应理论计算的总 Kerma 系数和各种 Kerma 系数, 其中包括弹性散射截面在内的各种反应截面都是用了评价值. 图 5.14 和图 5.15 分别给出总 Kerma 系数和弹性散射反冲核的 Kerma 系数 (Sun et al., 2009).

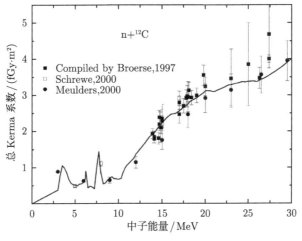

图 5.14 n + ^{12}C 反应总 Kerma 系数

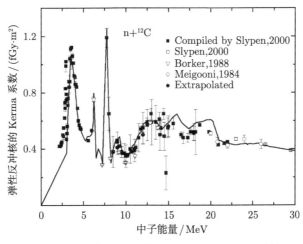

图 5.15 n + ^{12}C 弹性散射反冲核的 Kerma 系数

图 5.16 和图 5.17 分别给出 α 粒子和质子的 Kerma 系数, 以及氘氚的 Kerma 系数. 由图中给出的结果可以看出, 用轻核反应理论编写的 LUNF 程序 (Zhang et al., 1999) 对 n + ^{12}C 的计算结果可以符合好实验测量的 Kerma 系数. 这不仅说明各种类型粒子发射的运动学的准确性, 另外也说明对每种反应截面评价值的准确性.

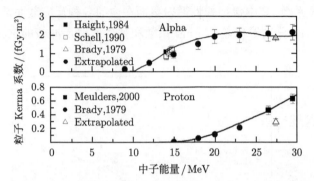

图 5.16　n + ^{12}C 反应中 α 粒子和质子的 Kerma 系数

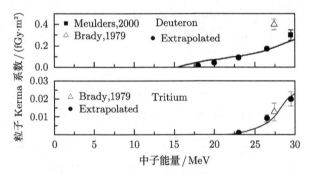

图 5.17　n + ^{12}C 反应中氘和氚的 Kerma 系数

5.11　入射中子的温度效应

在上面计算的 Kerma 系数中入射中子是单能的, 我们往往需要求得在一定温度下的 Kerma 系数. 这时可以将中子能量分布写成归一化的 Maxwell 分布形式

$$W(T, E_{\mathrm{n}}) = \frac{2}{\sqrt{\pi}(KT)^{3/2}} \exp\left\{-\frac{E_{\mathrm{n}}}{KT}\right\} \sqrt{E_{\mathrm{n}}} \tag{5.11.1}$$

其中, T 是温度. 对任何 (n, x) 反应道在单能情况下的 Kerma(E_{n}) 系数对 Maxwell 分布的平均, 就得到在温度 T 时的 Kerma 系数, 表示考虑中子温度效应的 Kerma(T) 系数.

$$\mathrm{Kerma}_{(\mathrm{n},x)}(T) = \int_{0}^{\infty} W(T, E_{\mathrm{n}})\mathrm{Kerma}_{(\mathrm{n},x)}(E_{\mathrm{n}})\mathrm{d}E_{\mathrm{n}} \tag{5.11.2}$$

5.12 附录 1: 在线性内插情况下的能量求和

如果中子发射的双微分截面是用 Legendre 多项式展开形式来描述, 而在双微分截面中在每两个能点间使用线性内插方式, 对于每个中子的入射能点, 中子双微分截面中共有 N 个能点, 对于任何反应道, Kerma 系数的计算是从总释放能中扣除实验室系中的中子携带能量和 γ 退激能量. 在质心系的中子能量区域为 $\varepsilon_{n,\min}^c = \varepsilon_1$, $\varepsilon_{n,\max}^c = \varepsilon_N$. 由式 (5.10.24) 得到中子在实验室系中的可观测能量 $\bar{\varepsilon}_n^l$ 为

$$\bar{\varepsilon}_n^l = \int_{\varepsilon_{n,\min}^c}^{\varepsilon_{n,\max}^c} \left[\left(\varepsilon_n^c + \frac{m_n^2 E_n}{M_C^2} \right) f_0(\varepsilon_n^c) + \frac{2m_n\sqrt{\varepsilon_n^c E_n}}{M_C} f_1(\varepsilon_n^c) \right] d\varepsilon_n^c \tag{5.12.1}$$

对能量积分, 式 (5.12.1) 第二项中能谱 $f_0(\varepsilon_n^c)$ 是归一化的. 因此式 (5.12.1) 可改写为

$$\bar{\varepsilon}_n^l = \frac{m_n^2 E_n}{M_C^2} + \int_{\varepsilon_{n,\min}^c}^{\varepsilon_{n,\max}^c} \left[\varepsilon_n^c f_0(\varepsilon_n^c) + \frac{2m_n\sqrt{\varepsilon_n^c E_n}}{M_C} f_1(\varepsilon_n^c) \right] d\varepsilon_n^c \tag{5.12.2}$$

式 (5.12.2) 积分项中的第一项是中子在质心系中的能量,

$$\bar{\varepsilon}_n^c = \int_{\varepsilon_{n,\min}^c}^{\varepsilon_{n,\max}^c} \varepsilon_n^c f_0(\varepsilon_n^c) d\varepsilon_n^c \tag{5.12.3}$$

为简化公式表示, 下面将中子能量下标 n 和上标 c 去掉. 与式 (5.10.26) 不同的是, 在线性内插格式中, 在 $\varepsilon_i \to \varepsilon_{i+1}$ 间隔内 l 分波的 Legendre 系数 $f_l(\varepsilon_n^c)$ 是用与能量呈线性的方式来表示

$$f_l(\varepsilon) = f_l(\varepsilon_i) + \frac{f_l(\varepsilon_{i+1}) - f_l(\varepsilon_i)}{\varepsilon_{i+1} - \varepsilon_i}(\varepsilon - \varepsilon_i) \tag{5.12.4}$$

显然, 当 $\varepsilon = \varepsilon_i$ 时, $f_l(\varepsilon) = f_l(\varepsilon_i)$; 而当 $\varepsilon = \varepsilon_{i+1}$ 时, $f_l(\varepsilon) = f_l(\varepsilon_{i+1})$. 下面将 l 分波中第 i 能点的斜率记为

$$b_{l,i} = \frac{f_l(\varepsilon_{i+1}) - f_l(\varepsilon_i)}{\varepsilon_{i+1} - \varepsilon_i} \tag{5.12.5}$$

这时式 (5.12.4) 可改写为 $f_l(\varepsilon) = a_{l,i} + b_{l,i}\varepsilon$, 且

$$a_{l,i} = f_l(\varepsilon_i) - b_{l,i}\varepsilon_i \tag{5.12.6}$$

在 $\varepsilon_i \to \varepsilon_{i+1}$ 能量间隔内对 ε 的积分结果为

$$\int_{\varepsilon_i}^{\varepsilon_{i+1}} \varepsilon f_l(\varepsilon) d\varepsilon = \int_{\varepsilon_i}^{\varepsilon_{i+1}} \varepsilon(a_{l,i} + b_{l,i}\varepsilon) d\varepsilon = \frac{a_{l,i}}{2}\left(\varepsilon_{i+1}^2 - \varepsilon_i^2\right) + \frac{b_{l,i}}{3}\left(\varepsilon_{i+1}^3 - \varepsilon_i^3\right) \tag{5.12.7}$$

因此, 中子在质心系中的携带能量 (5.12.3) 被改写为

$$\bar{\varepsilon}_{\mathrm{n}}^c = \int_{\varepsilon_{\mathrm{n,min}}^c(c)}^{\varepsilon_{\max}^{\mathrm{n}}(c)} \varepsilon_c^{\mathrm{n,min}} f_0(\varepsilon_{\mathrm{n}}^c) \mathrm{d}\varepsilon_{\mathrm{n}}^c = \sum_{i=1}^{N-1} \left[\frac{a_{0,i}}{2} \left(\varepsilon_{\mathrm{n},i+1}^2 - \varepsilon_{\mathrm{n},i}^2 \right) + \frac{b_{0,i}}{3} \left(\varepsilon_{\mathrm{n},i+1}^3 - \varepsilon_{\mathrm{n},i}^3 \right) \right]$$

$$(5.12.8)$$

将式 (5.12.6) 和 (5.12.5) 给出的 $a_{0,i}$, $b_{0,i}$ 表示代入式 (5.12.8), 略去下标 n, 经过约化后得到

$$\bar{\varepsilon}_{\mathrm{n}}^c = \frac{1}{3} \sum_{i=1}^{N-1} (\varepsilon_{i+1} - \varepsilon_i) \left[f_0(\varepsilon_{i+1})(\varepsilon_{i+1} + \frac{1}{2}\varepsilon_i) + f_0(\varepsilon_i) \left(\frac{1}{2}\varepsilon_{i+1} + \varepsilon_i \right) \right] \qquad (5.12.9)$$

在式 (5.12.2) 积分中第二项还包括了对 $\sqrt{\varepsilon}$ 的积分, 这种积分在形式上可以给出

$$\int_{\varepsilon_i}^{\varepsilon_{i+1}} (a + b\varepsilon)\sqrt{\varepsilon}\mathrm{d}\varepsilon = \left[\frac{2a}{3}\varepsilon^{\frac{3}{2}} + \frac{2b}{5}\varepsilon^{\frac{5}{2}} \right]_{\varepsilon_i}^{\varepsilon_{i+1}} = \frac{2a}{3} \left(\varepsilon_{i+1}^{\frac{3}{2}} - \varepsilon_i^{\frac{3}{2}} \right) + \frac{2b}{5} \left(\varepsilon_{i+1}^{\frac{5}{2}} - \varepsilon_i^{\frac{5}{2}} \right)$$

$$(5.12.10)$$

这时, 中子实验室系中的能量积分 (5.12.2) 可以写成下面求和的方式

$$\bar{\varepsilon}_{\mathrm{n}}^l = \frac{m_{\mathrm{n}}^2 E_{\mathrm{n}}}{M_{\mathrm{C}}^2} + \bar{\varepsilon}_{\mathrm{n}}^c + \frac{4m_{\mathrm{n}}\sqrt{E_{\mathrm{n}}}}{M_{\mathrm{C}}} \sum_{i=1}^{N-1} \left\{ \frac{1}{3}(f_1(\varepsilon_i) - b_{1,i}\varepsilon_i) \left(\varepsilon_{i+1}^{\frac{3}{2}} - \varepsilon_i^{\frac{3}{2}} \right) + \frac{b_{1,i}}{5} \left(\varepsilon_{i+1}^{\frac{5}{2}} - \varepsilon_i^{\frac{5}{2}} \right) \right\}$$

$$(5.12.11)$$

其中, b_1 是 $l = 1$ 分波 Legendre 系数的斜度.

$$b_{1,i} = \frac{f_1(\varepsilon_{i+1}) - f_1(\varepsilon_i)}{\varepsilon_{i+1} - \varepsilon_i} \qquad (5.12.12)$$

可以验证, 当退化为置方格式的方式时, 在 $\varepsilon_i \to \varepsilon_{i+1}$ 能量间隔内 $f(\varepsilon_{i+1}) = f(\varepsilon_i)$, 因此 $b_{l,i} = 0$, 式 (5.12.11) 变为与式 (5.10.24) 相同的表示, 与双微分积分的置方格式中的求和结果一致.

　　另外还要注意到, 由于双微分截面总是用归一化形式给出, 因此中子携带能量还需要乘上中子的多重数, 再乘上这个反应道的评价截面. 核数据库中使用的单位是 $\mathrm{eV} \cdot \mathrm{b}$.

　　应用能量平衡法, 连续谱的 Kerma 系数是从总释放能量中扣除中子在实验室系中携带的能量和 γ 退激能量 E_γ, 再乘上连续谱截面 $\sigma(\mathrm{n}, x)_c$ 而得到

$$\mathrm{Kerma}(\mathrm{n}, x)_c = \sigma(\mathrm{n}, x)_c \times (E_{\mathrm{n}} + Q - y_{\mathrm{n}} \cdot \bar{\varepsilon}_{\mathrm{n}}^l - E_\gamma) \qquad (5.12.13)$$

其中, y_{n} 是发射中子的多重数, E_γ 是从剩余核连续谱退激 γ 的能量, Q 是这个反应道的 Q 值.

　　例如, 对于非弹性散射连续谱的情况, $Q = 0$, $y_{\mathrm{n}} = 1$, 由式 (5.2.18) 得到连续谱剩余核退激 γ 的能量为

$$E_\gamma = E^* - B_{\mathrm{n}} - \left(1 + \frac{m_{\mathrm{n}}}{M_{\mathrm{T}}} \right) \int_{\varepsilon_{\mathrm{n,min}}^c}^{\varepsilon_{\mathrm{n,max}}^c} f_0(\varepsilon_{\mathrm{n}}^c)\varepsilon_{\mathrm{n}}^c \mathrm{d}\varepsilon_{\mathrm{n}}^c \qquad (5.12.14)$$

对于一次带电粒子连续谱发射的情况, $y_n = 0$, 由式 (5.2.18) 得到连续谱剩余核退激 γ 的能量为

$$E_\gamma = E^* - B_1 - \left(1 + \frac{m_1}{M_1}\right) \int_{\varepsilon_{m_1,\min}^c}^{\varepsilon_{m_1,\max}^c} f_0(\varepsilon_{m_1}^c) \varepsilon_{m_1}^c \, \mathrm{d}\varepsilon_{m_1}^c \tag{5.12.15}$$

与式 (5.12.14) 形式上相同, 仅是发射粒子的类型不同而已. 已对于二次粒子连续谱发射的情况, 对于 $(n, 2n)$ 反应道 $y_n = 2$; 对于 $(n, np), (n, n\alpha)$ 反应道 $y_n = 1$; 而对于 $(n, 2p)$ 反应道 $y_n = 0$. 由式 (5.7.76) 得到连续谱剩余核退激 γ 的能量为

$$E_\gamma = E^* - B_1 - B_2 - \left(1 + \frac{m_1}{M_1}\right) \int \varepsilon_{m_1}^c f_0(\varepsilon_{m_1}^c) \mathrm{d}\varepsilon_{m_1}^c - \left(1 + \frac{m_2}{M_2}\right) \int \frac{\mathrm{d}\sigma}{\mathrm{d}\varepsilon_{m_2}^r} \varepsilon_{m_2}^r \mathrm{d}\varepsilon_{m_2}^r \tag{5.12.16}$$

γ 退激能量 E_γ 相当于在激发能之中除扣除两个发射粒子的结合能外, 还要扣除第一发射粒子和其剩余核在质心系中的能量之和, 再扣除第二发射粒子及其剩余核在剩余核运动系中的能量之和. 而对于发射 N 个多粒子后作为提供 γ 退激的剩余激发能形式上由式 (5.7.98) 给出.

以上仅是 E_γ 的理论计算公式. 实际计算中由式 (5.10.26) 可以直接从评价核数据库中得到 γ 退激的能量 E_γ. 从第 1 章中的反应道开放的介绍看出, 由于中子引发中重核的开放道具有共性, 不像轻核的个性那样强, 因此此 UNF 程序 (Zhang, 2002a) 中设计了 14 个公共反应道, 它们的 Kerma 系数由表 5.22 给出. 关于 ^{56}Fe 的 Kerma 系数的理论计算参见文献 (Duan et al., 2011). 与轻核反应不同的是, 在各反应道中出现连续谱发射情况, 这时就需要用能量平衡法, 从总释放能中扣除中子在实验室系中的携带能量 $\bar{\varepsilon}_n^l$ 和 γ 的退激能量 E_γ.

表 5.22　中重核的 Kerma 系数

反应道	MF	MT	MT(Kerma)	Kerma 公式
弹性散射	4	2	302	(5.10.10)
(n, γ)	12,15	102	402	(5.10.13)
(n, n')	4	4(51-90,91)	304	(5.10.16),(5.12.3)
(n, p)	4	103(600-648,649)	403	(5.10.19),(5.12.13)
(n, d)	4	104(650-698,699)	404	(5.10.19),(5.12.13)
(n, t)	4	105(700-748,749)	405	(5.10.19),(5.12.13)
$(n, {}^3\mathrm{He})$	4	106(750-798,799)	406	(5.10.19),(5.12.13)
(n, α)	4	107(800-848,849)	407	(5.10.19),(5.12.13)
$(n, 2n)$	6	16	316	(5.12.11),(5.12.13)
$(n, n\alpha)$	6	22	322	(5.12.11),(5.12.13)
(n, np)	6	28	328	(5.12.11),(5.12.13)
(n, pp)	6	32	332	(5.10.27),(5.12.13)
$(n, 3n)$	6	17	317	(5.12.11),(5.12.13)

由于中子引发中重核的反应截面在低能部分存在共振现象, 共振区的能量范围逐核各不相同, 核反应统计理论模型计算程序对这种共振现象无能为力, 因此必须采用核数据库中的点截面对 Kerma 系数进行计算. 相应的 Kerma 系数也明显出现共振现象.

5.13　附录 2: 双微分截面坐标系变换的 Jacobian 因子

首先考虑实验室系 (LS) 和质心系 (CMS) 之间的变换. 对于同一个粒子发射过程, 由式 (5.1.2) 得到在实验室系 (l) 和质心系 (c) 坐标系中的双微分截面应该有下面的关系存在

$$\frac{d^2\sigma}{d\varepsilon^l d\mu^l}d\varepsilon^l d\mu^l = \frac{d^2\sigma}{d\varepsilon^c d\mu^c}d\varepsilon^c d\mu^c \tag{5.13.1}$$

可以证明它们能量和立体角之间的关系, 即 Jacobian 行列式满足

$$d\varepsilon^c d\mu^c = J d\varepsilon^l d\mu^l = \left| \begin{matrix} \frac{d\varepsilon^c}{d\varepsilon^l} & \frac{d\varepsilon^c}{d\mu^l} \\ \frac{d\mu^c}{d\varepsilon^l} & \frac{d\mu^c}{d\mu^l} \end{matrix} \right| d\varepsilon^l d\mu^l = \sqrt{\frac{\varepsilon^l}{\varepsilon^c}}d\varepsilon^l d\mu^l \tag{5.13.2}$$

由速度矢量求和得到在两个坐标系中能量和角度余弦之间的关系, 分别由式 (5.1.9) 和 (5.1.10) 给出

$$\varepsilon^c(\varepsilon^l,\mu^l) = \varepsilon^l - 2\beta\sqrt{\varepsilon^l}\mu^l + \beta^2 \tag{5.13.3}$$

和

$$\mu^c(\varepsilon^l,\mu^l) = \frac{\sqrt{\varepsilon^l}\mu^l - \beta}{\sqrt{\varepsilon^c}} \tag{5.13.4}$$

因此有如下导数关系成立

$$\frac{d\varepsilon^c}{d\varepsilon^l} = 1 - \frac{\beta\mu^l}{\sqrt{\varepsilon^l}} \quad \text{和} \quad \frac{d\varepsilon^c}{d\mu^l} = -2\beta\sqrt{\varepsilon^l} \tag{5.13.5}$$

$$\frac{d\mu^c}{d\varepsilon^l} = \frac{\mu^l}{2\sqrt{\varepsilon^l}\sqrt{\varepsilon^c}} - \frac{\sqrt{\varepsilon^l}\mu^l - \beta}{2(\varepsilon^c)^{\frac{3}{2}}}\frac{d\varepsilon^c}{d\varepsilon^l} = \frac{\mu^l}{2\sqrt{\varepsilon^l}\sqrt{\varepsilon^c}} - \frac{\sqrt{\varepsilon^l}\mu^l - \beta}{2(\varepsilon^c)^{\frac{3}{2}}}\left(1 - \frac{\beta\mu^l}{\sqrt{\varepsilon^l}}\right) \tag{5.13.6}$$

$$\frac{d\mu^c}{d\mu^l} = \sqrt{\frac{\varepsilon^l}{\varepsilon^c}} - \frac{\sqrt{\varepsilon^l}\mu^l - \beta}{2(\varepsilon^c)^{\frac{3}{2}}}\frac{d\varepsilon^c}{d\mu^l} = \sqrt{\frac{\varepsilon^l}{\varepsilon^c}} + \frac{\sqrt{\varepsilon^l}\mu^l - \beta}{2(\varepsilon^c)^{\frac{3}{2}}}\left(2\beta\sqrt{\varepsilon^l}\right) \tag{5.13.7}$$

代入 Jacobian 行列式

$$J \equiv \left| \begin{matrix} \frac{d\varepsilon^c}{d\varepsilon^l} & \frac{d\varepsilon^c}{d\mu^l} \\ \frac{d\mu^c}{d\varepsilon^l} & \frac{d\mu^c}{d\mu^l} \end{matrix} \right| = \frac{d\varepsilon^c}{d\varepsilon^l}\frac{d\mu^c}{d\mu^l} - \frac{d\varepsilon^c}{d\mu^l}\frac{d\mu^c}{d\varepsilon^l}$$

$$= \left(1 - \frac{\beta\mu^l}{\sqrt{\varepsilon^l}}\right)\left(\sqrt{\frac{\varepsilon^l}{\varepsilon^c}} + \frac{\sqrt{\varepsilon^l}\mu^l - \beta}{2(\varepsilon^c)^{\frac{3}{2}}}\left(2\beta\sqrt{\varepsilon^l}\right)\right)$$

$$+ 2\beta\sqrt{\varepsilon^l}\left[\frac{\mu^l}{2\sqrt{\varepsilon^l}\sqrt{\varepsilon^c}} - \frac{\sqrt{\varepsilon^l}\mu^l - \beta}{2(\varepsilon^c)^{\frac{3}{2}}}\left(1 - \frac{\beta\mu^l}{\sqrt{\varepsilon^l}}\right)\right]$$

将第二项中 $2\sqrt{\varepsilon^l}$ 乘入括号之内, Jacobian 行列式约化为

$$J = \left(1 - \frac{\beta\mu^l}{\sqrt{\varepsilon^l}}\right)\left(\sqrt{\frac{\varepsilon^l}{\varepsilon^c}} + \beta\sqrt{\varepsilon^l}\frac{\sqrt{\varepsilon^l}\mu^l - \beta}{(\varepsilon^c)^{\frac{3}{2}}}\right) + \beta\left[\frac{\mu^l}{\sqrt{\varepsilon^c}} - \frac{\sqrt{\varepsilon^l}\mu^l - \beta}{(\varepsilon^c)^{\frac{3}{2}}}\left(\sqrt{\varepsilon^l} - \beta\mu^l\right)\right]$$

$$= \sqrt{\frac{\varepsilon^l}{\varepsilon^c}} + \beta\sqrt{\varepsilon^l}\frac{\sqrt{\varepsilon^l}\mu^l - \beta}{(\varepsilon^c)^{\frac{3}{2}}} - \frac{\beta\mu^l}{\sqrt{\varepsilon^c}} - \beta^2\mu^l\frac{\sqrt{\varepsilon^l}\mu^l - \beta}{(\varepsilon^c)^{\frac{3}{2}}} + \frac{\beta\mu^l}{\sqrt{\varepsilon^c}} - \beta\frac{\sqrt{\varepsilon^l}\mu^l - \beta}{(\varepsilon^c)^{\frac{3}{2}}}\left(\sqrt{\varepsilon^l} - \beta\mu^l\right)$$

将其中两项相消, 提出公因子得到

$$J = \sqrt{\frac{\varepsilon^l}{\varepsilon^c}} + \beta\frac{\sqrt{\varepsilon^l}\mu^l - \beta}{(\varepsilon^c)^{\frac{3}{2}}}\left(\sqrt{\varepsilon^l} - \beta\mu^l - \sqrt{\varepsilon^l} + \beta\mu^l\right) = \sqrt{\frac{\varepsilon^l}{\varepsilon^c}} \tag{5.13.8}$$

由此得到式 (5.13.2) 的证明. 因此在实验室系中的双微分截面可以改写为

$$\frac{\mathrm{d}^2\sigma}{\mathrm{d}\varepsilon^l\mathrm{d}\mu^l} = \sqrt{\frac{\varepsilon^l}{\varepsilon^c}}\frac{\mathrm{d}^2\sigma}{\mathrm{d}\varepsilon^c\mathrm{d}\mu^c} \tag{5.13.9}$$

式中, 以 ε^l 和 $\mu^l\varepsilon^l$ 及 μ^l 为自变量, 由式 (5.13.3) 和 (5.13.4) 得出对应的 ε^c 和 μ^c 值; 或以 ε^c 和 μ^c 为自变量由式 (5.1.5) 和 (5.1.7) 得出对应的 ε^l 和 μ^l 值.

现在考虑剩余核系 (RNS) 和质心系 (CMS) 之间的变换. 对于同一个粒子发射过程, 由式 (5.1.2) 得到在剩余核运动系 (r) 和质心系 (c) 中的双微分截面应该有下面的关系存在

$$\frac{\mathrm{d}^2\sigma}{\mathrm{d}\varepsilon^r\mathrm{d}\Omega^r}\mathrm{d}\varepsilon^r\mathrm{d}\Omega^r = \frac{\mathrm{d}^2\sigma}{\mathrm{d}\varepsilon^c\mathrm{d}\Omega^c}\mathrm{d}\varepsilon^c\mathrm{d}\Omega^c \tag{5.13.10}$$

可以证明它们能量和立体角之间的关系, 即 Jacobian 行列式满足

$$\mathrm{d}\varepsilon^r\mathrm{d}\mu^r = J\mathrm{d}\varepsilon^c\mathrm{d}\mu^c = \left|\begin{array}{cc} \dfrac{\mathrm{d}\varepsilon^r}{\mathrm{d}\varepsilon^c} & \dfrac{\mathrm{d}\varepsilon^r}{\mathrm{d}\mu^c} \\[2ex] \dfrac{\mathrm{d}\mu^r}{\mathrm{d}\varepsilon^c} & \dfrac{\mathrm{d}\mu^r}{\mathrm{d}\mu^c} \end{array}\right|\mathrm{d}\varepsilon^l\mathrm{d}\mu^l = \sqrt{\frac{\varepsilon^c}{\varepsilon^r}}\mathrm{d}\varepsilon^c\mathrm{d}\mu^c \tag{5.13.11}$$

这时用 $\boldsymbol{v}_R$ 表示剩余核在质心系中的速度矢量, 用 $\boldsymbol{v}^r$ 表示从剩余核发射粒子在剩余核运动系中的速度矢量, 由速度矢量求和关系得到发射粒子在质心系中的速度为 $\boldsymbol{v}^c = \boldsymbol{v}_R + \boldsymbol{v}^r$, 写成能量表示时, 得到在两个坐标系中能量和角度余弦之间的关系分别是

$$\varepsilon^r(\varepsilon^c, \mu^c) = \varepsilon^c - 2\eta\sqrt{\varepsilon^c}\mu^c + \eta^2 \tag{5.13.12}$$

和

$$\mu^r(\varepsilon^c, \mu^c) = \frac{\sqrt{\varepsilon^c}\mu^c - \eta}{\sqrt{\varepsilon^r}} \tag{5.13.13}$$

若发射粒子的质量数为 m, 剩余核质量数为 M, 在质心系中能量为 E_R, 因此 $v_R = \sqrt{2E_R/M}$, 得到

$$\eta = \sqrt{\frac{mE_R}{M}} \tag{5.13.14}$$

因此有如下导数关系成立

$$\frac{\mathrm{d}\varepsilon^r}{\mathrm{d}\varepsilon^c} = 1 - \frac{\eta\mu^c}{\sqrt{\varepsilon^c}} \quad 和 \quad \frac{\mathrm{d}\varepsilon^r}{\mathrm{d}\mu^c} = -2\eta\sqrt{\varepsilon^c} \tag{5.13.15}$$

$$\frac{\mathrm{d}\mu^r}{\mathrm{d}\varepsilon^c} = \frac{\mu^c}{2\sqrt{\varepsilon^c}\sqrt{\varepsilon^c}} - \frac{\sqrt{\varepsilon^c}\mu^c - \eta}{2(\varepsilon^r)^{\frac{3}{2}}}\frac{\mathrm{d}\varepsilon^r}{\mathrm{d}\varepsilon^c} = \frac{\mu^c}{2\sqrt{\varepsilon^c}\sqrt{\varepsilon^r}} - \frac{\sqrt{\varepsilon^c}\mu^c - \eta}{2(\varepsilon^r)^{\frac{3}{2}}}\left(1 - \frac{\eta\mu^c}{\sqrt{\varepsilon^c}}\right) \tag{5.13.16}$$

$$\frac{\mathrm{d}\mu^r}{\mathrm{d}\mu^c} = \sqrt{\frac{\varepsilon^c}{\varepsilon^r}} - \frac{\sqrt{\varepsilon^c}\mu^c - \eta}{2(\varepsilon^r)^{\frac{3}{2}}}\frac{\mathrm{d}\varepsilon^c}{\mathrm{d}\mu^c} = \sqrt{\frac{\varepsilon^c}{\varepsilon^r}} + \frac{\sqrt{\varepsilon^c}\mu^c - \eta}{2(\varepsilon^r)^{\frac{3}{2}}}\left(2\eta\sqrt{\varepsilon^c}\right) \tag{5.13.17}$$

代入 Jacobian 行列式

$$J \equiv \begin{vmatrix} \dfrac{\mathrm{d}\varepsilon^r}{\mathrm{d}\varepsilon^c} & \dfrac{\mathrm{d}\varepsilon^r}{\mathrm{d}\mu^c} \\[2mm] \dfrac{\mathrm{d}\mu^r}{\mathrm{d}\varepsilon^c} & \dfrac{\mathrm{d}\mu^r}{\mathrm{d}\mu^c} \end{vmatrix} = \frac{\mathrm{d}\varepsilon^r}{\mathrm{d}\varepsilon^c}\frac{\mathrm{d}\mu^r}{\mathrm{d}\mu^c} - \frac{\mathrm{d}\varepsilon^r}{\mathrm{d}\mu^c}\frac{\mathrm{d}\mu^r}{\mathrm{d}\varepsilon^c}$$

$$J = \left(1 - \frac{\eta\mu^c}{\sqrt{\varepsilon^c}}\right)\left(\sqrt{\frac{\varepsilon^c}{\varepsilon^r}} + \eta\sqrt{\varepsilon^c}\frac{\sqrt{\varepsilon^c}\mu^c - \eta}{(\varepsilon^r)^{\frac{3}{2}}}\right) + \eta\left[\frac{\mu^c}{\sqrt{\varepsilon^r}} - \frac{\sqrt{\varepsilon^c}\mu^c - \eta}{(\varepsilon^r)^{\frac{3}{2}}}\left(\sqrt{\varepsilon^c} - \eta\mu^c\right)\right]$$

$$= \sqrt{\frac{\varepsilon^c}{\varepsilon^r}} + \eta\sqrt{\varepsilon^c}\frac{\sqrt{\varepsilon^c}\mu^c - \eta}{(\varepsilon^r)^{\frac{3}{2}}} - \frac{\eta\mu^c}{\sqrt{\varepsilon^r}} - \eta^2\mu^c\frac{\sqrt{\varepsilon^c}\mu^c - \eta}{(\varepsilon^r)^{\frac{3}{2}}} + \frac{\eta\mu^c}{\sqrt{\varepsilon^r}} - \eta\frac{\sqrt{\varepsilon^c}\mu^c - \eta}{(\varepsilon^r)^{\frac{3}{2}}}\left(\sqrt{\varepsilon^c} - \eta\mu^c\right)$$

将其中两项相消, 提出公因子得到

$$J = \sqrt{\frac{\varepsilon^c}{\varepsilon^r}} + \eta\frac{\sqrt{\varepsilon^c}\mu^c - \eta}{(\varepsilon^r)^{\frac{3}{2}}}\left(\sqrt{\varepsilon^c} - \eta\mu^c - \sqrt{\varepsilon^c} + \eta\mu^c\right) = \sqrt{\frac{\varepsilon^c}{\varepsilon^r}} \tag{5.13.18}$$

由此得到式 (5.13.11) 的证明. 因此在质心系中的双微分截面可以改写为

$$\frac{\mathrm{d}^2\sigma}{\mathrm{d}\varepsilon^c\mathrm{d}\mu^c} = \sqrt{\frac{\varepsilon^c}{\varepsilon^r}}\frac{\mathrm{d}^2\sigma}{\mathrm{d}\varepsilon^r\mathrm{d}\mu^r} \tag{5.13.19}$$

参 考 文 献

丁大钊, 叶春堂, 赵志详, 等. 2005. 中子物理学 —— 原理, 方法与应用. 北京: 原子能出版社.

王竹溪, 郭敦仁. 1965. 特殊函数论. 北京: 科学出版社.

张本爱, 莫俊永, 杜详琬, 等. 1987. 轻核少体反应次级粒子双微分谱近似处理理论研究. 中国核科技报告. CNLC-00063, LAPCN-0005, 中国核数据中心.

Antolkovic B, et al. 1984. Radiat. Rev., 97: 253.

Axton E J. 1992. NISTIR 4838, Neutron Institute of Standards and Technology.

Boeker G, et al. 1988. Partial Kerma factors for carbon and oxygen obtained from cross section measurements. Radiat. Prot. Dosim., 40: 23-26.

Chadwick M B, Cox L J. 1996. Calculation and evaluation of cross sections and Kerma factors for neutrons up to 100 MeV on carbon. Nucl. Sci. Eng., 123: 17-37.

Chadwick M B, et al. 1999. A consistent set of neutron Kerma coefficients from thermal to 150 MeV for biologically important materials. Med. Phys., 26(6): 977.

Deluca P M, et al. 1986. Carbon Kerma factor for 18 and 20 MeV neutrons. Nucl. Sci. Eng., 94: 192.

Duan J F, et al. 2011. Model calculation neutron Kerma coefficient n+^{56}Fe below 20 MeV. Annals of Nuclear Energy, 38(2-3): 455-462.

Firestone R B, Shirley V S. 1996. Table of Isotopes. 8th ed. New York: John Wiley & Sons.

Fuchs H. 1982. On cross section transformation in reaction with three outgoing fragments. Nucl. Instrum. Meth., 200: 361.

Hartmann C L, et al. 1992. Radiat. Prot. Dosim., 44: 25.

MacFarlane R E, Muir D W, Mann F W. 1984. Radiation damage calculations with NJOY. Journal of Nuclear Materials., 123(1): 1041-1046.

MacFarlane R E, Muir D W. 1999. NJOY 99.0 Nuclear Data Processing System. ORNL psh-480.

Meulders. et al. 2000. Experimental kerma coefficients of biologically important materials at neutron energies below 75 MeV. Med. Phys., 27(11): 2550.

Meijer R J, Kamermens R. 1985. Break phenomena in nuclear collision processes with He projectiles. Rev. Mod. Phys., 57: 147.

Ohlson G G. 1965. Kinematical relation in reactions of the form A+B→C+D+E. Nucl. Instrum. Meth., 37: 240.

Ohlson G G, et al. 1989. Cross sections and partial Kerma factor for elastic and inelastic neutron scattering from carbon in the energy range 16.5 — 22.0 MeV. Phys. Med. Biol., 34: 909.

Ronero J L, et al. 1985. In Proc. Nuclear Data for Basic and Applied Science, Santa Fe, New Mexico, 687.

Slypen I, et al. 1995. Phys. Med. Biol., 40: 73.

Schrewe U J, et al. 1992. Radiat. Prot. Dosim.

Stone R S. 1948. Neutron Theory and Specific Ionization. AJR, 59: 771.

Sun X J, et al. 2009 New calculation method of neutron Kerma coefficients of carbon and oxygen below 30MeV. Phys. Rev. C, 78: 054610.

Trkov A, Herman M, Brown D A. 2013. ENDF-6 Format Manual. National Nuclear Data Center, Brookhaven National Laboratory.

Zhang J S. 2000. Energy balance in UNF code. Commun. Nucl. Data Prog., 7:43.

Zhang J S. 2001. USER Manual of UNF Code. Atomic Energy Press, CNDC-01616, CNDC-0032.

Zhang J S. 2002a. UNF code for fast neutron reaction data calculations. Nucl. Sci. Eng., 142: 207-219.

Zhang J S. 2003a. Theoretical analysis of neutron double-differential cross section of n+^{11}B at 14.2MeV. Commun. Theor. Phys., 39: 83-88.

Zhang J S. 2003b. The Energy Balance of Nuclear Reaction and Kerma Factors. CNIC-01460, CNDC-0026.

Zhang J S. 2004. Possibility of ^{5}He emission in neutron induced reactions. Science in China G. Physics, 47: 137-145.

Zhang J S, Han Y L. 2002b. Calculation of double-differential cross sections of n+^{7}Li reactions below 20MeV. Commun. Theor. Phys., 37: 465-474.

Zhang J S, Han Y L, Cao L G. 1999. Model Calculation of n+^{12}C Reactions from 4.8 to 20 MeV. Nucl. Sci. Eng., 133: 218-234.

第6章　能谱展宽和数据的基准检验

6.1　引　言

核反应的理论计算一般是在质心系中进行的, 而实验测量是在实验室系中进行的. 为了验证理论计算结果的正确性, 需要与实验测量数据进行比较, 以符合的好坏程度来衡量理论计算的正确性. 理论计算结果与实验数据符合得越好, 说明理论计算的可靠性越高. 在此基础上, 对没有实验测量数据的能区所做出的理论预言就有越大的可信度.

角分布和双微分截面在上述两种坐标系中取值不同, 但是彼此间存在确定的关系, 所以为了将理论计算值与实验数据做比较就必须进行坐标系转换. 为此, 在第 5 章中给出了角分布和双微分截面从质心系到实验室系的转换公式. 在轻核反应中, 为了用理论计算值与实验测量数据进行比较, 对于能谱和双微分截面, 还需要考虑能谱展宽效应. 一方面是由于实验测量总会受到一定能量分辨率的限制, 对出射粒子谱有展宽效应. 另外, 在轻核反应中次级粒子都是从剩余核的分立能级上发射出来的, 而这些剩余核的分立能级大都是短寿命的, 由熟知的量子力学的知识, 对微观世界存在时间–能量不确定关系

$$\Delta t \Delta E \approx \hbar \tag{6.1.1}$$

因此造成测量的粒子谱就具有一定的能量宽度. 需要强调的是, 时间–能量不确定关系仅是表明对微观数据测不准的关系, 这与能量守恒是毫不相关的. 为此, 将对上述两方面的问题分别进行讨论, 给出相应的理论公式.

6.2　能谱展宽效应

在轻核的能级纲图中有许多能级是不稳定的(Firestone et al., 1996; Tilley et al., 2002a, 2002b, 2004), 能级宽度从千电子伏特量级到兆电子伏特量级. 在中子入射情况下, 从复合核发射一次粒子后剩余核都处于分立能级的状况. 由第 5 章的核反应运动学得知, 在质心系中第一出射粒子谱是单能谱, 而直接三体崩裂以及多次粒子发射后伴随的三体崩裂的过程中粒子发射谱是连续谱, 次级粒子的有序发射或伴随两体崩裂的过程中, 质心系中的粒子能谱都是有明显宽度的环型谱. 下面来讨论上述这些出射粒子谱在实验测量中的展宽效应.

对于单能粒子谱, 采用了高斯 (Gaussian) 形式的展宽 (Zhang,1999). 若复合核

一次发射粒子在质心系中的能量为 ε_1^c, 剩余核处在第 k_1 分立能级, 归一化的高斯型能谱展宽为

$$G(\varepsilon, k_1) = \frac{1}{\sqrt{2\pi}\Gamma_1} \exp\left(-\frac{(\varepsilon - \varepsilon_1^c)^2}{2\Gamma_1^2}\right) \tag{6.2.1}$$

其中, Γ_1 为一次粒子发射能谱展宽的宽度. 应注意到, 由式 (6.2.1) 给出的高斯分布谱是对能量 $-\infty \leqslant \varepsilon_1^c \leqslant \infty$ 积分才是归一化的, 而物理上却要求能量必须 $\varepsilon \geqslant 0$, 这种正能量要求就会使归一化有所偏离. 事实上

$$\int_0^\infty G(\varepsilon, k_1)\mathrm{d}\varepsilon = \frac{1}{\sqrt{2\pi}\Gamma_1} \int_0^\infty \exp\left(-\frac{(\varepsilon - \varepsilon_1^c)^2}{2\Gamma_1^2}\right) \mathrm{d}\varepsilon = \frac{1}{2}\left[1 + \mathrm{erf}\left(\frac{\varepsilon_1^c}{\sqrt{2}\Gamma_1}\right)\right] \tag{6.2.2}$$

这里, $\mathrm{erf}(x)$ 是误差函数. 在能量满足 $0 \leqslant \varepsilon_1^c \leqslant \infty$ 的条件下, 归一化的高斯分布应该改写为

$$G(\varepsilon, k_1) = \frac{\sqrt{2}}{\sqrt{\pi}\Gamma_1} \frac{\exp\left(-(\varepsilon - \varepsilon_1^c)^2/2\Gamma_1^2\right)}{1 + \mathrm{erf}(\varepsilon_1^c/\sqrt{2}\Gamma_1)} \tag{6.2.3}$$

目前测量总出射中子的双微分谱, 实验大多采用了 "飞行时间法"(TOF), 关于快中子飞行时间法可以参见文献 (丁大钊等,2005) 中的介绍. 若中子以飞行速度 v 达到探测器, 从靶核到探测器的直线距离记为 l, 在这段距离内飞行的时间为 t, 于是中子的能量可以表示为

$$\varepsilon = \frac{1}{2}m_\mathrm{n}v^2 = \frac{1}{2}m_\mathrm{n}\left(\frac{l}{t}\right)^2 \tag{6.2.4}$$

在核物理实验测量中, 时间一般以纳秒为单位 $(1\mathrm{ns} = 1 \times 10^{-9}\mathrm{s})$, 距离 l 的单位为 m, 能量 ε 的单位为 MeV, 于是飞行时间可以表示为

$$t = 72.3l/\sqrt{\varepsilon} \tag{6.2.5}$$

在用快中子飞行时间谱仪测量中子能谱时, 能量的不确定性主要来自三个方面: 飞行距离的误差, 中子飞行时间的误差, 还有来自产生中子源的入射带电粒子能量的不确定性, 以及出射中子的不同张角造成到达探测器的距离不同等因素产生的误差. 对于中子飞行时间的误差导致的中子能量不确定性, 可以对式 (6.2.4) 两边求微分得到

$$\Delta\varepsilon = m_\mathrm{n}\left(\frac{l}{t}\right)^2\frac{\Delta t}{t} = \frac{2}{72.3}\varepsilon^{\frac{3}{2}}\frac{\Delta t}{l} \tag{6.2.6}$$

通常记飞行时间的分辨本领为

$$R = \frac{\Delta t}{l} \tag{6.2.7}$$

可见飞行距离越长飞行时间分辨本领越高. 因此由飞行时间的不确定性导致的中子能量不确定性为

$$\Gamma_\mathrm{T} \equiv \Delta\varepsilon = \frac{2}{72.3}\varepsilon^{\frac{3}{2}}R \tag{6.2.8}$$

这说明中子能量越高, 其不确定性就越大. 应用 "飞行时间法" 测量中子能谱时, 在分辨率中能量的不确定性主要来自下面三个方面

$$\frac{\Delta E}{E} = \sqrt{\left(\frac{2\Delta l}{l}\right)^2 + \left(\frac{2\Delta t}{t}\right)^2 + \frac{\Delta E_i^2}{E^2}} \tag{6.2.9}$$

这表明能量的不确定性分别来自粒子飞行距离、中子飞行时间, 以及产生中子源的带电粒子的能量不确定性. 由式 (6.2.8) 看到, 虽然低能出射中子的 Γ_T 比较小, 但是这些可以发射次级粒子的能级自身宽度比较大. 这样, 对于所有的出射中子都会有不同程度的能谱展宽, 只不过各自的成分有所不同而已.

另一方面, 来自中子源的带电粒子能量的不确定性和中子出射的张角等因素造成的中子能量不确定性记为 Γ_E 时, 其中也包含了实验测量的偶然误差, 这时的实验测量中子能量的不确定性为 (Chiba et al., 1998)

$$\Gamma_{\exp} = \sqrt{\Gamma_T^2 + \Gamma_E^2} \tag{6.2.10}$$

如果一次粒子发射剩余核的第 k_1 分立能级的能级宽度为 Γ_{k_1}, 那么一次粒子发射单能谱的总展宽就为

$$\Gamma = \sqrt{\Gamma_{k_1}^2 + \Gamma_{\exp}^2} \tag{6.2.11}$$

由第 5 章得知, 在多次粒子发射过程出射粒子是呈连续能谱形状. 以二次粒子发射为例, 在归一化的连续谱的高斯型展宽式表示中, 来自于一次发射粒子的展宽 $\Gamma_{k_1}^2$ 和二次粒子发射的展宽 $\Gamma_{k_1}^2$, 具体表示为

$$G(\varepsilon, k_1, k_2) = \frac{1}{2\pi\Gamma_{k_1}\Gamma_{k_2}} \int_{-\infty}^{\infty} d\varepsilon' \exp\left(-\frac{(\varepsilon-\varepsilon')^2}{2\Gamma_{k_2}^2} - \frac{(\varepsilon'-\varepsilon_2^c)^2}{2\Gamma_{k_1}^2}\right) \tag{6.2.12}$$

完成对 ε' 积分后得到归一化高斯型的连续谱展宽的表示

$$G(\varepsilon, k_1, k_2) = \frac{1}{\sqrt{2\pi}\Gamma} \exp\left\{-\frac{(\varepsilon-\varepsilon_2^c)^2}{2\Gamma^2}\right\} \tag{6.2.13}$$

其中

$$\Gamma = \sqrt{\Gamma_{k_1}^2 + \Gamma_{k_2}^2 + \Gamma_{\exp}^2} \tag{6.2.14}$$

如果将未经展宽连续谱的能量记为 ε', 在物理上要求 $\varepsilon' \geqslant 0$, 经过高斯展宽后的归一化的连续谱的表示是

$$S_G(\varepsilon) = \int_{\varepsilon_{\min}^c}^{\varepsilon_{\max}^c} G(\varepsilon, \varepsilon')S(\varepsilon')d\varepsilon' = \frac{\sqrt{2}}{\sqrt{\pi}\Gamma} \int_{\varepsilon_{\min}^c}^{\varepsilon_{\max}^c} \frac{\exp\left\{-\dfrac{(\varepsilon-\varepsilon')^2}{2\Gamma^2}\right\}}{1 + \mathrm{erf}\left(\dfrac{\varepsilon'}{\sqrt{2}\Gamma}\right)} S(\varepsilon')d\varepsilon' \tag{6.2.15}$$

在完成高斯展宽后的连续谱能量 ε 从 $0 \to \infty$ 的积分后可以得到

$$\int_0^\infty S_G(\varepsilon)\mathrm{d}\varepsilon = \int_{\varepsilon_{\min}^c}^{\varepsilon_{\max}^c} S(\varepsilon)\mathrm{d}\varepsilon = 1 \tag{6.2.16}$$

因此验证了归一化的连续出射粒子谱在式 (6.2.15) 形式的高斯展宽后仍然是归一化的.

关于能级展宽的数量概念是, 直接反应, 包括弹性散射和直接多体崩裂过程, 它们的能谱展宽的宽度大约为 MeV 数量级, 对应时间尺度大约是 $\sim 10^{-22}$s, 而平衡态的能谱展宽的宽度大约为 eV 数量级, 对应时间尺度大约是 $\sim 10^{-16}$s; 而预平衡态粒子发射的能谱展宽的宽度是在上面两者之间, 对应时间尺度大约是 $10^{-17} \sim 10^{21}$s 数量级.

6.3　总出射中子双微分截面的计算示例

在统一的 Hauser-Feshbach 和激子模型理论框架的基础上, 建立了可以描述轻核反应特性的轻核反应理论. 由第 5 章给出的严格的运动学公式, 可以得到各类核反应过程中出射粒子的双微分截面. 考虑了能级宽度和实验测量中的能谱展宽效应, 再将计算结果从质心系转换到实验室系, 就可以与实验测量的总出射中子双微分截面直接进行比较, 由此来检验理论模型的准确性. 正如由第 1 章介绍的对各轻核开放的反应道分析的那样, 轻核反应的个性极强, 不同轻核开放的反应道彼此有很大差异. 为此, 在轻核反应理论的基础上, 对 ^{6}Li, ^{7}Li, ^{9}Be, ^{10}B, ^{11}B, ^{12}C, ^{14}N 和 ^{16}O 等核素分别编写了 LUNF 程序, 形成理论模型计算的 LUNF 程序系列.

对于不同的轻核, 其程序的主体结构是大体相同的, 但是开放的反应道以及非有序粒子发射的次序、类型、数目都是不同的, 甚至由于粒子发射类型的不同, 所需光学势的数目也不尽相同.

在 LUNF 程序中包含了两个输入文件 LUNF.DAT 和 LDIR.DAT. 其中, LUNF.DAT 文件包含程序计算内容的控制量, 中子入射能点, 与各开放反应道有关结合能、有关核素的能级纲图信息, 以及相关发射粒子的光学势参数. LDIR.DAT 文件则包含用其他程序计算得到的包含直接非弹的直接反应数据, 包括达到各剩余核分立能级的截面、角分布的 Legendre 展开系数. 在 LUNF 程序中, 将它们合成为总的反应道截面和角分布. 目前, 比较实用的程序有 DWUCK-4(Kunz, 未发表), 以及 ECIS94(Raynal,1994), 另外还有 KORP(余自强,1992) 是专门计算 (n, p) 直接反应的程序. 需要注意的是, 在这些直接反应的程序的计算中, 光学势要采用第 2 章中给出的同样光学参数, 以保证理论计算的自洽性.

下面给出 LUNF 程序的框架结构示意图.

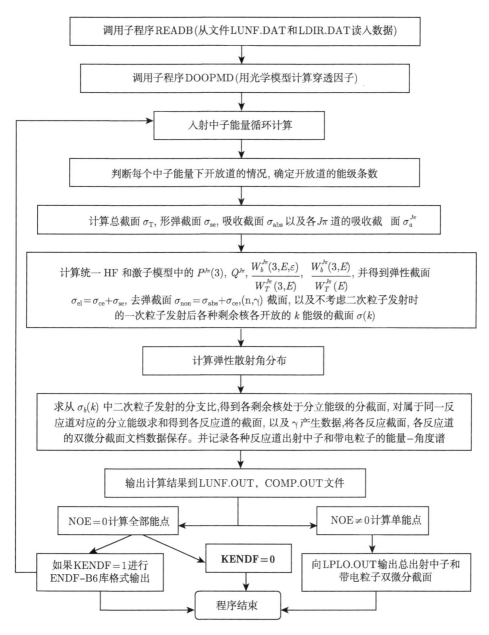

在 LUNF 程序中有四个主要输出文件, LUNF.OUT 文件记录输出的各中子入射能点的理论计算结果, 包括各种反应道的截面、一次粒子发射的角分布、由不同核反应途径得到的各开放反应道的截面计算结果. 给出各种反应道开放的能级条数以及对应的阈能值, 以及到达剩余核的各分立能级的截面值. 以质心系 Legendre 展开系数的形式给出双微分截面谱, 这些分截面数据要分别累加到各自对应的反应道

中, 最终构成每个多粒子发射反应道的反应截面值. 为了分析结果还给出了复合核在各角动量态的吸收截面, 以及预平衡态和平衡态的占据概率, 此外还有截面归一的检查等内容. 对剩余核存在 γ 退激过程的情况, 计算级联 γ 退激谱, 最终结果用 ENDF-B6 格式给出全套数据的库格式输出.

LTFC.OUT 输出文件是记录由光学模型计算出在各种能量下的各类粒子的穿透因子值, 由此可以检查光学模型计算结果的正确性和精度. LPLO.OUT 文件则是用于对每个特定的中子入射能点, 在考虑了来自能级展宽和在实验测量中能量分辨率的展宽后, 记录出在实验室系中在给定的出射角度 (给定角度由 LUNF.DAT 输入) 的总中子出射双微分截面谱, 可以直接用来与实验测量值进行比较. B6.OUT 文件则是以国际通用的 ENDF-B6 格式输出全套数据库文件 (Mclane et al., 1990).

在 LPLO.OUT 输出文件中给出的几个给定角度的总出射中子和带电粒子的双微分截面能谱, 称之为角度–能量谱, 以供理论计算结果与实验测量值的对比的分析. 为了给出在角度–能量谱中各粒子发射分谱的成分, 另外给出一个辅助输出文件为 COMP.OUT, 在这个文件中记录了一次和多次粒子发射, 包括出射中子和带电粒子的分角度的能谱, 可以给出一个总的角度–能量谱中的各种成分的来源, 提供理论分析使用.

如何确定在计算程序中需要考虑的反应道, 以及哪些能级的开放对结果有实际意义, 在第 1 章已经给出有关开放道的详细分析. 但是, 由于各种开放道的竞争, 一些能级虽然在能量上满足开放条件, 但是竞争概率太小, 会对最终计算结果没有实际贡献, 仍然不予考虑. 下面以 n + ^{7}Li 为例, 当 $E_n = 14$MeV 时, 在各分反应道中, 通过不同分立能级途径, 对于大于 10μb 的截面的输出结果由表 6.1 给出.

表 6.1　当 $E_n = 14$MeV 时, n + ^{7}Li 通过不同分立能级途径开放的分反应道计算结果

反应道	k_1	k_2	截面 /mb	反应道	k_1	k_2	截面 /mb
(n,n)	1		112.8	(n,np)	8	gs	0.87
(n,d)	gs		8.22	(n,nd)	8	gs	3.09
	1		19.26		8	1	0.61
(n,t)	gs		40.40	(n,nt)	2	gs	69.40
	1		22.15		3	gs	53.92
(n,2n)	4	gs	4.16		4	gs	42.67
	5	gs	19.92		5	gs	12.09
	6	gs	0.04		6	gs	32.44
	7	gs	0.06		7	gs	25.42
	7	1	2.87		8	gs	1.55
	8	gs	4.97					
	8	1	1.85	(n,pn)	gs	gs	14.03
	8	2	0.58					

　　上面是对单个入射能点而言, 对于全部入射能点各种剩余核开放的阈能值也可以事先被计算出, 以判断每个有关的核素的能级条数给的是否足够. 以 $n + {}^{12}C$ 为例, 在 $E_n \leqslant 20MeV$ 以下时, 从复合核 ${}^{13}C^*$ 发射第一个粒子到其剩余核的各 k_1 能级, 再从这个能级发射第二个粒子到其剩余核的各 k_2 能级的开放道的阈能值可以被 LUNF 程序计算得出. 作为示例, 各种反应途径在能量允许的条件下有可能开放的能级分别由表 6.2~ 表 6.5 给出.

表 6.2　中子入射能量在 **20MeV** 以下从 ${}^{13}C^*$ 有序发射中子和 α 粒子的反应道分立能级的途径和阈能值

	E_{th}/MeV	k_1	$k_2({}^8Be)$		E_{th}/MeV	k_1	$k_2({}^8Be)$
	10.45	3	gs		19.25	16	gs-1
	11.17	4	gs	(n,nα)	19.69	17	gs-1
	11.76	5	gs-1		19.98	18	gs-1
	12.01	6	gs-1		8.066	1	gs
	12.82	7	gs-1		8.813	2	gs
(n,nα)	13.78	8	gs-1		9.193	3	gs
	14.47	9	gs-1		9.484	4	gs
	15.27	10	gs-1	(n,αn)	11.28	5	gs
	16.38	11	gs-1		18.98	9	gs-1
	16.74	12	gs-1		12.51	6	gs-1
	17.46	13	gs-1		14.79	7	gs-1
	17.96	14	gs-1		18.41	8	gs-1
	18.68	15	gs-1		18.98	9	gs-1

　　表 6.2 是有序发射中子和 α 粒子剩余核为 ${}^8Be$ 的能级开放情况, 由这个表可以看出, ${}^{12}C$ 的第 1 和第 2 激发能级仅是由 γ 退激来结束反应, 因此属于非弹性散射道, 而 ${}^{12}C$ 的第 3 激发能级可以发射 α 粒子, 但能级纲图给出这条能级还存在 $E3$ 模式的 γ 退激与 α 粒子发射之间产生竞争. ${}^{12}C$ 的第 8 激发能级 $E_k = 12.71MeV(1^+)$, 表 6.2 中从能量上允许发射 α 粒子到 ${}^8Be$ 的基态和第 1 激发能级. 但是, 由于 ${}^8Be$ 的基态自旋宇称是 0^+, 这种 $1^+ \to 0^+$ 的 α 粒子发射是被禁戒的, 因此计算表明发射 α 粒子的概率非常小, 以致 ${}^{12}C$ 的第 8 激发能级主要贡献到非弹性散射道, 虽然这个截面非常小.

　　考虑由复合核 ${}^{13}C^*$ 发射两个 α 粒子到剩余核 ${}^5He$ 的能级开放情况, 这时发射第一个 α 粒子达到剩余核 ${}^9Be$ 的激发能级. ${}^9Be$ 的前两个激发能级仅允许发射中子, 而从 ${}^9Be$ 的第 3 激发能级以上时, 都允许发射第二个 α 粒子, 可以到达其剩余核 ${}^5He$ 的基态和第 1 激发能级, 并自发崩裂为一个中子和一个 α 粒子, 因此属于 ${}^{12}C(n,n3\alpha)$ 反应道. 表 6.3 给出它们的阈能值都不是很大, 都会在 ${}^{12}C(n,n3\alpha)$ 反应道中有明显的贡献, 在理论模型计算中需要认真考虑.

表 6.3　中子入射能在 20MeV 以下, 从 ^{13}C* 有序发射两个 α 粒子反应道分立能级的途径和阈能值

	E_{th}/MeV	$k_1(^9\text{Be})$	$k_2(^5\text{He})$
	9.193	3	gs
	9.484	4	gs
	11.28	5	gs
(n,2α)	13.51	6	gs-1
	13.79	7	gs-1
	14.79	8	gs-1
	18.41	9	gs-1

在中子引发 ^{12}C 的核反应中, 还考虑了 ^{5}He 的发射, 剩余核为 ^{8}Be. 两者都是不稳定核素, 属于双两体崩裂, 并贡献到 ^{12}C(n, n3α) 反应道. 该反应道开放情况由表 6.4 给出. 从 ^{5}He 崩裂出的中子主要贡献在低能谱部分 (Zhang et al., 1999). 由表中给出的阈能值看出, 这个反应途径仍然需要考虑.

表 6.4　中子入射能在 20MeV 以下时, 从 ^{13}C* 发射 ^{5}He 到达剩余核 ^{8}Be 分立能级的阈能值

	E_{th}/MeV	$k_1(^8\text{Be})$
	8.954	gs
(n, ^{5}He)	12.272	1
	18.671	2

表 6.5 是考虑一些发射中子和质子, 即 ^{12}C(n, np + pn)^{11}N 到剩余核 ^{11}N 的能级开放情况, 可以看出, 在这种核反应过程中, 通过各种分立能级途径的反应阈能值都超过 17MeV, 由于有带电的质子发射, 还存在库仑位垒效应, 实际开放的反应道对应的入射中子能量要比表 6.5 中的值高. 因此, 当中子能量在 20MeV 以下时引发的 ^{12}C 的核反应中是一个高阈能值的核反应道. 其贡献远不如 ^{12}C(n, n3α) 反应道.

表 6.5　中子入射能在 20MeV 以下从 ^{13}C* 先后发射一个中子和一个质子的反应道分立能级途径和阈能值

	E_{th}/MeV	k_1	$k_2(^{11}\text{N})$		E_{th}/MeV	k_1	$k_2(^{11}\text{N})$
	17.46	13	gs	(n,np)	19.98	18	gs-1
	17.96	14	gs				
(n,np)	18.68	15	gs		17.32	5	gs
	19.25	16	gs	(n,pn)	17.72	6	gs
	19.69	17	gs-1		18.31	7	gs

对于其他轻核反应的情况也都需要有上述的核反应途径的细致分析过程, 这里就不再逐一讲述. 总而言之, 对于轻核反应, 必须对各核反应道所涉及的所有能级逐一地进行分析, 这样才能比较准确地考虑轻核反应的各种途径, LUNF 程序可以提供每个反应道开放的能级阈能的信息, 这样才能对理论计算结果给出比较准确的分析和合理的理论解释, 以增加对理论计算结果可靠性的把握.

为验证理论计算结果的可靠性, 下面分核素给出一些总中子出射的分角度能谱的理论计算值与实验数据的符合状况. 一些图中还给出了在某些中子入射能量的情况下, 在实验室系中一定出射角度的能谱中的分解能谱, 也是由 LUNF 程序计算给出的, 由此可以在理论上分析和理解实验测量的角度-能谱中每个部位是来自哪个反应过程的哪条能级的分谱, 如果在分角度能谱中理论计算符合不理想, 可以检查这条能级的能量自旋宇称的信息是否准确, 是否在这里还缺少可能的能级等. 在 ^{6}Li, ^{7}Li 和 ^{9}Be 等核素的计算中都遇到这种情况, 特别是 ^{6}Li, 在新的能级纲图出现后, 双微分截面的分角度能谱能得到比较完美的符合, 说明新能级纲图确实比原有的能级纲图得到了实质性的改进.

为了在同一个图中多给出一些不同角度的能谱, 每个角度的分角度能谱都相继乘上 10^{-2} 因子, 在有的图中就不再注明. 这是用来分析在总中子出射的双微分截面中, 在各分解谱中给出来自不同反应途径的粒子发射的分谱组成成分.

(1) n+^{6}Li 的情况 (Zhang et al., 2001b), 如图 6.1~ 图 6.10 所示.

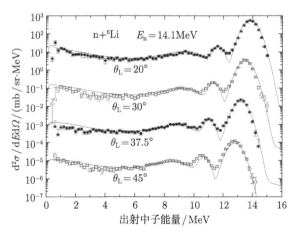

图 6.1　n + ^{6}Li 在 $E_n = 14.1$MeV 时, 角度分别为 $20°, 30°, 37.5°, 45°$ 的分角度能谱, 曲线为理论计算值, 各种点为实验测量值, 取自文献 (Baba et al., 1990)

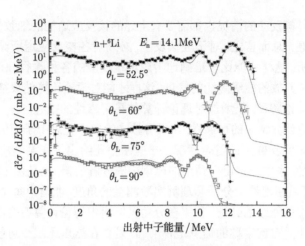

图 6.2　n + ⁶Li 在 $E_n = 14.1$MeV 时, 角度分别为 52.5°, 60°, 75°, 90° 的分角度能谱, 曲线
为理论计算值, 各种点为实验测量值, 取自文献 (Baba et al., 1990)

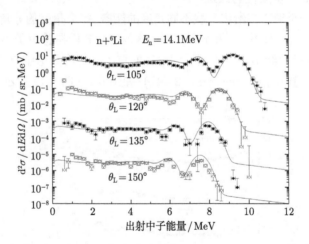

图 6.3　n + ⁶Li 在 $E_n = 14.1$MeV 时, 角度分别为 105°, 120°, 135°, 150° 的分角度能谱, 曲
线为理论计算值, 各种点为实验测量值, 取自文献 (Baba et al., 1990)

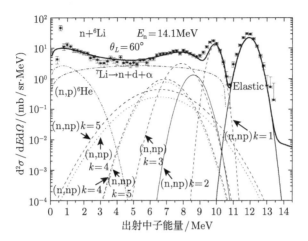

图 6.4 n + ^{6}Li 在 E_n = 14.1MeV 时, 角度为 60° 的分角度能谱分解谱,
其中各分谱标记了出射中子的反应道, k 表示剩余核的激发能级序号. 黑曲线为理论计算值,
点为实验测量值, 取自文献 (Baba et al., 1990)

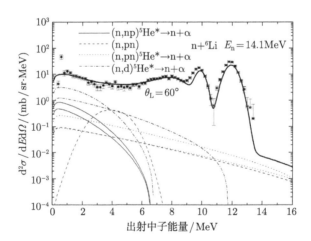

图 6.5 n + ^{6}Li 在 E_n = 14.1MeV 时, 角度为 60° 的分角度能谱分解谱 (续),
其中各分谱标记了出射中子的反应道. 黑曲线为理论计算值, 点为实验
测量值, 取自文献 (Baba et al., 1990)

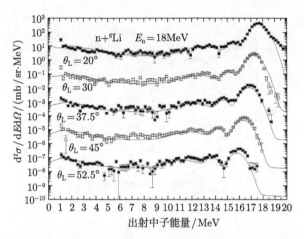

图 6.6   n + ^{6}Li 在 $E_n = 18\mathrm{MeV}$ 时, 角度分别为 20°, 30°, 37.5°, 45°,
52.5° 的分角度能谱, 曲线为理论计算值, 各种点为实验测量值,
取自文献 (Ibaraki et al., 1998)

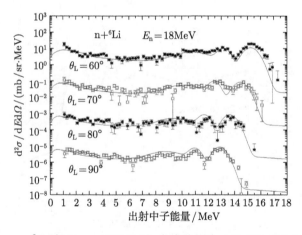

图 6.7   n + ^{6}Li 在 $E_n = 18\mathrm{MeV}$ 时, 角度分别为 60°, 70°, 80°, 90° 的分
角度能谱, 曲线为理论计算值, 各种点为实验测量值,
取自文献 (Ibaraki et al., 1998)

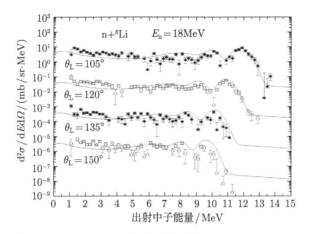

图 6.8　n + ^{6}Li 在 E_n = 18MeV 时, 角度分别为 105°, 120°, 135°, 150° 的分角
度能谱, 曲线为理论计算值, 各种点为实验测量值,

取自文献(Ibaraki et al., 1998)

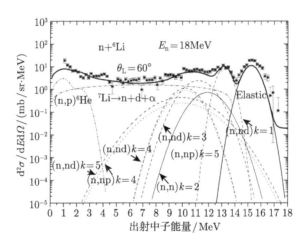

图 6.9　n + ^{6}Li 在 E_n = 18MeV 时, 角度为 60° 的分角度能谱分解谱, 其中各分谱标记了出
射中子的反应道, k 表示剩余核的激发能级序号. 黑曲线为理论计算值, 点为实验测量值,

取自文献 (Ibaraki et al., 1998)

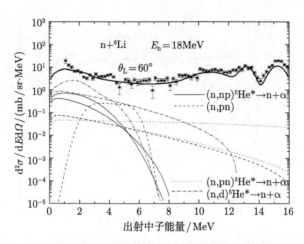

图 6.10　n + ⁶Li 在 $E_n = 18\text{MeV}$ 时, 角度为 $60°$ 的分角度能谱分解谱 (续), 其中各分谱标记了出射中子的反应道. 黑曲线为理论计算值, 点为实验测量值, 取自文献 (Ibaraki et al., 1998)

(2) n + ⁷Li 的情况 (Zhang et al, 2002b), 如图 6.11~ 图 6.16 所示.

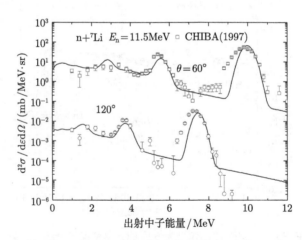

图 6.11　n + ⁷Li 在 $E_n = 11.5\text{MeV}$ 时, 角度分别为 $60°, 120°$ 的分角度能谱,
曲线为理论计算值, 各种点为实验测量值,
取自文献 (Chiba et al., 2001)

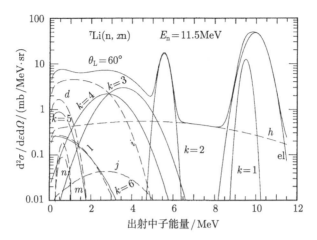

图 6.12　$n + {}^7\mathrm{Li}$ 在 $E_\mathrm{n} = 11.5\mathrm{MeV}$ 时, 角度为 $60°$ 的分角度能谱分解谱, el 表示弹性峰; $k = 1, 2, 3, 4, 5, 6$ 对应从 ${}^8\mathrm{Li}^*$ 向 ${}^7\mathrm{Li}$ 的第 k 个分立能级发射第 1 个中子的谱; i 和 h 对应的是从 $(\mathrm{n,t})$ 反应道的剩余核 ${}^5\mathrm{He}$ 的基态与第 1 激发态崩裂的中子分谱; d 是从 $(\mathrm{n,d})$ 反应道的剩余核 ${}^6\mathrm{He}$ 的第 1 激发态三体崩裂的中子谱; l 和 j 是分别来自 ${}^7\mathrm{Li}$ 的第 4 和第 6 激发态能级通过 ${}^6\mathrm{Li}(\mathrm{n,2n})$ 反应道发射第二个中子到 ${}^6\mathrm{Li}$ 的基态的中子谱; m 和 n 是分别来自 ${}^7\mathrm{Li}$ 的第 5 和第 6 激发态能级通过 ${}^6\mathrm{Li}(\mathrm{n,2n})$ 反应道发射第 2 个中子到 ${}^6\mathrm{Li}$ 的第 1 激发态的中子谱

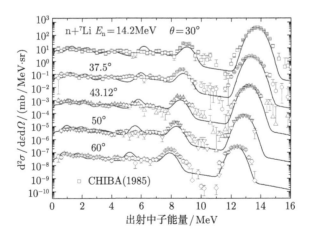

图 6.13　$n + {}^7\mathrm{Li}$ 在 $E_\mathrm{n} = 14.2\mathrm{MeV}$ 时, 角度分别为 $30°, 37.5°, 43.12°, 50°, 60°$ 的分角度能谱, 曲线为理论计算值, 各种点为实验测量值, 取自文献 (Chiba et al., 1985)

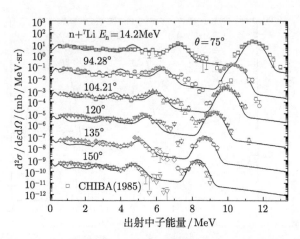

图 6.14　n + ⁷Li 在 $E_n = 14.2\text{MeV}$ 时, 角度分别为 75°, 94.28°, 104.2°, 120°, 135°,
150° 的分角度能谱, 曲线为理论计算值, 各种点为实验测量值,

取自文献 (Chiba et al., 1985)

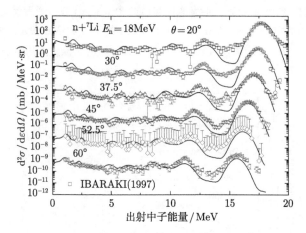

图 6.15　n + ⁷Li 在 $E_n = 18\text{MeV}$ 时, 角度分别为 20°, 30°, 37.5°, 45°, 52.5°, 60° 的分角度
能谱, 曲线为理论计算值, 各种点为实验测量值,

取自文献 (Ibaraki et al., 1998)

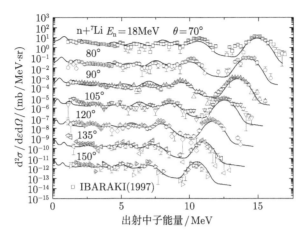

图 6.16 n + ^{7}Li 在 $E_n = 18$MeV 时, 角度分别为 70°, 80°, 90°, 105°, 120°,
135°, 150° 的分角度能谱, 曲线为理论计算值, 各种点为实验测量值,
取自文献 (Ibaraki et al., 1998)

(3) n + ^{9}Be 的情况, 如图 6.17~ 图 6.25 所示.

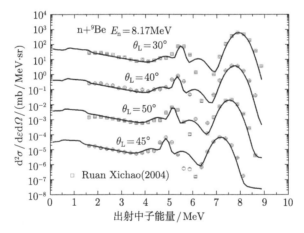

图 6.17 n + ^{9}Be 在 $E_n = 8.17$MeV 时, 角度分别为 30°, 40°, 50°, 65° 的分角度能谱,
曲线为理论计算值, 各种点为实验测量值, 取自文献 (阮锡超等, 2004)

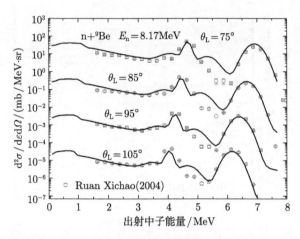

图 6.18　n + ^{9}Be 在 E_n = 8.17MeV 时, 角度分别为 75°, 85°, 95°, 105° 的分角度能谱, 曲线为理论计算值, 各种点为实验测量值, 取自文献 (阮锡超等, 2004)

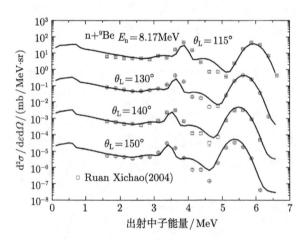

图 6.19　n + ^{9}Be 在 E_n = 8.17MeV 时, 角度分别为 115°, 130°, 140°, 150° 的分角度能谱, 曲线为理论计算值, 各种点为实验测量值, 取自文献 (阮锡超等, 2004)

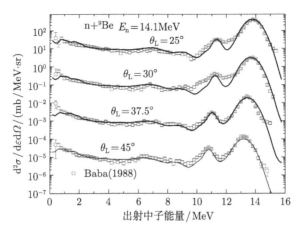

图 6.20 n + ^{9}Be 在 E_n = 14.1MeV 时, 角度分别为 $25°, 30°, 37.5°, 45°$ 的分角度能谱,
曲线为理论计算值, 各种点为实验测量值, 取自文献 (Baba et al., 1988)

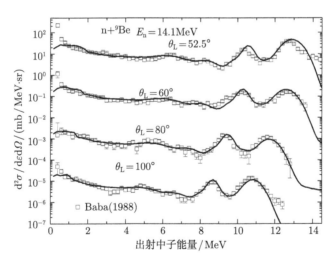

图 6.21 n + ^{9}Be 在 E_n = 14.1MeV 时, 角度分别为 $52.5°, 60°, 80°, 100°$ 的分角度能谱,
曲线为理论计算值, 方点为实验测量值, 取自文献 (Baba et al., 1988)

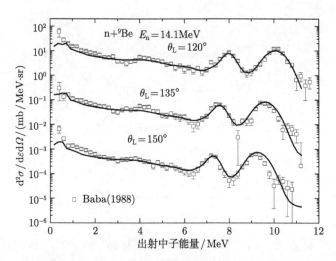

图 6.22　n + ^{9}Be 在 $E_n = 14.1$MeV 时, 角度分别为 120°, 135°, 150° 的分角度能谱, 曲线为理论计算值, 方点为实验测量值, 取自文献 (Baba et al., 1988)

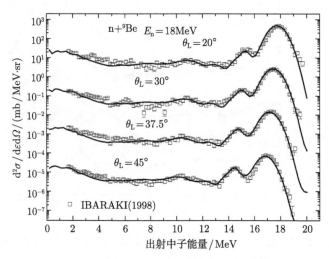

图 6.23　n + ^{9}Be 在 $E_n = 18$MeV 时, 角度分别为 20°, 30°, 37.5°, 45° 的分角度能谱, 曲线为理论计算值, 各种点为实验测量值, 取自文献 (Ibaraki et al., 1998)

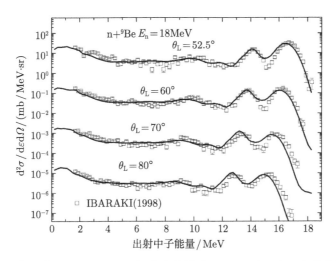

图 6.24 n + ^{9}Be 在 $E_n = 18$MeV 时, 角度分别为 $52.5°, 60°, 70°, 80°$ 的分角度能谱, 曲线为理论计算值, 各种点为实验测量值, 取自文献 (Ibaraki et al., 1998)

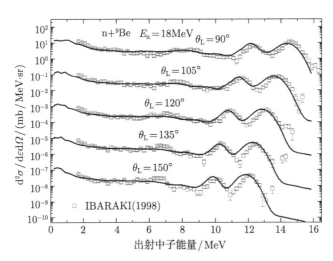

图 6.25 n + ^{9}Be 在 $E_n = 18$MeV 时, 角度分别为 $90°, 105°, 120°, 135°, 150°$ 的分角度能谱, 曲线为理论计算值, 方点为实验测量值, 取自文献 (Ibaraki et al., 1998)

(4) n + ^{12}C 的情况 (ZH99), 如图 6.26~ 图 6.31 所示.

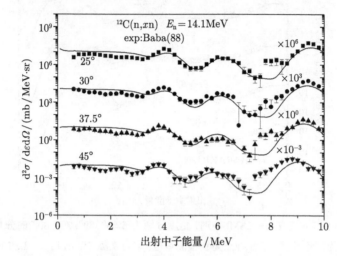

图 6.26　n + ^{12}C 在 E_n = 14.1MeV 时, 角度分别为 25°, 30°, 37.5°, 45° 的分角度能谱, 曲线为理论计算值, 黑三角点为实验测量值, 取自文献 (Baba et al., 1988)

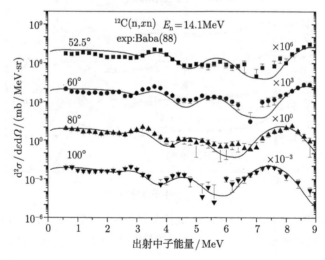

图 6.27　n + ^{12}C 在 E_n = 14.1MeV 时, 角度分别为 52.5°, 60°, 80°, 100° 的分角度能谱, 曲线为理论计算值, 黑三角点为实验测量值, 取自文献 (Baba et al., 1988)

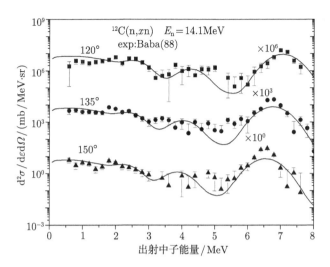

图 6.28 n + ^{12}C 在 $E_n = 14.1$MeV 时, 角度分别为 $120°, 135°, 150°$ 的分角度能谱, 曲线为理论计算值, 黑点为实验测量值, 取自文献 (Baba et al., 1988)

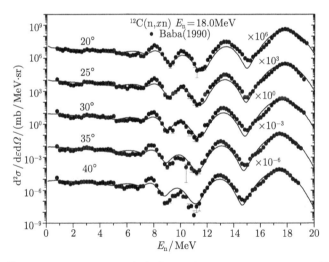

图 6.29 n + ^{12}C 在 $E_n = 14.1$MeV 时, 角度分别为 $20°, 25°, 30°, 35°, 40°$ 的分角度能谱, 曲线为理论计算值, 黑点为实验测量值, 取自文献 (Baba et al., 1990)

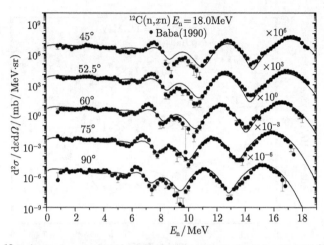

图 6.30　n + ^{12}C 在 $E_n = 18$MeV 时, 角度分别为 $45°, 52.5°, 60°, 75°, 90°$ 的分角度能谱,
曲线为理论计算值, 黑点为实验测量值, 取自文献 (Baba et al., 1990)

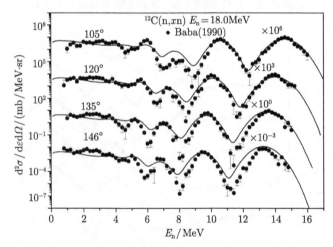

图 6.31　n + ^{12}C 在 $E_n = 18$MeV 时, 角度分别为 $105°, 120°, 135°, 146°$ 的分角度能谱, 曲线
为理论计算值, 黑点为实验测量值, 取自文献 (Baba et al., 1990)

对于 n + ^{10}B 和 n + ^{11}B 的情况已由图 4.1～ 图 4.4 给出 (Zhang,2003a, 2003b).
关于 n + ^{14}N 和 n + ^{16}O 的情况可参见文献 (Yan et al., 2005;Zhang et al., 2001a;Duan
et al., 2005). 由以上计算的实例可以看出, 由轻核反应理论计算得到的双微分截面
能在相当好的程度上再现实验测量值, 说明了新发展的轻核反应理论成功之处. 当
然, 上述结果只是对理论计算进行了微观实验数据的检验, 而在实际应用中, 还需
要对中子评价数据库进行宏观检验, 也称为基准检验 (benchmark), 这是对整个评
价数据的全面检验, 不仅是对各种反应截面数据的检验, 还要对角分布和双微分截

面数据进行检验. 只有既能较好地符合微观实验数据, 又能通过基准检验的核数据才是高质量的具有实用价值的数据.

由于在轻核反应中, 很大一部分剩余核都是通过各种途径变成轻粒子, 如氕、氘、α 粒子等. 因此很难像对中重核那样应用活化法进行截面测量. 对于多粒子发射过程, 则必须用多粒子符合法直接测量, 这种测量的难度相对是比较大的. 因此, 在中子引发的轻核反应中, 有相当多反应道的截面数据至今没能进行过测量, 或有几家测量数据, 但彼此间分歧很大. 但是, 由于有总出射中子的双微分截面数据之间的实验测量数据, 以及对理论计算的各分角度能谱成分的分析, 可以给出这些没有实验测量数据的截面信息, 或者澄清截面数据之间的分歧. 正如上述图中所示, 轻核反应理论计算结果与实验测量的双微分截面数据之间得到很好的符合, 在双微分截面谱的分解图中给出了从各分反应道的出射中子信息, 这样就可以得到一些至今没有实验测量的反应截面的评价值, 如 n + ^{16}O 反应中的 (n, nα) 截面等. 如果实验测量了多个入射能量点的双微分截面, 从而可以得到这些反应道的截面随入射能量变化的关系曲线, 例如在 n+^{6}Li 反应中的 (n, ndα), (n, 2npα) 截面, 在 n + ^{7}Li 反应中的 (n, d), (n, np), (n, 2ndα) 以及 (n, 3npα) 截面, 它们都有从 4MeV 到 18MeV 多能点的双微分截面谱的实验测量数据. 事实表明, 通过上述途径可以给出以双微分截面实验测量数据为根据的截面评价值, 以弥补实验测量上的空缺.

目前还不能用理论计算方式严格得到直接三体崩裂随入射能量变化的概率. 但是, 对于存在直接三体崩裂的核素, 由于对 n + ^{9}Be 和 n + ^{6}Li 都存在足够多能点的双微分截面的实验测量数据. 在理论计算再现双微分截面测量数据的同时, 就得到了复合核发生直接三体崩裂概率随入射能量的变化关系. 以 ^{7}Li* → n + d + α 为例, 在再现实验测量双微分截面数据的基础上, 由图 6.32 给出直接三体崩裂的截面随入射能量的关系曲线.

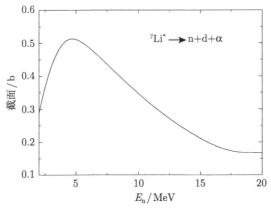

图 6.32 ^{7}Li* 直接三体崩裂的截面随入射能量的关系

6.4　轻核评价中子数据库的基准检验

在本书介绍的中子引发轻核反应统计理论方法的基础上, 编制了 LUNF 程序系列, 并计算了轻核反应的全套核数据, 在搜集了有关实验测量数据后, 经过分析筛选, 再作仔细的评价后, 在评价中子数据库中建立了轻核反应的双微分截面文档.

对于中子引发 1p 壳轻核 ^{6}Li, ^{7}Li, ^{9}Be, ^{11}B, ^{12}C, ^{14}N 和 ^{16}O 的反应, 通过理论计算建立了它们的双微分截面文档. 需要指出的是, 对于中子引发的轻核反应, 在所关心的能量范围内, 复合核发射一次粒子后剩余核总是处于分立能级, 因此从这些剩余核的分立能级继续发射次级粒子的核反应是属于多次粒子发射的过程, 由于核质量很轻, 具有很强的反冲效应, 使多次粒子发射过程的能谱具有很宽的能量范围, 次级粒子出射谱在质心系的宽度有的可以达到几个 MeV 的数量级, 因此这种能谱可视为连续谱, 这种类型的谱需要用双微分截面数据形式来描述的核反应数据的内容.

第 1 章中分析出了各种中子引发 1p 壳轻核反应道的开放情况. 入射中子在 20MeV 以下时, 由表 6.6 给出的多粒子发射核反应过程的双微分截面文档内容可以看出, 不同的核素之间的截面文档彼此间会有如此明显的不同, 充分反映了轻核的核反应道开放彼此不同的特性. 它不能用一个通用的程序计算给出的, 这是轻核反应与中重核的核反应过程的非常不同之处, 这是轻核反应的特点之一.

表 6.6　入射中子在 20MeV 以下的轻核反应中, 需要建立双微分截面文档的反应道

核素	反应道
^{6}Li	(n, ndα), (n, 2npα)
^{7}Li	(n, 2n), (n, np), (n, ntα), (n, 2ndα), (n, 3npα)
^{9}Be	(n, 2n2α)
^{10}B	$(n, 2n)$, (n, np), (n, nα), (n, nd)
^{11}B	(n, 2n), (n, np), (n, nα), (n, nd), (n, nt)
^{12}C	(n, n3α), (n, np)
^{14}N	(n, 2n), (n, np), (n, nα), (n, nd), (n, 2np), (n, 2α), (n, t3α)
^{16}O	(n, 2n), (n, np), (n, nα)

当中子入射能量提高到 30MeV 时, 由第 1 章对这种轻核开放反应道的分析内容可以看出, 会有相当多的反应道开放. 因此, 需要在双微分截面文档中增加相应的新内容. 通过实际计算表明, 虽然一些反应道的阈能在 30MeV 以下, 但是由于库仑位垒的阻止或通过这种分立能级的途径概率非常小, 这些反应道的截面可以小得忽略不计. 实际需要新增加的反应道由表 6.7 给出.

表 6.7 中子能量在 30 MeV 能区的轻核反应中, 需要增加建立双微分截面文档的反应道

核素	需要新增加建立双微分截面文档的反应道
^{9}Be	(n, np), (n, nd), (n, nt)
^{12}C	(n, 2n), (n, np), (n, dα)
^{16}O	(n, 2α), (n, nd), (n, n4α)

注: 对于 ^{6}Li, ^{7}Li, ^{14}N 核素, 不需要增加新反应道.

由第 1 章介绍的能级纲图的现状可以得知, 许多轻核元素中能量大于 20MeV 的能级的自旋宇称以及能级宽度尚未确定, 因此目前要计算中子入射能量高于 20MeV 的数据尚缺乏足够的可靠性.

为了确定数据的可靠性, 还需要对数据进行基准检验. 基准检验的一个重要方面是中子泄漏谱的测量, 即对一定入射能量的中子, 在穿透大块物质后, 探测不同角度的中子泄漏谱, 并与评价数据库的数据计算结果比较, 比较全面地验证评价中子数据库的准确性. 当然, 这种大块物质为纯轻核物质最好, 这样就可以减少其他核素对检验结果的影响. 目前, 已经有除硼之外的其他轻核的中子泄漏谱的基准检验实验结果. 目前的中子泄漏谱的基准检验, 主要是检验聚变中子的情况, 这是由于聚变中子的应用性比较强. 当然, 这种基准检验也存在一定缺欠, 那就是无法检验比入射中子能量更高能区的评价中子数据的质量. 另外, 从历史发展过程看, 基准检验实验的精度也在不断提高, 因此, 许多旧的基准检验数据可能被淘汰, 基准检验的参照标准的精度也在不断地发展之中.

通常, 中子泄漏谱的基准检验是用 Monte-Carlo 方法来计算, 而在 Monte-Carlo 方法中需要点截面、出射中子的角分布以及各个角度、能量的概率表. 这些数据通常由美国编制的 NJOY 程序对评价中子数据的数据加工制作得到 (MacFarlane et al., 1994, 1997). 而 ENDF/B 库格式中的双微分截面文档数据, 可以允许按多种方式给出 (Mclane et al., 1990). 有的是以质心系中的 Legendre 系数形式给出, 仅个别核素采用表格方式给出了双微分截面文档. 有的核素用多体相空间分布系数给出. 而有的核素是用 Kalbach 系统学公式给出的 (Kalbach et al., 1982,1987,1988). 而 Kalbach 系统学公式的物理基础也被论证了 (Chadwick et al., 1994).

为此, 首先介绍 Kalbach 系统学公式. 这个系统学公式是用于核反应过程中粒子的连续谱粒子发射过程 $a + A \rightarrow C \rightarrow b + B$(Kalbach et al., 1988;Mclane et al., 1990). 其中 a 是入射粒子, A 是靶核, C 是复合核, b 是出射粒子, B 是处于连续能级状态的剩余核.

Kalbach 系统学公式的表示为

$$\frac{\mathrm{d}^2\sigma(E_\mathrm{n})}{\mathrm{d}E_b\mathrm{d}\Omega_b} = \frac{f_0(E_a, E_b)}{4\pi}\left\{\frac{a}{\sinh(a)}\left[\cosh(a\mu_b) + r(E_a, E_b)\sinh(a\mu_b)\right]\right\} \quad (6.4.1)$$

其中, E_a 是实验室系中入射粒子 a 的能量, E_b 是质心系中出射粒子 b 的能量, $\mu_b = \cos\theta_b$ 是质心系中粒子 b 出射角的余弦. 在式 (6.4.1) 中, $f_0(E_a, E_b)$ 是质心系中出射粒子的归一化能谱, $r(E_a, E_b)$ 是预平衡因子, 允许取值的范围是

$$0 \leqslant r(E_a, E_b) \leqslant 1 \tag{6.4.2}$$

由式 (6.4.1) 中函数 $\sinh(a\mu_b)$ 项的性质得知, 这意味着预平衡发射粒子的朝前性特征, 参数 $r(E_a, E_b)$ 的值通常由模型理论 (如普通激子模型, 或多步直接和多步复合核理论) 计算得到或通过拟合双微分截面实验数据得到 (Mclane et al., 1990). 在式 (6.4.1) 中 $a = a(E_a, E_b)$ 是 E_a, E_b 的函数, a 值的具体函数表示参见文献 (Kalbach, 1988) 上面已经指出, 参数化 Kalbach 系统学公式是 ENDF/B 库中的双微分截面文档的库格式之一. 由于已由式 (6.4.1) 给出了公式的具体表示, 应用这种库格式时, 对于每个中子入射能点 E_a, 仅需要在由理论计算得到的每一个反应道中每种出射粒子谱的能点 E_b 后给出 $f_0(E_a, E_b)$, $r(E_a, E_b)$ 即可. $f_0(E_a, E_b)$ 是由理论计算得到的归一化能谱. 详细格式内容参见文献 (MacFarlane et al., 1994).

　　如果数据库中的双微分截面是用在质心系中的 Legendre 系数的形式给出, NJOY 程序是在 ACER 模块中用数据库中的 Legendre 系数通过一定的转换方式求解等效的 Kalbach 系统学公式中的参数 a 和 $r(E_a, E_b)$ 值, 用来加工制作出适合于 Monte-Carlo 计算中子泄漏谱中所需要的上述各种概率表的 ACE 库. 为了了解这个等效转换过程, 需要进行一些数学准备, 首先要对 Kalbach 系统学公式进行 Legendre 多项式展开. 在数学上, 可以用双曲函数的 Legendre 多项式展开的方法来完成这种等效计算. 双曲函数的 Legendre 多项式展开的公式为 (Abramowitz et al., 1970)

$$\cosh(a\mu) = \frac{1}{2}(e^{a\mu} + e^{-a\mu}) = \sum_{l=0,2,\cdots}^{\infty} (2l+1)\sqrt{\frac{\pi}{2a}} I_{l+1/2}(a) \mathrm{P}_l(\mu) \tag{6.4.3}$$

$$\sinh(a\mu) = \frac{1}{2}(e^{a\mu} - e^{-a\mu}) = \sum_{l=1,3,\cdots}^{\infty} (2l+1)\sqrt{\frac{\pi}{2a}} I_{l+1/2}(a) \mathrm{P}_l(\mu) \tag{6.4.4}$$

其中, $I_{l+1/2}(a)$ 是正规半整阶虚宗量贝塞尔函数(Abramowitz et al., 1970). $\mathrm{P}_l(\mu)$ 是 Legendre 多项式.

　　因此, 在式 (6.4.1) 中, 第一项 $\cosh(a\mu)$ 仅有 Legendre 多项式展开的偶数波, 对应的是平衡态发射, 而第二项 $\sinh(a\mu)$ 仅有 Legendre 多项式展开的奇数波, 对应的是预平衡态发射. 利用上面两个公式, 将 Kalbach 系统学公式 (6.4.1) 改写成 Legendre 多项式展开的形式

$$\frac{\mathrm{d}^2\sigma(E_{\mathrm{n}})}{\mathrm{d}E_b\mathrm{d}\Omega_b} = \frac{f_0(E_a,E_b)}{4\pi}\frac{a}{\sinh(a)}\left[\sum_{l=0,2,\cdots}^{\infty}+r(E_a,E_b)\sum_{l=1,3,\cdots}^{\infty}\right](2l+1)\sqrt{\frac{\pi}{2a}}I_{l+1/2}(a)\mathrm{P}_l(\mu_b)$$

(6.4.5)

而归一化双微分截面的 Legendre 多项式标准的展开形式是

$$\frac{\mathrm{d}^2\sigma}{\mathrm{d}E_b\mathrm{d}\mu_b} = \frac{1}{4\pi}\sum_{l=0}^{\infty}(2l+1)f_l(E_b)\mathrm{P}_l(\mu_b)$$

(6.4.6)

对比式 (6.4.5) 和 (6.4.6), 可得到各阶 Legendre 多项式的展开系数. 对于偶数 l 值有

$$f_{l=0,2,\cdots}(E_b) = f_0(E_a,E_b)\frac{a}{\sinh(a)}\sqrt{\frac{\pi}{2a}}I_{l+1/2}(a)$$

(6.4.7)

而对于奇数 l 值有

$$f_{l=1,3,\cdots}(E_b) = f_0(E_a,E_b)r(E_a,E_b)\frac{a}{\sinh(a)}\sqrt{\frac{\pi}{2a}}I_{l+1/2}(a)$$

(6.4.8)

其中 (Abramowitz et al., 1970)

$$I_{1/2}(a) = \sqrt{\frac{2a}{\pi}}\frac{\sinh(a)}{a}$$

由式 (6.4.7) 得到 $l=0$ 分波的 Legendre 多项式为

$$f_{l=0}(E_b) = f_0(E_a,E_b)$$

(6.4.9)

说明了 Kalbach 系统学中的能谱就是理论计算的归一化能谱.

下面讨论在原 NJOY 程序中获得等效参数 a 值和预平衡因子 $r(E_a,E_b)$ 值的途径. 利用 Legendre 多项式的性质

$$\mathrm{P}_l(\mu=1) = 1$$

(6.4.10)

引入符号

$$S_{2n} = \sum_{l=0,2,4,\cdots}^{\infty}(2l+1)f_l(E_b)/f_0(E_a,E_b)$$

(6.4.11)

和

$$S_{2n+1} = \sum_{l=1,3,5,\cdots}^{\infty}(2l+1)f_l(E_b)/f_0(E_a,E_b)$$

(6.4.12)

对比式 (6.4.1) 与 (6.4.6), 得到如下方程

$$\frac{a}{\tanh(a)} = S_{2n}$$

(6.4.13)

这是一个等效系统学参数 a 所满足的超越方程. 式 (6.4.13) 中 S_{2n} 是由式 (6.4.11) 给出的, 而式 (6.4.11) 中的 Legendre 系数是由数据库提供的. 通过求解方程 (6.4.13) 得到等效参数的 a 值. 同样对比式 (6.4.1) 与式 (6.4.6), 在 $\mu_b=1$ 时存在如下关系

$$\sum_{l=1,3,5,\cdots}^{\infty}(2l+1)f_l(E_b) = ar(E_a,E_b)f_0(E_b)$$

(6.4.14)

由此得到求解等效预平衡因子 $r(E_a, E_b)$ 的公式

$$r(E_a, E_b) = \frac{1}{a} S_{2n+1} \qquad (6.4.15)$$

其中, 系统学参数 a 值是由方程 (6.4.13) 解出的. S_{2n+1} 是由式 (6.4.12) 给出的, 其中的 Legendre 系数是由数据库提供的. 通过式 (6.4.13) 和 (6.4.15) 来得到等效参数 a 值以及预平衡因子 $r(E_a, E_b)$ 值. 注意到在式 (6.4.13) 中 a 的偶函数总是满足 $a/\tanh(a) \geqslant 1$, 结合式 (6.4.13) 得到

$$\frac{a}{\tanh(a)} = S_{2n} \geqslant 1 \qquad (6.4.16)$$

这意味着要求 $S_{2n} \geqslant 1$. 一旦方程 (6.4.13) 有解, 就会是两个解 $\pm a$, 物理上是取 $a > 0$ 的解. 在式 (6.4.16) 中的等号成立仅发生在 $S_{2n} = 1$ 时, 其解为 $a = 0$, 这相当于在式 (6.4.6) 中 $l > 0$ 的 Legendre 系数 $f_1(E_b)$ 全为 0 的情况. 将 $a = 0$ 代入式 (6.4.1) 得到

$$\frac{\mathrm{d}^2 \sigma(E_n)}{\mathrm{d}E_b \mathrm{d}\Omega_b} = \frac{f_0(E_a, E_b)}{4\pi} \qquad (6.4.17)$$

表明在 $a = 0$ 时, Kalbach 系统学公式退化为一个各向同性分布的表示.

由式 (6.4.16) 可见, 需要 $S_{2n} \geqslant 1$. 一旦式 (6.4.11) 出现 $S_{2n} < 1$, 方程 (6.4.13) 是没有解的, 因而得不到等效参数 a 值. 同样, 在方程 (6.4.12) 中一旦出现 $S_{2n+1} < 0$ 的情况, 由式 (6.4.15) 得到的预平衡因子 $r(E_a, E_b) < 0$, 这就不能得到满足式 (6.4.2) 给出的 Kalbach 系统学公式应用的条件. 因此, $S_{2n} \geqslant 1$ 和 $S_{2n+1} \geqslant 0$ 是给出 Kalbach 系统学公式中等效 a 和 r 值可适用的必要条件.

在中重核的连续态之间的一次粒子发射的核反应过程中, 由于存在预平衡超前发射的粒子谱, 一般都能满足 $S_{2n+1} > 0$ 和 $S_{2n} \geqslant 1$ 的条件, 因此能够满足应用式 (6.4.13) 和 (6.4.15) 得到 Kalbach 系统学公式中等效 a 和 r 值可适用的条件.

但是对于轻核反应情况就有所不同了. 为此, 下面给出轻核反应理论所制作的双微分截面文档数据的特点. 由第 5 章已知, 轻核反应中的双微分截面数据是用质心系中 Legendre 系数的形式给出的. 对于粒子的预平衡发射, 一次发射粒子在质心系中具有明显的朝前性, 其剩余核在质心系中是向后反冲的. 于是从剩余核发射的次级粒子在质心系中却会出现明显朝后运动的趋势. 例如, 在第 5 章中给出的从分立能级发射次级粒子到其剩余核的分立能级是形成环型谱, 在这种情况下, 在这些次级粒子发射能量区域内一些 Legendre 系数会出现 $f_1(E_b) < 0$ 的情况 (见第 5 章中的表 5.4). 由于从不同途径发射粒子的过程可以属于同一反应道, 因而总的出射中子双微分谱是, 既有朝前又有朝后的粒子发射的多个双微分谱叠加而组成.

为了说明问题, 以 $E_n = 5.9\text{MeV}$ 为例, 由 LUNF 程序计算得到的 $^9\text{Be}(n, 2n)$ 归一化出射中子双微分截面数据的 Legendre 系数值由表 6.8 给出.

表 6.8　$E_n = 5.9\text{MeV}$ 时 $^9\text{Be}(n, 2n)$ 出射中子双微分截面的 Legendre 系数

ε	$f_0(\varepsilon)$	$f_1(\varepsilon)$	$f_2(\varepsilon)$	$f_3(\varepsilon)$	$f_4(\varepsilon)$	S_{2n}	S_{2n+1}
0.0	6.67×10^{-1}	-1.40×10^{-1}	7.24×10^{-3}	-1.55×10^{-3}	-9.51×10^{-5}	1.053	-0.644
0.1	3.09×10^{-1}	-2.31×10^{-2}	1.63×10^{-3}	-7.19×10^{-4}	4.86×10^{-4}	1.040	-0.241
0.2	3.24×10^{-1}	-6.66×10^{-3}	2.38×10^{-5}	3.27×10^{-7}	-7.22×10^{-6}	1.000	-0.062
0.3	3.17×10^{-1}	-9.95×10^{-3}	-1.95×10^{-4}	1.96×10^{-5}	1.19×10^{-6}	0.997	-0.094
0.4	6.05×10^{-1}	4.28×10^{-2}	4.37×10^{-3}	1.27×10^{-3}	5.77×10^{-4}	1.045	0.227
0.5	5.00×10^{-1}	6.03×10^{-3}	-1.32×10^{-3}	-8.87×10^{-4}	-1.09×10^{-4}	0.985	0.024
0.6	4.89×10^{-1}	-1.21×10^{-2}	-2.23×10^{-3}	4.43×10^{-5}	5.69×10^{-4}	0.988	-0.074
0.7	4.93×10^{-1}	-2.47×10^{-2}	-1.23×10^{-3}	9.46×10^{-4}	-2.07×10^{-5}	0.987	-0.137
0.8	4.76×10^{-1}	-4.05×10^{-2}	6.36×10^{-4}	6.50×10^{-4}	-6.87×10^{-4}	0.994	-0.245
0.9	5.15×10^{-1}	-4.59×10^{-2}	4.29×10^{-3}	-1.08×10^{-3}	2.59×10^{-4}	1.046	-0.282
1.0	2.66×10^{-1}	-1.48×10^{-3}	6.42×10^{-5}	-2.22×10^{-4}	-8.66×10^{-5}	0.998	-0.023
1.1	2.48×10^{-1}	-4.83×10^{-3}	-1.86×10^{-4}	-9.34×10^{-5}	4.36×10^{-5}	0.998	-0.061
1.2	2.33×10^{-1}	-8.05×10^{-3}	3.81×10^{-5}	6.76×10^{-5}	7.90×10^{-5}	1.004	-0.102
1.3	2.09×10^{-1}	-8.66×10^{-3}	3.48×10^{-4}	1.59×10^{-4}	8.71×10^{-6}	1.009	-0.119
1.4	1.92×10^{-1}	-9.00×10^{-3}	7.15×10^{-4}	1.78×10^{-4}	-1.77×10^{-4}	1.010	-0.134
1.5	1.94×10^{-1}	-1.26×10^{-2}	1.63×10^{-3}	-2.94×10^{-4}	1.13×10^{-4}	1.047	-0.205
1.6	8.46×10^{-2}	-4.20×10^{-4}	4.34×10^{-4}	1.30×10^{-6}	1.80×10^{-5}	1.028	-0.015
1.7	2.81×10^{-2}	-3.71×10^{-4}	1.51×10^{-5}	-9.73×10^{-7}	-9.80×10^{-7}	1.002	-0.040
1.8	2.65×10^{-2}	-1.29×10^{-4}	8.89×10^{-6}	-2.31×10^{-6}	8.56×10^{-7}	1.002	-0.015
1.9	5.24×10^{-1}	1.07×10^{-1}	1.13×10^{-2}	5.56×10^{-3}	4.07×10^{-3}	1.178	0.688
2.0	2.57×10^{-2}	-8.73×10^{-7}	3.17×10^{-9}	-6.32×10^{-11}	1.92×10^{-12}	1.000	0.000
2.1	2.32×10^{-1}	4.11×10^{-2}	4.49×10^{-3}	2.13×10^{-3}	1.57×10^{-3}	1.157	0.595
2.2	2.55×10^{-2}	-8.60×10^{-7}	2.98×10^{-9}	-5.40×10^{-11}	1.66×10^{-12}	1.000	0.000
2.3	2.53×10^{-2}	-3.23×10^{-6}	-2.92×10^{-8}	2.53×10^{-8}	7.73×10^{-9}	1.000	0.000
2.4	1.79	4.08×10^{-1}	4.16×10^{-2}	2.12×10^{-2}	1.54×10^{-2}	1.194	0.767
2.5	2.91×10^{-2}	6.28×10^{-4}	-2.08×10^{-7}	-1.84×10^{-5}	-1.15×10^{-5}	0.996	0.060
2.6	2.82×10^{-2}	1.87×10^{-4}	-5.14×10^{-5}	-1.26×10^{-5}	8.82×10^{-6}	0.994	0.017
2.7	2.72×10^{-2}	-2.48×10^{-4}	-4.97×10^{-5}	1.50×10^{-5}	7.42×10^{-6}	0.993	-0.023
2.8	2.54×10^{-2}	-6.78×10^{-4}	6.84×10^{-7}	1.99×10^{-5}	-1.33×10^{-5}	0.995	-0.075
2.9	2.20×10^{-2}	-8.04×10^{-4}	6.38×10^{-5}	-1.92×10^{-5}	6.48×10^{-6}	1.017	-0.116
3.0	1.53×10^{-2}	0.00	0.00	0.00	0.00	1.000	0.000
3.1	1.05	3.24×10^{-1}	2.47×10^{-2}	1.26×10^{-2}	9.19×10^{-3}	1.196	1.008
3.2	3.96×10^{-3}	0.00	0.00	0.00	0.00	1.000	0.000

注: ε 为出射中子能量, 单位为 MeV; $f_l(\varepsilon)$ 为 Legendre 展开系数, 单位为 MeV^{-1}.

由表 6.8 中的结果可以看出, 有相当多的粒子出射能点上出现了 $S_{2n} < 1$ 的

情况. 一旦这种情况出现, 方程 (6.4.13) 是没有解的, 因此给不出等效的参数 a 值. NJOY 程序被迫中断. 在表 6.8 中, 多处能点上出现 $S_{2n+1} < 0$ 的情况, 这都是来自次级粒子从反冲剩余核的朝后发射. 在这种情况下, 无法给出预平衡因子满足 $0 \leqslant r(E_a, E_b) \leqslant 1$ 的条件的等效预平衡因子 r.

由于这是轻核反应理论方法制作的双微分截面文档数据的普遍情况, 为进一步说明问题, 作为示例, 在表 6.9 中, 给出了 $^7\text{Li}(n, nt\alpha)$ 反应在 $E_n = 6\text{MeV}$ 时, 出射中子在质心系中的双微分截面文档 Legendre 系数数据. 之所以仅给出低能中子入射的例子, 是由于能量高的情况, 表格会太大. 而低能的例子已经完全可以说明问题了.

表 6.9 $^7\text{Li}(n, nt\alpha)$ 反应道中, 出射中子双微分截面文档数据

ε_n	$f_0(\varepsilon_n)$	$f_1(\varepsilon_n)$	$f_2(\varepsilon_n)$	$f_3(\varepsilon_n)$	$f_4(\varepsilon_n)$	S_{2n}	S_{2n+1}
0.2	5.85×10^{-1}	5.57×10^{-2}	8.65×10^{-3}	4.07×10^{-3}	8.44×10^{-4}	1.087	0.334
0.3	3.17×10^{-1}	1.70×10^{-2}	-3.50×10^{-4}	-1.30×10^{-3}	-3.38×10^{-4}	0.985	0.132
0.4	4.30	4.27×10^{-1}	6.73×10^{-2}	6.40×10^{-2}	2.91×10^{-2}	1.139	0.402
0.5	3.37×10^{-1}	1.79×10^{-3}	-3.05×10^{-3}	-2.61×10^{-4}	4.53×10^{-4}	0.967	0.010
0.6	3.47×10^{-1}	-4.21×10^{-3}	-3.03×10^{-3}	6.57×10^{-4}	4.08×10^{-4}	0.967	-0.023
0.7	3.57×10^{-1}	-9.84×10^{-3}	-2.61×10^{-3}	1.48×10^{-3}	1.73×10^{-4}	0.968	-0.054
0.8	3.66×10^{-1}	-1.49×10^{-2}	-1.76×10^{-3}	1.81×10^{-3}	-1.50×10^{-4}	0.972	-0.088
0.9	3.76×10^{-1}	-1.99×10^{-2}	-7.25×10^{-4}	1.92×10^{-3}	-4.78×10^{-4}	0.979	-0.123
1.0	3.86×10^{-1}	-2.46×10^{-2}	5.88×10^{-4}	1.45×10^{-3}	-6.22×10^{-4}	0.993	-0.165
1.1	3.96×10^{-1}	-2.93×10^{-2}	2.05×10^{-3}	7.05×10^{-4}	-6.34×10^{-4}	1.011	-0.209
1.2	4.74×10^{-1}	-2.79×10^{-2}	4.45×10^{-3}	-3.01×10^{-4}	-2.85×10^{-4}	1.041	-0.181
1.3	5.01×10^{-1}	-3.26×10^{-2}	5.76×10^{-3}	-2.35×10^{-3}	2.53×10^{-4}	1.062	-0.228
1.4	4.46×10^{-1}	-3.18×10^{-2}	5.91×10^{-3}	-3.77×10^{-3}	9.95×10^{-4}	1.086	-0.273
1.5	8.94×10^{-2}	2.23×10^{-3}	-5.58×10^{-4}	-2.50×10^{-4}	2.63×10^{-5}	0.971	0.055
1.6	9.15×10^{-2}	5.93×10^{-4}	-6.99×10^{-4}	-6.74×10^{-5}	6.78×10^{-5}	0.968	0.014
1.7	9.35×10^{-2}	-1.02×10^{-3}	-6.95×10^{-4}	1.19×10^{-4}	6.31×10^{-5}	0.969	-0.024
1.8	9.55×10^{-2}	-2.63×10^{-3}	-5.71×10^{-4}	2.91×10^{-4}	2.03×10^{-5}	0.972	-0.061
1.9	9.75×10^{-2}	-4.20×10^{-3}	-3.01×10^{-4}	3.43×10^{-4}	-4.01×10^{-5}	0.981	-0.105
2.0	9.95×10^{-2}	-5.78×10^{-3}	5.88×10^{-5}	2.94×10^{-4}	-8.66×10^{-5}	0.995	-0.154
2.1	1.02×10^{-1}	-7.35×10^{-3}	5.35×10^{-4}	6.52×10^{-5}	-7.78×10^{-5}	1.019	-0.213
2.2	1.04×10^{-1}	-8.90×10^{-3}	1.11×10^{-3}	-3.56×10^{-4}	3.45×10^{-5}	1.056	-0.282
2.3	3.89×10^{-2}	-3.69×10^{-3}	5.73×10^{-4}	-2.78×10^{-4}	6.73×10^{-5}	1.089	-0.335

注: ε_n 为出射中子能量, 单位为 MeV; $f_l(\varepsilon_n)$ 为 Legendre 展开系数, 单位为 MeV^{-1}.

由表 6.9 中列出的数据可以看出, 这种在质心系中的 Legendre 系数, 很多能

点上出现 $S_{2n} < 1$ 的情况, 许多能点上出现 $S_{2n+1} < 0$ 的情况也屡见不鲜, 仅有 $\varepsilon_n = 0.2, 0.4\mathrm{MeV}$ 两个能点能满足上述等效条件. 这充分说明了, 轻核反应理论方法制作的双微分截面文档的 Legendre 系数的内容, 无法通过上述途径得到等效的 Kalbach 系统学公式中的 a 值以及预平衡因子的 r 值. 这种方法下面简称为等效法. 表明对于轻核反应而言, 这种等效法对由 Legendre 展开系数表示的轻核双微分截面数据是完全失效的, 无法通过等效法制作出适合 Monte-Carlo 计算中子泄漏谱中有关的概率表, 因而无法准确进行中子泄漏谱的基准检验. 由此充分说明了, 在第 3 章和第 4 章中研究单粒子和复杂粒子预平衡发射的双微分截面的理论公式的必要性.

用 Legendre 系数的方式给出双微分截面文档数据时, NJOY97 程序 (MacFarlace et al., 1997) 是通过式 (6.4.13) 和 (6.4.15) 关系进行上述等效来计算. 上面已经阐明了应用这种等效法完全不适用于加工处理轻核反应理论给出的双微分截面数据的原因. 因此, 为了要对轻核的双微分截面进行有效的基准检验, 就必须对 NJOY97 程序的 ACER 模块进行重造, 在加工用 Legendre 系数表示的双微分截面数据时, 要避开等效法的途径, 在重造 ACER 模块中, 要将 Legendre 系数表示的双微分截面中的次级粒子角分布直接转换成余弦概率表来建立 ACE 库, 这样才能对轻核反应的双微分截面文档数据进行真实有效的基准检验. 其后又发现了 NJOY99.0 程序 (MacFarlace et al., 2000) 在处理 Legendre 系数数据的方法上仍然存在欠缺, 会导致轻核反应次级粒子角分布的 "各向同性化", 致使对中子泄漏谱的计算值失真. 关于重造 ACER 模块制作 ACE 库的详情参见文献 (吴海成, 2009). 这是当时唯一能够将轻核双微分截面数据加工成 ACE 库的程序. 这就说明了, 若在 NJOY 程序中仍然采用等效法, 就无法对轻核双微分截面文档进行真实有效的基准检验.

这里需要特别强调指出的是, 在表 6.8 和表 6.9 中的双微分截面数据都是未经能谱展宽的, 这才是真实的物理内容. 事实上, 仅在符合实验测量的双微分截面时需要能谱展宽. 由前面阐述的内容得知, 能谱展宽是来自两个基本物理因素: 实验测量条件引起的能谱展宽、能级宽度引起的能谱展宽. 而能级宽度的存在, 由式 (6.1.1) 给出的时间–能量不确定关系的物理内涵在于, 这是所谓的测不准关系, 表明微观态的物理量在实验测量过程中的不确定性. 如前所述, 上述能谱展宽效应可以被定量地确定, 因此, 实验测量中观测到的双微分谱是包含了能谱展宽后的物理现象.

由量子力学中的时间平移不变性已经证明, 微观世界粒子的运动必须遵守能量守恒. 而双微分截面文档数据中不能有能谱展宽, 这才是具有真正物理意义的内容. 正如在数据库中的弹性散射数据, 出射中子能量是具有确定能量值的单能谱, 而不是像前面展示的实验测量的双微分截面谱中那样, 弹性散射中子对应的是一个被明显展宽的单峰谱. 由于实验测量的飞行时间法, 再现实验测量的双微分截面谱时需要能谱展宽, 而制作双微分截面文档数据时, 则不需要能谱展宽, 这是研究所得出的结论. 因此, 在双微分截面文档数据中加入能级展宽效应, 甚至还包含了实验测量条件引起的能谱展宽效应等, 在物理上是不合理的.

因此, 只能通过理论计算, 对每一个出射粒子的分谱对应的实验测量条件以及能级宽度进行展宽, 每一个出射粒子的分谱的展宽条件彼此不同, 只有这样才能再现实验测量的双微分截面谱. 反之, 制作出的双微分截面文档数据是未经任何展宽的, 由这些数据是不能再现实验测量的双微分截面谱的. LUNF 程序既有将各分谱按不同的数值展宽来再现实验测量的双微分截面谱的功能, 又有用无展宽的数据制作双微分截面文档数据的功能.

基准检验使用的中子通常是来自聚变中子源 (fussion neutron source), 简记为 FNS 实验. 最有效的基准检验是, 聚变中子穿透纯大块物质后, 测量在一些角度的中子泄漏谱的数据与用数据库的中子数据计算得到的中子泄露谱的比较, 来验证全套中子数据的准确性, 如 ^{9}Be, C, N, O 等核素. 另外, 如果一种轻核元素应用到一个大型装置中, 例如在核反应堆的情况, 这时是包含了多种核素的综合效应. 如果有纯轻核数据的基准检验存在, 就可以选择基准检验最好的数据应用到这个大型装置中. 用这种替代方式来观察基准检验结果的变化, 判断出应用这个核素的数据后对基准检验的效果, 以及对 k_{eff} 值所起到的作用, 由此得到对这个核素数据准确性的综合性判断结果.

在 NJOY 程序中加入自主研发重造 ACER 模块加工出 ACE 库的基础上, 可以对轻核反应的双微分截面文档进行真实有效的中子泄漏谱的基准检验. 下面给出一些基准检验的结果. 首先是氧化锂板的基准检验. FNS 的基准检验数据取自文献 (Oyama et al., 1990,1983,1985, 1988), 对应氧化锂的厚度分别为 4.8cm 和 20cm. 中子泄漏谱的检验结果分别由图 6.33 和图 6.34 所示.

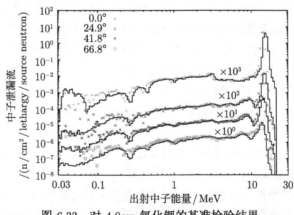

图 6.33　对 4.8cm 氧化锂的基准检验结果

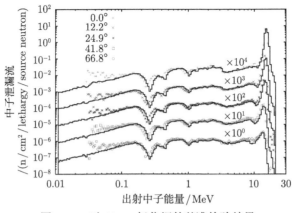

图 6.34　对 20cm 氧化锂的基准检验结果

对于 ^{6}Li 和 ^{7}Li, 出射中子都包含了弹性散射道和非弹性散射道. 正如在第 1 章中分析的那样, ^{6}Li 的非弹性散射道来自第 2 激发能级；而 ^{7}Li 的非弹性散射道来自第 1 激发能级. 除此之外, ^{6}Li 还存在包含中子的多粒子发射的 (n, nd)α 和 (n, 2np)α 反应道. 由于以前缺少理论方法来制作出这些反应道的双微分截面数据, 在美国的 ENDF-B7 库, 以及日本的 JENDL-3.3 库中全都采用了在非弹性散射道中加入赝能级的方法, 由此等效给出了上述反应道中的出射中子的信息.

所谓赝能级的方法是指, 先确定由这些反应道中出射中子的能量区域, 以 $\Delta E = 0.5$MeV 为间隔, 在非弹性散射道中加入多条赝能级, 在符合双微分截面和中子泄漏谱等有关实验测量数据的基础上, 确定这些赝能级的截面和角分布的数据值. 因此, 赝能级方法是将双微分截面复杂的核反应过程简化为简单的两体问题, 由此得到的非弹性散射截面变得非常大, 无法与非弹性散射截面实验测量值符合, 而轻核反应理论可以给出真正意义上的非弹性散射截面. ENDF-B7 库和 JENDL-3.3 库分别用了三十多条赝能级. 但是这种赝能级的途径, 无法自洽地同时给出伴随中子出射的带电粒子信息, 例如, ^{6}Li(n, ndα) 反应道中的 d 和 α 粒子, 以及 ^{6}Li(n, 2np)α 反应道中的 p 和 α 粒子. 轻核反应理论解决了这个问题.

为了说明问题, 由 ^{6}Li 的 LUNF 程序计算的 ^{6}Li(n, ndα) 反应道中, 各种出射粒子携带的能量分配和能量平衡情况由表 6.10 给出. 能量平衡可以达到千分之几的程度, 可以很好满足工程应用需要. 但是, 如果用赝能级方法, 仅给出等效中子出射的信息, 而无法自洽地给出伴随中子出射的带电粒子 d 和 α 的确切信息, 而它们携带的能量都与中子携带的能量属于同一个数量级. 这会造成在数据库中描述伴随中子出射的带电粒子信息全部丢失. 在国际上其他轻核反应数据库中, 只要应用赝能级方法也都存在同样的问题. 这种带电粒子数据信息在一些核工程应用中有相当重要的应用价值.

表 6.10　^{6}Li(n, ndα) 反应道中, 各种出射粒子的能量分配和能量平衡情况

(能量单位为 MeV)

E_n	E_{av}	DIFF%	E_{sum}	n	d	α
3.0	1.09	0.25	1.10	0.488	0.375	0.234
4.0	1.95	0.19	1.95	0.839	0.718	0.397
5.0	2.81	0.17	2.81	1.21	1.04	0.556
6.0	3.66	0.16	3.67	1.56	1.40	0.709
7.05	4.56	0.15	4.57	1.92	1.78	0.871
8.0	5.38	0.14	5.38	2.27	2.09	1.01
9.0	6.23	0.14	6.24	2.66	2.42	1.16
10.0	7.09	0.14	7.10	3.06	2.73	1.31
12.0	8.84	0.13	8.85	3.97	3.31	1.57
14.0	10.5	0.13	10.5	4.93	3.80	1.80
16.0	12.2	0.13	12.2	5.96	4.26	2.02
18.0	13.9	0.12	14.0	7.04	4.65	2.27
20.0	15.7	0.12	15.7	8.10	5.00	2.57

注: E_{av} 是在质心系中理论上总释放的能量, E_{sum} 是计算得到的总释放能量, DIFF% $\equiv 100 \times (E_{sum} - E_{av})/E_{av}$ 是计算能量差别的百分比. 后三列为对应出射粒子携带的能量.

由于 ^{9}Be 的 (n, 2n) 截面很大, 而且俘获辐射截面很小, 在核工程诸多领域得到了广泛的应用. 又知 ^{9}Be 是 1p 壳核素中唯一没有非弹性散射的核素, 除 (n, 2n) 反应道外, 下一个出射中子的反应道是 (n, np), 但是阈能是在 18.777MeV. 因此, 可以这样说, 当中子入射能量在 20MeV 以下时, 除了弹性散射外, 几乎全部出射中子信息来自于 (n, 2n) 反应道. 这也是为什么国际上的评价中子数据库中仅考虑 (n, 2n) 反应道的双微分截面数据的原因. 由于在 (n, 2n) 反应道中, 总是将一个中子转换成为两个中子, 是中子增值剂, 这是 ^{9}Be 有广泛应用价值之所在. 因此, 在很宽的中子入射能量点区域对 ^{9}Be 的总出射中子双微分截面谱进行了实验测量, 相对其他轻核而言, ^{9}Be 的双微分截面数据是测量最多的核素.

由于缺少合适的理论方法, 目前国外采用的是 Perkins 方法 (Perkins et al., 1985), 即在实验室系中, 以表格方式给出从 ^{9}Be 的 (n, 2n) 反应道中出射中子和 α 粒子的数据. 对于每个给定的中子入射能量, $\cos\theta_l$ 从 -1 到 $+1$, 间隔为 0.5, 共 21 个角度值, 每个角度用数值直接给出了对应的出射粒子的能谱. 通过符合实验测量的双微分谱和特定的中子泄漏谱的途径制作出来. 用表格形式制作双微分截面文档数据时, n + ^{9}Be 的 (n, 2n) 反应道的双微分截面需要用 13000 多行数据来表示, 而理论方法计算中采用了在质心系的 Legendre 多项式系数时, 仅用 2000 多行数据即可, 虽然不显含角度, 但可以用于各种角度. 不需要作角度间的内插, 因而避免了内插带来的误差.

对 n + ^{9}Be 的 (n, 2n) 反应道的双微分截面理论计算的难点在于, 如何准确地

给出由第 1 章给出的 ^{9}Be(n, 2n) 六种不同反应途径的概率分配, 这是能得到正确的双微分截面数据的关键. 需要由计算各种中子入射情况下的中子双微分截面谱与实验测量数据的符合, 以及由诸多基准检验的综合分析的结果来确定. 在不同中子入射能点的双微分截面谱中, 会显示出每个分立能级对双微分截面谱贡献的大小, 由此判断出有关的能级纲图内容的准确性. 例如, 由 $E_n = 18$MeV 的出射中子双微分截面谱的理论计算表明, 当在 ^{9}Be 的 9MeV(5/2$^+$)1000 和 10MeV(5/1$^+$)1000 能量区域附近增添两条新能级后 (Duan et al., 2009), 才能准确再现双微分截面谱的实验测量数据 (Ibaraki et al., 1998), 否则在这些能级附近的双微分谱中会出现一个明显的凹坑缺陷. 因此希望在今后的核谱学的研究中证实这些能级的存在.

为了进一步验证这两条能级存在的可能性, 我们还计算了 p + ^{9}Be 在 $E_p = 18$MeV 的出射中子双微分谱, 并与实验测量的结果进行了对比 (Verbinski et al., 1969). 结果表明, 新增加的上述两条能级可以更好地再现实验测量的双微分谱, 计算结果见图 6.35 和图 6.36.

n + ^{9}Be 的 (n, 2n) 反应道的双微分截面理论计算是在 1p 壳核当中最为复杂的核素. 这一方面是由于 ^{9}Be 没有非弹性散射道, 在 (n, np) 反应道阈能之下全部中子来自于 (n, 2n) 反应道, 另外是由于目前 ^{9}Be 的能级纲图还尚未做到尽善尽美.

对于 ^{9}Be 的基准检验, 已经进行了相当多的数据测量. 铍球和铍板的中子泄漏谱的实验测量数据已经公布 (Oyama et al., 1987, 1990). 在入射中子能量为 14.8MeV 时, 厚度为 5.08cm 铍板的中子泄漏谱基准检验结果由图 6.37 所示.

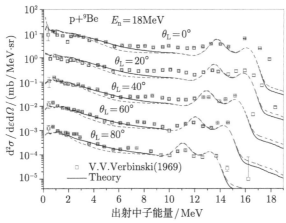

图 6.35　p + ^{9}Be 在 $E_p = 18$MeV 时, 角度分别为 0°,20°40°,60°,80° 的分角度能谱, 实曲线为考虑两条新能级的计算值, 虚曲线为不考虑这两条能级的计算值, 黑方点为实验测量值, 取自文献 (Verbinski et al., 1969)

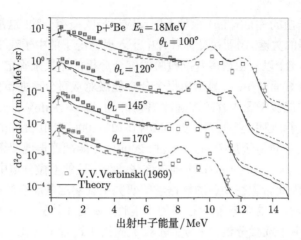

图 6.36　p $+$ ^{9}Be 在 $E_p = 18$MeV 时, 角度分别为 $100°$, $120°$,$145°$, $170°$ 的分角度能谱, 实曲线为考虑两条新能级的计算值, 虚曲线为不考虑这两条能级的计算值, 黑方点为实验测量值, 取自文献 (Verbinski et al., 1969)

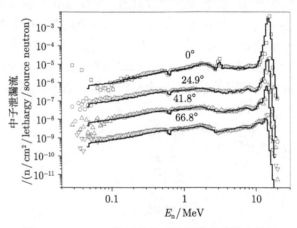

图 6.37　5.08cm 铍板的中子泄漏谱基准检验结果

　　由第 1 章表 1.4 可以看出, 在 2004 年 ^{9}Be 的能级纲图中增加了 5.59MeV 和 6.38MeV 两条新能级 (Tilley et al., 2004). 另外, 表 1.4 给出的与 ^{9}Be 的核反应有关的反应道的剩余核 ^{5}He 和 ^{6}He 的能级纲图也进行了更新. 这种能级更新会对双微分截面谱的形状带来明显的影响. 以 n $+$ ^{9}Be 的 (n, 2n) 反应道的双微分截面为例, ^{9}Be 中每增加一条新能级, 对于两次中子有序发射, 就在总中子出射双微分谱中增加两个出射中子的分谱; 而伴随一次中子发射后的次级 α 粒子发射, 加上剩余核 ^{5}He 的崩裂, 在总中子的双微分谱中又会增加两个出射中子的分谱. 另外, ^{5}He 的第 1 激发能级从 4.00MeV 降至 1.27MeV, 这样一来从 ^{5}He 崩裂中子谱的位置也发生相应的变化. 在新的 ^{6}He 能级纲图中增加了一条 5.6MeV 新能级, 而原来 14.6MeV 的这条能级 (Tilley et al., 2002) 在入射中子能量小于 17MeV 时不会被激发到. 现在当中子能量为 6.9MeV 时就可以通过发射 α 粒子来开放 ^{6}He 的这条新能级, 在这条 ^{6}He 的能级上可以继续发射中子, 剩余核 ^{5}He 又会崩裂出一个中子, 这又在总中子双微分谱中增加了两个新的中子分谱. 由此可见, 在新的能级纲图出现后, 在中子双微分截面谱中会增加许多分谱, 同时一些分谱的位置也会发射变化. 这就能很清楚地看到能级纲图的准确性与双微分截面谱的计算结果之间的密切关系.

事实上, ^{9}Be 的数据在反应堆的 k_{eff} 计算中也起相当重要的作用, 要综合双微分截面谱、中子泄漏谱、k_{eff} 等诸方面检验手段才能确定好推荐的全套数据.

对于 ^{12}C 而言, 现有的 FNS 中子泄漏谱实验测量对 ^{12}C 板基准检验的数据取自文献 (Oyama et al., 1990,1988). ^{12}C 板的厚度分别为 5.06cm 和 20.24cm 的基准检验结果分别由图 6.38 和图 6.39 给出. 相比国际上其他的中子评价核数据库数据而言, 这个基准检验结果的符合是相当理想的.

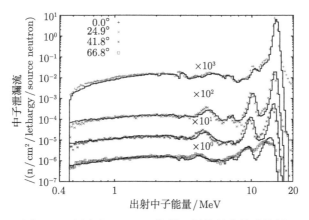

图 6.38　厚度为 5.06cm 的 ^{12}C 板的基准检验结果

对于 n+^{12}C 核反应, 在中子入射能量小于 20MeV 的能区, 开放的多粒子发射反应道主要是 (n, n3α), 正如第 1 章所述, 这个反应道是通过多种反应途径来实现的, 不同途径出射的粒子双微分谱是彼此不同的. 用轻核反应理论方法计算 (n, n3α) 反应的双微分截面数据, 是将各种反应途径出射的双微分谱叠加而成, 并可以很好再现双微分截面实验测量数据. 在此基础上制作的双微分截面文档数据中, 不仅包含了出射中子的信息, 而且也给出了伴随出射 α 粒子的全部信息.

由 ^{12}C 的 LUNF 程序计算的 ^{12}C(n, n3α) 反应道中, 各种出射粒子的能量分配和能量平衡情况由表 6.11 给出. 可以看出, 如果应用在非弹性散射道中加入赝能级的途径来描述出射中子的信息, 其结果会使粒子数最多, 携带数倍于中子携带能量

的 α 粒子的信息全部丢失. 这会在实际应用中产生缺陷, 例如, 在核医学应用中, 中子辐照有机物时, 难以估算准确 Kerma 系数中来自 ^{12}C(n, n3α) 反应道中 α 粒子的贡献. 而轻核反应理论提供了计算多次粒子发射过程中出射带电粒子携带能量的有效方法.

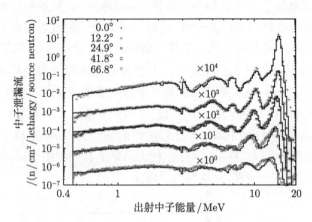

图 6.39　厚度为 20.24cm 的 ^{12}C 板的基准检验结果

表 6.11　　^{12}C(n, n3α) 反应道中, 各种出射粒子的携带能量和能量平衡情况

(能量单位 MeV)

E_n	E_{av}	DIFF%	E_{sum}	n	α
9.0	1.03	0.55	1.03	0.050	0.983
10.0	1.95	0.19	1.95	0.347	1.61
11.0	2.87	0.14	2.88	0.633	2.24
12.0	3.79	0.12	3.90	0.912	2.89
13.0	4.72	0.10	4.72	1.13	3.59
14.1	5.73	0.09	5.74	1.45	4.28
15.0	6.56	0.09	6.57	1.70	4.87
16.0	7.48	0.09	7.49	2.01	5.48
18.0	9.33	0.07	9.34	2.69	6.65
20.0	11.2	0.07	11.2	3.40	7.78

注: 表中各符号的意义同于表 6.10.

　　轻核都是具有重要应用价值的核素, 需要给出从每个反应道出射的中子以及伴随出射的带电粒子全部详细和准确的信息. 此外, 对于 n + ^{14}N 和 n + ^{16}O 的反应, 也进行了 FNS 的基准检验, 其液氮厚度和液氧厚度都为 20cm, 实验测量数据参见文献 (Oyam et al., 1991). 理论计算中子泄漏谱的结果也是相当好的, 这里就不逐一给出计算结果. 上面给出各种核素的中子泄漏谱的基准检验结果, 是在自主发展的轻核反应统计理论计算得到的轻核双微分截面文档数据和在 NJOY 程序中自主研发加工出 ACE 库相结合的基础上计算得到的. 换句话说, 用 Legendre 系数的方式给出的轻核双微分截面文档数据, 对于仅采用等效法的 NJOY 程序是, 不识数据的真面目, 只缘等效法失灵.

6.5 结 束 语

由于当前通用的核反应统计理论的计算程序中, 都没有适当地将从复合核的预平衡发射粒子到剩余核的分立能级的核反应机制考虑在内, 因此不适合描述轻核反应双微分截面的理论模型, 因而采用了在非弹性散射道中加入赝能级的方法给出轻核的出射中子信息, 但是无法自洽地得到伴随出射的带电粒子信息. 中子泄漏谱实验测量也在不断地发展, 但是评价中子数据库也要随之进行改进. 为此, 国际原子能委员会曾经强调, 对轻核的评价中子数据库要不断更新 (Muir et al., 2001), 才能满足国际核数据界的进一步需求. 事实证明, 仅用传统的直接反应机制加末态相互作用是不能定量地给出双微分截面数据的 (Chiba et al., 1998). 只有发展新理论方法才能建立轻核反应的双微分截面文档. 赝能级方法是将多次粒子发射简化为一次粒子发射过程, 因而是不能给出双微分截面数据的. R 矩阵理论仅能计算一次粒子发射过程, 因此对双微分截面的描述也是无能为力的.

本书重点研究的是中子引发的轻核反应的理论方法. 对于复杂粒子入射, 例如弱束缚的氘核引发的轻核反应中, 属于直接反应机制的氘核削裂反应就变得很重要了 (Liu et al., 2001; Han et al., 2008.), 实验测量还观察到氘核破裂过程会对弹性散射角分布以及质子产生谱产生明显的变化 (Auce et al., 1996), 这种反应道之间的耦合图像表明复杂粒子引发的轻核反应会包含更多更复杂的直接反应的核反应过程. 总之, 在考虑弹性散射的情况下, 直接反应机制在轻核反应中总是占有最重要的地位; 而仅从吸收截面的角度看, 预平衡粒子发射是最主要的反应机制.

中子诱发的轻核反应的计算表明, 存在预平衡的粒子发射过程. 正是由于发展了与角动量有关的激子模型, 由此可以描述末态为分立能级的预平衡发射的核反应过程.

另外, 在轻核的反应中存在相当多非有序粒子发射的过程. 针对这些非有序发射的双微分截面计算, 建立了相应的核反应运动学的理论公式. 由于严格考虑了反应过程中的反冲效应, 可以给出各粒子发射双微分谱在各种发射角度上准确的位置和形状, 并保持能量平衡. 描述好这种非有序粒子发射过程是发展轻核反应理论的另一个要点. 核数据库中能够保持能量平衡, 对 Kerma 系数的计算起到关键的作用, 正如第 5 章中所述, 可以直接采用核数据库中双微分截面数据直接得到准确的 Kerma 系数. 而对于国际核数据库中不能保持能量平衡的数据, 以及无双微分截面文档的数据库, 则要采用各种各样的近似方法来获得 Kerma 系数, 正如在 NJOY

程序中的 HERTR 功能模块中所执行的那样 (MacFarlane et al., 1984).

在目前应用于核反应全套数据计算的 GNASH(Young et al.,1996), UNF(Zhang, 2002a) 等程序, 以及研发的一些综合功能更全的大型统计理论计算程序中, 都没有包含上述这些描述轻核反应特征的功能, 如无序粒子发射的理论描述, 从分立能级的次级粒子发射等. 因此这些程序都不能描述好这种轻核反应的行为. 这是目前在国际上尚不能用理论方法建立轻核的双微分截面文档的原因之所在. 由此可见, 建立一个比较完整的轻核反应理论模型是很必要的. 因为只有用理论模型做计算, 才能建立完整的双微分截面文档数据内容. 由轻核反应理论计算得到的双微分截面数据中可包含全部出射粒子信息, 并保证了能量平衡, 这是目前国际上其他中子评价数据库所没有做到的, 这个轻核反应的统计理论给出了一个建立轻核反应的双微分截面文档可行的理论计算途径 (Zhang J S et al.,2010).

为验证这个轻核反应理论的可应用范围, 对 2s-1d 壳核也进行了 $n + {}^{19}F$ 的试算 (Duan et al., 2007). 但这时剩余核的分立能级变得多而密, 应用连续能级的核反应统计理论也可以得到相似的结果. 研究结果表明, 对于质量再重的靶核, 由于能级纲图的能量区域上限变得越来越低, 能级越来越密, 以致不能用分立能级纲图来提供足够的信息, 而在高激发态的分立能级中还有相当多的能级参数尚未确定, 有的能级虽然知道能量, 但是自旋宇称和能级宽度尚未确定. 有一些高激发态能级已经被观测到, 但是下面的一些能级的特征值还尚待进一步确定. 核谱学在逐年发展, 能级纲图在不断地更新. 因此, 核反应中的核结构效应尚缺乏更完整和准确的能级纲图信息, 这时必须采用能级密度来进行核反应的统计理论计算. 另外, 在比 1p 壳核更重的核反应中, 除剩余核为不稳定核素 ${}^{5}Li$, ${}^{5}He$, ${}^{6}He$, ${}^{8}Be$ 所表征的轻核反应特征会逐渐消失外, 反冲效应也越来越弱. 上述轻核反应理论的优势也就逐渐减弱, 而通常包含连续能级的核反应统计理论已经可以给出比较理想的计算结果.

整个中子引发轻核反应的理论计算表明, 一般很轻的 1p 壳核素不需要引入直接反应机制, 例如, 直接非弹性散射, 否则计算结果反而会变得不好. 随靶核质量数的加大, 例如, 在碳以上的 1p 壳核素中直接非弹过程的成分会逐渐变得越来越明显, ${}^{14}N$ 尤为明显. 这种趋势与目前通用的核反应统计理论的研究结果是相吻合的. 也就是说, 随核质量的加大, 1p 壳轻核的核反应的独特特征会逐渐消失, 而过渡到中重核的反应状态.

鉴于轻核反应的特性, 对双微分截面数据的基准检验功能提出了新的需求. 需要对国际通用的 NJOY 程序中的一些功能模块进行重造, 才能真正有效地应用轻核反应的双微分截面数据, 这为全面开展有自主知识产权的核数据处理程序的软件系统起到了促进作用.

综上所述, 为了能用理论方法建立中子引发轻核反应的双微分截面文档, 发展了一个自成体系的轻核反应理论. 其中包含了如下几个主要方面: 由于轻核反应的个性强, 在第 1 章中明晰分析了各轻核反应开放道个性很强的特征, 除了粒子的有序发射之外, 还出现了粒子非有序发射的存在, 这是描述轻核反应的新内容, 也是与以往核反应理论中所不同之处. 另外, 基于观察轻核的能级纲图中能级宽度的状况, 发现存在许多非稳定能级, 除极少数能级宽度在 MeV 数量级外, 基本上大都是在 keV 到几百 keV 的数量级, 这种状态意味着存在粒子的预平衡发射, 为此建立的与角动量有关的激子模型是首要的关键点, 由此可以描述从被激发的复合核发射粒子到剩余核分立能级的预平衡发射过程. 这是对核反应中预平衡反应机制的新认识. 在粒子的预平衡发射机制中, 不仅在第 3 章中给出考虑了 Pauli 原理和费米运动的单粒子发射双微分截面公式, 而且在第 4 章中给出了复杂粒子发射率中的组合因子和预形成概率, 以及复杂粒子出射的双微分截面公式, 这些公式的建立是能准确描述好单粒子和复杂粒子的发射率以及它们的双微分截面的另一个关键点. 另一个不可或缺的是, 由于轻核质量轻, 发射粒子反冲很强, 在第 5 章中严格考虑了各种粒子的有序发射和非有序发射过程中的反冲效应, 得到出射粒子各种状态下的运动学公式. 特别是由于得到式 (5.4.47) 定积分的数学结果, 这为所有类型的轻核反应过程的运动学公式表示的简化起到了十分关键的作用, 建立了有独特风格的轻核反应运动学, 不仅可以准确给出每种粒子发射双微分谱的位置和形状, 并且可以保证能量平衡. 基于这种运动学公式, 可以给出再现双微分截面实验测量数据的理论计算结果的主要原因之一. 应用上述成果可以制作出所需求的双微分截面文档数据. 欲建立中子的轻核双微分截面文档, 上述几个关键点是缺一不可的. 最后, 在第 6 章中给出了由这个轻核反应理论计算的轻核反应中的总出射中子的双微分截面能与实验测量符合好的结果, 因此从微观方面验证了轻核理论计算结果的准确性. 为了全面验证轻核评价中子库中数据的准确性, 应用自主研发的基准检验的功能模块, 还进行了对大块物质中子泄漏谱的宏观检验, 这是对截面、角分布和双微分截面文档全面数据的基准检验, 其结果证实了这个自成体系的轻核反应理论的成功之处.

因此, 这个轻核反应理论的发展将核反应统计理论应用的核素范围拓宽到了全部 1p 壳核素.

至于比 1p 壳轻核更轻的 1s 壳核素, 如氘、氚、^{3}He 等核素, 目前还没有发现任何激发能级态的存在, 因而无法用统计理论来描述, 上述的轻核反应理论对此无能为力. 这种核少体问题完全属于另一个核反应理论的研究领域.

参 考 文 献

丁大钊, 叶春堂, 赵志详, 等. 2005. 中子物理学 —— 原理, 方法与应用, 北京: 原子能出版社.

阮锡超, 陈国长, 等. 2004. The neutron emission double-differential cross sections measurement for beryllium at 8.17 and 10.26 MeV neutrons. 内部资料.

王竹溪, 郭敦仁. 1965. 特殊函数论. 北京: 科学出版社.

吴海成. 2009. ACE 格式双微分截面处理方法研究及相关程序的研制. 内部资料.

余自强. 1992. KORP code for calculating direct (n,p) reaction code. 未公开发表.

Abramowitz M, Stegun I A. 1970. Handbook of Mathematical Function. New York: Dover Publication, Inc.

Auce A, et al. 1996. Reacion cross sections for 38, 65, and 97 MeV deuterons on target from ^{9}Be to ^{208}Pb. Phys. Rev. C,53: 2919-2925.

Baba M, et al. 1988. Double-differential neutron scattering cross sections of beryllium, Carbon, Oxygen. Nuclear Data for Science and Technology: 209.

Baba M, et al. 1990. Application of Post Acceleration Beam Chopper for Neutron Emission Cross Section Measurements. TAERI-M-90-025:383, Japan Atomic Energy Research Institute.

Chiba S, et al. 2001. 私人通讯.

Chiba S, et al. 1985. J. Nucl. Sci. Tech., 22: 771.

Chadwick M B, Oblozinsky P. 1994. Continuum angular distributions in pre-equilibrium nuclear reactions: Physical basis for Kalbach systematics. Phys. Rev., C,50: 2490.

Chiba K, et al. 1998. Measurement and theoretical analysis of neutron elastic scattering and inelastic leading to a three-body final state for ^{6}Li at 10 to 20 MeV. Phys. Rev., C, 58: 2205.

Duan J F, Yan Y L, Wang J M, et al. 2005. Further analysis of neutron double differential cross section of n+^{16}O at 14.1MeV and 18 MeV. Commun. Theor. Phys., 44: 701-706.

Duan J F, Yan Y L, Sun X J. 2007. Theoretical analysis of neutron double-differential cross section of n+^{19}F at 14.2MeV. Commun. Theor. Phys., 47: 102-106.

Duan J F, zhang J S, Sun X J. 2009. Predicted levels of ^{9}Be on a theoretical analysis of neutron double-differential cross sections at En=14.1and 18MeV. Phys. Rev. C, 80: 064612.

Firestone R B, Shirley V S. 1996. Table of Isotopes. 8thed. New York : John Wiley & Sons.

Han Y L, Guo H R, Zhang Y, et al. 2008. Theoretical model Calculation of d+^{7}Li reaction. Commun. Theor Phys., 50(2): 463-467.

Ibaraki M, Baba M. 1998. ^{6}Li, ^{7}Li and ^{9}Be neutron emission cross sections at 11.5-18 MeV neutron energy. J.NST, 35: 843.

Kalbach C. 1982. Possible energy parameters for continuum angular distributions. Phys. Rev. C, 25: 3197.

Kalbach C. 1987. Systematics of Continuum Angular Distribution: Extensions to Higher Energies. Los Alamos National Laboratory, LA-UR-4139.

Kalbach C. 1988. Systematics of continuum angular distribution: extensions to higher energies. Phys. Rev., C,37: 2350.

Kunz P D. 1994. DWBA code DWUCK-4, University of Colorado USA (unpublished).

Liu Z H, et al. 2001. Asymptotic normalization coefficients and neutron halo of the excited states in ^{13}B and ^{13}C. Phys. Rev. C, 64.

MacFarlane R E, Muir D W, Mann F W. 1984. Radiation Damage Calculations with NJOY.

MacFarlane R E, Muir D W, 1994. The NJOY Nuclear Data Processing System. LA-12740-M, Los Alamos National Laboratory Report.

MacFarlane R E, Muir D W. 1997. NJOY-97, General ENDF/B Processing System for Reactor Design Problem. Los Alamos National Laboratory Report, PSR-0368.

MacFarlane R E, Muir D W. 2000. NJOY99.0, Code System for Production Pointwise and Multigroup Neutron and Photon Cross Sections from ENDF/B Data. Los Alamos National Laboratory Report.

Mclane V, Dunford C L, Rose P F. 1990. ENDF-102 Data Format and Procedures for the Evaluated Nuclear Data File ENDF-6. BNL-NCS-44945.

Muir DW, Herman M. 2001. Long Term needs for Nuclear Data Development. INDC(NDS)-423.

Oyama Y, Maekawa H. 1983. Measurements of Angle-Dependent Neutron Spectra from Lithium-Oxide Slab Assemblies by Time-of-Flight Method, JAERI-M 83-195.

Oyama Y, Yamaguchi S, Maekawa H. 1985. Analysis of Time-of-Flight Experiment on Lithium-Oxide Assemblies by a Two-Dimensional Transport Code DOT3.5. JAERI-M 85-031.

Oyama Y, Maekawa H. 1987. Measurement and analysis of an angular neutron flux on a beryllium slab irradiated with deuteron-tritium Neutrons. Nucl. Sci. Eng., 97: 220-234.

Oyama Y, Yamaguchi S, Maekawa H. 1988. Measurements and analyses of angular neutron flux spectra on graphite and lithium-oxide slabs irradiated with 14.8 MeV neutrons. J. Nucl. Sci. Technol., 25: 419-428.

Oyama Y, Yamaguchi S, Maekawa H. 1990. Experimental Results of Angular Neutron Spectra Leaking from Slabs of Fusion Reactor Candidate Materials (I). JAERI-M 90-092.

Oyama Y, Kosako K, Maekawa H. 1991. Measurements and Analyses of Angular Neutron Flux Spectra on Liquid Nitrogen, Liquid Oxygen and Iron Slabs. Proc. Int. Conf. on Nuclear Data for Science and Technology, Juelich.

Perkins S T, Plechaty E F, Howerton R J. 1985. A reevaluation of the ^{9}Be(n,2n) reaction and its effect on neutron multiplication in fusion blanket applications. Nucl. Sci. Eng., 90: 83.

Raynal J. 1994. Note on ECIS94, CEN-n2772, Calson B V. The Optical Model ECIS95. Workshop on Nuclear Reaction Data and Nuclear Reaction-physics, Design and Safety, H4.3MR/921-3, 15 April-17 May Miramare, Trieste Italy.

Tilley D R, et al. 2002a. Energy Levels of Light Nuclei A=6. Triangle Universities Nuclear Laboratory, Durham, NC 27708-0308.

Tilley D R, et al. 2004. Energy levels of light nuclei A=8, 9, 10. Nucl. Phys. A,745: 155-362.

Verbinski V V, et al. 1969. Phys. Rev., 177: 1671.

Yan Y L, Duan J F, Sun X J. et al. 2005. Analysis of the neutron double-differential cross section of n+^{14}N at 14.2MeV. Commun. Theor. Phys., 44: 128-132.

Young P G, Arthur E D, Chadwick M B. 1996. Comprehensive Nuclear Model Calculation: Theory and Use of GHASH Code. LA-UR-96-3739.

Zhang J S, et al. 1999. Model calculation of n+^{12}C reactions from 4.8 to 20 MeV. Nucl. Sci. Eng., 133: 218.

Zhang J S, Han Y L, Fan X L. 2001a. Theoretical analysis of the neutron double differential cross section of n+^{16}O at En=14.1MeV. Commun. Theor. Phys., 35: 579.

Zhang J S, Han Y L. 2001b. Model calculation of n+^{6}Li reactions below 20MeV. Commun. Theor. Phys., 36: 437-442.

Zhang J S. 2002a. UNF code for fast neutron reaction data calculations. Nucl. Sci. Eng., 142: 207.

Zhang J S, Han Y L. 2002b. Calculations of double differential cross sections of n+^{7}Li below 20MeV. Commun. Theor. Phys., 37: 465-474.

Zhang J S. 2003a. Theoretical analysis of the neutron double differential cross section of n+^{10}B at E_n =14.2MeV. Commun. Theor. Phys., 39: 433-438.

Zhang J S. 2003b. Theoretical analysis of the neutron double differential cross section of n+^{11}B at E_n =14.2MeV. Commun. Theor. Phys., 39 : 83-88.

Zhang J S, Han Y L, Duan J F. 2010. Theoretical Method to Set up Double-Differential Cross Section Files of Light Nuclei. Inter. Conf. on Nuclear Data for Sience and Technology; Journal of the Korean Physical Socity, 59(1).

索　引

《现代物理基础丛书》已出版书目

(按出版时间排序)